Einführung in die mathematische Logik

Heinz-Dieter Ebbinghaus · Jörg Flum
Wolfgang Thomas

Einführung in die mathematische Logik

6., überarbeitete und erweiterte Auflage

 Springer Spektrum

Heinz-Dieter Ebbinghaus
Abteilung für Mathematische Logik
Universität Freiburg Mathematisches Institut
Freiburg, Deutschland

Wolfgang Thomas
Lehrstuhl für Informatik 7
RWTH Aachen
Aachen, Deutschland

Jörg Flum
Abteilung für Mathematische Logik
Universität Freiburg Mathematisches Institut
Freiburg, Deutschland

ISBN 978-3-662-58028-8   ISBN 978-3-662-58029-5   (eBook)
https://doi.org/10.1007/978-3-662-58029-5

Die Deutsche Nationalbibliothek verzeichnet diese Publikation in der Deutschen National-
bibliografie; detaillierte bibliografische Daten sind im Internet über http://dnb.d-nb.de abrufbar.

Springer Spektrum
© Springer-Verlag GmbH Deutschland, ein Teil von Springer Nature 1978, 1986, 1992, 1996,
2007, 2018

Verantwortlich im Verlag: Andreas Rüdinger

Springer Spektrum ist ein Imprint der eingetragenen Gesellschaft Springer-Verlag GmbH, DE
und ist ein Teil von Springer Nature
Die Anschrift der Gesellschaft ist: Heidelberger Platz 3, 14197 Berlin, Germany

Vorwort

Was ist ein mathematischer Beweis? Wie lassen sich Beweise rechtfertigen? Gibt es Grenzen der Beweisbarkeit? Kann man das Auffinden mathematischer Beweise Computern übertragen?

Erst im letzten Jahrhundert ist es der mathematischen Logik gelungen, diese Fragen zu klären und weitreichende Antworten zu geben. Im vorliegenden Buch werden die entsprechenden Ergebnisse systematisch dargestellt. Im Zentrum steht dabei die Logik erster Stufe. Zunächst wird der Gödelsche Vollständigkeitssatz bewiesen. Er zeigt, dass im Rahmen der Sprache erster Stufe die Folgerungsbeziehung mit der formalen Beweisbarkeit zusammenfällt: Mit einem Kalkül einfacher formaler Schlussregeln lassen sich alle Folgerungen aus einem gegebenen Axiomensystem gewinnen (und insbesondere alle mathematischen Beweise simulieren).

Ein Exkurs in die Modelltheorie stellt Hilfsmittel bereit, um die Ausdrucksfähigkeit der Sprache der ersten Stufe genauer abzuschätzen. Dabei zeigt sich, dass manche Wünsche offen bleiben müssen. So gestattet die Sprache der ersten Stufe nicht die Formulierung der für die Zahlentheorie oder die Analysis üblichen Axiomensysteme. Andererseits lässt sich diese Schwäche durch einen mengentheoretischen Aufbau der Mathematik kompensieren. Wir stellen die dazu benötigten Hilfsmittel bereit und diskutieren eingehend die subtile Beziehung zwischen Mengenlehre und Logik.

Die Gödelschen Unvollständigkeitssätze werden in Verbindung mit Ergebnissen ähnlicher Art (wie dem Satz von Trachtenbrot) behandelt, welche allesamt Grenzen maschinenorientierter Beweismethoden belegen. Begriffe und Ergebnisse der Berechenbarkeitstheorie, die für diese Diskussion erforderlich sind, werden anhand des Computermodells der Registermaschine erarbeitet.

Anschließend nutzen wir die beim Beweis des Gödelschen Vollständigkeitssatzes bereitgestellten Methoden zur Behandlung des Satzes von Herbrand. Dieser Satz bildet den Ausgangspunkt für eine ausführliche Darlegung der theoretischen Grundlagen der Logik-Programmierung. Die dabei verwendeten Resolutionsmethoden werden zuvor auf aussagenlogischer Ebene eingeführt.

Die erwähnten Ausdrucksschwächen der ersten Stufe motivieren die Suche nach stärkeren logischen Systemen. Wir stellen in diesem Zusammenhang u.a. die Sprache der zweiten Stufe und infinitäre Sprachen vor. In jedem Fall weisen wir nach, dass zentrale Sachverhalte der ersten Stufe ungültig werden. Die daraus erwachsende empirische Feststellung, dass kein logisches System, welches die Logik der ersten Stufe erweitert, auch deren Vorzüge besitzen kann, wird abschließend mit den Lindströmschen Sätzen präzisiert und bewiesen.

Die Lektüre des Buches setzt keine spezifischen mathematischen Kenntnisse voraus. Sie fordert jedoch eine Vertrautheit mit der mathematischen Denkweise, wie man sie etwa im ersten Jahr eines Mathematikstudiums erwirbt.

Als wesentliche Neuerung enthält die vorliegende sechste Auflage Beweise der Entscheidbarkeit zweier Theorien, nämlich der Presburger-Arithmetik und der schwachen monadischen Nachfolger-Arithmetik. Für die Letztere benötigen wir Sachverhalte aus der Automatentheorie, die Bestandteil des Informatik-Studiums sind. Diese Grundlagen stellen wir im notwendigen Umfang bereit.

Wir danken Frau Barbara Lühker und Herrn Dr. Andreas Rüdinger vom Springer-Verlag für die gute Zusammenarbeit.

Freiburg und Aachen, im Juli 2018

H.-D. Ebbinghaus
J. Flum
W. Thomas

Inhaltsverzeichnis

1

Einleitung

Seit dem Ende des neunzehnten Jahrhunderts hat sich die *mathematische Logik* als eigenständige Disziplin entwickelt. Charakteristische Elemente finden sich schon in der traditionellen Logik (etwa bei *Aristoteles* oder *Leibniz*), jedoch wurde die stürmische Entwicklung im zwanzigsten Jahrhundert erst eingeleitet durch die Arbeiten von *Boole, Frege, Russell*, Mitgliedern des Kreises um *Hilbert* u.a. [1] Während die traditionelle Logik stark der Philosophie verhaftet ist, wird die mathematische Logik wesentlich durch die Mathematik geprägt, und dies in vielerlei Hinsicht:

(1) Durch *Motivation* und *Zielsetzung*. Es waren überwiegend Fragen zu den Grundlagen der Mathematik, die den Ausgangspunkt der Untersuchungen bildeten. So z. B. bei Frege das Bemühen um eine logisch-mengentheoretische Begründung der Mathematik, bei Russell die Überwindung der im Fregeschen System aufgetretenen Widersprüche und bei Hilbert dann die Forderung, die „üblichen Methoden der Mathematik samt und sonders als widerspruchsfrei zu erkennen" (sog. *Hilbertsches Programm*).

(2) Durch die *Art des Vorgehens*. Die mathematische Logik bedient sich vornehmlich *mathematischer* Methoden. Charakteristisch hierfür ist die Art und Weise, in der neue Begriffe geprägt, Definitionen gegeben und Argumentationen geführt werden.

(3) Durch die *Anwendungen in der Mathematik*. Die in der mathematischen Logik erarbeiteten Methoden und Resultate lassen sich nicht nur zur Behandlung von Grundlagenproblemen einsetzen, sie erweitern auch das methodische Rüstzeug der Mathematik selbst. Anwendungen lassen sich heute bereits in

---

[1] Aristoteles (384–322 v. Chr.), G. W. Leibniz (1646–1716), G. Boole (1815–1864), G. Frege (1848–1925), D. Hilbert (1862–1943), B. Russell (1872–1970).

© Springer-Verlag GmbH Deutschland, ein Teil von Springer Nature 2018
H.-D. Ebbinghaus et al., *Einführung in die mathematische Logik*,
https://doi.org/10.1007/978-3-662-58029-5_1

vielen Disziplinen der Mathematik verfolgen, so z. B. in der Algebra und der Topologie, aber auch auf verschiedenen Gebieten der theoretischen Informatik.

Diese mathematikbezogenen Aspekte stempeln die mathematische Logik jedoch nicht zu einer lediglich für die Mathematik interessanten Wissenschaft. Der mathematische Zugang trägt nämlich u. a. zu einer Klärung von Begriffen und zu einer Präzisierung von Fragestellungen bei, die auch für die traditionelle Logik und für andere Gebiete wie die Erkenntnistheorie oder die Wissenschaftstheorie von grundsätzlicher Bedeutung sind. Die Ausrichtung auf mathematische Methoden, die zunächst eine Verengung darstellt, erweist sich somit als fruchtbare Bereicherung.

Wie in der traditionellen Logik sind auch in der mathematischen Logik *Schlüsse* und *Beweise* ein wesentlicher Gegenstand der Untersuchungen. Die mathematische Logik betrachtet dabei in erster Linie (vgl. (1)) Schlussweisen und Argumentationen, wie sie in *mathematischen Beweisen* auftreten. Hierzu werden (vgl. (2)) selbst wieder mathematische Methoden benutzt. Diese enge Verwandtschaft von Gegenstand und Methode mag – gerade bei der Diskussion von Grundlagenproblemen – den Eindruck erwecken, dass hier ein Circulus vitiosus droht. Wir werden dieses Problem erst in Kap. 7 näher erörtern können und bitten bis dahin um Geduld.

1.1   Ein Beispiel aus der Gruppentheorie

In diesem und dem folgenden Abschnitt stellen wir zwei einfache mathematische Beweise vor, welche beispielhaft einige Schlussweisen der Mathematik aufzeigen sollen. Anschließend skizzieren wir den Weg, den die Untersuchungen in diesem Buch nehmen werden.

Wir beginnen mit dem Beweis eines gruppentheoretischen Satzes. Dabei berufen wir uns auf die *Axiome der Gruppentheorie*, die wir zunächst angeben. Bezeichnen wir die Gruppenmultiplikation mit ∘ und das Einselement mit e, so lassen sich die Axiome wie folgt formulieren:

(G1) Für alle x, y, z : $(x \circ y) \circ z = x \circ (y \circ z)$.

(G2) Für alle x : $x \circ e = x$.

(G3) Für alle x gibt es ein y mit $x \circ y = e$.

Eine *Gruppe* ist ein Tripel $(G, \circ^G, e^G)$, das (G1), (G2), (G3) erfüllt. Dabei ist G eine Menge, e^G ein Element von G und $\circ^G$ eine zweistellige Verknüpfung über G, d.h. eine Funktion, die für je zwei Elemente von G definiert ist und als Werte wieder Elemente von G hat. Die Variablen x, y, z beziehen sich auf Elemente von G, $\circ$ auf $\circ^G$ und e auf e^G.

Ein Beispiel für eine Gruppe ist $(\mathbb{R}, +, 0)$, die *additive Gruppe der reellen Zahlen*: $\mathbb{R}$ ist die Menge der reellen Zahlen, $+$ die gewöhnliche Addition und 0 die reelle Zahl Null. $(\mathbb{R}, \cdot, 1)$ ist dagegen keine Gruppe (mit der gewöhnlichen Multiplikation $\cdot$); z. B. lässt sich anhand der reellen Zahl 0 zeigen, dass das Axiom (G3) verletzt ist: Es gibt keine reelle Zahl r mit $0 \cdot r = 1$.

Tripel wie $(\mathbb{R}, +, 0)$ oder $(\mathbb{R}, \cdot, 1)$ werden wir in Zukunft *Strukturen* nennen; eine exakte Definition des Begriffs „Struktur" geben wir in Kap. 3.

Wir beweisen nun den folgenden Satz der Gruppentheorie:

1.1.1 Satz über die Existenz des Linksinversen. *Für alle x gibt es ein y mit $y \circ x = e$.*

Beweis. Sei x beliebig gewählt. Wegen (G3) gilt für ein geeignetes y:

$$(1) \qquad\qquad x \circ y = e.$$

Nach (G3) erhalten wir für dieses y ein z mit

$$(2) \qquad\qquad y \circ z = e.$$

Jetzt können wir schließen:

$$
\begin{aligned}
y \circ x &= (y \circ x) \circ e && \text{(nach (G2))}\\
&= (y \circ x) \circ (y \circ z) && \text{(wegen (2))}\\
&= y \circ (x \circ (y \circ z)) && \text{(nach (G1))}\\
&= y \circ ((x \circ y) \circ z) && \text{(nach (G1))}\\
&= y \circ (e \circ z) && \text{(wegen (1))}\\
&= (y \circ e) \circ z && \text{(nach (G1))}\\
&= y \circ z && \text{(nach (G2))}\\
&= e && \text{(wegen (2)).}
\end{aligned}
$$

Da x beliebig war, erhalten wir: Für jedes x gibt es ein y mit $y \circ x = e$. $\dashv$[2]

Der Beweis zeigt, dass in jeder Struktur, die (G1), (G2), (G3) erfüllt, d.h. in jeder Gruppe, der Satz von der Existenz des Linksinversen gilt. Man beschreibt diesen Sachverhalt auch dadurch, dass man sagt, der Satz über die Existenz des Linksinversen *folge* aus den Axiomen der Gruppentheorie.

---

[2] $\dashv$ markiert fortan das Ende eines Beweises.

1.2   Ein Beispiel aus der Theorie
der Äquivalenzrelationen

Der Theorie der Äquivalenzrelationen liegen die folgenden drei Axiome zugrunde (man lese dabei xRy als „x ist zu y äquivalent"):

(E1) Für alle x: xRx.

(E2) Für alle x, y: Wenn xRy, so yRx.

(E3) Für alle x, y, z: Wenn xRy und yRz, so xRz.

Sei A eine nicht-leere Menge und R^A eine zweistellige Relation über A, d.h. $R^A \subseteq A \times A$. Für $(a, b) \in R^A$ schreiben wir auch aR^Ab. Das Paar (A, R^A) ist wieder ein Beispiel für eine Struktur. Wir nennen R^A eine *Äquivalenzrelation über* A und die Struktur (A, R^A) eine *Äquivalenzstruktur*, wenn (E1), (E2), (E3) erfüllt sind. Eine Äquivalenzstruktur ist z. B. das Paar $(\mathbb{Z}, R_5)$, bestehend aus der Menge $\mathbb{Z}$ der ganzen Zahlen und der Relation

$$R_5 = \{(a, b) \mid a, b \in \mathbb{Z},\ b - a \text{ ist durch 5 teilbar}\}.$$

Wir beweisen nun den folgenden einfachen Satz über Äquivalenzrelationen:

1.2.1 Satz *Wenn x und y zu einem gemeinsamen Element äquivalent sind, so sind x und y zu denselben Elementen äquivalent.* Formaler*: Für alle x, y: Wenn es ein u gibt mit xRu und yRu, so gilt für alle z: xRz genau dann, wenn yRz.*

Beweis. Seien x, y beliebig vorgegeben und gelte für ein geeignetes u

(1) xRu und yRu.

Aus (E2) erhalten wir dann

(2) uRx und uRy.

Aus xRu und uRy ergibt sich mit (E3)

(3) xRy,

und aus yRu und uRx, ebenfalls mit (E3),

(4) yRx.

Sei nun z beliebig gewählt. Gilt

(5) xRz,

so erhalten wir aus (4) und (5) mit (E3)

                                      yRz.

Gilt umgekehrt

(6) $$yRz,$$

so erhalten wir aus (3) und (6) mit (E3)

$$xRz.$$

Damit ist für alle z die Behauptung nachgewiesen.   ⊣

Der Beweis zeigt wiederum, dass jede Struktur der Gestalt (A, R^A), welche die Axiome (E1), (E2), (E3) erfüllt, auch den Satz 1.2.1 erfüllt, d.h., dass 1.2.1 aus (E1), (E2), (E3) folgt.

1.3 Eine erste Analyse

Wir skizzieren einige gemeinsame Aspekte der beiden vorangehenden Beispiele.

Ausgangspunkt ist jeweils ein System Φ von Aussagen, welches ein *Axiomensystem* der betreffenden Theorie (der Gruppentheorie, der Theorie der Äquivalenzrelationen) darstellt. In der Mathematik ist man daran interessiert, die Aussagen zu ermitteln, welche aus Φ *folgen*. Dabei folgt eine Aussage ψ aus Φ, wenn in jeder Struktur, in der alle Aussagen aus Φ erfüllt sind, auch ψ gilt. Ein *Beweis* für ψ aus einem Axiomensystem Φ zeigt, dass ψ aus Φ folgt.

Hinsichtlich der Tragweite mathematischer Beweismethoden ist die Frage nach der *Umkehrung* dieses Zusammenhanges von Interesse:

(∗) Ist jede Aussage ψ, die aus Φ folgt, auch aus Φ beweisbar?

Ist z. B. jede Aussage, die in allen Gruppen gilt, auch aus den Gruppenaxiomen (G1), (G2), (G3) beweisbar?

Mit den Ausführungen in Kap. 2 bis Kap. 5 und Kap. 7 erhalten wir eine weitgehend positive Antwort auf die Frage (∗). Dabei ist es offenbar unerlässlich, die in (∗) auftretenden Begriffe „Aussage", „folgt aus", „beweisbar" zu präzisieren. Wir deuten kurz an, wie wir hierzu verfahren werden.

(1) *Präzisierung des Begriffs „Aussage".* Üblicherweise benutzt man in der Mathematik zur Formulierung von Aussagen die Umgangssprache (z. B. Deutsch, Spanisch, . . .). Da die Sätze der Umgangssprache hinsichtlich Aufbau und Bedeutung im Allgemeinen nicht scharf bestimmt sind, lassen sie sich nicht durch eine präzise Definition erfassen. Aus diesem Grunde werden wir, orientiert an mathematischen Redewendungen, eine *formale Sprache* L einführen, eine Sprache, deren Aufbau – analog zu den heutigen Programmiersprachen – festen Regeln folgt: Ausgehend von einer Menge von Zeichen (Buchstaben) lassen sich in der Sprache L in normierter Weise Zeichenreihen (endliche Folgen von Zeichen) bilden, sog. *Ausdrücke*, welche umgangssprachlichen Aussagen entsprechen. So

wird L z. B. die Zeichen $\forall$ (lies: für alle), $\wedge$ (und), $\rightarrow$ (wenn – so), $\equiv$ (gleich) und Variablen wie x, y, z enthalten. Ausdrücke von L sind etwa

$$\forall x\, x \equiv x, \quad x \equiv y, \quad x \equiv z, \quad \forall x \forall y \forall z ((x \equiv y \wedge y \equiv z) \rightarrow x \equiv z).$$

Trotz der zunächst sehr beschränkt erscheinenden Ausdrucksmöglichkeiten werden wir uns später davon überzeugen, dass sich eine Vielzahl mathematischer Aussagen in L formulieren lässt, ja, dass L sogar prinzipiell für die Mathematik ausreicht. Der Aufbau von L erfolgt in Kap. 2.

(2) *Präzisierung des Begriffs „folgt aus".* Ähnlich wie den Axiomen (G1)–(G3) der Gruppentheorie in Strukturen der Gestalt $(G, \circ^G, e^G)$ eine Bedeutung zukommt, lässt sich in naheliegender Weise für L-Ausdrücke festlegen, ob sie in einer Struktur gelten oder nicht. Dies ermöglicht dann (in Kap. 3) die folgende Definition: ψ *folgt aus* Φ genau dann, wenn ψ in jeder Struktur gilt, in der alle Ausdrücke von Φ gelten.

(3) *Präzisierung des Begriffs „Beweis".* Ein mathematischer Beweis einer Aussage ψ aus einem Axiomensystem Φ besteht aus einer Folge von *Schlüssen*, welche von Axiomen aus Φ oder bereits hergeleiteten Aussagen zu neuen Aussagen führen und schließlich mit ψ enden. In der Mathematik schreibt man beim Übergang zu einer neuen Aussage etwa: Aus ... und _ _ _ erhalten wir unmittelbar $\sim\sim\sim$. Und man erwartet, dass es für jeden evident ist, dass die Gültigkeit von ... und _ _ _ die Gültigkeit von $\sim\sim\sim$ nach sich zieht.

Eine Analyse von Beispielen zeigt, dass die Evidenz solcher Schlüsse oft eng mit der Bedeutung der dabei auftretenden *Junktoren* (Bindewörter) wie „und", „oder", „wenn–so" und der dabei auftretenden *Quantoren* wie „für alle", „es gibt" zusammenhängt. So etwa beim ersten Schluss im Beweis von 1.1.1, wo wir von der Aussage *„für alle x gibt es ein y mit $x \circ y = e$"* darauf schließen, dass für das vorgegebene x ein y existiert mit $x \circ y = e$; oder beim Übergang von (1) und (2) nach (3) im Beweis von 1.2.1, wo wir von der Aussage *„xRu und yRu"* auf das linke Glied *„xRu"* und von der Aussage *„uRx und uRy"* auf das rechte Glied *„uRy"* schließen, um dann mit (E3) nach (3) zu gelangen.

Der formale Charakter der Sprache L ermöglicht es, diese Schlüsse als formale Operationen an Zeichenreihen (den L-Ausdrücken) darzustellen. So entspricht dem oben beschriebenen Schluss von „xRu und yRu" auf „xRu" der Übergang von dem L-Ausdruck $(xRu \wedge yRu)$ zum L-Ausdruck xRu. Wir können diesen Übergang auffassen als eine Anwendung der folgenden *Regel*:

(+) Man kann von einem L-Ausdruck der Gestalt $(\varphi \wedge \psi)$ zum L-Ausdruck φ übergehen.

Wir geben in Kap. 4 ein endliches System $\mathfrak{S}$ von Regeln an, die – wie (+) – einfachen Schlüssen entsprechen, welche man in den Beweisen der Mathematik benutzt.

Ein *formaler Beweis* des L-Ausdrucks ψ aus den L-Ausdrücken in Φ (den „Axiomen") besteht dann (nach Definition) aus einer Folge von Ausdrücken von L, die mit ψ endet und bei der jeder Ausdruck durch Anwendung einer Regel aus $\mathfrak{S}$ auf die Axiome oder auf vorangehende Ausdrücke der Folge entsteht.

Nachdem die Präzisierungen von Sprache, Folgerungsbegriff und Beweisbegriff vorgenommen sind, kann man sich exemplarisch davon überzeugen, dass mathematische Beweise durch formale Beweise in L imitiert werden können. In Kap. 5 werden wir die zu Beginn dieses Abschnitts gestellte Frage (∗) aufgreifen und positiv beantworten: Folgt ein Ausdruck ψ aus einer Menge Φ von Ausdrücken, so gibt es einen (sogar formalen) Beweis von ψ aus Φ. Dies ist der Inhalt des sog. *Gödelschen Vollständigkeitssatzes*.

1.4 Ausblick

Der Gödelsche Vollständigkeitssatz bildet eine Brücke zwischen dem formalen Beweisbegriff und dem auf Strukturen bezogenen Folgerungsbegriff. In Kap. 6 legen wir dar, wie sich dieser Zusammenhang für algebraische Untersuchungen nutzbar machen lässt.

Mit dem Übergang zu einer formalen Sprache und einem exakten Beweisbegriff lassen sich nun metamathematische Untersuchungen auf einer präzisen Grundlage führen, so etwa Untersuchungen zur Rechtfertigung von mathematischen Schlüssen oder zur Widerspruchsfreiheit der Mathematik (Kap. 7, Kap. 10).

Schließlich eröffnet die Formalisierung des Beweisbegriffs die Möglichkeit, die Ausführung und Prüfung von Beweisen Maschinen zu übertragen. In Kap. 10 erörtern wir die Tragweite und die Grenzen solcher maschinellen Möglichkeiten.

Manche Ausdrücke von L lassen sich selbst „operativ" deuten. So kann man z. B. eine Implikation der Gestalt (wenn φ, so ψ) als die Aufforderung verstehen, von φ zu ψ überzugehen. In dieser Auffassung von L-Ausdrücken als Programmen wurzelt die *Logik-Programmierung*, die Ausgangspunkt für wichtige Programmiersprachen der sog. künstlichen Intelligenz ist. In Kap. 11 entwickeln wir die Grundlagen dieses Teilgebietes der „angewandten" Logik.

In den Ausdrücken von L beziehen sich die Variablen auf die *Elemente* von Strukturen, etwa auf die Elemente einer Gruppe oder die Elemente einer Äquivalenzstruktur. Bei gegebener Struktur nennt man die Elemente des Grundbereichs A oft *Objekte erster Stufe*, Teilmengen von A dagegen *Objekte zweiter Stufe*. Da L nur über Variablen für Objekte erster Stufe verfügt (und da demnach Bildungen wie „$\forall x$", „$\exists x$" sich nur auf die Elemente einer Struktur beziehen), nennt man L eine *Sprache erster Stufe*.

Die sog. *Sprache zweiter Stufe* verfügt zusätzlich über Variablen für Teilmengen von Grundbereichen. Daher lässt sich etwa für eine gegebene Gruppe auch eine Aussage wie „Für alle Untergruppen …" in der Sprache zweiter Stufe unmittelbar wiedergeben. Diese und andere Sprachen untersuchen wir in Kap. 9. In Kap. 13 werden wir allgemein zeigen können, dass keine Sprache, die ausdrucksstärker ist als L, über einen adäquaten formalen Beweisbegriff verfügt und andere nützliche Eigenschaften mit L teilt. L ist also in dieser Hinsicht eine „bestmögliche" Sprache. Dies mag ein Grund für die dominierende Rolle sein, welche die Sprache erster Stufe in der mathematischen Logik einnimmt.

2

Syntax der Sprachen erster Stufe

Wir führen in diesem Kapitel die Sprachen erster Stufe ein. Sie genügen einfachen und übersichtlichen Bildungsgesetzen. Die Frage, ob und wie weit sich alle mathematischen Aussagen in solchen Sprachen formalisieren lassen, behandeln wir in Kap. 7.

2.1 Alphabete

Unter einem *Alphabet* $\mathbb{A}$ verstehen wir eine nicht-leere Menge von *Zeichen* (*Symbolen*). Alphabete sind etwa $\mathbb{A}_1 = \{0, 1, 2, \ldots, 9\}$, $\mathbb{A}_2 = \{a, b, c, \ldots, y, z\}$ (das Alphabet der kleinen lateinischen Buchstaben), $\mathbb{A}_3 = \{\circ, \int, a, d, x, f,), (\}$ und $\mathbb{A}_4 = \{c_0, c_1, c_2, \ldots\}$.

Endliche lineare Reihen von Zeichen eines Alphabets $\mathbb{A}$ nennen wir *Zeichenreihen* oder *Wörter* über $\mathbb{A}$. $\mathbb{A}^*$ bezeichne die Menge der Zeichenreihen über $\mathbb{A}$. Die Anzahl der in einer Zeichenreihe $\zeta \in \mathbb{A}^*$ vorkommenden Symbole heißt die *Länge* von ζ; dabei werden mehrfach vorkommende Symbole auch mehrfach gezählt. Die leere Zeichenreihe, d.h. die Zeichenreihe, die keine Symbole enthält, wird ebenfalls als ein Wort über $\mathbb{A}$ aufgefasst. Wir bezeichnen sie mit $\square$. Die Länge von $\square$ ist null.

Zeichenreihen über $\mathbb{A}_2$ sind etwa

$$leise, \quad xdbxaz,$$

Zeichenreihen über $\mathbb{A}_3$ sind beispielsweise

$$\int f(x)dx, \quad x \circ \int \int a.$$

© Springer-Verlag GmbH Deutschland, ein Teil von Springer Nature 2018
H.-D. Ebbinghaus et al., *Einführung in die mathematische Logik*,
https://doi.org/10.1007/978-3-662-58029-5_2

Ist $\mathbb{A} = \{|, ||\}$, besteht also $\mathbb{A}$ aus den beiden Symbolen $a_1 := |$ [1] und $a_2 := ||$, so lässt sich die Zeichenreihe $|||$ über $\mathbb{A}$ auf drei verschiedene Arten lesen: als $a_1 a_1 a_1$, als $a_1 a_2$ und als $a_2 a_1$. Wir werden im Folgenden nur solche Alphabete $\mathbb{A}$ zulassen, bei denen jede Zeichenreihe sich auf genau eine Weise in Zeichen aus $\mathbb{A}$ zerlegen lässt. Man überzeuge sich davon, dass die oben angegebenen Alphabete $\mathbb{A}_1, \ldots, \mathbb{A}_4$ dieser Bedingung genügen.

Es folgen einige Überlegungen, die die Anzahl der Zeichenreihen über einem Alphabet betreffen. Wie üblich nennen wir eine Menge M *abzählbar*, wenn sie nicht endlich ist und wenn es eine surjektive Abbildung α von der Menge $\mathbb{N} = \{0, 1, 2, \ldots\}$ der natürlichen Zahlen auf M gibt. Wir können M dann darstellen als $\{\alpha(n) \mid n \in \mathbb{N}\}$ oder – wenn wir für die Argumente die Indexschreibweise benutzen – als $\{\alpha_n \mid n \in \mathbb{N}\}$. Eine Menge M heißt *höchstens abzählbar*, wenn sie endlich oder abzählbar ist.

2.1.1 Lemma *Für eine nicht-leere Menge M sind äquivalent:*
(a) *M ist höchstens abzählbar.*
(b) *Es gibt eine surjektive Abbildung $\alpha\colon \mathbb{N} \to M$.*
(c) *Es gibt eine injektive Abbildung $\beta\colon M \to \mathbb{N}$.*

Beweis.[2] Wir beweisen (b) aus (a), (c) aus (b) und (a) aus (c).

(b) *aus* (a): M sei höchstens abzählbar. Für abzählbares M gilt (b) gemäß Definition; für endliches M, etwa $M = \{a_0, \ldots, a_n\}$ (M ist nicht leer!) definieren wir $\alpha\colon \mathbb{N} \to M$ durch

$$\alpha(i) := \begin{cases} a_i, & \text{falls } 0 \leq i \leq n, \\ a_0, & \text{sonst.} \end{cases}$$

α ist offenbar surjektiv.

(c) *aus* (b): $\alpha\colon \mathbb{N} \to M$ sei surjektiv. Wir definieren eine injektive Abbildung $\beta\colon M \to \mathbb{N}$, indem wir für $a \in M$ setzen:

$$\beta(a) := \text{das kleinste } i \text{ mit } \alpha(i) = a.$$

(a) *aus* (c): Sei $\beta\colon M \to \mathbb{N}$ injektiv, und M sei nicht endlich. Wir müssen zeigen, dass M abzählbar ist. Dazu reicht es, dass wir eine surjektive Abbildung $\alpha\colon \mathbb{N} \to M$ angeben. Wir definieren α induktiv gemäß

---

[1] Wir schreiben hier „$a_1 := |$" statt „$a_1 = |$", um deutlicher zu machen, dass a_1 durch die rechte Seite der Gleichung definiert wird.

[2] Ziel unserer Betrachtungen ist u.a. eine Diskussion des Beweisbegriffs. Man könnte daher erstaunt sein, dass wir Beweise bringen, bevor wir geklärt haben, was ein mathematischer Beweis sein soll. Wie bereits in Kap. 1 angekündigt, kommen wir auf diese scheinbare Zirkelhaftigkeit in Kap. 7 zurück.

$$\alpha(0) \quad = \quad \text{das } a \in M \text{ mit kleinstem } \beta\text{-Bild};$$
$$\alpha(n+1) \quad = \quad \text{das } a \in M \text{ mit kleinstem } \beta\text{-Bild größer als}$$
$$\beta(\alpha(0)), \dots, \beta(\alpha(n)).$$

Da die β-Bilder in $\mathbb{N}$ nicht beschränkt sind, ist α für alle $n \in \mathbb{N}$ definiert, und offenbar tritt jedes $a \in M$ als Bild bei α auf.   ⊣

Mit Lemma 2.1.1 lässt sich leicht zeigen, dass Teilmengen einer höchstens abzählbaren Menge höchstens abzählbar sind und dass mit M_1 und M_2 auch $M_1 \cup M_2$ höchstens abzählbar ist. Die Menge $\mathbb{R}$ der reellen Zahlen ist weder endlich noch abzählbar; sie ist, wie man sagt, *überabzählbar* (vgl. Aufgabe 2.1.3).

Zur Darstellung mathematischer Sachverhalte und für grundlagentheoretische Diskussionen reichen, wie wir später zeigen werden, endliche Alphabete aus. Obendrein lassen sich die Zeichen so „konkret" wählen, dass man sie in die Tastatur einer Schreibmaschine aufnehmen kann. Die Benutzung abzählbarer Alphabete wie $\mathbb{A}_4$ fördert jedoch an manchen Stellen die Übersichtlichkeit. Aus diesem Grunde werden wir öfter von ihnen Gebrauch machen. Für einige Anwendungen von Methoden der mathematischen Logik in der Mathematik ist es nützlich, auch überabzählbare Alphabete in die Betrachtungen einzubeziehen. Beispielsweise ist die Menge $\{c_r \mid r \in \mathbb{R}\}$, die für jede reelle Zahl r das Symbol c_r enthält, ein überabzählbares Alphabet. Den Gebrauch solcher Alphabete rechtfertigen wir in 7.4.

2.1.2 Lemma *Ist $\mathbb{A}$ ein höchstens abzählbares Alphabet, so ist die Menge $\mathbb{A}^*$ der Zeichenreihen über $\mathbb{A}$ abzählbar.*

Beweis. Sei p_n die n-te Primzahl, d.h. $p_0 = 2$, $p_1 = 3$, $p_2 = 5$ usf. Ist $\mathbb{A}$ endlich, etwa $\mathbb{A} = \{a_0, \dots, a_n\}$ mit paarweise verschiedenen $a_0, \dots, a_n$, oder ist $\mathbb{A}$ abzählbar, etwa $\mathbb{A} = \{a_0, a_1, a_2, \dots\}$ mit paarweise verschiedenen a_i, so sei $\beta \colon \mathbb{A}^* \to \mathbb{N}$ die Abbildung mit

$$\beta(\square) := 1, \qquad \beta(a_{i_0} \dots a_{i_r}) := p_0^{i_0+1} \cdot \ldots \cdot p_r^{i_r+1}.$$

Sie ist injektiv. Nach 2.1.1(c) ist somit $\mathbb{A}^*$ höchstens abzählbar. Da a_0, $a_0 a_0$, $a_0 a_0 a_0$, $\dots \in \mathbb{A}^*$, ist $\mathbb{A}^*$ nicht endlich, insgesamt also abzählbar.   ⊣

2.1.3 Aufgabe Gegeben sei eine Funktion $\alpha \colon \mathbb{N} \to \mathbb{R}$. Für $a, b \in \mathbb{R}$ mit $a < b$ zeige man, dass es im abgeschlossenen Intervall $I = [a, b]$ einen Punkt c gibt mit $c \notin \{\alpha(n) \mid n \in \mathbb{N}\}$. Man folgere: I und damit $\mathbb{R}$ sind überabzählbar. (Hinweis: Durch Induktion definiere man eine Folge abgeschlossener Intervalle $I = I_0 \supseteq I_1 \supseteq \dots$ mit $\alpha(n) \notin I_{n+1}$ und verwende, dass $\bigcap_{n \in \mathbb{N}} I_n \neq \emptyset$ ist.)

2.1.4 Aufgabe (a) Man zeige: Sind die Mengen $M_0, M_1, \dots$ höchstens abzählbar, so ist auch deren Vereinigung $\bigcup_{n \in \mathbb{N}} M_n$ höchstens abzählbar.
(b) Man beweise Lemma 2.1.2 unter Verwendung von (a).

2.1.5 Aufgabe Sei M eine Menge. Man zeige: Es gibt keine surjektive (und damit keine bijektive) Abbildung von M auf die Potenzmenge $\mathcal{P}(M) := \{B \mid B \subseteq M\}$ von M. (Hinweis: Für $\alpha \colon M \to \mathcal{P}(M)$ liegt $\{a \mid a \in M, a \notin \alpha(a)\}$ nicht im Bild von α.)

2.2 Das Alphabet einer Sprache erster Stufe

In den formalen Sprachen, die wir aufbauen wollen, sollen u.a. die in Kap. 1 behandelten Axiome, Sätze und Beweise für Gruppen und Äquivalenzrelationen formulierbar sein. In diesem Zusammenhang spielten die Junktoren, die Quantoren und die Gleichheitsbeziehung eine wesentliche Rolle. Wir werden daher in die Sprachen erster Stufe folgende Zeichen aufnehmen: ¬ (für „nicht"), ∧ (für „und"), ∨ (für „oder"), → (für „wenn – so"), ↔ (für „genau dann wenn"), ∀ (für „für alle"), ∃ (für „es gibt") und ≡ (als Gleichheitszeichen). Weiterhin nehmen wir noch Variablen (für Elemente von Gruppen, Elemente von Äquivalenzstrukturen usf.) und Klammern als Hilfssymbole hinzu.

Zur Formulierung der Gruppenaxiome sind noch spezifisch gruppentheoretische Zeichen erforderlich, z. B. ein *zweistelliges Funktionssymbol*, etwa ∘, zur Kennzeichnung der Gruppenverknüpfung und ein Symbol, etwa e, zur Kennzeichnung des neutralen Elements. Wir nennen e ein Konstantensymbol oder kurz eine *Konstante*. Für die Axiome der Theorie der Äquivalenzrelationen benötigen wir ein *zweistelliges Relationssymbol*, etwa R.

Neben die zunächst genannten „logischen" Zeichen tritt demnach eine von Theorie zu Theorie wechselnde Menge S von Relationssymbolen, Funktionssymbolen und Konstanten. Jede solche Menge S wird eine Sprache erster Stufe bestimmen. Insgesamt setzen wir fest:

2.2.1 Definition Das *Alphabet einer Sprache erster Stufe* umfasst folgende Zeichen:

(a) $v_0, v_1, v_2, \ldots$ (*Variablen*);

(b) ¬, ∧, ∨, →, ↔ (*nicht, und, oder, wenn – so, genau dann wenn*);

(c) ∀, ∃ (*für alle, es gibt*);

(d) ≡ (*Gleichheitszeichen*);

(e)), ((*Klammersymbole*);

(f) (1) für jedes $n \geq 1$ eine (eventuell leere) Menge von n-*stelligen Relationssymbolen*;

  (2) für jedes $n \geq 1$ eine (eventuell leere) Menge von n-*stelligen Funktionssymbolen*;

  (3) eine (eventuell leere) Menge von *Konstanten*.

Fortan stehe $\mathbb{A}$ für die unter (a) bis (e) genannten Zeichen und S für die Menge der unter (f) genannten Zeichen. S kann leer sein. Selbstverständlich sollen die in (f) genannten Zeichen untereinander und von den Zeichen aus $\mathbb{A}$ verschieden sein.

S bestimmt eine Sprache erster Stufe (vgl. 2.3). Wir nennen $\mathbb{A}_S := \mathbb{A} \cup S$ das Alphabet dieser Sprache und S ihre *Symbolmenge*.

Einige Symbolmengen haben wir bereits kennengelernt: $S_{\mathrm{Gr}} := \{\circ, e\}$ für die Gruppentheorie und $S_{\mathrm{Äq}} := \{R\}$ für die Theorie der Äquivalenzrelationen. Für die Theorie der geordneten Gruppen könnte man die Symbolmenge $\{\circ, e, R\}$ wählen, wobei das zweistellige Relationssymbol R jetzt zur Wiedergabe der Ordnungsrelation dient. Bei gewissen theoretischen Untersuchungen werden wir mit der Symbolmenge S_∞ arbeiten, welche die Konstanten $c_0, c_1, c_2, \ldots$ enthält und für jedes $n \geq 1$ die abzählbar vielen n-stelligen Relations- und Funktionssymbole $R_0^n, R_1^n, R_2^n, \ldots$ bzw. $f_0^n, f_1^n, f_2^n, \ldots$.

Fortan stehen $P, Q, R, \ldots$ für Relationssymbole, $f, g, h, \ldots$ für Funktionssymbole, $c, c_0, c_1, \ldots$ für Konstanten und $x, y, z, \ldots$ für Variablen.

2.3 Terme und Ausdrücke in Sprachen erster Stufe

Es sei eine Symbolmenge S vorgegeben. Gewisse Zeichenreihen über $\mathbb{A}_S$ werden wir als *Ausdrücke* der zu S gehörenden Sprache erster Stufe ansehen. Falls z. B. $S = S_{Gr}$ ist, sollen

$$e \equiv e, \qquad e \circ v_1 \equiv v_2, \qquad \exists v_1 (e \equiv e \land v_1 \equiv v_2)$$

zu den Ausdrücken zählen, nicht jedoch

$$\equiv \land e, \qquad e \lor e.$$

Die Ausdrücke $e \equiv e$ und $e \circ v_1 \equiv v_2$ haben die Gestalt von Gleichungen. Die rechts und links vom Gleichheitszeichen stehenden Zeichenreihen nennt man *Terme*. Terme sind in „sinnvoller" Weise aus Funktionssymbolen, Variablen, Konstanten (und evtl. noch aus Klammern und Kommata) zusammengesetzt. Um eine präzise Definition der Ausdrücke und damit insbesondere auch der Gleichungen zu geben, müssen wir offenbar zunächst genauer festlegen, was wir unter Termen verstehen wollen.

In der Mathematik findet man unterschiedliche Notierungen für Terme, wie $f(x)$, fx, $x + e$, $g(x, e)$, gxe. Wir entscheiden uns für eine klammerfreie Darstellung, wie sie bei fx und gxe vorliegt.

Leichter als eine explizite Definition und genauer als eine vage Beschreibung der Terme (und später auch der Ausdrücke) ist die Angabe einer *Anleitung* (eines sog. *Kalküls*), die uns sagt, wie man Terme *herstellen* kann.

2.3.1 Definition *S-Terme* sind genau diejenigen Zeichenreihen in $\mathbb{A}_S^*$, welche man durch endlichmalige Anwendung der folgenden *Regeln* erhalten kann:

(T1) Jede Variable ist ein S-Term.

(T2) Jede Konstante aus S ist ein S-Term.

(T3) Sind die Zeichenreihen $t_1, \ldots, t_n$ S-Terme und ist f ein n-stelliges Funktionssymbol aus S, so ist $ft_1 \ldots t_n$ ein S-Term.

Die Menge der S-Terme bezeichnen wir mit T^S.

Ist etwa f einstellig, g zweistellig und $S = \{f, g, c, R\}$, so ist

$$gv_0 fgv_4 c$$

ein S-Term. Zunächst sind nämlich c (nach (T2)) und v_0, v_4 (nach (T1)) S-Terme. Wenden wir (T3) auf die S-Terme v_4, c und das Funktionssymbol g an, erhalten wir, dass $gv_4 c$ ein S-Term ist. Abermalige Anwendung von (T3) auf den S-Term $gv_4 c$ und das Funktionssymbol f ergibt, dass $fgv_4 c$ ein S-Term ist, und eine letzte Anwendung von (T3) auf die S-Terme v_0 und $fgv_4 c$ und auf das Funktionssymbol g liefert schließlich, dass $gv_0 fgv_4 c$ ein S-Term ist.

Wir sagen, dass man die Zeichenreihe $gv_0 fgv_4 c$ im (zu S gehörenden) Termkalkül *ableiten* kann. Die oben geschilderte *Ableitung* kann man schematisch auch in der folgenden Form wiedergeben:

1. c (T2)
2. v_0 (T1)
3. v_4 (T1)
4. $gv_4 c$ (T3) auf 3. und 1. mit g
5. $fgv_4 c$ (T3) auf 4. mit f
6. $gv_0 fgv_4 c$ (T3) auf 2. und 5. mit g.

Die hinter den Zeilennummern stehenden Zeichenreihen lassen sich jeweils mit einer Regel des Termkalküls gewinnen, bei Anwendung von (T3) unter Benutzung bereits gewonnener Zeichenreihen aus vorangehenden Zeilen. Entsprechende Informationen stehen in leicht deutbarer Weise an den Zeilenenden. Offenbar sind neben der Zeichenreihe in der letzten Zeile auch alle vorangehenden Zeichenreihen ableitbar, also S-Terme.

Man zeige, dass für beliebige Variablen x und y die Zeichenreihen $gxgxfy$ und $gxgfxfy$ S-Terme sind. Wir wollen durch eine Ableitung demonstrieren, dass die Zeichenreihe $\circ x \circ ey$ ein S_{Gr}-Term ist.

1. x (T1)
2. y (T1)
3. e (T2)
4. $\circ ey$ (T3) auf 3. und 2. mit $\circ$
5. $\circ x \circ ey$ (T3) auf 1. und 4. mit $\circ$.

Man gibt den Term aus Zeile 4. häufig durch $e \circ y$ und den Term aus Zeile 5. entsprechend durch $x \circ (e \circ y)$ wieder. Auch wir werden uns der besseren Lesbarkeit halber manchmal solcher Darstellungsweisen bedienen.

2.3.2 Definition *S-Ausdrücke* sind genau diejenigen Zeichenreihen in $\mathbb{A}_S^*$, welche man durch endlichmalige Anwendung der folgenden Regeln erhalten kann:

(A1) Für S-Terme t_1, t_2 ist $t_1 \equiv t_2$ ein S-Ausdruck.

(A2) Sind $t_1, \ldots, t_n$ S-Terme und ist R ein n-stelliges Relationssymbol aus S, so ist $R t_1 \ldots t_n$ ein S-Ausdruck.

(A3) Ist φ ein S-Ausdruck, so ist $\neg \varphi$ ein S-Ausdruck.

(A4) Sind φ und ψ S-Ausdrücke, so sind $(\varphi \wedge \psi)$, $(\varphi \vee \psi)$, $(\varphi \to \psi)$ und $(\varphi \leftrightarrow \psi)$ S-Ausdrücke.

(A5) Ist φ ein S-Ausdruck und x eine Variable, so sind $\forall x \varphi$ und $\exists x \varphi$ S-Ausdrücke.

S-Ausdrücke, die wir mit (A1) und (A2) gewinnen können, heißen *atomar*, weil sie nicht aus anderen S-Ausdrücken zusammengesetzt sind. Man nennt $\neg \varphi$ das *Negat* von φ und $(\varphi \wedge \psi)$, $(\varphi \vee \psi)$, $(\varphi \to \psi)$ bzw. $(\varphi \leftrightarrow \psi)$ die *Konjunktion*, *Disjunktion* (oder *Adjunktion*), *Implikation* bzw. *Äquijunktion* von φ und ψ.

Die Menge der S-Ausdrücke bezeichnen wir mit L^S. L^S heißt *die zur Symbolmenge S gehörende Sprache erster Stufe* (häufig auch *Sprache der Prädikatenlogik erster Stufe*).

Statt von S-Termen und S-Ausdrücken sprechen wir häufig von Termen und Ausdrücken, sofern der Bezug auf die Symbolmenge S klar oder unwichtig ist. Für Terme benutzen wir die Buchstaben $t, t_0, t_1, t_2, t_3, \ldots$, für Ausdrücke die Buchstaben $\varphi, \psi, \ldots$.

Wir betrachten einige Beispiele. Ist $S = S_{\text{Äq}} = \{R\}$, so können wir die Axiome der Theorie der Äquivalenzrelationen durch die folgenden Ausdrücke wiedergeben:

$$\forall v_0 R v_0 v_0$$
$$\forall v_0 \forall v_1 (R v_0 v_1 \to R v_1 v_0)$$
$$\forall v_0 \forall v_1 \forall v_2 ((R v_0 v_1 \wedge R v_1 v_2) \to R v_0 v_2).$$

Dass es sich hierbei wirklich um Ausdrücke handelt, können wir, ähnlich wie wir es bei einigen Termen getan haben, durch geeignete Ableitungen im (zu $S_{\text{Äq}}$ gehörenden) Ausdruckskalkül belegen.

Für die ersten beiden Ausdrücke erfolgt dies etwa so:

(1) 1. Rv_0v_0 (A2)
     2. $\forall v_0 Rv_0 v_0$ (A5) auf 1. mit $\forall, v_0$
(2) 1. Rv_0v_1 (A2)
     2. Rv_1v_0 (A2)
     3. $(Rv_0v_1 \to Rv_1v_0)$ (A4) auf 1., 2. mit $\to$
     4. $\forall v_1(Rv_0v_1 \to Rv_1v_0)$ (A5) auf 3. mit $\forall, v_1$
     5. $\forall v_0\forall v_1(Rv_0v_1 \to Rv_1v_0)$ (A5) auf 4. mit $\forall, v_0$.

Man überzeuge sich in ähnlicher Weise, dass für einstelliges f, zweistelliges g, einstelliges P, dreistelliges Q und für Variablen x, y, z die folgenden Zeichenreihen $\{f, g, P, Q\}$-Ausdrücke sind:

(1) $\forall y(Pz \to Qxxz)$;
(2) $(Pgxfy \to \exists x(x \equiv x \wedge x \equiv x))$;
(3) $\forall z \forall z \exists z Qxyz$.

Trotz aller Strenge besitzt der Ausdruckskalkül auch „liberale" Züge: Wir können eine Variable quantifizieren, ohne dass diese in dem betreffenden Ausdruck auftritt (siehe (1)), wir können zwei gleiche Ausdrücke konjunktiv zusammenfassen (siehe (2)) oder eine Variable mehrfach hintereinander quantifizieren (siehe (3)).

Ähnlich wie bei Termen bedienen wir uns auch bei Ausdrücken oft einer abkürzenden oder anschaulicheren Mitteilungsweise. So geben wir den $S_{\text{Äq}}$-Ausdruck Rv_0v_1 auch durch $v_0 Rv_1$ wieder (man vergleiche die Schreibweise $2 < 3$). Klammern lassen wir häufig fort, wenn sie für das Verständnis unwesentlich sind, so etwa die Außenklammern. Beispiel: $\varphi \wedge \psi$ für $(\varphi \wedge \psi)$. Bei iterierten Konjunktionen und Disjunktionen vereinbaren wir Linksklammerung. So stehe $\varphi \wedge \psi \wedge \chi$ für $((\varphi \wedge \psi) \wedge \chi)$. Weiterhin mögen $\wedge$ und $\vee$ stärker binden als $\to$. So stehe $\forall x(\varphi \wedge \psi \to \chi)$ für $\forall x((\varphi \wedge \psi) \to \chi)$. Man sei sich beim Lesen stets bewusst, dass die abkürzenden Mitteilungen keine Ausdrücke mehr sind. Es sei noch einmal betont, dass wir die exakte Definition der Ausdrücke als Präzisierung des Begriffs der mathematischen Aussage bei der geplanten Analyse des Beweisbegriffs wirklich benötigen.

Vielleicht vermag die folgende Analogie zu den Programmiersprachen die Situation zu verdeutlichen. Bei der Herstellung eines Programms sind die grammatikalischen Regeln der Programmiersprache peinlich genau zu beachten, weil eine Rechenmaschine nur formal einwandfreie Programme verarbeiten kann. Dennoch werden Programmierer bei der Konzeption oder der Diskussion von Programmen abkürzende Schreibweisen verwenden, um sich anschaulicher ausdrücken und schneller verständigen zu können.

Wir verwenden in den Sprachen erster Stufe das Symbol $\equiv$ als Gleichheitszeichen, um Mitteilungen wie $\varphi = x \equiv y$ („φ ist der Ausdruck $x \equiv y$") lesbarer zu machen.

Im Hinblick auf spätere Anwendungen vermerken wir noch:

2.3.3 Lemma *Ist S höchstens abzählbar, so sind T^S und L^S abzählbar.*

Beweis. Mit S ist auch $\mathbb{A}_S$ höchstens abzählbar. Nach 2.1.2 ist daher $\mathbb{A}_S^*$ abzählbar. Als Teilmengen von $\mathbb{A}_S^*$ sind demnach T^S und L^S höchstens abzählbar. Andererseits sind T^S und L^S unendlich; denn T^S enthält die Variablen v_0, v_1, v_2 usf., und L^S enthält die Ausdrücke $v_0 \equiv v_0$, $v_1 \equiv v_1$, $v_2 \equiv v_2$ usf. (auch für $S = \emptyset$). $\dashv$

Mit den letzten Betrachtungen haben wir bereits damit begonnen, die Sprachen L^S zum Gegenstand unserer Untersuchungen zu machen. Unser Verständigungsmittel ist die Umgangssprache, angereichert um einige mathematische Sprechweisen. Um dieses Verhältnis zwischen den Sprachen L^S und der mathematisch angereicherten Umgangssprache zum Ausdruck zu bringen, nennt man in diesem Zusammenhang die Sprachen L^S *Objektsprachen* (da sie der Gegenstand der Untersuchungen sind), und man spricht von der Umgangssprache (der Sprache, in der die Untersuchungen durchgeführt werden) als der *Metasprache*. In einem anderen Zusammenhang kann natürlich die mathematisch angereicherte Umgangssprache Objektsprache sein, z. B. bei sprachwissenschaftlichen Untersuchungen. Desgleichen können in gewissen mengentheoretischen Untersuchungen Sprachen erster Stufe die Rolle von Metasprachen einnehmen (vgl. 7.4.3).

Eine geschichtliche Anmerkung. Die erste umfassende formale Sprache wurde von G. Frege [14] geschaffen. Sie wird zweidimensional notiert und setzte sich wegen ihrer Kompliziertheit nicht durch. Die heutigen formalen Sprachen der Logik gehen wesentlich auf G. Peano [31] zurück.

2.4 Induktion im Term- und im Ausdruckskalkül

Für eine Symbolmenge S sei $Z \subseteq \mathbb{A}_S^*$ eine Menge von Zeichenreihen über $\mathbb{A}_S$. Im Fall $Z = T^S$ und $Z = L^S$ haben wir die Elemente von Z mit Hilfe eines Kalküls beschrieben. Jede einzelne Regel dieser Kalküle besagt entweder, dass gewisse Zeichenreihen in Z liegen (etwa die Regeln (T1), (T2), (A1), (A2)), oder sie erlaubt es, von Zeichenreihen $\zeta_1, \ldots, \zeta_n$ zu einer Zeichenreihe ζ überzugehen in dem Sinne, dass ζ zu Z gehört, falls $\zeta_1, \ldots, \zeta_n$ zu Z gehören. Die

Wirkungsweise von Regeln der letztgenannten Art wird besonders anschaulich durch die folgende schematische Wiedergabe zum Ausdruck gebracht:

$$\frac{\zeta_1, \ldots, \zeta_n}{\zeta} \; .$$

Indem wir den Fall $n = 0$ zulassen, erfassen wir auch die zuerst genannten „prämissenlosen" Regeln. Die Regeln des Termkalküls lassen sich dann so schreiben:

(T1) $\dfrac{}{x}$;   (T2) $\dfrac{}{c}$, falls $c \in S$;

(T3) $\dfrac{t_1, \ldots, t_n}{ft_1 \ldots t_n}$, falls $f \in S$, f n-stellig.

Die Definition einer Menge Z von Zeichenreihen durch einen Kalkül $\mathfrak{K}$ ermöglicht es, Behauptungen über die Elemente von Z durch sog. *Induktion über $\mathfrak{K}$* zu beweisen. Das Beweisprinzip entspricht der vollständigen Induktion bei den natürlichen Zahlen. Will man zeigen, dass alle Elemente in Z eine Eigenschaft E haben, so genügt hierzu der Nachweis, dass

(I) $\left\{\begin{array}{l} \text{für jede Regel} \\ \qquad \dfrac{\zeta_1, \ldots, \zeta_n}{\zeta} \\ \text{des Kalküls } \mathfrak{K} \text{ gilt: Wenn } \zeta_1, \ldots, \zeta_n \text{ in } \mathfrak{K} \text{ ableitbar} \\ \text{sind und die Eigenschaft } E \text{ haben (\emph{„Induktionsvor-}} \\ \emph{aussetzung"}), \text{ so hat auch } \zeta \text{ die Eigenschaft } E. \end{array}\right.$

Im Fall $n = 0$ müssen wir also nachweisen, dass ζ die Eigenschaft E hat.

Das Beweisprinzip ist unmittelbar einleuchtend, besagt es doch anschaulich, dass alle mit den Regeln von $\mathfrak{K}$ gewinnbaren Zeichenreihen die Eigenschaft E haben, sofern alle mit „prämissenlosen" Regeln (d.h. $n = 0$ in (I)) gewinnbaren Zeichenreihen die Eigenschaft E besitzen und sofern sich E bei Anwendung der restlichen Regeln vererbt. Es lässt sich auch auf das Prinzip der vollständigen Induktion für natürliche Zahlen zurückführen. Hierzu definiert man zunächst auf naheliegende Weise, was die Länge einer Ableitung im Kalkül $\mathfrak{K}$ sein soll (vgl. die Ableitungsbeispiele in 2.3). Ist dann die Bedingung (I) für eine Eigenschaft E erfüllt, so kann man durch vollständige Induktion über m zeigen, dass jede Zeichenreihe, die eine Ableitung der Länge m besitzt, die Eigenschaft E hat. Da jedes Element aus Z eine Ableitung besitzt, trifft E dann auf alle Elemente von Z zu.

Wir bezeichnen das oben geschilderte Beweisverfahren für Kalküle im Spezialfall des Term- und Ausdruckskalküls als einen *Beweis durch Induktion über den Aufbau der Terme* bzw. *Ausdrücke*. Um nachzuweisen, dass alle S-Terme eine Eigenschaft E haben, reicht es, zu zeigen:

(T1)′ Jede Variable hat die Eigenschaft E.

(T2)′ Jede Konstante aus S hat die Eigenschaft E.

(T3)′ Haben die S-Terme $t_1, \ldots, t_n$ die Eigenschaft E und ist $f \in S$ n-stellig, so hat $ft_1 \ldots t_n$ die Eigenschaft E.

Die entsprechenden Bedingungen lauten im Falle des Ausdruckskalküls:

(A1)′ Jeder S-Ausdruck der Gestalt $t_1 \equiv t_2$ hat die Eigenschaft E.

(A2)′ Jeder S-Ausdruck der Gestalt $Rt_1 \ldots t_n$ hat die Eigenschaft E.

(A3)′ Hat der S-Ausdruck φ die Eigenschaft E, so hat auch $\neg\varphi$ die Eigenschaft E.

(A4)′ Haben die S-Ausdrücke φ und ψ die Eigenschaft E, so haben auch $(\varphi \wedge \psi)$, $(\varphi \vee \psi)$, $(\varphi \rightarrow \psi)$ und $(\varphi \leftrightarrow \psi)$ die Eigenschaft E.

(A5)′ Hat der S-Ausdruck φ die Eigenschaft E und ist x eine Variable, so haben auch $\forall x\varphi$ und $\exists x\varphi$ die Eigenschaft E.

Wir bringen einige Anwendungen.

2.4.1 (a) *Für alle Symbolmengen S ist die leere Zeichenreihe $\square$ kein S-Term und kein S-Ausdruck.*

(b) (1) *$\circ$ ist kein S_{Gr}-Term.*

(2) *$\circ \circ v_1$ ist kein S_{Gr}-Term.*

(c) *Für alle Symbolmengen S enthält jeder S-Ausdruck genau so viele rechte Klammern) wie linke Klammern (.*

Beweis. Zu (a): E sei die Eigenschaft über $\mathbb{A}_S^*$, die auf eine Zeichenreihe ζ über $\mathbb{A}_S$ genau dann zutrifft, wenn ζ nicht leer ist. Wir zeigen durch Induktion über den Aufbau der Terme, dass jeder S-Term die Eigenschaft E besitzt. Den Fall der Ausdrücke überlassen wir den Leserinnen und Lesern.

(T1)′, (T2)′: Terme der Gestalt x und der Gestalt c (mit $c \in S$) sind nicht leer.

(T3)′: Jeder Term nach (T3) beginnt mit einem Funktionssymbol und ist daher nicht leer; wir brauchen also gar nicht auf die Induktionsvoraussetzung zurückzugreifen.

Zu (b): (1) überlassen wir den Leserinnen und Lesern. Zum Beweis von (2) sei E diejenige Eigenschaft über $\mathbb{A}_{S_{\mathrm{Gr}}}^*$, die auf eine Zeichenreihe ζ über $\mathbb{A}_{S_{\mathrm{Gr}}}$ genau dann zutrifft, wenn ζ von $\circ \circ v_1$ verschieden ist. Wir zeigen durch Induktion über den Aufbau der Terme, dass jeder S_{Gr}-Term von $\circ \circ v_1$ verschieden ist. Dabei bedienen wir uns bereits einer etwas gelockerten Darstellungsweise.

$t = x$, $t = e$: t ist von der Zeichenreihe $\circ \circ v_1$ verschieden. $t = \circ t_1 t_2$: Wäre

$\circ t_1 t_2 = \circ \circ v_1$, so nach (a) offenbar $t_1 = \circ$ und $t_2 = v_1$, also insbesondere $t_1 = \circ$, im Widerspruch zu (1).

Zu (c): Man beweist zunächst induktiv über den Aufbau der Terme, dass kein S-Term eine linke oder rechte Klammer enthält. Sodann betrachtet man die Eigenschaft E über $\mathbb{A}^*_S$, die auf eine Zeichenreihe ζ über $\mathbb{A}_S$ genau dann zutrifft, wenn ζ gleich viele linke Klammern wie rechte Klammern enthält. Durch Induktion über den Aufbau der Ausdrücke zeigt man dann, dass jeder S-Ausdruck die Eigenschaft E besitzt. Wir bringen exemplarisch einige Fälle.

$\varphi = t_1 \equiv t_2$ mit S-Termen t_1, t_2: Wegen der Vorbemerkung kommen in φ keine Klammern vor; E trifft also auf φ zu.

$\varphi = \neg\psi$, und ψ habe nach Induktionsvoraussetzung die Eigenschaft E: Da in φ die gleichen Klammern vorkommen wie in ψ, hat auch φ die Eigenschaft E.

$\varphi = (\psi \wedge \chi)$, und E treffe auf ψ und χ zu: Da in φ neben den Klammern aus ψ und χ noch je eine linke und eine rechte Klammer auftreten, hat auch φ die Eigenschaft E.

$\varphi = \forall x\psi$, und ψ habe nach Induktionsvoraussetzung die Eigenschaft E: Dann schließt man wie im Falle $\varphi = \neg\psi$. $\dashv$

Mit den folgenden Ausführungen legen wir dar, dass man Terme und Ausdrücke in eindeutiger Weise in die Terme und Ausdrücke zerlegen kann, aus denen sie entstanden sind. Wir beziehen uns dabei auf eine vorgegebene Symbolmenge S. Einige Vorbereitungen treffen wir in 2.4.2 und 2.4.3.

2.4.2 Lemma (a) *Für alle Terme t, t' gilt: t ist kein echtes Anfangsstück von t' (d.h., es gibt kein von $\square$ verschiedenes ζ mit $t\zeta = t'$).*
(b) *Für alle Ausdrücke φ, φ' gilt: φ ist kein echtes Anfangsstück von φ'.*

Wir beschränken uns auf den *Beweis von* (a). Hierzu betrachten wir die Eigenschaft E, welche auf eine Zeichenreihe η genau dann zutrifft, wenn

$(*)$ Für alle Terme t': η ist kein echtes Anfangsstück von t' und t' kein echtes Anfangsstück von η.

Durch Induktion über den Aufbau der Terme zeigen wir, dass alle Terme t die Eigenschaft E haben.

$t = x$: t' sei ein beliebiger Term. Nach 2.4.1(a) ist t' kein echtes Anfangsstück von x; denn dann müsste $t' = \square$ gelten. Umgekehrt zeigt man durch Induktion über den Aufbau der Terme leicht, dass x der einzige mit x beginnende Term ist. Daher kann t auch kein echtes Anfangsstück von t' sein.

$t = c$: Man schließt analog.

$t = ft_1 \ldots t_n$, $(*)$ gelte für $t_1, \ldots, t_n$: Sei t' beliebig vorgegeben. Wir zeigen, dass t' kein echtes Anfangsstück von t sein kann. Sonst nämlich gäbe es ein ζ mit

$$(1) \qquad\qquad \zeta \neq \Box,\, t = t'\zeta.$$

Da t' mit f beginnt (denn t beginnt mit f), ist t' keine Variable und keine Konstante; t' muss also mit (T3) gewonnen sein und hat somit die Gestalt $ft'_1 \ldots t'_n$ mit geeigneten Termen $t'_1, \ldots t'_n$. Mit (1) bekommen wir daher

$$(2) \qquad\qquad ft_1 \ldots t_n = ft'_1 \ldots t'_n\zeta,$$

und hieraus durch Streichen des Symbols f

$$(3) \qquad\qquad t_1 \ldots t_n = t'_1 \ldots t'_n\zeta.$$

Wir sehen zunächst, dass t_1 ein Anfangsstück von t'_1 ist oder umgekehrt. Da t_1 nach Induktionsvoraussetzung (∗) erfüllt, kann es sich in keinem Fall um ein echtes Anfangsstück handeln. Also ist $t_1 = t'_1$. Durch Streichen von t_1 auf beiden Seiten von (3) gelangen wir nun zu

$$(4) \qquad\qquad t_2 \ldots t_n = t'_2 \ldots t'_n\zeta$$

und in ähnlicher Weise wie von (3) zu (4) schließlich zu

$$\Box = \zeta.$$

Dies ist ein Widerspruch zu (1). t' kann also kein echtes Anfangsstück von t sein. Der Nachweis, dass auch t kein echtes Anfangsstück von t' sein kann, verläuft analog. ⊣

Unter Verwendung von 2.4.2 erhält man auf ähnliche Weise:

2.4.3 Lemma (a) *Sind* $t_1, \ldots, t_n$ *und* $t'_1, \ldots, t'_m$ *Terme und ist*

$$t_1 \ldots t_n = t'_1 \ldots t'_m,$$

so ist $n = m$ *und* $t_i = t'_i$ *für* $1 \leq i \leq n$.
(b) *Sind* $\varphi_1, \ldots, \varphi_n$ *und* $\varphi'_1, \ldots, \varphi'_m$ *Ausdrücke und ist*

$$\varphi_1 \ldots \varphi_n = \varphi'_1 \ldots \varphi'_m,$$

so ist $n = m$ *und* $\varphi_i = \varphi'_i$ *für* $1 \leq i \leq n$.

Mit Hilfe von 2.4.2 und 2.4.3 gewinnt man leicht:

2.4.4 Satz (a) *Jeder Term ist entweder eine Variable oder eine Konstante oder ein Term der Gestalt* $ft_1 \ldots t_n$. *Im letzten Fall sind das Funktionssymbol* f *und die Terme* $t_1, \ldots, t_n$ *eindeutig bestimmt.*
(b) *Jeder Ausdruck ist entweder ein Ausdruck der Gestalt* (1) $t_1 \equiv t_2$ *oder* (2) $Rt_1 \ldots t_n$ *oder* (3) $\neg\varphi$ *oder* (4) $(\varphi \wedge \psi)$ *oder* (5) $(\varphi \vee \psi)$ *oder* (6) $(\varphi \rightarrow \psi)$ *oder* (7) $(\varphi \leftrightarrow \psi)$ *oder* (8) $\forall x\varphi$ *oder* (9) $\exists x\varphi$.
Dabei sind eindeutig bestimmt die Terme t_1, t_2 *im Fall* (1), *das Relationssymbol* R *und die Terme* $t_1, \ldots, t_n$ *im Fall* (2), *der Ausdruck* φ *im Fall*

(3), *die Ausdrücke φ und ψ in den Fällen* (4), (5), (6), (7), *die Variable x und der Ausdruck φ in den Fällen* (8) *und* (9).

Satz 2.4.4 besagt, dass ein Term bzw. ein Ausdruck eindeutig in die Terme und Ausdrücke zerlegt werden kann, aus denen er entstanden ist. Das gibt uns, wie wir nun zeigen werden, die Möglichkeit, sog. *induktive Definitionen über den Aufbau der Terme* bzw. *Ausdrücke* durchzuführen. Um z. B. eine Funktion für alle Terme zu definieren, wird es genügen,

(T1)″ jeder Variablen einen Wert zuzuordnen;

(T2)″ jeder Konstanten einen Wert zuzuordnen;

(T3)″ für jedes n-stellige f und beliebige Terme $t_1, \ldots, t_n$ dem Term $ft_1 \ldots t_n$ einen Wert zuzuordnen unter der Annahme, dass den Termen $t_1, \ldots, t_n$ bereits je ein Wert zugeordnet ist.

Dass mit (T1)″ bis (T3)″ jedem Term genau ein Wert zugeordnet ist, lässt sich durch Induktion über den Aufbau der Terme beweisen:

$t = x$: Nach 2.4.4(a) ist t keine Konstante und beginnt nicht mit einem Funktionssymbol. Die Zuweisung eines Wertes erfolgt also durch (T1)″ und nur durch (T1)″. t erhält demnach genau einen Wert zugewiesen.

$t = c$: Man schließt analog.

$t = ft_1 \ldots t_n$: Jedem der Terme $t_1, \ldots, t_n$ sei genau ein Wert zugeordnet: Um t einen Wert zuzuordnen, kommt nach 2.4.4(a) nur (T3)″ infrage. Da, ebenfalls nach 2.4.4(a), die t_i eindeutig bestimmt sind, wird t also genau ein Wert zugewiesen.   ⊣

Wir illustrieren die Definierbarkeitsprinzipien an einigen Beispielen.

2.4.5 Definition (a) Die Funktion var (genauer: var$_S$), die jedem S-Term t die Menge var(t) der in ihm vorkommenden Variablen zuordnet, lässt sich folgendermaßen definieren:

$$\begin{aligned} \mathrm{var}(x) &:= \{x\} \\ \mathrm{var}(c) &:= \emptyset \\ \mathrm{var}(ft_1 \ldots t_n) &:= \mathrm{var}(t_1) \cup \ldots \cup \mathrm{var}(t_n). \end{aligned}$$

(b) Die Funktion TA, die jedem Ausdruck die Menge seiner Teilausdrücke zuordnet, kann man induktiv über den Aufbau der Ausdrücke definieren:

$$\begin{aligned}
\text{TA}(t_1 \equiv t_2) &:= \{t_1 \equiv t_2\} \\
\text{TA}(Rt_1 \ldots t_n) &:= \{Rt_1 \ldots t_n\} \\
\text{TA}(\neg\varphi) &:= \{\neg\varphi\} \cup \text{TA}(\varphi) \\
\text{TA}((\varphi * \psi)) &:= \{(\varphi * \psi)\} \cup \text{TA}(\varphi) \cup \text{TA}(\psi) \\
&\quad \text{für } * = \wedge, \vee, \rightarrow, \leftrightarrow \\
\text{TA}(\forall x\varphi) &:= \{\forall x\varphi\} \cup \text{TA}(\varphi) \\
\text{TA}(\exists x\varphi) &:= \{\exists x\varphi\} \cup \text{TA}(\varphi).
\end{aligned}$$

In diesen Beispielen ermöglicht die Mengenschreibweise eine prägnante Formulierung. Man kann die entsprechenden Funktionen auch durch Kalküle definieren. Davon handelt die folgende Aufgabe.

2.4.6 Aufgabe (a) Der Kalkül $\mathfrak{K}_v$ bestehe aus den folgenden Regeln:

$$\frac{}{x \quad x} \;; \qquad \frac{y \quad t_i}{y \quad ft_1 \ldots t_n} \text{ , falls } f \in S \text{ } n\text{-stellig und } i \in \{1, \ldots, n\}.$$

Man zeige, dass für alle Variablen x und alle S-Terme t gilt:
xt ist in $\mathfrak{K}_v$ ableitbar gdw[3] $x \in \text{var}(t)$.
(b) Man verfahre für TA ähnlich wir für var in (a).

2.4.7 Aufgabe Man modifiziere den Ausdruckskalkül, indem man in 2.3.2 (A4) die Klammern fortlässt, also etwa für „$(\varphi \wedge \psi)$" einfach „$\varphi \wedge \psi$" schreibt. Zum Beispiel ist $\chi := \exists v_0 P v_0 \wedge Q v_1$ ein $\{P, Q\}$-Ausdruck im neuen Sinn. Man zeige, dass das Analogon von 2.4.4 nicht mehr gilt und dass die entsprechend modifizierte Festlegung für TA es erlaubt, $\text{TA}(\chi) = \{\chi, P v_0 \wedge Q v_1, P v_0, Q v_1\}$ und $\text{TA}(\chi) = \{\chi, \exists v_0 P v_0, P v_0, Q v_1\}$ zu gewinnen, also keine Funktion mehr definiert.

2.4.8 Aufgabe (Klammerfreie Darstellung der Ausdrücke, sog. *polnische Notation*). Sei S eine Symbolmenge und bezeichne $\mathbb{A}'$ die unter (a) bis (d) in 2.2.1 genannten Symbole. Wir setzen $\mathbb{A}'_S := \mathbb{A}' \cup S$. S-Ausdrücke in polnischer Notation (kurz S-P-Ausdrücke) seien alle Zeichenreihen über $\mathbb{A}'_S$, die man durch endlichmalige Anwendung der Regeln (A1), (A2), (A3), (A5) aus 2.3.2 und der folgenden Regel (A4)' erhalten kann:

(A4)' Sind φ und ψ S-P-Ausdrücke, so sind auch $\wedge\varphi\psi$, $\vee\varphi\psi$, $\rightarrow\varphi\psi$ und $\leftrightarrow\varphi\psi$ S-P-Ausdrücke.

Man beweise die 2.4.3(b) und 2.4.4(b) entsprechenden Behauptungen für S-P-Ausdrücke.

2.4.9 Aufgabe Sei $n \geq 1$ und seien $t_1, \ldots, t_n \in T^S$. Man zeige, dass an jeder Stelle im Wort $t_1 \ldots t_n$ genau ein Term beginnt, d.h. ist $1 \leq i \leq$ Länge von $t_1 \ldots t_n$, so gibt es eindeutig bestimmte $\xi, \eta \in \mathbb{A}^*_S$ und $t \in T^S$ mit Länge von $\xi = i - 1$ und $t_1 \ldots t_n = \xi t \eta$.

---

[3]„gdw" steht fortan als Abkürzung für „genau dann wenn".

2.5 Freie Variablen und Sätze

Seien x, y, z verschiedene Variablen. Betrachten wir die atomaren Teilausdrücke des $\{R\}$-Ausdrucks

$$\varphi := \exists x(R\underline{y}\underline{z} \wedge \forall y(\neg \underline{\underline{y}} \equiv \underline{x} \vee R\underline{y}\underline{\underline{z}})),$$

so kommen die Variablen y und z an den einfach unterstrichenen Stellen vor, ohne dass sie dort im Wirkungsbereich eines Quantors stehen. Sie spielen dort, wie wir sehen werden, die Rolle von *Parametern*; wir wollen sagen, dass sie dort *frei* vorkommen. Entsprechend werden wir sagen, dass die Variablen x und y an den doppelt unterstrichenen Stellen *gebunden* vorkommen. (Die Variable y kommt also sowohl frei als auch gebunden in φ vor.)

Die Menge der in einem Ausdruck φ *frei vorkommenden Variablen*, die wir mit frei(φ) bezeichnen wollen, können wir induktiv über den Aufbau der Ausdrücke definieren. Wir beziehen uns dabei wieder auf eine gegebene Symbolmenge S.

2.5.1 Definition

$$\begin{aligned}
\text{frei}(t_1 \equiv t_2) &:= \text{var}(t_1) \cup \text{var}(t_2) \\
\text{frei}(Pt_1 \ldots t_n) &:= \text{var}(t_1) \cup \cdots \cup \text{var}(t_n) \\
\text{frei}(\neg\varphi) &:= \text{frei}(\varphi) \\
\text{frei}((\varphi * \psi)) &:= \text{frei}(\varphi) \cup \text{frei}(\psi) \text{ für } * = \wedge, \vee, \rightarrow, \leftrightarrow \\
\text{frei}(\forall x\varphi) &:= \text{frei}(\varphi) \setminus \{x\} \\
\text{frei}(\exists x\varphi) &:= \text{frei}(\varphi) \setminus \{x\}.
\end{aligned}$$

Man benutze die Richtlinien dieser Definition, um für den Fall $S = \{R\}$ die Menge der in dem eingangs genannten Ausdruck φ frei vorkommenden Variablen zu bestimmen. Wir wollen dasselbe an einem einfacheren Beispiel durchführen. Dabei seien x, y, z wieder verschiedene Variablen.

$$\begin{aligned}
\text{frei}((Ryx \rightarrow \forall y\neg y \equiv z)) &= \text{frei}(Ryx) \cup \text{frei}(\forall y\neg y \equiv z) \\
&= \{x, y\} \cup (\{y, z\} \setminus \{y\}) \\
&= \{x, y, z\}.
\end{aligned}$$

Ausdrücke, in denen keine Variable frei vorkommt („parameterfreie" Ausdrücke), heißen *Sätze*. Zum Beispiel ist $\exists v_0 \neg v_0 \equiv v_0$ ein Satz. Man verwechsle diesen formal (grammatikalisch) definierten Begriff nicht mit dem in der Mathematik auch üblichen Terminus „Satz" im Sinne von „Theorem".

Abschließend vereinbaren wir, dass wir unter L_n^S die Menge derjenigen S-Ausdrücke verstehen wollen, in denen höchstens die Variablen $v_0, \ldots, v_{n-1}$ frei vorkommen, also

$$L_n^S := \{\varphi \mid \varphi \text{ ist } S\text{-Ausdruck mit frei}(\varphi) \subseteq \{v_0, \ldots, v_{n-1}\}\}.$$

Insbesondere ist dann L_0^S die Menge der S-Sätze.

2.5.2 Aufgabe Man zeige, dass der im Folgenden angegebene Kalkül $\mathfrak{K}_{nf}$ gerade diejenigen Zeichenreihen der Gestalt $x\varphi$ abzuleiten gestattet, für die $\varphi \in L^S$ ist und x nicht frei in φ vorkommt.

$$\frac{}{x \quad t_1 \equiv t_2} \ , \quad \text{falls } t_1, t_2 \in T^S \text{ und } x \notin \mathrm{var}(t_1) \cup \mathrm{var}(t_2);$$

$$\frac{}{x \quad Rt_1 \dots t_n} \ , \quad \begin{array}{l} \text{falls } R \in S \text{ } n\text{-stellig, } t_1, \dots, t_n \in T^S \\ \text{und } x \notin \mathrm{var}(t_1) \cup \dots \cup \mathrm{var}(t_n); \end{array}$$

$$\frac{x \quad \varphi}{x \quad \neg\varphi} \ ; \qquad\qquad \frac{\begin{array}{c} x \quad \varphi \\ x \quad \psi \end{array}}{x \quad (\varphi * \psi)} \quad \text{für } * = \wedge, \vee, \rightarrow, \leftrightarrow;$$

$$\frac{}{x \quad \forall x\varphi} \ ; \qquad\qquad \frac{}{x \quad \exists x\varphi} \ ;$$

$$\frac{x \quad \varphi}{x \quad \forall y\varphi} \ , \quad \text{falls } x \neq y; \qquad \frac{x \quad \varphi}{x \quad \exists y\varphi} \ , \quad \text{falls } x \neq y.$$

3

Semantik der Sprachen erster Stufe

Es sei R ein zweistelliges Relationssymbol. Der $\{R\}$-Ausdruck

(1) $$\forall v_0 R v_0 v_0$$

ist zunächst nur eine Zeichenreihe, der keine Bedeutung zukommt. Dies ändert sich, wenn wir für die Variable v_0 einen Grundbereich festlegen und das zweistellige Relationssymbol R durch eine zweistellige Relation über diesem Grundbereich interpretieren. Natürlich kann das auf verschiedene Weise geschehen.

Wählen wir z. B. $\mathbb{N}$ als Grundbereich, deuten wir damit also „$\forall v_0$" als „für alle $n \in \mathbb{N}$", und interpretieren wir R durch die Teilbarkeitsbeziehung $R^{\mathbb{N}}$ über $\mathbb{N}$, so geht (1) in die (wahre) Aussage

$$\textit{Für alle } n \in \mathbb{N}\textit{: } R^{\mathbb{N}} n n$$

über, d.h. in die Aussage

$$\textit{Jede natürliche Zahl teilt sich selbst.}$$

Wir sagen: Der Ausdruck $\forall v_0 R v_0 v_0$ *gilt in* $(\mathbb{N}, R^{\mathbb{N}})$.

Wählen wir etwa die Menge $\mathbb{Z}$ der ganzen Zahlen als Grundbereich und interpretieren wir R durch die Kleiner-Relation $R^{\mathbb{Z}}$ über $\mathbb{Z}$, so geht (1) jetzt in die (falsche) Aussage

$$\textit{Für alle } a \in \mathbb{Z}\textit{: } R^{\mathbb{Z}} a a$$

über, d.h. in die Aussage

$$\textit{Für jede ganze Zahl } a \textit{ gilt } a < a.$$

© Springer-Verlag GmbH Deutschland, ein Teil von Springer Nature 2018
H.-D. Ebbinghaus et al., *Einführung in die mathematische Logik*,
https://doi.org/10.1007/978-3-662-58029-5_3

Wir sagen: Der Ausdruck $\forall v_0 R v_0 v_0$ *gilt nicht in* $(\mathbb{Z}, R^{\mathbb{Z}})$.

Betrachten wir in $(\mathbb{Z}, R^{\mathbb{Z}})$ den Ausdruck

$$\exists v_0 (R v_1 v_0 \wedge R v_0 v_2),$$

so müssen wir noch die frei vorkommenden Variablen v_1 und v_2 durch Elemente von $\mathbb{Z}$ interpretieren. Bei Interpretation von v_1 durch 5 und v_2 durch 8 erhalten wir die (wahre) Aussage

Es gibt eine ganze Zahl a mit $5 < a$ *und* $a < 8$,

und bei der Interpretation von v_1 durch 5 und v_2 durch 6 die (falsche) Aussage

Es gibt eine ganze Zahl a mit $5 < a$ *und* $a < 6$.

Im Mittelpunkt dieses Kapitels steht eine exakte Fassung des Begriffs der Interpretation und eine präzise Definition dafür, wann ein Ausdruck bei einer Interpretation in eine wahre bzw. in eine falsche Aussage übergeht. Dies ermöglicht dann (in 3.4) auch eine Präzisierung der in Kap. 1 angedeuteten Folgerungsbeziehung.

Die Definitionen der in Kap. 2 betrachteten Begriffe „Term", „Ausdruck", „freies Vorkommen" usf. nehmen nur Bezug auf die äußere Gestalt von Zeichenreihen. Man nennt sie *syntaktische Begriffe*. Dagegen beziehen sich die Begriffe, die wir in diesem Kapitel einführen werden, auf die *Bedeutung* von Zeichenreihen (im obigen Fall etwa auf die Bedeutung in Strukturen). Derartige Begriffe der mathematischen Logik nennt man *semantisch*.

3.1   Strukturen und Interpretationen

Ist A eine Menge und $n \geq 1$, so verstehen wir unter einer *n-stelligen Funktion über A* eine Abbildung, deren Definitionsbereich die Menge A^n der n-Tupel von Elementen aus A ist und deren Werte wiederum in A liegen. Unter einer *n-stelligen Relation* $\mathfrak{R}$ *über A* verstehen wir eine Teilmenge von A^n. Statt $(a_1, \ldots, a_n) \in \mathfrak{R}$ schreiben wir auch $\mathfrak{R} a_1 \ldots a_n$ und sagen, dass die Relation $\mathfrak{R}$ auf $a_1, \ldots, a_n$ zutrifft. – Die Teilbarkeitsbeziehung über $\mathbb{N}$ ist bei dieser Auffassung die Menge

$$\{(n, m) \mid n, m \in \mathbb{N} \text{ und es gibt ein } k \in \mathbb{N} \text{ mit } n \cdot k = m\},$$

und die Kleiner-Relation über $\mathbb{Z}$ ist die Menge

$$\{(a, b) \mid a, b \in \mathbb{Z} \text{ und } a < b\}.$$

In den eingangs betrachteten Beispielen wurden die Strukturen $(\mathbb{N}, R^{\mathbb{N}})$ bzw. $(\mathbb{Z}, R^{\mathbb{Z}})$ bestimmt durch den Grundbereich $\mathbb{N}$ bzw. $\mathbb{Z}$ und durch die zweistellige

Relation $R^{\mathbb{N}}$ bzw. $R^{\mathbb{Z}}$ als Interpretation des Symbols R. Mit Bezug auf die Menge der gedeuteten Symbole – hier also $\{R\}$ – bezeichnen wir $(\mathbb{N}, R^{\mathbb{N}})$ und $(\mathbb{Z}, R^{\mathbb{Z}})$ als $\{R\}$-Strukturen. Betrachten wir die Symbolmenge $S_{\mathrm{Gr}} = \{\circ, e\}$ der Gruppentheorie, so wird durch den Grundbereich $\mathbb{R}$ der reellen Zahlen, durch die Addition $+$ über $\mathbb{R}$ (als Interpretation von $\circ$) und das Element 0 aus $\mathbb{R}$ (als Interpretation von e) die S_{Gr}-Struktur $(\mathbb{R}, +, 0)$ bestimmt. Allgemein wird eine S-Struktur $\mathfrak{A}$ festgelegt durch

(a) die Angabe eines Grundbereichs A,

(b) (1) die Angabe einer n-stelligen Relation über A für jedes n-stellige Relationssymbol aus S,

   (2) die Angabe einer n-stelligen Funktion über A für jedes n-stellige Funktionssymbol aus S,

   (3) die Angabe eines Elements von A für jede Konstante aus S.

Wir fassen die Punkte unter (b) in einer Abbildung zusammen und definieren:

3.1.1 Definition Eine S-*Struktur* ist ein Paar $\mathfrak{A} = (A, \mathfrak{a})$ mit den folgenden Eigenschaften:

(a) A ist eine *nicht-leere* Menge, der sog. *Grundbereich* oder *Träger* von $\mathfrak{A}$.

(b) $\mathfrak{a}$ ist eine auf S definierte Abbildung. Für sie gilt:

   (1) Für jedes n-stellige Relationssymbol R aus S ist $\mathfrak{a}(R)$ eine n-stellige Relation über A.

   (2) Für jedes n-stellige Funktionssymbol f aus S ist $\mathfrak{a}(f)$ eine n-stellige Funktion über A.

   (3) Für jede Konstante c aus S ist $\mathfrak{a}(c)$ ein Element von A.

Statt $\mathfrak{a}(R)$, $\mathfrak{a}(f)$ und $\mathfrak{a}(c)$ schreiben wir häufig $R^{\mathfrak{A}}$, $f^{\mathfrak{A}}$ und $c^{\mathfrak{A}}$ oder auch einfach R^A, f^A und c^A. Für Strukturen $\mathfrak{A}, \mathfrak{B}, \dots$ seien $A, B, \dots$ deren Träger. Oft geben wir eine S-Struktur nicht in der Form $\mathfrak{A} = (A, \mathfrak{a})$ an, sondern ersetzen die Abbildung $\mathfrak{a}$ durch eine Aufzählung ihrer Werte; z. B. schreiben wir eine $\{R, f, g\}$-Struktur dann in der Form $\mathfrak{A} = (A, R^{\mathfrak{A}}, f^{\mathfrak{A}}, g^{\mathfrak{A}})$.

Bei der Betrachtung der Arithmetik spielen die folgenden Symbolmengen eine besondere Rolle:

$$S_{\mathrm{Ar}} := \{+, \cdot, 0, 1\} \quad \text{und} \quad S_{\mathrm{Ar}}^{<} := \{+, \cdot, 0, 1, <\}.$$

Hierbei sind $+$ und $\cdot$ zweistellige Funktionssymbole, 0 und 1 Konstanten und $<$ ein zweistelliges Relationssymbol. Mit $\mathfrak{N}$ werden wir fortan die S_{Ar}-Struktur $(\mathbb{N}, +^{\mathbb{N}}, \cdot^{\mathbb{N}}, 0^{\mathbb{N}}, 1^{\mathbb{N}})$ bezeichnen, wobei $+^{\mathbb{N}}$ und $\cdot^{\mathbb{N}}$ die übliche Addition und die übliche Multiplikation über $\mathbb{N}$ sind und $0^{\mathbb{N}}$ und $1^{\mathbb{N}}$ die Zahlen Null und Eins.

$$\mathfrak{N}^{<} := (\mathbb{N}, +^{\mathbb{N}}, \cdot^{\mathbb{N}}, 0^{\mathbb{N}}, 1^{\mathbb{N}}, <^{\mathbb{N}}),$$

wobei $<^{\mathbb{N}}$ die übliche Kleiner-Relation über $\mathbb{N}$ bezeichnet, ist ein Beispiel für eine $S_{\mathrm{Ar}}^{<}$-Struktur. Entsprechend setzen wir

$$\mathfrak{R} := (\mathbb{R}, +^{\mathbb{R}}, \cdot^{\mathbb{R}}, 0^{\mathbb{R}}, 1^{\mathbb{R}}) \quad \text{und} \quad \mathfrak{R}^{<} := (\mathbb{R}, +^{\mathbb{R}}, \cdot^{\mathbb{R}}, 0^{\mathbb{R}}, 1^{\mathbb{R}}, <^{\mathbb{R}}).$$

Häufig werden wir auf die Indizes $^{\mathbb{N}}, ^{\mathbb{R}}, \ldots$ bei $+^{\mathbb{N}}, +^{\mathbb{R}}, \ldots, <^{\mathbb{N}}, <^{\mathbb{R}}$ verzichten. Es ergibt sich dann jeweils aus dem Zusammenhang, ob unter $+$ das Funktionssymbol, die Addition über $\mathbb{N}$ oder die Addition über $\mathbb{R}$ zu verstehen ist.

Die Interpretation von Variablen regeln wir durch sog. Belegungen.

3.1.2 Definition Eine *Belegung* in einer S-Struktur $\mathfrak{A}$ ist eine Abbildung $\beta \colon \{v_n \mid n \in \mathbb{N}\} \to A$ der Menge der Variablen in den Träger A.

Jetzt können wir den Begriff der Interpretation präzise fassen:

3.1.3 Definition Eine *S-Interpretation* $\mathfrak{I}$ ist ein Paar $(\mathfrak{A}, \beta)$, bestehend aus einer S-Struktur $\mathfrak{A}$ und einer Belegung β in $\mathfrak{A}$.

Wenn der Bezug zur Symbolmenge S klar oder unwichtig ist, sprechen wir statt von S-Strukturen und von S-Interpretationen einfacher von Strukturen und Interpretationen.

Ist β eine Belegung in $\mathfrak{A}$, $a \in A$ und x eine Variable, so sei $\beta\frac{a}{x}$ diejenige Belegung in $\mathfrak{A}$, die x auf a abbildet und für alle von x verschiedenen Variablen mit β übereinstimmt:

$$\beta\frac{a}{x}(y) := \begin{cases} \beta(y) & \text{für } y \neq x \\ a & \text{für } y = x. \end{cases}$$

Ist $\mathfrak{I} = (\mathfrak{A}, \beta)$, so sei $\mathfrak{I}\frac{a}{x} := (\mathfrak{A}, \beta\frac{a}{x})$.

Wir haben bereits in der Einführung zu diesem Kapitel an Beispielen gesehen, wie man einen S-Ausdruck nach Angabe einer S-Interpretation als eine (umgangssprachliche) Aussage lesen kann. Es ist nützlich, das Lesen von Ausdrücken bei einer Interpretation zu üben.

Ist etwa $S = S^{<}_{\mathrm{Ar}}$ und die Interpretation $\mathfrak{I} = (\mathfrak{A}, \beta)$ gegeben durch

$$(*) \qquad \mathfrak{A} = (\mathbb{N}, +, \cdot, 0, 1, <) \quad \text{und} \quad \beta(v_n) = 2n \text{ für } n \geq 0,$$

so liest sich der Ausdruck $v_2 \cdot (v_1 + v_2) \equiv v_4$ (eigentlich: $\cdot v_2 + v_1 v_2 \equiv v_4$) als „$4 \cdot (2 + 4) = 8$" und der Ausdruck $\forall v_0 \exists v_1 \, v_0 < v_1$ (eigentlich: $\forall v_0 \exists v_1 \, {<} v_0 v_1$) als „Zu jeder natürlichen Zahl gibt es eine größere natürliche Zahl".

3.1.4 Aufgabe Es sei $\mathfrak{I}$ die oben durch $(*)$ definierte Interpretation. Als welche Aussagen lassen sich die folgenden Ausdrücke bei $\mathfrak{I}$ lesen?

(a) $\exists v_0 \, v_0 + v_0 \equiv v_1$;   (d) $\forall v_0 \exists v_1 \, v_0 \equiv v_1$;

(b) $\exists v_0 \, v_0 \cdot v_0 \equiv v_1$;   (e) $\forall v_0 \forall v_1 \exists v_2 (v_0 < v_2 \wedge v_2 < v_1)$.

(c) $\exists v_1 \, v_0 \equiv v_1$;

3.1.5 Aufgabe A sei eine endliche, nicht-leere Menge und S eine endliche Symbolmenge. Man zeige, dass es nur endlich viele S-Strukturen mit dem Träger A gibt.

3.1.6 Aufgabe Für S-Strukturen $\mathfrak{A} = (A, \mathfrak{a})$ und $\mathfrak{B} = (B, \mathfrak{b})$ sei $\mathfrak{A} \times \mathfrak{B}$, das *direkte Produkt von $\mathfrak{A}$ und $\mathfrak{B}$*, die S-Struktur mit Träger

$$A \times B := \{(a, b) \mid a \in A, b \in B\},$$

die durch die folgenden Festlegungen gegeben ist: Für n-stelliges R aus S und $(a_1, b_1), \ldots, (a_n, b_n) \in A \times B$ gelte

$$R^{\mathfrak{A} \times \mathfrak{B}}(a_1, b_1) \ldots (a_n, b_n) \quad \text{gdw} \quad R^{\mathfrak{A}} a_1 \ldots a_n \text{ und } R^{\mathfrak{B}} b_1 \ldots b_n,$$

für n-stelliges f aus S und $(a_1, b_1), \ldots, (a_n, b_n) \in A \times B$ sei

$$f^{\mathfrak{A} \times \mathfrak{B}}((a_1, b_1), \ldots, (a_n, b_n)) := (f^{\mathfrak{A}}(a_1, \ldots, a_n), f^{\mathfrak{B}}(b_1, \ldots, b_n)),$$

und für $c \in S$ sei

$$c^{\mathfrak{A} \times \mathfrak{B}} := (c^{\mathfrak{A}}, c^{\mathfrak{B}}).$$

Man zeige:

(a) Sind die S_{Gr}-Strukturen $\mathfrak{A}$ und $\mathfrak{B}$ Gruppen, so ist auch $\mathfrak{A} \times \mathfrak{B}$ eine Gruppe.

(b) Mit $\mathfrak{A}$ und $\mathfrak{B}$ ist auch $\mathfrak{A} \times \mathfrak{B}$ eine Äquivalenzstruktur.

(c) Sind die S_{Ar}-Strukturen $\mathfrak{A}, \mathfrak{B}$ Körper, so ist $\mathfrak{A} \times \mathfrak{B}$ kein Körper.

3.2 Eine Normierung der umgangssprachlichen Junktoren

Bei der im nächsten Abschnitt folgenden Definition der Modellbeziehung werden wir auf die Bedeutung der Junktoren „nicht", „und", „oder", „wenn – so", „genau dann, wenn" zurückgreifen müssen. In der Umgangssprache schwankt ihr Gebrauch. Beispielsweise wird „oder" manchmal nicht-ausschließend, manchmal ausschließend im Sinne von „entweder – oder" verwendet. Wir nehmen daher eine Normierung vor. Den Junktor „oder" wollen wir fortan nicht-ausschließend verwenden: Eine mit „oder" zusammengesetzte Aussage ist wahr (wir sagen auch: Sie hat den *Wahrheitswert W*) genau dann, wenn mindestens eine Teilaussage wahr ist. Eine mit „oder" zusammengesetzte Aussage ist also falsch (wir sagen auch: Sie hat den *Wahrheitswert F*) genau dann, wenn beide Teilaussagen falsch sind. Wenn wir also in 3.3.2 festlegen, dass ein Ausdruck $(\varphi \lor \psi)$ bei einer Interpretation $\mathfrak{J}$ genau dann den Wahrheitswert W erhält, wenn φ bei $\mathfrak{J}$ den Wahrheitswert W erhält *oder* wenn ψ bei $\mathfrak{J}$ den Wahrheitswert W erhält, so bedeutet das aufgrund unserer Normierung:

$(\varphi \vee \psi)$ erhält bei $\mathfrak{I}$ den Wahrheitswert W genau dann, wenn mindestens einer der Ausdrücke φ, ψ bei $\mathfrak{I}$ den Wahrheitswert W erhält.

Der Wahrheitswert einer mit „oder" zusammengesetzten Aussage hängt jetzt allein von den Wahrheitswerten der Teilaussagen ab. Wir können daher die Bedeutung von „oder" durch eine Funktion

$$\dot{\vee} \colon \{W, F\} \times \{W, F\} \to \{W, F\}$$

erfassen, deren Funktionstafel („Wahrheitstafel") folgendermaßen lautet:

		$\dot{\vee}$
W	W	W
W	F	W
F	W	W
F	F	F

Ähnlich verfahren wir bei den Junktoren „und", „wenn - so", „genau dann, wenn", „nicht". Wir geben gleich die Tafeln für die entsprechenden Funktionen $\dot{\wedge}, \dot{\to}, \dot{\leftrightarrow}, \dot{\neg}$ an:

		$\dot{\wedge}$	$\dot{\to}$	$\dot{\leftrightarrow}$			$\dot{\neg}$
W	W	W	W	W		W	F
W	F	F	F	F		F	W
F	W	F	W	F			
F	F	F	W	W			

Diese Normierung entspricht dem in der Mathematik üblichen Sprachgebrauch.

Junktoren, für die der Wahrheitswert zusammengesetzter Aussagen nur von den Wahrheitswerten der Teilaussagen abhängt, nennt man *extensional*. Aufgrund unserer Festsetzungen gebrauchen wir die Junktoren „nicht", „und", „oder", „wenn – so", „genau dann, wenn" also extensional. In der Umgangssprache dagegen werden diese Junktoren häufig nicht in extensionaler Weise gebraucht. Hierzu vergleiche man etwa die beiden Aussagen „Otto wird krank und der Arzt verschreibt ihm eine Medizin" und „Der Arzt verschreibt ihm eine Medizin und Otto wird krank". Im Gegensatz zum extensionalen Gebrauch von „und" hängt in diesem Fall der Wahrheitswert auch von der Reihenfolge der Teilaussagen ab, mit der ein zeitlicher Bezug hergestellt wird, letztlich also von ihrer Bedeutung (*intensionaler Gebrauch*).

Mit der Beschränkung auf den extensionalen Gebrauch verzichten wir auf gewisse in der Umgangssprache vorhandene Ausdrucksmöglichkeiten. Die Erfahrung lehrt, dass dieser Verzicht für die Formulierung *mathematischer* Aussagen unerheblich ist. Darüber hinaus zeigen wir in 11.4, dass sich mit den von uns gewählten Junktoren alle anderen extensionalen Junktoren definieren lassen.

3.2.1 Aufgabe Man zeige für beliebige $x, y \in \{W, F\}$:
(a) $\dot{\rightarrow}(x, y) = \dot{\vee}(\dot{\neg}(x), y)$;
(b) $\dot{\wedge}(x, y) = \dot{\neg}(\dot{\vee}(\dot{\neg}(x), \dot{\neg}(y)))$;
(c) $\dot{\leftrightarrow}(x, y) = \dot{\wedge}(\dot{\rightarrow}(x, y), \dot{\rightarrow}(y, x))$.

3.3 Die Modellbeziehung

Die Modellbeziehung präzisiert, wann ein Ausdruck bei einer Interpretation in eine wahre Aussage übergeht. Wir beziehen uns auf eine vorgegebene Symbolmenge S. Terme bzw. Ausdrücke seien stets S-Terme bzw. S-Ausdrücke und Interpretationen stets S-Interpretationen. Zur Vorbereitung ordnen wir jeder Interpretation $\mathfrak{I} = (\mathfrak{A}, \beta)$ und jedem Term t auf natürliche Weise ein Element $\mathfrak{I}(t)$ des Trägers A zu. Wir definieren $\mathfrak{I}(t)$ über den Aufbau der Terme.

3.3.1 Definition (a) Für eine Variable x sei $\mathfrak{I}(x) := \beta(x)$.
(b) Für $c \in S$ sei $\mathfrak{I}(c) := c^{\mathfrak{A}}$.
(c) Für n-stelliges $f \in S$ und Terme $t_1, \ldots, t_n$ sei

$$\mathfrak{I}(ft_1 \ldots t_n) := f^{\mathfrak{A}}(\mathfrak{I}(t_1), \ldots, \mathfrak{I}(t_n)).$$

Ein Beispiel hierzu: Für $S = S_{\mathrm{Gr}}$ und $\mathfrak{I} = (\mathfrak{A}, \beta)$ mit $\mathfrak{A} = (\mathbb{R}, +, 0)$ und $\beta(v_0) = 2, \beta(v_2) = 6$ ist $\mathfrak{I}(v_0 \circ (e \circ v_2)) = \mathfrak{I}(v_0) + \mathfrak{I}(e \circ v_2) = 2 + (0 + 6) = 8$.

Wir definieren nun induktiv über den Aufbau der Ausdrücke φ für alle Interpretationen $\mathfrak{I}$ die Beziehung $\mathfrak{I}$ *ist Modell von* φ. Wir sagen auch, $\mathfrak{I}$ *erfüllt* φ oder φ *gilt bei* $\mathfrak{I}$, und schreiben $\mathfrak{I} \models \varphi$. (Zur Definition von $\mathfrak{I}\frac{a}{x}$ vgl. 3.1.)

3.3.2 Definition der Modellbeziehung Für alle $\mathfrak{I} = (\mathfrak{A}, \beta)$ setzen wir:

$\mathfrak{I} \models t_1 \equiv t_2$	:gdw[1]	$\mathfrak{I}(t_1) = \mathfrak{I}(t_2)$
$\mathfrak{I} \models Rt_1 \ldots t_n$	:gdw	$R^{\mathfrak{A}}\mathfrak{I}(t_1) \ldots \mathfrak{I}(t_n)$ (d.h., $R^{\mathfrak{A}}$ trifft zu auf $\mathfrak{I}(t_1), \ldots, \mathfrak{I}(t_n)$)
$\mathfrak{I} \models \neg\varphi$	:gdw	nicht $\mathfrak{I} \models \varphi$
$\mathfrak{I} \models (\varphi \wedge \psi)$	:gdw	$\mathfrak{I} \models \varphi$ und $\mathfrak{I} \models \psi$
$\mathfrak{I} \models (\varphi \vee \psi)$	:gdw	$\mathfrak{I} \models \varphi$ oder $\mathfrak{I} \models \psi$
$\mathfrak{I} \models (\varphi \rightarrow \psi)$	:gdw	wenn $\mathfrak{I} \models \varphi$, so $\mathfrak{I} \models \psi$
$\mathfrak{I} \models (\varphi \leftrightarrow \psi)$	:gdw	$\mathfrak{I} \models \varphi$ genau dann, wenn $\mathfrak{I} \models \psi$
$\mathfrak{I} \models \forall x\varphi$	:gdw	für alle $a \in A$ gilt $\mathfrak{I}\frac{a}{x} \models \varphi$
$\mathfrak{I} \models \exists x\varphi$	:gdw	es gibt ein $a \in A$ mit $\mathfrak{I}\frac{a}{x} \models \varphi$.

---

[1]Zu „gdw" vgl. die Fußnote auf S. 23; ein Doppelpunkt vor „gdw" soll deutlich machen, dass die linke Seite durch die rechte definiert wird.

Ist Φ eine Menge von S-Ausdrücken, so sagen wir, dass $\mathfrak{J}$ ein Modell von Φ ist, und schreiben $\mathfrak{J} \models \Phi$, falls $\mathfrak{J} \models \varphi$ für alle $\varphi \in \Phi$.

Man mache sich klar, indem man die einzelnen Schritte der Definition verfolgt, dass $\mathfrak{J} \models \varphi$ genau dann, wenn φ bei $\mathfrak{J}$ in eine wahre Aussage übergeht. Die Quantorenschritte in 3.3.2 mag das folgende Beispiel verdeutlichen. Sei wieder $S = S_{\mathrm{Gr}}$ und $\mathfrak{J} = (\mathfrak{A}, \beta)$ mit $\mathfrak{A} = (\mathbb{R}, +, 0)$ und $\beta(x) = 9$ für alle x. Dann erhalten wir:

$$\mathfrak{J} \models \forall v_0\, v_0 \circ e \equiv v_0$$
$$\text{gdw} \quad \text{für alle } r \in \mathbb{R}: \quad \mathfrak{J}\frac{r}{v_0} \models v_0 \circ e \equiv v_0$$
$$\text{gdw} \quad \text{für alle } r \in \mathbb{R}: \quad r + 0 = r.$$

3.3.3 Aufgabe Sei P ein einstelliges Relationssymbol und f ein zweistelliges Funktionssymbol. Für jeden der Ausdrücke

$$\forall v_1 f v_0 v_1 \equiv v_0, \quad \exists v_0 \forall v_1 f v_0 v_1 \equiv v_1, \quad \exists v_0 (P v_0 \wedge \forall v_1 P f v_0 v_1)$$

finde man eine Interpretation, die ihn erfüllt, und eine Interpretation, die ihn nicht erfüllt.

3.3.4 Aufgabe Ein Ausdruck, der $\neg, \rightarrow, \leftrightarrow$ nicht enthält, heiße *positiv*. Man zeige: Zu jedem positiven S-Ausdruck gibt es eine S-Interpretation, die ihn erfüllt. (Hinweis: Man betrachte eine geeignete Struktur mit einelementigem Träger.)

3.4   Die Folgerungsbeziehung

Mit Hilfe der Modellbeziehung lässt sich präzisieren, wann ein Ausdruck aus einer Menge von Ausdrücken folgt. Wir legen wieder eine feste Symbolmenge S zugrunde.

3.4.1 Definition der Folgerungsbeziehung
Φ sei eine Menge von Ausdrücken und φ ein Ausdruck.

φ *folgt aus* Φ (kurz: $\Phi \models \varphi$) :gdw   jede Interpretation, die Modell
von Φ ist, ist auch Modell von φ.[2]

Statt „$\{\psi\} \models \varphi$" schreiben wir auch „$\psi \models \varphi$".

Beispiele für die Folgerungsbeziehung haben wir bereits in Kap. 1 angedeutet. So können wir den Inhalt von 1.1.1 (Existenz des Linksinversen in Gruppen)

---

[2]Wir verwenden $\models$ sowohl für die Modellbeziehung ($\mathfrak{J} \models \varphi$) als auch für die Folgerungsbeziehung ($\Phi \models \varphi$). Missverständnisse sind nicht zu befürchten, da der Bezug auf eine Interpretation $\mathfrak{J}$ bzw. eine Ausdrucksmenge Φ die Bedeutung festlegt.

jetzt wiedergeben durch

$$\Phi_{Gr} \models \forall v_0 \exists v_1\, v_1 \circ v_0 \equiv e,$$

wobei

$$\Phi_{Gr} = \{\ \forall v_0 \forall v_1 \forall v_2\, (v_0 \circ v_1) \circ v_2 \equiv v_0 \circ (v_1 \circ v_2),$$
$$\forall v_0\, v_0 \circ e \equiv v_0,\ \forall v_0 \exists v_1\, v_0 \circ v_1 \equiv e\}.$$

Um zu zeigen, dass ein Ausdruck φ *nicht* aus einer Ausdrucksmenge Φ folgt, genügt es, eine Interpretation anzugeben, die zwar jeden Ausdruck aus Φ, nicht jedoch φ erfüllt. So zeigt man z. B.

(1) $\qquad$ nicht $\Phi_{Gr} \models \forall v_0 \forall v_1\, v_0 \circ v_1 \equiv v_1 \circ v_0$

dadurch, dass man eine Interpretation angibt, die aus einer nicht-abelschen Gruppe $\mathfrak{G}$ und einer beliebigen Belegung in $\mathfrak{G}$ besteht. Analog zeigt man mit einer abelschen Gruppe

(2) $\qquad$ nicht $\Phi_{Gr} \models \neg\forall v_0 \forall v_1 v_0 \circ v_1 \equiv v_1 \circ v_0.$

Wir sehen an (1) und (2) zugleich, dass man aus

$$\text{nicht } \Phi \models \varphi$$

im Allgemeinen nicht schließen kann auf

$$\Phi \models \neg\varphi.$$

In Kap. 1 haben wir – allerdings nur exemplarisch und auf anschauliche Weise – eingesehen, dass ein Beweis eines Ausdrucks φ unter Benutzung eines Axiomensystems Φ zeigt, dass φ aus Φ folgt. Wir haben dort die Frage aufgeworfen, wie weit wir die Folgerungen aus einem Axiomensystem durch mathematische Beweise erfassen können. Mit den Präzisierungen in diesem und dem folgenden Kapitel schaffen wir die Grundlage für eine exakte Diskussion dieser Fragestellung. In Kap. 5 werden wir das fundamentale Ergebnis erhalten, dass der Nachweis der Folgerungsbeziehung $\Phi \models \varphi$ in jedem Fall durch einen mathematischen Beweis geführt werden kann. Wie wir sehen werden, setzt sich ein solcher Beweis aus höchst elementaren Schritten zusammen, die sich zudem rein formal (d.h. syntaktisch) beschreiben lassen.

Mit Hilfe der Folgerungsbeziehung lassen sich nun die Begriffe der *Allgemeingültigkeit*, der *Erfüllbarkeit* und der *logischen Äquivalenz* definieren.

3.4.2 Definition Ein Ausdruck φ heißt *allgemeingültig* (kurz: $\models \varphi$) :gdw $\emptyset \models \varphi$.

Ein Ausdruck ist somit genau dann allgemeingültig, wenn er bei allen Interpretationen gilt. Zum Beispiel sind alle Ausdrücke der Gestalt $(\varphi \vee \neg\varphi)$ oder der Gestalt $\exists x\, x \equiv x$ allgemeingültig.

3.4.3 Definition Ein Ausdruck φ heißt *erfüllbar* (kurz: Erf φ) genau dann, wenn es eine Interpretation gibt, die Modell von φ ist. Eine Menge Φ von Ausdrücken heißt *erfüllbar* (kurz: Erf Φ) genau dann, wenn es eine Interpretation gibt, die Modell aller Ausdrücke aus Φ ist.

3.4.4 Lemma *Für alle Φ und alle φ gilt*

$$\Phi \models \varphi \quad gdw \quad nicht \; \text{Erf} \; \Phi \cup \{\neg\varphi\}.$$

Insbesondere ist φ genau dann allgemeingültig, wenn $\neg\varphi$ nicht erfüllbar ist.

Beweis. $\Phi \models \varphi$

gdw jede Interpretation, die Modell von Φ ist, ist Modell von φ

gdw es gibt keine Interpretation, die Modell von Φ ist und nicht Modell von φ

gdw es gibt keine Interpretation, die Modell von $\Phi \cup \{\neg\varphi\}$ ist

gdw nicht Erf $\Phi \cup \{\neg\varphi\}$.   ⊣

3.4.5 Definition Zwei Ausdrücke φ und ψ heißen *logisch äquivalent* (kurz: $\varphi =\!\models \psi$)   :gdw $\varphi \models \psi$ und $\psi \models \varphi$.

Zwei Ausdrücke φ, ψ sind also genau dann logisch äquivalent, wenn sie bei denselben Interpretationen gelten, d.h., wenn $\models \varphi \leftrightarrow \psi$.

Wie man unmittelbar aus der Definition der Modellbeziehung mit Hilfe der Wahrheitstafeln entnimmt, sind die Ausdrücke

$$
\begin{array}{lll}
& \varphi \wedge \psi & \text{und} \quad \neg(\neg\varphi \vee \neg\psi) \\
& \varphi \to \psi & \text{und} \quad \neg\varphi \vee \psi \\
(+) & \varphi \leftrightarrow \psi & \text{und} \quad \neg(\varphi \vee \psi) \vee \neg(\neg\varphi \vee \neg\psi) \\
& \forall x \varphi & \text{und} \quad \neg\exists x \neg\varphi
\end{array}
$$

jeweils logisch äquivalent. Wir können daher auf die Junktoren $\wedge$, $\to$, $\leftrightarrow$ und auf den Quantor $\forall$ verzichten; genauer: Wir definieren induktiv über den Aufbau der Ausdrücke eine Abbildung *, die jedem Ausdruck φ einen Ausdruck φ^* zuordnet, der zu φ logisch äquivalent ist und $\wedge, \to, \leftrightarrow, \forall$ nicht mehr enthält:

$$
\begin{array}{ll}
\varphi^* & := \varphi, \text{ falls } \varphi \text{ atomar} \\
(\neg\varphi)^* & := \neg\varphi^* \\
(\varphi \vee \psi)^* & := \varphi^* \vee \psi^* \\
(\varphi \wedge \psi)^* & := \neg(\neg\varphi^* \vee \neg\psi^*) \\
(\varphi \to \psi)^* & := \neg\varphi^* \vee \psi^* \\
(\varphi \leftrightarrow \psi)^* & := \neg(\varphi^* \vee \psi^*) \vee \neg(\neg\varphi^* \vee \neg\psi^*) \\
(\exists x \varphi)^* & := \exists x \varphi^* \\
(\forall x \varphi)^* & := \neg\exists x \neg\varphi^*.
\end{array}
$$

Der Nachweis, dass * die gewünschten Eigenschaften hat, ergibt sich aus (+).

Wie bereits die Ausdrücke in (+) zeigen, ist im Allgemeinen ein Ausdruck φ leichter lesbar als das zugehörige φ^*. Wegen der logischen Äquivalenz von φ und φ^* verlieren wir jedoch nicht an Ausdrucksmöglichkeiten, wenn wir beim Aufbau der Sprachen erster Stufe auf die Symbole $\wedge, \to, \leftrightarrow, \forall$ verzichten. Dadurch werden dann viele Betrachtungen kürzer, insbesondere Beweise durch Induktion über den Aufbau der Ausdrücke. Diese Überlegungen nehmen wir zum Anlass, um die folgenden Vereinbarungen zu treffen:

(1) *Wir beschränken uns in Zukunft auf Ausdrücke, in denen höchstens die Junktoren $\neg$ und $\vee$ und der Quantor $\exists$ vorkommen*; d.h., wir lassen bei dem allen Sprachen erster Stufe gemeinsamen Alphabet $\mathbb{A}$ (vgl. 2.2.1) die Zeichen $\wedge, \to, \leftrightarrow, \forall$ fort, begrenzen in der Definition 2.3.2 der Ausdrücke die Fälle (A4) und (A5) auf die Einführung von Ausdrücken der Gestalt $(\varphi \vee \psi)$ bzw. $\exists x \varphi$ und verzichten in der Definition der Modellbeziehung auf die Festsetzungen für $\wedge, \to, \leftrightarrow, \forall$.

(2) Dennoch verwenden wir bei der Wiedergabe von Ausdrücken zuweilen die Symbole $\wedge, \to, \leftrightarrow, \forall$. Die so entstehenden „Ausdrücke alter Art" sind dann, gemäß (+), als abkürzende Schreibweisen zu verstehen, z. B. $\forall x(Px \wedge Qx)$ als abkürzende Mitteilung für $\neg \exists x \neg \neg (\neg Px \vee \neg Qx)$.

Abschließend präzisieren und beweisen wir den einleuchtenden Sachverhalt, dass die Modellbeziehung zwischen einem S-Ausdruck φ und einer S-Interpretation $\mathfrak{I}$ nur von der Interpretation der *in φ vorkommenden Symbole aus S* und der *in φ frei vorkommenden Variablen* abhängt.

3.4.6 Koinzidenzlemma *Es sei $\mathfrak{I}_1 = (\mathfrak{A}_1, \beta_1)$ eine S_1-Interpretation und $\mathfrak{I}_2 = (\mathfrak{A}_2, \beta_2)$ eine S_2-Interpretation, beide über demselben Träger $A_1 = A_2$. Ferner sei $S := S_1 \cap S_2$.*
(a) *Sei t ein S-Term. Wenn $\mathfrak{I}_1$ und $\mathfrak{I}_2$ für die in t auftretenden Symbole aus S und die in t auftretenden Variablen übereinstimmen[3], so ist $\mathfrak{I}_1(t) = \mathfrak{I}_2(t)$.*
(b) *Sei φ ein S-Ausdruck. Wenn $\mathfrak{I}_1$ und $\mathfrak{I}_2$ für die in φ auftretenden Symbole aus S und die in φ frei auftretenden Variablen übereinstimmen, so gilt: $\mathfrak{I}_1 \models \varphi$ gdw $\mathfrak{I}_2 \models \varphi$.*

Beweis. (a) durch Induktion über den Aufbau der S-Terme.

$t = x$: Nach Voraussetzung ist $\beta_1(x) = \beta_2(x)$ und daher $\mathfrak{I}_1(x) = \beta_1(x) = \beta_2(x) = \mathfrak{I}_2(x)$.

$t = c$: entsprechend.

---

[3] $\mathfrak{I}_1$ und $\mathfrak{I}_2$ stimmen für $k \in S$ bzw. für x überein, falls $k^{\mathfrak{A}_1} = k^{\mathfrak{A}_2}$ bzw. $\beta_1(x) = \beta_2(x)$.

$t = ft_1 \ldots t_n$ ($f \in S$ n-stellig, $t_1, \ldots, t_n \in T^S$):

$$\mathfrak{I}_1(ft_1 \ldots t_n) = f^{\mathfrak{A}_1}(\mathfrak{I}_1(t_1), \ldots, \mathfrak{I}_1(t_n))$$
$$= f^{\mathfrak{A}_1}(\mathfrak{I}_2(t_1), \ldots, \mathfrak{I}_2(t_n)) \quad \text{(nach Induktionsvoraussetzung)}$$
$$= f^{\mathfrak{A}_2}(\mathfrak{I}_2(t_1), \ldots, \mathfrak{I}_2(t_n)) \quad \text{(nach Voraussetzung ist } f^{\mathfrak{A}_1} = f^{\mathfrak{A}_2})$$
$$= \mathfrak{I}_2(ft_1 \ldots t_n).$$

(b) durch Induktion über den Aufbau der S-Ausdrücke.

$\varphi = Rt_1 \ldots t_n$ ($R \in S$ n-stellig, $t_1, \ldots, t_n \in T^S$):

$$\mathfrak{I}_1 \models Rt_1 \ldots t_n \quad \text{gdw} \quad R^{\mathfrak{A}_1}\mathfrak{I}_1(t_1) \ldots \mathfrak{I}_1(t_n)$$
$$\text{gdw} \quad R^{\mathfrak{A}_1}\mathfrak{I}_2(t_1) \ldots \mathfrak{I}_2(t_n) \quad \text{(nach (a))}$$
$$\text{gdw} \quad R^{\mathfrak{A}_2}\mathfrak{I}_2(t_1) \ldots \mathfrak{I}_2(t_n) \quad \text{(nach Voraussetzung ist } R^{\mathfrak{A}_1} = R^{\mathfrak{A}_2})$$
$$\text{gdw} \quad \mathfrak{I}_2 \models Rt_1 \ldots t_n.$$

$\varphi = t_1 \equiv t_2$: entsprechend.

$\varphi = \neg\psi$: $\mathfrak{I}_1 \models \neg\psi$

$\qquad$ gdw   nicht $\mathfrak{I}_1 \models \psi$

$\qquad$ gdw   nicht $\mathfrak{I}_2 \models \psi$ (nach Induktionsvoraussetzung)

$\qquad$ gdw $\mathfrak{I}_2 \models \neg\psi$.

$\varphi = (\psi \vee \chi)$: entsprechend.

$\varphi = \exists x\psi$: $\mathfrak{I}_1 \models \exists x\psi$

$\qquad$ gdw   es gibt ein $a \in A_1$: $\mathfrak{I}_1\frac{a}{x} \models \psi$

$\qquad$ gdw   es gibt ein $a \in A_2$ ($= A_1$): $\mathfrak{I}_2\frac{a}{x} \models \psi$

(nach Induktionsvoraussetzung, angewandt auf ψ, $\mathfrak{I}_1\frac{a}{x}$ und $\mathfrak{I}_2\frac{a}{x}$; man beachte, dass wegen frei(ψ) $\subseteq$ frei(φ) $\cup \{x\}$ die Interpretationen $\mathfrak{I}_1\frac{a}{x}$ und $\mathfrak{I}_2\frac{a}{x}$ für alle in ψ vorkommenden Symbole und alle in ψ frei vorkommenden Variablen übereinstimmen)

$\qquad$ gdw $\mathfrak{I}_2 \models \exists x\psi$. $\dashv$

Das Koinzidenzlemma besagt insbesondere, dass für einen S-Ausdruck φ und eine S-Interpretation $\mathfrak{I} = (\mathfrak{A}, \beta)$ die Gültigkeit von φ bei $\mathfrak{I}$ außer von der Interpretation der Symbole aus S (durch $\mathfrak{A}$) nur von der Belegung der *endlich vielen* in φ frei vorkommenden Variablen abhängt. Sind diese unter den Variablen $v_0, \ldots, v_{n-1}$ enthalten, d.h., ist $\varphi \in L_n^S$, so sind höchstens die β-Werte $a_i = \beta(v_i)$ für $i = 0, \ldots, n-1$ von Bedeutung. Statt $(\mathfrak{A}, \beta) \models \varphi$ werden wir daher oft suggestiver

$$\mathfrak{A} \models \varphi[a_0, \ldots, a_{n-1}]$$

schreiben. Entsprechend schreiben wir $t^{\mathfrak{A}}[a_0, \ldots, a_{n-1}]$ statt $\mathfrak{I}(t)$ für einen S-

Term t mit $\mathrm{var}(t) \subseteq \{v_0, \ldots, v_{n-1}\}$.

Falls φ ein Satz ist, d.h. $\varphi \in L_0^S$, können wir $n = 0$ wählen und als Mitteilung

$$\mathfrak{A} \models \varphi$$

benutzen, also auf die Erwähnung einer Belegung ganz verzichten. Wir sagen dann, dass $\mathfrak{A}$ *ein Modell von* φ ist. Für eine Menge Φ von Sätzen bedeute $\mathfrak{A} \models \Phi$, dass $\mathfrak{A} \models \varphi$ für jedes $\varphi \in \Phi$.

3.4.7 Definition S und S' seien Symbolmengen mit $S \subseteq S'$, $\mathfrak{A} = (A, \mathfrak{a})$ eine S-Struktur und $\mathfrak{A}' = (A', \mathfrak{a}')$ eine S'-Struktur. Wir nennen $\mathfrak{A}$ ein *Redukt* (genauer: das *S-Redukt*) von $\mathfrak{A}'$ (und umgekehrt $\mathfrak{A}'$ eine *Expansion* von $\mathfrak{A}$) genau dann, wenn $A = A'$ und wenn $\mathfrak{a}$ und $\mathfrak{a}'$ auf S übereinstimmen. Wir schreiben: $\mathfrak{A} = \mathfrak{A}'|_S$.

Der geordnete Körper $\mathfrak{R}^<$ der reellen Zahlen ist als $S_{\mathrm{Ar}}^<$-Struktur eine Expansion des Körpers $\mathfrak{R}$ der reellen Zahlen, betrachtet als S_{Ar}-Struktur: $\mathfrak{R} = \mathfrak{R}^<|_{S_{\mathrm{Ar}}}$.

Ist $\mathfrak{A} = \mathfrak{A}'|_S$, so folgt aus dem Koinzidenzlemma für jedes $\varphi \in L^S$, in welchem höchstens die Variablen $v_0, \ldots, v_{n-1}$ frei vorkommen, und für $a_0, \ldots, a_{n-1} \in A$

$$\mathfrak{A} \models \varphi[a_0, \ldots, a_{n-1}] \quad \text{gdw} \quad \mathfrak{A}' \models \varphi[a_0, \ldots, a_{n-1}].$$

Zur Begründung wählen wir ein $\beta \colon \{v_m \mid n \in \mathbb{N}\} \to A$ mit $\beta(v_i) = a_i$ für $i < n$ und wenden das Koinzidenzlemma an für $\mathfrak{I}_1 = (\mathfrak{A}, \beta)$ und $\mathfrak{I}_2 = (\mathfrak{A}', \beta)$: $\mathfrak{I}_1$ und $\mathfrak{I}_2$ stimmen auf den in φ vorkommenden Symbolen und den in φ frei vorkommenden Variablen überein.

Die Definitionen der Interpretation, der Folgerungsbeziehung und der Erfüllbarkeit nehmen Bezug auf eine fest vorgegebene Symbolmenge S. Hiervon können wir uns jetzt mit dem Koinzidenzlemma lösen. Betrachten wir etwa den Begriff der Erfüllbarkeit. Ist Φ eine Menge von S-Ausdrücken und $S' \supseteq S$, so ist Φ auch eine Menge von S'-Ausdrücken. Als Menge von S-Ausdrücken ist Φ erfüllbar, wenn es eine S-Interpretation gibt, die Φ erfüllt, und als Menge von S'-Ausdrücken, wenn es eine S'-Interpretation gibt, die Φ erfüllt. Es gilt:

3.4.8 Φ *ist bzgl. S erfüllbar gdw Φ ist bzgl. S' erfüllbar.*

Beweis. Ist $\mathfrak{I}' = (\mathfrak{A}', \beta')$ eine S'-Interpretation mit $\mathfrak{I}' \models \Phi$, so ist nach 3.4.6 die S-Interpretation $(\mathfrak{A}'|_S, \beta')$ ein Modell von Φ. Ist umgekehrt $\mathfrak{I} = (\mathfrak{A}, \beta)$ eine Φ erfüllende S-Interpretation, so wählen wir eine S'-Struktur $\mathfrak{A}'$ mit $\mathfrak{A}'|_S = \mathfrak{A}$ (man interpretiere hierzu die Symbole aus $S' \setminus S$ beliebig). Wegen 3.4.6 ist dann die S'-Interpretation $(\mathfrak{A}', \beta)$ ein Modell von Φ. $\dashv$

3.4.9 Aufgabe Man zeige für beliebige Ausdrücke φ, ψ, χ:
(a) $(\varphi \vee \psi) \models \chi$ gdw $\varphi \models \chi$ und $\psi \models \chi$.
(b) $\models (\varphi \to \psi)$ gdw $\varphi \models \psi$.

3.4.10 Aufgabe (a) Man zeige: $\exists x \forall y \varphi \models \forall y \exists x \varphi$.
(b) Man widerlege: $\forall y \exists x Rxy \models \exists x \forall y Rxy$.

3.4.11 Aufgabe Man zeige:
(a) $\forall x (\varphi \wedge \psi) =\models (\forall x \varphi \wedge \forall x \psi)$.
(b) $\exists x (\varphi \vee \psi) =\models (\exists x \varphi \vee \exists x \psi)$.
(c) $\forall x (\varphi \vee \psi) =\models (\varphi \vee \forall x \psi)$,   falls $x \notin \text{frei}(\varphi)$.
(d) $\exists x (\varphi \wedge \psi) =\models (\varphi \wedge \exists x \psi)$,   falls $x \notin \text{frei}(\varphi)$.
(e) Man zeige, dass man in (c), (d) auf die Voraussetzung „$x \notin \text{frei}(\varphi)$" nicht verzichten kann.

3.4.12 Aufgabe Ersetzt man in φ keinen, einen oder mehrere Teilausdrücke ψ_0 durch einen zu ψ_0 logisch äquivalenten Ausdruck ψ_0', so erhält man einen zu φ logisch äquivalenten Ausdruck φ'. Man gebe eine Definition dieser Ersetzungsvorschrift durch Induktion über den Aufbau der Ausdrücke und beweise die Behauptung.

3.4.13 Aufgabe Man beweise das Analogon von 3.4.8 für die Folgerungsbeziehung.

3.4.14 Aufgabe Eine Satzmenge Φ heißt *unabhängig*, falls für kein $\varphi \in \Phi$ gilt, dass $\Phi \setminus \{\varphi\} \models \varphi$. Man zeige, dass die Menge Φ_{Gr} der Gruppenaxiome und die Menge der Axiome für Äquivalenzrelationen (vgl. S. 15) unabhängig sind.

3.4.15 Aufgabe (vgl. Aufgabe 3.1.6) Sei I eine nicht-leere Menge. Für jedes $i \in I$ sei $\mathfrak{A}_i$ eine S-Struktur. Mit $\prod_{i \in I} \mathfrak{A}_i$ bezeichnen wir das *direkte Produkt* der Strukturen $\mathfrak{A}_i$, d.h. die S-Struktur $\mathfrak{A}$ mit dem Träger

$$\prod_{i \in I} A_i := \{g \mid g : I \to \bigcup_{i \in I} A_i, \text{ für alle } i \in I \colon g(i) \in A_i\},$$

die durch die folgenden Festlegungen gegeben ist (dabei schreiben wir für $g \in \prod_{i \in I} A_i$ auch $\langle g(i) \mid i \in I \rangle$):

Für n-stelliges $R \in S$ und $g_1, \ldots, g_n \in \prod_{i \in I} A_i$ gelte

$$R^{\mathfrak{A}} g_1 \ldots g_n \quad :\text{gdw} \quad R^{\mathfrak{A}_i} g_1(i) \ldots g_n(i) \text{ für alle } i \in I;$$

für n-stelliges $f \in S$ und $g_1, \ldots, g_n \in \prod_{i \in I} A_i$ sei

$$f^{\mathfrak{A}}(g_1, \ldots, g_n) := \langle f^{\mathfrak{A}_i}(g_1(i), \ldots, g_n(i)) \mid i \in I \rangle;$$

und für $c \in S$ sei

$$c^{\mathfrak{A}} := \langle c^{\mathfrak{A}_i} \mid i \in I \rangle.$$

Man zeige: Ist t ein S-Term mit $\text{var}(t) \subseteq \{v_0, \ldots, v_{n-1}\}$ und sind $g_0, \ldots, g_{n-1} \in \prod_{i \in I} A_i$, so gilt

$$t^{\mathfrak{A}}[g_0, \ldots, g_{n-1}] = \langle t^{\mathfrak{A}_i}[g_0(i), \ldots, g_{n-1}(i)] \mid i \in I \rangle.$$

3.4.16 Aufgabe Die Ausdrücke, die im folgenden Kalkül ableitbar sind, nennt man *Horn-Ausdrücke* (nach dem Logiker A. Horn):

(1) $\dfrac{}{(\neg\varphi_1 \vee \ldots \vee \neg\varphi_n \vee \varphi)}$, falls $n \in \mathbb{N}$ und $\varphi_1, \ldots, \varphi_n, \varphi$ atomar;

(2) $\dfrac{}{\neg\varphi_0 \vee \ldots \vee \neg\varphi_n}$, falls $n \in \mathbb{N}$ und $\varphi_0, \ldots, \varphi_n$ atomar;

(3) $\dfrac{\varphi, \psi}{(\varphi \wedge \psi)}$;   (4) $\dfrac{\varphi}{\forall x \varphi}$;   (5) $\dfrac{\varphi}{\exists x \varphi}$.

Horn-Ausdrücke ohne freie Variablen heißen *Horn-Sätze*.
Man zeige: Ist φ ein Horn-Satz und ist jedes $\mathfrak{A}_i$ ein Modell von φ, so gilt $\prod_{i\in I} \mathfrak{A}_i \models \varphi$.

Eine geschichtliche Anmerkung. Der exakte Aufbau der Semantik geht wesentlich auf A. Tarski [38] zurück. Die Folgerungsbeziehung findet sich in Ansätzen bereits bei B. Bolzano [7].

3.5   Zwei Lemmata über die Modellbeziehung

Wir wenden uns jetzt je einer Feststellung über isomorphe Strukturen und über Substrukturen zu.

3.5.1 Definition $\mathfrak{A}$ und $\mathfrak{B}$ seien S-Strukturen.
(a) Eine Abbildung $\pi: A \to B$ heißt ein *Isomorphismus von $\mathfrak{A}$ auf $\mathfrak{B}$* (kurz: $\pi: \mathfrak{A} \cong \mathfrak{B}$) :gdw
  (1) π ist eine Bijektion von A auf B.
  (2) Für n-stelliges $R \in S$ und $a_1, \ldots, a_n \in A$:
$$R^{\mathfrak{A}} a_1 \ldots a_n \quad \text{gdw} \quad R^{\mathfrak{B}} \pi(a_1) \ldots \pi(a_n).$$
  (3) Für n-stelliges $f \in S$ und $a_1, \ldots, a_n \in A$:
$$\pi(f^{\mathfrak{A}}(a_1, \ldots, a_n)) = f^{\mathfrak{B}}(\pi(a_1), \ldots, \pi(a_n)).$$
  (4) Für $c \in S$ ist $\pi(c^{\mathfrak{A}}) = c^{\mathfrak{B}}$.
(b) $\mathfrak{A}$ und $\mathfrak{B}$ heißen *isomorph* (kurz: $\mathfrak{A} \cong \mathfrak{B}$) genau dann, wenn es einen Isomorphismus $\pi: \mathfrak{A} \cong \mathfrak{B}$ gibt.

Beispielsweise ist die S_{Gr}-Struktur $(\mathbb{N}, +, 0)$ zur S_{Gr}-Struktur $(G, +^G, 0)$ der geraden natürlichen Zahlen mit der gewöhnlichen Addition $+^G$ isomorph. Die Abbildung $\pi: \mathbb{N} \to G$ mit $\pi(n) = 2n$ ist ein Isomorphismus von $(\mathbb{N}, +, 0)$ auf $(G, +^G, 0)$.

Das folgende Lemma zeigt, dass isomorphe Strukturen sich nicht durch Sätze erster Stufe unterscheiden lassen.

3.5.2 Isomorphielemma *Sind $\mathfrak{A}$ und $\mathfrak{B}$ isomorphe S-Strukturen, so gilt für alle S-Sätze φ:*

$$\mathfrak{A} \models \varphi \quad gdw \quad \mathfrak{B} \models \varphi.$$

Beweis. Es sei $\pi\colon \mathfrak{A} \cong \mathfrak{B}$. Wir zeigen (weil es beweistechnisch von Vorteil ist), dass in $\mathfrak{A}$ und $\mathfrak{B}$ nicht nur die gleichen S-Sätze, sondern auch die gleichen S-Ausdrücke gelten, sofern man die frei vorkommenden Variablen einmal durch Elemente von A, zum anderen durch ihre π-Bilder belegt. Hierzu ordnen wir jeder Belegung β in $\mathfrak{A}$ die Belegung $\beta^\pi := \pi \circ \beta$ in $\mathfrak{B}$ zu und zeigen für die entsprechenden Interpretationen $\mathfrak{I} = (\mathfrak{A}, \beta)$ und $\mathfrak{I}^\pi := (\mathfrak{B}, \beta^\pi)$:

(i) Für alle S-Terme t: $\pi(\mathfrak{I}(t)) = \mathfrak{I}^\pi(t)$.

(ii) Für alle S-Ausdrücke φ: $\mathfrak{I} \models \varphi$ gdw $\mathfrak{I}^\pi \models \varphi$.

Damit ist dann 3.5.2 bewiesen.

(i) ergibt sich leicht durch Induktion über den Aufbau der S-Terme. Der Beweis von (ii) erfolgt induktiv über den Aufbau von φ gleichzeitig für alle Belegungen β in $\mathfrak{A}$. Wir beschränken uns auf den atomaren Fall, den $\neg$-Schritt und den $\exists$-Schritt.

$\varphi = t_1 \equiv t_2$: $\mathfrak{I} \models t_1 \equiv t_2$

   gdw $\mathfrak{I}(t_1) = \mathfrak{I}(t_2)$

   gdw $\pi(\mathfrak{I}(t_1)) = \pi(\mathfrak{I}(t_2))$ (da $\pi\colon A \to B$ injektiv ist)

   gdw $\mathfrak{I}^\pi(t_1) = \mathfrak{I}^\pi(t_2)$ (nach (i))

   gdw $\mathfrak{I}^\pi \models t_1 \equiv t_2$.

$\varphi = R t_1 \ldots t_n$: $\mathfrak{I} \models R t_1 \ldots t_n$

   gdw $R^{\mathfrak{A}} \mathfrak{I}(t_1) \ldots \mathfrak{I}(t_n)$

   gdw $R^{\mathfrak{B}} \pi(\mathfrak{I}(t_1)) \ldots \pi(\mathfrak{I}(t_n))$ (wegen $\pi\colon \mathfrak{A} \cong \mathfrak{B}$)

   gdw $R^{\mathfrak{B}} \mathfrak{I}^\pi(t_1) \ldots \mathfrak{I}^\pi(t_n)$ (nach (i))

   gdw $\mathfrak{I}^\pi \models R t_1 \ldots t_n$.

$\varphi = \neg\psi$: $\mathfrak{I} \models \neg\psi$

   gdw nicht $\mathfrak{I} \models \psi$

   gdw nicht $\mathfrak{I}^\pi \models \psi$ (nach Induktionsvoraussetzung)

   gdw $\mathfrak{I}^\pi \models \neg\psi$.

$\varphi = \exists x \psi$: $\mathfrak{I} \models \exists x \psi$

gdw　es gibt ein $a \in A : \mathfrak{J}\frac{a}{x} \models \psi$

gdw　es gibt ein $a \in A : \left(\mathfrak{J}\frac{a}{x}\right)^{\pi} \models \psi$　(nach Ind.-Vor.)

gdw　es gibt ein $a \in A : \mathfrak{J}^{\pi}\frac{\pi(a)}{x} \models \psi$　(da $\left(\mathfrak{J}\frac{a}{x}\right)^{\pi} = \mathfrak{J}^{\pi}\frac{\pi(a)}{x}$)

gdw　es gibt ein $b \in B : \mathfrak{J}^{\pi}\frac{b}{x} \models \psi$　(da $\pi : A \to B$ surjektiv ist)

gdw　$\mathfrak{J}^{\pi} \models \exists x\psi$.　　　　　　　　　　　　　　　　⊣

Dem Beweis entnehmen wir:

3.5.3 Korollar *Sei $\pi : \mathfrak{A} \cong \mathfrak{B}$. Dann gilt für $\varphi \in L_n^S$ und $a_0, \ldots, a_{n-1} \in A$:*

$$\mathfrak{A} \models \varphi[a_0, \ldots, a_{n-1}] \quad gdw \quad \mathfrak{B} \models \varphi[\pi(a_0), \ldots, \pi(a_{n-1})]. \qquad \dashv$$

Isomorphe Strukturen können in L_0^S nicht unterschieden werden. Sind umgekehrt S-Strukturen, in denen die gleichen S-Sätze gelten, zueinander isomorph? Wir werden in Kap. 6 sehen, dass dies nicht immer der Fall ist. Es gibt z. B. eine zur S_{Ar}-Struktur $\mathfrak{N}$ der natürlichen Zahlen nicht isomorphe Struktur, in der dieselben Sätze erster Stufe gelten.

Im Bereich der rationalen Zahlen ist jede Zahl durch 2 teilbar; es gilt daher

$$(\mathbb{Q}, +, 0) \models \forall v_0 \exists v_1 \, v_1 + v_1 \equiv v_0.$$

Im Bereich der ganzen Zahlen gilt dies nicht mehr:

$$\text{nicht } (\mathbb{Z}, +, 0) \models \forall v_0 \exists v_1 \, v_1 + v_1 \equiv v_0.$$

Die Gültigkeit von Sätzen kann also beim Übergang zu einer Substruktur verloren gehen. Zum Abschluss dieses Abschnitts führen wir den Begriff der Substruktur ein und geben eine Klasse von Sätzen an, deren Gültigkeit beim Übergang zu einer Substruktur erhalten bleibt.

3.5.4 Definition Es seien $\mathfrak{A}$ und $\mathfrak{B}$ S-Strukturen. Dann heißt $\mathfrak{A}$ *Substruktur* von $\mathfrak{B}$ (kurz: $\mathfrak{A} \subseteq \mathfrak{B}$), wenn

(a) $A \subseteq B$;

(b) (1) für n-stelliges $R \in S$ ist $R^{\mathfrak{A}} = R^{\mathfrak{B}} \cap A^n$
　　(d.h., für alle $a_1, \ldots, a_n \in A$ gilt: $R^{\mathfrak{A}}a_1 \ldots a_n$ gdw $R^{\mathfrak{B}}a_1 \ldots a_n$);

　　(2) für n-stelliges $f \in S$ ist $f^{\mathfrak{A}}$ die Restriktion von $f^{\mathfrak{B}}$ auf A^n;

　　(3) für $c \in S$ ist $c^{\mathfrak{A}} = c^{\mathfrak{B}}$.

Zum Beispiel ist $(\mathbb{Z}, +, 0)$ eine Substruktur von $(\mathbb{Q}, +, 0)$ und $(\mathbb{N}, +, 0)$ eine Substruktur von $(\mathbb{Z}, +, 0)$ (obwohl $(\mathbb{N}, +, 0)$ keine Untergruppe von $(\mathbb{Z}, +, 0)$ ist).

Ist $\mathfrak{A} \subseteq \mathfrak{B}$, so ist A S-*abgeschlossen* (in $\mathfrak{B}$), d.h. es ist $A \neq \emptyset$, für n-stelliges $f \in S$ und $a_1, \ldots, a_n \in A$ ist $f^{\mathfrak{B}}(a_1, \ldots, a_n) \in A$, und für $c \in S$ ist $c^{\mathfrak{B}} \in A$.

Umgekehrt ist jede S-abgeschlossene Teilmenge X von B Träger genau einer Substruktur von $\mathfrak{B}$, der *von X in $\mathfrak{B}$ erzeugten Substruktur*, die wir mit $[X]^{\mathfrak{B}}$

bezeichnen; denn die Bedingungen unter 3.5.4(b) legen in diesem Fall genau eine Substruktur mit dem Träger X fest.

Zum Beispiel ist die Menge $\{2n \mid n \in \mathbb{N}\}$ der geraden nichtnegativen ganzen Zahlen S_{Gr}-abgeschlossen in $(\mathbb{Z}, +, 0)$, während die Menge $\{2n + 1 \mid n \in \mathbb{N}\}$ nicht S_{Gr}-abgeschlossen ist (3+3 ist gerade!).

Ein Ausdruck, der keine Quantoren enthält, heißt *quantorenfrei*.

3.5.5 Lemma *Es seien $\mathfrak{A}$ und $\mathfrak{B}$ S-Strukturen mit $\mathfrak{A} \subseteq \mathfrak{B}$. Ferner sei $\beta \colon \{v_n \mid n \in \mathbb{N}\} \to A$ eine Belegung in $\mathfrak{A}$. Dann gilt für jeden S-Term t*

$$(\mathfrak{A}, \beta)(t) = (\mathfrak{B}, \beta)(t)$$

und für jeden quantorenfreien S-Ausdruck φ

$$(\mathfrak{A}, \beta) \models \varphi \quad gdw \quad (\mathfrak{B}, \beta) \models \varphi.$$

Den einfachen Beweis überlassen wir den Leserinnen und Lesern. Er ergibt sich etwa aus dem Beweis des Isomorphielemmas, wenn man die auf den Existenzquantor bezogenen Teile fortlässt und als Abbildung $\pi \colon A \to B$ die Identität wählt, d.h. die Abbildung mit $\pi(a) = a$ für alle $a \in A$.

Ist $\mathfrak{B}$ eine Gruppe und $\mathfrak{A}$ eine Substruktur von $\mathfrak{B}$, so gilt das Assoziativgesetz $\varphi := \forall v_0 \forall v_1 \forall v_2 \, (v_0 \circ v_1) \circ v_2 \equiv v_0 \circ (v_1 \circ v_2)$ auch in $\mathfrak{A}$, da $(a \circ^{\mathfrak{B}} b) \circ^{\mathfrak{B}} c = a \circ^{\mathfrak{B}} (b \circ^{\mathfrak{B}} c)$ sogar für alle Elemente $a, b, c \in B$ gilt (und $\circ^{\mathfrak{B}}$ auf A mit $\circ^{\mathfrak{A}}$ übereinstimmt). Der Satz φ ist universell im Sinne der folgenden Definition.

3.5.6 Definition Die Ausdrücke, die im folgenden Kalkül ableitbar sind, nennt man *universelle* Ausdrücke oder *Allausdrücke*:

(i) $\dfrac{}{\varphi}$, falls φ quantorenfrei; $\qquad$ (ii) $\dfrac{\varphi, \psi}{(\varphi * \psi)}$ für $* = \wedge, \vee$;

(iii) $\dfrac{\varphi}{\forall x \varphi}$.

In 8.4 werden wir zeigen, dass jeder universelle Ausdruck logisch äquivalent ist zu einem Ausdruck der Gestalt $\forall x_1 \ldots \forall x_n \psi$ mit quantorenfreiem ψ.

3.5.7 Substrukturlemma *Seien $\mathfrak{A}$ und $\mathfrak{B}$ S-Strukturen mit $\mathfrak{A} \subseteq \mathfrak{B}$, und sei $\varphi \in L_n^S$ universell. Dann gilt für alle $a_0, \ldots, a_{n-1} \in A$:*

$$Wenn \; \mathfrak{B} \models \varphi[a_0, \ldots, a_{n-1}], \; so \; \mathfrak{A} \models \varphi[a_0, \ldots, a_{n-1}].$$

Beweis. Es sei $\mathfrak{A} \subseteq \mathfrak{B}$. Wir zeigen durch Induktion über den Aufbau der universellen Ausdrücke, dass für alle Belegungen β in $\mathfrak{A}$ gilt:

$(*)$ $\qquad$ Wenn $(\mathfrak{B}, \beta) \models \varphi$, so $(\mathfrak{A}, \beta) \models \varphi$.

(Hieraus ergibt sich sofort die Behauptung, wenn wir zu vorgegebenen $a_0, \ldots,$ $a_{n-1} \in A$ eine Belegung β in $\mathfrak{A}$ mit $\beta(v_i) = a_i$ für $i < n$ wählen.)

Für quantorenfreies φ gilt $(*)$ nach 3.5.5. Für $\varphi = (\psi \wedge \chi)$ und für $\varphi = (\psi \vee \chi)$ ergibt sich die Behauptung unmittelbar aus der Induktionsvoraussetzung. Sei nun $\varphi = \forall x \psi$, und gelte $(*)$ bereits für ψ. Wenn dann $(\mathfrak{B}, \beta) \models \forall x \psi$, so erhalten wir nacheinander:

für alle $b \in B$: $(\mathfrak{B}, \beta \frac{b}{x}) \models \psi$;

für alle $a \in A$: $(\mathfrak{B}, \beta \frac{a}{x}) \models \psi$ (da $A \subseteq B$);

für alle $a \in A$: $(\mathfrak{A}, \beta \frac{a}{x}) \models \psi$ (nach Induktionsvoraussetzung);

$(\mathfrak{A}, \beta) \models \forall x \psi$ (nach Definition der Modellbeziehung). ⊣

3.5.8 Korollar *Wenn $\mathfrak{A}$ eine Substruktur von $\mathfrak{B}$ ist, so gilt für jeden universellen Satz φ:*

$$\text{Wenn } \mathfrak{B} \models \varphi, \text{ so } \mathfrak{A} \models \varphi.$$ ⊣

Die Substruktur $(\mathbb{N}, +, 0)$ der Gruppe $(\mathbb{Z}, +, 0)$ ist selbst keine Gruppe. Das Korollar zeigt uns daher, dass es in $L^{S_{\mathrm{Gr}}}$ kein Axiomensystem der Gruppentheorie geben kann, das nur aus universellen Sätzen besteht. Nehmen wir dagegen zu S_{Gr} ein einstelliges Funktionssymbol $^{-1}$ für die Inversenbildung hinzu und setzen $S_{\mathrm{Grp}} := \{\circ, ^{-1}, e\}$, so besteht das Axiomensystem

$$\Phi_{\mathrm{Grp}} := \{\ \forall v_0 \forall v_1 \forall v_2\, (v_0 \circ v_1) \circ v_2 \equiv v_0 \circ (v_1 \circ v_2),$$
$$\forall v_0\, v_0 \circ e \equiv v_0, \quad \forall v_0\, v_0 \circ v_0^{-1} \equiv e\}$$

nur aus universellen Sätzen. Für Gruppen als S_{Grp}-Strukturen fallen Substrukturen und Untergruppen zusammen.

3.5.9 Aufgabe S sei eine endliche Symbolmenge und $\mathfrak{A}$ eine endliche S-Struktur. Man zeige, dass es einen S-Satz $\varphi_{\mathfrak{A}}$ gibt, dessen Modelle genau die zu $\mathfrak{A}$ isomorphen S-Strukturen sind.

3.5.10 Aufgabe Man zeige:
(a) In $(\mathbb{R}, +, \cdot, 0)$ ist die Kleiner-Beziehung $<$ *elementar definierbar*, d.h., es gibt ein $\varphi \in L_2^{\{+, \cdot, 0\}}$, sodass für alle $a, b \in \mathbb{R}$: $(\mathbb{R}, +, \cdot, 0) \models \varphi[a, b]$ gdw $a < b$.
(b) In $(\mathbb{R}, +, 0)$ ist die Kleiner-Beziehung $<$ nicht elementar definierbar. (Hinweis: Man arbeite mit einem geeigneten *Automorphismus* von $(\mathbb{R}, +, 0)$, d.h. mit einem geeigneten Isomorphismus von $(\mathbb{R}, +, 0)$ auf sich selbst.)

3.5.11 Aufgabe Die Ausdrücke, die im folgenden Kalkül ableitbar sind, nennt man *existenzielle* Ausdrücke oder *Existenzausdrücke*:

(i) $\dfrac{}{\varphi}$, falls φ quantorenfrei;   (ii) $\dfrac{\varphi, \psi}{(\varphi * \psi)}$ für $* = \wedge, \vee$;

(iii) $\dfrac{\varphi}{\exists x \varphi}$.

Man zeige:

(a) Die Negation eines universellen Satzes ist logisch äquivalent zu einem existenziellen Satz, und die Negation eines existenziellen Satzes ist logisch äquivalent zu einem universellen Satz.

(b) Ist $\mathfrak{A} \subseteq \mathfrak{B}$ und φ ein existenzieller Satz, so gilt mit $\mathfrak{A} \models \varphi$ auch $\mathfrak{B} \models \varphi$.

3.6   Einige einfache Symbolisierungen

Wie wir bereits in 3.4 gesehen haben, lassen sich die Gruppenaxiome in der ersten Stufe formulieren oder, wie wir fortan meist sagen wollen, *symbolisieren*. Ein weiteres Beispiel ist die Symbolisierung der Kürzungsregel für Gruppen in der Form

$$\varphi := \forall v_0 \forall v_1 \forall v_2 (v_0 \circ v_2 \equiv v_1 \circ v_2 \to v_0 \equiv v_1).$$

Die Gültigkeit der Kürzungsregel in einer Gruppe $\mathfrak{G}$ bedeutet gerade, dass $\mathfrak{G} \models \varphi$, und die Gültigkeit in allen Gruppen, dass $\Phi_{\mathrm{Gr}} \models \varphi$.

Die Aussage „Es gibt kein Element der Ordnung 2" lässt sich symbolisieren durch

$$\psi := \neg \exists v_0 (\neg v_0 \equiv e \wedge v_0 \circ v_0 \equiv e);$$

die Feststellung, dass es in $(\mathbb{Z}, +, 0)$ kein Element der Ordnung 2 gibt, besagt somit, dass $(\mathbb{Z}, +, 0)$ ein Modell von ψ ist.

Im Hinblick auf Anwendungsmöglichkeiten unserer Untersuchungen ist eine gewisse Fertigkeit im Auffinden von Symbolisierungen nützlich. Wir geben deshalb im Folgenden einige Beispiele. Da es dabei auf die konkrete Wahl der Variablen nicht ankommt – statt des oben angegebenen Ausdrucks φ kann auch z. B. der Ausdruck

$$\forall v_{17} \forall v_8 \forall v_1 (v_{17} \circ v_1 \equiv v_8 \circ v_1 \to v_{17} \equiv v_8)$$

als Symbolisierung der Kürzungsregel dienen –, deuten wir die Variablen nur unbestimmt durch $x, y, z \ldots$ an. Verschiedene Buchstaben mögen dabei jedoch für *verschiedene* Variablen stehen.

3.6.1 Äquivalenzrelationen Die drei Forderungen, die man an Äquivalenzrelationen stellt, lassen sich mit einem zweistelligen Relationssymbol R folgendermaßen symbolisieren (vgl. S. 15):

$$\forall x Rxx,$$
$$\forall x \forall y (Rxy \to Ryx),$$
$$\forall x \forall y \forall z ((Rxy \wedge Ryz) \to Rxz).$$

Der in 1.2 betrachtete Satz

*Wenn x und y zu einem gemeinsamen Element äquivalent sind, so sind
x und y zu denselben Elementen äquivalent.*

lässt sich umformen zu

*Für alle x, y: Wenn es ein u gibt mit x äquivalent zu u und y äquivalent
zu u, so gilt für alle z: x äquivalent zu z genau dann, wenn y äquivalent
zu z.*

und dann symbolisieren durch

$$\forall x \forall y (\exists u (Rxu \land Ryu) \to \forall z (Rxz \leftrightarrow Ryz)).$$

3.6.2 Stetigkeit Sei ρ eine einstellige Funktion über $\mathbb{R}$ und Δ die zweistellige
Abstandsfunktion über $\mathbb{R}$, d.h., es sei $\Delta(r_0, r_1) = |r_0 - r_1|$ für $r_0, r_1 \in \mathbb{R}$. Unter
Verwendung von Funktionssymbolen f (für ρ) und d (für Δ) fassen wir nun
$(\mathbb{R}, +, \cdot, 0, 1, <, \rho, \Delta)$ als eine $S_{\text{Ar}}^< \cup \{f, d\}$-Struktur auf. Die Stetigkeit von ρ
auf $\mathbb{R}$ besagt:

(∗) Für alle x und für alle $\epsilon > 0$ gibt es ein $\delta > 0$, sodass für alle y gilt: wenn
$\Delta(x, y) < \delta$, so $\Delta(\rho(x), \rho(y)) < \epsilon$.

Hierbei treten der „eingeschränkte" Allquantor „für alle $\epsilon > 0$" und der „eingeschränkte" Existenzquantor „es gibt ein $\delta > 0$" auf. In diesem Zusammenhang
ist es nützlich, sich die folgenden Faustregeln zu merken. Eine Aussage der
Gestalt

für alle x mit ... gilt _ _ _

kann symbolisiert werden in der Form

$$\forall x (\ldots \to \_\,\_\,\_),$$

und eine Aussage der Gestalt

es gibt ein x mit ..., sodass _ _ _

in der Form

$$\exists x (\ldots \land \_\,\_\,\_).$$

Verwenden wir nun für ϵ und δ die Variablen u und v, dann lautet eine Symbolisierung von (∗):

$$\forall x \forall u (0 < u \to \exists v (0 < v \land \forall y (dxy < v \to dfxfy < u))).$$

3.6.3 Anzahlaussagen Der Satz

$$\varphi_{\geq 2} := \exists v_0 \exists v_1 \neg v_0 \equiv v_1$$

symbolisiert die Aussage „Es gibt mindestens zwei Elemente". Genauer: Für
alle S und alle S-Strukturen $\mathfrak{A}$ gilt

$$\mathfrak{A} \models \varphi_{\geq 2} \quad \text{gdw} \quad A \text{ enthält mindestens zwei Elemente.}$$

In ähnlicher Weise besagt für $n \geq 3$ der Satz

$$\varphi_{\geq n} := \exists v_0 \ldots \exists v_{n-1}(\neg v_0 \equiv v_1 \wedge \ldots \wedge \neg v_0 \equiv v_{n-1} \wedge \ldots \wedge \neg v_{n-2} \equiv v_{n-1}),$$

dass es mindestens n Elemente gibt. Weiterhin besagen die Sätze $\neg \varphi_{\geq n}$ und $\varphi_{\geq n} \wedge \neg \varphi_{\geq n+1}$, dass es weniger als n Elemente bzw. genau n Elemente gibt. Setzen wir nun

$$\Phi_\infty := \{\varphi_{\geq n} \mid n \geq 2\},$$

so sind die Modelle von Φ_∞ genau die unendlichen Strukturen, d.h., für alle S und alle S-Strukturen $\mathfrak{A}$ gilt:

$$\mathfrak{A} \models \Phi_\infty \quad \text{gdw} \quad A \text{ enthält unendlich viele Elemente.}$$

3.6.4 Ordnungstheorie Eine Struktur $\mathfrak{A} = (A, <^{\mathfrak{A}})$ heißt eine *Ordnung*, wenn sie Modell der folgenden Sätze ist

$$\Phi_{\text{Ord}} \begin{cases} \forall x \neg x < x \\ \forall x \forall y \forall z((x < y \wedge y < z) \rightarrow x < z) \\ \forall x \forall y(x < y \vee x \equiv y \vee y < x). \end{cases}$$

Beispiele für Ordnungen sind etwa $(\mathbb{R}, <^{\mathbb{R}})$, $(\mathbb{N}, <^{\mathbb{N}})$. Ist $\mathbb{C}$ die Menge der komplexen Zahlen und $<^{\mathbb{C}}$ definiert durch

$$z_1 <^{\mathbb{C}} z_2 \quad :\text{gdw} \quad z_1, z_2 \in \mathbb{R} \text{ und } z_1 <^{\mathbb{R}} z_2,$$

so ist $(\mathbb{C}, <^{\mathbb{C}})$ keine Ordnung, da das dritte Axiom von Φ_{Ord} nicht erfüllt ist. Setzen wir für eine Struktur $\mathfrak{A} = (A, <^{\mathfrak{A}})$

Feld $<^{\mathfrak{A}} := \{a \in A \mid \text{es gibt } b \in A \text{ mit } a <^{\mathfrak{A}} b \text{ oder } b <^{\mathfrak{A}} a\}$,

so ist für $(\mathbb{C}, <^{\mathbb{C}})$ offenbar Feld $<^{\mathbb{C}} = \mathbb{R}$ und (Feld $<^{\mathbb{C}}, <^{\mathbb{C}})$ eine Ordnung. Allgemein nennen wir $\mathfrak{A} = (A, <^{\mathfrak{A}})$ eine *partiell definierte Ordnung* (kurz: *partielle Ordnung*[4]), wenn (Feld $<^{\mathfrak{A}}, <^{\mathfrak{A}})$ eine Ordnung ist. Somit sind partielle Ordnungen gerade die Modelle von

$$\Phi_{\text{pOrd}} \begin{cases} \exists x \exists y \, x < y \\ \forall x \neg x < x \\ \forall x \forall y \forall z((x < y \wedge y < z) \rightarrow x < z) \\ \forall x \forall y((\exists u(x < u \vee u < x) \wedge \exists v(y < v \vee v < y)) \rightarrow \\ \qquad\qquad (x < y \vee x \equiv y \vee y < x)). \end{cases}$$

3.6.5 Körpertheorie Die Symbolmenge sei $S_{\text{Ar}} = \{+, \cdot, 0, 1\}$. Eine S_{Ar}-Struktur ist genau dann ein *Körper*, wenn sie die folgenden Sätze erfüllt:

---

[4]Der Begriff *partielle Ordnung* wird in der Literatur auch anders verwendet.

$$\Phi_{\text{Kp}} \begin{cases} \forall x \forall y \forall z \; (x+y)+z \equiv x+(y+z) & \forall x \; x+0 \equiv x \\ \forall x \forall y \forall z \; (x \cdot y) \cdot z \equiv x \cdot (y \cdot z) & \forall x \; x \cdot 1 \equiv x \\ \forall x \exists y \; x+y \equiv 0 & \forall x (\neg x \equiv 0 \to \exists y \; x \cdot y \equiv 1) \\ \forall x \forall y \; x+y \equiv y+x & \forall x \forall y \; x \cdot y \equiv y \cdot x \\ \neg 0 \equiv 1 & \\ \forall x \forall y \forall z \; x \cdot (y+z) \equiv (x \cdot y)+(x \cdot z). & \end{cases}$$

Geordnete Körper sind $S_{\text{Ar}}^<$-Strukturen, die die folgenden Sätze erfüllen:

$$\Phi_{\text{gKp}} \begin{cases} \text{die Sätze von } \Phi_{\text{Kp}} \text{ und } \Phi_{\text{Ord}} \\ \forall x \forall y \forall z (x < y \to x+z < y+z) \\ \forall x \forall y \forall z ((x < y \wedge 0 < z) \to x \cdot z < y \cdot z). \end{cases}$$

3.6.6 Graphentheorie Es sei $S = \{R\}$ mit zweistelligem Relationssymbol R. Die S-Strukturen $\mathfrak{G} = (G, R^{\mathfrak{G}})$, welche Modelle von

$$\Phi_{\text{gGph}} := \{\forall x \neg Rxx\} \text{ bzw.}$$
$$\Phi_{\text{Gph}} := \{\forall x \neg Rxx, \forall x \forall y (Rxy \leftrightarrow Ryx)\}$$

sind, heißen *gerichtete Graphen* bzw. *Graphen*. Einen (gerichteten) Graphen $\mathfrak{G} = (G, R^{\mathfrak{G}})$ kann man sich dadurch veranschaulichen, dass man sich je zwei verschiedene Punkte a, b von G mit $R^{\mathfrak{G}}ab$ durch einen von a nach b führenden Pfeil bzw. durch eine Strecke verbunden denkt. Man nennt solche Punktepaare (a, b) *(gerichtete) Kanten* von $\mathfrak{G}$ und die Elemente von G *Ecken* von $\mathfrak{G}$.

3.6.7 Aufgabe Man symbolisiere mit der Symbolmenge von 3.6.2 die folgenden Aussagen:
(a) Jede positive reelle Zahl besitzt eine positive Quadratwurzel.
(b) Wenn ρ streng monoton ist, dann ist ρ injektiv.
(c) ρ ist auf $\mathbb{R}$ gleichmäßig stetig.
(d) Für alle x: Ist ρ in x differenzierbar, so ist ρ in x stetig.

3.6.8 Aufgabe Man symbolisiere mit $S_{\text{Äq}} = \{R\}$:
(a) R ist eine Äquivalenzrelation mit mindestens zwei Äquivalenzklassen.
(b) R ist eine Äquivalenzrelation, die eine Äquivalenzklasse mit mehr als einem Element besitzt.

3.6.9 Aufgabe Man zeige mit 3.4.16:
(a) Ist für jedes $i \in I$ die Struktur $\mathfrak{A}_i$ eine Gruppe, so ist $\prod_{i \in I} \mathfrak{A}_i$ eine Gruppe.
(b) Weder für die Ordnungstheorie noch für die Körpertheorie gibt es ein Axiomensystem aus Horn-Sätzen.

3.6.10 Aufgabe Eine Menge M natürlicher Zahlen heißt *Spektrum*, falls es eine Symbolmenge S und einen S-Satz φ gibt, sodass

$$M = \{n \in \mathbb{N} \mid \varphi \text{ besitzt ein Modell mit genau } n \text{ Elementen}\}.$$

Man zeige:

(a) Jede endliche Teilmenge von $\{1, 2, 3, \ldots\}$ ist ein Spektrum.

(b) Für jedes $m \geq 1$ ist die Menge der durch m teilbaren Zahlen > 0 ein Spektrum.

(c) Die Menge der Quadratzahlen > 0 ist ein Spektrum.

(d) Die Menge der Zahlen > 0, die keine Primzahlen sind, ist ein Spektrum.

(e) Die Menge der Primzahlen ist ein Spektrum.

3.7 Fragen zur Symbolisierbarkeit

Im vorangehenden Abschnitt haben wir an einer Reihe von Beispielen gesehen, wie mathematische Aussagen durch Ausdrücke der ersten Stufe symbolisiert werden können. Nicht immer allerdings verlaufen diese Symbolisierungen so glatt wie dort. Im Folgenden wollen wir eine Reihe von typischen Schwierigkeiten schildern.

3.7.1 Partielle Funktionen Bei der Definition der Strukturen haben wir verlangt, dass Funktionssymbole durch totale Funktionen interpretiert werden, d.h. durch Funktionen, die – im Falle der Stellenzahl n – für alle n-Tupel von Trägerelementen definiert sind. Wenn wir z. B. im Körper der reellen Zahlen auch die Division über $\mathbb{R}$ als Verknüpfung berücksichtigen, erhalten wir keine Struktur in unserem Sinne (denn ein Quotient ist nicht erklärt, falls der Nenner 0 ist). Es bieten sich dann folgende Möglichkeiten:

(1) Man ergänzt die Divisionsfunktion zu einer totalen Funktion, z. B. durch die Festsetzung $\frac{r}{0} := 0$ für alle $r \in \mathbb{R}$, und berücksichtigt dies bei der Formulierung weiterer Aussagen in geeigneter Weise.

(2) Man betrachtet statt der Divisionsfunktion ihren Graphen, d.h. die dreistellige Relation $\{(a, b, c) \in \mathbb{R} \mid b \neq 0 \text{ und } \frac{a}{b} = c\}$.[5] Wie man Aussagen über Funktionen in Aussagen über deren Graphen übersetzt, schildern wir in 8.1. Die dort für totale Funktionen durchgeführten Betrachtungen lassen sich leicht auf partielle Funktionen übertragen.

(3) Man baut für die Sprachen erster Stufe eine Semantik auf, in der auch partielle Funktionen zugelassen sind. Dieser Weg ist gangbar; er führt jedoch zu einem komplizierteren logischen System und bringt, wie die Möglichkeiten (1) und (2) zeigen, prinzipiell nichts Neues.

3.7.2 Mehrsortige Strukturen Die von uns betrachteten Strukturen besitzen nur einen einzigen Träger, sie bestehen insofern aus nur einer *Sorte* von

---

[5]Man beachte, dass es sich hier um einen anderen Begriff von Graphen handelt als in 3.6.6, wo Graphen spezielle Strukturen sind.

Dingen. Einige wichtige Strukturen der Mathematik bestehen demgegenüber aus Dingen verschiedener Sorten – ebene affine Räume z. B. aus Punkten und Geraden, Vektorräume aus Vektoren und Skalaren. Wir schildern am Beispiel der Vektorräume zwei Möglichkeiten, wie man mehrsortige Strukturen berücksichtigen kann.

(1) *Mehrsortige Sprachen.* Wir betrachten einen Vektorraum $\mathfrak{V}$ als „Struktur mit zwei Trägern" (als sog. *zweisortige Struktur*):

$$\mathfrak{V} = (K, V, +^K, \cdot^K, 0^K, 1^K, \circ^V, e^V, *^{K,V}),$$

wobei K die Menge der Skalare ist, $(K, +^K, \cdot^K, 0^K, 1^K)$ der Skalarenkörper, V die Menge der Vektoren, $(V, \circ^V, e^V)$ die additive Gruppe der Vektoren und $*^{K,V}$ die auf $K \times V$ definierte Multiplikation zwischen Skalaren und Vektoren.

Zur Beschreibung solcher zweisortigen Strukturen wählen wir eine zweisortige Sprache, d.h. eine Sprache, die in ihrem Aufbau den bisher betrachteten Sprachen gleicht, jedoch über zwei Sorten von Variablen verfügt, etwa $u_0, u_1, u_2, \ldots$ (für die Elemente des ersten Trägers, im obigen Fall für die Skalare) und $w_0, w_1, w_2, \ldots$ (für die Elemente des zweiten Trägers, im obigen Fall für die Vektoren). Der Bereich für eine quantifizierte Variable ist stets nur der entsprechende Träger. Zur Illustration symbolisieren wir einige Vektorraumaxiome.

(α) Assoziativität der Körperaddition:
$\forall u_0 \forall u_1 \forall u_2 \, (u_0 + u_1) + u_2 \equiv u_0 + (u_1 + u_2).$

(β) Assoziativität der Vektoraddition:
$\forall w_0 \forall w_1 \forall w_2 \, (w_0 \circ w_1) \circ w_2 \equiv w_0 \circ (w_1 \circ w_2).$

(γ) Assoziativität der skalaren Multiplikation von Vektoren:
$\forall u_0 \forall u_1 \forall w_0 (u_0 \cdot u_1) * w_0 \equiv u_0 * (u_1 * w_0).$

(2) *Sortenreduktion.* Man kann die Behandlung mehrsortiger Strukturen auch mit unseren einsortigen Sprachen erster Stufe erreichen, und zwar mit einer sog. *Sortenreduktion*. Sie sei am Beispiel der Vektorräume kurz geschildert. Wir führen zwei neue einstellige Relationssymbole $\underline{K}, \underline{V}$ ein und betrachten einen Vektorraum als $\{\underline{K}, \underline{V}, +, \cdot, 0, 1, \circ, e, *\}$-Struktur

$$\mathfrak{V} = (K \cup V, \underline{K}^{\mathfrak{V}}, \underline{V}^{\mathfrak{V}}, +^{\mathfrak{V}}, \cdot^{\mathfrak{V}}, 0^{\mathfrak{V}}, 1^{\mathfrak{V}}, \circ^{\mathfrak{V}}, e^{\mathfrak{V}}, *^{\mathfrak{V}})$$

mit $\underline{K}^{\mathfrak{V}} := K$, $\underline{V}^{\mathfrak{V}} := V$, wobei die Funktionen $+^{\mathfrak{V}}, \cdot^{\mathfrak{V}}, \circ^{\mathfrak{V}}, *^{\mathfrak{V}}$ beliebige Erweiterungen von $+^K, \cdot^K, \circ^V, *^{K,V}$ auf $(K \cup V) \times (K \cup V)$ sind. Die Einführung der „Sortensymbole" $\underline{K}, \underline{V}$ gibt uns die Möglichkeit, über Skalare und Vektoren zu sprechen. Wir illustrieren dies am Beispiel der oben mehrsortig symbolisierten Vektorraumaxiome:

(α) $\forall x \forall y \forall z ((\underline{K}x \wedge \underline{K}y \wedge \underline{K}z) \rightarrow (x + y) + z \equiv x + (y + z)).$

(β) $\forall x\forall y\forall z((\underline{V}x \wedge \underline{V}y \wedge \underline{V}z) \to (x \circ y) \circ z \equiv x \circ (y \circ z))$.

(γ) $\forall x\forall y\forall z((\underline{K}x \wedge \underline{K}y \wedge \underline{V}z) \to (x \cdot y) * z \equiv x * (y * z))$.

Da z. B. in (α) die Quantoren auf $\underline{K}$ „relativiert" sind, spielt es keine Rolle, wie wir die Erweiterung $+^{\mathfrak{V}}$ von $+^K$ gewählt haben.

3.7.3 Grenzen der Symbolisierbarkeit Die Frage nach den Grenzen der Symbolisierbarkeit und damit letztlich nach der Ausdrucksstärke der Sprachen erster Stufe wird uns noch eingehend beschäftigen (vgl. Kap. 6 und Abschnitt 7.2). Wir behandeln hier zwei Beispiele.

(1) *Torsionsgruppen.* Eine Gruppe $\mathfrak{G}$ heißt eine *Torsionsgruppe*, wenn jedes Element von $\mathfrak{G}$ endliche Ordnung besitzt, d. h., wenn es zu jedem $a \in G$ ein $n \geq 1$ gibt mit $a^n = e^G$. Eine Ad-hoc-Symbolisierung hiervon wäre

$$\forall x(x \equiv e \vee x \circ x \equiv e \vee (x \circ x) \circ x \equiv e \vee \ldots).$$

Unendliche Disjunktionen können wir jedoch im Rahmen der Sprachen erster Stufe nicht bilden. Wir werden später zeigen (vgl. 6.3.5), dass es keine Ausdrucksmenge erster Stufe gibt, deren Modelle gerade die Torsionsgruppen sind.

(2) *Das Peanosche Axiomensystem.* Wir stellen die Frage, ob es eine Menge von S_{Ar}-Sätzen gibt, deren Modelle gerade die zu

$$\mathfrak{N} = (\mathbb{N}, +, \cdot, 0, 1)$$

isomorphen Strukturen sind. Bei der Diskussion dieses Problems beschränken wir uns der Einfachheit halber auf die Struktur $\mathfrak{N}_\sigma = (\mathbb{N}, \sigma, 0)$, wobei σ die Nachfolgerfunktion auf $\mathbb{N}$ ist mit $\sigma(n) = n + 1$ für $n \in \mathbb{N}$. $\mathfrak{N}_\sigma$ ist eine $\{\sigma, 0\}$-Struktur, σ („successor") dabei ein einstelliges Funktionssymbol. Die Ergebnisse lassen sich auf $\mathfrak{N}$ übertragen; vgl. Aufgabe 3.7.5.

$\mathfrak{N}_\sigma$ erfüllt die Bedingungen des sog. *Peanoschen Axiomensystems*:

(α) 0 ist kein Wert der Nachfolgerfunktion σ.

(β) σ ist injektiv.

(γ) (das sog. *Induktionsaxiom*) Für jede Teilmenge X von $\mathbb{N}$ gilt: Ist $0 \in X$ und ist mit $n \in X$ stets $\sigma(n) \in X$, so ist $X = \mathbb{N}$.

(α) und (β) lassen sich in $L^{\{\sigma,0\}}$ leicht symbolisieren durch

(P1) $\forall x\neg\sigma x \equiv 0$;

(P2) $\forall x\forall y(\sigma x \equiv \sigma y \to x \equiv y)$.

Das Induktionsaxiom (γ) macht eine Aussage über beliebige Teilmengen von $\mathbb{N}$. Um es „ad hoc" zu symbolisieren, müsste unsere Sprache auch Variablen für Teilmengen von Trägern enthalten, die sich quantifizieren lassen. Eine mögliche Symbolisierung von (γ) wäre dann

(P3) $\forall X((X0 \wedge \forall x(Xx \to X\boldsymbol{\sigma} x)) \to \forall y Xy)$.

(P3) ist ein Ausdruck der sog. *zweiten Stufe* (vgl. 9.1). Der folgende Satz zeigt, dass (P1) – (P3) die Struktur $\mathfrak{N}_\sigma$ bis auf Isomorphie charakterisieren, d.h., dass $\mathfrak{N}_\sigma$ bis auf Isomorphie das einzige Modell von (P1) – (P3) ist.

3.7.4 Satz von Dedekind *Jede Struktur* $\mathfrak{A} = (A, \boldsymbol{\sigma}^A, 0^A)$, *die* (P1) *bis* (P3) *erfüllt, ist zu* $\mathfrak{N}_\sigma$ *isomorph.*

Da wir in 6.4 zeigen, dass keine Menge von $\{\boldsymbol{\sigma}, 0\}$-Sätzen erster Stufe bis auf Isomorphie nur $\mathfrak{N}_\sigma$ als Modell hat, lässt sich das Induktionsaxiom in der ersten Stufe nicht symbolisieren.

Der *Beweis des Satzes von Dedekind* beruht wesentlich darauf, dass man für eine Struktur $\mathfrak{A}$, die (P3) erfüllt, *Beweise durch Induktion in* $\mathfrak{A}$ wie folgt führen kann: Um zu zeigen, dass jedes Element des Trägers A eine bestimmte Eigenschaft E besitzt, zeigt man, dass 0^A die Eigenschaft E hat und dass sich E jeweils von einem Element a auf $\boldsymbol{\sigma}^A(a)$ vererbt.

Sei nun $\mathfrak{A} = (A, \boldsymbol{\sigma}^A, 0^A)$ eine Struktur, die (P1) – (P3) erfüllt. Der gesuchte Isomorphismus $\pi \colon \mathfrak{N}_\sigma \cong \mathfrak{A}$ muss folgenden Bedingungen genügen:

(i) $\quad \pi(0^{\mathbb{N}}) = 0^A$

(ii) $\pi(\boldsymbol{\sigma}^{\mathbb{N}}(n)) = \boldsymbol{\sigma}^A(\pi(n)) \quad$ für alle $n \in \mathbb{N}$,

d.h.

(i)' $\quad \pi(0) = 0^A$

(ii)' $\pi(n+1) = \boldsymbol{\sigma}^A(\pi(n)) \quad$ für alle $n \in \mathbb{N}$.

Wir definieren π induktiv über n, und zwar gerade durch (i)' und (ii)'. Dann sind die Verträglichkeitsbedingungen erfüllt, und wir brauchen lediglich noch zu zeigen, dass π eine Bijektion von $\mathbb{N}$ auf A ist.

Zur Surjektivität von π: Wir beweisen durch Induktion in $\mathfrak{A}$ ($\mathfrak{A}$ erfüllt ja (P3)!), dass jedes Element von A zum Bild von π gehört. Nach (i)' liegt 0^A im Bild von π. Liegt ferner a im Bild von π und ist etwa $a = \pi(n)$, so ist $\boldsymbol{\sigma}^A(a) = \boldsymbol{\sigma}^A(\pi(n))$, d.h. mit (ii)': $\boldsymbol{\sigma}^A(a) = \pi(n+1)$, also liegt auch $\boldsymbol{\sigma}^A(a)$ im Bild von π.

Zur Injektivität von π: Wir beweisen durch Induktion über n

(∗) $\qquad$ Für alle $m \in \mathbb{N}$: Ist $m \neq n$, so ist $\pi(m) \neq \pi(n)$.

$n = 0$: Ist $m \neq 0$, etwa $m = k+1$, so ist $\pi(m) = \pi(k+1) = \boldsymbol{\sigma}^A(\pi(k))$, und da $\mathfrak{A}$ das Axiom (P1) erfüllt, ist $\boldsymbol{\sigma}^A(\pi(k)) \neq 0^A$, also wegen (i)' $\pi(m) \neq \pi(0)$.

Der Induktionsschritt: (∗) sei für n bewiesen, und es sei $m \neq n+1$. Ist $m = 0$, schließen wir wie im Falle $n = 0$, dass $\pi(n+1) \neq \pi(m) = 0^A$. Ist $m \neq 0$, etwa $m = k+1$, so ist $k \neq n$ und nach Induktionsvoraussetzung $\pi(k) \neq \pi(n)$. Wegen der Injektivität von $\boldsymbol{\sigma}^A$ ($\mathfrak{A}$ erfüllt (P2)!) ergibt sich hieraus, dass

$\sigma^A(\pi(k)) \neq \sigma^A(\pi(n))$, aufgrund der Festsetzung (ii)$'$ also $\pi(k+1) \neq \pi(n+1)$, d.h. $\pi(m) \neq \pi(n+1)$.   ⊣

3.7.5 Aufgabe Π sei das folgende System von S_{Ar}-Sätzen der zweiten Stufe:

$\forall x \neg x + 1 \equiv 0$

$\forall x \forall y (x + 1 \equiv y + 1 \to x \equiv y)$

$\forall X ((X0 \wedge \forall x (Xx \to Xx + 1)) \to \forall y Xy)$

$\forall x\, x + 0 \equiv x$

$\forall x \forall y\, x + (y + 1) \equiv (x + y) + 1$

$\forall x\, x \cdot 0 \equiv 0$

$\forall x \forall y\, x \cdot (y + 1) \equiv (x \cdot y) + x.$

Man zeige:

(a) Ist $\mathfrak{A} = (A, +^A, \cdot^A, 0^A, 1^A)$ ein Modell von Π und ist $\sigma^A \colon A \to A$ gegeben durch $\sigma^A(a) = a +^A 1^A$, so erfüllt $(A, \sigma^A, 0^A)$ die Axiome (P1) – (P3).

(b) $\mathfrak{N} = (\mathbb{N}, +, \cdot, 0, 1)$ wird durch Π bis auf Isomorphie charakterisiert.

3.8   Substitution

Wir präzisieren in diesem Abschnitt, wie wir eine Variable x in einem Ausdruck φ an den Stellen, wo sie frei vorkommt, durch einen Term t ersetzen können, wobei dann wieder ein Ausdruck ψ entsteht. Die Ersetzung soll so vorgenommen werden, dass – inhaltlich gesprochen – φ dasselbe über x aussagt wie ψ über t. Ein erstes Beispiel möge diese Zielsetzung verdeutlichen und zugleich motivieren, warum wir mit einer gewissen Sorgfalt zu Werke gehen müssen. Wir betrachten den Ausdruck

$$\varphi := \exists z\, z + z \equiv x.$$

Er besagt in $\mathfrak{N}$, dass x gerade ist, genauer:

$$(\mathfrak{N}, \beta) \models \varphi \quad \text{gdw} \quad \beta(x) \text{ ist gerade.}$$

Ersetzen wir in φ die Variable x durch y, besagt der entstehende Ausdruck $\exists z\, z + z \equiv y$ in ähnlicher Weise, dass y gerade ist. Ersetzen wir dagegen die Variable x durch z, entsteht der Ausdruck $\exists z\, z + z \equiv z$, der nicht besagt, dass z gerade ist; denn er gilt in $\mathfrak{N}$ (wegen $0 + 0 = 0$) unabhängig von der Belegung von z. Der Grund für die Bedeutungsänderung liegt darin, dass an der Stelle, an der x frei vorkam, z nach der Ersetzung gebunden auftritt. Wir erhalten dagegen einen Ausdruck, der für z dasselbe besagt wie φ für x, wenn wir in φ zunächst zu einer neuen gebundenen Variablen u übergehen und in dem so entstehenden Ausdruck $\exists u\, u + u \equiv x$ dann x durch z ersetzen. Welche (von z

und x verschiedene) Variable u wir hierbei wählen, ist belanglos. Für gewisse theoretische Überlegungen ist es jedoch nützlich, eine Festlegung zu treffen.

Während wir im vorangehenden Beispiel nur eine Variable ersetzt haben, regeln wir bei der exakten Definition die gleichzeitige Ersetzung mehrerer Variablen: Wir ordnen jedem Ausdruck φ, *paarweise verschiedenen Variablen* $x_0, \ldots, x_r$ und beliebigen Termen $t_0, \ldots, t_r$ einen Ausdruck $\varphi \frac{t_0 \ldots t_r}{x_0 \ldots x_r}$ zu, der, wie wir sagen, aus φ durch *simultane Substitution* von $x_0, \ldots, x_r$ durch $t_0, \ldots, t_r$ entsteht. Man beachte, dass man nur dann x_i durch t_i ersetzen muss, wenn

$$x_i \in \text{frei}(\varphi) \quad \text{und} \quad x_i \neq t_i.$$

Bei der folgenden induktiven Definition 3.8.2 wird dies im Quantorenschritt explizit berücksichtigt; bei den anderen Schritten ergibt es sich unmittelbar.

Wir beginnen mit der Definition einer simultanen Substitution für Terme: Einem Term t, paarweise verschiedenen Variablen $x_0, \ldots, x_r$ und Termen $t_0, \ldots, t_r$ ordnen wir einen Term $t \frac{t_0 \ldots t_r}{x_0 \ldots x_r}$ zu. Zugrunde gelegt sei eine Symbolmenge S.

3.8.1 Definition

(a) $x \frac{t_0 \ldots t_r}{x_0 \ldots x_r} := \begin{cases} x, & \text{falls } x \neq x_0, \ldots, x \neq x_r \\ t_i, & \text{falls } x = x_i \end{cases}$

(b) $c \frac{t_0 \ldots t_r}{x_0 \ldots x_r} := c$

(c) $[f t'_1 \ldots t'_n] \frac{t_0 \ldots t_r}{x_0 \ldots x_r} := f t'_1 \frac{t_0 \ldots t_r}{x_0 \ldots x_r} \ldots t'_n \frac{t_0 \ldots t_r}{x_0 \ldots x_r}.$

Eckige Klammern dienen hier und im Folgenden der besseren Lesbarkeit.

3.8.2 Definition

(a) $[t'_1 \equiv t'_2] \frac{t_0 \ldots t_r}{x_0 \ldots x_r} := t'_1 \frac{t_0 \ldots t_r}{x_0 \ldots x_r} \equiv t'_2 \frac{t_0 \ldots t_r}{x_0 \ldots x_r}$

(b) $[R t'_1 \ldots t'_n] \frac{t_0 \ldots t_r}{x_0 \ldots x_r} := R t'_1 \frac{t_0 \ldots t_r}{x_0 \ldots x_r} \ldots t'_n \frac{t_0 \ldots t_r}{x_0 \ldots x_r}$

(c) $[\neg \varphi] \frac{t_0 \ldots t_r}{x_0 \ldots x_r} := \neg [\varphi \frac{t_0 \ldots t_r}{x_0 \ldots x_r}]$

(d) $(\varphi \vee \psi) \frac{t_0 \ldots t_r}{x_0 \ldots x_r} := \left(\varphi \frac{t_0 \ldots t_r}{x_0 \ldots x_r} \vee \psi \frac{t_0 \ldots t_r}{x_0 \ldots x_r} \right)$

(e) Seien $x_{i_1}, \ldots, x_{i_s}$ $(i_1 < \ldots < i_s)$ die Variablen x_i unter $x_0, \ldots, x_r$ mit

$$x_i \in \text{frei}(\exists x \varphi) \text{ und } x_i \neq t_i.$$

Insbesondere ist $x \neq x_{i_1}, \ldots, x \neq x_{i_s}$. Dann setzen wir

$$[\exists x \varphi] \frac{t_0 \ldots t_r}{x_0 \ldots x_r} := \exists u \left[\varphi \frac{t_{i_1} \ldots t_{i_s} u}{x_{i_1} \ldots x_{i_s} x} \right];$$

dabei sei u die Variable x, falls x nicht in $t_{i_1}, \ldots, t_{i_s}$ auftritt; sonst sei u die erste Variable von $v_0, v_1, v_2, \ldots$, die nicht in $\varphi, t_{i_1}, \ldots, t_{i_s}$ vorkommt.

(Der Übergang zur Variablen u stellt sicher, dass keine in $t_{i_1}, \ldots, t_{i_s}$ auftretende Variable in den Wirkungsbereich eines Quantors gelangt. Falls es kein x_i gibt mit $x_i \in \text{frei}(\exists x \varphi)$ und $x_i \neq t_i$, ist $s = 0$, und (e) liefert

$$[\exists x \varphi] \frac{t_0 \ldots t_r}{x_0 \ldots x_r} = \exists x \left[\varphi \frac{x}{x} \right]$$

und damit $\exists x \varphi$, wie wir in 3.8.4(b) zeigen werden.)

Beispiele. Für zweistellige P und f gilt

(1) $[Pv_0 f v_1 v_2] \frac{v_2 v_0 v_1}{v_1 v_2 v_3} = Pv_0 f v_2 v_0.$

(2) $[\exists v_0 Pv_0 f v_1 v_2] \frac{v_4 \; f v_1 v_1}{v_0 \quad v_2} = \exists v_0 \left[Pv_0 f v_1 v_2 \frac{f v_1 v_1 \; v_0}{v_2 \quad v_0} \right]$
$$= \exists v_0 Pv_0 f v_1 f v_1 v_1.$$

(3) $[\exists v_0 Pv_0 f v_1 v_2] \frac{v_0 v_2 v_4}{v_1 v_2 v_0} = \exists v_3 \left[Pv_0 f v_1 v_2 \frac{v_0 v_3}{v_1 v_0} \right] = \exists v_3 Pv_3 f v_0 v_2.$

In $\varphi \frac{t_0 \ldots t_r}{x_0 \ldots x_r}$ steht an den Stellen, an denen x_i in φ frei vorkam, jetzt der Term t_i. Ist daher etwa $\text{frei}(\varphi) \subseteq \{x_0, \ldots, x_r\}$, so erwarten wir, dass $\varphi \frac{t_0 \ldots t_r}{x_0 \ldots x_r}$ genau dann bei einer Interpretation $\mathfrak{I} = (\mathfrak{A}, \beta)$ gilt, wenn φ in $\mathfrak{A}$ gilt, sofern wir x_0 durch $\mathfrak{I}(t_0), \ldots, x_r$ durch $\mathfrak{I}(t_r)$ belegen. Eine exakte Formulierung dieses Sachverhalts enthält das folgende „Substitutionslemma" 3.8.3. Später werden wir häufig auf dieses Lemma Bezug nehmen, selten dagegen auf technische Einzelheiten der Definition 3.8.2.[6]

Zur Vorbereitung des Lemmas verallgemeinern wir zunächst die Definition von $\mathfrak{I}\frac{a}{x}$: Sind $x_0, \ldots, x_r$ paarweise verschieden, ist $\mathfrak{I} = (\mathfrak{A}, \beta)$ eine Interpretation und sind $a_0, \ldots, a_r \in A$, so sei $\beta \frac{a_0 \ldots a_r}{x_0 \ldots x_r}$ die Belegung in $\mathfrak{A}$ mit

$$\beta \frac{a_0 \ldots a_r}{x_0 \ldots x_r}(y) := \begin{cases} \beta(y), & \text{falls } y \neq x_0, \ldots, y \neq x_r \\ a_i, & \text{falls } y = x_i \end{cases}$$

und

$$\mathfrak{I}\frac{a_0 \ldots a_r}{x_0 \ldots x_r} := \left(\mathfrak{A}, \beta \frac{a_0 \ldots a_r}{x_0 \ldots x_r} \right).$$

3.8.3 Substitutionslemma (a) *Für alle Terme* t:

$$\mathfrak{I}\left(t \frac{t_0 \ldots t_r}{x_0 \ldots x_r} \right) = \mathfrak{I}\frac{\mathfrak{I}(t_0) \ldots \mathfrak{I}(t_r)}{x_0 \ldots x_r}(t).$$

(b) *Für alle Ausdrücke* φ:

$$\mathfrak{I} \models \varphi \frac{t_0 \ldots t_r}{x_0 \ldots x_r} \quad gdw \quad \mathfrak{I}\frac{\mathfrak{I}(t_0) \ldots \mathfrak{I}(t_r)}{x_0 \ldots x_r} \models \varphi.$$

---

[6]Wie das Substitutionslemma, so sind auch die darauf folgenden Ergebnisse dieses Abschnitts inhaltlich klar. Die Beweise sind nicht schwer, aber etwas langwierig, und können von den mit Beweisen durch Induktion über Terme und Ausdrücke vertrauten Leserinnen und Lesern überschlagen werden.

Beweis. Wir führen den Beweis anhand der Definitionen 3.8.1 und 3.8.2 durch Induktion über den Aufbau der Terme bzw. der Ausdrücke, beschränken uns dabei allerdings auf einige typische Fälle.

$t = x$: Ist $x \neq x_0, \ldots, x \neq x_r$, so ist nach 3.8.1(a)

$$x\frac{t_0 \ldots t_r}{x_0 \ldots x_r} = x$$

und daher

$$\mathfrak{I}\left(x\frac{t_0 \ldots t_r}{x_0 \ldots x_r}\right) = \mathfrak{I}(x) = \mathfrak{I}\frac{\mathfrak{I}(t_0) \ldots \mathfrak{I}(t_r)}{x_0 \ldots x_r}(x).$$

Ist $x = x_i$, so ist

$$x\frac{t_0 \ldots t_r}{x_0 \ldots x_r} = t_i$$

und daher

$$\mathfrak{I}\left(x\frac{t_0 \ldots t_r}{x_0 \ldots x_r}\right) = \mathfrak{I}(t_i) = \mathfrak{I}\frac{\mathfrak{I}(t_0) \ldots \mathfrak{I}(t_r)}{x_0 \ldots x_r}(x_i) = \mathfrak{I}\frac{\mathfrak{I}(t_0) \ldots \mathfrak{I}(t_r)}{x_0 \ldots x_r}(x).$$

$\varphi = Rt'_1 \ldots t'_n$: $\mathfrak{I} \models [Rt'_1 \ldots t'_n]\frac{t_0 \ldots t_r}{x_0 \ldots x_r}$

gdw $\mathfrak{I}(R)$ trifft zu auf $\mathfrak{I}\left(t'_1\frac{t_0 \ldots t_r}{x_0 \ldots x_r}\right), \ldots$ (nach 3.8.2(b))

gdw $\mathfrak{I}(R)$ trifft zu auf $\mathfrak{I}\frac{\mathfrak{I}(t_0) \ldots \mathfrak{I}(t_r)}{x_0 \ldots x_r}(t'_1), \ldots$ (nach (a))

gdw $\mathfrak{I}\frac{\mathfrak{I}(t_0) \ldots \mathfrak{I}(t_r)}{x_0 \ldots x_r}(R)$ trifft zu auf $\mathfrak{I}\frac{\mathfrak{I}(t_0) \ldots \mathfrak{I}(t_r)}{x_0 \ldots x_r}(t'_1), \ldots$

gdw $\mathfrak{I}\frac{\mathfrak{I}(t_0) \ldots \mathfrak{I}(t_r)}{x_0 \ldots x_r} \models Rt'_1 \ldots t'_n$.

$\varphi = \exists x\psi$: Seien wie in 3.8.2(e) $x_{i_1}, \ldots, x_{i_s}$ gerade die Variablen x_i mit $x_i \in$ frei$(\exists x\psi)$ und $x_i \neq t_i$. Wählen wir u wie in 3.8.2(e), so gilt

$\mathfrak{I} \models [\exists x\psi]\frac{t_0 \ldots t_r}{x_0 \ldots x_r}$

gdw $\mathfrak{I} \models \exists u\left[\psi\frac{t_{i_1} \ldots t_{i_s} \, u}{x_{i_1} \ldots x_{i_s} \, x}\right]$

gdw   es gibt $a \in A$: $\mathfrak{I}\frac{a}{u} \models \psi\frac{t_{i_1} \ldots t_{i_s} \, u}{x_{i_1} \ldots x_{i_s} \, x}$

gdw   es gibt $a \in A$: $\left[\mathfrak{I}\frac{a}{u}\right]\frac{\mathfrak{I}\frac{a}{u}(t_{i_1}) \ldots \mathfrak{I}\frac{a}{u}(t_{i_s}) \; \mathfrak{I}\frac{a}{u}(u)}{x_{i_1} \ldots x_{i_s} \qquad x} \models \psi$
(nach Induktionsvoraussetzung)

gdw   es gibt $a \in A$: $\left[\mathfrak{I}\frac{a}{u}\right]\frac{\mathfrak{I}(t_{i_1}) \ldots \mathfrak{I}(t_{i_s}) \; a}{x_{i_1} \ldots x_{i_s} \; x} \models \psi$ (nach dem
Koinzidenzlemma, da u nicht in $t_{i_1}, \ldots, t_{i_s}$ vorkommt)

gdw es gibt $a \in A$: $\mathfrak{J}\dfrac{\mathfrak{J}(t_{i_1}) \ldots \mathfrak{J}(t_{i_s})}{x_{i_1} \ldots x_{i_s}} \dfrac{a}{x} \models \psi$ (da $u = x$
   oder u nicht in ψ vorkommt (Koinzidenzlemma!))

gdw es gibt $a \in A$: $\left[\mathfrak{J}\dfrac{\mathfrak{J}(t_{i_1}) \ldots \mathfrak{J}(t_{i_s})}{x_{i_1} \ldots x_{i_s}} \right] \dfrac{a}{x} \models \psi$
   (beachte, dass $x \neq x_{i_1}, \ldots, x \neq x_{i_s}$)

gdw $\mathfrak{J}\dfrac{\mathfrak{J}(t_{i_1}) \ldots \mathfrak{J}(t_{i_s})}{x_{i_1} \ldots x_{i_s}} \models \exists x \psi$

gdw $\mathfrak{J}\dfrac{\mathfrak{J}(t_0) \ldots \mathfrak{J}(t_r)}{x_0 \ldots x_r} \models \exists x \psi$ (denn für $i \neq i_1, \ldots, i \neq i_s$ ist
   $x_i \notin \mathrm{frei}(\exists x \psi)$ oder $x_i = t_i$). $\dashv$

In den folgenden Lemmata sammeln wir einige syntaktische Eigenschaften der Substitution.

3.8.4 Lemma (a) *Für jede Permutation π der Zahlen $0, \ldots, r$ gilt:*

$$\varphi \frac{t_0 \ldots t_r}{x_0 \ldots x_r} = \varphi \frac{t_{\pi(0)} \ldots t_{\pi(r)}}{x_{\pi(0)} \ldots x_{\pi(r)}}.$$

(b) *Ist $0 \leq i \leq r$ und $x_i = t_i$, so ist*

$$\varphi \frac{t_0 \ldots t_r}{x_0 \ldots x_r} = \varphi \frac{t_0 \ldots t_{i-1} \; t_{i+1} \ldots t_r}{x_0 \ldots x_{i-1} \; x_{i+1} \ldots x_r}.$$

Insbesondere ist $\varphi \frac{x}{x} = \varphi$.

(c) *Für alle Variablen y gilt:*

   (i) *Wenn $y \in \mathrm{var}\left(t \frac{t_0 \ldots t_r}{x_0 \ldots x_r} \right)$, so $y \in \mathrm{var}(t_0) \cup \ldots \cup \mathrm{var}(t_r)$ oder $(y \in \mathrm{var}(t)$ und $y \neq x_0, \ldots, y \neq x_r)$.*

   (ii) *Wenn $y \in \mathrm{frei}\left(\varphi \frac{t_0 \ldots t_r}{x_0 \ldots x_r} \right)$, so $y \in \mathrm{var}(t_0) \cup \ldots \cup \mathrm{var}(t_r)$ oder $(y \in \mathrm{frei}(\varphi)$ und $y \neq x_0, \ldots, y \neq x_r)$.*

Beweis. Wir schließen induktiv anhand von 3.8.1 und 3.8.2. Dabei beschränken wir uns auf zwei typische Fälle von (c).

$t = x$: Ist $x \neq x_0, \ldots, x \neq x_r$, so $x \frac{t_0 \ldots t_r}{x_0 \ldots x_r} = x$. Ist nun $y \in \mathrm{var}\left(x \frac{t_0 \ldots t_r}{x_0 \ldots x_r} \right)$, so ist $y = x$ und daher $(y \in \mathrm{var}(x)$ und $y \neq x_0, \ldots, y \neq x_r)$. – Ist $x = x_i$, so ist $x \frac{t_0 \ldots t_r}{x_0 \ldots x_r} = t_i$. Wenn dann $y \in \mathrm{var}\left(x \frac{t_0 \ldots t_r}{x_0 \ldots x_r} \right)$, so auch $y \in \mathrm{var}(t_i)$, also $y \in \mathrm{var}(t_0) \cup \ldots \cup \mathrm{var}(t_r)$.

$\varphi = \exists x \psi$: Seien $s, i_1, \ldots, i_s$ und u wie in Definition 3.8.2(e) und sei

$$y \in \mathrm{frei}\left([\exists x \psi] \frac{t_0 \ldots t_r}{x_0 \ldots x_r} \right) = \mathrm{frei}\left(\exists u \left[\psi \frac{t_{i_1} \ldots t_{i_s} \; u}{x_{i_1} \ldots x_{i_s} \; x} \right] \right).$$

Es ist dann $y \neq u$ und

$$y \in \text{frei}\left(\psi \frac{t_{i_1} \dots t_{i_s}\, u}{x_{i_1} \dots x_{i_s}\, x}\right),$$

also nach Induktionsvoraussetzung $y \neq u$ und $(y \in \text{var}(t_{i_1}) \cup \dots \cup \text{var}(t_{i_s}) \cup \{u\}$ oder $y \in \text{frei}(\psi)$, $y \neq x_{i_1}, \dots, y \neq x_{i_s}, y \neq x)$. Da für $i \neq i_1, \dots, i \neq i_s$ $x_i \notin \text{frei}(\psi)$ oder $x_i = t_i$, erhalten wir hieraus: $y \in \text{var}(t_0) \cup \dots \cup \text{var}(t_r)$ oder $y \in \text{frei}(\exists x \psi), y \neq x_0, \dots, y \neq x_r$. $\dashv$

3.8.5 Korollar *Sei* $\text{frei}(\varphi) \subseteq \{x_0, \dots, x_r\}$, *wobei weiterhin* $x_0, \dots, x_r$ *verschieden seien. Dann ist für Terme* $t_0, \dots, t_r$ *mit* $\text{var}(t_i) \subseteq \{v_0, \dots, v_{n-1}\}$ *der Ausdruck* $\varphi \frac{t_0 \dots t_r}{x_0 \dots x_r}$ *aus* L_n^S. *Insbesondere ist* $\varphi \frac{c_0 \dots c_r}{x_0 \dots x_r}$ *ein Satz.* $\dashv$

Die Anzahl der in einem Ausdruck φ vorkommenden Junktoren und Quantoren nennen wir den *Rang* von φ, kurz $\text{rg}(\varphi)$. Genauer:

3.8.6 Definition

$$\begin{aligned}
\text{rg}(\varphi) &:= 0, \text{ falls } \varphi \text{ atomar} \\
\text{rg}(\neg\varphi) &:= \text{rg}(\varphi) + 1 \\
\text{rg}(\varphi \vee \psi) &:= \text{rg}(\varphi) + \text{rg}(\psi) + 1 \\
\text{rg}(\exists x \varphi) &:= \text{rg}(\varphi) + 1.
\end{aligned}$$

Aus der Definition der Substitution entnimmt man unmittelbar:

3.8.7 Lemma

$$\text{rg}\left(\varphi \frac{t_0 \dots t_r}{x_0 \dots x_r}\right) = \text{rg}(\varphi). \qquad \dashv$$

Mit der Substitution lässt sich der Quantor „es gibt genau ein" bequem wiedergeben: Sei φ ein Ausdruck, x eine Variable und y die erste von x verschiedene Variable, die in φ nicht frei vorkommt. Wir schreiben dann $\exists^{=1} x \varphi$ („es gibt genau ein x, sodass φ") für $\exists x(\varphi \wedge \forall y(\varphi \frac{y}{x} \to x \equiv y))$. Man zeigt leicht, dass für jede Interpretation $\mathfrak{J} = (\mathfrak{A}, \beta)$ gilt:

$$\mathfrak{J} \models \exists^{=1} x \varphi \quad \text{gdw} \quad \text{es gibt genau ein } a \in A \text{ mit } \mathfrak{J} \frac{a}{x} \models \varphi.$$

3.8.8 Aufgabe Für $n \geq 1$ gebe man in ähnlicher Weise die Quantoren „es gibt genau n" und „es gibt höchstens n" wieder.

3.8.9 Aufgabe Seien P und f zweistellig und $x = v_0, y = v_1, u = v_2, v = v_3$ und $w = v_4$. Man zeige anhand der Definition 3.8.2:

(a) $\exists x \exists y (Pxu \wedge Pyv) \frac{u\; u\; u}{x\; y\; v} = \exists x \exists y (Pxu \wedge Pyu)$,

(b) $\exists x \exists y (Pxu \wedge Pyv) \frac{v\; fuv}{u\; v} = \exists x \exists y (Pxv \wedge Pyfuv)$,

(c) $\exists x \exists y (Pxu \wedge Pyv) \frac{u\; x\; fuv}{x\; u\; v} = \exists w \exists y (Pwx \wedge Pyfuv)$,

(d) $(\forall x \exists y (Pxy \wedge Pxu) \vee \exists u fuu \equiv x) \frac{x\; fxy}{x\; u} =$

$$\forall v \exists w (Pvw \wedge Pvfxy) \vee \exists u fuu \equiv x.$$

3.8.10 Aufgabe Man zeige: Wenn $x_0, \ldots, x_r \notin \mathrm{var}(t_0) \cup \ldots \cup \mathrm{var}(t_r)$, so

$$\varphi \frac{t_0 \ldots t_r}{x_0 \ldots x_r} =\!\models \forall x_0 \ldots \forall x_r (x_0 \equiv t_0 \wedge \ldots \wedge x_r \equiv t_r \rightarrow \varphi).$$

3.8.11 Aufgabe Man gebe einen Kalkül an, der genau die Zeichenreihen der Gestalt $t\, x_0 \ldots x_r\, t_0 \ldots t_r\, t \dfrac{t_0 \ldots t_r}{x_0 \ldots x_r}$ oder $\varphi\, x_0 \ldots x_r\, t_0 \ldots t_r\, \varphi \dfrac{t_0 \ldots t_r}{x_0 \ldots x_r}$ abzuleiten gestattet.

4

Ein Sequenzenkalkül

In Kap. 1 haben wir erläutert, welche Zielsetzung man in der Mathematik bei der Entwicklung einer bestimmten mathematischen Theorie verfolgt: Um sich einen Überblick über die Theorie zu verschaffen, versucht man zu ermitteln, welche Aussagen aus den Axiomen dieser Theorie folgen. Dass eine Aussage aus den Axiomen folgt, zeigt man durch einen Beweis. Dank der Präzisierung der Folgerungsbeziehung im vorangehenden Kapitel sind wir jetzt in der Lage, Zielsetzung und Vorgehen im Rahmen der ersten Stufe schärfer zu erfassen. Für eine Symbolmenge S und eine Menge Φ von S-Sätzen sei $\Phi^{\models}$ die Menge der S-Sätze, die aus Φ folgen. Ein mathematischer Beweis für einen S-Satz φ unter Benutzung der Axiome aus Φ demonstriert, dass φ zu $\Phi^{\models}$ gehört. Wir können z. B. an die Menge Φ_{Gr} der Gruppenaxiome mit $S = S_{\mathrm{Gr}}$ denken. Dann zeigt der Beweis von 1.1.1, dass der S_{Gr}-Satz $\forall x \exists y\, y \circ x \equiv e$ zu $\Phi_{\mathrm{Gr}}^{\models}$ gehört. Im Hinblick auf die Zielsetzung der Mathematik und die Tragweite ihrer Methoden erhebt sich umgekehrt die Frage, ob *jeder* Satz aus $\Phi^{\models}$ unter Benutzung der Axiome aus Φ bewiesen werden kann. Um sie zu beantworten, ist eine Analyse des Beweisbegriffs unumgänglich. Doch selbst dann, wenn wir uns auf Aussagen beschränken, die sich in der ersten Stufe formulieren lassen, stoßen wir bei dem Versuch einer solchen Analyse gleich zu Beginn auf Schwierigkeiten. Sie haben ihre Wurzel in dem Umstand, dass man in der mathematischen Praxis über keinen fest umrissenen Beweisbegriff verfügt. Was ein Beweis ist, lernt man nicht anhand eines Katalogs von zugelassenen Schlussweisen, sondern vielmehr durch Übung an konkreten Beispielen im Laufe der mathematischen Ausbildung. Außerdem werden die gebräuchlichen Schlussweisen durch immer neue Varianten bereichert, und nicht zuletzt ergeben sich bei der Entwicklung neuer Theorien oft neue charakteristische Beweismethoden.

Angesichts dieser Situation werden wir nicht versuchen, die ganze Palette mathematischer Argumentationsweisen exakt zu beschreiben. Wir werden viel-

© Springer-Verlag GmbH Deutschland, ein Teil von Springer Nature 2018
H.-D. Ebbinghaus et al., *Einführung in die mathematische Logik*,
https://doi.org/10.1007/978-3-662-58029-5_4

mehr anhand konkreter Beweise elementare Schlüsse herauskristallisieren und dadurch einen präzisen Beweisbegriff konstituieren. Es wird sich zeigen, dass diese elementaren Schlüsse als Bausteine für alle mathematischen Argumentationsweisen ausreichen. Wir verfahren also ähnlich wie bei der Präzisierung des Begriffs der mathematischen Aussage, wo wir, statt eine exakte Beschreibung zu versuchen, mit den Sprachen erster Stufe einen scharf definierten Rahmen abgegrenzt haben. Während wir hinsichtlich der Sprachen erster Stufe nur plausibel machen können, dass sie trotz der ihnen anhaftenden Ausdrucksschwächen für die Zwecke der Mathematik prinzipiell ausreichen (vgl. 7.2), können wir hier exakt zeigen, dass jeder Satz in $\Phi^\models$ aus den Sätzen von Φ im präzisen Sinn beweisbar ist.

Wie können wir elementare Schlussregeln aufspüren? Eine Analyse z. B. der beiden Beweise aus Kap. 1 zeigt, dass diejenigen Argumentationen sehr elementar erscheinen, die unmittelbar mit der Bedeutung der Junktoren, der Quantoren und der Gleichheitsbeziehung zusammenhängen. Wir erwähnen drei Beispiele: Man kann in einem Beweis von bereits gewonnenen Ausdrücken φ und ψ zur Konjunktion $(\varphi \wedge \psi)$ übergehen, desgleichen von einem Ausdruck Pt zu $\exists x P x$ und von Ausdrücken Px und $x \equiv t$ zu Pt. Schematisch können wir das so darstellen:

$$(*) \qquad \frac{\varphi, \psi}{(\varphi \wedge \psi)} \ , \qquad \frac{Pt}{\exists x P x} \ , \qquad \frac{Px, \ x \equiv t}{Pt} \ .$$

In dieser Schreibweise lassen sich die Schlussregeln als syntaktische Operationen an Zeichenreihen auffassen. Unter konsequenter Befolgung dieses Aspekts werden wir den Katalog von Schlussregeln, den wir in 4.2 und 4.4 aufstellen, als einen *Kalkül* $\mathfrak{S}$ konzipieren. Seine Gestalt motivieren wir in 4.1. In 4.6 (und vorausschauend bereits in 4.1) geben wir die grundlegende Definition dafür, dass ein Ausdruck φ aus einer Ausdrucksmenge Φ *formal beweisbar* ist. Sie wird auf die Ableitbarkeit in $\mathfrak{S}$ zurückgeführt. Die formale Beweisbarkeit ist syntaktischer Natur und somit ein Gegenstück zur semantischen Folgerungsbeziehung.

Für das gesamte Kapitel sei eine Symbolmenge S fest vorgegeben.

4.1 Sequenzenregeln

Der mathematische Beweis eines Satzes führt von Aussagen zu Aussagen, bis schließlich die Behauptung des Satzes erreicht ist. Die einzelnen Aussagen hängen von gewissen Voraussetzungen ab. Dabei kann es sich um Voraussetzungen des Satzes handeln, oder aber um zeitweilig auftretende Zusatzvoraussetzungen. Will man etwa eine Zwischenbehauptung φ indirekt beweisen, so nimmt man $\neg\varphi$ als eine solche Zusatzvoraussetzung hinzu. Hat sich damit schließlich ein Widerspruch ergeben, so ist φ gezeigt, und die Zusatzvoraussetzung $\neg\varphi$ fällt wieder weg.

Diese Betrachtung führt uns dazu, eine Situation in einem Beweis durch die Angabe der jeweiligen Voraussetzungen und der jeweiligen (Zwischen-)Behauptung zu beschreiben. Verstehen wir unter einer *Sequenz* eine endliche nicht-leere Folge (Aneinanderreihung) von Ausdrücken, so können wir „Beweissituationen" durch Sequenzen wiedergeben: die „Beweissituation" mit Voraussetzungen $\varphi_1, \ldots, \varphi_n$ und Behauptung φ durch die Sequenz $\varphi_1 \ldots \varphi_n \, \varphi$. Man nennt $\varphi_1 \ldots \varphi_n$ das *Antezedens* und φ das *Sukzedens* der Sequenz $\varphi_1 \ldots \varphi_n \, \varphi$. Nach 2.4.3 sind die Ausdrücke, aus denen sich eine Sequenz zusammensetzt, eindeutig bestimmt. Insbesondere sind daher das Antezedens und das Sukzedens wohldefiniert.

Der oben angedeutete indirekte Beweis vollzieht sich in der Notierung mit Sequenzen nach folgendem Schema:

$$(+) \quad \frac{\begin{array}{ccc} \varphi_1 \ldots \varphi_n & \neg\varphi & \psi \\ \varphi_1 \ldots \varphi_n & \neg\varphi & \neg\psi \end{array}}{\varphi_1 \ldots \varphi_n \qquad \varphi} \, ,$$

und die inhaltliche Deutung ist die folgende: Hat man in einem Beweis unter den Voraussetzungen $\varphi_1, \ldots, \varphi_n$ und (der Zusatzvoraussetzung) $\neg\varphi$ sowohl einen Ausdruck ψ als auch sein Negat $\neg\psi$ erschlossen (also einen Widerspruch), so kann man unter den Voraussetzungen $\varphi_1, \ldots, \varphi_n$ auf φ schließen.

Wir benutzen im Folgenden die Buchstaben $\Gamma, \Delta, \ldots$, um (eventuell leere) Folgen von Ausdrücken wiederzugeben. Damit können wir dann Sequenzen in der Form $\Gamma\varphi\psi$, $\Delta\psi, \ldots$ mitteilen und das Schema (+) in der Gestalt

$$(++) \quad \frac{\begin{array}{ccc} \Gamma & \neg\varphi & \psi \\ \Gamma & \neg\varphi & \neg\psi \end{array}}{\Gamma \qquad \varphi} \, .$$

(Wie schon bei (+) dienen auch hier Lücken zwischen den Gliedern einer Sequenz nur der besseren Lesbarkeit.)

In dem Bild, das wir uns jetzt erarbeitet haben, führen die Schritte in einem Beweis von bereits erzielten „Beweissituationen" zu einer neuen „Beweissituation" und damit von Sequenzen zu einer neuen Sequenz. Es liegt daher nahe, die Regeln des Schließens – wie etwa (++) – als Regeln eines Kalküls $\mathfrak{S}$ darzustellen, der mit Sequenzen operiert (*Sequenzenkalkül*). Bei der Konzeption von $\mathfrak{S}$ folgen wir [20]. Hinsichtlich anders gearteter Kalküle vgl. [36].

Zum besseren Verständnis der mit 4.2 beginnenden Betrachtungen nehmen wir, bevor wir die Regeln von $\mathfrak{S}$ angeben, einige Definitionen vorweg.

Gibt es im Kalkül $\mathfrak{S}$ eine Ableitung für die Sequenz $\Gamma\varphi$, so schreiben wir $\vdash \Gamma\varphi$ und sagen kurz, $\Gamma\varphi$ sei *ableitbar*.

4.1.1 Definition Ein Ausdruck φ ist aus einer Ausdrucksmenge Φ *formal beweisbar* oder *ableitbar* genau dann, wenn es endlich viele Ausdrücke $\varphi_1, \ldots, \varphi_n$ aus Φ gibt mit $\vdash \varphi_1 \ldots \varphi_n\ \varphi$.

Wir nennen eine Sequenz $\Gamma\varphi$ *korrekt*, wenn $\Gamma \models \varphi$, d.h. genauer, wenn $\{\psi \mid \psi$ ist Glied von $\Gamma\} \models \varphi$. Da die Regeln von $\mathfrak{S}$ mathematischen Schlussweisen nachgebildet sind, wird sich herausstellen, dass sie *korrekt* sind, d.h., dass sie bei Anwendung auf korrekte Sequenzen wieder zu korrekten Sequenzen führen. Daraus ergibt sich dann, dass jeder aus Φ ableitbare Ausdruck auch aus Φ folgt. Wir überzeugen uns von der Korrektheit jeder Regel gleich bei ihrer Einführung.

4.2 Grund- und Junktorenregeln

Die Regeln des Sequenzenkalküls $\mathfrak{S}$ teilen wir ein in *Grundregeln* (4.2.1, 4.2.2), *Junktorenregeln* (4.2.3, 4.2.4, 4.2.5, 4.2.6), *Quantorenregeln* (4.4.1, 4.4.2) und *Gleichheitsregeln* (4.4.3, 4.4.4). Wir beginnen mit den beiden Grundregeln.

4.2.1 Antezedensregel (Ant)

$$\frac{\Gamma\ \varphi}{\Gamma'\ \varphi}\ , \textit{falls jedes Glied von } \Gamma \textit{ ein Glied von } \Gamma' \textit{ ist}$$
$$(kurz:\ falls\ \Gamma \subseteq \Gamma').$$

Dabei braucht ein Glied, das in Γ mehrfach auftritt, in Γ' nur einmal aufzutreten.

4.2.2 Voraussetzungsregel (Vor)

$$\frac{}{\Gamma\ \varphi}\ , \textit{falls } \varphi \textit{ ein Glied von } \Gamma \textit{ ist.}$$

Korrektheit. (Ant): Falls eine Sequenz $\Gamma\varphi$ korrekt ist und falls $\Gamma \subseteq \Gamma'$, gilt wegen $\Gamma \models \varphi$ auch $\Gamma' \models \varphi$.
(Vor) ist korrekt, da für $\varphi \in \Phi$ stets $\Phi \models \varphi$. $\dashv$

(Vor) spiegelt die triviale Tatsache wider, dass man aus Voraussetzungen, unter denen φ vorkommt, insbesondere φ erhält. (Ant) bringt zum Ausdruck, dass man die Voraussetzungen, unter denen eine Behauptung erschlossen wurde, umordnen oder vermehren kann.

Wir geben nun die Junktorenregeln an. (Es sei daran erinnert, dass wir uns auf die Junktoren $\neg$ und $\vee$ beschränkt haben; vgl. (1) auf S. 37.) Die erste mit der Negation zusammenhängende Regel schematisiert die häufig benutzte Methode der *Fallunterscheidung*. Um von Γ auf φ zu schließen, wird hierbei zunächst der Fall behandelt, dass eine Bedingung ψ gilt. Anschließend wird der Fall $\neg\psi$ erledigt. Es tritt also einmal ψ, dann $\neg\psi$ als Zusatzvoraussetzung auf. Die Übersetzung dieser Schlussweise in eine Sequenzenregel lautet:

4.2.3 Fallunterscheidungsregel (FU)

$$\frac{\begin{array}{ccc} \Gamma & \psi & \varphi \\ \Gamma & \neg\psi & \varphi \end{array}}{\begin{array}{cc} \Gamma & \varphi \end{array}}$$

Korrektheit. Es gelte $\Gamma\psi \models \varphi$ und $\Gamma\neg\psi \models \varphi$. Wir müssen $\Gamma \models \varphi$ zeigen. Sei hierzu $\mathfrak{J}$ eine beliebige Interpretation mit $\mathfrak{J} \models \Gamma$, d.h. mit $\mathfrak{J} \models \chi$ für alle Glieder χ von Γ. Es gilt $\mathfrak{J} \models \psi$ oder $\mathfrak{J} \models \neg\psi$. Falls $\mathfrak{J} \models \psi$, erhält man wegen $\Gamma\psi \models \varphi$, dass $\mathfrak{J} \models \varphi$. Falls $\mathfrak{J} \models \neg\psi$, erhält man das gleiche Resultat aus $\Gamma\neg\psi \models \varphi$. $\dashv$

Die zweite mit der Negation zusammenhängende Regel ist die in 4.1 herausgestellte Regel ($\overset{\bullet}{+}+$):

4.2.4 Widerspruchsregel (Wid)

$$\frac{\begin{array}{ccc} \Gamma & \neg\varphi & \psi \\ \Gamma & \neg\varphi & \neg\psi \end{array}}{\begin{array}{cc} \Gamma & \varphi \end{array}}$$

Korrektheit. Sei $\Gamma\neg\varphi \models \psi$ und $\Gamma\neg\varphi \models \neg\psi$. Dann gibt es keine Interpretation, die $\Gamma\neg\varphi$ erfüllt. Damit muss jede Interpretation, die Γ erfüllt, auch φ erfüllen; d.h. $\Gamma\varphi$ ist korrekt. $\dashv$

4.2.5 Regel der ∨-Einführung im Antezedens (∨A)

$$\frac{\begin{array}{ccc} \Gamma & \varphi & \chi \\ \Gamma & \psi & \chi \end{array}}{\begin{array}{ccc} \Gamma & (\varphi \vee \psi) & \chi \end{array}}$$

Die Korrektheitsbetrachtung verläuft ähnlich wie für (FU).

4.2.6 Regeln der ∨-Einführung im Sukzedens (∨S)

(a) $\dfrac{\Gamma \quad \varphi}{\Gamma \quad (\varphi \vee \psi)}$ \qquad (b) $\dfrac{\Gamma \quad \varphi}{\Gamma \quad (\psi \vee \varphi)}$

Korrektheit. Es gelte $\Gamma \models \varphi$, und es sei $\mathfrak{J} \models \Gamma$. Dann ist $\mathfrak{J} \models \varphi$ und somit $\mathfrak{J} \models (\varphi \vee \psi)$ wie auch $\mathfrak{J} \models (\psi \vee \varphi)$. $\dashv$

4.2.7 Aufgabe Man überprüfe, ob die folgenden Regeln korrekt sind:

(a) $\dfrac{\begin{array}{cc}\Gamma & \varphi_1 \quad\quad \psi_1 \\ \Gamma & \varphi_2 \quad\quad \psi_2\end{array}}{\Gamma \quad (\varphi_1 \vee \varphi_2) \quad (\psi_1 \vee \psi_2)}$
(b) $\dfrac{\begin{array}{cc}\Gamma & \varphi_1 \quad\quad \psi_1 \\ \Gamma & \varphi_2 \quad\quad \psi_2\end{array}}{\Gamma \quad (\varphi_1 \vee \varphi_2) \quad (\psi_1 \wedge \psi_2)}$

4.3   Ableitbare Junktorenregeln

Mit den bis jetzt formulierten Regeln von $\mathfrak{S}$ können wir bereits eine Reihe von Sequenzen ableiten. In einem ersten Beispiel zeigen wir, dass alle Sequenzen der Gestalt $(\varphi \vee \neg\varphi)$ ableitbar sind. Wir bedienen uns dabei einer ähnlichen Notierung wie bei den Ableitungen in früheren Kalkülen (vgl. 2.3).

$$
\begin{array}{llll}
 & 1. & \varphi \quad \varphi & \text{(Vor)} \\
 & 2. & \varphi \quad (\varphi \vee \neg\varphi) & \text{(}\vee\text{S) auf 1.} \\
(*) & 3. & \neg\varphi \quad \neg\varphi & \text{(Vor)} \\
 & 4. & \neg\varphi \quad (\varphi \vee \neg\varphi) & \text{(}\vee\text{S) auf 3.} \\
 & 5. & \quad (\varphi \vee \neg\varphi) & \text{(FU) auf 2., 4.}
\end{array}
$$

Wir betrachten die Regel (TND) („Tertium non datur")

$$\frac{\rule{3cm}{0.4pt}}{(\varphi \vee \neg\varphi)} \; ,$$

die keine Regel von $\mathfrak{S}$ ist. Die Hinzunahme von (TND) zu $\mathfrak{S}$ vergrößert nicht die Menge der ableitbaren Sequenzen. Wenn nämlich eine Ableitung einer Sequenz unter Verwendung von Regeln von $\mathfrak{S}$ und von (TND) gegeben ist, so können wir unmittelbar vor jeder Sequenz $(\varphi \vee \neg\varphi)$, die in dieser Ableitung mit (TND) eingeführt wird, die Zeilen 1. bis 4. von (*) einfügen. Dadurch entsteht dann insgesamt eine Ableitung in $\mathfrak{S}$.

Sequenzenregeln, deren Gebrauch man in solcher Weise durch Rückgriff auf ein Ableitungsschema wie (*) eliminieren kann und die daher den Kreis der ableitbaren Sequenzen nicht vergrößern, nennen wir *ableitbare Regeln*. Somit ist (TND) eine ableitbare Regel. Die Verwendung ableitbarer Regeln trägt viel zur Durchsichtigkeit von Ableitungen im Sequenzenkalkül bei. Wir stellen daher im Folgenden eine Reihe von ableitbaren Regeln zusammen, auch von solchen mit Prämissen.

4.3.1 Modifizierte Widerspruchsregel (Wid')

$$\frac{\begin{array}{cc}\Gamma & \psi \\ \Gamma & \neg\psi\end{array}}{\Gamma \quad \varphi}$$

Rechtfertigung. (Die Rechtfertigung zeigt hier – wie auch bei den nächsten Regeln – jeweils die Ableitbarkeit der Regel, d.h. in diesem Fall: Sie zeigt, wie man mit den Regeln von $\mathfrak{S}$ aus Sequenzen $\Gamma\psi$ und $\Gamma\neg\psi$ (den „Prämissen") die Sequenz $\Gamma\varphi$ gewinnen kann.)

$$
\begin{array}{llll}
1. & \Gamma & \psi & \text{Prämisse} \\
2. & \Gamma & \neg\psi & \text{Prämisse} \\
3. & \Gamma \quad \neg\varphi & \psi & \text{(Ant) auf 1.} \\
4. & \Gamma \quad \neg\varphi & \neg\psi & \text{(Ant) auf 2.} \\
5. & \Gamma & \varphi & \text{(Wid) auf 3., 4.}
\end{array}
$$

4.3.2 Kettenschlussregel (KS)

$$
\frac{\begin{array}{cc}\Gamma & \varphi \\ \Gamma \quad \varphi & \psi\end{array}}{\Gamma \qquad \psi}
$$

Rechtfertigung.

$$
\begin{array}{llll}
1. & \Gamma & \varphi & \text{Prämisse} \\
2. & \Gamma \quad \varphi & \psi & \text{Prämisse} \\
3. & \Gamma \quad \neg\varphi & \varphi & \text{(Ant) auf 1.} \\
4. & \Gamma \quad \neg\varphi & \neg\varphi & \text{(Vor)} \\
5. & \Gamma \quad \neg\varphi & \psi & \text{(Wid') auf 3., 4.} \\
6. & \Gamma & \psi & \text{(FU) auf 2., 5.}
\end{array}
$$

4.3.3 Kontrapositionsregeln (KP)

$$
\text{(a)} \quad \frac{\Gamma \quad \varphi \quad \psi}{\Gamma \quad \neg\psi \quad \neg\varphi}
\qquad\qquad
\text{(b)} \quad \frac{\Gamma \quad \neg\varphi \quad \neg\psi}{\Gamma \quad \psi \quad \varphi}
$$

$$
\text{(c)} \quad \frac{\Gamma \quad \neg\varphi \quad \psi}{\Gamma \quad \neg\psi \quad \varphi}
\qquad\qquad
\text{(d)} \quad \frac{\Gamma \quad \varphi \quad \neg\psi}{\Gamma \quad \psi \quad \neg\varphi}
$$

Rechtfertigung von (a).

$$
\begin{array}{lllll}
1. & \Gamma & \varphi & & \psi & \text{Prämisse} \\
2. & \Gamma \quad \neg\psi & \varphi & & \psi & \text{(Ant) auf 1.} \\
3. & \Gamma \quad \neg\psi & \varphi & & \neg\psi & \text{(Vor)} \\
4. & \Gamma \quad \neg\psi & \varphi & & \neg\varphi & \text{(Wid') auf 2., 3.} \\
5. & \Gamma \quad \neg\psi & \neg\varphi & & \neg\varphi & \text{(Vor)} \\
6. & \Gamma \quad \neg\psi & & & \neg\varphi & \text{(FU) auf 4., 5.}
\end{array}
$$

4.3.4

$$
\frac{\begin{array}{cc}\Gamma & (\varphi \vee \psi) \\ \Gamma & \neg\varphi\end{array}}{\Gamma \qquad \psi}
$$

Rechtfertigung.

1. Γ $\quad (\varphi \vee \psi)$ $\quad$ Prämisse
2. Γ $\quad \neg\varphi$ $\quad$ Prämisse
3. Γ φ $\quad \neg\varphi$ $\quad$ (Ant) auf 2.
4. Γ φ $\quad \varphi$ $\quad$ (Vor)
5. Γ φ $\quad \psi$ $\quad$ (Wid′) auf 4., 3.
6. Γ ψ $\quad \psi$ $\quad$ (Vor)
7. Γ $(\varphi \vee \psi)$ $\quad \psi$ $\quad$ (∨A) auf 5., 6.
8. Γ $\quad \psi$ $\quad$ (KS) auf 1., 7.

4.3.5 „Modus ponens"

$$\frac{\Gamma \quad (\varphi \to \psi)}{\dfrac{\Gamma \quad \varphi}{\Gamma \quad \psi}} \, , \quad \text{d.h.} \quad \frac{\Gamma \quad (\neg\varphi \vee \psi)}{\dfrac{\Gamma \quad \varphi}{\Gamma \quad \psi}}$$

Die Rechtfertigung verläuft analog zu der von 4.3.4.

4.3.6 Aufgabe Man zeige, dass die folgenden Regeln ableitbar sind.

(a1) $\dfrac{\Gamma \quad \varphi}{\Gamma \quad \neg\neg\varphi}$ $\qquad\qquad$ (a2) $\dfrac{\Gamma \quad \neg\neg\varphi}{\Gamma \quad \varphi}$

(b) $\dfrac{\begin{array}{c}\Gamma \quad \varphi\\ \Gamma \quad \psi\end{array}}{\Gamma \quad (\varphi \wedge \psi)}$ $\qquad\qquad$ (c) $\dfrac{\Gamma \quad \varphi \quad \psi}{\Gamma \quad (\varphi \to \psi)}$

(d1) $\dfrac{\Gamma \quad (\varphi \wedge \psi)}{\Gamma \quad \varphi}$ $\qquad\qquad$ (d2) $\dfrac{\Gamma \quad (\varphi \wedge \psi)}{\Gamma \quad \psi}$

4.4 Quantoren- und Gleichheitsregeln

Wir geben zunächst zwei Sequenzenregeln von $\mathfrak{S}$ an, die mit dem Existenzquantor zusammenhängen. Die erste Regel ist eine Verallgemeinerung eines bereits in der Einführung erwähnten Schemas.

4.4.1 Regel der ∃-Einführung im Sukzedens (∃S)

$$\frac{\Gamma \quad \varphi\frac{t}{x}}{\Gamma \quad \exists x\varphi}$$

(∃S) besagt inhaltlich, dass wir aus Γ auf die Existenzbehauptung $\exists x\varphi$ schließen können, wenn wir aus Γ bereits das „Beispiel" t für diese Existenzbehauptung gewonnen haben.

Korrektheit. Es gelte $\Gamma \models \varphi\frac{t}{x}$. $\mathfrak{I}$ sei eine Interpretation mit $\mathfrak{I} \models \Gamma$. Nach Voraussetzung gilt $\mathfrak{I} \models \varphi\frac{t}{x}$, nach dem Substitutionslemma also $\mathfrak{I}\frac{\mathfrak{I}(t)}{x} \models \varphi$ und daher auch $\mathfrak{I} \models \exists x\varphi$. $\dashv$

Die zweite $\exists$-Regel ist komplizierter, gibt aber ebenfalls eine häufig benutzte Argumentationsweise wieder. Das Ziel ist dabei, eine Behauptung ψ aus Voraussetzungen $\varphi_1, \ldots, \varphi_n, \exists x\varphi$ zu beweisen. (Analogie im Sequenzenkalkül: Es soll die Sequenz

$(*)$ $\qquad\qquad\qquad \varphi_1 \ldots \varphi_n \; \exists x\varphi \; \psi$

abgeleitet werden.) Entsprechend der Voraussetzung $\exists x\varphi$ nimmt man an, man habe ein Beispiel, bezeichnet etwa durch eine neue Variable y, welches „φ erfüllt", und beweist damit ψ.[1] (Analogie im Sequenzenkalkül: Man leitet die Sequenz

$(**)$ $\qquad\qquad\qquad \varphi_1 \ldots \varphi_n \; \varphi\frac{y}{x} \; \psi$

ab, wobei y nicht frei in $(*)$ vorkommt.) Damit gilt dann ψ als aus $\varphi_1, \ldots, \varphi_n$, $\exists x\varphi$ bewiesen. Diese Argumentation können wir im Sequenzenkalkül durch eine Regel widerspiegeln, die den Übergang von $(**)$ nach $(*)$ vermittelt:

4.4.2 Regel der $\exists$-Einführung im Antezedens ($\exists$A)

$$\frac{\Gamma \;\; \varphi\frac{y}{x} \;\; \psi}{\Gamma \;\; \exists x\varphi \;\; \psi} \;, \quad \textit{falls } y \textit{ nicht frei in } \Gamma \; \exists x\varphi \; \psi.$$

Korrektheit. Gelte $\Gamma \; \varphi\frac{y}{x} \models \psi$, und y sei nicht frei in $\Gamma \; \exists x\varphi \; \psi$. Die Interpretation $\mathfrak{I} = (\mathfrak{A}, \beta)$ sei ein Modell von $\Gamma \; \exists x\varphi$. Wir müssen zeigen, dass $\mathfrak{I} \models \psi$. Zunächst existiert ein $a \in A$ mit $\mathfrak{I}\frac{a}{x} \models \varphi$. Mit dem Koinzidenzlemma schließen wir auf $(\mathfrak{I}\frac{a}{y})\frac{a}{x} \models \varphi$. (Für $x = y$ ist dies klar; für $x \neq y$ gilt $y \notin \text{frei}(\varphi)$, da sonst entgegen der Voraussetzung $y \in \text{frei}(\exists x\varphi)$ gelten würde.) Wegen $\mathfrak{I}\frac{a}{y}(y) = a$ haben wir $(\mathfrak{I}\frac{a}{y})\frac{\mathfrak{I}\frac{a}{y}(y)}{x} \models \varphi$, nach dem Substitutionslemma also $\mathfrak{I}\frac{a}{y} \models \varphi\frac{y}{x}$. Wegen $\mathfrak{I} \models \Gamma$ und $y \notin \text{frei}(\Gamma)$ gilt, wieder nach dem Koinzidenzlemma, $\mathfrak{I}\frac{a}{y} \models \Gamma$, wegen $\Gamma \; \varphi\frac{y}{x} \models \psi$ also $\mathfrak{I}\frac{a}{y} \models \psi$, und somit $\mathfrak{I} \models \psi$ wegen $y \notin \text{frei}(\psi)$. $\dashv$

Die Bedingung an y in ($\exists$A) ist wesentlich. So ist die Sequenz $[x \equiv fy]\frac{y}{x} \; y \equiv fy$ korrekt; die Sequenz $\exists x\, x \equiv fy \; y \equiv fy$, die wir durch Anwendung von ($\exists$A) erhalten können, wenn wir nicht auf die (hier verletzte) Nebenbedingung an y achten, ist jedoch nicht mehr korrekt. Dies zeigt z. B. eine Interpretation mit Träger $\mathbb{N}$, die f durch die Nachfolgerfunktion $n \mapsto n+1$ und y durch 0 interpretiert.

---

[1]Vgl. den Beweis von 1.1.1 mit der Verwendung von y in Zeile (1).

Aus einem Ausdruck $\varphi\frac{t}{x}$ kann man in der Regel weder φ noch t zurückgewinnen. So ist z. B. der Ausdruck Rfy darstellbar als $Rx\,\frac{fy}{x}$ und als $Rfx\frac{y}{x}$. Bei Verwendung der Regeln ($\exists$S) und ($\exists$A) werden wir daher φ und t bzw. φ und y explizit angeben, falls sie nicht der Schreibweise zu entnehmen sind.

Es folgen die beiden letzten Regeln von $\mathfrak{S}$. Sie knüpfen an zwei grundlegende Eigenschaften der Gleichheitsbeziehung an.

4.4.3 Regel der Reflexivität der Gleichheit ($\equiv$)

$$\overline{t \equiv t}$$

4.4.4 Substitutionsregel für die Gleichheit (Sub)

$$\frac{\Gamma \qquad\qquad \varphi\frac{t}{x}}{\Gamma \quad t \equiv t' \quad \varphi\frac{t'}{x}}$$

Korrektheit. ($\equiv$): trivial. (Sub): Es gelte $\Gamma \models \varphi\frac{t}{x}$, und $\mathfrak{J}$ erfülle Γ $t \equiv t'$. Dann gilt $\mathfrak{J} \models \varphi\frac{t}{x}$ und daher mit dem Substitutionslemma $\mathfrak{J}\frac{\mathfrak{J}(t)}{x} \models \varphi$, wegen $\mathfrak{J}(t) = \mathfrak{J}(t')$ also auch $\mathfrak{J}\frac{\mathfrak{J}(t')}{x} \models \varphi$. Eine weitere Anwendung des Substitutionslemmas ergibt dann $\mathfrak{J} \models \varphi\frac{t'}{x}$. $\dashv$

4.4.5 Aufgabe Man prüfe, ob die folgenden Regeln korrekt sind:

$$\frac{\varphi \qquad \psi}{\exists x\varphi \quad \exists x\psi} \qquad\qquad \frac{\Gamma \quad \varphi \qquad \psi}{\Gamma \quad \forall x\varphi \quad \exists x\psi}$$

$$\frac{\Gamma \quad \varphi\frac{fy}{x}}{\Gamma \quad \forall x\varphi}\ ,\ \text{falls } f \text{ einstellig ist und } f \text{ nicht in } \Gamma\ \forall x\varphi \text{ vorkommt.}$$

4.5   Weitere ableitbare Regeln

Wegen $\varphi\frac{x}{x} = \varphi$ erhalten wir aus 4.4.1 und 4.4.2 (für $t = x$ und $y = x$) als weitere ableitbare Regeln:

4.5.1

(a) $\dfrac{\Gamma \quad \varphi}{\Gamma \quad \exists x\varphi}$ \qquad (b) $\dfrac{\Gamma \quad \varphi \qquad \psi}{\Gamma \quad \exists x\varphi \quad \psi}$, *falls x nicht frei in Γ ψ*

Ein entsprechender Spezialfall von (Sub) ist die folgende Regel:

4.5.2

$$\frac{\Gamma \qquad\qquad \varphi}{\Gamma \quad x \equiv t \quad \varphi\frac{t}{x}}$$

Wir schließen mit einigen ableitbaren Regeln, die die *Symmetrie*, die *Transitivität*, die *Relationsverträglichkeit* und die *Funktionsverträglichkeit* der Gleichheitsbeziehung betreffen.

4.5.3

(a) $\dfrac{\Gamma \quad t_1 \equiv t_2}{\Gamma \quad t_2 \equiv t_1}$

(b) $\dfrac{\begin{array}{l}\Gamma \quad t_1 \equiv t_2 \\ \Gamma \quad t_2 \equiv t_3\end{array}}{\Gamma \quad t_1 \equiv t_3}$

4.5.4 (a) *Für n-stelliges* $R \in S$:

$$\dfrac{\begin{array}{l}\Gamma \quad Rt_1 \ldots t_n \\ \Gamma \quad t_1 \equiv t_1' \\ \quad \vdots \\ \Gamma \quad t_n \equiv t_n'\end{array}}{\Gamma \quad Rt_1' \ldots t_n'}$$

(b) *Für n-stelliges* $f \in S$:

$$\dfrac{\begin{array}{l}\Gamma \quad t_1 \equiv t_1' \\ \quad \vdots \\ \Gamma \quad t_n \equiv t_n'\end{array}}{\Gamma \quad ft_1 \ldots t_n \equiv ft_1' \ldots t_n'}$$

Rechtfertigung von 4.5.3 und 4.5.4. Sei x eine Variable, die in den jeweils auftretenden Termen und in Γ nicht vorkommt.

Zu 4.5.3(a):

1. $\Gamma \qquad\qquad t_1 \equiv t_2$ Prämisse
2. $\Gamma \qquad\qquad t_1 \equiv t_1$ ($\equiv$) und (Ant)
3. $\Gamma \quad t_1 \equiv t_2 \quad t_2 \equiv t_1$ (Sub) auf 2. mit $t_1 \equiv t_1 = [x \equiv t_1]\frac{t_1}{x}$
4. $\Gamma \qquad\qquad t_2 \equiv t_1$ (KS) auf 1., 3.

Zu 4.5.3(b):

1. $\Gamma \qquad\qquad t_1 \equiv t_2$ Prämisse
2. $\Gamma \qquad\qquad t_2 \equiv t_3$ Prämisse
3. $\Gamma \quad t_2 \equiv t_3 \quad t_1 \equiv t_3$ (Sub) auf 1. mit $t_1 \equiv t_2 = [t_1 \equiv x]\frac{t_2}{x}$
4. $\Gamma \qquad\qquad t_1 \equiv t_3$ (KS) auf 2., 3.

Zu 4.5.4(a) (ähnlich rechtfertigt man 4.5.4(b)): Sei o.B.d.A. $n = 2$.

1. $\Gamma \qquad\qquad Rt_1 t_2$ Prämisse
2. $\Gamma \qquad\qquad t_1 \equiv t_1'$ Prämisse
3. $\Gamma \qquad\qquad t_2 \equiv t_2'$ Prämisse
4. $\Gamma \quad t_1 \equiv t_1' \quad Rt_1' t_2$ (Sub) auf 1. mit $Rt_1 t_2 = [Rxt_2]\frac{t_1}{x}$
5. $\Gamma \qquad\qquad Rt_1' t_2$ (KS) auf 2., 4.
6. $\Gamma \quad t_2 \equiv t_2' \quad Rt_1' t_2'$ (Sub) auf 5. mit $Rt_1' t_2 = [Rt_1' x]\frac{t_2}{x}$
7. $\Gamma \qquad\qquad Rt_1' t_2'$ (KS) auf 3., 6.

4.5.5 Aufgabe Man zeige, dass die folgenden Regeln ableitbar sind:

(a1) $\dfrac{\Gamma \quad \forall x \varphi}{\Gamma \quad \varphi \frac{t}{x}}$

(a2) $\dfrac{\Gamma \quad \forall x \varphi}{\Gamma \quad \varphi}$

(b1) $\dfrac{\Gamma \quad \varphi\frac{t}{x} \quad \psi}{\Gamma \quad \forall x\varphi \quad \psi}$ (b2) $\dfrac{\Gamma \quad \varphi\frac{y}{x}}{\Gamma \quad \forall x\varphi}$, falls y nicht frei in $\Gamma \ \forall x\varphi$

(b3) $\dfrac{\Gamma \quad \varphi \quad \psi}{\Gamma \quad \forall x\varphi \quad \psi}$ (b4) $\dfrac{\Gamma \quad \varphi}{\Gamma \quad \forall x\varphi}$, falls x nicht frei in Γ

4.6   Eine Zusammenfassung. Ein Beispiel

Wir fassen die Regeln von $\mathfrak{S}$ noch einmal übersichtlich zusammen.

(Ant) $\dfrac{\Gamma \quad \varphi}{\Gamma' \quad \varphi}$, falls $\Gamma \subseteq \Gamma'$ (Vor) $\dfrac{}{\Gamma \quad \varphi}$, falls $\varphi \in \Gamma$

(FU) $\dfrac{\begin{array}{cc}\Gamma & \psi \quad \varphi\\ \Gamma & \neg\psi \quad \varphi\end{array}}{\Gamma \qquad \varphi}$ (Wid) $\dfrac{\begin{array}{cc}\Gamma & \neg\varphi \quad \psi\\ \Gamma & \neg\varphi \quad \neg\psi\end{array}}{\Gamma \qquad \varphi}$

(∨A) $\dfrac{\begin{array}{cc}\Gamma & \varphi \quad \chi\\ \Gamma & \psi \quad \chi\end{array}}{\Gamma \quad (\varphi \vee \psi) \quad \chi}$ (∨S) $\dfrac{\Gamma \quad \varphi}{\Gamma \quad (\varphi \vee \psi)}$, $\dfrac{\Gamma \quad \varphi}{\Gamma \quad (\psi \vee \varphi)}$

(∃A) $\dfrac{\Gamma \quad \varphi\frac{y}{x} \quad \psi}{\Gamma \quad \exists x\varphi \quad \psi}$,   falls y nicht frei in $\Gamma \ \exists x\varphi \ \psi$

(∃S) $\dfrac{\Gamma \quad \varphi\frac{t}{x}}{\Gamma \quad \exists x\varphi}$

(≡) $\dfrac{}{t \equiv t}$ (Sub) $\dfrac{\begin{array}{cc}\Gamma & \varphi\frac{t}{x}\end{array}}{\Gamma \quad t \equiv t' \quad \varphi\frac{t'}{x}}$

Bereits in 4.1.1 haben wir definiert, dass ein Ausdruck φ aus Φ *ableitbar* (*formal beweisbar*) ist (kurz: dass $\Phi \vdash \varphi$), wenn es ein n und $\varphi_1, \ldots, \varphi_n$ aus Φ gibt mit $\vdash \varphi_1 \ldots \varphi_n \ \varphi$. Aus dieser Definition gewinnen wir sofort:

4.6.1 Lemma *Für alle* Φ, φ *gilt:* $\Phi \vdash \varphi$ *genau dann, wenn es eine endliche Teilmenge* Φ_0 *von* Φ *gibt mit* $\Phi_0 \vdash \varphi$.   ⊣

Die Korrektheit von $\mathfrak{S}$ haben wir im wesentlichen bereits gezeigt:

4.6.2 Satz über die Korrektheit von $\mathfrak{S}$
             Für alle Φ, φ: *Wenn* $\Phi \vdash \varphi$, *so* $\Phi \models \varphi$.

Beweis. Sei $\Phi \vdash \varphi$. Für ein geeignetes Γ über Φ (d.h. ein Γ mit Gliedern aus Φ) gilt dann $\vdash \Gamma\varphi$. Da wir gezeigt haben, dass jede Regel ohne Prämissen nur korrekte Sequenzen liefert und dass die sonstigen Regeln von $\mathfrak{S}$ jeweils von korrekten Sequenzen wieder zu korrekten Sequenzen führen, erhalten wir durch Induktion über $\mathfrak{S}$, dass jede ableitbare Sequenz, also auch $\Gamma\varphi$, korrekt ist. Damit gilt $\Gamma \models \varphi$ und demnach $\Phi \models \varphi$. $\dashv$

Die Umkehrung von 4.6.2, nämlich „Wenn $\Phi \models \varphi$, so $\Phi \vdash \varphi$", zeigen wir im nächsten Kapitel. Insbesondere ergibt sich daraus: Ist φ aus Φ *mathematisch* beweisbar, und somit $\Phi \models \varphi$, dann ist φ aus Φ auch *formal* beweisbar. Der elementare Charakter der Sequenzenregeln führt allerdings dazu, dass ein formaler Beweis im Allgemeinen wesentlich aufwendiger ist als ein entsprechender mathematischer Beweis. Wir bringen ein Beispiel, und zwar eine Ableitung des Satzes

$$\forall x \exists y\, y \circ x \equiv e$$

über die Existenz des Linksinversen aus den Gruppenaxiomen

$$\varphi_0 := \forall x \forall y \forall z (x \circ y) \circ z \equiv x \circ (y \circ z),$$
$$\varphi_1 := \forall x\, x \circ e \equiv x,$$
$$\varphi_2 := \forall x \exists y\, x \circ y \equiv e.$$

Zum Vergleich ziehe man den mathematischen Beweis von 1.1.1 heran. Die dort auftretende „Gleichungskette" lässt sich in der angegebenen Ableitung anhand der unterstrichenen Ausdrücke bis Zeile 23 verfolgen. Wir schreiben für „$x \circ y$" der Einfachheit halber nur „xy" und setzen $\Gamma := \varphi_0\,\varphi_1\,\varphi_2$. Die Variablen u, v, w sind entsprechend der Definition der Substitution gewählt.

1.	Γ	$\forall x\, xe \equiv x$	(Vor)
2.	Γ	$(yx)e \equiv yx$	4.5.5(a1) auf 1. mit $t = yx$
3.	Γ	$yx \equiv (yx)e$	4.5.3(a) auf 2.
4.	$\Gamma\ e \equiv yz$	$yx \equiv (yx)(yz)$	(Sub) auf 3.
5.	$\Gamma\ yz \equiv e$	$e \equiv yz$	(Ant) und 4.5.3(a)
6.	$\Gamma\ yz \equiv e$	$\underline{yx \equiv (yx)(yz)}$	(Ant) und (KS) auf 5., 4.
7.	$\Gamma\ yz \equiv e$	$\forall x \forall y \forall z (xy)z \equiv x(yz)$	(Vor)
8.	$\Gamma\ yz \equiv e$	$\forall u \forall v (yu)v \equiv y(uv)$	4.5.5(a1) auf 7. mit $t = y$
9.	$\Gamma\ yz \equiv e$	$\forall w (yx)w \equiv y(xw)$	4.5.5(a1) auf 8. mit $t = x$
10.	$\Gamma\ yz \equiv e$	$(yx)(yz) \equiv y(x(yz))$	4.5.5(a1) auf 9. mit $t = yz$
11.	$\Gamma\ yz \equiv e$	$\underline{yx \equiv y(x(yz))}$	4.5.3(b) auf 6., 10.
12.	$\Gamma\ yz \equiv e\ x(yz) \equiv (xy)z$	$yx \equiv y((xy)z)$	(Sub) auf 11.
13.	$\Gamma\ yz \equiv e$	$(xy)z \equiv x(yz)$	4.5.5(a2) dreimal auf 7.
14.	$\Gamma\ yz \equiv e$	$x(yz) \equiv (xy)z$	4.5.3(a) auf 13.

15. $\Gamma \quad yz \equiv e$ $yx \equiv y((xy)z)$ (KS) auf 14., 12.

16. $\Gamma \quad yz \equiv e \; xy \equiv e$ $yx \equiv y(ez)$ (Sub) auf 15.

17. $\Gamma \quad yz \equiv e \; xy \equiv e$ $\overline{(ye)z \equiv y(ez)}$ mit 4.5.5(a1) ähnlich aus φ_0 wie 10.

18. $\Gamma \quad yz \equiv e \; xy \equiv e$ $y(ez) \equiv (ye)z$ 4.5.3(a) auf 17.

19. $\Gamma \quad yz \equiv e \; xy \equiv e$ $\overline{yx \equiv (ye)z}$ 4.5.3(b) auf 16., 18.

20. $\Gamma \quad yz \equiv e \; xy \equiv e \; ye \equiv y$ $yx \equiv yz$ (Sub) auf 19.

21. $\Gamma \quad yz \equiv e \; xy \equiv e$ $ye \equiv y$ 4.5.5(a1) auf 1. mit $t = y$ und (Ant)

22. $\Gamma \quad yz \equiv e \; xy \equiv e$ $\overline{yx \equiv yz}$ (KS) auf 21., 20.

23. $\Gamma \quad xy \equiv e \; yz \equiv e$ $\overline{yx \equiv e}$ (Sub) und (Ant) auf 22.

24. $\Gamma \quad xy \equiv e \; yz \equiv e$ $\exists y \, yx \equiv e$ ($\exists$S) auf 23.

25. $\Gamma \quad xy \equiv e \; \exists z \, yz \equiv e$ $\exists y \, yx \equiv e$ ($\exists$A) auf 24.

26. $\Gamma \quad xy \equiv e \; \forall y \exists z \, yz \equiv e$ $\exists y \, yx \equiv e$ 4.5.5(b3) auf 25.

27. $xy \equiv e$ $xy \equiv e$ (Vor)

28. $xy \equiv e$ $\exists z \, xz \equiv e$ ($\exists$S) auf 27.

29. $\exists y \, xy \equiv e$ $\exists z \, xz \equiv e$ ($\exists$A) auf 28.

30. $\forall x \exists y \, xy \equiv e$ $\exists z \, xz \equiv e$ 4.5.5(b3) auf 29.

31. φ_2 $\forall y \exists z \, yz \equiv e$ 4.5.5(b2) auf 30.

32. $\Gamma \quad xy \equiv e$ $\exists y \, yx \equiv e$ (Ant), (KS) auf 31., 26.

33. $\Gamma \quad \forall x \exists y \, xy \equiv e$ $\exists y \, yx \equiv e$ ($\exists$A) und 4.5.5(b3) auf 32.

34. Γ $\forall x \exists y \, yx \equiv e$ (Ant) und 4.5.5(b4) auf 33.

4.7 Widerspruchsfreiheit

Dem semantischen Begriff $\models$ der Folgerungsbeziehung entspricht der syntaktische Begriff $\vdash$ der Ableitbarkeitsbeziehung. Als syntaktisches Gegenstück der Erfüllbarkeit definieren wir den Begriff der *Widerspruchsfreiheit*.

4.7.1 Definition (a) Φ ist *widerspruchsfrei* (kurz: Wf Φ) genau dann, wenn es keinen Ausdruck φ gibt mit $\Phi \vdash \varphi$ und $\Phi \vdash \neg\varphi$.

(b) Φ ist *widerspruchsvoll* (kurz: Wv Φ) genau dann, wenn Φ nicht widerspruchsfrei ist (d.h., wenn es einen Ausdruck φ gibt mit $\Phi \vdash \varphi$ und $\Phi \vdash \neg\varphi$).

4.7.2 Lemma *Für eine Ausdrucksmenge Φ sind äquivalent:*

(a) Wv Φ.

(b) *Für alle φ:* $\Phi \vdash \varphi$.

Beweis. (a) ergibt sich unmittelbar aus (b). Sei umgekehrt Wv Φ, d.h. $\Phi \vdash \psi$, $\Phi \vdash \neg\psi$ für ein geeignetes ψ. Sei φ beliebig vorgegeben. Wir zeigen, dass $\Phi \vdash \varphi$.

Zunächst existieren Γ_1 und Γ_2 über Φ und Ableitungen

$$\vdots \qquad\qquad \vdots$$
$$\Gamma_1 \psi \quad \text{bzw.} \quad \Gamma_2 \neg\psi \ .$$

Durch Zusammensetzen und Verlängern gelangen wir zur Ableitung

$$\vdots$$

$m.$	Γ_1	ψ

$$\vdots$$

$n.$	Γ_2	$\neg\psi$		
$(n+1).$	$\Gamma_1 \ \Gamma_2$	ψ	(Ant) auf m.	
$(n+2).$	$\Gamma_1 \ \Gamma_2$	$\neg\psi$	(Ant) auf n.	
$(n+3).$	$\Gamma_1 \ \Gamma_2$	φ	(Wid') auf $(n+1).,(n+2)$.	

Wir sehen, dass $\Phi \vdash \varphi$. ⊣

4.7.3 Korollar *Für eine Ausdrucksmenge Φ sind äquivalent:*
(a) Wf Φ.
(b) *Es gibt einen Ausdruck φ, der nicht aus Φ ableitbar ist.* ⊣

Da $\Phi \vdash \varphi$ genau dann, wenn $\Phi_0 \vdash \varphi$ für eine geeignete endliche Teilmenge Φ_0 von Φ, erhalten wir:

4.7.4 Lemma *Für alle Φ:* Wf Φ *genau dann, wenn* Wf Φ_0 *für alle endlichen Teilmengen Φ_0 von Φ.* ⊣

4.7.5 Lemma *Jede erfüllbare Menge ist widerspruchsfrei.*

Beweis. Sei Wv Φ. Dann gilt für geeignetes φ sowohl $\Phi \vdash \varphi$ als auch $\Phi \vdash \neg\varphi$, nach dem Korrektheitssatz also $\Phi \models \varphi$ und $\Phi \models \neg\varphi$. Φ kann demnach nicht erfüllbar sein. ⊣

Die Umkehrung des Lemmas, der zufolge jede widerspruchsfreie Menge erfüllbar ist, werden wir im folgenden Abschnitt zeigen.

Später benötigen wir noch:

4.7.6 Lemma *Für alle Φ, φ gilt:*
(a) $\Phi \vdash \varphi$ *gdw* Wv $\Phi \cup \{\neg\varphi\}$.
(b) $\Phi \vdash \neg\varphi$ *gdw* Wv $\Phi \cup \{\varphi\}$.
(c) *Wenn* Wf Φ, *so* Wf $\Phi \cup \{\varphi\}$ *oder* Wf $\Phi \cup \{\neg\varphi\}$.

Beweis. *Zu* (a): Ist $\Phi \vdash \varphi$, so erst recht $\Phi \cup \{\neg\varphi\} \vdash \varphi$; wegen $\Phi \cup \{\neg\varphi\} \vdash \neg\varphi$ ist damit $\Phi \cup \{\neg\varphi\}$ widerspruchsvoll. Sei nun umgekehrt $\Phi \cup \{\neg\varphi\}$ widerspruchsvoll. Dann gibt es, für geeignetes Γ über Φ, eine Ableitung der Sequenz $\Gamma \ \neg\varphi \ \varphi$. Hieraus erhalten wir die folgende Ableitung:

$$
\begin{array}{lll}
\vdots \\
\Gamma & \neg\varphi & \varphi \\
\Gamma & \varphi & \varphi \quad (\text{Vor}) \\
\Gamma & & \varphi \quad (\text{FU}).
\end{array}
$$

Sie zeigt, dass $\Phi \vdash \varphi$.

Zu (b): Man vertausche im Beweis von (a) die Rollen von φ und $\neg\varphi$.

Zu (c): Wenn weder Wf $\Phi \cup \{\varphi\}$ noch Wf $\Phi \cup \{\neg\varphi\}$, d.h. wenn Wv $\Phi \cup \{\varphi\}$ und Wv $\Phi \cup \{\neg\varphi\}$, so gilt (wegen (b) und (a)) $\Phi \vdash \neg\varphi$ und $\Phi \vdash \varphi$. Somit ist Φ widerspruchsvoll entgegen der Voraussetzung Wf Φ. $\dashv$

Bislang haben wir uns stets auf den Rahmen bezogen, der durch eine fest vorgegebene Symbolmenge S bestimmt wird. So haben wir unter Ausdrücken stets S-Ausdrücke verstanden, und von dem Sequenzenkalkül $\mathfrak{S}$ müssten wir genauer als von dem zu S gehörenden Sequenzenkalkül $\mathfrak{S}_S$ sprechen. In manchen Fällen treten verschiedene Symbolmengen nebeneinander auf. Dann verwenden wir der Deutlichkeit halber Indizes. So schreiben wir genauer $\Phi \vdash_S \varphi$, um anzudeuten, dass es eine (aus S-Ausdrücken bestehende) Ableitung in $\mathfrak{S}_S$ gibt, deren letzte Sequenz die Gestalt $\Gamma\varphi$ besitzt mit Γ über Φ; und wir schreiben genauer Wf$_S \ \Phi$, wenn es keinen S-Ausdruck φ gibt mit $\Phi \vdash_S \varphi$ und $\Phi \vdash_S \neg\varphi$.[2]

Im Zusammenhang mit der Betrachtung verschiedener Symbolmengen benötigen wir im nächsten Kapitel:

4.7.7 Lemma *Für $n \in \mathbb{N}$ seien Symbolmengen S_n gegeben mit*

$$S_0 \subseteq S_1 \subseteq S_2 \subseteq \dots$$

und Mengen Φ_n von S_n-Ausdrücken mit Wf$_{S_n} \ \Phi_n$ *und*

$$\Phi_0 \subseteq \Phi_1 \subseteq \Phi_2 \subseteq \dots.$$

Es sei $S = \bigcup_{n\in\mathbb{N}} S_n$ und $\Phi = \bigcup_{n\in\mathbb{N}} \Phi_n$. Dann gilt Wf$_S \ \Phi$.

Beweis. Die Voraussetzungen seien erfüllt. Wir nehmen an, es sei Wv$_S \ \Phi$.

---

[2]Man beachte, dass für zwei Symbolmengen S und S' mit $S \subseteq S'$ und für $\Phi \subseteq L^S, \varphi \in L^S$ gelten könnte: $\Phi \vdash_{S'} \varphi$, jedoch nicht $\Phi \vdash_S \varphi$. Denn in *jeder* Ableitung von φ aus Φ in $\mathfrak{S}_{S'}$ könnten Ausdrücke aus $L^{S'} \setminus L^S$ verwendet werden, die dann z. B. bei Anwendung von (Wid), (FU) oder ($\exists$S) wieder verschwinden. Wir werden erst später zeigen, dass dies nicht der Fall ist.

Nach 4.7.4 gilt Wv_S Ψ für eine geeignete *endliche* Teilmenge Ψ von Φ. Für passendes k ist $\Psi \subseteq \Phi_k$ und daher Wv_S Φ_k, also insbesondere $\Phi_k \vdash_S v_0 \equiv v_0$ und $\Phi_k \vdash_S \neg v_0 \equiv v_0$. Seien entsprechende S-Ableitungen gegeben. Da sie nur endlich viele Symbole enthalten, liegen alle in ihnen auftretenden Ausdrücke bereits in einem geeigneten L^{S_m}. Wir können annehmen, dass $m \geq k$. Somit sind beide Ableitungen bereits Ableitungen im S_m-Sequenzenkalkül, und es ist daher Wv_{S_m} Φ_k. Wegen $\Phi_k \subseteq \Phi_m$ erhalten wir hieraus, dass Wv_{S_m} Φ_m, und damit einen Widerspruch zur Voraussetzung.   ⊣

4.7.8 Aufgabe Sei ($\exists\forall$) die Regel

$$\frac{}{\Gamma \quad \exists x \varphi \quad \forall x \varphi}$$

(a) Man prüfe, ob ($\exists\forall$) eine ableitbare Regel ist.
(b) $\mathfrak{S}'$ entstehe aus dem Sequenzenkalkül $\mathfrak{S}$ durch Hinzunahme der Regel ($\exists\forall$). Ist jede Sequenz in $\mathfrak{S}'$ ableitbar?

5

Der Vollständigkeitssatz

Gegenstand dieses s ist ein Beweis für die Vollständigkeit des Sequenzenkalküls, d.h. für die Aussage

(∗) Für alle Φ, φ: Wenn $\Phi \models \varphi$, so $\Phi \vdash \varphi$.

Zum Nachweis von (∗) zeigen wir:

(∗∗) Jede widerspruchsfreie Menge ist erfüllbar.

Hieraus ergibt sich (∗) wie folgt: Wir nehmen an, für Φ, φ gälte $\Phi \models \varphi$, jedoch nicht $\Phi \vdash \varphi$. Dann wäre $\Phi \cup \{\neg\varphi\}$ nicht erfüllbar und widerspruchsfrei (vgl. 3.4.4 und 4.7.6(a)) entgegen (∗∗).

(∗∗) stellt uns vor die Aufgabe, für eine widerspruchsfreie Menge Φ ein Modell anzugeben. Es wird sich zeigen, dass dies auf natürliche Weise möglich ist, falls Φ *negationstreu* ist und *Beispiele enthält*. Wir behandeln diesen Sonderfall in 5.1 und führen anschließend den allgemeinen Fall hierauf zurück: in 5.2 zunächst für höchstens abzählbare Symbolmengen, in 5.3 für beliebige Symbolmengen. Solange wir nicht ausdrücklich etwas anderes vereinbaren, legen wir wieder eine Symbolmenge S fest zugrunde.

5.1 Der Satz von Henkin

Φ sei eine widerspruchsfreie Menge von Ausdrücken. Um eine Interpretation $\mathfrak{I} = (\mathfrak{A}, \beta)$ zu finden, die Φ erfüllt, steht uns im Wesentlichen nur die „syntaktische" Information der Widerspruchsfreiheit von Φ zur Verfügung. Wenn wir jetzt versuchen, ein Modell von Φ anzugeben, werden wir daher so weit wie möglich von syntaktischen Objekten Gebrauch machen. In einem ersten Ansatz wählen wir als Träger A die Menge T^S der S-Terme, definieren β durch

© Springer-Verlag GmbH Deutschland, ein Teil von Springer Nature 2018
H.-D. Ebbinghaus et al., *Einführung in die mathematische Logik*,
https://doi.org/10.1007/978-3-662-58029-5_5

$$\beta(v_i) := v_i \quad (i \in \mathbb{N})$$

und interpretieren z. B. ein einstelliges Funktionssymbol f durch

$$f^{\mathfrak{A}}(t) := ft \quad (t \in A)$$

und ein einstelliges Relationssymbol R durch

$$R^{\mathfrak{A}} := \{t \in A \mid \Phi \vdash Rt\}.$$

Für eine Variable x haben wir dann $\mathfrak{I}(fx) = f^{\mathfrak{A}}(\beta(x)) = fx$. Hier ergibt sich jedoch eine erste Schwierigkeit, die mit dem Gleichheitszeichen zusammenhängt. Ist nämlich y eine von x verschiedene Variable, so ist $fx \neq fy$, also $\mathfrak{I}(fx) \neq \mathfrak{I}(fy)$. Wählen wir nun die Menge Φ so, dass $\Phi \vdash fx \equiv fy$ (z. B. $\Phi = \{fx \equiv fy\}$), ist $\mathfrak{I}$ kein Modell von Φ. Denn nach 4.6.2 gilt dann $\Phi \models fx \equiv fy$, und mit $\mathfrak{I} \models \Phi$ müsste $\mathfrak{I}(fx) = \mathfrak{I}(fy)$ sein.

Wir helfen uns dadurch, dass wir auf naheliegende Weise eine Äquivalenzrelation zwischen Termen einführen und als Elemente des Trägers von $\mathfrak{I}$ nicht die Terme, sondern deren Äquivalenzklassen wählen.

Im Folgenden sei Φ eine Menge von Ausdrücken. Wir definieren nun eine Interpretation $\mathfrak{I}^{\Phi} = (\mathfrak{T}^{\Phi}, \beta^{\Phi})$. Hierzu erklären wir zunächst auf der Menge T^S der S-Terme eine zweistellige Relation $\sim$ durch

5.1.1 $t_1 \sim t_2$:gdw $\Phi \vdash t_1 \equiv t_2$.

5.1.2 Lemma (a) $\sim$ *ist eine Äquivalenzrelation.*
(b) $\sim$ *ist im folgenden Sinne mit den Symbolen aus S verträglich:*
Wenn $t_1 \sim t_1', \ldots, t_n \sim t_n'$, so gilt für n-stelliges $f \in S$

$$ft_1 \ldots t_n \sim ft_1' \ldots t_n'$$

und für n-stelliges $R \in S$

$$\Phi \vdash Rt_1 \ldots t_n \quad gdw \quad \Phi \vdash Rt_1' \ldots t_n'.$$

Der *Beweis* ergibt sich leicht mit der Regel ($\equiv$) und 4.5.3, 4.5.4. Wir zeigen das hier exemplarisch in zwei Fällen.

(1) $\sim$ ist symmetrisch: Sei $t_1 \sim t_2$, also $\Phi \vdash t_1 \equiv t_2$. Nach 4.5.3(a) gilt dann $\Phi \vdash t_2 \equiv t_1$, d.h. $t_2 \sim t_1$.

(2) f sei ein n-stelliges Funktionssymbol aus S, und es sei $t_1 \sim t_1', \ldots, t_n \sim t_n'$, d.h. $\Phi \vdash t_1 \equiv t_1', \ldots, \Phi \vdash t_n \equiv t_n'$. Nach 4.5.4(b) gilt dann $\Phi \vdash ft_1 \ldots t_n \equiv ft_1' \ldots t_n'$, d.h. $ft_1 \ldots t_n \sim ft_1' \ldots t_n'$. $\dashv$

Es sei $\bar{t}$ die Äquivalenzklasse von t:

$$\bar{t} := \{t' \in T^S \mid t \sim t'\},$$

und T^{Φ} (statt genauer $T^{\Phi,S}$) die Menge der Äquivalenzklassen:

$$T^\Phi := \{\overline{t} \mid t \in T^S\}.$$

T^Φ ist nicht leer. Über T^Φ definieren wir die S-Struktur $\mathfrak{T}^\Phi$, die sog. *Termstruktur* zu Φ, durch die folgenden Festsetzungen:

5.1.3 *Für n-stelliges $R \in S$:*

$$R^{\mathfrak{T}^\Phi}\overline{t_1}\ldots\overline{t_n} \quad :gdw \quad \Phi \vdash Rt_1\ldots t_n.$$

5.1.4 *Für n-stelliges $f \in S$:*

$$f^{\mathfrak{T}^\Phi}(\overline{t_1},\ldots,\overline{t_n}) := \overline{ft_1\ldots t_n}.$$

5.1.5 *Für $c \in S$: $c^{\mathfrak{T}^\Phi} := \overline{c}$.*

Die Definitionen 5.1.3 und 5.1.4 sind in dieser Form möglich, da die Auswahl der Repräsentanten $t_1,\ldots,t_n$ von $\overline{t_1},\ldots,\overline{t_n}$ nach 5.1.2(b) keine Rolle spielt.

Schließlich definieren wir die Belegung β^Φ durch

5.1.6 $\beta^\Phi(x) := \overline{x}$.

$\mathfrak{J}^\Phi := (\mathfrak{T}^\Phi, \beta^\Phi)$ nennen wir die zu Φ gehörende *Terminterpretation*.

5.1.7 Lemma (a) *Für alle t ist $\mathfrak{J}^\Phi(t) = \overline{t}$.*
(b) *Für alle atomaren Ausdrücke φ gilt:*

$$\mathfrak{J}^\Phi \models \varphi \quad gdw \quad \Phi \vdash \varphi.$$

(c) *Für alle Ausdrücke φ und paarweise verschiedenen Variablen $x_1,\ldots,x_n$ gilt:*
(i) $\mathfrak{J}^\Phi \models \exists x_1\ldots\exists x_n\varphi \quad gdw \quad es\ gibt\ t_1,\ldots,t_n \in T^S\ mit$

$$\mathfrak{J}^\Phi \models \varphi\frac{t_1\ldots t_n}{x_1\ldots x_n}.$$

(ii) $\mathfrak{J}^\Phi \models \forall x_1\ldots\forall x_n\varphi \quad gdw \quad für\ alle\ Terme\ t_1,\ldots,t_n \in T^S\ gilt$

$$\mathfrak{J}^\Phi \models \varphi\frac{t_1\ldots t_n}{x_1\ldots x_n}.$$

Beweis. Zu (a): Induktion über den Aufbau der Terme: Die Behauptung gilt für $t = x$ wegen 5.1.6 und für $t = c$ wegen 5.1.5. Ist $t = ft_1\ldots t_n$, so

$$\mathfrak{J}^\Phi(ft_1\ldots t_n) = f^{\mathfrak{T}^\Phi}(\mathfrak{J}^\Phi(t_1),\ldots,\mathfrak{J}^\Phi(t_n))$$
$$= f^{\mathfrak{T}^\Phi}(\overline{t_1},\ldots,\overline{t_n}) \quad \text{(nach Induktionsvoraussetzung)}$$
$$= \overline{ft_1\ldots t_n} \quad \text{(nach 5.1.4)}.$$

Zu (b): $\mathfrak{J}^\Phi \models t_1 \equiv t_2 \quad gdw \quad \mathfrak{J}^\Phi(t_1) = \mathfrak{J}^\Phi(t_2)$
$gdw \quad \overline{t_1} = \overline{t_2} \quad$ (nach (a))
$gdw \quad t_1 \sim t_2$
$gdw \quad \Phi \vdash t_1 \equiv t_2.$

$$\mathfrak{I}^{\Phi} \models Rt_1 \ldots t_n \quad \text{gdw} \quad R^{\mathfrak{I}^{\Phi}} \overline{t_1} \ldots \overline{t_n}$$

$$\text{gdw} \quad \Phi \vdash Rt_1 \ldots t_n \quad \text{(nach 5.1.3)}.$$

Zu (c): (i): $\mathfrak{I}^{\Phi} \models \exists x_1 \ldots \exists x_n \varphi$

$$\text{gdw} \quad \text{es gibt } a_1, \ldots, a_n \in T^{\Phi} \colon \mathfrak{I}^{\Phi} \frac{a_1 \ldots a_n}{x_1 \ldots x_n} \models \varphi$$

$$\text{gdw} \quad \text{es gibt } t_1, \ldots, t_n \in T^{S} \colon \mathfrak{I}^{\Phi} \frac{\overline{t_1} \ldots \overline{t_n}}{x_1 \ldots x_n} \models \varphi \quad (\text{da } T^{\Phi} = \{\overline{t} \mid t \in T^{S}\})$$

$$\text{gdw} \quad \text{es gibt } t_1, \ldots, t_n \in T^{S} \colon \mathfrak{I}^{\Phi} \frac{\mathfrak{I}^{\Phi}(t_1) \ldots \mathfrak{I}^{\Phi}(t_n)}{x_1 \ldots x_n} \models \varphi \quad (\text{wegen (a)})$$

$$\text{gdw} \quad \text{es gibt } t_1, \ldots, t_n \in T^{S} \colon \mathfrak{I}^{\Phi} \models \varphi \frac{t_1 \ldots t_n}{x_1 \ldots x_n}$$
(nach dem Substitutionslemma).

(ii) ergibt sich leicht aus (i). $\qquad\qquad\qquad\qquad\qquad\qquad\qquad\qquad\qquad\dashv$

Wegen Teil (b) des vorangehenden Lemmas ist $\mathfrak{I}^{\Phi}$ ein Modell der atomaren Ausdrücke in Φ, jedoch im Allgemeinen nicht aller Ausdrücke in Φ: Ist z. B. $S = \{R\}$ und $\Phi = \{\exists x R x\}$, so müsste es, falls $\mathfrak{I}^{\Phi} \models \Phi$, nach (c) einen Term t geben mit $\exists x R x \vdash Rt$, in unserem Fall also eine Variable y mit $\exists x R x \vdash Ry$, und das lässt sich leicht widerlegen (vgl. dazu auch Aufgabe 5.1.12(a)). Wir werden daher nur zeigen können, dass $\mathfrak{I}^{\Phi}$ ein Modell von Φ ist, wenn Φ gewissen Abgeschlossenheitsbedingungen genügt, wie sie im Hinblick auf den Existenzquantor durch das vorangehende Beispiel nahegelegt werden. Eine Präzisierung dieser Bedingungen gibt die folgende Definition.

5.1.8 Definition (a) Φ ist *negationstreu* genau dann, wenn für jeden Ausdruck φ gilt: $\Phi \vdash \varphi$ oder $\Phi \vdash \neg\varphi$.
(b) Φ *enthält Beispiele* genau dann, wenn für jeden Ausdruck der Gestalt $\exists x \varphi$ ein Term t existiert mit $\Phi \vdash (\exists x \varphi \to \varphi \frac{t}{x})$.

Wie das folgende Lemma zeigt, besteht für eine widerspruchsfreie Menge Φ, die negationstreu ist und Beispiele enthält, eine Parallelität zwischen der Eigenschaft, aus Φ ableitbar zu sein, und den Festlegungen in der induktiven Definition der Modellbeziehung. Mit dieser Parallelität lässt sich für solche Φ zeigen, dass die Terminterpretation $\mathfrak{I}^{\Phi}$ ein Modell von Φ ist.

5.1.9 Lemma Φ *sei widerspruchsfrei, negationstreu und enthalte Beispiele. Dann gilt für alle* φ, ψ:
(a) $\Phi \vdash \varphi$ *gdw nicht* $\Phi \vdash \neg\varphi$.
(b) $\Phi \vdash (\varphi \vee \psi)$ *gdw* $\Phi \vdash \varphi$ *oder* $\Phi \vdash \psi$.
(c) $\Phi \vdash \exists x \varphi$ *gdw es gibt einen Term* t *mit* $\Phi \vdash \varphi \frac{t}{x}$.

Beweis. *Zu* (a): Da Φ negationstreu ist, gilt $\Phi \vdash \varphi$ oder $\Phi \vdash \neg\varphi$, und da Φ widerspruchsfrei ist, kann nicht zugleich $\Phi \vdash \varphi$ und $\Phi \vdash \neg\varphi$ gelten. Dies liefert die Behauptung.

Zu (b): Gelte zunächst $\Phi \vdash (\varphi \vee \psi)$. Wenn nicht $\Phi \vdash \varphi$, so $\Phi \vdash \neg\varphi$ (weil Φ negationstreu ist), und 4.3.4 liefert dann $\Phi \vdash \psi$. Die andere Richtung ergibt sich unmittelbar mit den Regeln der $\vee$-Einführung im Sukzedens.

Zu (c): Gelte $\Phi \vdash \exists x \varphi$. Da Φ Beispiele enthält, gibt es einen Term t mit $\Phi \vdash (\exists x \varphi \rightarrow \varphi\frac{t}{x})$; mit dem Modus ponens, 4.3.5, ergibt sich $\Phi \vdash \varphi\frac{t}{x}$. Gelte umgekehrt $\Phi \vdash \varphi\frac{t}{x}$ für einen Term t. Dann liefert die Regel der $\exists$-Einführung im Sukzedens, dass $\Phi \vdash \exists x \varphi$. $\dashv$

5.1.10 Satz von Henkin *Es sei Φ eine widerspruchsfreie Ausdrucksmenge, die negationstreu ist und Beispiele enthält. Dann gilt für alle φ:*

$(*)$ $\qquad\qquad\qquad \mathfrak{J}^{\Phi} \models \varphi \quad gdw \quad \Phi \vdash \varphi.$

Beweis. Wir zeigen $(*)$ durch Induktion über die Anzahl der Junktoren und Quantoren in φ, d.h. über $rg(\varphi)$ (vgl. 3.8.6). Falls $rg(\varphi) = 0$, ist φ atomar, und 5.1.7(b) zeigt, dass $(*)$ gilt. Im Induktionsschritt machen wir eine Fallunterscheidung.

(1) $\varphi = \neg\psi$: $\mathfrak{J}^{\Phi} \models \neg\psi$

$\qquad$ gdw nicht $\mathfrak{J}^{\Phi} \models \psi$

$\qquad$ gdw nicht $\Phi \vdash \psi$ (nach Induktionsvoraussetzung)

$\qquad$ gdw $\Phi \vdash \neg\psi$ (nach 5.1.9(a)).

(2) $\varphi = (\psi \vee \chi)$: $\mathfrak{J}^{\Phi} \models (\psi \vee \chi)$

$\qquad$ gdw $\mathfrak{J}^{\Phi} \models \psi$ oder $\mathfrak{J}^{\Phi} \models \chi$

$\qquad$ gdw $\Phi \vdash \psi$ oder $\Phi \vdash \chi$ (nach Induktionsvoraussetzung)

$\qquad$ gdw $\Phi \vdash (\psi \vee \chi)$ (nach 5.1.9(b)).

(3) $\varphi = \exists x \psi$: $\mathfrak{J}^{\Phi} \models \exists x \psi$

$\qquad$ gdw es gibt ein t mit $\mathfrak{J}^{\Phi} \models \psi\frac{t}{x}$ (nach 5.1.7(c)(i))

$\qquad$ gdw es gibt ein t mit $\Phi \vdash \psi\frac{t}{x}$

(nach Induktionsvoraussetzung, da $rg(\psi\frac{t}{x}) = rg(\psi) < rg(\varphi)$; vgl. 3.8.7)

$\qquad$ gdw $\Phi \vdash \exists x \psi$ (nach 5.1.9(c)). $\dashv$

5.1.11 Korollar *Ist Φ eine widerspruchsfreie Menge, die negationstreu ist und Beispiele enthält, so gilt $\mathfrak{J}^{\Phi} \models \Phi$ (und somit ist Φ erfüllbar).* $\dashv$

5.1.12 Aufgabe (a) Sei $S := \{R\}$ und $\Phi := \{\exists x Rx\} \cup \{\neg Ry \mid y \text{ Variable}\}$. Man zeige:

(i) Φ ist erfüllbar und damit widerspruchsfrei.

(ii) Für keinen Term $t \in T^S$ gilt $\Phi \vdash Rt$.

(iii) Ist $\mathfrak{J} = (\mathfrak{A}, \beta)$ ein Modell von Φ, so ist $A \setminus \{\mathfrak{J}(t) \mid t \in T^S\}$ nicht leer.

(b) Sei wiederum $S = \{R\}$ mit einstelligem R, und seien x und y verschiedene Variablen. Für $\Phi = \{Rx \vee Ry\}$ zeige man:

(i) Nicht $\Phi \vdash Rx$ und nicht $\Phi \vdash \neg Rx$, d.h., Φ ist nicht negationstreu.

(ii) Nicht $\mathfrak{J}^\Phi \models \Phi$.

5.1.13 Aufgabe Die Symbolmenge S sei fest vorgegeben. Man bestimme $\mathfrak{J}^\Phi$ für widerspruchsvolles Φ. Hängt $\mathfrak{J}^\Phi$ von der widerspruchsvollen Menge Φ ab?

5.2   Erfüllbarkeit widerspruchsfreier Ausdrucksmengen (abzählbarer Fall)

Nach 5.1.11 ist jede widerspruchsfreie Ausdrucksmenge, die negationstreu ist und Beispiele enthält, erfüllbar. Die Erfüllbarkeit beliebiger widerspruchsfreier Ausdrucksmengen zeigen wir dadurch, dass wir sie zu widerspruchsfreien Ausdrucksmengen erweitern, die negationstreu sind und Beispiele enthalten. Wir behandeln in diesem Abschnitt zunächst den Fall höchstens abzählbarer Symbolmengen.

S sei im Folgenden höchstens abzählbar. Wir beginnen mit dem Sonderfall, dass in der widerspruchsfreien Ausdrucksmenge Φ nur endlich viele Variablen frei vorkommen, d.h., dass frei(Φ) $:= \bigcup_{\varphi \in \Phi}$ frei(φ) endlich ist. Hierzu zwei Lemmata.

5.2.1 Lemma *Sei $\Phi \subseteq L^S$ widerspruchsfrei und frei(Φ) endlich. Dann gibt es ein widerspruchsfreies Ψ mit $\Phi \subseteq \Psi \subseteq L^S$, das Beispiele enthält.*

5.2.2 Lemma *Sei $\Psi \subseteq L^S$ widerspruchsfrei. Dann gibt es ein widerspruchsfreies Θ mit $\Psi \subseteq \Theta \subseteq L^S$, das negationstreu ist.*

5.2.1 und 5.2.2 geben uns die Möglichkeit, eine widerspruchsfreie Ausdrucksmenge Φ mit nur endlich vielen frei vorkommenden Variablen in zwei Schritten zu einer widerspruchsfreien Ausdrucksmenge zu erweitern, die negationstreu ist und Beispiele enthält. Zunächst wählen wir nämlich Ψ zu Φ gemäß 5.2.1 und dann Θ zu Ψ gemäß 5.2.2. Θ ist widerspruchsfrei und negationstreu; es enthält Beispiele, weil bereits Ψ Beispiele enthält. Nach 5.1.11 ist dann Θ erfüllbar, und wegen $\Phi \subseteq \Theta$ auch Φ. Wir erhalten also insgesamt:

5.2.3 Korollar *Φ sei widerspruchsfrei, und frei(Φ) sei endlich. Dann ist Φ erfüllbar.* $\dashv$

Beweis von Lemma 5.2.1. Nach 2.3.3 ist L^S abzählbar. Sei $\exists x_0 \varphi_0$, $\exists x_1 \varphi_1$, ... eine Abzählung aller mit dem Existenzquantor beginnenden Ausdrücke von L^S. Wir definieren induktiv Ausdrücke $\psi_0, \psi_1, \ldots$, die wir zu Φ hinzunehmen. Dabei ist ψ_n ein „Beispielausdruck" für $\exists x_n \varphi_n$.

ψ_m sei bereits für $m < n$ definiert. Da frei(Φ) endlich ist, kommen in $\Phi \cup \{\psi_m \mid m < n\} \cup \{\exists x_n \varphi_n\}$ nur endlich viele Variablen frei vor. Es sei y_n die Variable mit kleinstem Index, die von diesen Variablen verschieden ist. Dann setzen wir

$$\psi_n := (\exists x_n \varphi_n \to \varphi_n \frac{y_n}{x_n}).$$

Sei nun

$$\Psi := \Phi \cup \{\psi_0, \psi_1, \ldots\}.$$

Ψ ist Obermenge von Φ und enthält offenbar Beispiele. Zu zeigen bleibt noch, dass Ψ widerspruchsfrei ist. Wir setzen dazu

$$\Phi_n := \Phi \cup \{\psi_m \mid m < n\}.$$

Dann ist $\Phi_0 \subseteq \Phi_1 \subseteq \Phi_2 \subseteq \ldots$ und $\Psi = \bigcup_{n \in \mathbb{N}} \Phi_n$. Aufgrund von 4.7.7 (für $S = S_0 = S_1 = \ldots$) sind wir fertig, wenn wir beweisen können, dass jedes Φ_n widerspruchsfrei ist. Hierzu führen wir Induktion über n.

Es ist $\Phi_0 = \Phi$. Wf Φ_0 gilt also nach Voraussetzung. Sei, im Induktionsschritt, Φ_n widerspruchsfrei. Wir nehmen an, $\Phi_{n+1} = \Phi_n \cup \{\psi_n\}$ sei widerspruchsvoll. Dann gibt es für jedes φ ein geeignetes Γ über Φ_n mit $\vdash \Gamma \psi_n \varphi$, d.h.

$$\vdash \Gamma \, (\neg \exists x_n \varphi_n \vee \varphi_n \frac{y_n}{x_n}) \, \varphi.$$

Mithin existiert eine Ableitung

$$\vdots$$

$$m. \quad \Gamma \quad (\neg \exists x_n \varphi_n \vee \varphi_n \frac{y_n}{x_n}) \quad \varphi,$$

die wir, falls φ ein Satz ist, folgendermaßen verlängern können:

(m+1). Γ $\neg \exists x_n \varphi_n$ $\neg \exists x_n \varphi_n$ (Vor)

(m+2). Γ $\neg \exists x_n \varphi_n$ $\left(\neg \exists x_n \varphi_n \vee \varphi_n \frac{y_n}{x_n}\right)$ ($\vee$S) auf (m+1).

(m+3). Γ $\neg \exists x_n \varphi_n$ φ (KS) auf (m+2)., m.
                                                              (mit (Ant))

(m+4). Γ $\varphi_n \frac{y_n}{x_n}$ φ (analog)

(m+5). Γ $\exists x_n \varphi_n$ φ ($\exists$A) auf (m+4).
                                                              (y_n kommt nicht frei in $\Gamma \, \exists x_n \varphi_n \, \varphi$ vor)

(m+6). Γ φ (FU) auf (m+5)., (m+3).

Für $\varphi = \exists v_0 \, v_0 \equiv v_0$ bzw. $\varphi = \neg \exists v_0 \, v_0 \equiv v_0$ ergibt sich hieraus, dass $\Phi_n \vdash \exists v_0 \, v_0 \equiv v_0$ und $\Phi_n \vdash \neg \exists v_0 \, v_0 \equiv v_0$. Also ist Wv Φ_n entgegen der Induktionsvoraussetzung. $\dashv$

Beweis von Lemma 5.2.2. Sei Ψ widerspruchsfrei und $\varphi_0, \varphi_1, \varphi_2, \ldots$ eine Abzählung von L^S. Wir definieren Ausdrucksmengen Θ_n induktiv durch

$$\Theta_0 := \Psi$$

und

$$\Theta_{n+1} := \begin{cases} \Theta_n \cup \{\varphi_n\}, & \text{falls Wf } \Theta_n \cup \{\varphi_n\} \\ \Theta_n & \text{sonst} \end{cases}$$

und setzen

$$\Theta := \bigcup_{n \in \mathbb{N}} \Theta_n.$$

Zunächst ist $\Psi \subseteq \Theta$. Offensichtlich sind alle Θ_n widerspruchsfrei, nach 4.7.7 also auch Θ. Schließlich ist Θ negationstreu. Ist nämlich $\varphi \in L^S$, etwa $\varphi = \varphi_n$, und nicht $\Theta \vdash \neg\varphi$, so ist Wf $\Theta \cup \{\varphi\}$ (nach 4.7.6(b)) und somit erst recht Wf $\Theta_n \cup \{\varphi\}$. Dann ist $\Theta_{n+1} = \Theta_n \cup \{\varphi\}$, also $\varphi \in \Theta$ und daher $\Theta \vdash \varphi$. $\dashv$

Wir lösen uns jetzt von der Voraussetzung „frei(Φ) endlich".

5.2.4 Satz *Ist S höchstens abzählbar und $\Phi \subseteq L^S$ widerspruchsfrei, so ist Φ erfüllbar.*

Beweis. Wir führen 5.2.4 auf 5.2.3 zurück, indem wir die frei vorkommenden Variablen durch neue Konstanten ersetzen. Hierzu seien $c_0, c_1, \ldots$ untereinander verschiedene Konstanten, die nicht zu S gehören, und es sei

$$S' := S \cup \{c_0, c_1, \ldots\}.$$

Für $\varphi \in L^S$ sei $n(\varphi)$ das kleinste n mit frei(φ) $\subseteq \{v_0, \ldots, v_{n-1}\}$. Wir setzen

$$\varphi' := \varphi \frac{c_0 \cdots c_{n(\varphi)-1}}{v_0 \cdots v_{n(\varphi)-1}} \quad \text{und} \quad \Phi' := \{\varphi' \mid \varphi \in \Phi\}.$$

Zunächst ist (nach 3.8.5) frei(Φ') = $\emptyset$, d.h.

(1) Φ' ist eine Menge von S'-Sätzen.

Es reicht jetzt, wenn wir zeigen, dass

(2)   Wf$_{S'}$ Φ'.

Denn dann wissen wir nach dem bereits bewiesenen Sonderfall aus 5.2.3, dass Φ' erfüllbar ist, etwa durch eine Interpretation $\mathfrak{I}' = (\mathfrak{A}', \beta')$. Da Φ' eine Menge von Sätzen ist (vgl. (1)), können wir dabei (nach dem Koinzidenzlemma) β' so wählen, dass $\beta'(v_n) = c_n^{\mathfrak{A}'}$, also $\mathfrak{I}'(v_n) = \mathfrak{I}'(c_n)$ für alle $n \in \mathbb{N}$. Für $\varphi \in \Phi$ ist dann wegen $\mathfrak{I}' \models \varphi \frac{c_0 \cdots c_{n(\varphi)-1}}{v_0 \cdots v_{n(\varphi)-1}}$ auch $\mathfrak{I}' \models \varphi$ (nach dem Substitutionslemma). Somit ist $\mathfrak{I}'$ ein Modell von Φ, d.h., Φ ist erfüllbar.

Wir zeigen (2), indem wir für jede endliche Teilmenge Φ_0' von Φ' nachweisen, dass sie erfüllbar ist und damit nach 4.7.5 auch widerspruchsfrei ist (bzgl. S').

Sei hierzu $\Phi'_0 = \{\varphi'_1, \ldots, \varphi'_n\}$ mit $\varphi_1, \ldots, \varphi_n \in \Phi$. Als Teilmenge von Φ ist $\{\varphi_1, \ldots, \varphi_n\}$ widerspruchsfrei (bzgl. S), und da in ihr nur endlich viele Variablen frei vorkommen, erfüllbar (vgl. 5.2.3). Wir wählen eine S-Interpretation $\mathfrak{I} = (\mathfrak{A}, \beta)$ mit

$(*)$ $\qquad\qquad\qquad \mathfrak{I} \models \{\varphi_1, \ldots, \varphi_n\}$

und expandieren $\mathfrak{A}$ zu einer S'-Struktur $\mathfrak{A}'$ mit $c_i^{\mathfrak{A}'} = \mathfrak{I}(v_i)$ für $i \in \mathbb{N}$. Für die so entstehende S'-Interpretation $\mathfrak{I}' = (\mathfrak{A}', \beta)$ gilt nach dem Substitutionslemma und dem Koinzidenzlemma für $\varphi \in L^S$:

$$\mathfrak{I}' \models \varphi \frac{c_0 \cdots c_{n(\varphi)-1}}{v_0 \cdots v_{n(\varphi)-1}} \quad \text{gdw} \quad \mathfrak{I} \models \varphi.$$

Wegen $(*)$ ist somit $\mathfrak{I}'$ ein Modell von Φ'_0. $\qquad\qquad\qquad\qquad\qquad\qquad \dashv$

Die folgende Aufgabe zeigt, dass die Voraussetzung „frei(Φ) endlich" in 5.2.1 notwendig ist.

5.2.5 Aufgabe S sei beliebig und $\Phi = \{v_0 \equiv t \mid t \in T^S\} \cup \{\exists v_0 \exists v_1 \neg v_0 \equiv v_1\}$. Man zeige, dass Wf Φ und dass es in L^S keine widerspruchsfreie Obermenge von Φ gibt, die Beispiele enthält.

5.3 Erfüllbarkeit widerspruchsfreier Ausdrucksmengen (allgemeiner Fall)

Wir lösen uns in diesem Abschnitt von der Abzählbarkeitsforderung an S. In 5.2 war die Ausgangsmenge Φ widerspruchsfrei, und frei(Φ) war endlich. Wir haben Φ zu einer widerspruchsfreien Menge, die Beispiele enthält, erweitert, indem wir für jeden Ausdruck der Gestalt $\exists x \varphi$ einen Ausdruck $(\exists x \varphi \to \varphi \frac{y}{x})$ mit einer „neuen" Variablen y hinzugenommen haben. Ist Φ überabzählbar, so reichen die Variablen nicht aus. Wir lösen dieses Problem, indem wir die Symbolmenge durch Konstanten erweitern, welche die Rolle der Variablen übernehmen. Die Lemma 5.2.1 und Lemma 5.2.2 entsprechenden Behauptungen lauten:

5.3.1 Lemma *Für $\Phi \subseteq L^S$ mit $\mathrm{Wf}_S \, \Phi$ gilt: Es gibt ein $S' \supseteq S$ und ein Ψ mit $\Phi \subseteq \Psi \subseteq L^{S'}$ und $\mathrm{Wf}_{S'} \, \Psi$, und Ψ enthält bzgl. S' Beispiele (d.h. zu jedem Ausdruck der Gestalt $\exists x \varphi \in L^{S'}$ gibt es ein $t \in T^{S'}$ mit $\Psi \vdash (\exists x \varphi \to \varphi \frac{t}{x})$).*

5.3.2 Lemma *Für $\Psi \subseteq L^S$ mit $\mathrm{Wf}_S \, \Psi$ gilt: Es gibt ein Θ mit $\Psi \subseteq \Theta \subseteq L^S$, das bzgl. S widerspruchsfrei und negationstreu ist.*

Ähnlich, wie wir 5.2.3 aus 5.2.1 und 5.2.2 erhalten haben, bekommen wir jetzt aus 5.3.1 und 5.3.2 das folgende

5.3.3 Korollar *Für* $\Phi \subseteq L^S$ *mit* $\mathrm{Wf}_S\ \Phi$ *gilt:* Φ *ist erfüllbar.*   ⊣

Zum Beweis von 5.3.1 beginnen wir mit einer Hilfsbetrachtung:

S sei eine beliebige Symbolmenge. Jedem $\varphi \in L^S$ ordnen wir eine nicht zu S gehörende Konstante c_φ zu. Für $\varphi \neq \psi$ sei $c_\varphi \neq c_\psi$. Wir setzen

$$S^* := S \cup \{c_{\exists x\varphi} \mid \exists x\varphi \in L^S\}$$

und

$$B(S) := \left\{\exists x\varphi \to \varphi\frac{c_{\exists x\varphi}}{x} \mid \exists x\varphi \in L^S\right\}.$$

5.3.4 *Für* $\Phi \subseteq L^S$ *gilt: Wenn* $\mathrm{Wf}_S\ \Phi$, *so* $\mathrm{Wf}_{S^*}\ \Phi \cup B(S)$.

Beweis. Es sei $\mathrm{Wf}_S\ \Phi$. Wir zeigen von jeder endlichen Teilmenge Φ_0^* von $\Phi \cup B(S)$, dass sie bzgl. S^* widerspruchsfrei ist, indem wir ihre Erfüllbarkeit nachweisen. Es sei

$$\Phi_0^* = \Phi_0 \cup \left\{\exists x_1\varphi_1 \to \varphi_1\frac{c_1}{x_1}, \ldots, \exists x_n\varphi_n \to \varphi_n\frac{c_n}{x_n}\right\}$$

mit $\Phi_0 \subseteq \Phi$ und $\exists x_1\varphi_1, \ldots, \exists x_n\varphi_n \in L^S$. Dabei stehe c_i für $c_{\exists x_i\varphi_i}$.

Wir beweisen zunächst mit 5.2.3, dass Φ_0 erfüllbar ist, und gewinnen dann aus einem Modell $\mathfrak{J}$ von Φ_0 durch geeignete Interpretation der Konstanten ein Modell von Φ_0^*.

Für eine geeignete endliche (also höchstens abzählbare) Teilmenge $S_0 \subseteq S$ ist $\Phi_0 \cup \{\exists x_1\varphi_1, \ldots, \exists x_n\varphi_n\} \subseteq L^{S_0}$. Ferner ist wegen $\mathrm{Wf}_S\ \Phi$ auch $\mathrm{Wf}_S\ \Phi_0$ und daher erst recht $\mathrm{Wf}_{S_0}\ \Phi_0$. Da frei$(\Phi_0)$ endlich ist, liefert 5.2.3, dass Φ_0 erfüllbar ist.

$\mathfrak{J} = (\mathfrak{A}, \beta)$ sei eine S-Interpretation, die Φ_0 erfüllt, a ein fest vorgegebenes Element von A. Für $1 \leq i \leq n$ wählen wir $a_i \in A$ so, dass

$$(*) \qquad\qquad \mathfrak{J}\frac{a_i}{x_i} \models \varphi_i, \text{ falls } \mathfrak{J} \models \exists x_i\varphi_i,$$

und $a_i = a$ sonst. Wir expandieren $\mathfrak{A}$ zu einer S^*-Struktur $\mathfrak{A}^*$, indem wir für $1 \leq i \leq n$

$$c_i^{\mathfrak{A}^*} := a_i$$

wählen und die restlichen Konstanten der Gestalt $c_{\exists x\varphi}$ durch a interpretieren. Es sei $\mathfrak{J}^* = (\mathfrak{A}^*, \beta)$. Da kein $c_{\exists x\varphi}$ in Φ_0 vorkommt, erhalten wir aus $\mathfrak{J} \models \Phi_0$ zunächst $\mathfrak{J}^* \models \Phi_0$. Außerdem gilt (und das zeigt dann die Erfüllbarkeit von Φ_0^*)

$$\mathfrak{J}^* \models \exists x_i\varphi_i \to \varphi_i\frac{c_i}{x_i}.$$

Denn gilt $\mathfrak{J}^* \models \exists x_i\varphi_i$, so nach $(*)$ $\mathfrak{J}^*\frac{a_i}{x_i} \models \varphi_i$ und wegen $a_i = \mathfrak{J}^*(c_i)$ nach dem Substitutionslemma dann $\mathfrak{J}^* \models \varphi_i\frac{c_i}{x_i}$.   ⊣

Beweis von Lemma 5.3.1. Es sei $\Phi \subseteq L^S$ und $\mathrm{Wf}_S \Phi$. Wir geben eine Symbol-menge S' und $\Psi \subseteq L^{S'}$ an mit den folgenden Eigenschaften:

(a) $S \subseteq S'$ und $\Phi \subseteq \Psi$.

(b) $\mathrm{Wf}_{S'} \Psi$.

(c) Ψ enthält Beispiele.

Hierzu definieren wir durch Induktion über n Symbolmengen S_n und Aus-drucksmengen Φ_n:

$$S_0 := S \quad \text{und} \quad S_{n+1} := (S_n)^*$$
$$\Phi_0 := \Phi \quad \text{und} \quad \Phi_{n+1} := \Phi_n \cup B(S_n).$$

(Zur Definition von $(S_n)^*$ und $B(S_n)$ vgl. die Festlegung vor 5.3.4.)

Nach Konstruktion gilt

$$S = S_0 \subseteq S_1 \subseteq S_2 \subseteq \ldots,$$
$$\Phi_n \subseteq L^{S_n} \text{ für } n \in \mathbb{N},$$
$$\Phi = \Phi_0 \subseteq \Phi_1 \subseteq \Phi_2 \subseteq \ldots.$$

Wir setzen $S' := \bigcup_{n \in \mathbb{N}} S_n$ und $\Psi := \bigcup_{n \in \mathbb{N}} \Phi_n$. Dann gilt (a).

Mit 5.3.4 erhält man leicht durch Induktion über n, dass $\mathrm{Wf}_{S_n} \Phi_n$, mit 4.7.7 also, dass $\mathrm{Wf}_{S'} \Psi$. Demnach gilt auch (b). Sodann enthält Ψ Beispiele. Sei nämlich $\exists x \varphi \in L^{S'}$. Für geeignetes n ist dann bereits $\exists x \varphi \in L^{S_n}$, also ist für eine geeignete Konstante $c \in S_{n+1}$ der Ausdruck $\left(\exists x \varphi \to \varphi \frac{c}{x} \right)$ Element von $B(S_n)$, also Element von Ψ. $\dashv$

Beweis von Lemma 5.3.2. Beim Beweis von 5.2.2 haben wir wesentlich die Abzählbarkeit von L^S ausgenutzt. Darauf können wir bei beliebigem S nicht mehr zurückgreifen. Wir benutzen jetzt das *Zornsche Lemma*, das wir in einer für unsere Zwecke geeigneten Form angeben. Beweise findet man in Büchern über Mengenlehre, etwa in [12, 13].

Sei M eine Menge und $\mathfrak{U}$ eine nicht-leere Menge von Teilmengen von M. $\mathfrak{V}$ heißt eine *Kette* in $\mathfrak{U}$, falls $\mathfrak{V} \subseteq \mathfrak{U}$, $\mathfrak{V} \neq \emptyset$ und falls für $V_1, V_2 \in \mathfrak{V}$ stets $V_1 \subseteq V_2$ oder $V_2 \subseteq V_1$. Das Zornsche Lemma besagt dann:

5.3.5 *Ist für jede Kette* $\mathfrak{V}$ *in* $\mathfrak{U}$ *die Vereinigung* $\bigcup_{V \in \mathfrak{V}} V$ *ein Element von* $\mathfrak{U}$, *so gibt es in* $\mathfrak{U}$ *mindestens ein maximales Element, d.h. ein Element* U_0, *für das kein* $U_1 \in \mathfrak{U}$ *existiert mit* $U_0 \subsetneq U_1$.

Sei nun S beliebig vorgegeben, $\Psi \subseteq L^S$ und $\mathrm{Wf}_S \Psi$. Wir setzen $M := L^S$ und

$$\mathfrak{U} := \{\Phi \mid \Psi \subseteq \Phi \subseteq L^S \text{ und } \mathrm{Wf}_S \Phi\}.$$

Offenbar ist $\Psi \in \mathfrak{U}$ und damit $\mathfrak{U}$ nicht leer. Sei $\mathfrak{V}$ eine Kette in $\mathfrak{U}$. $\Theta_1 := \bigcup_{\Phi \in \mathfrak{V}} \Phi$ ist ein Element von $\mathfrak{U}$, da $\Psi \subseteq \Theta_1 \subseteq L^S$ und $\mathrm{Wf}_S \Theta_1$. Die Widerspruchs-freiheit ergibt sich dabei so: Ist Θ_0 eine endliche Teilmenge von Θ_1, etwa

$\Theta_0 = \{\varphi_1, \ldots, \varphi_n\}$, so gibt es $\Phi_1, \ldots, \Phi_n \in \mathfrak{V}$ mit $\varphi_i \in \Phi_i$ für $1 \leq i \leq n$. Da $\mathfrak{V}$ eine Kette ist, können wir bei geeigneter Nummerierung der Φ_i annehmen, dass $\Phi_1 \subseteq \Phi_2 \subseteq \ldots \subseteq \Phi_n$. Dann ist $\Theta_0 \subseteq \Phi_n$, und wegen $\mathrm{Wf}_S \, \Phi_n$ gilt auch $\mathrm{Wf}_S \, \Theta_0$.

Wir können nun das Zornsche Lemma (5.3.5) auf $\mathfrak{U}$ anwenden und erhalten ein maximales Element Θ in $\mathfrak{U}$. Nach Definition von $\mathfrak{U}$ gilt $\Psi \subseteq \Theta \subseteq L^S$ und $\mathrm{Wf}_S \, \Theta$. Θ ist aber auch negationstreu. Ist nämlich $\varphi \in L^S$, so ist nach 4.7.6(c) $\mathrm{Wf}_S \, \Theta \cup \{\varphi\}$ oder $\mathrm{Wf}_S \, \Theta \cup \{\neg\varphi\}$, wegen der Maximalität von Θ also $\Theta = \Theta \cup \{\varphi\}$ oder $\Theta = \Theta \cup \{\neg\varphi\}$. Daher gilt $\Theta \vdash \varphi$ oder $\Theta \vdash \neg\varphi$. $\dashv$

5.4   Der Vollständigkeitssatz

Wie bereits in der Einleitung zu diesem ausgeführt, gewinnen wir aus 5.2.4 (für höchstens abzählbares S) bzw. 5.3.3 (für beliebiges S) die Vollständigkeit des Sequenzenkalküls:

5.4.1 Der Vollständigkeitssatz *Für $\Phi \subseteq L^S$ und $\varphi \in L^S$ gilt:*

$$\text{Wenn } \Phi \models \varphi, \text{ so } \Phi \vdash_S \varphi. \qquad \dashv$$

5.4.1 ergibt zusammen mit dem Korrektheitssatz:

$$\text{Für } \Phi \subseteq L^S \text{ und } \varphi \in L^S : \quad \Phi \models \varphi \quad \text{gdw} \quad \Phi \vdash_S \varphi,$$

und nach 5.3.3 und 4.7.5 erhalten wir:

$$\text{Für } \Phi \subseteq L^S : \quad \text{Erf } \Phi \quad \text{gdw} \quad \mathrm{Wf}_S \, \Phi.$$

Die in 3.4 aufgezeigte Unabhängigkeit der Folgerungsbeziehung und der Erfüllbarkeit von der Symbolmenge S überträgt sich damit auf die Ableitbarkeitsbeziehung und die Widerspruchsfreiheit (vgl. hierzu die Anmerkung auf S. 76). Wir benutzen diese Unabhängigkeit, um auch bei $\vdash$ und Wf generell auf die Angabe der Symbolmenge zu verzichten.

5.4.2 Satz über die Adäquatheit des Sequenzenkalküls
(a) $\Phi \models \varphi$ *gdw* $\Phi \vdash \varphi$.
(b) Erf Φ *gdw* Wf Φ. $\dashv$

Eine historische Bemerkung. Das Bestreben, Kalküle des Schließens aufzustellen, findet, nachdem es in der Geschichte der Philosophie schon mehrfach angeklungen war (u.a. bei Aristoteles, Llullus), eine erste klare Formulierung bei Leibniz. Anfang des 20. Jahrhunderts entwarfen Russell und Whitehead [45] einen Kalkül und gaben in ihm formale Beweise für eine Fülle mathematischer Sätze. 1928 bewies dann Gödel [15] den Vollständigkeitssatz. Die von uns verwendete Beweismethode geht auf Henkin [17] zurück.

6

Der Satz von Löwenheim und Skolem und der Endlichkeitssatz

Die Äquivalenzen zwischen ⊢ und ⊨ und zwischen Wf und Erf schaffen eine Brücke zwischen Syntax und Semantik, die es beispielsweise gestattet, Eigenschaften von ⊢ auf ⊨ und von Erf auf Wf zu übertragen. Beim Nachweis der Unabhängigkeit von ⊢ und Wf von der zugrunde gelegten Symbolmenge am Ende des vorangehenden Kapitels haben wir Eigenschaften der semantischen auf die syntaktischen Begriffe übertragen. In 6.2 beschreiten wir die Brücke in der anderen Richtung und gewinnen so einige wichtige Sachverhalte für ⊨ und Erf. Zusammen mit dem Ergebnis aus 6.1 werden sie uns einen tieferen Einblick in die Ausdrucksstärke der Sprachen erster Stufe ermöglichen.

6.1   Der Satz von Löwenheim und Skolem

Der Träger des in 5.1 angegebenen Modells $\mathfrak{J}^\Phi$ besteht aus Äquivalenzklassen von Termen. Aus diesem Sachverhalt gewinnen wir:

6.1.1 Satz von Löwenheim und Skolem *Jede höchstens abzählbare Menge von Ausdrücken, die erfüllbar ist, ist erfüllbar über einer höchstens abzählbaren Menge (d.h., sie besitzt ein Modell, dessen Träger höchstens abzählbar ist).*

Beweis. Sei Φ zunächst eine höchstens abzählbare, erfüllbare und damit widerspruchsfreie Menge von S-Sätzen. Da jeder S-Ausdruck nur endlich viele S-Symbole enthält, kommen in Φ höchstens abzählbar viele S-Symbole vor. Wir können daher o.B.d.A. annehmen, dass S ebenfalls höchstens abzählbar ist. Da Erf Φ, gilt Wf Φ, und der Beweis in 5.1, 5.2 zeigt, dass es eine Interpretation gibt, die Φ erfüllt und deren Träger A aus Termklassen $\overline{t}$ für $t \in T^S$

© Springer-Verlag GmbH Deutschland, ein Teil von Springer Nature 2018
H.-D. Ebbinghaus et al., *Einführung in die mathematische Logik*,
https://doi.org/10.1007/978-3-662-58029-5_6

besteht. Da T^S abzählbar ist (vgl. 2.3.3), ist A höchstens abzählbar.

Diese Argumentation lässt sich leicht von Satzmengen auf Ausdrucksmengen übertragen; denn ist Φ eine Menge von S-Ausdrücken und

$$\Phi' := \left\{ \psi \frac{c_0 \cdots c_{n-1}}{v_0 \cdots v_{n-1}} \;\middle|\; n \in \mathbb{N}, \psi \in L_n^S \cap \Phi \right\}$$

mit neuen Konstanten $c_0, c_1, \ldots$, so sind Φ und Φ' über denselben Trägern erfüllbar (vgl. hierzu den Beweis von 5.2.4).   ⊣

$\forall x \forall y\, x \equiv y$ ist ein Satz, der nur endliche Modelle besitzt; für einstelliges f hat der Satz $\forall x \forall y (fx \equiv fy \rightarrow x \equiv y) \wedge \neg \forall x \exists y\, fy \equiv x$ nur unendliche Modelle, da auf einer endlichen Menge keine Funktion zugleich injektiv und nicht surjektiv ist.

Verfolgt man den Beweis des Vollständigkeitssatzes für den Fall überabzählbarer Symbolmengen, so kann man die folgende Verallgemeinerung von 6.1.1 gewinnen, die wir für die mit dem Mächtigkeitsbegriff vertrauten Leserinnen und Leser formulieren.

6.1.2 „Absteigender" Satz von Löwenheim und Skolem *Jede erfüllbare Ausdrucksmenge $\Phi \subseteq L^S$ ist über einer Menge erfüllbar, deren Mächtigkeit nicht größer als die Mächtigkeit von L^S ist.*   ⊣

In 6.1.1 (und 6.1.2) äußert sich bereits eine gewisse Schwäche der Sprachen erster Stufe. Beispielsweise kann es zur Symbolmenge $S_{\mathrm{Ar}}^<$ keine Satzmenge Φ geben, die den geordneten Körper $\mathfrak{R}^< = (\mathbb{R}, +, \cdot, 0, 1, <)$ der reellen Zahlen bis auf Isomorphie charakterisiert (in dem Sinne, dass genau $\mathfrak{R}^<$ und die zu $\mathfrak{R}^<$ isomorphen Strukturen die Modelle von Φ sind). Jede derartige Menge Φ von $S_{\mathrm{Ar}}^<$-Sätzen wäre nämlich höchstens abzählbar und erfüllbar (da $\mathfrak{R}^< \models \Phi$ gelten soll); nach 6.1.1 gäbe es dann eine höchstens abzählbare Struktur $\mathfrak{A}$ mit $\mathfrak{A} \models \Phi$, die wegen der Überabzählbarkeit von $\mathbb{R}$ nicht zu $\mathfrak{R}^<$ isomorph wäre.

In der Analysis wird $\mathfrak{R}^<$ etwa durch die Axiome für angeordnete Körper und das sog. Vollständigkeitsaxiom („Jede nicht-leere, nach oben beschränkte Menge besitzt ein Supremum") bis auf Isomorphie charakterisiert. Da man die ersteren Axiome als $S_{\mathrm{Ar}}^<$-Ausdrücke formulieren kann, erhalten wir, dass es für das Vollständigkeitsaxiom keine Umschreibung durch $S_{\mathrm{Ar}}^<$-Ausdrücke gibt.

6.1.3 Aufgabe Man zeige, dass jede höchstens abzählbare Ausdrucksmenge, die über einer unendlichen Menge erfüllbar ist, auch über einer abzählbaren Menge erfüllbar ist.

6.2 Der Endlichkeitssatz

Unmittelbar aus der Definition von $\vdash$ und Wf ergab sich (vgl. 4.6.1 und 4.7.4):

(a) $\Phi \vdash \varphi$ gdw es gibt ein endliches $\Phi_0 \subseteq \Phi$ mit $\Phi_0 \vdash \varphi$.

(b) Wf Φ gdw für alle endlichen $\Phi_0 \subseteq \Phi$ gilt Wf Φ_0.

Mit dem Adäquatheitssatz 5.4.2 übertragen sich diese Ergebnisse auf die entsprechenden semantischen Begriffe:

6.2.1 Endlichkeitssatz (a) (*für die Folgerungsbeziehung*)

$\Phi \models \varphi$ *gdw es gibt ein endliches $\Phi_0 \subseteq \Phi$ mit $\Phi_0 \models \varphi$.*

(b) (*für die Erfüllbarkeit*)

Erf Φ *gdw für alle endlichen $\Phi_0 \subseteq \Phi$ gilt Erf Φ_0.*

Man nennt den Endlichkeitssatz häufig auch *Kompaktheitssatz*, weil er nach geeigneter topologischer Umformulierung besagt, dass eine gewisse Topologie kompakt ist (vgl. Aufgabe 6.2.5).

Der Satz von Löwenheim und Skolem und der Endlichkeitssatz spielen bei semantischen Untersuchungen der Sprachen erster Stufe und bei ihren Anwendungen auf mathematische Strukturen eine beherrschende Rolle. Wir werden in Kap. 13 sogar zeigen, dass sie die Sprachen der ersten Stufe in einer gewissen Weise charakterisieren.

Im Folgenden wollen wir mit Hilfe des Endlichkeitssatzes einige Varianten des Satzes von Löwenheim und Skolem herleiten.

6.2.2 Satz *Es sei Φ eine Ausdrucksmenge, die über beliebig großen endlichen Mengen erfüllbar ist (d.h., zu jedem $n \in \mathbb{N}$ gebe es eine Φ erfüllende Interpretation über einer endlichen Menge, die mindestens n Elemente enthält). Dann ist Φ auch über einer unendlichen Menge erfüllbar.*

Beweis. Wir setzen

$$\Psi := \Phi \cup \{\varphi_{\geq n} \mid n \geq 2\}.$$

(Zu $\varphi_{\geq n}$ vgl. 3.6.3.) Jede Interpretation, die Ψ erfüllt, ist Modell von Φ und besitzt eine unendliche Trägermenge. Wir brauchen daher nur zu zeigen, dass Ψ erfüllbar ist. Nach dem Endlichkeitssatz reicht dazu der Nachweis, dass jede endliche Teilmenge Ψ_0 von Ψ erfüllbar ist. Zu jedem solchen Ψ_0 gibt es ein $n_0 \in \mathbb{N}$ mit

(*) $\Psi_0 \subseteq \Phi \cup \{\varphi_{\geq n} \mid 2 \leq n \leq n_0\}.$

Nach Voraussetzung gibt es eine Interpretation $\mathfrak{I}$ mit $\mathfrak{I} \models \Phi$, deren Träger mindestens n_0 Elemente besitzt. $\mathfrak{I}$ ist nach (*) auch ein Modell von Ψ_0. $\dashv$

6.2.3 „Aufsteigender" Satz von Löwenheim und Skolem *Es sei* Φ
*eine Ausdrucksmenge, die über einer unendlichen Menge erfüllbar ist. Dann
gibt es zu jeder Menge A ein Modell von Φ, das mindestens so viele Elemente
wie A enthält.* (Wir sagen, dass M mindestens so viele Elemente wie A enthält,
wenn es eine injektive Abbildung von A nach M gibt.)

Beweis. Sei $\Phi \subseteq L^S$. Für jedes $a \in A$ sei c_a eine neue Konstante (d.h. $c_a \notin S$),
und für $a, b \in A$, $a \neq b$, sei $c_a \neq c_b$. Wir zeigen zunächst, dass die Menge

$$\Psi := \Phi \cup \{\neg c_a \equiv c_b \mid a, b \in A, \ a \neq b\}$$

von $S \cup \{c_a \mid a \in A\}$-Ausdrücken erfüllbar ist.

Wegen des Endlichkeitssatzes können wir uns darauf beschränken (vgl. die
Argumentation im vorangehenden Beweis), für je endlich viele verschiedene
$a_1, \ldots, a_n \in A$ die Erfüllbarkeit von

$$(+) \qquad \Phi \cup \{\neg c_{a_i} \equiv c_{a_j} \mid 1 \leq i, j \leq n, \ i \neq j\}$$

nachzuweisen. Nach Voraussetzung gibt es eine S-Interpretation $\mathfrak{I} = (\mathfrak{B}, \beta)$,
die Φ erfüllt und deren Träger B unendlich ist. Daher gibt es n verschiedene
Elemente $b_1, \ldots, b_n \in B$. Wir setzen $c_{a_i}^{\mathfrak{B}} := b_i$ für $1 \leq i \leq n$. Die Interpreta-
tion $\left((\mathfrak{B}, c_{a_1}^{\mathfrak{B}}, \ldots, c_{a_n}^{\mathfrak{B}}\right), \beta)$ erfüllt dann die Menge $(+)$. Da somit jede endliche
Teilmenge von Ψ erfüllbar ist, finden wir eine Interpretation $\mathfrak{I}'$, die Ψ und
damit auch Φ erfüllt. Sei D der Träger von $\mathfrak{I}'$. Für $a, b \in A$ mit $a \neq b$ gilt
$\mathfrak{I}' \models \neg c_a \equiv c_b$. Somit sind $\mathfrak{I}'(c_a)$ und $\mathfrak{I}'(c_b)$ verschiedene Elemente aus D, die
Abbildung $\pi \colon A \to D$ mit $\pi(a) = \mathfrak{I}'(c_a)$ ist also injektiv. D enthält demnach
mindestens so viele Elemente wie A. $\dashv$

Sei etwa $\Phi = \Phi_{\mathrm{Gr}}$ die Menge der Gruppenaxiome. Da es unendliche Gruppen
gibt, erhalten wir mit 6.2.3 die Existenz beliebig großer Gruppen. Entsprechend
zeigt man, dass es beliebig große Ordnungen und beliebig große Körper gibt.
Für jede einzelne der genannten Theorien lässt sich die entsprechende Aussage leicht mit algebraischen Mitteln erzielen. Die Sprache der ersten Stufe
liefert einen Rahmen und Methoden, solche Ergebnisse allgemein zu formulieren und zu beweisen. Untersuchungen dieser Art von (Klassen von) algebraischen Strukturen gehören in das Gebiet der sog. *Modelltheorie*. Zur weiteren
Information verweisen wir auf [9, 23, 40].

Die Idee des vorangehenden Beweises verwenden wir auch für den folgenden
Satz. Wir notieren ihn für die Leserinnen und Leser, die mit dem Mächtigkeitsbegriff vertraut sind.

6.2.4 Satz von Löwenheim, Skolem und Tarski Φ *sei eine Ausdrucks-
menge, die über einer unendlichen Menge erfüllbar ist, und κ eine unendliche
Mächtigkeit größer oder gleich der Mächtigkeit von Φ. Dann ist Φ über einer
Menge der Mächtigkeit κ erfüllbar.*

Beweis. Φ und κ seien entsprechend vorgegeben. Wir können annehmen, dass $\Phi \subseteq L^S$ für eine Symbolmenge S einer Mächtigkeit $\le \kappa$. Sei nun A eine Menge der Mächtigkeit κ. Die im Beweis von 6.2.3 angegebene Symbolmenge $S \cup \{c_a \mid a \in A\}$ hat dann die Mächtigkeit κ, ebenso die Menge der $S \cup \{c_a \mid a \in A\}$-Ausdrücke. Sei wieder $\Psi := \Phi \cup \{\neg c_a \equiv c_b \mid a, b \in A,\ a \ne b\}$. Nach 6.1.2 gibt es ein Modell $\mathfrak{I}'$ von Ψ (und damit von Φ), dessen Träger eine Mächtigkeit $\le \kappa$ besitzt. Da $\neg c_a \equiv c_b \in \Psi$ für verschiedene $a, b \in A$, hat D eine Mächtigkeit $\ge \kappa$, insgesamt also die Mächtigkeit κ. $\dashv$

6.2.5 Aufgabe Sei S eine Symbolmenge. Zu jeder erfüllbaren Menge Φ von S-Sätzen sei $\mathfrak{A}_\Phi$ eine S-Struktur mit $\mathfrak{A}_\Phi \models \Phi$. Ferner sei $\Sigma := \{\mathfrak{A}_\Phi \mid \Phi \subseteq L_0^S,\ \mathrm{Erf}\ \Phi\}$. Für jeden S-Satz φ setze man $X_\varphi := \{\mathfrak{A} \in \Sigma \mid \mathfrak{A} \models \varphi\}$.
(a) Man zeige, dass das System $\{X_\varphi \mid \varphi \in L_0^S\}$ die Basis einer Topologie auf Σ bildet.
(b) Man zeige, dass jede Menge X_φ abgeschlossen ist.
(c) Man zeige mit dem Endlichkeitssatz, dass jede offene Überdeckung von Σ eine endliche Teilüberdeckung enthält. Σ ist somit (quasi-) kompakt.

6.3 Elementare Klassen

Für eine Menge Φ von S-Sätzen sei

$$\mathrm{Mod}^S \Phi := \{\mathfrak{A} \mid \mathfrak{A}\ S\text{-Struktur und } \mathfrak{A} \models \Phi\}$$

die *Modellklasse* von Φ. Statt $\mathrm{Mod}^S\{\varphi\}$ schreiben wir auch $\mathrm{Mod}^S \varphi$.

6.3.1 Definition Sei $\mathfrak{K}$ eine Klasse von S-Strukturen.
(a) $\mathfrak{K}$ heißt *elementar* :gdw es gibt einen S-Satz φ mit $\mathfrak{K} = \mathrm{Mod}^S \varphi$.
(b) $\mathfrak{K}$ heißt Δ-*elementar* :gdw es gibt eine Menge Φ von S-Sätzen mit
$$\mathfrak{K} = \mathrm{Mod}^S \Phi.$$

Jede elementare Klasse ist Δ-elementar. – Wegen

$$\mathrm{Mod}^S \Phi = \bigcap_{\varphi \in \Phi} \mathrm{Mod}^S \varphi$$

ist umgekehrt jede Δ-elementare Klasse Durchschnitt von elementaren Klassen (der Buchstabe Δ soll an „Durchschnitt" erinnern).

Die Frage nach der Ausdrucksstärke der ersten Stufe können wir aus algebraischer Sicht folgendermaßen formulieren: Welche Klassen von Strukturen sind elementar oder Δ-elementar, d.h., welche Klassen lassen sich durch einen Satz φ oder eine Satzmenge Φ der ersten Stufe axiomatisieren?

Wir bringen eine Reihe von Beispielen.

6.3.2 *Die Klasse der Körper* (als S_{Ar}-Strukturen) *und die Klasse der geordneten Körper* (als $S_{Ar}^<$-Strukturen) *sind elementar.* Die Erstere etwa ist darstellbar in der Form $\text{Mod}^{S_{Ar}}\varphi_K$, wobei φ_K die Konjunktion der Körperaxiome aus 3.6.5 ist. Entsprechendes gilt offenbar auch für die *Klasse der Gruppen,* der *Äquivalenzstrukturen,* der *partiellen Ordnungen* (vgl. 3.6.4) und der (*gerichteten*) *Graphen.*

Sei p eine Primzahl. Ein Körper $\mathfrak{K}$ hat die Charakteristik p, wenn $\underbrace{1^{\mathfrak{K}} + \ldots + 1^{\mathfrak{K}}}_{p-\text{mal}}$

$= 0^{\mathfrak{K}}$, d.h., wenn $\mathfrak{K}$ den Satz $\chi_p := \underbrace{1 + \ldots + 1}_{p-\text{mal}} \equiv 0$ erfüllt. Hat $\mathfrak{K}$ für kein p die Charakteristik p, so sagt man, $\mathfrak{K}$ habe die Charakteristik 0. Für jede Primzahl p hat der Restklassenkörper $\mathbb{Z}/(p)$ der ganzen Zahlen modulo p die Charakteristik p. Der Körper $\mathfrak{R}$ der reellen Zahlen hat die Charakteristik 0. $\text{Mod}^{S_{Ar}}(\varphi_K \wedge \chi_p)$ ist die *Klasse der Körper der Charakteristik p.* Diese ist also elementar. *Die Klasse der Körper der Charakteristik 0 ist* Δ-*elementar*, sie lässt sich nämlich darstellen als $\text{Mod}^{S_{Ar}}(\{\varphi_K\} \cup \{\neg\chi_p \mid p \text{ prim}\})$. Die folgenden Überlegungen werden zeigen, dass sie nicht elementar ist.

Sei φ ein S_{Ar}-Satz, der in allen Körpern der Charakteristik 0 gilt, d.h.

$$\{\varphi_K\} \cup \{\neg\chi_p \mid p \text{ prim}\} \models \varphi.$$

Nach dem Endlichkeitssatz gibt es ein (von φ abhängiges) n_0 mit

$$\{\varphi_K\} \cup \{\neg\chi_p \mid p \text{ prim}, p < n_0\} \models \varphi.$$

Der Satz φ gilt also in allen Körpern einer Charakteristik $\geq n_0$. Wir haben damit bewiesen:

6.3.3 Satz *Ein S_{Ar}-Satz, der in allen Körpern der Charakteristik 0 gilt, gilt in allen Körpern hinreichend großer Charakteristik.*   ⊣

Hieraus ergibt sich, dass die *Klasse der Körper der Charakteristik 0 nicht elementar* ist. Sonst gäbe es nämlich einen S_{Ar}-Satz φ, der genau in den Körpern der Charakteristik 0 gelten würde.

Aus 6.3.3 kann man z. B. den bekannten algebraischen Sachverhalt folgern, dass zwei Polynome $\rho(x)$ und $\sigma(x)$, deren Koeffizienten ganzzahlige Vielfache der Eins sind und die über allen Körpern der Charakteristik 0 teilerfremd sind, auch über allen Körpern hinreichend großer Charakteristik teilerfremd sind. Hierzu muss man die Aussage über die Teilerfremdheit von $\rho(x)$ und $\sigma(x)$ als einen S_{Ar}-Satz φ schreiben. Für $\rho(x) := 3x^2 + 1$ und $\sigma(x) := x^3 - 1$ kann man als φ den folgenden Satz wählen (man beachte, dass Polynome eindeutig durch ihre Werte als Funktion bestimmt sind, sofern der unterliegende Körper groß genug ist):

$\neg \exists u_0 \exists u_1 \exists w_0 \exists w_1 \exists z_0 \exists z_1 \exists z_2 \forall x$
$$((u_0 + u_1 \cdot x) \cdot (w_0 + w_1 \cdot x) \equiv (1 + 1 + 1) \cdot x \cdot x + 1$$
$$\wedge (u_0 + u_1 \cdot x) \cdot (z_0 + z_1 \cdot x + z_2 \cdot x \cdot x) \equiv x \cdot x \cdot x - 1)$$
$$\wedge \neg \exists u_0 \exists u_1 \forall x (u_0 + u_1 \cdot x) \cdot ((1 + 1 + 1) \cdot x \cdot x + 1) \equiv x \cdot x \cdot x - 1.$$

Hierbei steht „$\ldots \equiv x \cdot x \cdot x - 1$" für „$\ldots + 1 \equiv x \cdot x \cdot x$". (Das Symbol $-$ gehört nicht zu S_{Ar}!)

6.3.4 *Die Klasse der endlichen S-Strukturen (für festes S), die Klasse der endlichen Gruppen und die Klasse der endlichen Körper sind nicht Δ-elementar.* Der Beweis ist einfach: Hätte etwa die Klasse der endlichen Körper die Gestalt $\mathrm{Mod}^{S_{\mathrm{Ar}}}\Phi$, so wäre Φ eine Satzmenge, die beliebig große endliche Modelle besitzt (etwa die Körper der Form $\mathbb{Z}/(p)$), jedoch kein unendliches Modell. Das widerspräche aber 6.2.2. $\dashv$

Dass jedoch die Klasse der *unendlichen* S-Strukturen (Gruppen, Körper) jeweils Δ-elementar ist, ergibt sich aus Aufgabe 6.3.7.

6.3.5 *Die Klasse der Torsionsgruppen ist nicht Δ-elementar.* Wir führen den Beweis indirekt und nehmen an, für eine geeignete Menge Φ von S_{Gr}-Sätzen sei $\mathrm{Mod}^{S_{\mathrm{Gr}}}\Phi$ die Klasse der Torsionsgruppen. Setzen wir

$$\Psi := \Phi \cup \{\neg \underbrace{x \circ \ldots \circ x}_{n-\mathrm{mal}} \equiv e \mid n \geq 1\},$$

so hat jede endliche Teilmenge Ψ_0 von Ψ ein Modell: Zu Ψ_0 wähle man ein n_0 mit $\Psi_0 \subseteq \Phi \cup \{\neg \underbrace{x \circ \ldots \circ x}_{n-\mathrm{mal}} \equiv e \mid 1 \leq n < n_0\}$. Dann ist jede zyklische Gruppe der Ordnung n_0 ein Modell von Ψ_0, wenn x durch ein erzeugendes Element belegt wird. Ist jetzt $(\mathfrak{G}, \beta)$ ein Modell von Ψ, so hat $\beta(x)$ keine endliche Ordnung. Daher ist $\mathfrak{G}$ zwar ein Modell von Φ, aber keine Torsionsgruppe. Widerspruch. $\dashv$

6.3.6 *Die Klasse der zusammenhängenden Graphen ist nicht Δ-elementar.* Dabei heißt ein Graph (G, R^G) *zusammenhängend*, wenn es zu beliebigen $a, b \in G$ mit $a \neq b$ ein $n \geq 2$ und $a_1, \ldots, a_n \in G$ gibt mit

$$a_1 = a,\ a_n = b \text{ und } R^G a_i a_{i+1} \text{ für } i = 1, \ldots, n - 1$$

(d.h., wenn es zu je zwei verschiedenen Elementen von G einen Kantenzug gibt, der sie verbindet). Für $n \in \mathbb{N}$ ist das regelmäßige $(n + 1)$-Eck $\mathfrak{G}_n$ mit den Ecken $0, \ldots, n$ ein zusammenhängender Graph. Hier bezeichnet $\mathfrak{G}_n$ die Struktur (G_n, R^{G_n}) mit $G_n := \{0, \ldots, n\}$ und

$$R^{G_n} := \{(i, i+1) \mid i < n\} \cup \{(i, i-1) \mid 1 \leq i \leq n\} \cup \{(0, n), (n, 0)\}.$$

Wir führen den Beweis von 6.3.6 indirekt und nehmen an, für eine geeignete Menge Φ von $\{R\}$-Sätzen sei $\mathrm{Mod}^{\{R\}}\Phi$ die Klasse der zusammenhängenden

Graphen. Setzen wir für $n \geq 2$

$$\psi_n := \neg x \equiv y \wedge \neg \exists x_1 \ldots \exists x_n (x_1 \equiv x \wedge x_n \equiv y \wedge Rx_1 x_2 \wedge \ldots \wedge Rx_{n-1} x_n)$$

und

$$\Psi := \Phi \cup \{\psi_n \mid n \geq 2\},$$

so hat jede endliche Teilmenge Ψ_0 von Ψ ein Modell: Zu Ψ_0 wähle man ein n_0 mit $\Psi_0 \subseteq \Phi \cup \{\psi_n \mid 2 \leq n \leq n_0\}$; dann ist $\mathfrak{G}_{2n_0}$ ein Modell von Ψ_0, wenn x durch 0 und y durch n_0 interpretiert wird. Ist jetzt $(\mathfrak{A}, \beta)$ ein Modell von Ψ, so gibt es keinen Kantenzug, der $\beta(x)$ und $\beta(y)$ verbindet. Daher ist $\mathfrak{A}$ zwar ein Modell von Φ, aber kein zusammenhängender Graph. Widerspruch.   ⊣

6.3.7 Aufgabe Sei $\mathfrak{K}$ eine Δ-elementare Klasse von Strukturen. Man zeige, dass die Klasse $\mathfrak{K}^\infty$ der Strukturen in $\mathfrak{K}$ mit unendlichem Träger auch Δ-elementar ist.

6.3.8 Aufgabe Ist $\mathfrak{K}$ eine Klasse von S-Strukturen, $\Phi \subseteq L_0^S$ und $\mathfrak{K} = \mathrm{Mod}^S \Phi$, so nennt man Φ ein *Axiomensystem* für $\mathfrak{K}$. Man zeige:
(a) $\mathfrak{K}$ ist genau dann elementar, wenn es ein endliches Axiomensystem für $\mathfrak{K}$ gibt.
(b) Ist $\mathfrak{K}$ elementar und $\mathfrak{K} = \mathrm{Mod}^S \Phi$, so gibt es eine endliche Teilmenge Φ_0 von Φ mit $\mathfrak{K} = \mathrm{Mod}^S \Phi_0$.

6.3.9 Aufgabe (a) $\mathfrak{K}$ und $\mathfrak{K}_1$ seien Klassen von S-Strukturen mit $\mathfrak{K}_1 \subseteq \mathfrak{K}$. $\mathfrak{K}_2$ sei die Klasse der S-Strukturen, die zu $\mathfrak{K}$, aber nicht zu $\mathfrak{K}_1$ gehören: $\mathfrak{K}_2 = \mathfrak{K} \backslash \mathfrak{K}_1$. Weiterhin seien $\mathfrak{K}$ elementar und $\mathfrak{K}_1$ Δ-elementar. Man zeige:
$\mathfrak{K}_1$ ist elementar   gdw $\mathfrak{K}_2$ ist Δ-elementar
                                 gdw $\mathfrak{K}_2$ ist elementar.

Man folgere:
(b) Die Klasse der Körper mit Primzahlcharakteristik ist nicht Δ-elementar.

6.3.10 Aufgabe Eine Menge Φ von S-Sätzen heißt *unabhängig*, wenn kein $\varphi \in \Phi$ aus $\Phi \setminus \{\varphi\}$ folgt. Man zeige:
(a) Jede endliche Menge Φ von S-Sätzen hat eine unabhängige Teilmenge Φ_0 mit $\mathrm{Mod}^S \Phi = \mathrm{Mod}^S \Phi_0$.
(b) Ist S höchstens abzählbar, so hat jede Δ-elementare Klasse von S-Strukturen ein unabhängiges Axiomensystem. (Hinweis: Man gebe zunächst ein Axiomensystem $\varphi_0, \varphi_1, \ldots$ an mit $\models \varphi_{i+1} \to \varphi_i$ für $i \in \mathbb{N}$.)

6.3.11 Aufgabe Φ sei das endliche System der Vektorraumaxiome zur Symbolmenge $S = \{\underline{K}, \underline{V}, +, \cdot, 0, 1, e, *\}$ (vgl. 3.7.2). Man zeige:
(a) Für jedes n ist die Klasse der n-dimensionalen Vektorräume elementar.
(b) Die Klasse der unendlich-dimensionalen Vektorräume ist Δ-elementar.
(c) Die Klasse der endlich-dimensionalen Vektorräume ist nicht Δ-elementar.

6.4 Elementar äquivalente Strukturen

In isomorphen Strukturen gelten die gleichen Sätze erster Stufe; sie können also mit den Ausdrucksmitteln erster Stufe nicht unterschieden werden. Umgekehrt brauchen Strukturen, in denen die gleichen Sätze erster Stufe gelten, nicht isomorph zu sein. In diesem Abschnitt stellen wir einige grundlegende Resultate zum Verhältnis von Isomorphie und Ununterscheidbarkeit in der ersten Stufe zusammen.

Wir führen zunächst zwei neue Begriffe ein.

6.4.1 Definition (a) Zwei S-Strukturen $\mathfrak{A}$ und $\mathfrak{B}$ heißen *elementar äquivalent* (kurz: $\mathfrak{A} \equiv \mathfrak{B}$), wenn für jeden S-Satz φ gilt: $\mathfrak{A} \models \varphi$ gdw $\mathfrak{B} \models \varphi$.
(b) Für eine S-Struktur $\mathfrak{A}$ sei $\mathrm{Th}(\mathfrak{A}) := \{\varphi \in L_0^S \mid \mathfrak{A} \models \varphi\}$. $\mathrm{Th}(\mathfrak{A})$ heißt die *Theorie* von $\mathfrak{A}$.

6.4.2 Lemma *Für S-Strukturen $\mathfrak{A}$ und $\mathfrak{B}$ gilt:*

$$\mathfrak{B} \equiv \mathfrak{A} \quad gdw \quad \mathfrak{B} \models \mathrm{Th}(\mathfrak{A}).$$

Beweis. Ist $\mathfrak{B} \equiv \mathfrak{A}$, so gilt wegen $\mathfrak{A} \models \mathrm{Th}(\mathfrak{A})$ auch $\mathfrak{B} \models \mathrm{Th}(\mathfrak{A})$. Ist umgekehrt $\mathfrak{B} \models \mathrm{Th}(\mathfrak{A})$, so gilt für jeden S-Satz φ: (i) Wenn $\mathfrak{A} \models \varphi$, so $\varphi \in \mathrm{Th}(\mathfrak{A})$ und daher $\mathfrak{B} \models \varphi$. (ii) Wenn nicht $\mathfrak{A} \models \varphi$, so $\neg\varphi \in \mathrm{Th}(\mathfrak{A})$, also $\mathfrak{B} \models \neg\varphi$ und daher nicht $\mathfrak{B} \models \varphi$.   ⊣

Bei den folgenden Überlegungen gehen wir von einer gegebenen S-Struktur $\mathfrak{A}$ aus. Wir betrachten

(1) die Klasse $\{\mathfrak{B} \mid \mathfrak{B} \cong \mathfrak{A}\}$ der zu $\mathfrak{A}$ isomorphen Strukturen;

(2) die Klasse der Strukturen, welche dieselben Sätze wie $\mathfrak{A}$ erfüllen, d.h. die Klasse $\{\mathfrak{B} \mid \mathfrak{B} \equiv \mathfrak{A}\}$ der zu $\mathfrak{A}$ elementar äquivalenten Strukturen.

Aus dem Isomorphielemma 3.5.2 ergibt sich unmittelbar, dass zwei isomorphe Strukturen elementar äquivalent sind, d.h.

(+) $\{\mathfrak{B} \mid \mathfrak{B} \cong \mathfrak{A}\} \subseteq \{\mathfrak{B} \mid \mathfrak{B} \equiv \mathfrak{A}\}.$

6.4.3 Satz (a) *Für keine unendliche Struktur $\mathfrak{A}$ ist $\{\mathfrak{B} \mid \mathfrak{B} \cong \mathfrak{A}\}$ Δ-elementar, d.h., keine unendliche Struktur ist in der ersten Stufe bis auf Isomorphie charakterisierbar.*
(b) *Für jede Struktur $\mathfrak{A}$ ist die Klasse $\{\mathfrak{B} \mid \mathfrak{B} \equiv \mathfrak{A}\}$ Δ-elementar, und zwar gilt $\{\mathfrak{B} \mid \mathfrak{B} \equiv \mathfrak{A}\} = \mathrm{Mod}^S \mathrm{Th}(\mathfrak{A})$; zugleich ist $\{\mathfrak{B} \mid \mathfrak{B} \equiv \mathfrak{A}\}$ die kleinste Δ-elementare Klasse, die $\mathfrak{A}$ enthält.*

Aus 6.4.3 zusammen mit (+) erhalten wir, dass für unendliches $\mathfrak{A}$ die Klasse $\{\mathfrak{B} \mid \mathfrak{B} \cong \mathfrak{A}\}$ eine echte Teilklasse von $\{\mathfrak{B} \mid \mathfrak{B} \equiv \mathfrak{A}\}$ sein muss, insbesondere:

6.4.4 Korollar *Zu jeder unendlichen Struktur gibt es eine elementar äquivalente nicht isomorphe Struktur.*   ⊣

Beweis von 6.4.3. Zu (a): Wir nehmen an, $\mathfrak{A}$ sei eine unendliche S-Struktur und Φ eine Menge von S-Sätzen mit

$$(*) \qquad\qquad \mathrm{Mod}^S \Phi = \{\mathfrak{B} \mid \mathfrak{B} \cong \mathfrak{A}\}.$$

Φ hat ein unendliches Modell und somit nach 6.2.3 ein Modell $\mathfrak{B}$, dessen Träger mindestens so viele Elemente wie die Potenzmenge von A besitzt. $\mathfrak{B}$ ist also nicht isomorph zu $\mathfrak{A}$ (vgl. 2.1.5), im Widerspruch zu $(*)$.

Zu (b): Aus 6.4.2 ergibt sich unmittelbar, dass $\{\mathfrak{B} \mid \mathfrak{B} \equiv \mathfrak{A}\} = \mathrm{Mod}^S \mathrm{Th}(\mathfrak{A})$. Ist nun $\mathrm{Mod}^S \Phi$ eine weitere Δ-elementare Klasse, die $\mathfrak{A}$ enthält, so ist $\mathfrak{A} \models \Phi$ und daher $\mathfrak{B} \models \Phi$ für jedes $\mathfrak{B}$ mit $\mathfrak{B} \equiv \mathfrak{A}$, also $\{\mathfrak{B} \mid \mathfrak{B} \equiv \mathfrak{A}\} \subseteq \mathrm{Mod}^S \Phi$.   ⊣

6.4.3(b) zeigt, dass eine Δ-elementare Klasse mit einer Struktur auch jede dazu elementar äquivalente Struktur enthält. Diesen Sachverhalt kann man in gewissen Fällen benutzen, um von einer Klasse $\mathfrak{K}$ nachzuweisen, dass sie nicht Δ-elementar ist. Man hat dazu zwei elementar äquivalente Strukturen anzugeben, von denen die eine zu $\mathfrak{K}$ gehört, die andere nicht. Wir demonstrieren diese Methode am Beispiel der archimedisch geordneten Körper.

Ein geordneter Körper $\mathfrak{K}$ heißt *archimedisch* geordnet, wenn es zu jedem $a \in K$ eine natürliche Zahl n gibt mit $a <^K \underbrace{1^K + \ldots + 1^K}_{n-\mathrm{mal}}$. Zum Beispiel sind der geordnete Körper der rationalen Zahlen und der geordnete Körper $\mathfrak{R}^<$ der reellen Zahlen archimedisch geordnet. Wir wollen nun zeigen, dass es einen zu $\mathfrak{R}^<$ elementar äquivalenten geordneten Körper gibt, der nicht archimedisch geordnet ist. Damit erhalten wir

6.4.5 Satz *Die Klasse der archimedisch geordneten Körper ist nicht Δ-elementar.*

Beweis. Wir setzen

$$\Psi := \mathrm{Th}(\mathfrak{R}^<) \cup \{0 < x,\ 1 < x,\ 2 < x, \ldots\},$$

wobei hier und fortan $0, 1, 2, \ldots$ für die S_{Ar}-Terme $0, 1, 1 + 1, \ldots$ stehen. (Allgemein bezeichnen wir mit n die n-fache Summe des Terms 1.) Jede endliche Teilmenge von Ψ ist erfüllbar, z. B. durch eine Interpretation der Gestalt $(\mathfrak{R}^<, \beta)$, wobei $\beta(x)$ eine hinreichend große natürliche Zahl ist. Nach dem Endlichkeitssatz gibt es ein Modell $(\mathfrak{B}, \beta)$ von Ψ. Wegen $\mathfrak{B} \models \mathrm{Th}(\mathfrak{R}^<)$ ist $\mathfrak{B}$ ein zu $\mathfrak{R}^<$ elementar äquivalenter geordneter Körper, jedoch (wie das Element $\beta(x)$ zeigt) kein archimedisch geordneter Körper.   ⊣

Die Idee des vorangehenden Beweises haben wir bereits mehrfach benutzt (6.2.2, 6.2.3, 6.3.5); sie ist für viele Anwendungen des Endlichkeitssatzes charakteristisch: Gesucht ist jeweils eine Struktur mit gewissen Eigenschaften, für die man in der ersten Stufe eine geeignete Umschreibung durch eine Ausdrucksmenge Ψ finden kann. Die Erfüllbarkeit von Ψ wird dabei mit dem Endlichkeitssatz gezeigt. Im vorangehenden Beweis enthält Ψ neben $\mathrm{Th}(\mathfrak{R}^<)$ Ausdrücke, die garantieren, dass in jedem seiner Modelle die Archimedizität verletzt ist. Der Endlichkeitssatz besagt hier, dass man von der Existenz geordneter Körper mit beliebig großen „endlichen" Elementen auf die Existenz eines geordneten Körpers schließen kann, der ein „unendlich großes" Element besitzt. – Wir bringen noch einige Anwendungen dieser Methode.

Das Axiomensystem Π aus 3.7.5 mit dem in der zweiten Stufe formulierten Induktionsaxiom charakterisiert die Struktur $\mathfrak{N}$ bis auf Isomorphie; in der ersten Stufe ist $\mathfrak{N}$ dagegen nicht bis auf Isomorphie charakterisierbar (vgl. 6.4.4). Somit lässt sich das Induktionsaxiom in der ersten Stufe weder durch einen Satz noch durch eine Satzmenge wiedergeben.

Eine zu $\mathfrak{N}$ elementar äquivalente, jedoch nicht isomorphe Struktur nennen wir ein *Nichtstandardmodell der Arithmetik*. Der Beweis von 6.4.4 zeigt, dass ein *überabzählbares* Nichtstandardmodell der Arithmetik existiert. Wir beweisen jetzt

6.4.6 Satz von Skolem *Es gibt ein abzählbares Nichtstandardmodell der Arithmetik.*

Beweis. Sei

$$\Psi := \mathrm{Th}(\mathfrak{N}) \cup \{\neg x \equiv 0,\ \neg x \equiv 1,\ \neg x \equiv 2, \ldots\}.$$

Jede endliche Teilmenge von Ψ besitzt ein Modell der Gestalt $(\mathfrak{N}, \beta)$, wobei $\beta(x)$ eine hinreichend große natürliche Zahl ist. Nach dem Endlichkeitssatz und dem Satz von Löwenheim und Skolem gibt es wegen der Abzählbarkeit von Ψ ein höchstens abzählbares Modell $(\mathfrak{A}, \beta)$ von Ψ. $\mathfrak{A}$ ist eine zu $\mathfrak{N}$ elementar äquivalente Struktur. Da für $m \neq n$ der Satz $\neg m \equiv n$ zu $\mathrm{Th}(\mathfrak{N})$ gehört, ist $\mathfrak{A}$ unendlich, also abzählbar. $\mathfrak{A}$ und $\mathfrak{N}$ sind nicht isomorph; denn ein Isomorphismus π von $\mathfrak{N}$ auf $\mathfrak{A}$ müsste $n = n^{\mathfrak{N}}$ auf $n^{\mathfrak{A}}$ abbilden (vgl. (i) im Beweis von 3.5.2), $\beta(x)$ läge also nicht im Bild von π. ⊣

Indem man die Menge $\mathrm{Th}(\mathfrak{N}^<) \cup \{\neg x \equiv 0,\ \neg x \equiv 1,\ \neg x \equiv 2, \ldots\}$ betrachtet, erhält man analog:

6.4.7 Satz *Es gibt eine abzählbare, zu $\mathfrak{N}^<$ elementar äquivalente Struktur, die nicht zu $\mathfrak{N}^<$ isomorph ist (d.h. ein abzählbares Nichtstandardmodell von $\mathrm{Th}(\mathfrak{N}^<)$).* ⊣

Wie sehen Nichtstandardmodelle von $\mathrm{Th}(\mathfrak{N})$ oder $\mathrm{Th}(\mathfrak{N}^<)$ aus? Wir geben einen kleinen Einblick in die Ordnungsstruktur eines Nichtstandardmodells $\mathfrak{A}$

von $\mathrm{Th}(\mathfrak{N}^<)$ (und damit auch in den Aufbau eines Nichtstandardmodells von $\mathrm{Th}(\mathfrak{N})$; vgl. Aufgabe 6.4.9).

In $\mathfrak{N}^<$ gelten die Sätze

$$\forall x(0 \equiv x \vee 0 < x),$$
$$0 < 1 \wedge \forall x(0 < x \rightarrow (1 \equiv x \vee 1 < x)),$$
$$1 < 2 \wedge \forall x(1 < x \rightarrow (2 \equiv x \vee 2 < x)), \ldots,$$

die besagen, dass 0 kleinstes Element ist, 1 nächstgrößeres Element hinter 0, 2 nächstgrößeres hinter 1 usw. Da diese Sätze auch in $\mathfrak{A}$ gelten, sieht $\mathfrak{A}$ „am Anfang" folgendermaßen aus:

$$\vdash\!\!-\!\!+\!\!-\!\!+\!\!-\!\!+\!\!-\!\!+\!\!-\quad \cdots\!\!> $$
$$0^A \quad 1^A \quad 2^A \quad 3^A$$

Überdies enthält A noch ein weiteres Element, etwa a. Sonst wären nämlich $\mathfrak{A}$ und $\mathfrak{N}^<$ zueinander isomorph. Nun gilt in $\mathfrak{N}^<$ ein Satz φ, der besagt, dass es zu jedem Element ein nächstgrößeres und zu jedem von 0 verschiedenen Element ein unmittelbar vorangehendes Element gibt. Hieraus erhält man leicht, dass A außer a noch unendlich viele weitere Elemente besitzt, die mit a zusammen bzgl. $<^A$ so geordnet sind wie die ganzen Zahlen:

$$\vdash\!\!-\!\!+\!\!-\!\!+\!\!-\quad \cdots\!\!> \qquad\qquad <\!\!\cdots\!\!-\!\!+\!\!-\!\!+\!\!-\!\!+\!\!-\cdots\!\!>$$
$$0^A \quad 1^A \quad 2^A \qquad\qquad\qquad a$$

Die Betrachtung von $a +^A a$ führt zu weiteren Elementen von A:

$$\vdash\!\!-\!\!+\!\!-\!\!+\!\!-\ \cdots\!\!> \quad <\!\!\cdots\!\!-\!\!+\!\!-\!\!+\!\!-\cdots\!\!> \quad <\!\!\cdots\!\!-\!\!+\!\!-\!\!+\!\!-\cdots\!\!>$$
$$0^A \quad 1^A \quad 2^A \qquad\qquad a \qquad\qquad\qquad a +^A a$$

Man beweise dies exakt und überzeuge sich außerdem davon, dass zwischen je zwei Kopien von $(\mathbb{Z}, <)$ eine weitere liegt.

Die Beispiele in diesem und dem vorangehenden Abschnitt zeigen, dass wichtige Klassen von Strukturen sich nicht in der ersten Stufe axiomatisieren lassen. Auf der anderen Seite hat diese Ausdrucksschwäche jedoch auch erfreuliche Folgen: Die Argumentation dafür, dass sich die Klasse der archimedisch geordneten Körper nicht axiomatisieren lässt, liefert einen Beweis für die Existenz nicht archimedisch geordneter Körper; der Unmöglichkeit, die Klasse der Körper der Charakteristik 0 mit einem einzigen S_{Ar}-Satz zu axiomatisieren, steht die interessante Aussage 6.3.3 gegenüber. Mit ähnlichen Methoden erhält man zu $\mathfrak{N}^<$ elementar äquivalente Strukturen, die neben den reellen Zahlen unendlich kleine positive (sog. *Infinitesimale*) und unendlich große Elemente enthalten; sie eignen sich für einen anderen, die ϵ-δ-Technik vermeidenden Aufbau der Analysis (*Nichtstandardanalysis*; vgl. [18, 27, 32]).

6.4.8 Aufgabe Man zeige: Gilt ein $S_{\mathrm{Ar}}^<$-Satz φ in allen nicht archimedisch geordneten Körpern, so gilt φ in allen geordneten Körpern.

6.4.9 Aufgabe Die S_{Ar}-Struktur $\mathfrak{A}$ sei ein Modell von $\text{Th}(\mathfrak{N})$. Die zweistellige Relation $<^A$ auf A sei folgendermaßen definiert:
Für alle $a, b \in A$: $a <^A b$ gdw ($a \neq b$ und es gibt ein $c \in A$ mit $a +^A c = b$).
Man zeige, dass $(\mathfrak{A}, <^A)$ ein Modell von $\text{Th}(\mathfrak{N}^<)$ ist.

6.4.10 Aufgabe Ist $\mathfrak{A}$ ein Modell der Arithmetik (d.h. $\mathfrak{A} \models \text{Th}(\mathfrak{N})$) und sind $a, b \in A$, so sei a ein Teiler von b (kurz: $a|b$), wenn $a \cdot^A c = b$ für ein geeignetes $c \in A$ gilt. Q sei eine Menge von Primzahlen. Man zeige: Es gibt ein Modell $\mathfrak{A}$ der Arithmetik, welches ein Element a enthält, das genau diejenigen Primzahlen als Teiler besitzt, die in Q vorkommen, d.h., für jede Primzahl p gilt:

$$\underbrace{1^A + \ldots + 1^A}_{p-\text{mal}} \,|\, a \quad \text{gdw} \quad p \in Q.$$

6.4.11 Aufgabe Sei $\mathfrak{A} = (A, <^A)$ eine partielle Ordnung (vgl. 3.6.4). Wir sagen, dass $<^A$ (oder auch $(A, <^A)$) eine *unendliche absteigende Kette* besitzt, wenn es Elemente $a_0, a_1, a_2, \ldots$ aus dem Feld von $<^A$ gibt mit $\ldots <^A a_2 <^A a_1 <^A a_0$. Man zeige:
(a) $(\mathbb{N}, <^{\mathbb{N}})$ besitzt keine unendliche absteigende Kette; ist dagegen $\mathfrak{A}$ ein Nichtstandardmodell von $\text{Th}(\mathfrak{N}^<)$, so besitzt $(A, <^A)$ eine unendliche absteigende Kette.
(b) Sei $< \in S$ und $\Phi \subseteq L_0^S$. Zu jedem $m \in \mathbb{N}$ gebe es ein Modell $\mathfrak{A}$ von Φ mit der Eigenschaft, dass $(A, <^A)$ eine partielle Ordnung ist und Feld $<^A$ mindestens m Elemente enthält. Dann gibt es auch ein Modell $\mathfrak{B}$ von Φ, für das $(B, <^B)$ eine partielle Ordnung ist, die eine unendliche absteigende Kette besitzt.

7

Zur Tragweite der ersten Stufe

Im einleitenden Kapitel haben wir festgestellt, dass zum Studium logischer Schlussweisen in der Mathematik eine Analyse des Begriffs der mathematischen Aussage und des Beweisbegriffs notwendig ist. Wir haben hierzu die Sprachen erster Stufe eingeführt und dem intuitiven Begriff des mathematischen Beweises einen formalen Beweisbegriff gegenübergestellt. Der Vollständigkeitssatz zeigte dann, dass jede Aussage, die aus einem Axiomensystem mathematisch beweisbar ist (und somit daraus folgt), auch durch einen formalen Beweis gewonnen werden kann, falls nur Aussage und Axiomensystem in der ersten Stufe formulierbar sind.

Wir wollen in diesem Kapitel diskutieren, was wir durch unser Vorgehen erreicht und welche Erkenntnisse zu den Grundlagen der Mathematik wir gewonnen haben. Ausgangspunkt sind dabei die folgenden Fragen:

(1) Ein Ziel unserer Ausführungen war es, den Beweisbegriff zu klären. Wir haben jedoch mathematische Beweise geführt, bevor wir den Beweisbegriff präzisiert haben. Befinden wir uns damit nicht in einem Zirkelschluss? Ferner: Selbst wenn unser Vorgehen in diesem Sinne unproblematisch sein sollte – wie lassen sich die Regeln des Beweiskalküls $\mathfrak{S}$ ihrerseits begründen?

(2) Vor allem in Kap. 6 haben wir erkannt, dass die Sprachen erster Stufe gewisse Mängel an Ausdrucksstärke aufweisen. Wir fragen daher: Welche Auswirkungen auf die Tragweite unserer Betrachtungen hat die Beschränkung auf die Sprachen erster Stufe?

Wir behandeln die zweite Frage in 7.2; allerdings möchten wir schon jetzt vermerken, dass für die heutige Mathematik (etwa bei mengentheoretischer Formulierung) die erste Stufe prinzipiell ausreicht. Die nun folgenden Überlegungen zur Frage (1) haben also Geltung für die gesamte Mathematik.

© Springer-Verlag GmbH Deutschland, ein Teil von Springer Nature 2018
H.-D. Ebbinghaus et al., *Einführung in die mathematische Logik*,
https://doi.org/10.1007/978-3-662-58029-5_7

7.1   Der formale Beweisbegriff

Wir wollen in diesem Abschnitt in Beantwortung der Frage (1) darlegen, dass
zur Einführung des formalen Beweisbegriffs keine mathematischen Beweise erforderlich sind. Zugleich gehen wir dabei auf die Natur der Sequenzenregeln
und ihre Begründungsmöglichkeiten ein.

Zur Darlegung mathematischer Sachverhalte und Argumentationen reicht, wie
wir in 7.2 noch begründen werden, eine endliche Menge von konkret gewählten
Symbolen aus. Wir können daher in dieser Diskussion die Symbole als konkrete
Zeichen vorgeben. Terme, Ausdrücke und Sequenzen sind dann konkrete Zeichenreihen und nicht – wie etwa bei der Symbolmenge $\{c_r \mid r \in \mathbb{R}\}$ – abstrakte
mathematische Gebilde.

Der formale Beweisbegriff beruht auf dem Umgang mit Zeichenreihen wie Termen, Ausdrücken und Sequenzen. Dieser Umgang wird durch eine Reihe von
Kalkülen geregelt, etwa durch den Termkalkül, den Sequenzenkalkül usf. Wir
wollen darlegen, dass die Anwendung von Regeln dieser Kalküle in einfachen
syntaktischen Manipulationen besteht, und erläutern dies am Beispiel der Sequenzenregeln. Um einen wichtigen Aspekt zu beleuchten, bringen wir zunächst
einen Vergleich mit den Regeln des Schachspiels.

Die Schachregeln erlauben das Operieren mit konkreten Objekten, den Schach-
figuren. Eine Regel anzuwenden, d.h. einen Zug zu machen, bedeutet, von einer gewissen Figurenkonstellation zu einer neuen überzugehen. Die Regeln des
Schachspiels sind so einfach, dass jeder, der sie kennt – auch wenn er kein
Schachspieler ist –, selbst Züge durchführen oder Züge daraufhin prüfen kann,
ob sie den Regeln gemäß durchgeführt worden sind.

Ähnlich verhält es sich mit den Sequenzenregeln. Obwohl sie inhaltlich motiviert sind, erfordert ihre Anwendung keine inhaltlichen Überlegungen, sondern
lediglich die Durchführung konkreter syntaktischer Operationen an Zeichenreihen. Um die Regeln anzuwenden und die Anwendungen auf korrekte Durchführung zu prüfen, bedarf es keiner besonderen Kenntnisse aus Logik oder Mathematik: Wer die Regeln kennt, kann sie anwenden und auf richtige Durchführung
prüfen. Zwar haben wir uns beim Umgang mit Sequenzen bislang auf mathematische Aussagen gestützt (so etwa auf die eindeutige Zerlegbarkeit einer
Sequenz in Ausdrücke, wenn wir von *dem* Sukzedens gesprochen haben); doch
dies lässt sich vermeiden, wenn man bei der Anwendung einer Regel nicht nur
die neue Sequenz notiert, sondern auch in einer Art Protokoll festhält, wie die
dabei auftretenden Zeichenreihen entstanden sind. Wir bringen hierzu einige
Beispiele.

(a) Θ_1 und Θ_2 seien Sequenzen, die in einer Ableitung vorkommen. Dem Protokoll entnimmt man, dass Θ_1 durch Aneinanderreihung von $\varphi_0, \ldots, \varphi_n$ und dass Θ_2 durch Aneinanderreihung von $\psi_0, \ldots, \psi_m$ entstanden ist. Um z. B. die Regel $(\vee\text{A})$ anzuwenden, muss man zunächst prüfen, ob $n = m \geq 1$ ist und ob die Zeichenreihen φ_i und ψ_i für jedes $i \neq n - 1$ übereinstimmen. Wenn ja, so kann man die Regel $(\vee\text{A})$ anwenden, indem man aus den Bestandteilen $\varphi_0, \ldots, \varphi_{n-2}, \varphi_{n-1}, \psi_{n-1}, \varphi_n, (, \vee,)$ die Zeichenreihe $\varphi_0 \ldots \varphi_{n-2}(\varphi_{n-1} \vee \psi_{n-1})\varphi_n$ herstellt. Dabei hält man im Protokoll fest, dass diese Zeichenreihe durch Aneinanderreihung von $\varphi_0, \ldots, \varphi_{n-2}, (\varphi_{n-1} \vee \psi_{n-1})$ und φ_n entsteht.

(b) Eine Anwendung der Regel $(\equiv)$ besteht darin, eine Sequenz der Gestalt $t \equiv t$ niederzuschreiben, wobei der Term t seinerseits durch eine Ableitung im Termkalkül (vgl. 2.3.1) gegeben ist.

(c) Entsprechend gehört zu einem Übergang von der Sequenz $\Gamma \; \varphi \frac{y}{x} \; \psi$ zur Sequenz $\Gamma \; \exists x \varphi \; \psi$ gemäß $(\exists\text{A})$ eine Ableitung von $\varphi \; x \; y \; \varphi \frac{y}{x}$ im Substitutionskalkül (vgl. 3.8.11) und für jedes χ in $\Gamma \; \exists x \varphi \; \psi$ eine Ableitung von $y \; \chi$ im Kalkül des nicht freien Vorkommens (vgl. 2.5.2), um die Bedingung „y nicht frei in $\Gamma \; \exists x \varphi \; \psi$" sicherzustellen; dann braucht man, ausgehend von $\Gamma \; \varphi \frac{y}{x} \; \psi$, nur noch die Sequenz $\Gamma \; \exists x \varphi \; \psi$ niederzuschreiben.

Diese Erläuterungen machen klar, dass die Anwendung der Sequenzenregeln in rein syntaktischen Manipulationen mit Zeichenreihen besteht, die ohne Rückgriff auf mathematische Argumentationen ausgeführt werden können. Da wir einen formalen Beweis gerade als eine Folge von Sequenzen definiert haben, bei der jede Sequenz durch Anwendung einer Regel (auf vorangehende Sequenzen) entsteht, sehen wir auf diese Weise, dass zur Einführung des formalen Beweisbegriffs keine mathematischen Beweise erforderlich sind. Unser Vorgehen ist daher nicht zirkelhaft. Die Beweise, die wir vor der Definition des formalen Beweisbegriffs geführt haben, sowie die zum Aufbau der Semantik benötigten mathematischen Hilfsmittel dienten lediglich dazu, Erkenntnisse über Sprachen erster Stufe zu gewinnen, um unser Vorgehen zu motivieren.

Angesichts der mit dem Sequenzenkalkül erreichten Trivialisierung des Beweisbegriffs ist jedoch eine Warnung angebracht: Zwar bedarf es, wie wir jetzt gesehen haben, keiner mathematischen Begabung, sondern höchstens einiger Geduld, um einen formalen Beweis den Regeln gemäß nachzuvollziehen, doch ist es eine völlig andere Aufgabe, die Idee eines Beweises zu verstehen oder gar selbst Ideen zu entwickeln, um zu einer gegebenen Behauptung einen Beweis zu finden. Es besteht ja auch beim Schach ein großer Unterschied zwischen der Kenntnis der Regeln und der Fähigkeit, einen guten Gegner matt zu setzen. Mit der Bestimmung des formalen Beweisbegriffs haben wir also die Frage nach dem eher schöpferischen Teil der mathematischen Tätigkeit nicht berührt (und dazu gehört nicht nur die Entwicklung von Beweisideen, sondern auch die geschickte Einführung neuer Begriffe, das Aufstellen geeigneter Axiomensyste-

me und das Aufspüren neuer interessanter Behauptungen). Andererseits führt
der formale Charakter der Sequenzenregeln zu neuen und interessanten Fragestellungen: Man kann die syntaktischen Manipulationen auch einem Rechner
übertragen und ihn z. B. so programmieren, dass er einen Beweis (im Sinne des
Sequenzenkalküls) auf seine Richtigkeit prüft, oder so, dass er systematisch alle
möglichen Ableitungen herstellt. Wie weit tragen solche maschinellen Methoden und wo liegen ihre Grenzen? In Kap. 10 und Kap. 11 gehen wir näher auf
diese Fragen ein.

Haben wir mit dem formalen Beweisbegriff auch eine *Begründung* des mathematischen Schließens gegeben? Sicherlich nicht; denn wir haben ja lediglich
Schlussweisen im Rahmen präzise definierter Sprachen imitiert. Wir können
allerdings feststellen, dass die Sequenzenregeln dem üblichen Gebrauch der
Junktoren, der Quantoren und der Gleichheitsbeziehung in der Mathematik
entsprechen. Zum Beispiel spiegeln die ∨-Regeln den Gebrauch des nicht aus-
schließenden „oder" wider, demzufolge die Disjunktion zweier Aussagen genau
dann wahr ist, wenn mindestens eine Aussage wahr ist. Für einen solchen Gebrauch der Junktoren bedarf es freilich gewisser Voraussetzungen, so z. B., dass
es einen Sinn hat, von der Wahrheit (bzw. der Falschheit) einer mathematischen Aussage zu sprechen, und dass jede solche Aussage wahr oder falsch
ist (Tertium non datur). In der herkömmlichen Mathematik, die in diesem
Zusammenhang auch *klassische* Mathematik genannt wird, werden diese Voraussetzungen akzeptiert. Die Regeln des Sequenzenkalküls beruhen somit auf
dem klassischen Gebrauch der logischen Verknüpfungen.

In der Behandlung von Grundlagenfragen gibt es Richtungen, welche die klassische Auffassung nicht teilen. So knüpft der *Intuitionismus* an die Behauptung
einer Aussage die Forderung, dass sie in gewissem Sinne „konstruktiv" bewiesen werden muss. Zum Beweis etwa einer Existenzaussage wird die Angabe
eines Beispiels verlangt und zum Beweis einer Disjunktion der Beweis für mindestens eines der beiden Glieder. Zur Erläuterung betrachten wir die beiden
Aussagen

A: *Jede gerade Zahl* ≥ 4 *ist Summe zweier Primzahlen* (die sog. starke Gold-
bachsche Vermutung);

nicht A: *Nicht jede gerade Zahl* ≥ 4 *ist Summe zweier Primzahlen.*

Nach klassischer Auffassung ist die Aussage (A oder nicht A) wahr. Dagegen
kann man nach intuitionistischer Auffassung (A oder nicht A) nicht behaupten,
da bis heute – selbst mit klassischen Methoden – weder die Aussage A noch
die Aussage (nicht A) bewiesen werden konnte.

Bereits dieses Beispiel zeigt, dass die in intuitionistischer Auffassung betriebene
Mathematik, die sog. *intuitionistische Mathematik* (vgl. [21, 43]), sich erheblich

von der klassischen Mathematik unterscheidet. Das Ziel des Intuitionismus ist „die Untersuchung geistiger mathematischer Konstruktionen als solcher, ohne Bezug auf Fragen, die die Natur der konstruierten Objekte betreffen, z. B. ob diese Objekte unabhängig von unserer Kenntnis über sie existieren" (vgl. [21, S. 1]). Demgegenüber werden der klassische Standpunkt und die semantische Betrachtungsweise auch aus der Vorstellung heraus eingenommen, dass „die Objekte der Mathematik und mit ihnen die mathematischen Bereiche an sich existieren, wie die platonischen Ideen" (vgl. [33, S. 1]), dass also Aussagen über diese Objekte zutreffende oder nicht zutreffende Sachverhalte beschreiben und von daher wahr oder falsch sind.

An dieser Gegenüberstellung wird deutlich, dass die Rechtfertigungsmöglichkeiten für das mathematische Schließen (bzw. für den Beweiskalkül) wesentlich von erkenntnistheoretischen Voraussetzungen abhängen. Wir werden uns, wie wir das bislang getan haben, dem klassischen Standpunkt anschließen.

Zur weiteren Information verweisen wir auf die Sammlungen [6] und [41].

7.2 Mathematik im Rahmen der ersten Stufe

Wir wollen in diesem Abschnitt die zweite der eingangs aufgeworfenen Fragen diskutieren: Wie einschneidend ist die Beschränkung auf den sprachlichen Rahmen der ersten Stufe?

Wir behandeln diese Frage zunächst am Beispiel der Arithmetik. Die Ausdrucksschwäche der ersten Stufe äußert sich hier in dem Sachverhalt, dass die Struktur $\mathfrak{N}_\sigma = (\mathbb{N}, \sigma, 0)$ (vgl. 3.7.3) in $L^{\{\sigma, 0\}}$ nicht bis auf Isomorphie charakterisiert werden kann. Dagegen wird $\mathfrak{N}_\sigma$ nach dem Satz von Dedekind (in der zweiten Stufe) durch die sog. Peanoschen Axiome

(P1) $\forall x \neg \sigma x \equiv 0$
(P2) $\forall x \forall y (\sigma x \equiv \sigma y \to x \equiv y)$
(P3) $\forall X ((X0 \wedge \forall x (Xx \to X\sigma x)) \to \forall y Xy)$

bis auf Isomorphie festgelegt (vgl. 3.7.4). Nennen wir eine Struktur, die (P1) bis (P3) erfüllt, eine *Peano-Struktur*, können wir diesen Sachverhalt so formulieren:

7.2.1 *Je zwei Peano-Strukturen sind isomorph.*

Die Nichtcharakterisierbarkeit der Peano-Strukturen in der ersten Stufe lässt zunächst vermuten, dass im Rahmen der ersten Stufe das Ergebnis 7.2.1 nicht formulierbar und insbesondere der Beweis von Satz 3.7.4 nicht nachvollziehbar ist. Wir zeigen, wie dies dennoch möglich ist.

Zunächst bemerken wir, dass in 7.2.1 eine Aussage über $\{\sigma, 0\}$-Strukturen gemacht wird. Wir werden 7.2.1 als Aussage über einen Bereich auffassen, der als *Elemente* u.a. sämtliche Peano-Strukturen und mit je zwei solcher Strukturen einen entsprechenden Isomorphismus enthält. Weiterhin soll dieser Bereich die Elemente und Teilmengen von Trägern von Peano-Strukturen enthalten, da diese bei der Formulierung von (P1) bis (P3) und beim Beweis von 7.2.1 eine Rolle spielen.

Um willkürliche Grenzziehungen zu vermeiden und um unsere Überlegungen auch für andere Aussagen als 7.2.1 dienstbar zu machen, betrachten wir als Bereich die *Gesamtheit* der Objekte, mit denen sich die Mathematik beschäftigt. Wir nennen ihn kurz das (mathematische) *Universum*. Das Universum umfasst neben gewissen „einfachen" Objekten wie den natürlichen Zahlen oder den Punkten einer euklidischen Ebene noch „kompliziertere" Objekte. Dazu gehören Mengen, Funktionen, Strukturen, topologische Räume usf. In der Mathematik stellt man gewisse Anforderungen an das Universum, die dann bei Argumentationen benutzt werden, so z. B. die Forderung, dass zu je zwei Objekten a_1 und a_2 die Menge $\{a_1, a_2\}$ existiert, zu je zwei Mengen M_1, M_2 die Vereinigungsmenge $M_1 \cup M_2$ und zu jeder injektiven Funktion f die Umkehrfunktion f^{-1}. – Mathematische Sätze können dann als Aussagen über das Universum verstanden werden. So besagt 7.2.1 bei dieser Auffassung, dass es zu je zwei Peano-Strukturen $\mathfrak{A}$ und $\mathfrak{B}$ des Universums ein Objekt des Universums gibt, das ein Isomorphismus zwischen $\mathfrak{A}$ und $\mathfrak{B}$ ist.

Man kann nun in der Sprache der ersten Stufe eine recht einfache Satzmenge angeben, die alle Eigenschaften des Universums erfasst, welche in der Mathematik benutzt werden. In dieser Sprache ist auch die Aussage 7.2.1 symbolisierbar. Mit anderen Worten: 7.2.1 lässt sich als Aussage über das Universum in einer für das Universum geeigneten Sprache L^S erster Stufe symbolisieren, ähnlich wie die Aussage „Es gibt keine größte reelle Zahl" als Aussage über die Struktur $(\mathbb{R}, <^{\mathbb{R}})$ in der für diese Struktur geeigneten Sprache $L^{\{<\}}$ symbolisierbar ist.

Um einen konkreten Eindruck zu vermitteln, schildern wir die wesentlichen Schritte unseres Vorgehens etwas sorgfältiger: Eine erste Analyse der Gesamtheit der mathematischen Objekte wird zu einer für das Universum geeigneten Symbolmenge S führen. In einem weiteren Schritt werden wir Teile eines Axiomensystems Φ_0, $\Phi_0 \subseteq L^S$, angeben, das die in der Mathematik benutzten Eigenschaften des Universums erfasst. (Die vollständige Angabe eines solchen Systems Φ_0 erfolgt in 7.3.) Schließlich geben wir eine Symbolisierung von 7.2.1 in der ersten Stufe, nämlich in L^S, an.

Bei der obigen Beschreibung des Universums sprachen wir von „einfachen" Objekten (natürlichen Zahlen, Punkten, ...) und „komplizierteren" Objekten

(Mengen, Funktionen, ...). Zur Vereinfachung machen wir von der Erfahrungstatsache Gebrauch, dass es möglich ist, die ganze Vielfalt der „komplizierteren" Objekte des Universums auf den Mengenbegriff zurückzuführen. (Beispiele solcher Zurückführungen werden wir u.a. für die Begriffe des geordneten Paares und der Funktion geben.) Nennen wir die „einfachen" Objekte wie üblich *Urelemente*, so können wir von daher annehmen, dass das Universum nur Urelemente und Mengen enthält. Die Mengen bestehen dabei aus Elementen, welche Urelemente oder auch wieder Mengen sind. Das anzugebende Axiomensystem Φ_0 wird somit grundlegende Eigenschaften von (Urelementen und) Mengen wiedergeben und ist daher ein *Axiomensystem der Mengenlehre*.

Zur Kennzeichnung der Urelemente bzw. der Mengen verwenden wir die einstelligen Relationssymbole $\mathbf{U}$ („... ist Urelement") bzw. $\mathbf{M}$ („... ist Menge"), zur Wiedergabe der Elementbeziehung das zweistellige Relationssymbol $\in$ („... ist Element von ..."). Als Symbolmenge für das Universum wählen wir $S := \{\mathbf{U}, \mathbf{M}, \in\}$.

Wir geben nun vier Axiome aus Φ_0 an, die einfache Eigenschaften des Universums symbolisieren.

(A1) $\forall x(\mathbf{U}x \vee \mathbf{M}x)$
„Jedes Objekt (des Universums) ist Urelement oder Menge";

(A2) $\forall x \neg(\mathbf{U}x \wedge \mathbf{M}x)$
„Kein Objekt ist zugleich Urelement und Menge";

(A3) $\forall x \forall y((\mathbf{M}x \wedge \mathbf{M}y \wedge \forall z(z \in x \leftrightarrow z \in y)) \to x \equiv y)$
„Zwei Mengen, die die gleichen Elemente enthalten, sind gleich";

(A4) $\forall x \forall y \exists z(\mathbf{M}z \wedge \forall u(u \in z \leftrightarrow (u \equiv x \vee u \equiv y)))$
„Zu je zwei Objekten x und y gibt es die Paarmenge $\{x, y\}$".

Die gemäß (A4) zu je zwei Objekten x und y existierende Menge z ist nach (A3) eindeutig bestimmt. Wiederholte Anwendung von (A4) zeigt, dass die Menge $\{\{x, x\}, \{x, y\}\}$ existiert. Man bezeichnet sie üblicherweise mit (x, y) und nennt sie das *geordnete Paar* von x und y. Es ist nicht schwer, aus (A1) bis (A4) herzuleiten, dass

$$(x, y) = (x', y') \quad \text{gdw} \quad x = x' \text{ und } y = y'.$$

Geordnete Tripel lassen sich dann etwa durch

$$(x, y, z) := ((x, y), z)$$

einführen.

Man gelangt bei diesen Überlegungen sehr schnell zu unübersichtlichen Ausdrücken. Um Symbolisierungen in L^S lesbarer zu gestalten, führen wir daher für eine Reihe von Ausdrücken Abkürzungen ein.

($\subseteq$) $x\subseteq y$ für $\mathbf{M}x \wedge \mathbf{M}y \wedge \forall z(z\in x \rightarrow z\in y)$
„x ist Teilmenge von y",

(Statt „$x\subseteq y$" als Abkürzung aufzufassen, hätten wir auch $\subseteq$ als neues zweistelliges Relationssymbol zu S hinzunehmen und Φ_0 um das Axiom

$$\forall x\forall y(x\subseteq y \leftrightarrow (\mathbf{M}x \wedge \mathbf{M}y \wedge \forall z(z\in x \rightarrow z\in y)))$$

erweitern können. Beide Vorgehensweisen sind gleichwertig, wie wir in 8.3 zeigen werden.)

(**GP**) **GP**zxy für $\mathbf{M}z \wedge \forall u(u\in z \leftrightarrow (\mathbf{M}u\wedge$
$\qquad\qquad\qquad\qquad (\forall v(v\in u \leftrightarrow v \equiv x) \vee \forall v(v\in u \leftrightarrow (v \equiv x \vee v \equiv y)))))$
„z ist das geordnete Paar von x und y",

(**GT**) **GT**$uxyz$ für $\mathbf{M}u \wedge \exists v(\mathbf{GP}uvz \wedge \mathbf{GP}vxy)$
„u ist das geordnete Tripel (x, y, z)",

(**E**) **E**uxy für $\mathbf{M}u \wedge \exists z(z\in u \wedge \mathbf{GP}zxy)$
„das geordnete Paar (x, y) ist Element von u",

(**F**) **F**u für $\mathbf{M}u \wedge \forall z(z\in u \rightarrow \exists x\exists y\mathbf{GP}zxy)\wedge$
$\qquad\qquad\qquad\qquad\qquad \forall x\forall y\forall y'((\mathbf{E}uxy \wedge \mathbf{E}uxy') \rightarrow y \equiv y')$
„u ist eine Funktion, d.h. eine Menge von geordneten Paaren (x, y), wobei y der Wert von u an der Stelle x ist".

Mit (**F**) wird der Funktionsbegriff wie üblich auf den Mengenbegriff zurückgeführt: Eine Funktion $f\colon A \rightarrow B$ wird mengentheoretisch definiert als $\{(x, f(x)) \mid x \in A\}$. Diese Menge wird oft auch als der *Graph* von f bezeichnet.

(**D**) **D**uv für $\mathbf{F}u \wedge \mathbf{M}v \wedge \forall x(x\in v \leftrightarrow \exists y\mathbf{E}uxy)$
„v ist der Definitionsbereich der Funktion u",

(**B**) **B**uv für $\mathbf{F}u \wedge \mathbf{M}v \wedge \forall y(y\in v \leftrightarrow \exists x\mathbf{E}uxy)$
„v ist der Bildbereich der Funktion u".

Der Einfachheit halber fassen wir eine $\{\boldsymbol{\sigma}, 0\}$-Struktur (entgegen 3.1.1) als ein geordnetes Tripel (x, y, z) auf, das aus einer Menge x, einer Funktion $y\colon x \rightarrow x$ und einem Element z von x besteht. Die folgende Abkürzung „**PS**u" beinhaltet dann, dass u eine Peano-Struktur ist. Dabei geben die Teile (1), (2), (3) die Peano-Axiome (P1), (P2), (P3) wieder.

(PS) PSu für $\exists x \exists y \exists z (\mathbf{GT} uxyz \wedge \mathbf{M}x \wedge z \in x \wedge \mathbf{F}y \wedge \mathbf{D}yx \wedge$

$\qquad \exists v (\mathbf{B}yv \wedge v \subseteq x) \wedge$

(1) $\forall w (w \in x \rightarrow \neg \mathbf{E}ywz) \wedge$

(2) $\forall w \forall w' \forall v ((\mathbf{E}ywv \wedge \mathbf{E}yw'v) \rightarrow w \equiv w') \wedge$

(3) $\forall x' ((x' \subseteq x \wedge z \in x' \wedge \forall w \forall v ((w \in x' \wedge \mathbf{E}ywv) \rightarrow v \in x')) \rightarrow$

$\qquad\qquad\qquad\qquad\qquad\qquad\qquad\qquad x' \equiv x)).$

Die letzte Abkürzung „$\mathbf{I}wuu'$" drückt aus, dass w ein Isomorphismus der Peano-Struktur u auf die Peano-Struktur u' ist:

(I) $\mathbf{I}wuu'$ für PS$u \wedge$ PS$u' \wedge \mathbf{F}w \wedge$

$\qquad \exists x \exists y \exists z \exists x' \exists y' \exists z' (\mathbf{GT} uxyz \wedge \mathbf{GT} u'x'y'z' \wedge \mathbf{D}wx \wedge \mathbf{B}wx' \wedge$

$\qquad \forall r \forall s \forall v' ((\mathbf{E}wrv' \wedge \mathbf{E}wsv') \rightarrow r \equiv s) \wedge \mathbf{E}wzz' \wedge$

$\qquad \forall v \forall v' \forall r ((\mathbf{E}yvr \wedge \mathbf{E}wvv') \rightarrow \exists r' (\mathbf{E}wrr' \wedge \mathbf{E}y'v'r'))).$

Eine Symbolisierung von 7.2.1, dem Satz von Dedekind, lautet dann

(+) $\qquad\qquad \forall u \forall v (\mathbf{PS} u \wedge \mathbf{PS} v \rightarrow \exists w \mathbf{I} wuv).$

Offensichtlich ist (+) ein $\{\mathbf{U}, \mathbf{M}, \in\}$-Satz; unser Ziel, 7.2.1 im Rahmen der ersten Stufe zu formulieren, ist damit erreicht. Dies wurde dadurch möglich, dass wir die Stufenunterschiede zwischen den mathematischen Objekten (wie z. B. zwischen natürlichen Zahlen und Mengen von natürlichen Zahlen) ignoriert und alle Objekte des Universums gleichsam als Dinge erster Stufe betrachtet haben (vgl. etwa (P3) mit (3) in (PS)).

Man kann sogar noch mehr erreichen. Da das Axiomensystem Φ_0 (das wir hier nur teilweise angegeben haben) alle Eigenschaften des Universums beinhaltet, die in Mathematik vorausgesetzt werden, lässt sich jetzt der Beweis des Satzes von Dedekind aus 3.7 in L^S nachvollziehen, und man erhält damit eine Ableitung von (+) aus Φ_0, d.h.:

7.2.2 $\Phi_0 \vdash \forall u \forall v (\mathbf{PS} u \wedge \mathbf{PS} v \rightarrow \exists w \mathbf{I} wuv).$

Die Möglichkeit eines solchen Vorgehens ist nicht auf den Satz von Dedekind beschränkt: *Die Erfahrung zeigt, dass alle mathematischen Aussagen in der Sprache L^S (oder in Varianten davon) symbolisiert werden können und dass beweisbare Aussagen Symbolisierungen besitzen, die aus Φ_0 ableitbar sind. Es ist also prinzipiell möglich, alle mathematischen Betrachtungen mit den Regeln des Sequenzenkalküls in L^S nachzuvollziehen. In diesem Sinne reicht die erste Stufe für die Mathematik aus.*

Die obige Erfahrung zeigt zugleich, dass die Sachverhalte über das Universum, die durch Φ_0 wiedergegeben werden, als Voraussetzungen für einen mengentheoretischen Aufbau der Mathematik genügen. Φ_0 ist also eine Formalisierung mengentheoretischer Voraussetzungen über das Universum, auf die sich die Mathematik letztlich stützt. Da diese mengentheoretischen Voraussetzungen gleichsam den Hintergrund für alle mathematischen Betrachtungen bilden, nennt man Φ_0 in diesem Zusammenhang ein Axiomensystem der *Hintergrundmengenlehre*.

Andererseits kann Φ_0 – wie jedes andere Axiomensystem – auch selbst Gegenstand (Objekt) mathematischer Untersuchungen sein. Man kann etwa Φ_0 auf seine Widerspruchsfreiheit hin prüfen oder Modelle von Φ_0 betrachten. In diesem Zusammenhang heißt Φ_0 dann ein Axiomensystem der *Objektmengenlehre*.

Ein Modell von Φ_0 hat die Gestalt $\mathfrak{A} = (A, \mathbf{U}^A, \mathbf{M}^A, \in^A)$ und ist – wie jede Struktur – ein Objekt des Universums, also ein Objekt im Sinne der Hintergrundmengenlehre. Das Gleiche gilt für den Träger A. Als Objekt des Universums ist A vom Universum verschieden. Man beachte weiterhin, dass in einem Modell $\mathfrak{A} = (A, \mathbf{U}^A, \mathbf{M}^A, \in^A)$ von Φ_0 zwar alle mengentheoretischen Sachverhalte gelten, die aus Φ_0 ableitbar sind, dass jedoch z. B. $a\in^A b$ (für $a, b \in A$) nicht beinhaltet, dass a ein Element von b ist, d.h., dass $a \in b$ gilt.

Das Axiomensystem Φ_0 tritt uns also in zwei Rollen entgegen: einmal im Sinne der Objektmengenlehre als Gegenstand mathematischer Untersuchungen, zum anderen zur formalisierten Beschreibung des Universums. Anders gesprochen: einmal als mathematisches Objekt, zum anderen als mengentheoretischer Rahmen, in dem sich Mathematik vollzieht.

Durch Objekt- und Hintergrundmengenlehre sind zwei Ebenen bestimmt, zwischen denen sorgfältig unterschieden werden muss. Viele Paradoxien beruhen auf einer Vermischung dieser Ebenen. Wir gehen hierauf in 7.4 ausführlicher ein, möchten aber bereits jetzt das *Skolemsche Paradoxon* erwähnen: Bekanntlich gibt es überabzählbar viele Mengen (z. B. überabzählbar viele Teilmengen von $\mathbb{N}$). Diesen Sachverhalt kann man durch einen Satz φ symbolisieren, der aus Φ_0 ableitbar ist. Nach dem Satz von Löwenheim und Skolem gibt es ein abzählbares Modell $\mathfrak{A}$ von Φ_0 und damit von φ. Die *abzählbare* Struktur $\mathfrak{A}$ erfüllt somit einen Satz, der besagt, dass es in $\mathfrak{A}$ *überabzählbar* viele Mengen gibt!

7.3 Das Zermelo-Fraenkelsche Axiomensystem der Mengenlehre

Wir geben nun ein Axiomensystem der Mengenlehre vollständig an. Für eine Darstellung wesentlicher Folgerungen aus diesem Axiomensystem sei auf die Literatur – etwa [12, 13, 26] – verwiesen.

In 7.2 haben wir angenommen, dass das Universum nur aus Mengen und Urelementen besteht, und anhand einer mengentheoretischen Definition der Begriffe „geordnetes Paar", „Funktion" usf. gesehen, dass diese Annahme keine Einschränkung bedeutet. Weiterhin lässt sich empirisch feststellen, dass man auch für die Urelemente, die üblicherweise in der Mathematik auftreten, einen Ersatz in Form geeigneter Mengen finden kann. Wir wollen daher im Folgenden annehmen, dass das Universum nur aus Mengen besteht; für die natürlichen Zahlen werden wir später einen mengentheoretischen Ersatz angeben.

Der Verzicht auf Urelemente macht die Verwendung der Symbole $\mathbf{U}$ und $\mathbf{M}$ überflüssig. Wir formulieren die Axiome daher in $L^{\{\in\}}$, wobei die Variablen, inhaltlich gesprochen, über die Mengen des Universums laufen. Das resultierende Axiomensystem – man nennt es ZFC – ist eine Variante des auf Zermelo, Fraenkel und Skolem zurückgehenden Axiomensystems mit Auswahlaxiom (Axiom of Choice).

ZFC enthält die Axiome EXT (*Extensionalitätsaxiom*), PAAR (*Paarmengenaxiom*), VER (*Vereinigungsmengenaxiom*), POT (*Potenzmengenaxiom*), INF (*Unendlichkeitsaxiom*), AC (*Auswahlaxiom*), FUND (*Fundierungsaxiom*) und die Axiomenschemata AUS (der *Aussonderungsaxiome*) und ERS (der *Ersetzungsaxiome*).

EXT: $\forall x \forall y (\forall z (z \in x \leftrightarrow z \in y) \to x \equiv y)$
„Zwei Mengen, die die gleichen Elemente enthalten, sind gleich."

AUS: Zu jedem $\varphi(z, x_1, \ldots, x_n)^1$ und allen von z, den x_i und untereinander verschiedenen Variablen x, y das Axiom

$$\forall x_1 \ldots \forall x_n \forall x \exists y \forall z (z \in y \leftrightarrow (z \in x \wedge \varphi(z, x_1, \ldots, x_n)))$$

„Zu jeder Menge x und zu jeder Eigenschaft E, die durch einen $\{\in\}$-Ausdruck φ formulierbar ist, gibt es die Menge $\{z \in x \mid z$ hat die Eigenschaft $E\}$."

PAAR: $\forall x \forall y \exists z \forall w (w \in z \leftrightarrow (w \equiv x \vee w \equiv y))$
„Zu je zwei Mengen x, y existiert die Paarmenge $\{x, y\}$."

VER: $\forall x \exists y \forall z (z \in y \leftrightarrow \exists w (w \in x \wedge z \in w))$
„Zu jeder Menge x gibt es die Vereinigung der Mengen in x."

POT: $\forall x \exists y \forall z (z \in y \leftrightarrow \forall w (w \in z \to w \in x))$
„Zu jeder Menge x gibt es die Potenzmenge von x."

Zur bequemeren Formulierung der folgenden Axiome führen wir weitere Symbole ein, deren Bedeutung wir durch Definitionen festlegen. Die Ausführungen

---

[1]Hier und im Folgenden deuten wir durch $\psi(y_1, \ldots, y_n)$ an, dass in ψ höchstens die untereinander verschiedenen Variablen $y_1, \ldots, y_n$ frei vorkommen.

in 8.3 zeigen, dass sich Ausdrücke, die diese Symbole enthalten, als Abkürzungen von $\{\in\}$-Ausdrücken auffassen lassen. Die neuen Symbole und ihre Definitionen sind:

$\emptyset$ (Konstante für die leere Menge):

$$\forall y(\emptyset \equiv y \leftrightarrow \forall z \neg z \in y).$$

$\subseteq$ (zweistelliges Relationssymbol für die Teilmengenbeziehung):

$$\forall x \forall y(x \subseteq y \leftrightarrow \forall z(z \in x \rightarrow z \in y)).$$

$\{,\}$ (zweistelliges Funktionssymbol für die Paarmengenbildung):

$$\forall x \forall y \forall z(\{x,y\} \equiv z \leftrightarrow \forall w(w \in z \leftrightarrow (w \equiv x \vee w \equiv y))).$$

(Für den Term $\{y,y\}$ schreiben wir oft kürzer $\{y\}$.)

$\cup$ (zweistelliges Funktionssymbol für die Bildung der Vereinigung zweier Mengen):

$$\forall x \forall y \forall z(x \cup y \equiv z \leftrightarrow \forall w(w \in z \leftrightarrow (w \in x \vee w \in y))).$$

$\cap$ (zweistelliges Funktionssymbol für die Bildung des Durchschnitts zweier Mengen):

$$\forall x \forall y \forall z(x \cap y \equiv z \leftrightarrow \forall w(w \in z \leftrightarrow (w \in x \wedge w \in y))).$$

$\mathbf{P}$ (einstelliges Funktionssymbol für die Potenzmengenbildung):

$$\forall x \forall y(\mathbf{P}x \equiv y \leftrightarrow \forall z(z \in y \leftrightarrow \forall w(w \in z \rightarrow w \in x))).$$

Die weiteren Axiome von ZFC lauten dann:

INF: $\exists x(\emptyset \in x \wedge \forall y(y \in x \rightarrow y \cup \{y\} \in x))$

„Es gibt eine Menge, die $\emptyset, \{\emptyset\}, \{\emptyset, \{\emptyset\}\}, \ldots$ enthält, also unendlich ist."

ERS: Zu jedem $\varphi(x,y,x_1,\ldots,x_n)$ aus $L^{\{\in\}}$ und allen von x,y, den x_i und untereinander verschiedenen Variablen u,v das Axiom

$$\forall x_1 \ldots \forall x_n(\forall x \exists^{=1}y \varphi(x,y,x_1,\ldots,x_n) \rightarrow$$
$$\forall u \exists v \forall y(y \in v \leftrightarrow \exists x(x \in u \wedge \varphi(x,y,x_1,\ldots,x_n)))))$$

„Wird durch $\varphi(x,y,x_1,\ldots,x_n)$ bei gewählten Parametern $x_1,\ldots,x_n$ durch die Vorschrift $x \mapsto y$ eine Abbildung definiert, so ist das Bild einer Menge stets eine Menge."

AC: $\forall x((\neg\emptyset \in x \wedge \forall u \forall v((u \in x \wedge v \in x \wedge \neg u \equiv v) \rightarrow u \cap v \equiv \emptyset)) \rightarrow$
$$\exists y \forall w(w \in x \rightarrow \exists^{=1}z\, z \in w \cap y))$$

„Zu jeder Menge x, die aus nicht-leeren, paarweise disjunkten Mengen besteht, gibt es eine Menge, die aus jeder Menge in x genau ein Element enthält."

Wir verschieben die Angabe des Fundierungsaxioms FUND auf das Ende dieses Abschnitts, da es unwesentlich für die anschließenden Überlegungen ist.

Ähnlich, wie wir das im vorangehenden Abschnitt getan haben, kann man jetzt in dem durch ZFC gegebenen Rahmen geordnete Paare, geordnete Tripel, Funktionen usf. einführen und exemplarisch belegen, dass sich alle mathematischen Aussagen in geeigneter mengentheoretischer Formulierung in $L^{\{\in\}}$ symbolisieren lassen und dass die beweisbaren Aussagen dabei in Sätze übergehen, die aus ZFC ableitbar sind.

Eine Lücke allerdings müssen wir noch schließen. Wie angekündigt, wollen wir uns am Beispiel der natürlichen Zahlen davon überzeugen, dass der Verzicht auf Urelemente keine Einschränkung bedeutet: Wir geben im jetzigen Rahmen eine Peano-Struktur an, die die Rolle von $\mathfrak{N}_\sigma$ übernehmen kann.

Die Mengen $\tilde{0} := \emptyset$, $\tilde{1} := \{\emptyset\}$, $\tilde{2} := \{\emptyset, \{\emptyset\}\}, \ldots$ übernehmen die Rolle der natürlichen Zahlen $0, 1, 2, \ldots$. Es ist somit $\tilde{0} = \emptyset$, $\tilde{1} = \tilde{0} \cup \{\tilde{0}\} = \{\tilde{0}\}$, $\tilde{2} = \tilde{1} \cup \{\tilde{1}\} = \{\tilde{0}, \tilde{1}\}$ und allgemein $\widetilde{n+1} = \tilde{n} \cup \{\tilde{n}\} = \{\tilde{0}, \tilde{1}, \ldots, \tilde{n}\}$. Nennen wir eine Menge *induktiv*, wenn sie $\emptyset$ und mit x auch $x \cup \{x\}$ enthält, so übernimmt die kleinste induktive Menge die Rolle von $\mathbb{N}$. Es bleibt zu zeigen, dass aus ZFC der Ausdruck „Es gibt eine kleinste induktive Menge" ableitbar ist. Wir skizzieren, wie man hierzu vorgehen kann: Nach INF gibt es eine induktive Menge, etwa x. Mit AUS erhalten wir die Menge

$$\omega := \{z \mid z \in x \text{ und für alle } y: \text{Wenn } y \text{ induktiv, so } z \in y\}.$$

Man zeigt leicht, dass sie die kleinste induktive Menge ist, d.h., ω ist induktiv, und für jedes induktive y gilt $\omega \subseteq y$. Die Funktion $\nu: \omega \to \omega$ mit $\nu(x) := x \cup \{x\}$ für $x \in \omega$ (dargestellt durch ihren Graphen $\{(x, x \cup \{x\}) \mid x \in \omega\}$) übernimmt die Rolle der Nachfolgerfunktion. Man kann sich dann davon überzeugen, dass $(\omega, \nu, \tilde{0})$ eine Peano-Struktur ist.

Die Definition von ω als kleinste induktive Menge ist die Grundlage für Definitionen und Beweise durch Induktion über die natürlichen Zahlen. Bei Untersuchungen zur Analysis führte G. Cantor Definitionen und Beweise durch *transfinite Induktion* ein. Definitionen und Beweise durch transfinite Induktion erfolgen über *Ordinalzahlen*, die ein sehr umfassendes Zahlensystem bilden, das die natürlichen Zahlen enthält. Die natürlichen Zahlen sind die endlichen Ordinalzahlen, die Mengen ω und $\omega + 1 := \omega \cup \{\omega\}$ sind die beiden ersten unendlichen Ordinalzahlen. Die Theorie der Ordinalzahlen war einer der Eckpfeiler der grundlegenden Arbeiten, in denen Cantor den Mengenbegriff in die Mathematik eingeführt und die Mengenlehre als mathematisches Gebiet geschaffen hat (für eine Zusammenfassung siehe [8]).

Wir ergänzen unsere Ausführungen mit einer kurzen Betrachtung der sog. *Kon-*

tinuumshypothese, die Ende des 19. Jahrhunderts von Cantor aufgestellt wurde und deren Problematik die Entwicklung der Mengenlehre entscheidend beeinflusst hat. Wir geben zunächst eine umgangssprachliche Formulierung.

Zwei Mengen x, y heißen *gleichmächtig*, kurz: $x \sim y$, wenn es eine Bijektion von x auf y gibt. Eine Menge heißt *endlich* genau dann, wenn sie zu einem Element von ω gleichmächtig ist, und *abzählbar*, wenn sie zu ω gleichmächtig ist. Die Menge $\mathbb{R}$ der reellen Zahlen (das „Kontinuum") ist überabzählbar, also weder endlich noch abzählbar (vgl. Aufgabe 2.1.3).

Die Kontinuumshypothese besagt: Jede unendliche Teilmenge von $\mathbb{R}$ ist abzählbar oder zu $\mathbb{R}$ gleichmächtig. Man kann diese Aussage in $L^{\{\in\}}$ symbolisieren, unter Benutzung von kanonisch definierten Symbolen $\mathbb{R}, \mathbf{Endl}, \ldots$ etwa in der folgenden Form:

$$\forall x((x \subseteq \mathbb{R} \land \neg \mathbf{Endl}\, x) \to (\mathbf{Abz}\, x \lor x \sim \mathbb{R})).$$

Man bezeichnet diesen Ausdruck häufig mit „CH" (Continuum Hypothesis). Der Frage, ob die Kontinuumshypothese gilt oder nicht, entspricht jetzt die Frage nach der Ableitbarkeit von CH aus ZFC.

K. Gödel zeigte 1938:

7.3.1 Wenn ZFC widerspruchsfrei ist, so nicht ZFC $\vdash \neg$CH,

und P. Cohen 1963:

7.3.2 Wenn ZFC widerspruchsfrei ist, so nicht ZFC $\vdash$ CH.

Gehen wir davon aus, dass ZFC widerspruchsfrei ist (vgl. 7.4), so ist also weder CH noch $\neg$CH aus ZFC ableitbar. – Für eine Darstellung dieser Ergebnisse verweisen wir auf [26].

Die intuitiven Vorstellungen über den Mengenbegriff, die man in der Mathematik letztlich verwendet, werden durch das System ZFC wiedergegeben. Sie sind nach 7.3.1 und 7.3.2 so unscharf, dass sie keine Entscheidung für oder gegen die Kontinuumshypothese beinhalten. Man kann darüber hinaus sogar zeigen – vgl. 10.7 –, dass man kein Axiomensystem Ψ der Mengenlehre „explizit" angeben kann, welches jede mengentheoretische Aussage entscheidet, und zwar in dem Sinne, dass für jeden $\{\in\}$-Satz ψ entweder $\Psi \vdash \psi$ oder $\Psi \vdash \neg\psi$.

Abschließend wenden wir uns dem Fundierungsaxiom zu. Es lautet:

FUND: $\forall x(\neg x \equiv \emptyset \to \exists y(y \in x \land y \cap x \equiv \emptyset))$
„Jede nicht-leere Menge x enthält ein Element y, das kein Element mit x gemein hat."

Das Axiom spielt vor allem eine Rolle, wenn die Mengenlehre das Objekt mathematischer Untersuchungen ist. Es bestimmt (im Zusammenwirken mit den anderen Axiomen) wesentlich die Gestalt des Mengenuniversums. So werden etwa Mengen u ausgeschlossen, für die $u \in u$ gilt (man wende FUND auf die Menge $x = \{u\}$ an). Und das Mengenuniversum erhält eine übersichtliche Struktur: Es besteht genau aus den Mengen, die man, ausgehend von der leeren Menge, durch iterierte Anwendung (genauer: durch transfinite Induktion) der Potenzmengenbildung erhält.

7.4 Bemerkungen zum mengentheoretischen Aufbau der Mathematik

Wir tragen in diesem Abschnitt drei Punkte nach, die die vorangehenden Ausführungen ergänzen: Wir zeigen in 7.4.1, wie sich mit einem für die Mathematik ausreichenden Axiomensystem der ersten Stufe, etwa für ZFC, die Frage nach der Widerspruchsfreiheit der Mathematik präzisieren lässt. In 7.4.2 versuchen wir, Verständnisschwierigkeiten zu behandeln, die sich aus dem Nebeneinander von Objekt- und Hintergrundmengenlehre ergeben können. In 7.4.3 schließlich erläutern wir, wie sich – ebenso wie jede andere mathematische Theorie – auch die Logik erster Stufe mengentheoretisch aufbauen lässt.

7.4.1 In den vorangehenden Abschnitten haben wir die empirische Feststellung hervorgehoben, dass mathematische Aussagen sich in $L^{\{\in\}}$ symbolisieren lassen und dass dabei beweisbare Aussagen in aus ZFC ableitbare Ausdrücke übergehen. Wäre es in der Mathematik möglich, eine Aussage und ihr Negat zu beweisen, so würde demnach für deren Symbolisierung φ zugleich ZFC $\vdash \varphi$ und ZFC $\vdash \neg\varphi$ gelten; damit wäre ZFC widerspruchsvoll. Wenn man also gezeigt hätte, dass ZFC widerspruchsfrei ist, so ließe sich dieses Ergebnis auch als Nachweis für die Widerspruchsfreiheit der Mathematik deuten. In der Tat gehört die Frage nach der Widerspruchsfreiheit von ZFC zu den wesentlichen Problemen der mathematischen Grundlagenforschung: Gibt es im Sequenzenkalkül eine Ableitung für eine Sequenz der Gestalt $\varphi_1 \ldots \varphi_n(\varphi \wedge \neg\varphi)$, wobei $\varphi_1, \ldots, \varphi_n$ ZFC-Axiome sind? Das Problem ist, wie diese Formulierung deutlich macht, von rein syntaktischem Charakter. Man könnte also zunächst hoffen, es durch elementare Überlegungen über die Ableitbarkeit von Sequenzen zu lösen. (Auch das Hilbertsche Programm, die „üblichen Methoden der Mathematik samt und sonders als widerspruchsfrei zu erkennen", forderte einen Widerspruchsfreiheitsbeweis mit solch elementaren Mitteln.) Ein solcher Widerspruchsfreiheitsbeweis für ZFC ist jedoch nach dem *Zweiten Gödelschen Unvollständigkeitssatz* nicht möglich, sofern ZFC wirklich widerspruchsfrei ist (vgl. 10.7); ein Beweis ist selbst dann nicht möglich, wenn man die gesamten Hilfsmittel der durch ZFC beschriebenen Hintergrundmengenlehre zulässt. Ins-

besondere kann man daher in diesem Fall auch nicht die Existenz eines Modells
von ZFC nachweisen (denn mit Erf ZFC gälte Wf ZFC). Die Tatsache, dass
ZFC seit Jahrzehnten untersucht und in der Mathematik benutzt wird, ohne
dass sich ein Widerspruch gezeigt hat, spricht für die Widerspruchsfreiheit von
ZFC.

Wir unterstellen im Folgenden, dass ZFC widerspruchsfrei ist.

7.4.2 Wir untersuchen das Verhältnis zwischen Hintergrund- und Objektmengenlehre, indem wir zunächst auf das *Skolemsche Paradoxon* (vgl. 7.2) eingehen. Es lautet, auf ZFC bezogen: ZFC besitzt als abzählbare, widerspruchsfreie
Satzmenge nach dem Satz von Löwenheim und Skolem ein *abzählbares* Modell
$\mathfrak{A} = (A, \in^A)$. Andererseits erfüllt $\mathfrak{A}$ einen (aus ZFC ableitbaren) $\{\in\}$-Satz φ,
der besagt, dass es in A *überabzählbar* viele Mengen gibt. Wenn wir der Ein-
fachheit halber wieder definierte Symbole benutzen, können wir etwa

$$\varphi := \exists x \neg \exists y (\textbf{Funktion } y \wedge \textbf{injektiv } y \wedge$$
$$\textbf{Definitionsbereich}\,(y) \equiv x \wedge \textbf{Bildbereich}\,(y) \subseteq \omega)$$

setzen.

Der Satz φ symbolisiert die Eigenschaft des Universums, dass es eine überabzählbare Menge gibt (und damit auch überabzählbar viele Mengen). Betrach-
ten wir nun φ in $\mathfrak{A}$, so gibt es wegen $\mathfrak{A} \models \varphi$ ein $a \in A$ (für x) mit

$$(*) \qquad \mathfrak{A} \models \neg \exists y (\textbf{Funktion } y \wedge \ldots \wedge \textbf{Bildbereich}\,(y) \subseteq \omega)[a].$$

Die Menge $\{b \in A \mid b \in^A a\}$ ist als Teilmenge von A höchstens abzählbar.
Es gibt also *im Universum* eine injektive Funktion mit dem Definitionsbereich
$\{b \in A \mid b \in^A a\}$, deren Bildbereich eine Teilmenge von ω ist. Diese Feststellung
steht nicht im Widerspruch zu $(*)$. Denn $(*)$ besagt ja nur, dass es *in* $\mathfrak{A}$ keine
auf a definierte injektive Funktion mit Werten in ω^A gibt, genauer: dass es
kein $b \in A$ gibt mit $\textbf{Funktion}^A b$, $\textbf{Definitionsbereich}^A(b) = a$, $\textbf{injektiv}^A b$
und $\textbf{Bildbereich}^A(b) \subseteq^A \omega^A$: a ist *im Sinne von* $\mathfrak{A}$ überabzählbar.

Wir sehen an diesem Beispiel, dass man zwischen den auf das Universum bezogenen mengentheoretischen Begriffen und ihrer Bedeutung in einem Modell
sorgfältig unterscheiden muss.

Wir bringen in diesem Zusammenhang ein weiteres Beispiel zum Verhältnis
von Objekt- und Hintergrundmengenlehre: Die Satzmenge

$$\Psi := \text{ZFC} \cup \{c_r \in \omega \mid r \in \mathbb{R}\} \cup \{\neg c_r \equiv c_s \mid r, s \in \mathbb{R}, r \neq s\}$$

ist, wie man leicht mit dem Endlichkeitssatz nachweist, erfüllbar. Sei $\mathfrak{B} =
(B, \in^B)$ ein Modell von Ψ (genauer: sein $\{\in\}$-Redukt). Dann ist $\{b \in B \mid
b \in^B \omega^B\}$ eine überabzählbare Menge. Dagegen ist ω^B (als Menge der natürli-
chen Zahlen in $\mathfrak{B}$) $\textbf{abzählbar}^B$ (d.h., es gilt $\textbf{abzählbar}^B \omega^B$).

Sei $\mathfrak{A} = (A, \in^A)$ wieder ein abzählbares Modell von ZFC. Dann ist $\{a \in A \mid a \in^A \omega^A\}$ als Teilmenge von A abzählbar, und wir erhalten:

(1) Es gibt keine Bijektion von $\{b \in B \mid b \in^B \omega^B\}$ auf $\{a \in A \mid a \in^A \omega^A\}$,

da die eine Menge überabzählbar, die andere abzählbar ist. Man könnte in (1) einen Widerspruch zum Satz von Dedekind vermuten, demzufolge ja zwei Peano-Strukturen isomorph sind. Symbolisieren wir ihn durch den $\{\in\}$-Satz

$$\psi := \forall x \forall y ((\textbf{Peanostruktur } x \wedge \textbf{Peanostruktur } y) \to x \text{ isomorph } y),$$

so haben wir

(2) $ZFC \vdash \psi$.

(1) und (2) widersprechen sich jedoch nicht: (2) besagt ja lediglich, dass in jedem *einzelnen* Modell $\mathfrak{C}$ von ZFC je zwei Peano-Strukturen isomorph sind (im Sinne von $\mathfrak{C}$), während (1) über Peano-Strukturen in *verschiedenen* Modellen spricht.

7.4.3 Abschließend geben wir einen mengentheoretischen Aufbau der Logik erster Stufe. Dazu zeigen wir, dass sich deren Begriffe auf den Mengenbegriff zurückführen lassen, wie wir dies für die Begriffe „Funktion", „Peano-Struktur", ... durchgeführt haben. Wir beschränken uns auf die Symbolmenge $S = \{P^1, P^2, \ldots\}$ mit n-stelligen P^n. Unser erstes Ziel ist es, für die S-Ausdrücke einen mengentheoretischen Ersatz anzugeben.

Als Ersatz für die Variablen verwenden wir die Elemente $\widetilde{0}, \widetilde{1}, \ldots$ von ω. Für die Symbole $\neg, \vee, \exists, \equiv$ dienen der Reihe nach die geordneten Paare $\widetilde{\neg} := (\widetilde{0}, \widetilde{0})$, $\widetilde{\vee} := (\widetilde{0}, \widetilde{1})$, $\widetilde{\exists} := (\widetilde{0}, \widetilde{2})$ und $\widetilde{\equiv} := (\widetilde{0}, \widetilde{3})$. Die Rolle der P^n (für $n \geq 1$) übernehmen die geordneten Paare $\widetilde{P^x} := (\widetilde{1}, x)$ mit $x \in \omega \setminus \{0\}$. (In ähnlicher Weise kann man z. B. auch Funktionssymbole durch geordnete Paare $(\widetilde{2}, x)$ mit $x \in \omega \setminus \{0\}$ berücksichtigen. Zur Wiedergabe von Symbolmengen überabzählbarer Mächtigkeit kann man ω durch eine geeignete Menge größerer Mächtigkeit ersetzen.)

Den Ausdrücken der Gestalt $v_n \equiv v_m$ entsprechen jetzt die Tripel $(x, \widetilde{\equiv}, y)$ mit $x, y \in \omega$. Sie bilden die Menge

$$At^\equiv := \omega \times \{\widetilde{\equiv}\} \times \omega.$$

Die Rolle der Ausdrücke $P^n v_{m_1} \ldots v_{m_n}$ wird übernommen durch die geordneten Paare der Gestalt $(\widetilde{P^x}, z)$, wobei $x \in \omega \setminus \{0\}$ und z eine Funktion von x in ω ist. (Dabei entspricht dem Ausdruck $P^3 v_1 v_4 v_5$ die Menge $(\widetilde{P^3}, z)$ mit $z = \{(\widetilde{0}, \widetilde{1}), (\widetilde{1}, \widetilde{4}), (\widetilde{2}, \widetilde{5})\}$.) Wir gelangen damit zur Menge At^R der atomaren „relationalen" Ausdrücke

$$At^R := \{(\widetilde{P^x}, z) \mid x \in \omega \setminus \{0\} \text{ und } z: x \to \omega\}.$$

Ähnlich kann man die Menge aller S-Ausdrücke im mengentheoretischen Sinn als die kleinste Menge A definieren, für die

- $At^{\equiv} \cup At^R \subseteq A$;
- mit $y \in A$ auch $(\bar{\neg}, y) \in A$;
- mit $y, z \in A$ auch $(y, \tilde{\vee}, z) \in A$;
- mit $x \in \omega$ und $y \in A$ auch $(\tilde{\exists}, x, y) \in A$.

In naheliegender Weise kann man jetzt Sequenzen, Ableitungen usf. im mengentheoretischen Sinn erklären und auf diese Weise die gesamte Syntax mengentheoretisch aufbauen. Auch die semantischen Begriffe wie die der Struktur oder der Folgerungsbeziehung lassen sich mengentheoretisch einführen, und wir gelangen dann etwa zu einer mengentheoretischen Formulierung des Vollständigkeitssatzes. All diese Betrachtungen lassen sich in $L^{\{\in\}}$ auf der Basis von ZFC nachvollziehen. Insbesondere lässt sich der Vollständigkeitssatz durch einen $\{\in\}$-Satz symbolisieren und aus ZFC ableiten.

Welchen Nutzen bringt ein solcher mengentheoretischer Aufbau? Wir erwähnen drei Punkte.

(1) Die mathematische Behandlung der Logik erster Stufe (etwa in den ersten sechs Kapiteln) wird auf die axiomatische Basis von ZFC gestellt.

(2) Der mengentheoretische Aufbau ermöglicht einen präzisen Umgang mit überabzählbaren Symbolmengen. Naheliegende Änderungen dieses Aufbaus gestatten eine Definition anderer Sprachen, etwa solcher mit unendlich langen „Ausdrücken" der Gestalt $\varphi_0 \vee \varphi_1 \vee \varphi_2 \vee \ldots$ (Kap. 9).

(3) Bei unseren Betrachtungen zur Präzisierung des Beweisbegriffs und zur Tragweite der ersten Stufe haben wir, um einen Circulus vitiosus zu vermeiden, nicht auf den Vollständigkeitssatz zurückgegriffen (da er selbst eines Beweises bedarf). Man kann bei einem mengentheoretischen Aufbau genauer untersuchen, welche Voraussetzungen etwa zum Beweis des Vollständigkeitssatzes erforderlich sind, und auf diese Weise abschätzen, welche Voraussetzungen man akzeptieren muss, um diesen Beweis anzuerkennen. Dabei stellt sich z. B. heraus, dass man mit einem wesentlich schwächeren Axiomensystem als ZFC auskommt (vgl. etwa [4]).

7.4.4 Aufgabe Ein von den Ausführungen dieses Kapitels völlig verwirrter Leser sagt: „Ich verstehe nichts mehr: Jetzt wird ZFC benutzt, um die Logik erster Stufe aufzubauen, während man doch die erste Stufe bereits benötigt, um ZFC aufzubauen." Man helfe einem solchen Leser aus seinem Dilemma. (Hinweis: Man achte auch hier auf eine scharfe Trennung zwischen Objekt- und Hintergrundebene.)

8

Syntaktische Interpretationen und Normalformen

In diesem Kapitel stellen wir zunächst einige Ergebnisse zusammen, welche die Willkür in der Wahl der Symbolmenge für eine mathematische Theorie betreffen. So zeigen wir, dass die Ausdrucksstärke der Sprachen erster Stufe für die Gruppentheorie nicht davon abhängt, ob wir S_{Gr} oder S_{Grp} als Symbolmenge wählen. Als zentral erweist sich hier der Begriff der syntaktischen Interpretation. Anschließend zeigen wir im Abschnitt über Normalformen, dass man für verschiedene syntaktische Eigenschaften zu jedem Ausdruck einen logisch äquivalenten Ausdruck angeben kann, der die betreffende Eigenschaft besitzt, also z. B. eine syntaktisch besonders einfache Gestalt hat.

Wir beginnen mit einer Vorüberlegung, die uns an einigen Stellen zu technischen Vereinfachungen verhelfen wird.

8.1 Termreduzierte Ausdrücke und relationale Symbolmengen

Terme, die in einem Ausdruck vorkommen, enthalten in aller Regel „ineinandergeschachtelte" Funktionssymbole. So enthält der $\{f, g\}$-Ausdruck

$$\varphi := \forall x \, fgx = y$$

(f, g einstellig) den „geschachtelten" Term fgx. Jedoch ist φ logisch äquivalent zu dem Ausdruck

$$\forall x \exists u (gx \equiv u \wedge fu \equiv y),$$

© Springer-Verlag GmbH Deutschland, ein Teil von Springer Nature 2018
H.-D. Ebbinghaus et al., *Einführung in die mathematische Logik*,
https://doi.org/10.1007/978-3-662-58029-5_8

der keine geschachtelten Terme mehr enthält und in diesem Sinne „termreduziert" ist. Wir zeigen diesen Sachverhalt jetzt allgemein.

8.1.1 Definition Ein S-Ausdruck φ heißt *termreduziert* genau dann, wenn seine atomaren Teilausdrücke die Gestalt $Rx_1 \ldots x_n$, $x \equiv y$, $fx_1 \ldots x_n \equiv x$ oder $c \equiv x$ haben.

Das angekündigte Ergebnis lautet dann:

8.1.2 Satz *Man kann jedem S-Ausdruck ψ einen logisch äquivalenten termreduzierten S-Ausdruck ψ^* zuordnen mit frei(ψ) = frei(ψ^*).*

Beweis. Für $\psi \in L^S$ sei $x_1, x_2, x_3, \ldots$ die Aufzählung der nicht in ψ vorkommenden Variablen in der durch $v_0, v_1, v_2, \ldots$ induzierten Reihenfolge. Wir geben ψ^* zunächst für Ausdrücke ψ der Gestalt $t \equiv x$ an, und zwar durch Induktion über den Aufbau von t:

$$[y \equiv x]^* := y \equiv x;$$

für $c \in S$:

$$[c \equiv x]^* := c \equiv x;$$

für n-stelliges $f \in S$:

$$[ft_1 \ldots t_n \equiv x]^* :=$$
$$\exists x_1 \ldots \exists x_n ([t_1 \equiv x_1]^* \wedge \ldots \wedge [t_n \equiv x_n]^* \wedge fx_1 \ldots x_n \equiv x).$$

Für die restlichen atomaren Ausdrücke ψ definieren wir ψ^* folgendermaßen:

falls t_2 keine Variable ist:

$$[t_1 \equiv t_2]^* := \exists x_1 ([t_2 \equiv x_1]^* \wedge [t_1 \equiv x_1]^*);$$

für n-stelliges $R \in S$:

$$[Rt_1 \ldots t_n]^* := \exists x_1 \ldots \exists x_n ([t_1 \equiv x_1]^* \wedge \ldots \wedge [t_n \equiv x_n]^* \wedge Rx_1 \ldots x_n).$$

Schließlich setzen wir:

$$[\neg \psi]^* := \neg \psi^*;$$
$$(\psi_1 \vee \psi_2)^* := (\psi_1^* \vee \psi_2^*);$$
$$[\exists x\psi]^* := \exists x\psi^*.$$

Es ist dann nicht mehr schwer, anhand dieser Definition die Aussage des Satzes zu zeigen. $\dashv$

Wir schließen mit einer Betrachtung, bei der wir uns bereits von der Nützlichkeit termreduzierter Ausdrücke überzeugen können.

Eine Symbolmenge heiße *relational*, falls sie nur Relationssymbole enthält. Bei bestimmten Überlegungen, so z. B. in Kap. 12, ist es vorteilhaft, wenn man sich auf relationale Symbolmengen beschränken kann. Wir wollen jetzt zeigen, wie man Funktionssymbole und Konstanten geeignet durch Relationssymbole ersetzen kann, um zu einer relationalen Symbolmenge zu gelangen. Die Idee besteht darin, anstelle von Funktionen deren Graphen zu betrachten.

Sei also S eine beliebige Symbolmenge. Für jedes n-stellige $f \in S$ sei F ein neues $(n+1)$-stelliges Relationssymbol, und für $c \in S$ sei C ein neues einstelliges Relationssymbol. S^r bestehe aus den Relationssymbolen von S und den neu eingeführten Relationssymbolen. S^r ist somit relational.

Wir ordnen nun jeder S-Struktur $\mathfrak{A}$ eine Sr-Struktur $\mathfrak{A}^r$ zu, indem wir die Funktionen durch ihre Graphen ersetzen und entsprechend bei Konstanten vorgehen. Wir definieren also

(1) $$A^r := A;$$

(2) für $P \in S$:
$$P^{\mathfrak{A}^r} := P^{\mathfrak{A}};$$

(3) für n-stelliges $f \in S$:
$$F^{\mathfrak{A}^r} := \text{ der Graph von } f^{\mathfrak{A}},$$

d.h.
$$F^{\mathfrak{A}^r} a_1 \dots a_n a \quad :\text{gdw} \quad f^{\mathfrak{A}}(a_1, \dots, a_n) = a;$$

(4) für $c \in S$:
$$C^{\mathfrak{A}^r} := \{c^{\mathfrak{A}}\}.$$

Dann gilt:

8.1.3 Satz (a) *Zu jedem $\psi \in L^S$ gibt es ein $\psi^r \in L^{S^r}$, sodass für alle S-Interpretationen $\mathfrak{I} = (\mathfrak{A}, \beta)$:*
$$(\mathfrak{A}, \beta) \models \psi \quad \text{gdw} \quad (\mathfrak{A}^r, \beta) \models \psi^r.$$
(b) *Zu jedem $\psi \in L^{S^r}$ gibt es ein $\psi^{-r} \in L^S$, sodass für alle S-Interpretationen $\mathfrak{I} = (\mathfrak{A}, \beta)$:*
$$(\mathfrak{A}, \beta) \models \psi^{-r} \quad \text{gdw} \quad (\mathfrak{A}^r, \beta) \models \psi.$$

Beweis. Zu (a): Nach Satz 8.1.2 reicht es, ψ^r für termreduziertes ψ zu definieren. Wir tun dies induktiv über den Aufbau:

$$[Ry_1 \dots y_n]^r := Ry_1 \dots y_n;$$
$$[x \equiv y]^r := x \equiv y;$$
$$[c \equiv x]^r := Cx;$$
$$[fy_1 \dots y_n \equiv x]^r := Fy_1 \dots y_n x;$$
$$[\neg \psi]^r := \neg \psi^r;$$

$$(\psi_1 \vee \psi_2)^r \quad := \quad (\psi_1^r \vee \psi_2^r);$$
$$[\exists x \psi]^r \quad := \quad \exists x \psi^r.$$

Der Nachweis der Äquivalenz ist dann nicht mehr schwer.

Zu (b): Wir können ähnlich verfahren und dabei insbesondere

$$[Ft_1 \ldots t_n t]^{-r} \quad := \quad ft_1 \ldots t_n \equiv t,$$
$$[Ct]^{-r} \quad := \quad c \equiv t$$

setzen.   ⊣

Aus Satz 8.1.3 erhalten wir unmittelbar:

8.1.4 Korollar *Für zwei S-Strukturen* $\mathfrak{A}$ *und* $\mathfrak{B}$ *gilt:*

$$\mathfrak{A} \equiv \mathfrak{B} \quad gdw \quad \mathfrak{A}^r \equiv \mathfrak{B}^r. \qquad\qquad ⊣$$

8.2   Syntaktische Interpretationen

Wir wenden uns nun dem Begriff der syntaktischen Interpretation zu. In den folgenden Abschnitten A. bis D. schildern wir Sachverhalte, die uns an diesen Begriff heranführen und die wir dann mit ihm exakt beweisen können.

A. Axiomensysteme für Gruppen

Für die Klasse der Gruppen haben wir zwei Axiomensysteme angegeben: das System Φ_{Gr} in $L_0^{S_{\mathrm{Gr}}}$ mit $S_{\mathrm{Gr}} = \{\circ, e\}$ und das System Φ_{Grp} in $L_0^{S_{\mathrm{Grp}}}$ mit $S_{\mathrm{Grp}} = \{\circ, ^{-1}, e\}$. Für $S_{\mathrm{G}} := \{\circ\}$ können wir ein weiteres Axiomensystem angeben, nämlich

$$\Phi_{\mathrm{G}} \quad := \quad \{\forall x \forall y \forall z (x \circ y) \circ z \equiv x \circ (y \circ z),$$
$$\exists z (\forall x \; x \circ z \equiv x \wedge \forall x \exists y \; x \circ y \equiv z)\}.$$

Alle drei Axiomensysteme sind gleichwertig, da sich in den jeweiligen Sprachen die gleichen Aussagen wiedergeben und aus dem betreffenden Axiomensystem beweisen lassen. So entspricht dem S_{Grp}-Satz

$$\forall x \; x^{-1} \circ x \equiv e$$

der S_{G}-Satz

$$\exists z (\forall x \; x \circ z \equiv x \wedge \forall x \exists y (x \circ y \equiv z \wedge y \circ x \equiv z)),$$

und in diesem Fall ist der erste Satz aus Φ_{Grp} und der zweite aus Φ_{G} beweisbar.

B. Axiomensysteme für Ordnungen

Es sei $S := \{<\}$. In 3.6.4 haben wir das Axiomensystem Φ_{Ord} für die Klasse der Ordnungen eingeführt. Häufig erweitert man die Symbolmenge noch um ein Symbol $\leq$, dessen Interpretation durch

$$\forall x \forall y (x \leq y \leftrightarrow (x < y \lor x \equiv y))$$

festgelegt wird. In der neuen Symbolmenge $S' := \{<, \leq\}$ hat man dann das Axiomensystem

$$\Phi'_{\text{Ord}} := \Phi_{\text{Ord}} \cup \{\forall x \forall y (x \leq y \leftrightarrow (x < y \lor x \equiv y))\}.$$

Da $\leq$ stets durch seine Definition ersetzt werden kann, lässt sich jedem S'-Ausdruck φ ein S-Ausdruck $\varphi^<$ so zuordnen, dass

$$\Phi'_{\text{Ord}} \models \varphi \quad \text{gdw} \quad \Phi_{\text{Ord}} \models \varphi^<.$$

(Für $\varphi \in L^S$ ist $\varphi^< = \varphi$ und daher $\Phi'_{\text{Ord}} \models \varphi$ gdw $\Phi_{\text{Ord}} \models \varphi$.) In diesem Sinne haben also L^S und $L^{S'}$ die gleiche Ausdrucksstärke für die Klasse der Ordnungen.

C. Ringe

Verzichtet man bei dem Axiomensystem Φ_{Kp} für Körper (vgl. 3.6.5) auf das Axiom $\forall x (\neg x \equiv 0 \to \exists y\, x \cdot y \equiv 1)$ über die Existenz multiplikativer Inverser und auf das Kommutativgesetz $\forall x \forall y\, x \cdot y \equiv y \cdot x$ für die Multiplikation, erhält man das Axiomensystem Φ_{Rg} für *Ringe*, genauer: für Ringe mit Einselement. Jeder Körper (als S_{Ar}-Struktur) ist ein Ring. Die Menge der ganzen Zahlen bildet bei der natürlichen Interpretation der S_{Ar}-Symbole einen Ring, den *Ring der ganzen Zahlen*. Für $n \geq 1$ bilden auch die n-reihigen quadratischen Matrizen über $\mathbb{R}$ bei der üblichen Interpretation der Symbole aus S_{Ar} einen Ring $\mathfrak{M}(n)$.

Sei $\mathfrak{A}$ ein Ring. Ein Element $a \in A$ ist eine *Einheit* in $\mathfrak{A}$ genau dann, wenn es ein $b \in A$ gibt mit $a \cdot^{\mathfrak{A}} b = b \cdot^{\mathfrak{A}} a = 1$. Im Ring der ganzen Zahlen sind nur 1 und -1 Einheiten, in den Ringen $\mathfrak{M}(n)$ sind es gerade die invertierbaren Matrizen.

Wir setzen, mit x für v_0 und y für v_1,

$$\varepsilon := \exists y (x \cdot y \equiv 1 \land y \cdot x \equiv 1).$$

Dann ist

$$E(\mathfrak{A}) := \{a \in A \mid \mathfrak{A} \models \varepsilon[a]\}$$

die Menge der Einheiten in $\mathfrak{A}$. Man kann leicht zeigen, dass $1^{\mathfrak{A}} \in E(\mathfrak{A})$, dass $E(\mathfrak{A})$ unter der Multiplikation von $\mathfrak{A}$ abgeschlossen ist und dass $E(\mathfrak{A})$ mit $1^{\mathfrak{A}}$

und der Multiplikation sogar eine Gruppe (als S_{Gr}-Struktur) bildet, die *Gruppe* $\mathfrak{E}(\mathfrak{A})$ *der Einheiten in* $\mathfrak{A}$. Es stellt sich nun heraus, dass man in $\mathfrak{A}$ über $\mathfrak{E}(\mathfrak{A})$ sprechen kann, und zwar in dem Sinne, dass zu jedem $\varphi \in L_0^{S_{\mathrm{Gr}}}$ ein $\varphi' \in L_0^{S_{\mathrm{Ar}}}$ existiert mit

$$(+) \qquad\qquad \mathfrak{E}(\mathfrak{A}) \models \varphi \quad \text{gdw} \quad \mathfrak{A} \models \varphi'.$$

Ist z. B. φ das Kommutativgesetz $\forall x \forall y \; x \circ y \equiv y \circ x$, so kann man als φ' den S_{Ar}-Satz

$$\forall x \forall y ((\varepsilon \wedge \varepsilon \tfrac{y}{x}) \to x \cdot y \equiv y \cdot x)$$

wählen.

D. Relativierungen

Ein wesentlicher Zug der Übersetzung des Kommutativgesetzes in die Sprache der Ringe, die wir gerade vorgenommen haben, besteht in der Beschränkung oder, wie wir fortan sagen werden, der *Relativierung* der Quantoren auf die Menge der Einheiten. Relativierungen sind uns bereits früher begegnet: Betrachtet man einen Vektorraum als einsortige Struktur, so besteht der Träger aus den Skalaren und den Vektoren (vgl. 3.7.2(2)). Bei der Formulierung der Vektorraumaxiome in der zugehörigen Sprache müssen die Körperaxiome auf die Menge der Skalare und die Gruppenaxiome (für die Vektoren) auf die Menge der Vektoren relativiert werden. Im Falle des Körperaxioms $\forall x(\neg x \equiv 0 \to \exists y \, x \cdot y \equiv 1)$ bewerkstelligen wir dies unter Einführung des Relationssymbols $\underline{K}$ für die Menge der Skalare durch Übergang zu

$$\forall x(\underline{K}x \to (\neg x \equiv 0 \to \exists y(\underline{K}y \wedge x \cdot y \equiv 1))).$$

Ähnlich geht der Ausdruck

$$\varphi := \forall x(x \equiv 0 \vee x \equiv 1)$$

der Körpersprache bei Relativierung auf $\underline{K}$ über in den Ausdruck

$$\varphi^{\underline{K}} := \forall x(\underline{K}x \to (x \equiv 0 \vee x \equiv 1)),$$

der im Vektorraum gerade besagt, dass der Skalarenkörper φ erfüllt. Es stellt sich nun heraus, dass man jede Aussage der Sprache $L^{S_{\mathrm{Ar}}}$ für Körper in diesem Sinn in der Vektorraumsprache formulieren kann.

E. Syntaktische Interpretationen

Allen vorangehenden Beispielen ist gemeinsam, dass dort, inhaltlich gesagt, in einer Struktur über andere gesprochen wird: in Gruppen als S_{G}-Strukturen über Gruppen als S_{Gr}-Strukturen, in Ordnungen zur Symbolmenge $<$ über Ordnungen zur Symbolmenge $\{<, \leq\}$, in Ringen über die Gruppe ihrer Einheiten und in Strukturen über Substrukturen, deren Träger durch ein einstelliges Relationssymbol gegeben ist. Mit dem Begriff der syntaktischen Interpretation erfassen wir das Wesentliche an diesen Beispielen: Mit einer syntaktischen Interpretation einer Symbolmenge S' in einer Symbolmenge S werden wir in der Lage sein, in S-Strukturen über induzierte S'-Strukturen zu sprechen. Wieder schreiben wir für $\varphi \in L_n^S$ auch $\varphi(v_0, \ldots, v_{n-1})$ und bezeichnen $\varphi \frac{t_0 \ldots t_{n-1}}{v_0 \ldots v_{n-1}}$ auch durch $\varphi(t_0, \ldots, t_{n-1})$.

8.2.1 Definition S und S' seien Symbolmengen. Eine *syntaktische Interpretation von S' in S* ist eine Abbildung $I : S' \cup \{S'\} \to L^S$ mit

$$
\begin{aligned}
I(S') &=: \ \varphi_{S'}(v_0) \in L_1^S, \\
I(R) &=: \ \varphi_R(v_0, \ldots, v_{n-1}) \in L_n^S && \text{für } n\text{-stelliges } R \in S', \\
I(f) &=: \ \varphi_f(v_0, \ldots, v_{n-1}, v_n) \in L_{n+1}^S && \text{für } n\text{-stelliges } f \in S', \\
I(c) &=: \ \varphi_c(v_0) && \text{für } c \in S'.
\end{aligned}
$$

In vielen Anwendungen ist $\varphi_{S'}(v_0) = v_0 \equiv v_0$.

Wir geben eine Menge Φ_I von S-Sätzen an, die beinhaltet, dass $\varphi_{S'}(v_0)$ den Träger einer S'-Struktur beschreibt:

$$
\begin{aligned}
&\exists v_0 \varphi_{S'}(v_0), \\
&\forall v_0 \ldots \forall v_{n-1}((\varphi_{S'}(v_0) \wedge \ldots \wedge \varphi_{S'}(v_{n-1})) \to \\
&\qquad \exists^{=1} v_n(\varphi_{S'}(v_n) \wedge \varphi_f(v_0, \ldots, v_{n-1}, v_n))) && \text{für } f \in S', \\
&\exists^{=1} v_0(\varphi_{S'}(v_0) \wedge \varphi_c(v_0)) && \text{für } c \in S'.
\end{aligned}
$$

Ist $\varphi_{S'}(v_0) = v_0 \equiv v_0$, so ist Φ_I äquivalent[1] mit

$$
\{\forall v_0 \ldots \forall v_{n-1} \exists^{=1} v_n \varphi_f(v_0, \ldots, v_{n-1}, v_n) \mid f \in S'\} \cup \{\exists^{=1} v_0 \varphi_c(v_0) \mid c \in S'\}.
$$

Zu einer S-Struktur $\mathfrak{A}$ mit $\mathfrak{A} \models \Phi_I$ wird durch die folgenden Festlegungen eine S'-Struktur $\mathfrak{A}^{-I}$ definiert:

$$
A^{-I} := \{a \in A \mid \mathfrak{A} \models \varphi_{S'}[a]\};
$$

für n-stelliges $R \in S'$ und $a_0, \ldots, a_{n-1} \in A^{-I}$:

$$
R^{A^{-I}} a_0 \ldots a_{n-1} \quad :\text{gdw} \quad \mathfrak{A} \models \varphi_R[a_0, \ldots, a_{n-1}];
$$

für n-stelliges $f \in S'$ und $a_0, \ldots, a_{n-1}, a \in A^{-I}$:

$$
f^{A^{-I}}(a_0, \ldots, a_{n-1}) = a \quad :\text{gdw} \quad \mathfrak{A} \models \varphi_f[a_0, \ldots, a_{n-1}, a];
$$

---

[1]Wir nennen Mengen Φ und Ψ von S-Sätzen *äquivalent*, wenn $\mathrm{Mod}^S \Phi = \mathrm{Mod}^S \Psi$. Insbesondere gilt dann $\Phi \models \chi$ gdw $\Psi \models \chi$ für alle $\chi \in L^S$.

für $c \in S'$ und $a \in A^{-I}$:

$$c^{A^{-I}} = a \quad :\text{gdw} \quad \mathfrak{A} \models \varphi_c[a].$$

Ist $R \in S \cap S'$ n-stellig und $\varphi_R = Rv_0 \ldots v_{n-1}$, so sagen wir, I sei die *Identität auf* R. Entsprechend ist I die Identität auf $f \in S \cap S'$ (f n-stellig) bzw. $c \in S \cap S'$, falls $\varphi_f = fv_0 \ldots v_{n-1} \equiv v_n$ bzw. $\varphi_c = c \equiv v_0$. Ist $S \subseteq S'$, $\varphi_{S'} = v_0 \equiv v_0$ und I die Identität auf allen Symbolen aus S, so ist

$$\mathfrak{A}^{-I}|_S = \mathfrak{A}$$

für alle S-Strukturen $\mathfrak{A}$ mit $\mathfrak{A} \models \Phi_I$.

Mit einer syntaktischen Interpretation von S' in S können wir in S-Strukturen über in ihnen induzierte S'-Strukturen sprechen:

8.2.2 Satz über syntaktische Interpretationen *Es sei I eine syntaktische Interpretation von S' in S. Dann lässt sich zu jedem $\psi \in L^{S'}$ ein $\psi^I \in L^S$ mit frei$(\psi^I) \subseteq$ frei(ψ) so angeben, dass für alle S-Strukturen $\mathfrak{A}$ mit $\mathfrak{A} \models \Phi_I$ und alle Belegungen β in $\mathfrak{A}^{-I}$ gilt:*

$(*) \qquad\qquad (\mathfrak{A}, \beta) \models \psi^I \quad gdw \quad (\mathfrak{A}^{-I}, \beta) \models \psi.$

Insbesondere gilt für $\psi \in L_0^{S'}$:

$$\mathfrak{A} \models \psi^I \quad gdw \quad \mathfrak{A}^{-I} \models \psi.$$

Bevor wir den Satz beweisen, wollen wir ihn benutzen, um die Behauptungen in den Abschnitten A bis C abzuklären. Der Relativierung aus Abschnitt D wenden wir uns zum Schluss zu. Wir verwenden $x, y, \ldots$ für $v_0, v_1, \ldots$.

In dem ringtheoretischen Beispiel aus Abschnitt C wählen wir die syntaktische Interpretation I von $S_{\text{Gr}} = \{\circ, e\}$ in $S_{\text{Ar}} = \{+, \cdot, 0, 1\}$ mit

$$\begin{aligned} I(S_{\text{Gr}}) &:= \varepsilon(x), \\ I(\circ) &:= x \cdot y = z. \end{aligned}$$

Dann ist Φ_I äquivalent zu

$$\{\exists x \varepsilon(x), \ \forall x \forall y (\varepsilon(x) \wedge \varepsilon(y) \to \varepsilon(x \cdot y))\},$$

und für einen Ring $\mathfrak{A}$ gilt $\mathfrak{A} \models \Phi_I$ und $\mathfrak{A}^{-I} = \mathfrak{C}(\mathfrak{A})$. Setzen wir für $\varphi \in L_0^{S_{\text{Gr}}}$ dann $\varphi' = \varphi^I$, so besagt $(*)$ in 8.2.2 gerade, dass (vgl. $(+)$ in Abschnitt C)

$$\mathfrak{C}(\mathfrak{A}) \models \varphi \quad gdw \quad \mathfrak{A} \models \varphi'.$$

Im ordnungstheoretischen Beispiel aus Abschnitt B definieren wir die syntaktische Interpretation I von $S' = \{<, \leq\}$ in $S = \{<\}$ durch

$$\begin{aligned} \varphi_{S'} &:= x \equiv x; \\ \varphi_< &:= x < y; \\ \varphi_\leq &:= (x < y \vee x \equiv y). \end{aligned}$$

Dann ist Φ_I äquivalent zur leeren Menge, und mit $\varphi^< := \varphi^I$ für $\varphi \in L_0^{S'}$ liefert Satz 8.2.2 für jede S-Struktur $\mathfrak{A}$:

$$\mathfrak{A}^{-I} \models \varphi \quad \text{gdw} \quad \mathfrak{A} \models \varphi^<.$$

Da mit $\mathfrak{A} \models \Phi_{\text{Ord}}$ stets $\mathfrak{A}^{-I} \models \Phi'_{\text{Ord}}$ und da für jede S'-Struktur $\mathfrak{B}$ mit $\mathfrak{B} \models \Phi'_{\text{Ord}}$ stets $\mathfrak{B}|_S \models \Phi_{\text{Ord}}$ und $(\mathfrak{B}|_S)^{-I} = \mathfrak{B}$ gilt, erhalten wir hieraus leicht, dass

$$\Phi'_{\text{Ord}} \models \varphi \quad \text{gdw} \quad \Phi_{\text{Ord}} \models \varphi^<.$$

Schließlich zum gruppentheoretischen Beispiel aus Abschnitt A. Wir benutzen die folgende syntaktische Interpretation I von S_{Grp} in S_{G}:

$$
\begin{aligned}
\varphi_{S_{\text{Grp}}}(x) &:= x \equiv x \\
\varphi_\circ(x, y, z) &:= x \circ y \equiv z \\
\varphi_{-1}(x, y) &:= \exists z(\forall u\, u \circ z \equiv u \wedge x \circ y \equiv z) \\
\varphi_e(x) &:= \forall y\, y \circ x \equiv y.
\end{aligned}
$$

Dann können wir ähnlich wie im vorangehenden Beispiel der Ordnungen argumentieren und erhalten: Ist $\mathfrak{A} = (A, \circ^A)$ eine Gruppe (als S_{G}-Struktur) und bezeichnen wir das Einselement mit e^A und die Inversfunktion mit $^{-1^A}$, so ist $\mathfrak{A}^{-I} = (A, \circ^A, ^{-1^A}, e^A)$, und für alle $\varphi \in L_0^{S_{\text{Grp}}}$ gilt:

$$\mathfrak{A}^{-I} \models \varphi \quad \text{gdw} \quad \mathfrak{A} \models \varphi^I$$

und

$$\Phi_{\text{Grp}} \models \varphi \quad \text{gdw} \quad \Phi_{\text{G}} \models \varphi^I.$$

Wir tragen jetzt den *Beweis* von Satz 8.2.2 nach. Es reicht, ψ^I für termreduziertes $\psi \in L^{S'}$ zu definieren. (Für beliebiges $\psi \in L^{S'}$ können wir dann $\psi^I := [\psi^*]^I$ setzen, wobei (vgl. Satz 8.1.2) ψ^* ein zu ψ logisch äquivalenter termreduzierter S'-Ausdruck ist, für den frei (ψ) = frei (ψ^*) gilt.)

Es sei für n-stelliges $R \in S'$

$$
\begin{aligned}
[Rx_0 \ldots x_{n-1}]^I &:= \varphi_R(x_0, \ldots, x_{n-1}); \\
[x \equiv y]^I &:= x \equiv y;
\end{aligned}
$$

für n-stelliges $f \in S'$

$$[fx_0 \ldots x_{n-1} \equiv x]^I := \varphi_f(x_0, \ldots, x_{n-1}, x);$$

für $c \in S'$

$$[c \equiv x]^I := \varphi_c(x);$$

und
$$[\neg\varphi]^I \quad := \quad \neg\varphi^I;$$
$$(\varphi_1 \vee \varphi_2)^I \quad := \quad (\varphi_1^I \vee \varphi_2^I);$$
$$[\exists x\varphi]^I \quad := \quad \exists x(\varphi_{S'}(x) \wedge \varphi^I).$$

Es ist nicht schwer, anhand dieser Definition induktiv die Gültigkeit von $(*)$ nachzuweisen. Wir demonstrieren dies am Quantorenschritt.

Sei dazu $\mathfrak{A}$ eine S-Struktur mit $\mathfrak{A} \models \Phi_I$ und β eine Belegung in $\mathfrak{A}^{-I}$. Dann gilt:

$(\mathfrak{A}, \beta) \models [\exists x\varphi]^I \quad$ gdw $\quad (\mathfrak{A}, \beta) \models \exists x(\varphi_{S'}(x) \wedge \varphi^I)$

gdw   es gibt $a \in A$: $(\mathfrak{A}, \beta\frac{a}{x}) \models \varphi_{S'}(x)$ und $(\mathfrak{A}, \beta\frac{a}{x}) \models \varphi^I$

gdw   es gibt $a \in A^{-I}$: $(\mathfrak{A}, \beta\frac{a}{x}) \models \varphi^I$

gdw   es gibt $a \in A^{-I}$: $(\mathfrak{A}^{-I}, \beta\frac{a}{x}) \models \varphi \quad$ (Ind.-Vor.)

gdw $(\mathfrak{A}^{-I}, \beta) \models \exists x\varphi.$ $\dashv$

Wir greifen zum Abschluss noch einmal die Betrachtungen über Relativierungen aus Abschnitt D auf und geben als weitere Anwendung des Satzes 8.2.2 eine präzise Fassung des Zusammenhangs zwischen einem Ausdruck und seiner Relativierung.

Sei dazu $S = S' \cup \{P\}$, wobei P ein einstelliges Relationssymbol ist, das nicht zu S' gehört. Die syntaktische Interpretation I von S' in S sei die Identität auf den Symbolen aus S', und es sei

$$\varphi_{S'}(v_0) := Pv_0.$$

Dann ist Φ_I äquivalent zu

$$\{\exists v_0 Pv_0\} \cup \{Pc \mid c \in S'\} \cup$$
$$\{\forall v_0 \ldots \forall v_{n-1}(Pv_0 \wedge \ldots \wedge Pv_{n-1} \rightarrow Pfv_0 \ldots v_{n-1}) \mid f \in S', f \text{ n-stellig}\},$$

und für eine S-Struktur $(\mathfrak{A}, P^A)$ gilt daher:

(1) $(\mathfrak{A}, P^A) \models \Phi_I \quad$ gdw $\quad P^A$ ist S'-abgeschlossen in $\mathfrak{A}$.

(2) Ist P^A S'-abgeschlossen in $\mathfrak{A}$, so ist

$$(\mathfrak{A}, P^A)^{-I} = [P^A]^{\mathfrak{A}}.$$

(Zur Erinnerung: Für eine S-abgeschlossene Teilmenge X einer S-Struktur $\mathfrak{A}$ ist $[X]^{\mathfrak{A}}$ die Substruktur von $\mathfrak{A}$ mit dem Träger X; vgl. 3.5.)

Ist $\psi \in L^{S'}$, so schreiben wir für ψ^I auch ψ^P und nennen ψ^P die *Relativierung von ψ auf P.*. Damit gewinnen wir aus (1) und (2):

8.2.3 Relativierungslemma *Sei $\mathfrak{A}$ eine $S \cup \{P\}$-Struktur, wobei $P \notin S$, P einstellig. Die Menge $P^A \subseteq A$ sei S-abgeschlossen in $\mathfrak{A}$. Dann gilt für $\psi \in L_0^S$:*

$$[P^A]^{\mathfrak{A}} \models \psi \quad gdw \quad \mathfrak{A} \models \psi^P.$$

Inhaltlich: *Die Relativierung ψ^P besagt in $\mathfrak{A}$ dasselbe wie ψ in $[P^A]^{\mathfrak{A}}$.*

Zum *Beweis* beachte man, dass sich aus der S-Abgeschlossenheit von P^A sofort die $S \cup \{P\}$-Abgeschlossenheit ergibt. ⊣

Man kann das Relativierungslemma auch leicht direkt beweisen. Dazu definiert man für $\psi \in L^S$ den Ausdruck $\psi^P \in L^{S \cup \{P\}}$ induktiv durch

$$
\begin{aligned}
\psi^P &:= \psi, \text{ falls } \psi \text{ atomar} \\
[\neg\psi]^P &:= \neg\psi^P \\
(\psi_1 \vee \psi_2)^P &:= (\psi_1^P \vee \psi_2^P) \\
[\exists x\psi]^P &:= \exists x(Px \wedge \psi^P)
\end{aligned}
$$

und zeigt dann induktiv über den Aufbau von ψ, dass für alle Belegungen $\beta : \{v_n \mid n \in \mathbb{N}\} \to P^A$ gilt:

$$([P^A]^{\mathfrak{A}}, \beta) \models \psi \quad gdw \quad (\mathfrak{A}, \beta) \models \psi^P.$$

8.2.4 Aufgabe U und V seien verschiedene einstellige Relationssymbole, $U, V \notin S$. Weiterhin sei $(\mathfrak{A}, U^A, V^A)$ eine $S \cup \{U, V\}$-Struktur, sodass U^A und V^A S-abgeschlossen in $\mathfrak{A}$ sind und $U^A \subseteq V^A$. Man zeige, dass für $\varphi \in L_0^S$

$$(\mathfrak{A}, U^A, V^A) \models ([\varphi^V]^U \leftrightarrow \varphi^U).$$

8.2.5 Aufgabe Es seien $<$ und $\leq$ zweistellige Relationssymbole. Man zeige, dass es für jedes $\varphi \in L_0^{\{<\}}$ ein $\psi \in L_0^{\{\leq\}}$, bzw. für jedes $\psi \in L_0^{\{\leq\}}$ ein $\varphi \in L_0^{\{<\}}$ gibt, sodass (a) bzw. (b) gilt.
(a) Eine Ordnung $(A, <^A)$ erfüllt φ genau dann, wenn die entsprechende Ordnung $(A, \leq^A)$ den Satz ψ erfüllt.
(b) Eine Ordnung $(A, \leq^A)$ im Sinne von $\leq$ erfüllt ψ genau dann, wenn die entsprechende Ordnung $(A, <)$ den Satz φ erfüllt.

8.2.6 Aufgabe Man führe die vorangehenden Betrachtungen über Gruppen mit vertauschten Rollen von Φ_{Grp} und Φ_{G} durch .

8.2.7 Aufgabe (a) Man gebe eine syntaktische Interpretation I von S_{Ar} in S_{Ar} so an, dass für alle $\varphi \in L_0^{S_{\text{Ar}}}$ gilt:

$$(\mathbb{N}, +, \cdot, 0, 1) \models \varphi \quad gdw \quad (\mathbb{Z}, +, \cdot, 0, 1) \models \varphi^I.$$

(Hinweis: Man benutze, dass sich jede natürliche Zahl als Summe von vier Quadraten ganzer Zahlen schreiben lässt.)
(b) Man beweise (a) mit vertauschten Rollen von $\mathbb{N}$ und $\mathbb{Z}$.

8.2.8 Aufgabe Man führe Satz 8.1.3 auf Satz 8.2.3 zurück, indem man geeignete syntaktische Interpretationen verwenden.

8.3   Definitionserweiterungen

In den beiden ersten Beispielen, die wir im vorangehenden Abschnitt behandelt haben, liegen jeweils zwei Axiomensysteme vor: die Axiomensysteme Φ_G und Φ_{Grp} der Gruppentheorie und die Axiomensysteme Φ_{Ord} und Φ'_{Ord} für Ordnungen, wobei Φ_{Grp} und Φ'_{Ord} jeweils zu größeren Symbolmengen gehören.

In der Regel geht man in der Mathematik aber nicht von zwei oder gar noch mehr Symbolmengen für eine Theorie aus, sondern man legt zunächst nur eine einzige Symbolmenge zugrunde, die dann durch „definierte" Symbole erweitert wird. So beginnt man in der Gruppentheorie häufig mit der Symbolmenge S_G und erweitert diese dann durch die definierten Symbole für das neutrale Element und die Inversfunktion zu S_{Grp}. Bei den Ordnungen beginnt man mit $S = \{<\}$ und erweitert dann durch das definierte $\leq$-Symbol zu $S' = \{<, \leq\}$. Entsprechend sind wir auch bei der Behandlung der Mengenlehre in 7.3 vorgegangen, wo wir die Symbolmenge $S = \{\in\}$ sukzessive durch die definierten Symbole $\emptyset$, $\cap$, $\cup$,... erweitert haben. Ziel dieses Abschnitts soll es sein, solche Definitionserweiterungen einer Theorie exakt zu definieren und zu untersuchen. Um die Erwartungen, die wir aus intuitiver Sicht damit verbinden, zu konkretisieren, greifen wir noch einmal das Beispiel der Gruppentheorie mit dem Übergang von S_G zu S_{Gr} auf. Dabei verwenden wir x, y, z für v_0, v_1, v_2.

Ausgangspunkt ist das Axiomensystem $\Phi_G \subseteq L_0^{S_G}$. Man stellt fest, dass das neutrale Element eindeutig bestimmt ist, d.h., dass

$$\Phi_G \models \exists^{=1}x \forall y\, y \circ x \equiv y.$$

Man führt dann zur Bezeichnung des neutralen Elements eine neue Konstante e ein und fixiert deren Bedeutung durch die Definition

$$\delta_e := \forall x(e \equiv x \leftrightarrow \forall y\, y \circ x \equiv y).$$

Als neue Symbolmenge benutzt man jetzt $S_{Gr} = \{\circ, e\}$ und als neues Axiomensystem die „Definitionserweiterung"

$$\Phi_G \cup \{\delta_e\}.$$

(Man zeigt leicht, dass $\Phi_G \cup \{\delta_e\}$ und Φ_{Gr} äquivalent sind.) Die Einführung von e ermöglicht bequemere Schreibweisen, man erwartet aber keine wesentlichen Änderungen. Diese Erwartung lässt sich folgendermaßen präzisieren:

(E1) „*Definitionserweiterungen sind konservativ*",

d.h., die Hinzunahme von Definitionen vergrößert nicht die Menge der beweisbaren Sätze, die nur ursprüngliche Symbole enthalten:
Für alle $\varphi \in L_0^{S_G}$:

$$\Phi_G \cup \{\delta_e\} \models \varphi \quad \text{gdw} \quad \Phi_G \models \varphi.$$

(**E2**) *„Definierte Symbole lassen sich eliminieren"*,
d.h., für die syntaktische Interpretation I von S_{Gr} in S_{G} mit

$$\varphi_{S_{\mathrm{Gr}}}(x) \quad := \quad x \equiv x$$
$$\varphi_\circ(x, y, z) \quad := \quad x \circ y \equiv z$$
$$\varphi_e(x) \quad := \quad \forall y\, y \circ x \equiv y$$

gilt für alle $\chi \in L^{S_{\mathrm{Gr}}}$:

$$\Phi_{\mathrm{G}} \cup \{\delta_e\} \models \chi \leftrightarrow \chi^I.$$

(**E3**) *„Die Elimination definierter Symbole ist theorieverträglich"*,
d.h., für alle $\varphi \in L_0^{S_{\mathrm{Gr}}}$ und I wie in (E2) gilt:

$$\Phi_{\mathrm{G}} \cup \{\delta_e\} \models \varphi \;\Leftrightarrow\; \Phi_{\mathrm{G}} \models \varphi^I.$$

Man beachte, dass sich (E3) sofort aus (E1) und (E2) ergibt; denn für $\varphi \in L^{S_{\mathrm{Gr}}}$ haben wir:

$$\Phi_{\mathrm{G}} \cup \{\delta_e\} \models \varphi \quad \text{gdw} \quad \Phi_{\mathrm{G}} \cup \{\delta_e\} \models \varphi^I \quad \text{(nach (E2))}$$
$$\text{gdw} \quad \Phi_{\mathrm{G}} \models \varphi^I \quad \text{(nach (E1))}.$$

Aus dem Satz über Definitionserweiterungen, dem wir uns jetzt zuwenden, wird sich leicht ergeben, dass die Erwartungen (E1) bis (E3) erfüllt sind.

8.3.1 Definition Es sei Φ eine Menge von S-Sätzen.
(a) Ist $P \notin S$ ein n-stelliges Relationssymbol und $\varphi_P(v_0, \ldots, v_{n-1})$ ein S-Ausdruck, so ist

$$\forall v_0 \ldots \forall v_{n-1}(Pv_0 \ldots v_{n-1} \leftrightarrow \varphi_P(v_0, \ldots, v_{n-1}))$$

eine *S-Definition von P in Φ.*
(b) Ist $f \notin S$ ein n-stelliges Funktionssymbol und $\varphi_f(v_0, \ldots, v_{n-1}, v_n)$ ein S-Ausdruck, so ist

$$\forall v_0 \ldots \forall v_n(fv_0 \ldots v_{n-1} \equiv v_n \leftrightarrow \varphi_f(v_0, \ldots, v_{n-1}, v_n))$$

eine *S-Definition von f in Φ,* sofern

$$\Phi \models \forall v_0 \ldots \forall v_{n-1} \exists^{=1} v_n \varphi_f(v_0, \ldots, v_{n-1}, v_n).$$

(c) Ist $c \notin S$ und $\varphi_c(v_0)$ ein S-Ausdruck, so ist

$$\forall v_0(c \equiv v_0 \leftrightarrow \varphi_c(v_0))$$

eine *S-Definition von c in Φ,* sofern

$$\Phi \models \exists^{=1} v_0 \varphi_c(v_0).$$

In dieser Sprechweise ist

$$\forall x \forall y(x \leq y \leftrightarrow (x < y \vee x \equiv y))$$

eine $\{<\}$-Definition von $\leq$ in Φ_{Ord},

$$\forall x(e \equiv x \leftrightarrow \forall y\, y \circ x \equiv y)$$

eine S_G-Definition von e in Φ_G und

$$\forall x \forall y \forall z (x \cap y \equiv z \leftrightarrow \forall w(w \in z \leftrightarrow (w \in x \wedge w \in y)))$$

eine $\{\in\}$-Definition von $\cap$ in ZFC.

Sei nun S vorgegeben und s ein Relationssymbol, ein Funktionssymbol oder eine Konstante, $s \notin S$. Ferner sei $\Phi \subseteq L_0^S$ und δ_s mit zugehörigem φ_s eine S-Definition von s in Φ (vgl. Definition 8.3.1). In naheliegender Weise definieren wir die *zugehörige* syntaktische Interpretation I von $S' := S \cup \{s\}$ in S als Identität auf den Symbolen aus S und mit

$$(I(S') =)\ \varphi_{S'}(v_0) \ := \ v_0 \equiv v_0,$$
$$I(s) \ := \ \varphi_s.$$

Somit ist Φ_I logisch äquivalent zu

- $\emptyset$, falls s ein Relationssymbol,

- $\{\forall v_0 \dots \forall v_{n-1} \exists^{=1} v_n \varphi_f(v_0, \dots, v_{n-1}, v_n)\}$, falls s ein n-stelliges Funktionssymbol f,

- $\{\exists^{=1} v_0 \varphi_c(v_0)\}$, falls s eine Konstante c.

Dann gilt:

(∗)   Für jede S-Struktur $\mathfrak{A}$ mit $\mathfrak{A} \models \Phi$: $\mathfrak{A} \models \Phi_I$.

(∗∗)   Für jede $(S \cup \{s\})$-Struktur $(\mathfrak{A}, s^A)$ mit $\mathfrak{A} \models \Phi$:
$$(\mathfrak{A}, s^A) \models \delta_s \quad \text{gdw} \quad \mathfrak{A}^{-I} = (\mathfrak{A}, s^A).$$

Nun gelangen wir leicht zum Ziel:

8.3.2 Satz über Definitionserweiterungen *Es sei Φ eine Menge von S-Sätzen, s ein neues Symbol, δ_s eine S-Definition von s in Φ und I die zugehörige syntaktische Interpretation von $S \cup \{s\}$ in S. Dann gilt:*

(a) *Für alle $\varphi \in L_0^S$:*
$$\Phi \cup \{\delta_s\} \models \varphi \quad \text{gdw} \quad \Phi \models \varphi.$$

(b) *Für alle $\chi \in L_0^{S \cup \{s\}}$:*
$$\Phi \cup \{\delta_s\} \models \chi \leftrightarrow \chi^I.$$

(c) *Für alle $\varphi \in L_0^{S \cup \{s\}}$:*
$$\Phi \cup \{\delta_s\} \models \varphi \quad \text{gdw} \quad \Phi \models \varphi^I.$$

Beweis. Zu (a): Zum Beweis der nicht-trivialen Richtung gelte $\Phi \cup \{\delta_s\} \models \varphi$, und $\mathfrak{A}$ sei eine S-Struktur mit $\mathfrak{A} \models \Phi$. Nach (∗) ist $\mathfrak{A}^{-I}$ definiert, etwa $\mathfrak{A}^{-I} = (\mathfrak{A}, s^A)$. Nach (∗∗) haben wir dann $(\mathfrak{A}, s^A) \models \Phi \cup \{\delta_s\}$, nach Voraussetzung also $(\mathfrak{A}, s^A) \models \varphi$, und somit $\mathfrak{A} \models \varphi$.

Zu (b): Sei $\chi \in L_0^{S \cup \{s\}}$ und $(\mathfrak{A}, s^A)$ eine $(S \cup \{s\})$-Struktur mit

$$(\mathfrak{A}, s^A) \models \Phi \cup \{\delta_s\}.$$

Nach Satz 8.2.2, dem Satz über syntaktische Interpretationen, gilt wegen $\mathfrak{A}^{-I} = (\mathfrak{A}, s^A)$ (vgl. (**)):

$$(\mathfrak{A}, s^A) \models \chi \quad \text{gdw} \quad \mathfrak{A} \models \chi^I$$
$$\text{gdw} \quad (\mathfrak{A}, s^A) \models \chi^I.$$

(c) ergibt sich aus (a) und (b) wie (E3) aus (E1) und (E2). ⊣

8.3.3 Aufgabe Man verallgemeinere Satz 8.3.2 auf den Fall mehrerer (möglicherweise auch unendlich vieler) Definitionen neuer Symbole.

8.3.4 Aufgabe Es sei P ein k-stelliges Relationssymbol, $P \notin S$, und Φ' eine Menge von $(S \cup \{P\})$-Sätzen, die P in dem Sinne *implizit definiert*, als für jede S-Struktur $\mathfrak{A}$ und alle $P^1, P^2 \subseteq A^k$ gilt:

Wenn $(\mathfrak{A}, P^1) \models \Phi'$ und $(\mathfrak{A}, P^2) \models \Phi'$, so $P^1 = P^2$.

Nach dem Bethschen Definierbarkeitssatz (vgl. Aufgabe 13.3.7) gibt es dann eine *explizite Definition* von P bzgl. Φ', d.h. einen S-Ausdruck $\varphi_P(v_0, \ldots, v_{k-1})$ mit

$$\Phi' \models \forall v_0 \ldots \forall v_{k-1}(P v_0 \ldots v_{k-1} \leftrightarrow \varphi_P(v_0, \ldots, v_{k-1})).$$

Man zeige hiermit: Es gibt eine Menge Φ von S-Sätzen und eine Definition δ_P von P in Φ, sodass für alle $\varphi \in L_0^{S \cup \{P\}}$:

$$\Phi \cup \{\delta_P\} \models \varphi \quad \text{gdw} \quad \Phi' \models \varphi,$$

Φ' ist also bis auf Äquivalenz eine Definitionserweiterung.

8.4 Normalformen

Wir zeigen in diesem Abschnitt, dass man zu jedem Ausdruck einen logisch äquivalenten Ausdruck angeben kann, der eine einfache syntaktische Gestalt hat.

S sei eine fest vorgegebene Symbolmenge. Für eine beliebige Menge Φ von S-Ausdrücken sei $\langle \Phi \rangle$ die kleinste Teilmenge von L^S, die Φ umfasst und mit ψ und χ auch $\neg \psi$ und $(\psi \vee \chi)$ enthält.

8.4.1 Sei $\Phi \subseteq L_r^S$. Sind $\mathfrak{A}$ und $\mathfrak{B}$ Strukturen, $a_0, \ldots, a_{r-1} \in A$, $b_0, \ldots, b_{r-1} \in B$ und gilt

$(*)$ $\qquad$ $\mathfrak{A} \models \varphi[a_0, \ldots, a_{r-1}]$ $\quad$ gdw $\quad$ $\mathfrak{B} \models \varphi[b_0, \ldots, b_{r-1}]$

für alle $\varphi \in \Phi$, so auch für alle $\varphi \in \langle \Phi \rangle$. (Man beachte, dass mit $\Phi \subseteq L_r^S$ auch $\langle \Phi \rangle \subseteq L_r^S$.)

Beweis. Die Menge der φ, für die $(*)$ gilt, umfasst Φ und enthält mit ψ und χ auch $\neg\psi$ und $(\psi \vee \chi)$. $\qquad\qquad\qquad\qquad\qquad\qquad\qquad\qquad\qquad\qquad$ ⊣

8.4.2 Lemma *Sei* $\Phi = \{\varphi_0, \ldots, \varphi_n\}$ *eine endliche Menge von Ausdrücken. Dann ist jeder erfüllbare Ausdruck aus* $\langle \Phi \rangle$ *logisch äquivalent zu einem Ausdruck der Gestalt*

$(+)$ $\qquad\qquad$ $(\psi_{0,0} \wedge \ldots \wedge \psi_{0,n}) \vee \ldots \vee (\psi_{k,0} \wedge \ldots \wedge \psi_{k,n}),$

wobei $k < 2^{n+1}$ *und für* $i \leq k$ *und* $j \leq n$ $\psi_{i,j} = \varphi_j$ *oder* $\psi_{i,j} = \neg\varphi_j$. *Insbesondere gibt es in* $\langle \Phi \rangle$ *daher nur endlich viele paarweise nicht logisch äquivalente Ausdrücke.*

Jeder Ausdruck aus $\langle \Phi \rangle$ ist also logisch äquivalent zu einer Disjunktion von Konjunktionen von Ausdrücken in $\{\varphi_0, \ldots, \varphi_n, \neg\varphi_0, \ldots, \neg\varphi_n\}$.

Beweis. Wir wählen ein r mit $\Phi = \{\varphi_0, \ldots, \varphi_n\} \subseteq L_r^S$. Für eine Struktur $\mathfrak{A}$ und ein r-Tupel $\overset{r}{a} := (a_0, \ldots, a_{r-1}) \in A^r$ sei

(1) $\qquad\qquad\qquad$ $\psi_{(\mathfrak{A},\overset{r}{a})} := \psi_0 \wedge \ldots \wedge \psi_n,$

wobei $\quad \psi_i := \begin{cases} \varphi_i, & \text{falls } \mathfrak{A} \models \varphi_i[a_0, \ldots, a_{r-1}], \\ \neg\varphi_i, & \text{falls } \mathfrak{A} \models \neg\varphi_i[a_0, \ldots, a_{r-1}]. \end{cases}$

Dann gilt

(2) $\qquad\qquad\qquad$ $\mathfrak{A} \models \psi_{(\mathfrak{A},\overset{r}{a})}[a_0, \ldots, a_{r-1}],$

und $\psi_{(\mathfrak{A},\overset{r}{a})}$ ist eine Konjunktion der in $(+)$ auftretenden Gestalt. Für jede Struktur $\mathfrak{B}$ und $b_0, \ldots, b_{r-1} \in B$ gilt ferner

(3) $\mathfrak{B} \models \psi_{(\mathfrak{A},\overset{r}{a})}[b_0, \ldots, b_{r-1}]$

$\qquad$ gdw $\quad$ für $i = 0, \ldots, n$:

$\qquad\qquad$ $\mathfrak{A} \models \varphi_i[a_0, \ldots, a_{r-1}]$ $\quad$ gdw $\quad$ $\mathfrak{B} \models \varphi_i[b_0, \ldots, b_{r-1}]$

$\qquad$ gdw $\quad$ (vgl. 8.4.1) für alle $\varphi \in \langle \Phi \rangle$:

$\qquad\qquad$ $\mathfrak{A} \models \varphi[a_0, \ldots, a_{r-1}]$ $\quad$ gdw $\quad$ $\mathfrak{B} \models \varphi[b_0, \ldots, b_{r-1}]$.

Aus (1) ergibt sich weiter, dass die Menge $\{\psi_{(\mathfrak{A},\overset{r}{a})} \mid \mathfrak{A} \text{ Struktur}, \overset{r}{a} \in A^r\}$ höchstens 2^{n+1} Elemente besitzt.

Wir sind fertig, wenn wir zeigen, dass jedes erfüllbare $\varphi \in \langle \Phi \rangle$ logisch äquivalent ist zu der Disjunktion χ der endlich vielen Ausdrücke aus der (nicht-leeren) Menge

$$\{\psi_{(\mathfrak{A},\bar{a})} \mid \mathfrak{A} \ S\text{-Struktur}, \ \bar{a} \in A^r, \ \mathfrak{A} \models \varphi[a_0, \dots, a_{r-1}]\},$$

in suggestiver Schreibweise: dass φ logisch äquivalent ist zu

$$\chi := \bigvee \{\psi_{(\mathfrak{A},\bar{a})} \mid \mathfrak{A} \ S\text{-Struktur}, \ \bar{a} \in A^r, \ \mathfrak{A} \models \varphi[a_0, \dots, a_{r-1}]\}.$$

Ist $\mathfrak{B} \models \varphi[b_0, \dots, b_{r-1}]$, so ist $\psi_{(\mathfrak{B},\bar{b})}$ ein Glied der Disjunktion χ. Wegen $\mathfrak{B} \models \psi_{(\mathfrak{B},\bar{b})}[b_0, \dots, b_{r-1}]$ (vgl. (2)) gilt somit $\mathfrak{B} \models \chi[b_0, \dots, b_{r-1}]$. Ist umgekehrt $\mathfrak{B} \models \chi[b_0, \dots, b_{r-1}]$, so gibt es nach Definition von χ eine Struktur $\mathfrak{A}$ und $a_0, \dots, a_{r-1} \in A$ mit

$$\mathfrak{A} \models \varphi[a_0, \dots, a_{r-1}] \quad \text{und} \quad \mathfrak{B} \models \psi_{(\mathfrak{A},\bar{a})}[b_0, \dots, b_{r-1}].$$

Wegen (3) erfüllen dann $b_0, \dots, b_{r-1}$ in $\mathfrak{B}$ dieselben Ausdrücke aus $\langle \Phi \rangle$ wie $a_0, \dots, a_{r-1}$ in $\mathfrak{A}$. Insbesondere gilt $\mathfrak{B} \models \varphi[b_0, \dots, b_{r-1}]$.   ⊣

Ein Ausdruck, der eine Disjunktion von Konjunktionen aus atomaren oder negiert atomaren Ausdrücken ist, heißt *Ausdruck in disjunktiver Normalform.* – Als Korollar aus 8.4.2 erhalten wir:

8.4.3 Satz über die disjunktive Normalform *Jeder quantorenfreie Ausdruck ist logisch äquivalent zu einem Ausdruck in disjunktiver Normalform.*

Beweis. Sei φ ein quantorenfreier Ausdruck. Ist φ nicht erfüllbar, so ist φ logisch äquivalent zu $\neg v_0 \equiv v_0$. Ist φ erfüllbar und sind $\psi_0, \dots, \psi_n$ die atomaren Teilausdrücke in φ, so ist $\varphi \in \langle \{\psi_0, \dots, \psi_n\} \rangle$. Die Behauptung folgt dann aus 8.4.2.   ⊣

Wir wenden uns nun Ausdrücken zu, die Quantoren enthalten können. Unter einem Ausdruck in *pränexer Normalform* versteht man einen Ausdruck ψ der Form $Q_1 x_1 \dots Q_m x_m \psi_0$, wobei $Q_i = \exists$ oder $Q_i = \forall$ für $1 \le i \le m$ und ψ_0 quantorenfrei ist. $Q_1 x_1 \dots Q_m x_m$ ist das *Präfix* von ψ und ψ_0 der *Kern* von ψ.

Wir zeigen im folgenden Satz, dass jeder Ausdruck logisch äquivalent zu einem Ausdruck in pränexer Normalform ist. Wegen 8.4.3 kann zusätzlich der Kern in disjunktiver Normalform gewählt werden; insbesondere kommt dann das Negationszeichen höchstens vor atomaren Teilausdrücken vor.

8.4.4 Satz über die pränexe Normalform *Zu jedem Ausdruck φ lässt sich ein logisch äquivalenter Ausdruck ψ in pränexer Normalform mit frei(φ) = frei(ψ) angeben.*

Beweis. Wir stellen zunächst einige einfache Eigenschaften der logischen Äquivalenz zusammen.

(1) Wenn $\varphi \models\!\!=\!\!\models \psi$, so $\neg\varphi \models\!\!=\!\!\models \neg\psi$.

(2) Wenn $\varphi_1 \models\!\!=\!\!\models \psi_1$ und $\varphi_2 \models\!\!=\!\!\models \psi_2$, so $(\varphi_1 \vee \varphi_2) \models\!\!=\!\!\models (\psi_1 \vee \psi_2)$.

(3) Wenn $\varphi \Vdash \psi$ und $Q = \exists$ oder $Q = \forall$, so $Qx\varphi \Vdash Qx\psi$.

(4) $\neg\exists x\varphi \Vdash \forall x\neg\varphi$, $\neg\forall x\varphi \Vdash \exists x\neg\varphi$.

(5) Wenn $x \notin \text{frei}(\psi)$, so $(\exists x\varphi \vee \psi) \Vdash \exists x(\varphi \vee \psi)$,
$(\forall x\varphi \vee \psi) \Vdash \forall x(\varphi \vee \psi)$, $(\psi \vee \exists x\varphi) \Vdash \exists x(\psi \vee \varphi)$ und
$(\psi \vee \forall x\varphi) \Vdash \forall x(\psi \vee \varphi)$.

Durch wiederholte Anwendung von (1) bis (5) erhalten wir zu jedem φ ein logisch äquivalentes ψ in pränexer Normalform. Ist etwa $\varphi = \neg\exists x\, Px \vee \forall x Rx$, so können wir folgendermaßen vorgehen:

$$\neg\exists x Px \vee \forall x Rx \quad \Vdash \quad \forall x\neg Px \vee \forall x Rx \quad \text{(mit (4), (2))}$$
$$\Vdash \quad \forall x\neg Px \vee \forall y Ry \quad \text{(wegen } \forall x Rx \Vdash \forall y Ry \text{ und mit (2))}$$
$$\Vdash \quad \forall x(\neg Px \vee \forall y Ry) \quad \text{(mit (5))}$$
$$\Vdash \quad \forall x \forall y(\neg Px \vee Ry) \quad \text{(mit (5) und (3))}.$$

Allgemein verfahren wir so: Für $\varphi \in L^S$ sei $\text{qa}(\varphi)$, die sog. *Quantorenanzahl* von φ, die Anzahl der in φ auftretenden Quantoren. Wir beweisen jetzt durch Induktion über n, dass für alle φ mit $\text{qa}(\varphi) \leq n$:

(∗)   Es gibt ein $\psi \in L^S$ in pränexer Normalform mit
$\varphi \Vdash \psi$, $\text{frei}(\varphi) = \text{frei}(\psi)$ und $\text{qa}(\varphi) = \text{qa}(\psi)$.

Zugleich zeigt der Beweis, dass ψ nur Allquantoren im Präfix enthält, falls φ ein universeller Ausdruck ist.

Die Betrachtungen für „frei$(\varphi) = $ frei(ψ)" überlassen wir den Leserinnen und Lesern.

$n = 0$: Falls $\text{qa}(\varphi) = 0$, ist φ quantorenfrei, und wir können $\psi := \varphi$ setzen.

$n > 0$: Gelte (∗) für Ausdrücke mit Quantorenanzahl $\leq n - 1$. Wir zeigen die Behauptung für n induktiv über den Aufbau von φ. Sei $\text{qa}(\varphi) \leq n$. Der quantorenfreie Fall ist klar. Sei $\varphi = \neg\varphi'$ und $\text{qa}(\varphi) > 0$. Dann ist $\text{qa}(\varphi') = \text{qa}(\varphi) > 0$, und nach Voraussetzung gibt es zu φ' einen Ausdruck in pränexer Normalform der Gestalt $Qx\chi$ gemäß (∗) (wobei χ Quantoren enthalten kann). Nach (1) und (4) ist $\varphi \Vdash Q^{-1}x\neg\chi$ (dabei sei $\forall^{-1} := \exists$, $\exists^{-1} := \forall$). Da $\text{qa}(\neg\chi) = \text{qa}(Qx\chi) - 1 = \text{qa}(\varphi) - 1 \leq n - 1$, existiert zu $\neg\chi$ ein logisch äquivalenter Ausdruck ψ in pränexer Normalform mit $\text{qa}(\psi) = \text{qa}(\neg\chi)$. Nach (3) ist dann $Q^{-1}x\psi$ ein zu φ logisch äquivalenter Ausdruck mit den gewünschten Eigenschaften.

Sei $\varphi = (\varphi' \vee \varphi'')$ und $\text{qa}(\varphi) > 0$, etwa $\text{qa}(\varphi') > 0$. Nach Voraussetzung gibt es zu φ' einen Ausdruck in pränexer Normalform der Gestalt $Qx\chi$ gemäß (∗). Es sei y eine Variable, die in $Qx\chi$ und φ'' nicht vorkommt. Man zeigt leicht, dass

$$Qx\chi \dashv\vDash Qy\chi\tfrac{y}{x},$$

und erhält hieraus mit (2) und (5):

$$\varphi = (\varphi' \vee \varphi'') \dashv\vDash (Qy\chi\tfrac{y}{x} \vee \varphi'')$$
$$\dashv\vDash Qy(\chi\tfrac{y}{x} \vee \varphi'').$$

Da $\mathrm{qa}(\chi\tfrac{y}{x} \vee \varphi'') = \mathrm{qa}(\varphi) - 1 \le n - 1$, können wir zu $(\chi\tfrac{y}{x} \vee \varphi'')$ einen Ausdruck ψ in pränexer Normalform gemäß (∗) finden. $Qy\psi$ hat dann die gewünschten Eigenschaften.

Sei $\varphi = \exists x\varphi'$. Da $\mathrm{qa}(\varphi') \le n - 1$, gibt es zu φ' einen Ausdruck ψ' in pränexer Normalform gemäß (∗). $\exists x\psi'$ ist ein Ausdruck in pränexer Normalform, der nach (3) zu φ logisch äquivalent ist und die gleiche Quantorenanzahl wie φ besitzt. ⊣

Wie bereits oben erwähnt, erhalten wir aus dem vorangehenden Beweis:

8.4.5 Folgerung Zu jedem universellen Ausdruck φ lässt sich ein logisch äquivalenter Ausdruck ψ der Gestalt $\forall x_1 \dots \forall x_s\psi_0$ mit quantorenfreiem ψ_0 angeben. ⊣

Sind φ und ψ Ausdrücke mit

$$\mathrm{Erf}\ \varphi \quad \text{gdw} \quad \mathrm{Erf}\ \psi,$$

so nennen wir φ und ψ *erfüllbarkeitsäquivalent*. Wenn wir im Satz über die pränexe Normalform die Bedingung der logischen Äquivalenz zu der der Erfüllbarkeitsäquivalenz abschwächen, so können wir stets erreichen, dass in der pränexen Normalform nur Allquantoren auftreten. Wir erläutern die Vorgehensweise zunächst anhand eines Beispiels. Es sei $S = \{R\}$ und φ der S-Ausdruck $\forall x\exists yRxy$. Wir setzen $S' = \{R, f\}$ mit einstelligem f und $\psi = \forall xRxfx$. Dann ist ψ universell, und es gilt $\psi \vDash \varphi$. Jedes Modell von ψ ist also ein Modell von φ. Hat umgekehrt $\forall x\exists yRxy$ ein Modell, etwa (A, R^A), so gibt es zu jedem $a \in A$ ein $b \in A$ mit R^Aab. Wir können daher eine Interpretation f^A von f so festlegen, dass $R^Aaf^A(a)$ für alle $a \in A$. Dann gilt $(A, R^A, f^A) \vDash \forall xRxfx$, also hat auch $\forall xRxfx$ ein Modell.

8.4.6 Satz über die Skolemsche Normalform *Jedem Ausdruck φ kann man einen erfüllbarkeitsäquivalenten universellen Ausdruck ψ in pränexer Normalform zuordnen mit $\psi \vDash \varphi$ und $\mathrm{frei}(\varphi) = \mathrm{frei}(\psi)$. In ψ kommen neben den Symbolen aus φ im Allgemeinen noch weitere Funktionssymbole oder Konstanten vor.*

Beweis. Wir geben im Folgenden einen Weg an, um ausgehend von φ ein ψ im Sinne des Satzes zu gewinnen. Man nennt solch ein ψ oft eine *Skolemsche Normalform* von φ.

Sei $\varphi \in L^S$. Nach 8.4.4 können wir annehmen, dass φ bereits in pränexer Normalform vorliegt, etwa in der Gestalt

$$\varphi = Q_1 x_1 \ldots Q_m x_m \varphi_0$$

mit quantorenfreiem φ_0. Wir führen den Beweis durch Induktion über die Anzahl der Existenzquantoren unter den Q_i.

Kommt unter den Q_i kein Existenzquantor vor, können wir $\psi := \varphi$ setzen. Sei, im Induktionsschritt, φ von der Gestalt

$$\varphi = \forall x_1 \ldots \forall x_k \exists x_{k+1} Q_{k+2} x_{k+2} \ldots Q_m x_m \varphi_0$$

(dabei können wir annehmen, dass $x_1, \ldots, x_m$ paarweise verschieden sind). Wir setzen

$$\varphi_1 := Q_{k+2} x_{k+2} \ldots Q_m x_m \varphi_0.$$

Ferner sei f ein neues k-stelliges Funktionssymbol (im Falle $k = 0$ also eine Konstante). Wir zeigen für

$$\psi' := \forall x_1 \ldots \forall x_k \varphi_1 \frac{f x_1 \ldots x_k}{x_{k+1}}:$$

(1) Wenn Erf φ, so Erf ψ'.

(2) $\psi' \models \varphi$.

Dann sind wir fertig: Da im Präfix von ψ' weniger Existenzquantoren als im Präfix von φ vorkommen, können wir die Induktionsvoraussetzung anwenden und erhalten einen Ausdruck ψ in Skolemscher Normalform mit

(3) ψ' und ψ sind erfüllbarkeitsäquivalent, und es ist frei(ψ') = frei(ψ).

(4) $\psi \models \psi'$.

Da offenbar frei(ψ') = frei(φ), erhalten wir aus (1) bis (4), dass ψ alle Bedingungen erfüllt.

Zu (1): Sei $\mathfrak{A}$ eine S-Struktur und $\mathfrak{I} = (\mathfrak{A}, \beta)$ ein Modell von φ. Dann gilt für alle $a_1, \ldots, a_k \in A$, dass

$$\mathfrak{I} \frac{a_1 \ldots a_k}{x_1 \ldots x_k} \models \exists x_{k+1} \varphi_1.$$

Wir können daher die Funktion f^A über A so definieren, dass

$$\text{für alle } a_1, \ldots, a_k \in A: \ \mathfrak{I} \frac{a_1 \ldots a_k}{x_1 \ldots x_k} \frac{f^A(a_1, \ldots, a_k)}{x_{k+1}} \models \varphi_1.$$

Dann gilt nach dem Substitutionslemma

$$\text{für alle } a_1, \ldots, a_k \in A: \ \left((\mathfrak{A}, f^A), \beta \right) \frac{a_1 \ldots a_k}{x_1 \ldots x_k} \models \varphi_1 \frac{f x_1 \ldots x_k}{x_{k+1}},$$

also ist $\left((\mathfrak{A}, f^A), \beta\right)$ ein Modell von $\forall x_1 \ldots \forall x_k \varphi_1 \frac{f x_1 \ldots x_k}{x_{k+1}}$. Somit ist ψ' erfüllbar.

Zu (2): Ist $\mathfrak{J} = \left((\mathfrak{A}, f^A), \beta\right)$ ein Modell von ψ', so gilt für alle $a_1, \ldots, a_k \in A$, dass

$$\mathfrak{J} \frac{a_1 \ldots a_k}{x_1 \ldots x_k} \models \varphi_1 \frac{f x_1 \ldots x_k}{x_{k+1}},$$

also $\mathfrak{J} \frac{a_1 \ldots a_k}{x_1 \ldots x_k} \models \exists x_{k+1} \varphi_1$. Demnach ist $\mathfrak{J}$ ein Modell von φ. $\dashv$

8.4.7 Aufgabe Sei φ ein S-Satz, und sei ψ der aus φ gemäß dem Beweis von 8.4.6 gewonnene universelle Satz; es sei $S' \supseteq S$ und $\psi \in L^{S'}$. Man zeige: Für jede S-Struktur $\mathfrak{A}$ sind äquivalent:
(1) $\mathfrak{A} \models \varphi$.
(2) Es gibt eine S'-Expansion $\mathfrak{A}'$ von $\mathfrak{A}$ mit $\mathfrak{A}' \models \psi$.

8.4.8 Aufgabe (Konjunktive Normalform). Man zeige: Ist φ quantorenfrei, so ist φ logisch äquivalent zu einem Ausdruck, der eine Konjunktion von Disjunktionen aus atomaren oder negiert atomaren Ausdrücken ist.

8.4.9 Aufgabe Sei S eine relationale Symbolmenge und $\varphi \in L_0^S$ von der Form $\exists x_0 \ldots \exists x_n \forall y_0 \ldots \forall y_m \psi$ mit quantorenfreiem ψ. Man zeige, dass jedes Modell von φ eine Substruktur mit höchstens $n+1$ Elementen besitzt, welche ebenfalls Modell von φ ist. Man schließe hieraus, dass der Satz $\forall x \exists y R x y$ nicht zu einem $\{R\}$-Satz der obigen Form logisch äquivalent ist.

9

Erweiterungen der Logik erster Stufe

Wir haben gesehen, dass die Struktur $\mathfrak{N}$ der natürlichen Zahlen nicht in der zu $\mathfrak{N}$ gehörenden Sprache der ersten Stufe charakterisiert werden kann. Entsprechendes gilt für den Körper der reellen Zahlen und die Klasse der Torsionsgruppen. Wie wir in Kap. 7 gezeigt haben, lassen sich diese Schwächen der ersten Stufe durch eine mengentheoretische Darstellung wenigstens prinzipiell kompensieren: Man formuliert in der ersten Stufe ein Axiomensystem der Mengenlehre, das für die Mathematik ausreicht, etwa ZFC, und kann dann in diesem System z. B. die Argumentationen vollziehen, die zur Definition und Charakterisierung von $\mathfrak{N}$ erforderlich sind. Dieses Vorgehen zwingt jedoch zu einem expliziten Bezug auf die Mengenlehre, wie er nicht der mathematischen Praxis entspricht.

Man kann diese Situation zum Anlass nehmen, ausdrucksstärkere Sprachen zu betrachten, die es erlauben, diesen Umweg über die Mengenlehre zu vermeiden. So ermöglicht es ja die zweite Stufe, die natürlichen Zahlen unmittelbar durch das Peanosche Axiomensystem zu charakterisieren. Wir vermerken aber bereits jetzt, dass zum Aufbau der Semantik einer ausdrucksstärkeren Sprache und zum Nachweis der Korrektheit geeigneter Regeln in stärkerem Umfang von mengentheoretischen Voraussetzungen (etwa den ZFC-Axiomen) Gebrauch gemacht werden muss als im Falle der ersten Stufe.

Noch ein weiterer Grund gibt Anlass, stärkere Sprachen einzuführen und zu untersuchen: Wir haben gesehen, dass z. B. der Endlichkeitssatz als Hilfsmittel bei algebraischen Untersuchungen von Nutzen ist (vgl. etwa 6.4). Es liegt daher nahe, nach ausdrucksstärkeren Sprachen zu suchen, die es gestatten, auf ähnlichem Wege weiterreichende Anwendungen in der Mathematik zu erzielen.

© Springer-Verlag GmbH Deutschland, ein Teil von Springer Nature 2018
H.-D. Ebbinghaus et al., *Einführung in die mathematische Logik*,
https://doi.org/10.1007/978-3-662-58029-5_9

Wir wollen in diesem Kapitel einen Einblick in die Vielfalt der Sprachen geben, die in diesem Zusammenhang entwickelt worden sind.

9.1 Die Logik zweiter Stufe

Die Sprachen zweiter Stufe zeichnen sich gegenüber den Sprachen erster Stufe dadurch aus, dass z. B. Quantifizierungen über Teilmengen eines Trägers (also über Objekte zweiter Stufe) möglich sind.

9.1.1 Die Sprachen L_{II}^S der zweiten Stufe Es sei S eine Symbolmenge, d.h. eine Menge von Relationssymbolen, Funktionssymbolen und Konstanten. Das Alphabet von L_{II}^S enthält (zusätzlich zu den Zeichen von L^S) für jedes $n \geq 1$ abzählbar viele n-stellige Relationsvariablen $V_0^n, V_1^n, V_2^n, \ldots$. Zur Wiedergabe von Relationsvariablen benutzen wir die Buchstaben $X, Y, \ldots$, wobei wir, wenn nötig, die Stellenzahl mit angeben. Um die Menge L_{II}^S der S-Ausdrücke zweiter Stufe zu definieren, erweitern wir die Regeln des Ausdruckskalküls (vgl. 2.3.2) um die beiden folgenden Regeln:

(a) Ist X eine n-stellige Relationsvariable und sind $t_1, \ldots, t_n$ S-Terme, so ist $Xt_1 \ldots t_n$ ein S-Ausdruck.

(b) Ist φ ein S-Ausdruck und ist X eine Relationsvariable, so ist $\exists X\varphi$ ein S-Ausdruck.

9.1.2 Die Modellbeziehung für L_{II}^S Eine *Belegung γ zweiter Stufe* in einer Struktur $\mathfrak{A}$ ist eine Abbildung, die jeder Variablen v_i ein Element aus A zuordnet und jeder Relationsvariablen V_i^n eine n-stellige Relation über A. Wir erweitern die Modellbeziehung von L^S auf L_{II}^S, indem wir (a) und (b) wie folgt berücksichtigen:

Ist $\mathfrak{A}$ eine S-Struktur, γ eine Belegung zweiter Stufe in $\mathfrak{A}$ und $\mathfrak{I} = (\mathfrak{A}, \gamma)$, so setzen wir:

(a′) $\mathfrak{I} \models Xt_1 \ldots t_n$:gdw $\gamma(X)$ trifft zu auf $\mathfrak{I}(t_1), \ldots, \mathfrak{I}(t_n)$.

(b′) Für n-stelliges X:

  $\mathfrak{I} \models \exists X\varphi$:gdw es gibt ein $C \subseteq A^n$ mit $\mathfrak{I}\dfrac{C}{X} \models \varphi$

(dabei ist $\mathfrak{I}\dfrac{C}{X} = \left(\mathfrak{A}, \gamma\dfrac{C}{X}\right)$ und $\gamma\dfrac{C}{X}$ die Belegung, welche X auf C abbildet und sonst mit γ übereinstimmt).

Das durch die Sprachen L_{II}^S und ihre Modellbeziehung bestimmte logische System, die sog. *Logik zweiter Stufe*, bezeichnen wir mit $\mathcal{L}_{II}$. Entsprechend stehe $\mathcal{L}_I$ für die Logik erster Stufe. Den Begriff „logisches System" verwenden wir hier noch naiv. Eine Präzisierung erfolgt in 13.1.

9.1.3 Bemerkungen und Beispiele (1) In naheliegender Weise definiert man das freie Vorkommen von Variablen und Relationsvariablen in Ausdrücken zweiter Stufe und kann dann das Analogon des Koinzidenzlemmas beweisen. Für einen L_{II}^S-Satz φ, d.h. einen Ausdruck ohne freie Variablen und ohne freie Relationsvariablen, ist es daher sinnvoll zu sagen, dass $\mathfrak{A}$ ein Modell von φ ist, kurz: $\mathfrak{A} \models \varphi$.

(2) $\forall X \varphi$ sei eine Abkürzung für $\neg\exists X \neg\varphi$. Es gilt:

$$\mathfrak{J} \models \forall X^n \varphi \quad \text{gdw} \quad \text{für alle } C \subseteq A^n\colon \mathfrak{J}\frac{C}{X} \models \varphi.$$

(3) Für eine einstellige Relationsvariable X sind die in 3.7.3 angegebenen Symbolisierungen

(P1) $\quad \forall x \neg \boldsymbol{\sigma} x \equiv 0;$
(P2) $\quad \forall x \forall y (\boldsymbol{\sigma} x \equiv \boldsymbol{\sigma} y \to x \equiv y);$
(P3) $\quad \forall X((X0 \wedge \forall x(Xx \to X\boldsymbol{\sigma}x)) \to \forall y Xy)$

$L_{\mathrm{II}}^{\{\boldsymbol{\sigma},0\}}$-Sätze. Mit dem Übergang zur zweiten Stufe haben wir also an Ausdrucksstärke gewonnen, da sich die Struktur $(\mathbb{N}, \sigma, 0)$ jetzt bis auf Isomorphie charakterisieren lässt.

(4) Der geordnete Körper $\mathfrak{R}^<$ der reellen Zahlen ist bis auf Isomorphie der einzige vollständig geordnete Körper. Ist daher $\psi_{\mathfrak{R}^<}$ die Konjunktion der Axiome für geordnete Körper (vgl. 3.6.5) mit dem S_{Ar}-Satz zweiter Stufe „Jede nichtleere, nach oben beschränkte Menge besitzt ein Supremum", d.h.

$$\forall X((\exists x Xx \wedge \exists y \forall z(Xz \to z < y))$$
$$\to \exists y(\forall z(Xz \to (z < y \vee z \equiv y)) \wedge \forall x(x < y \to \exists z(x < z \wedge Xz)))),$$

so gilt für alle $S_{\mathrm{Ar}}^<$-Strukturen $\mathfrak{A}$:

$$\mathfrak{A} \models \psi_{\mathfrak{R}^<} \quad \text{gdw} \quad \mathfrak{A} \cong \mathfrak{R}^<.$$

(5) Für beliebiges S ist der L_{II}^S-Satz

(+) $\qquad\qquad \forall x \forall y(x \equiv y \leftrightarrow \forall X(Xx \leftrightarrow Xy))$

allgemeingültig: Zwei Dinge sind genau dann gleich, wenn sie sich in keiner Eigenschaft unterscheiden (Leibnizsche *identitas indiscernibilium*). Wir hätten daher beim Aufbau von L_{II}^S auf das Gleichheitszeichen verzichten und es mit (+) definieren können.

(6) Beim Aufbau der Sprachen zweiter Stufe lassen sich neben Relationsvariablen auch *Funktionsvariablen* einführen, die dann ebenfalls quantifiziert werden können. Ein solches Vorgehen schafft bequemere, jedoch letztlich keine neuen Ausdrucksmöglichkeiten. Hierzu ein Beispiel (vgl. die Elimination von Funktionssymbolen in 8.1).

Es sei g eine einstellige Funktionsvariable und φ der „Ausdruck"

$$\forall g(\forall x\forall y(gx \equiv gy \to x \equiv y) \to \forall x\exists y\, x \equiv gy).$$

Dann gilt (bei naheliegender Erweiterung der Modellbeziehung) für jede Struktur $\mathfrak{A}$:

$\mathfrak{A} \models \varphi$ gdw   jede injektive Funktion von A in A ist surjektiv

             gdw A ist endlich.

Indem wir statt einer einstelligen Funktion deren Graph betrachten und für diesen eine zweistellige Relationsvariable verwenden, können wir φ durch den folgenden Ausdruck ersetzen:

$$\varphi_{\mathrm{endl}} := \forall X((\forall x\exists^{=1}yXxy \wedge \forall x\forall y\forall z((Xxz \wedge Xyz) \to x \equiv y)) \to$$
$$\forall y\exists x Xxy).$$

Also haben φ und φ_{endl} die gleichen Modelle, und es gilt:

$$\mathfrak{A} \models \varphi_{\mathrm{endl}} \quad \text{gdw} \quad A \text{ ist endlich.}$$

Wir werden in späteren Beispielen öfter Funktionsvariablen verwenden, um Ausdrücke lesbarer wiederzugeben.

(7) Analog zu $\mathcal{L}_\mathrm{I}$ lassen sich auch für $\mathcal{L}_\mathrm{II}$ Operationen wie die Substitution, die Relativierung usf. einführen. Ebenso gelten die grundlegenden semantischen Sachverhalte wie etwa das Analogon des Isomorphielemmas.

Anders verhält es sich mit weiterführenden semantischen Sachverhalten: Die Ausdehnung der Quantifizierungsmöglichkeiten auf Objekte zweiter Stufe müssen wir, wie wir jetzt zeigen, mit dem Verlust des Vollständigkeitssatzes, des Endlichkeitssatzes und des Satzes von Löwenheim und Skolem bezahlen.

9.1.4 Satz *Für $\mathcal{L}_\mathrm{II}$ gilt der Endlichkeitssatz nicht.*

Beweis. Ein Gegenbeispiel zum Endlichkeitssatz liefert die Satzmenge

$$\{\varphi_{\mathrm{endl}}\} \cup \{\varphi_{\geq n} \mid n \geq 2\}.$$

Sie ist nicht erfüllbar, aber jede endliche Teilmenge ist erfüllbar.   ⊣

9.1.5 Satz *Für $\mathcal{L}_\mathrm{II}$ gilt der Satz von Löwenheim und Skolem nicht.*

Beweis. Wir geben einen Satz $\varphi_{\mathrm{üabz}} \in L_\mathrm{II}^\emptyset$ an, sodass für alle Strukturen $\mathfrak{A}$ gilt:

$$\mathfrak{A} \models \varphi_{\mathrm{üabz}} \quad \text{gdw} \quad A \text{ ist überabzählbar.}$$

Dann ist $\varphi_{\mathrm{üabz}}$ zwar erfüllbar, besitzt jedoch kein höchstens abzählbares Modell.

Zur Konstruktion von $\varphi_{\mathrm{üabz}}$: Wir überlassen es den Leserinnen und Lesern, ähnlich wie φ_{endl} einen $L_{\text{II}}^{\emptyset}$-Ausdruck $\psi_{\text{endl}}(X)$ anzugeben, in dem nur die einstellige Relationsvariable X frei vorkommt und für den gilt:

$$(\mathfrak{A}, \gamma) \models \psi_{\text{endl}}(X) \quad \text{gdw} \quad \gamma(X) \text{ ist endlich.}$$

Offenbar ist eine Menge A genau dann höchstens abzählbar, wenn es auf A eine Ordnungsrelation gibt, bei der jedes Element nur endlich viele Vorgänger hat. Setzen wir also (mit zweistelligem Y)

$$\varphi_{\leq \text{abz}} \ := \ \exists Y (\forall x \neg Y x x \wedge \forall x \forall y \forall z ((Y x y \wedge Y y z) \to Y x z)$$
$$\wedge \forall x \forall y (Y x y \vee x \equiv y \vee Y y x)$$
$$\wedge \forall x \exists X (\psi_{\text{endl}}(X) \wedge \forall y (X y \leftrightarrow Y y x))),$$

so gilt:

$$\mathfrak{A} \models \varphi_{\leq \text{abz}} \quad \text{gdw} \quad A \text{ ist höchstens abzählbar.}$$

Der Satz $\varphi_{\text{üabz}} := \neg \varphi_{\leq \text{abz}}$ leistet dann das Gewünschte. $\dashv$

9.1.6 Für die erste Stufe haben wir aus der Existenz eines adäquaten Systems von Schlussregeln den Endlichkeitssatz gewonnen (vgl. 6.2). *Für $\mathcal{L}_{\text{II}}$ existiert kein korrektes und vollständiges System von Schlussregeln.* Denn sonst könnten wir mit der gleichen Argumentation wie bei $\mathcal{L}_{\text{I}}$ den Endlichkeitssatz für $\mathcal{L}_{\text{II}}$ zeigen.

Dieses negative Resultat verbietet es natürlich nicht, für die zweite Stufe korrekte Regeln aufzustellen. Neben den Regeln für die erste Stufe könnten dazu etwa die beiden folgenden korrekten Quantifizierungsregeln für Relationsvariablen gehören:

$$\frac{\Gamma \quad \varphi}{\Gamma \quad \exists X \varphi} \ ; \quad \frac{\Gamma \quad \varphi \quad \psi}{\Gamma \quad \exists X \varphi \quad \psi} \ , \text{ falls } X \text{ nicht frei in } \Gamma \psi.$$

Einführend haben wir zwei Motivationen für die Untersuchung ausdrucksstärkerer Sprachen gegeben: (a) Sie sollen bessere Möglichkeiten bereitstellen, mathematische Argumentationen zu formulieren und nachzuvollziehen. (b) Sie sollen spezifische Hilfsmittel für mathematische Untersuchungen liefern. Was haben wir im Hinblick auf (a) und (b) mit der zweiten Stufe erreicht?

Wir bemerken zunächst, dass man die angeführten Beispiele von Sequenzenregeln zweiter Stufe zu einem für die Zwecke der Mathematik weitgehend ausreichenden System ergänzen kann. (Allerdings erhält man nach 9.1.6 auf diese Weise nie ein vollständiges System, sodass man sich bei der Wahl der Regeln nur an pragmatischen Gesichtspunkten, nicht aber am Ziel der Vollständigkeit orientieren kann.) Berücksichtigt man noch die bequemeren Formulierungsmöglichkeiten, so kann man zu der Auffassung neigen, dass die zweite Stufe im Sinne von (a) einen Fortschritt bedeutet. In Bezug auf (b) ist $\mathcal{L}_{\text{II}}$ allerdings kein geeignetes System. Darauf deuten bereits 9.1.4 und 9.1.5 hin: Die

Ausdrucksstärke der zweiten Stufe ist so groß, dass die Gültigkeit einiger für mathematische Anwendungen bedeutsamer Sätze (Endlichkeitssatz, Satz von Löwenheim und Skolem) verloren geht. Von daher liegt es also nahe, andere Erweiterungen der ersten Stufe zu untersuchen (vgl. 9.2, 9.3).

Wir wollen an einem weiteren Aspekt erläutern, dass wir mit der zweiten Stufe in gewisser Weise über das Ziel hinausgeschossen sind: Wir zeigen, dass die auf dem Axiomensystem ZFC beruhende Mengenlehre nicht ausreicht, um einfache semantische Fragen für $\mathcal{L}_{II}$ zu entscheiden. Wir demonstrieren dies, indem wir einen Satz $\varphi_{CH} \in L_{II}^{\emptyset}$ angeben, der genau dann allgemeingültig ist, wenn die Cantorsche Kontinuumshypothese CH gilt. Da weder CH noch ihr Negat in ZFC bewiesen werden können (vgl. 7.3), lässt sich im Rahmen von ZFC die Allgemeingültigkeit von φ_{CH} weder beweisen noch widerlegen. CH besagt:

(1) Für jede Teilmenge A von $\mathbb{R}$ gilt: A ist höchstens abzählbar, oder es gibt eine Bijektion von $\mathbb{R}$ auf A.

Der Satz φ_{CH} wird im Wesentlichen eine Symbolisierung von (1) sein.

Zunächst lässt sich, ähnlich wie $\varphi_{\leq \mathrm{abz}}$, leicht ein Ausdruck $\chi_{\leq \mathrm{abz}}(X)$ angeben, sodass

$$(\mathfrak{A}, \gamma) \models \chi_{\leq \mathrm{abz}}(X) \quad \text{gdw} \quad \gamma(X) \text{ ist höchstens abzählbar.}$$

Ferner gibt es einen Ausdruck $\varphi_{\mathbb{R}}$ mit

(2) $\mathfrak{A} \models \varphi_{\mathbb{R}} \quad$ gdw $\quad A$ und $\mathbb{R}$ sind gleichmächtig.

Hierzu beachten wir, dass für den in 9.1.3(4) eingeführten $S_{\mathrm{Ar}}^{<}$-Satz $\psi_{\mathfrak{R}<}$ und für alle $S_{\mathrm{Ar}}^{<}$-Strukturen $\mathfrak{A}$ gilt:

$$\mathfrak{A} \models \psi_{\mathfrak{R}<} \quad \text{gdw} \quad \mathfrak{A} \cong \mathfrak{R}^{<}.$$

Um (2) zu erfüllen, können wir demnach als $\varphi_{\mathbb{R}}$ einen $L_{II}^{\emptyset}$-Satz wählen, der besagt:

„Es gibt Funktionen $+, \cdot$, Elemente $0, 1$ und eine Relation $<$, sodass $\varphi_{\mathfrak{R}<}$".

(Die genaue Angabe von $\varphi_{\mathbb{R}}$ überlassen wir den Leserinnen und Lesern.) Den gesuchten Ausdruck φ_{CH} erhalten wir nun, indem wir den folgenden Sachverhalt symbolisieren: Ist der Träger mit $\mathbb{R}$ gleichmächtig, so ist jede Teilmenge des Trägers höchstens abzählbar oder mit dem Träger gleichmächtig. Also:

$$\varphi_{CH} := \varphi_{\mathbb{R}} \to \forall X(\chi_{\leq \mathrm{abz}}(X) \vee \exists g(\forall x X g x \\ \wedge \forall x \forall y(gx \equiv gy \to x \equiv y) \wedge \forall y(Xy \to \exists x\, gx \equiv y))).$$

Man weist jetzt leicht nach (vgl. (1)), dass

$$\models \varphi_{CH} \quad \text{gdw} \quad \mathrm{CH}. \qquad \dashv$$

9.1.7 Aufgabe (Das *System* $\mathcal{L}_{\mathrm{II}}^{w}$ *der schwachen* („weak") *Logik zweiter Stufe*). Für jedes S sei $L_{\mathrm{II}}^{w,S} = L_{\mathrm{II}}^{S}$. Wir ändern jedoch die Modellbeziehung von $\mathcal{L}_{\mathrm{II}}$ ab, indem wir für $\mathfrak{J} = (\mathfrak{A}, \gamma)$ festlegen:

$$\mathfrak{J} \models_w \exists X^n \varphi \quad \text{:gdw} \quad \text{es gibt ein } endliches\ C \subseteq A^n \text{ mit } \mathfrak{J}\frac{C}{X^n} \models \varphi.$$

Es wird also nur über endliche Mengen (oder Relationen) quantifiziert. Man zeige:

(a) Es gibt einen Satz φ zweiter Stufe und eine Struktur $\mathfrak{A}$ mit $\mathfrak{A} \models_w \varphi$, aber nicht $\mathfrak{A} \models \varphi$.

(b) Zu jedem Satz $\varphi \in L_{\mathrm{II}}^{w,S}$ gibt es einen Satz $\psi \in L_{\mathrm{II}}^{S}$, sodass für alle S-Strukturen $\mathfrak{A}$ gilt: $\mathfrak{A} \models_w \varphi$ gdw $\mathfrak{A} \models \psi$.

(c) In L_{II}^{w} gilt der Endlichkeitssatz nicht. (Dass dagegen der Satz von Löwenheim und Skolem für L_{II}^{w} gilt, ergibt sich mit dem Ergebnis 9.2.4 des folgenden Abschnitts; vgl. Aufgabe 9.2.7).

9.2 Das System $\mathcal{L}_{\omega_1\omega}$

In 6.3.5 haben wir gezeigt, dass sich die Klasse der Torsionsgruppen nicht in der ersten Stufe charakterisieren lässt. Dagegen erhalten wir eine Axiomatisierung dieser Klasse, wenn wir zu den Gruppenaxiomen den „Ausdruck"

$$(*) \qquad \forall x(x \equiv e \vee x \circ x \equiv e \vee x \circ x \circ x \equiv e \vee \ldots)$$

hinzunehmen. Man kann also die Ausdrucksmöglichkeiten der ersten Stufe dadurch vergrößern, dass man „unendlich lange" Disjunktionen und Konjunktionen zulässt. Solche Bildungen sind ein Charakteristikum der sog. *infinitären Sprachen*. Im einfachsten Fall beschränkt man sich dabei auf „abzählbar lange" Disjunktionen und Konjunktionen. Auf diese Weise ensteht das logische System $\mathcal{L}_{\omega_1\omega}$. Die Bezeichnung entspringt der bei infinitären Sprachen gebräuchlichen Nomenklatur (vgl. [5]). Wir definieren die Ausdrücke von $\mathcal{L}_{\omega_1\omega}$, indem wir uns der Kalkülsprache bedienen. Man beachte jedoch, dass bei 9.2.1(b) keine Kalkülregel im eigentlichen Sinne vorliegt. (So muss man etwa, um den „Ausdruck" $(*)$ zu bilden, zuvor die Ausdrücke $x \equiv e$, $x \circ x \equiv e$, $\ldots$ gewonnen haben.) Wir empfehlen, sich in diesem Zusammenhang von einem naiven Verständnis leiten zu lassen. Präzise Fassungen solcher „Kalküle" können im Rahmen der Mengenlehre gegeben werden (vgl. 7.4.3). Zum Beispiel beruhen dann die Definition der Ausdrücke und Beweise durch Induktion über den Aufbau der Ausdrücke auf dem Prinzip der transfiniten Induktion.

9.2.1 Definition von $\mathcal{L}_{\omega_1\omega}$ Gegenüber der Sprache L^{S} erster Stufe treten für die Sprache $L_{\omega_1\omega}^{S}$ hinzu:

(a) an Zeichen: $\bigvee$ (für unendlich lange Disjunktionen);

(b) zum Ausdruckskalkül die „Regel":

Ist Φ eine höchstens abzählbare Menge von S-Ausdrücken, so ist $\bigvee \Phi$ ein S-Ausdruck (die *Disjunktion* der Ausdrücke in Φ);

(c) bei der Definition der Modellbeziehung die Festsetzung:

Ist Φ eine höchstens abzählbare Menge von $L^S_{\omega_1\omega}$-Ausdrücken, $\mathfrak{A}$ eine S-Struktur, β eine Belegung in $\mathfrak{A}$ und $\mathfrak{I} = (\mathfrak{A}, \beta)$, so sei

$$\mathfrak{I} \models \bigvee \Phi \quad :\text{gdw} \quad \text{es gibt ein } \varphi \in \Phi \text{ mit } \mathfrak{I} \models \varphi.$$

In $\mathcal{L}_{\omega_1\omega}$ lassen sich viele Klassen axiomatisieren, von denen wir früher festgestellt haben, dass sie nicht in der ersten Stufe charakterisierbar sind. So etwa:

die Klasse der Torsionsgruppen durch die Konjunktion der Gruppenaxiome und

$$\forall x \bigvee \{\underbrace{x \circ \ldots \circ x}_{n-\text{mal}} \equiv e \mid n \geq 1\},$$

die Klasse der Körper mit von 0 verschiedener Charakteristik durch die Konjunktion der Körperaxiome und

$$\bigvee \{\underbrace{1 + \ldots + 1}_{n-\text{mal}} \equiv 0 \mid n \geq 2\},$$

die Klasse der archimedisch geordneten Körper durch die Konjunktion der Axiome für geordnete Körper und

$$\forall x \bigvee \{x < \underbrace{1 + \ldots + 1}_{n-\text{mal}} \mid n \geq 1\},$$

die Klasse der zu $(\mathbb{N}, \sigma, 0)$ isomorphen Strukturen durch die Konjunktion der ersten beiden Peanoaxiome und

$$\forall x \bigvee \{x \equiv \underbrace{\sigma \ldots \sigma}_{n-\text{mal}} 0 \mid n \geq 0\},$$

die Klasse der zusammenhängenden Graphen durch die Konjunktion der Axiome für Graphen und

$$\forall x \forall y (\neg x \equiv y \to$$
$$\bigvee \{\exists z_0 \ldots \exists z_n (x \equiv z_0 \land y \equiv z_n \land Rz_0 z_1 \land \ldots \land Rz_{n-1} z_n) \mid n \geq 1\}).$$

9.2.2 Bemerkungen (a) Für eine höchstens abzählbare Menge Φ sei $\bigwedge \Phi$ eine Abkürzung für den $\mathcal{L}_{\omega_1\omega}$-Ausdruck $\neg \bigvee \{\neg \varphi \mid \varphi \in \Phi\}$. Dann gilt

$$\mathfrak{I} \models \bigwedge \Phi \quad \text{gdw} \quad \text{für alle } \varphi \in \Phi \colon \mathfrak{I} \models \varphi.$$

$\bigwedge \Phi$ heißt daher die *Konjunktion* der Ausdrücke in Φ.

(b) Für $\mathcal{L}_{\omega_1\omega}$ erweitert man die Definition der Menge $\text{TA}(\varphi)$ der Teilausdrücke von φ in 2.4.5 um die Festsetzung

$$\mathrm{TA}(\bigvee \Phi) := \{\bigvee \Phi\} \cup \bigcup_{\psi \in \Phi} \mathrm{TA}(\psi).$$

Dann lässt sich durch Induktion über den Aufbau von φ beweisen, dass $\mathrm{TA}(\varphi)$ höchstens abzählbar ist. Wir bringen als Beispiel den $\bigvee$-Schritt: Sei $\varphi = \bigvee \Phi$, und für jedes $\psi \in \Phi$ sei nach Induktionsvoraussetzung $\mathrm{TA}(\psi)$ höchstens abzählbar. Dann ist auch $\mathrm{TA}(\bigvee \Phi) = \{\bigvee \Phi\} \cup \bigcup_{\psi \in \Phi} \mathrm{TA}(\psi)$ als höchstens abzählbare Vereinigung von höchstens abzählbaren Mengen höchstens abzählbar. – Insbesondere existiert zu jedem $\varphi \in L_{\omega_1\omega}^S$ ein höchstens abzählbares $S' \subseteq S$ mit $\varphi \in L_{\omega_1\omega}^{S'}$.

(c) Die Menge frei($\bigvee \Phi$) der in $\bigvee \Phi$ frei vorkommenden Variablen sei gleich $\bigcup_{\psi \in \Phi}$ frei(ψ). Der Ausdruck $\bigvee\{v_n \equiv v_n \mid n \in \mathbb{N}\}$ enthält somit unendlich viele Variablen frei. Durch Induktion über den Aufbau von φ zeigt man leicht: Ist frei(φ) endlich, so kommen auch in jedem Teilausdruck von φ nur endlich viele Variablen frei vor. Insbesondere enthalten die Teilausdrücke eines $\mathcal{L}_{\omega_1\omega}$-Satzes nur endlich viele Variablen frei.

Für den $L_{\omega_1\omega}^\emptyset$-Satz

$$\psi_{\mathrm{endl}} := \bigvee\{\neg\varphi_{\geq n} \mid n \geq 2\}$$

und jede Struktur $\mathfrak{A}$ gilt:

$$\mathfrak{A} \models \psi_{\mathrm{endl}} \quad \text{gdw} \quad A \text{ ist endlich.}$$

Somit zeigt die Satzmenge $\{\psi_{\mathrm{endl}}\} \cup \{\varphi_{\geq n} \mid n \geq 2\}$:

9.2.3 Satz *Für $\mathcal{L}_{\omega_1\omega}$ gilt der Endlichkeitssatz nicht.* $\dashv$

Dennoch lassen sich viele Sachverhalte bei geeigneter Formulierung von $\mathcal{L}_\mathrm{I}$ nach $\mathcal{L}_{\omega_1\omega}$ übertragen. Wir erwähnen einige Beispiele und verweisen zur genaueren Information auf [25].

(1) Es gilt der Satz von Löwenheim und Skolem (siehe 9.2.4).

(2) Die folgenden „Regeln" für $\bigvee$ sind korrekt:

$$(\bigvee\mathrm{A}) \quad \frac{\Gamma \quad \varphi \quad \psi \quad \text{für jedes } \varphi \in \Phi}{\Gamma \quad \bigvee \Phi \quad \psi} \; ;$$

$$(\bigvee\mathrm{S}) \quad \frac{\Gamma \quad \varphi}{\Gamma \quad \bigvee \Phi} \, , \quad \text{falls } \varphi \in \Phi.$$

Dabei steht Γ für endliche Folgen von $\mathcal{L}_{\omega_1\omega}$-Ausdrücken.

Erweitert man den Beweiskalkül $\mathfrak{S}$ der ersten Stufe um ($\bigvee\mathrm{A}$) und ($\bigvee\mathrm{S}$), so erhält man einen korrekten und vollständigen „Kalkül": Sind $\varphi_1, \ldots, \varphi_n, \varphi$ $\mathcal{L}_{\omega_1\omega}$-Sätze, so ist die Sequenz $\varphi_1 \ldots \varphi_n \varphi$ genau dann ableitbar, wenn sie korrekt ist. Allerdings muss man, wie die Regel ($\bigvee\mathrm{A}$) nahelegt, unendlich lange Ableitungen zulassen.

(3) Eine Analyse von (2) zeigt, dass sich bei geeigneter Verallgemeinerung des Endlichkeitsbegriffs auch weitere Sachverhalte von $\mathcal{L}_\mathrm{I}$ auf $\mathcal{L}_{\omega_1\omega}$ übertragen lassen. Hierzu gehört etwa der *Barwisesche Endlichkeitssatz* für $\mathcal{L}_{\omega_1\omega}$, vgl. [4].

9.2.4 Satz von Löwenheim und Skolem für $\mathcal{L}_{\omega_1\omega}$ *Jeder erfüllbare $\mathcal{L}_{\omega_1\omega}$-Satz ist über einer höchstens abzählbaren Menge erfüllbar.*

Da es zu jedem $\mathcal{L}_{\omega_1\omega}$-Satz φ ein höchstens abzählbares S gibt mit $\varphi \in L^S_{\omega_1\omega}$, folgt 9.2.4 unmittelbar aus

9.2.5 Lemma *Es sei S höchstens abzählbar, φ sei ein $L^S_{\omega_1\omega}$-Satz und $\mathfrak{B}$ eine S-Struktur mit $\mathfrak{B} \models \varphi$. Dann gibt es eine höchstens abzählbare Substruktur $\mathfrak{A} \subseteq \mathfrak{B}$ mit $\mathfrak{A} \models \varphi$.*

Beweis. Wir schildern zunächst die Idee. B_0 sei eine nicht-leere, höchstens abzählbare Teilmenge von B, welche S-abgeschlossen ist, welche also die $c^\mathfrak{B}$ für $c \in S$ enthält und gegen $f^\mathfrak{B}$ für $f \in S$ abgeschlossen ist. B_0 ist dann Träger einer höchstens abzählbaren Substruktur $\mathfrak{B}_0$ von $\mathfrak{B}$. Wenn man versucht, nachzuweisen, dass $\mathfrak{B}_0 \models \varphi$, und den Beweis induktiv über den Aufbau von φ führt, scheitert man im Allgemeinen an den $\exists$-Quantoren in φ. Hat z. B. φ die Gestalt $\exists x P x$, so muss sichergestellt sein, dass es ein $b \in B_0$ gibt mit $P^\mathfrak{B} b$. Wir werden daher den Ansatz verfolgen, B_0 sukzessive gegen alle möglichen Existenzforderungen abzuschließen, die von Teilausdrücken von φ herrühren.

Mit $\psi(x_1, \ldots, x_n)$ deuten wir an, dass frei$(\psi) \subseteq \{x_1, \ldots, x_n\}$ und dass die Variablen $x_1, \ldots, x_n$ paarweise verschieden sind. Und für eine S-Struktur $\mathfrak{D}$ besage $\mathfrak{D} \models \psi[a_1, \ldots, a_n]$, dass ψ in $\mathfrak{D}$ gilt, wenn für $1 \leq i \leq n$ die Variable x_i durch a_i belegt wird.

Wir definieren eine Folge $A_0, A_1, A_2, \ldots$ von höchstens abzählbaren Teilmengen von B so, dass für $m \in \mathbb{N}$ gilt:

(a) $A_m \subseteq A_{m+1}$;

(b) für $\psi(x_1, \ldots, x_n, x) \in \mathrm{TA}(\varphi)$ oder von der Gestalt $f x_1 \ldots x_n \equiv x$ (mit n-stelligem $f \in S$) und $a_1, \ldots, a_n \in A_m$ gilt:
   Wenn $\mathfrak{B} \models \exists x \psi[a_1, \ldots, a_n]$, so gibt es ein $a \in A_{m+1}$ mit
   $\mathfrak{B} \models \psi[a_1, \ldots, a_n, a]$.

A_0 sei eine höchstens abzählbare Teilmenge von B, die $\{c^\mathfrak{B} \mid c \in S\}$ umfasst und nicht leer ist. Sei A_m bereits definiert und höchstens abzählbar. Um A_{m+1} zu definieren, wählen wir zu jedem Ausdruck $\psi(x_1, \ldots, x_n, x)$, der zu $\mathrm{TA}(\varphi)$ gehört oder die Gestalt $f x_1 \ldots x_n \equiv x$ (mit n-stelligem $f \in S$) hat, und zu $a_1, \ldots, a_n \in A_m$ mit $\mathfrak{B} \models \exists x \psi[a_1, \ldots, a_n]$ ein $b \in B$ mit $\mathfrak{B} \models \psi[a_1, \ldots, a_n, b]$. A'_m sei die Menge der so gewählten b. Mit $\mathrm{TA}(\varphi)$ und A_m ist auch A'_m höchstens abzählbar. Wir setzen $A_{m+1} := A_m \cup A'_m$. Dann ist A_{m+1} höchstens abzählbar, und (a) und (b) sind erfüllt. Für

$$A := \bigcup_{m\in\mathbb{N}} A_m$$

gilt dann:

(1) A ist höchstens abzählbar.

(2) A ist S-abgeschlossen in $\mathfrak{B}$. Nach Wahl von A_0 brauchen wir nur zu zeigen, dass A für n-stelliges $f \in S$ gegen $f^{\mathfrak{B}}$ abgeschlossen ist. Seien $a_1, \ldots, a_n \in A$. Da die A_m eine aufsteigende Kette bilden, liegen $a_1, \ldots, a_n$ bereits in einem geeignet gewählten A_k. Da $\mathfrak{B} \models \exists x\, x \equiv fx_1 \ldots x_n[a_1, \ldots, a_n]$, liegt nach (b) dann $f^{\mathfrak{B}}(a_1, \ldots, a_n)$ in A_{k+1}, also in A.

Wegen (1), (2) ist A der Träger einer höchstens abzählbaren Substruktur $\mathfrak{A}$ von $\mathfrak{B}$. Wir sind daher fertig, wenn wir zeigen können:

(∗) $\qquad\qquad\qquad \mathfrak{A} \models \varphi.$

Dies ergibt sich sofort aus der folgenden Behauptung:

(∗∗) Für alle $\psi(x_1, \ldots, x_n) \in \mathrm{TA}(\varphi)$ und alle $a_1, \ldots, a_n \in A$ gilt:
$\mathfrak{A} \models \psi[a_1, \ldots, a_n]$ gdw $\mathfrak{B} \models \psi[a_1, \ldots, a_n]$.

Wir beweisen (∗∗) durch Induktion über den Aufbau von ψ und beschränken uns dabei auf den $\exists$-Schritt.

Sei $\psi(x_1, \ldots, x_n) = \exists x \chi(x_1, \ldots, x_n, x)$, und seien $a_1, \ldots, a_n \in A$. Wenn $\mathfrak{A} \models \exists x \chi[a_1, \ldots, a_n]$, so erhalten wir der Reihenfolge nach:

Es gibt ein $a \in A$: $\mathfrak{A} \models \chi[a_1, \ldots, a_n, a]$.
Es gibt ein $a \in A$: $\mathfrak{B} \models \chi[a_1, \ldots, a_n, a]$ (Ind.-Vor.).
$\mathfrak{B} \models \exists x \chi[a_1, \ldots, a_n]$.

Ist umgekehrt $\mathfrak{B} \models \exists x \chi[a_1, \ldots, a_n]$, so wählen wir ein k mit $a_1, \ldots, a_n \in A_k$ und erhalten der Reihe nach:

Es gibt ein $a \in A_{k+1}$: $\mathfrak{B} \models \chi[a_1, \ldots, a_n, a]$ (wegen (b)).
Es gibt ein $a \in A_{k+1}$: $\mathfrak{A} \models \chi[a_1, \ldots, a_n, a]$ (Ind.-Vor.).
$\mathfrak{A} \models \exists x \chi[a_1, \ldots, a_n]$. $\qquad\qquad\qquad\qquad\qquad\qquad\dashv$

Ist Φ eine höchstens abzählbare Menge von Sätzen erster Stufe und $\varphi := \bigwedge \Phi$, so liefert 9.2.5.: Jedes Modell von Φ hat eine höchstens abzählbare Substruktur, die ebenfalls Modell von Φ ist. Insbesondere erhalten wir damit einen neuen Beweis des Satzes von Löwenheim und Skolem für die erste Stufe, der nicht auf dem Beweis des Vollständigkeitssatzes beruht.

Man beachte, dass ein $\mathcal{L}_{\omega_1\omega}$-Satz, der $(\mathbb{N}, \sigma, 0)$ charakterisiert, kein überabzählbares Modell besitzt; somit gilt für $\mathcal{L}_{\omega_1\omega}$ nicht das Analogon des aufsteigenden Satzes von Löwenheim und Skolem 6.2.3.

Wir zeigen abschließend, wie man durch geeignete Wahl von φ in 9.2.5 zu mathematischen Anwendungen gelangen kann.

Der bequemeren Symbolisierung halber fassen wir hier Gruppen als Strukturen zur Symbolmenge $S_{\mathrm{Grp}} := \{\circ, e, {}^{-1}\}$ auf. Eine Gruppe $\mathfrak{G}$ heißt *einfach*, wenn $\{e^G\}$ und G die einzigen Normalteiler von $\mathfrak{G}$ sind. Bezeichnen wir für $a \in G$ mit $\langle a \rangle_{\mathfrak{G}}$ den von a in $\mathfrak{G}$ erzeugten Normalteiler von $\mathfrak{G}$, so gilt offenbar:

$$\mathfrak{G} \text{ ist einfach} \quad \text{gdw} \quad \langle a \rangle_{\mathfrak{G}} = G \text{ für alle } a \in G \text{ mit } a \neq e^G.$$

Da

$$\langle a \rangle_{\mathfrak{G}} = \{g_0 a^{z_0} g_0^{-1} \dots g_n a^{z_n} g_n^{-1} \mid n \in \mathbb{N}, z_0, \dots, z_n \in \mathbb{Z}, g_0, \dots, g_n \in G\},$$

lässt sich die Klasse der einfachen Gruppen in $L_{\omega_1\omega}^{S_{\mathrm{Grp}}}$ durch die Konjunktion φ_e der Gruppenaxiome und des folgenden Satzes axiomatisieren:

$$\forall x (\neg x \equiv e \to \forall y \bigvee \{\exists u_0 \dots \exists u_n \bigvee \{y \equiv u_0 x^{z_0} u_0^{-1} \dots u_n x^{z_n} u_n^{-1} \mid$$
$$z_0, \dots, z_n \in \mathbb{Z}\} \mid n \in \mathbb{N}\}).$$

Mit Hilfe von 9.2.5 zeigen wir jetzt:

9.2.6 *Ist $\mathfrak{G}$ eine einfache Gruppe und M eine abzählbare Teilmenge von G, so gibt es eine abzählbare einfache Untergruppe von $\mathfrak{G}$, die M umfasst.*

Beweis. Es sei $S' := S_{\mathrm{Grp}} \cup \{c_a \mid a \in M\}$ mit neuen Konstanten c_a für $a \in M$. Wir expandieren $\mathfrak{G}$ zu einer S'-Struktur $\mathfrak{G}'$, indem wir die c_a jeweils durch a interpretieren, und wenden 9.2.5 auf $\mathfrak{G}'$ und φ_e an.   ⊣

9.2.7 Aufgabe Man zeige, dass zu jedem $L_{\mathrm{II}}^{w,S}$-Satz φ (vgl. Aufgabe 9.1.7) ein $L_{\omega_1\omega}^S$-Satz ψ mit den gleichen Modellen existiert (d.h., für alle S-Strukturen $\mathfrak{A}$ gilt $\mathfrak{A} \models_w \varphi$ gdw $\mathfrak{A} \models \psi$). Man folgere hieraus den Satz von Löwenheim und Skolem für $\mathcal{L}_{\mathrm{II}}^w$.

9.2.8 Aufgabe Man zeige, dass die folgenden Klassen durch einen $\mathcal{L}_{\omega_1\omega}$-Satz axiomatisierbar sind:
(a) die Klasse der endlich erzeugten Gruppen;
(b) die Klasse der zu $(\mathbb{Z}, <)$ isomorphen Strukturen.

9.2.9 Aufgabe (a) Man zeige für beliebiges S, dass $L_{\omega_1\omega}^S$ überabzählbar ist.
(b) Man gebe für eine geeignete abzählbare Symbolmenge S eine überabzählbare Struktur $\mathfrak{B}$ an, zu der keine abzählbare Struktur $\mathfrak{A}$ existiert, in der dieselben $L_{\omega_1\omega}^S$-Sätze gelten.

9.3 Das System $\mathcal{L}_Q$

Nach dem Satz von Löwenheim und Skolem hat kein erfüllbarer Satz erster Stufe nur überabzählbare Modelle. In diesem Abschnitt untersuchen wir ein logisches System, das aus der Logik erster Stufe dadurch entsteht, dass wir auf natürliche Weise die Möglichkeit einbauen, Überabzählbarkeit zu fixieren.

Das System $\mathcal{L}_Q$ entsteht aus der ersten Stufe durch Hinzunahme des Quantors Q. Der Ausdruck $Qx\varphi$ besagt: „Es gibt überabzählbar viele x mit φ."

9.3.1 Definition von $\mathcal{L}_Q$ Gegenüber der Sprache L^S treten bei L_Q^S hinzu:

(a) an Zeichen: Q;

(b) zum Ausdruckskalkül die Regel: Ist φ ein S-Ausdruck, so auch $Qx\varphi$;

(c) bei der Definition der Modellbeziehung die Festsetzung:
Ist φ ein S-Ausdruck und $\mathfrak{I} = (\mathfrak{A}, \beta)$ eine S-Interpretation, so

$$\mathfrak{I} \models Qx\varphi \quad :\text{gdw} \quad \{a \in A \mid \mathfrak{I}\frac{a}{x} \models \varphi\} \text{ ist überabzählbar.}$$

Das System $\mathcal{L}_Q$ ist ausdrucksstärker als $\mathcal{L}_{\mathrm{I}}$. Zum Beispiel ist die Klasse der höchstens abzählbaren Strukturen in $\mathcal{L}_Q$ axiomatisierbar, etwa durch den Satz $\neg Qx\,x \equiv x$. – Ist $S = \{<\}$ und φ_0 die Konjunktion der Ordnungsaxiome mit

$$(Qx\,x \equiv x \wedge \forall x\neg Qy\,y < x),$$

so ist φ_0 ein L_Q^S-Satz, der die Klasse der überabzählbaren Ordnungen charakterisiert, bei denen jedes Element höchstens abzählbar viele Vorgänger besitzt. Diese sog. ω_1-*ähnlichen Ordnungen* spielen bei der Untersuchung von $\mathcal{L}_Q$ eine wesentliche Rolle.

Der Ausdruck φ_0 wie auch bereits $Qx\,x \equiv x$ zeigen, dass der Satz von Löwenheim und Skolem (6.1.1) für $\mathcal{L}_Q$ nicht gilt. Allerdings besitzt jeder erfüllbare $\mathcal{L}_Q$-Satz ein Modell einer Mächtigkeit $\leq \aleph_1$; vgl. Aufgabe 9.3.3.

Für $\mathcal{L}_Q$ gibt es einen adäquaten Sequenzenkalkül; man erhält ihn, indem man den Kalkül $\mathfrak{S}$ der ersten Stufe um die folgenden Regeln vermehrt (in Klammern steht jeweils ein veranschaulichender Kommentar, der die Idee des Korrektheitsbeweises enthält):

$$\frac{\Gamma \quad Qx\varphi}{\Gamma \quad Qy\varphi\frac{y}{x}}, \quad \text{falls } y \text{ nicht frei in } \varphi$$

(Umbenennung gebundener Variablen);

$$\frac{}{\neg Qx(x \equiv y \vee x \equiv z)}, \quad \text{falls } y, z \text{ von } x \text{ verschieden}$$

(„Einermengen und Zweiermengen sind höchstens abzählbar");

$$\frac{\Gamma \quad \forall x(\varphi \to \psi)}{\Gamma \quad Qx\varphi \to Qx\psi}$$

(„Obermengen überabzählbarer Mengen sind überabzählbar");

$$\frac{\Gamma \quad \neg Qx\exists y\varphi}{\Gamma \quad \exists x Qy\varphi}{\Gamma \quad \exists x Qy\varphi}$$

(„Ist die Vereinigung von abzählbar vielen Mengen überabzählbar, so ist mindestens eine dieser Mengen überabzählbar").

Man kann zeigen (vgl. [24]), dass dieser Kalkül genau die korrekten Sequenzen abzuleiten gestattet. Darüber hinaus gilt der Vollständigkeitssatz für abzählbare Mengen Φ von L_Q^S-Ausdrücken: $\Phi \models \varphi$ gdw $\Phi \vdash \varphi$. Wie bei der ersten Stufe gewinnt man hieraus (vgl. 6.2):

9.3.2 $\mathcal{L}_Q$-Endlichkeitssatz *Eine abzählbare Menge Φ von L_Q^S-Ausdrücken ist erfüllbar genau dann, wenn jede endliche Teilmenge von Φ erfüllbar ist.*   ⊣

Der Endlichkeitssatz gilt nicht mehr für überabzählbare Ausdrucksmengen. Hierzu ein Beispiel: Sei S eine überabzählbare Menge von Konstanten und

$$\Phi := \{\neg c \equiv d \mid c, d \in S, c \neq d\} \cup \{\neg Qx\, x \equiv x\}.$$

Dann ist zwar jede endliche Teilmenge von Φ erfüllbar, nicht jedoch Φ selbst.

In Kap. 6 haben wir gesehen, dass der Endlichkeitssatz und der Satz von Löwenheim und Skolem nützliche Hilfsmittel für Anwendungen in der Mathematik darstellen. In keiner der von uns betrachteten Erweiterungen von $\mathcal{L}_I$ gelten beide Sätze. So erfüllt $\mathcal{L}_{\omega_1\omega}$ nicht den Endlichkeitssatz, $\mathcal{L}_Q$ nicht den Satz von Löwenheim und Skolem und $\mathcal{L}_{II}$ keinen dieser Sätze. Es stellt sich die Frage: Gibt es überhaupt ein logisches System, das ausdrucksstärker als die erste Stufe ist und für das sowohl der Endlichkeitssatz als auch der Satz von Löwenheim und Skolem gelten? Wir werden in Kap. 13 eine negative Antwort geben.

9.3.3 Aufgabe Man zeige: Jeder erfüllbare $\mathcal{L}_Q$-Satz ist über einer Menge einer Mächtigkeit kleiner oder gleich $\aleph_1$ erfüllbar. (Dabei ist $\aleph_1$ die kleinste überabzählbare Kardinalzahl.)

9.3.4 Aufgabe $\mathcal{L}_Q^\circ$ entstehe aus $\mathcal{L}_Q$, indem man die Modellbeziehung 9.3.1(c) folgendermaßen abändert:

$$\mathfrak{I} \models Qx\varphi \quad :\text{gdw} \quad \{a \in A \mid \mathfrak{I}\frac{a}{x} \models \varphi\} \text{ ist unendlich.}$$

Man zeige: In $\mathcal{L}_Q^\circ$ gilt nicht der Endlichkeitssatz, jedoch der Satz von Löwenheim und Skolem.

10

Berechenbarkeit und ihre Grenzen

Bislang haben wir die Tatsache, dass das Anwenden von Sequenzenregeln letztlich in einem mechanischen Umgang mit Zeichenreihen besteht, nur für methodologische Überlegungen (vgl. 7.1) benutzt. Im Folgenden wollen wir den Aspekt des formal-syntaktischen Operierens systematischer untersuchen und anschließend in mathematische Überlegungen zur Logik einbeziehen. Einen ersten Einblick in die Fragestellungen, die wir dabei aufgreifen wollen, vermitteln wir am Beispiel des Axiomensystems $\Phi_{\mathrm{Gr}} = \{\varphi_0, \varphi_1, \varphi_2\}$ der Gruppentheorie. Der Vollständigkeitssatz liefert (zusammen mit dem Korrektheitssatz), dass für alle S_{Gr}-Sätze φ

$$\Phi_{\mathrm{Gr}} \models \varphi \quad \text{gdw} \quad \Phi_{\mathrm{Gr}} \vdash \varphi;$$

φ ist also genau dann ein Satz der Gruppentheorie

$$\mathrm{Th}_{\mathrm{Gr}} := \{\psi \in L_0^{S_{\mathrm{Gr}}} \mid \Phi_{\mathrm{Gr}} \models \psi\},$$

wenn die Sequenz $\varphi_0 \varphi_1 \varphi_2 \varphi$ ableitbar ist. Indem wir für die Symbolmenge S_{Gr} durch systematische Anwendung aller Sequenzenregeln nach und nach jede mögliche Ableitung herstellen, können wir eine Liste der Sätze aus $\mathrm{Th}_{\mathrm{Gr}}$ anlegen: Wir notieren hierzu für jede hergestellte Ableitung, deren letzte Sequenz die Gestalt $\varphi_0 \varphi_1 \varphi_2 \varphi$ mit $\varphi \in L_0^{S_{\mathrm{Gr}}}$ hat, das Sukzedens φ.

Wir haben damit ein Verfahren an der Hand, mit dem wir gleichsam mechanisch alle Sätze aus $\mathrm{Th}_{\mathrm{Gr}}$ auflisten können. Es dürfte plausibel sein, dass man die Durchführung eines solchen Verfahrens einer geeignet programmierten Rechenmaschine übertragen kann. Freilich müsste deren Kapazität bei Bedarf jeweils im erforderlichen Maße vergrößert werden, da ja die Ableitungen und die in ihnen auftretenden Sequenzen und Ausdrücke beliebig lang werden kön-

© Springer-Verlag GmbH Deutschland, ein Teil von Springer Nature 2018
H.-D. Ebbinghaus et al., *Einführung in die mathematische Logik*,
https://doi.org/10.1007/978-3-662-58029-5_10

nen. Eine Menge wie Th_{Gr}, die sich auf eine solche Weise durch ein Verfahren auflisten lässt, heißt *aufzählbar*.

Mehr als ein Aufzählungsverfahren für Th_{Gr}, von dem man nicht weiß, ob es in absehbarer Zeit überhaupt wichtige Sätze liefert, interessiert es in der Mathematik, von konkreten Sätzen φ, die vom augenblicklich überschaubaren Teil der Theorie her wichtig sind, zu wissen, ob sie zu Th_{Gr} gehören oder nicht. Üblicherweise gibt man dadurch eine Antwort, dass man einen Beweis für φ führt oder ein Gegenbeispiel für φ aufweist, d.h. eine Gruppe $\mathfrak{G}$ mit $\mathfrak{G} \models \neg\varphi$. Da es oft nur schwer gelingt, einen Nachweis in der einen oder anderen Richtung zu erbringen, liegt die Frage nahe, ob es vielleicht ein Verfahren gibt, das sich auf beliebige S_{Gr}-Sätze anwenden lässt und für jeden solchen Satz in endlich vielen Schritten entscheidet, ob er zu Th_{Gr} gehört oder nicht, anders gesprochen: ob man eine Rechenmaschine so programmieren kann, dass sie bei Eingabe eines S_{Gr}-Satzes φ „berechnet", ob φ zu Th_{Gr} gehört oder nicht. Eine Theorie, für die ein solches Verfahren existiert, nennen wir *entscheidbar*.

Das folgende Kapitel widmet sich dem gerade aufgeworfenen Fragenkreis. Dazu gehen wir zunächst ausführlicher auf die Begriffe der Aufzählbarkeit und der Entscheidbarkeit ein – in 10.1 noch naiv, in 10.2 präzise auf der Basis von sog. *Registermaschinen*. In 10.3 werden Grenzen des maschinellen Zugangs aufgezeigt, und in den restlichen Abschnitten des Kapitels folgen Anwendungen auf Logiken und Theorien erster und zweiter Stufe.

Unsere Betrachtungen gehören zur *Berechenbarkeitstheorie (Rekursionstheorie)*. Zur weiteren Information verweisen wir auf [11, 19, 30].

10.1   Entscheidbarkeit, Aufzählbarkeit, Berechenbarkeit

A. Verfahren, Entscheidbarkeit

Es ist allgemein bekannt, wie man von einer beliebig vorgegebenen natürlichen Zahl n feststellen kann, ob sie eine Primzahl ist: Falls $n = 0$ oder $n = 1$, ist n nicht prim; falls $n = 2$, ist n prim. Ist $n \geq 3$, so prüfe man der Reihe nach die Zahlen $2, \ldots, n - 1$ daraufhin, ob sie n teilen. Gelangt man so zu keinem Teiler von n, ist n prim, sonst nicht.

Dieses Verfahren operiert mit Zeichenreihen, etwa bei Dezimaldarstellung der natürlichen Zahlen mit Zeichenreihen über dem Alphabet $\{0, \ldots, 9\}$. Es ist durch unsere Schilderung noch nicht bis in alle Einzelheiten festgelegt – wir haben z.B. nicht normiert, wie man die Divisionen durchzuführen hat –, doch dürfte es einleuchtend sein, dass man durch eine geeignete Aufgliederung in kleine Einzelschritte einen „mechanischen" Ablauf eindeutig fixieren kann. So etwa, wenn man das Verfahren auf einer Rechenmaschine programmiert und ablaufen lässt. Mit Bezug auf das, was es leistet, spricht man von einem *Entscheidungsverfahren für die Menge der Primzahlen.*

Ebenfalls bekannt sind etwa Verfahren

(a) zur Multiplikation zweier natürlicher Zahlen,

(b) zur Berechnung der Quadratwurzel einer natürlichen Zahl,

(c) zur Auflistung der Primzahlen in natürlicher Reihenfolge.

All diesen Verfahren ist gemeinsam, dass sie *schrittweise verlaufen, mit Zeichenreihen operieren* und *auf einer geeignet programmierten Rechenmaschine durchführbar sind.* Ein Verfahren kann eine oder mehrere *Eingaben (Inputs)* verarbeiten (wie in (a) oder (b)) oder ohne eine spezielle Eingabe in Gang gesetzt werden (wie in (c)). Es kann nach endlich vielen Schritten *stoppen* und eine *Ausgabe (Output)* liefern (wie in (a) zu jedem Input und in (b) für eingegebene Quadratzahlen), oder es kann unendlich lange laufen, wobei mehrere Ausgaben erfolgen können (wie in (c)).

Verfahren in diesem Sinne bezeichnet man spezifischer auch als *effektive Verfahren* oder *Algorithmen.* Wenn wir im Folgenden sagen, aus bestimmten Objekten könne man neue Objekte „konstruieren", ist gemeint, dass dies algorithmisch geschieht, d.h. mit Hilfe eines effektiven Verfahrens im obigen Sinn, welches die betreffende Konstruktion beschreibt. Demgegenüber verwendet man in der Mathematik den Verfahrensbegriff zuweilen auch allgemeiner. So spricht man selbst dann vom Schmidtschen Orthogonalisierungs*verfahren*, wenn man sich auf „abstrakte" Vektorräume bezieht.

Die folgende Definition und ebenso die weiteren Ausführungen dieses Abschnitts sind nicht mathematisch exakt, da wir den Begriff des Verfahrens noch nicht präzise gefasst, sondern nur exemplarisch erläutert haben.

10.1.1 Definition A sei ein Alphabet, W eine Menge von Wörtern über A, d.h. $W \subseteq A^*$, und $\mathfrak{V}$ ein Verfahren.

(a) $\mathfrak{V}$ heißt ein *Entscheidungsverfahren* für W, falls $\mathfrak{V}$ bei jeder Eingabe $\zeta \in A^*$ schließlich stoppt und zuvor genau einmal eine Ausgabe $\eta \in A^*$ liefert, wobei

$$\eta = \square, \text{ falls } \zeta \in W \quad \text{und} \quad \eta \neq \square, \text{ falls } \zeta \notin W.$$

(b) W heißt *entscheidbar*, falls es ein Entscheidungsverfahren für W gibt.

Ein Entscheidungsverfahren für W liefert also, angesetzt auf ein beliebiges Wort ζ über A, nach endlich vielen Schritten die (richtige) Antwort auf die

Frage „$\zeta \in W$?". Dabei wird die Antwort „Ja" durch das leere Wort, die Antwort „Nein" durch ein nicht-leeres Wort wiedergegeben.

Um das eingangs beschriebene Entscheidungsverfahren für die Menge der Primzahlen den Forderungen aus 10.1.1 anzugleichen, setzen wir $\mathbb{A} := \{0, \ldots, 9\}$ und $W :=$ Menge der (Dezimaldarstellungen der) Primzahlen und vereinbaren, dass für Primzahlen das leere Wort und sonst z. B. 1 ausgegeben wird.

Entscheidbar sind, um weitere Beispiele zu bringen, die Menge der S_∞-Terme und die Menge der S_∞-Ausdrücke (zu S_∞ vgl. 2.2) als Zeichenreihen über dem Alphabet

$$\mathbb{A}_\infty := \{v_0, v_1, \ldots, \neg, \vee, \exists, \equiv,), (\} \cup S_\infty.$$

(Ähnliche Überlegungen gelten hier und in späteren Fällen auch für andere konkret gegebene Symbolmengen.) Wir skizzieren ein Entscheidungsverfahren für die Terme.

Es sei $\zeta \in \mathbb{A}_\infty^*$ vorgegeben. Wir stellen zunächst die Länge$l(\zeta)$ von ζ fest. Ist $l(\zeta) = 0$, so ist ζ kein Term. Ist $l(\zeta) = 1$, so ist ζ genau dann ein Term, falls ζ eine Variable oder eine Konstante ist, und wir haben das zu prüfen. Ist $l(\zeta) > 1$, scheidet ζ als Term aus, wenn es nicht mit einem Funktionssymbol beginnt. Beginnt ζ z. B. mit f_1^3, ist also $\zeta = f_1^3 \zeta'$, so prüfen wir, ob es eine Zerlegung $\zeta_1 \zeta_2 \zeta_3$ von ζ' gibt, bei der die ζ_i Terme sind. Genau dann, wenn eine solche Zerlegung existiert, ist ζ ein Term. Dabei prüfen wir die einzelnen ζ_i nach demselben Verfahren wie ζ. Da die ζ_i kürzer sind als ζ, gelangen wir nach endlich vielen Schritten zu einer Antwort.

Wenn man versucht, dieses Verfahren genauer zu formulieren oder für eine Rechenmaschine zu programmieren, erhebt sich eine Schwierigkeit: Programme sind endlich und können daher nur endlich viele Zeichen aus $\mathbb{A}_\infty$ ansprechen, während $\mathbb{A}_\infty$ ja bereits die unendlich vielen Zeichen $v_0, v_1, v_2, \ldots$ enthält. Wir helfen uns, indem wir zu dem neuen endlichen Alphabet

$$\mathbb{A}_0 := \{v, \underline{0}, \underline{1}, \ldots, \underline{9}, \overline{0}, \overline{1}, \ldots, \overline{9}, \neg, \vee, \exists, \equiv,), (, R, f, c\}$$

übergehen und die Zeichen von $\mathbb{A}_\infty$ in naheliegender Weise aus den Zeichen von $\mathbb{A}_0$ aufbauen, so z. B. v_{71} durch $v\underline{71}$, c_{11} durch $c\underline{11}$, R_{18}^3 durch $R\overline{3}\underline{18}$ und den S_∞-Ausdruck $\exists v_3 (R_1^1 v_3 \vee c_{11} \equiv f_0^1 v_1)$ durch $\exists v\underline{3}(R\overline{1}\underline{1}v\underline{3} \vee c\underline{11} \equiv f\overline{1}\underline{0}v\underline{1})$. Wir wollen daher im Folgenden stets nur *endliche* Alphabete in unsere Betrachtungen einbeziehen.

10.1.2 Aufgabe $\mathbb{A}$ sei ein Alphabet, und W, W' seien entscheidbare Teilmengen von $\mathbb{A}^*$. Man zeige, dass $W \cup W'$, $W \cap W'$ und $\mathbb{A}^* \setminus W$ entscheidbar sind.

10.1.3 Aufgabe Man beschreibe Entscheidungsverfahren für folgende Teilmengen von $\mathbb{A}_0^*$:

(a) die Menge der Zeichenreihen $x\varphi$ über $\mathbb{A}_0$ mit $x \in \mathrm{frei}(\varphi)$,
(b) die Menge der S_∞-Sätze.

B. Aufzählbarkeit

Wir betrachten eine Rechenmaschine, die folgendermaßen arbeitet: Sie stellt der Reihe nach die Zahlen $n = 0, 1, 2, \ldots$ her, prüft jeweils, ob n eine Primzahl ist, und gibt n aus, wenn dies der Fall ist. Die Maschine läuft unendlich lange und legt dabei eine Liste aller Primzahlen an, d.h. eine Liste, in der schließlich jede Primzahl erscheint.

Mengen, die sich wie die Menge der Primzahlen mit einem Verfahren auflisten lassen, heißen *aufzählbar*:

10.1.4 Definition $\mathbb{A}$ sei ein Alphabet, $W \subseteq \mathbb{A}^*$ und $\mathfrak{V}$ ein Verfahren.

(a) $\mathfrak{V}$ heißt ein *Aufzählungsverfahren* für W, falls $\mathfrak{V}$, wenn es in Gang gesetzt wird, nach und nach genau die Wörter aus W (in irgendeiner Reihenfolge, evtl. auch mit Wiederholungen) ausgibt.
(b) W heißt *aufzählbar*, falls es ein Aufzählungsverfahren für W gibt.

Wir bringen weitere Beispiele für aufzählbare Mengen.

10.1.5 $\mathbb{A}$ *sei ein (endliches) Alphabet. Dann ist* $\mathbb{A}^*$ *aufzählbar.*

Beweis. Es sei $\mathbb{A} = \{a_0, \ldots, a_n\}$. Wir definieren zunächst in $\mathbb{A}^*$ die sog. *lexikografische Reihenfolge* (bzgl. der Indizierung $a_0, \ldots, a_n$): In dieser Reihenfolge kommt ζ vor ζ', falls gilt:

$l(\zeta) < l(\zeta')$ oder

$l(\zeta) = l(\zeta')$ und „ζ steht lexikografisch vor ζ'", d.h., es gibt $a_i, a_j \in \mathbb{A}$

mit $i < j$, sodass für geeignete $\xi, \eta, \eta' \in \mathbb{A}^*$ $\zeta = \xi a_i \eta$ und $\zeta' = \xi a_j \eta'$.

Ist etwa $\mathbb{A} = \{a, b, c, \ldots, x, y, z\}$, so kommt „papa" vor „papi", jedoch hinter „zuu". Allgemein beginnt die Reihenfolge so:

$$\square, a_0, \ldots, a_n, a_0 a_0, a_0 a_1, \ldots, a_0 a_n, a_1 a_0, \ldots, a_n a_n, a_0 a_0 a_0, \ldots.$$

Man kann nun relativ leicht ein Verfahren angeben, das die Elemente von $\mathbb{A}^*$ in lexikografischer Reihenfolge auflistet. ⊣

10.1.6 $\{\varphi \in L_0^{S_\infty} \mid \models \varphi\}$ *ist aufzählbar.*

Beweis. Wir skizzieren ein Verfahren, das die S_∞-Sätze φ mit $\vdash \varphi$ auflistet. Es verwendet dieselbe Idee wie das Aufzählungsverfahren für $\mathrm{Th}_{\mathrm{Gr}}$ in der Einführung. Man stelle zur Symbolmenge S_∞ systematisch alle möglichen Ableitungen her. Sofern deren letzte Sequenz aus einem einzigen Satz φ besteht, notiere man φ. Die Ableitungen lassen sich etwa so erzeugen: Für $n = 1, 2, 3, \ldots$ stelle man die in der lexikografischen Reihenfolge n ersten Terme und Ausdrücke her und bilde die endlich vielen Ableitungen einer Länge $\leq n$, die nur diese Ausdrücke und Terme verwenden und aus höchstens n-gliedrigen Sequenzen bestehen.   ⊣

C. Zusammenhang zwischen Aufzählbarkeit und Entscheidbarkeit

Wir haben soeben gesehen, dass sich die Menge der „logisch wahren" Sätze mit einem Verfahren auflisten lässt. Kann man vielleicht darüber hinaus *entscheiden*, ob ein beliebig vorgegebener Satz „logisch wahr" ist? Das geschilderte Aufzählungsverfahren hilft hier nicht weiter. Wenn wir z. B. einen Satz φ auf seine Allgemeingültigkeit hin prüfen wollen, indem wir das Aufzählungsverfahren von 10.1.6 in Gang setzen und warten, ob φ erscheint, so kommen wir zu einer positiven Entscheidung, sobald φ ausgegeben wird. Solange jedoch φ nicht erschienen ist, können wir im Allgemeinen nichts über φ aussagen, da wir ja nicht wissen, ob φ nie erscheinen wird (weil es nicht allgemeingültig ist) oder ob φ erst zu einem späteren Zeitpunkt erscheinen wird. Wir werden sogar zeigen (vgl. 10.4.1), dass die Menge der allgemeingültigen S_∞-Sätze nicht entscheidbar ist.

Umgekehrt kann man von der Entscheidbarkeit einer Menge auf ihre Aufzählbarkeit schließen:

10.1.7 Satz *Jede entscheidbare Menge ist aufzählbar.*

Beweis. $W \subseteq \mathbb{A}^*$ sei entscheidbar und $\mathfrak{V}$ ein Entscheidungsverfahren für W. Wir listen W auf, indem wir $\mathbb{A}^*$ lexikografisch aufzählen und dabei jede Zeichenreihe, die wir erhalten, mit $\mathfrak{V}$ auf ihre Zugehörigkeit zu W prüfen und bei positiver Entscheidung ausgeben.   ⊣

Über 10.1.7 hinaus gilt:

10.1.8 Satz *Eine Teilmenge W von $\mathbb{A}^*$ ist genau dann entscheidbar, falls W und das Komplement $\mathbb{A}^* \setminus W$ aufzählbar sind.*

Beweis. W sei entscheidbar. Dann ist auch $\mathbb{A}^* \setminus W$ entscheidbar: In einem Entscheidungsverfahren für W vertausche man bei der Ausgabe die Fälle „Ja" und „Nein". Nach 10.1.7 sind also W und $\mathbb{A}^* \setminus W$ aufzählbar. – Seien umgekehrt W und $\mathbb{A}^* \setminus W$ aufzählbar, etwa mit Aufzählungsverfahren $\mathfrak{V}$ und $\mathfrak{V}'$. Wir kombinieren $\mathfrak{V}$ und $\mathfrak{V}'$ auf folgende Weise zu einem Entscheidungsverfahren für W: Bei Eingabe von ζ lassen wir beide Verfahren so lange laufen, bis ζ durch $\mathfrak{V}$ oder durch $\mathfrak{V}'$ ausgegeben wird. Dies ist schließlich der Fall, da jede Zeichenreihe aus $\mathbb{A}^*$ in W oder in $\mathbb{A}^* \setminus W$ liegt. Tritt ζ bei $\mathfrak{V}$ auf, gehört es zu W, sonst zu $\mathbb{A}^* \setminus W$.   ⊣

10.1.9 Aufgabe $U \subseteq \mathbb{A}^*$ sei entscheidbar und $W \subseteq U$. Man zeige: Wenn W und $U \setminus W$ aufzählbar sind, dann ist W entscheidbar.

Die Definitionen der entscheidbaren und der aufzählbaren Menge nehmen Bezug auf ein fest vorgegebenes Alphabet. Dieser Bezug ist jedoch nicht wesentlich:

10.1.10 Aufgabe A_1 und A_2 seien Alphabete, $A_1 \subseteq A_2$. Für $W \subseteq A_1^*$ zeige man: W ist entscheidbar (aufzählbar) bzgl. A_1 genau dann, wenn W entscheidbar (aufzählbar) bzgl. A_2 ist.

10.1.11 Aufgabe Man zeige:
(a) Die Menge PGN der Polynome mit ganzzahligen Koeffizienten in mehreren Unbestimmten, die eine ganzzahlige Nullstelle besitzen, ist aufzählbar. (Man wähle etwa das Alphabet $\{x, +, -, 0, \ldots, 9, \underline{0}, \ldots, \underline{9}, \overline{0}, \ldots, \overline{9}\}$ und gebe das Polynom $-3x_1 + x_2^3 x_5 + 2$ durch $-3x\underline{1} + x\underline{2}\overline{3}x\underline{5} + 2$ wieder.)
(b) Die Menge PGN_1 der Polynome in *einer* Unbestimmten, die in PGN liegen, ist entscheidbar.
Zur Frage der Entscheidbarkeit von PGN (sog. 10. *Hilbertsches Problem*) vgl. die Ausführungen vor 10.6.13.

D. Berechenbare Funktionen

A und B seien Alphabete. Ein Verfahren, das für jede Eingabe aus A^* genau ein Wort aus B^* liefert, bestimmt eine Funktion von A^* in B^*. Eine Funktion, deren Werte auf solche Weise durch ein Verfahren berechnet werden können, nennt man *berechenbar*. Berechenbar ist z. B. die Längenfunktion l, die jedem $\zeta \in A^*$ die Länge von ζ (in Dezimaldarstellung als Wort über $\{0, \ldots, 9\}$) zuordnet. Auch jedes Entscheidungsverfahren, etwa für eine Menge $W \subseteq A^*$, definiert eine berechenbare Funktion $f : A^* \to A^*$ mit $f(\zeta) = \square$ für $\zeta \in W$ und $f(\zeta) \neq \square$ für $\zeta \in A^* \setminus W$.

Der Begriff der berechenbaren Funktion und allgemein der Berechenbarkeit beschreibt in prägnanter Weise den Kern algorithmischer Methoden, nämlich den Übergang von vorgegebenen Objekten zu neuen Objekten vermöge eines effektiven Verfahrens, eines Algorithmus. Aus diesem Grunde bezeichnet man die Theorie, die die Möglichkeiten und Grenzen von Algorithmen zum Gegenstand hat, zumeist als Berechenbarkeitstheorie; der Ausgangspunkt ist dann oft der Begriff der berechenbaren Funktion. In unseren Betrachtungen stehen die Begriffe der Aufzählbarkeit und der Entscheidbarkeit im Vordergrund. Doch sind beide Zugänge gleichwertig, da sich die genannten Begriffe gegenseitig auseinander definieren lassen. Die folgende Aufgabe zeigt, dass sich der Begriff der berechenbaren Funktion auf den der Aufzählbarkeit und auf den der Entscheidbarkeit reduzieren lässt.

10.1.12 Aufgabe A und B seien Alphabete, $\# \notin A \cup B$ und $f: A^* \to B^*$. Man zeige die Äquivalenz der Aussagen
(i) f ist berechenbar.

(ii) $\{\zeta \# f(\zeta) \mid \zeta \in \mathbb{A}^*\}$ ist aufzählbar.

(iii) $\{\zeta \# f(\zeta) \mid \zeta \in \mathbb{A}^*\}$ ist entscheidbar.

Die Menge $\{\zeta \# f(\zeta) \mid \zeta \in \mathbb{A}^*\}$ kann als Graph von f aufgefasst werden. Dann besagt 10.1.12: Eine Funktion ist berechenbar genau dann, wenn ihr Graph aufzählbar (entscheidbar) ist.

10.2 Registermaschinen

In den vorangehenden Betrachtungen haben wir exemplarisch mit dem intuitiven Begriff des Verfahrens gearbeitet. Die Vorstellung, die wir damit gewonnen haben, reicht vielleicht aus, um in konkreten Fällen vorgelegte Verfahren als solche zu erkennen. Sie reicht dagegen in der Regel nicht aus, um für eine bestimmte Menge nachzuweisen, dass sie nicht entscheidbar ist. Hierzu muss man offenbar zeigen können, dass *jedes* Verfahren nicht als Entscheidungsverfahren infrage kommt. Ein solcher Nachweis dürfte aber im Allgemeinen ohne eine Präzisierung dessen, was ein Verfahren ist, nicht möglich sein.

Wir wollen jetzt eine Präzisierung angeben. Dabei lassen wir uns von dem Gesichtspunkt leiten, dass ein Verfahren auf einer geeigneten Rechenmaschine programmierbar sein muss. Wir führen daher eine Programmiersprache ein. Verfahren im präzisen Sinne werden dann gerade diejenigen sein, die mit einem Programm dieser Programmiersprache auf einer Rechenmaschine ausführbar sind. Einen ähnlichen Weg hat zuerst A. Turing beschritten (vgl. [44]).

Wir legen unseren Betrachtungen ein Alphabet $\mathbb{A} = \{a_0, \ldots, a_r\}$ fest zugrunde.

Die Programme laufen auf Rechenmaschinen ab, welche über eine Reihe $R_0, \ldots, R_m$ von Speicherplätzen oder *Registern* verfügen. (In der Literatur spricht man in diesem Zusammenhang häufig von *Registermaschinen.*) Jedes Register enthält zu jedem Zeitpunkt einer Berechnung genau ein Wort aus $\mathbb{A}^*$. Wir nehmen an, dass uns Maschinen mit beliebig großer Anzahl von Registern zur Verfügung stehen und dass die einzelnen Register beliebig lange Wörter speichern können. Diese Idealisierung entspricht unserem Anliegen, alle Verfahren zu erfassen, die „im Prinzip", also ohne Berücksichtigung quantitativer Einschränkungen, mit einer Rechenmaschine durchgeführt werden können.

Ein Programm (über $\mathbb{A} = \{a_0, \ldots, a_r\}$) besteht aus Zeilen, die mit einer *Zeilennummer Z* beginnen und dann eine Anweisung enthalten. Als Zeilen sind nur die unter (1) bis (5) genannten zugelassen.

(1) Z LET $R_i = R_i + a_j$

für $Z, i, j \in \mathbb{N}$ mit $j \leq r$ (Verlängerungsanweisung: „Hänge an das Wort im Register R_i den Buchstaben a_j");

(2) Z LET $R_i = R_i - a_j$

für $Z, i, j \in \mathbb{N}$ mit $j \leq r$ (Verkürzungsanweisung: „Falls das Wort im Register R_i mit dem Buchstaben a_j endet, streiche dieses a_j; sonst lasse das Wort unverändert");

(3) Z IF $R_i = \square$ THEN Z' ELSE Z_0 OR ... OR Z_r

für $Z, i, Z', Z_0, \ldots, Z_r \in \mathbb{N}$ (Sprunganweisung: „Falls im Register R_i das leere Wort steht, gehe zur Zeile mit der Nummer Z' über; falls das Wort im Register R_i mit a_0 bzw. $a_1, \ldots, a_r$ endet, gehe zur Zeile mit der Nummer Z_0 bzw. $Z_1, \ldots, Z_r$ über");

(4) Z PRINT

für $Z \in \mathbb{N}$ (Druckanweisung: „Drucke das im Register R_0 stehende Wort aus");

(5) Z STOP

für $Z \in \mathbb{N}$ (Stoppanweisung: „Stoppe").

10.2.1 Definition Ein *Registerprogramm* (kurz *Programm*) P ist eine endliche Folge $\alpha_0, \ldots, \alpha_k$ von Zeilen der Form (1) bis (5) mit folgenden Eigenschaften:
(i) α_i hat die Zeilennummer i ($i = 0, \ldots, k$).
(ii) Jede Zeile mit Sprunganweisung verweist auf Zeilennummern $\leq k$.
(iii) Genau die letzte Zeile α_k ist eine Zeile mit Stoppanweisung.

Einem Programm P entspricht auf natürliche Weise ein Verfahren. Wir stellen uns dabei eine Rechenmaschine vor, die mit P programmiert ist und über die in P angesprochenen Register verfügt. Zu Beginn einer Berechnung sind alle Register leer, d.h., es steht in allen Registern das leere Wort. Ausgenommen ist das Register R_0, in dem sich gegebenenfalls die Eingabe befindet. Die Berechnung erfolgt schrittweise; ein Schritt entspricht dabei der Ausführung einer Zeile. Beginnend mit der ersten Zeile wird dabei Zeile für Zeile abgearbeitet, es sei denn, dass durch eine Sprunganweisung eine andere Zeile aufgerufen wird. Ausgabewörter sind die ausgedruckten Inhalte des Registers R_0. Die Maschine stoppt, wenn die Stoppanweisung erreicht wird.

Beispiele für Programme

10.2.2 Es sei $\mathbb{A} = \{|\}$. Wir fassen die Zeichenreihen über $\mathbb{A}$, d.h. die Strichfolgen $\square, |, ||, \ldots$, als die natürlichen Zahlen $0, 1, 2, \ldots$ auf. Das folgende Programm P_0 bestimmt, ob eine Eingabe im Register R_0 eine gerade Zahl ist oder nicht: P_0 verändert eine in R_0 eingegebene Strichfolge n durch sukzessives Abstreichen von $|$, bis die leere Strichfolge $\square$ erreicht ist. Je nachdem, ob n gerade oder ungerade war, druckt P_0 schließlich $\square$ bzw. $|$ aus und bleibt stehen.

```
0   IF R_0 = □ THEN 6 ELSE 1
1   LET R_0 = R_0 − |
```

2 IF $R_0 = \square$ THEN 5 ELSE 3
3 LET $R_0 = R_0 - |$
4 IF $R_0 = \square$ THEN 6 ELSE 1
5 LET $R_0 = R_0 + |$
6 PRINT
7 STOP.

Wir sagen, ein Programm P werde auf ein Wort $\zeta \in \mathbb{A}^*$ *angesetzt*, wenn P die Berechnung mit der Eingabe ζ in R_0 und $\square$ in den übrigen Registern beginnt. Um auszudrücken, dass P, angesetzt auf ζ, schließlich stoppt, schreiben wir

$$P\colon \zeta \to \text{stop},$$

andernfalls

$$P\colon \zeta \to \infty.$$

Für $\zeta, \eta \in \mathbb{A}^*$ besage

$$P\colon \zeta \to \eta,$$

dass P, angesetzt auf ζ, stoppt und zuvor genau einmal eine Ausgabe, nämlich η, liefert. Im obigen Beispiel gilt also

$$P_0\colon n \to \square, \quad \text{falls } n \text{ gerade},$$
$$P_0\colon n \to |, \quad \text{falls } n \text{ ungerade}.$$

10.2.3 Es sei $\mathbb{A} = \{a_0, \ldots, a_r\}$. Für das Programm P:

0 PRINT
1 LET $R_0 = R_0 + a_0$
2 IF $R_0 = \square$ THEN 0 ELSE 0 OR ... OR 0
3 STOP

gilt $P\colon \zeta \to \infty$ für alle ζ. Wenn P auf ein Wort ζ angesetzt wird, druckt P der Reihe nach die Wörter $\zeta, \zeta a_0, \zeta a_0 a_0, \ldots$ aus.

Zeile 2 von P hat die Form

$$Z \text{ IF } R_0 = \square \text{ THEN } Z' \text{ ELSE } Z' \text{ OR } \ldots \text{ OR } Z'.$$

Eine solche Zeile bewirkt in jedem Fall einen Übergang zur Zeile Z'. Wir geben sie fortan der besseren Lesbarkeit halber durch

$$Z \text{ GOTO } Z'$$

wieder.

10.2.4 Sei $\mathbb{A} = \{a_0, a_1\}$. Für das im Folgenden angegebene Programm P gilt $P\colon \zeta \to \zeta\zeta$ für alle $\zeta \in \mathbb{A}^*$. Angesetzt auf ζ baut P mit den Zeilen 0–8 zunächst ζ in R_0 ab und gleichzeitig in umgekehrter Reihenfolge in R_1 und R_2 wieder

auf. Analog wird dann mit den Zeilen 9–15 die Kopie in R_1 und mit den Zeilen
16–22 die Kopie in R_2 nach R_0 zurück übertragen.

```
 0 IF R₀ = □ THEN 9 ELSE 1 OR 5
 1 LET R₀ = R₀ − a₀
 2 LET R₁ = R₁ + a₀
 3 LET R₂ = R₂ + a₀
 4 GOTO 0
 5 LET R₀ = R₀ − a₁
 6 LET R₁ = R₁ + a₁
 7 LET R₂ = R₂ + a₁
 8 GOTO 0
 9 IF R₁ = □ THEN 16 ELSE 10 OR 13
10 LET R₁ = R₁ − a₀
11 LET R₀ = R₀ + a₀
12 GOTO 9
13 LET R₁ = R₁ − a₁
14 LET R₀ = R₀ + a₁
15 GOTO 9
16 IF R₂ = □ THEN 23 ELSE 17 OR 20
17 LET R₂ = R₂ − a₀
18 LET R₀ = R₀ + a₀
19 GOTO 16
20 LET R₂ = R₂ − a₁
21 LET R₀ = R₀ + a₁
22 GOTO 16
23 PRINT
24 STOP
```

Man gebe zur eigenen Übung für $\mathbb{A} = \{a_0, a_1, a_2\}$ ein Programm P an, das
Folgendes leistet:

$$P\colon \zeta \to \text{stop}, \quad \text{falls } \zeta = a_0 a_0 a_2,$$
$$P\colon \zeta \to \infty, \quad \text{falls } \zeta \neq a_0 a_0 a_2.$$

In Analogie zu den naiven Definitionen aus 10.1 führen wir jetzt die exakten
Begriffe der Register-Entscheidbarkeit und der Register-Aufzählbarkeit ein.

10.2.5 Definition Es sei $W \subseteq \mathbb{A}^*$.

(a) Ein Programm P *entscheidet* W, wenn für alle $\zeta \in \mathbb{A}^*$

$$P\colon \zeta \to \square, \quad \text{falls } \zeta \in W;$$
$$P\colon \zeta \to \eta \text{ mit } \eta \neq \square, \quad \text{falls } \zeta \notin W.$$

(b) W heißt *Register-entscheidbar* (kurz: *R-entscheidbar*), wenn es ein Programm gibt, das W entscheidet.

Beispiel 10.2.2 zeigt, dass die Menge der geraden natürlichen Zahlen R-ent-scheidbar ist.

10.2.6 Definition Es sei $W \subseteq A^*$.

(a) Ein Programm P *zählt W auf*, wenn P, angesetzt auf $\square$, genau alle Wör-ter aus W (in irgendeiner Reihenfolge, evtl. auch mit Wiederholungen) ausdruckt.

(b) W heißt *Register-aufzählbar* (kurz: *R-aufzählbar*), wenn es ein Programm gibt, das W aufzählt.

Falls P eine unendliche Menge aufzählt, gilt $P\colon \square \to \infty$. – Nach 10.2.3 ist $W = \{\square, a_0, a_0 a_0, \ldots\}$ R-aufzählbar. – Das Programm 0 STOP zählt die leere Menge auf, ebenso das Programm

```
0   LET R₁ = R₁ + a₀
1   GOTO 0
2   STOP
```

Der Vollständigkeit halber führen wir noch an:

10.2.7 Definition A, B seien Alphabete und $F\colon A^* \to B^*$.

(a) Ein Programm P über $A \cup B$ *berechnet F*, wenn für alle $\zeta \in A^*$

$$P\colon \zeta \to F(\zeta).$$

(b) F heißt *Register-berechenbar* (kurz: *R-berechenbar*), wenn es ein Programm über $A \cup B$ gibt, das F berechnet.

Das Programm P aus Beispiel 10.2.4 berechnet die Funktion

$$F\colon \{a_0, a_1\}^* \to \{a_0, a_1\}^* \text{ mit } F(\zeta) = \zeta\zeta.$$

Die Definitionen 10.2.5 bis 10.2.7 lassen sich leicht auf den mehrstelligen Fall übertragen. Um z. B. eine zweistellige Funktion durch ein Programm zu be-rechnen, gibt man die beiden Argumente in die ersten beiden Register.

Da Programme Verfahren darstellen, ist offensichtlich jede R-entscheidbare Menge entscheidbar, jede R-aufzählbare Menge aufzählbar und jede R-bere-chenbare Funktion berechenbar. Wie steht es mit der Umkehrung? Anders gesprochen: Lässt sich jedes Verfahren im intuitiven Sinn bereits durch ein Programm simulieren? Eine exakte Klärung dieses Problems scheitert dar-an, dass der intuitive Begriff des Verfahrens nicht präzise definiert ist. Trotz der einfachen Gestalt der Anweisungen, die in Registerprogrammen zugelassen sind, ist man heute davon überzeugt, dass sich alle Verfahren mit Registerpro-grammen nachspielen lassen und dass daher die intuitiven Begriffe der Ent-scheidbarkeit und der Aufzählbarkeit mit den präzise definierten R-Analoga zusammenfallen. Diese Überzeugung wurde in den dreißiger Jahren des letzten Jahrhunderts von A. Church und A. Turing ausgesprochen, bezogen auf andere, jedoch gleichwertige Präzisierungen (λ-*Kalkül* bzw. *Turing-Maschinen*). Die Aussage, dass jedes Verfahren durch ein Programm simuliert werden kann und dass daher die intuitiven Begriffe der Aufzählbarkeit und der Entscheidbarkeit mit den präzisen Begriffen aus 10.2.5 und 10.2.6 zusammenfallen, nennt man *Church-Turing-These*. Sie lässt sich u.a. durch die beiden folgenden Argumente stützen.

Argument 1: Die Erfahrung. Bislang war es stets möglich, vorliegende Verfahren durch Registerprogramme zu simulieren. Insbesondere lassen sich Programme der üblichen Programmiersprachen wie FORTRAN, C, Java usf. in Registerprogramme umschreiben.

Argument 2: Seit Beginn der dreißiger Jahre des letzten Jahrhunderts hat man auf mannigfache Weise den Verfahrensbegriff präzisiert. All diese unter verschiedenen Aspekten entwickelten Präzisierungen erwiesen sich insofern als äquivalent, als sie zur gleichen Klasse von entscheidbaren bzw. aufzählbaren Mengen führen.

In der Literatur nennt man die R-entscheidbaren Mengen oft *rekursive* Mengen, die R-aufzählbaren Mengen *rekursiv aufzählbare* Mengen und die R-berechenbaren Funktionen *rekursive* Funktionen.

Beweise für die R-Aufzählbarkeit oder die R-Entscheidbarkeit erfordern in vielen Fällen einen erheblichen Aufwand an Programmierarbeit. Um unsere Überlegungen überschaubar und durchsichtig zu halten, werden wir daher zumeist auf die Angabe von Registerprogrammen verzichten und uns mit der Angabe intuitiver Verfahren begnügen. Ein Beispiel möge unsere Vorgehensweise erläutern:

10.2.8 *Die Menge der allgemeingültigen S_∞-Sätze ist R-aufzählbar.*

Als Beweis genügt uns das in 10.1.6 angegebene Verfahren. $\dashv$

Kritische Leserinnen und Leser seien aufgefordert, anhand der folgenden Aufgaben das Auffinden von Programmen zur Wiedergabe intuitiver Verfahren zu üben. Vertrauensvolle Leserinnen und Leser mögen sich die Erfahrung anderer zunutze machen und die Church-Turing-These heranziehen.

10.2.9 Aufgabe Es seien $W, W' \subseteq \mathbb{A}^*$. Man zeige: Mit W und W' sind auch $\mathbb{A}^* \setminus W$, $W \cap W'$ und $W \cup W'$ R-entscheidbar.

10.2.10 Aufgabe Man zeige:
(a) $\mathbb{A}^*$ ist R-aufzählbar.
(b) Ist $W \subseteq \mathbb{A}^*$, so ist W R-entscheidbar genau dann, wenn W und $\mathbb{A}^* \setminus W$ R-aufzählbar sind.

10.2.11 Aufgabe Es sei $W \subseteq \mathbb{A}^*$. Man zeige, dass (a) und (b) äquivalent sind.

(a) W ist R-aufzählbar.

(b) Es gibt ein Programm P mit P: $\zeta \to \square$, falls $\zeta \in W$ und P: $\zeta \to \infty$, falls $\zeta \notin W$.

10.2.12 Aufgabe Eine Menge $W \subseteq \mathbb{A}^*$ heiße *lexikografisch R-aufzählbar*, wenn es ein Programm gibt, das W in lexikografischer Reihenfolge aufzählt. Man zeige: W ist R-entscheidbar genau dann, wenn W lexikografisch R-aufzählbar ist.

10.2.13 Aufgabe Man schränke für Registerprogramme die Sprunganweisungen ein auf Anweisungen des Typs

(3') Z IF $\mathrm{R}_i = \square$ THEN Z' ELSE Z''

(„Falls im Register R_i das leere Wort steht, gehe zur Zeile mit der Nummer Z' über, sonst gehe zur Zeile mit der Nummer Z'' über").

Man zeige: Es gibt kein Registerprogramm P im neuen Sinn über $\{a_0, a_1\}$ mit P: $\zeta \to \zeta\zeta$ für alle $\zeta \in \{a_0, a_1\}^*$.

10.3   Das Halteproblem für Registermaschinen

Es sei wieder ein Alphabet $\mathbb{A} = \{a_0, \ldots, a_r\}$ fest vorgegeben. Wir wollen in diesem Abschnitt konkret eine nicht R-entscheidbare Teilmenge von $\mathbb{A}^*$ angeben. Es wird sich dabei um eine Menge von Registerprogrammen (über $\mathbb{A}$) handeln, wobei wir die Programme in geeigneter Weise als Wörter über $\mathbb{A}$ auffassen.

Wir ordnen zu diesem Zweck jedem Programm P (über $\mathbb{A}$) ein Wort $\xi_P \in \mathbb{A}^*$ zu. Hierfür erweitern wir zunächst $\mathbb{A}$ zu einem Alphabet $\mathbb{B}$,

(+) $\mathbb{B} := \mathbb{A} \cup \{A, B, C, \ldots, X, Y, Z\} \cup \{0, 1, \ldots, 8, 9\} \cup \{=, +, -, \square, |\,\}$,

und ordnen die Menge $\mathbb{B}^*$ lexikografisch bzgl. der in (+) gegebenen Reihenfolge der Buchstaben. Wir schreiben ein Programm P als ein Wort über $\mathbb{B}$, z. B. das Programm

```
0   LET R₁ = R₁ - a₀
1   PRINT
2   STOP
```

in der Form

0LETR1=R1−a_0|1PRINT|2STOP.

Ist dieses Wort das n-te Wort in der lexikografischen Reihenfolge von $\mathbb{B}^*$, so sei $\xi_P := \underbrace{a_0 \ldots a_0}_{n-\text{mal}}$. Wir setzen $\Pi := \{\xi_P \mid P \text{ Programm über } \mathbb{A}\}$.

Man nennt den Übergang von P zu ξ_P (d.h. die „Nummerierung" der Programme über $\mathbb{A}$ durch Wörter aus $\{a_0\}^*$) eine *Gödelisierung* (da Gödel zum ersten Mal eine solche Methode verwandt hat) und spricht von ξ_P als der *Gödelnummer* von P.

Offensichtlich können wir zu jedem P das zugehörige $\xi_P \in \mathbb{A}^*$ effektiv bestimmen, und umgekehrt können wir entscheiden, ob ein vorgegebenes $\zeta \in \mathbb{A}^*$ zu Π gehört, und gegebenenfalls das Programm P mit $\xi_P = \zeta$ effektiv ermitteln. Die entsprechenden Verfahren lassen sich auf Registermaschinen programmieren (vgl. die Ausführungen am Ende von 10.2). Insbesondere haben wir daher:

10.3.1 Lemma Π *ist R-entscheidbar.* ⊣

Der folgende Satz bringt erste Beispiele R-unentscheidbarer Mengen.

10.3.2 Satz (Unentscheidbarkeit des Halteproblems) (a) *Die Menge*

$$\Pi'_{\text{stop}} = \{\xi_P \mid P \text{ Programm über } \mathbb{A} \text{ und } P \colon \xi_P \to stop\}$$

ist nicht R-entscheidbar.
(b) *Die Menge*

$$\Pi_{\text{stop}} = \{\xi_P \mid P \text{ Programm über } \mathbb{A} \text{ und } P \colon \square \to stop\}$$

ist nicht R-entscheidbar.

Nach (b) gibt es kein Programm, welches Π_{stop} entscheidet. Unter Verwendung der Church-Turing-These erhalten wir daher, dass es kein Verfahren schlechthin gibt, welches Π_{stop} entscheidet. Hieraus gewinnen wir dann die folgende Formulierung von (b):

Es gibt kein Verfahren, mit dem man für ein beliebig vorgegebenes Programm P entscheiden kann, ob $P \colon \square \to stop$.

Denn gäbe es ein solches Verfahren, etwa $\mathfrak{V}$, so könnte man auch Π_{stop} entscheiden: Zu vorgegebenem ζ prüft man zunächst, ob $\zeta \in \Pi$ (vgl. 10.3.1). Falls $\zeta \notin \Pi$, ist $\zeta \notin \Pi_{\text{stop}}$. Falls $\zeta \in \Pi$, stellt man das Programm P mit $\xi_P = \zeta$ her und wendet $\mathfrak{V}$ auf P an.

Beweis von 10.3.2. Zu (a): Wir verfahren indirekt und nehmen an, es gäbe ein Programm P_0, das Π'_{stop} entscheidet. Dann gilt für alle P:

$$(1) \quad \begin{array}{l} P_0 : \xi_P \to \square, \quad \text{falls } P : \xi_P \to stop, \\ P_0 : \xi_P \to \eta \text{ für ein } \eta \neq \square, \quad \text{falls } P : \xi_P \to \infty. \end{array}$$

Hieraus werden wir leicht ein Programm P_1 gewinnen mit

(2) $\quad$ $P_1: \xi_P \to \infty,\quad$ falls $P: \xi_P \to$ stop,
$\qquad$ $P_1: \xi_P \to$ stop,$\quad$ falls $P: \xi_P \to \infty.$

Es gilt dann für alle Programme P:

(3) $P_1: \xi_P \to \infty \quad$ gdw $\quad$ P: $\xi_P \to$ stop.

Indem wir insbesondere $P = P_1$ setzen, gelangen wir zu

(4) $P_1: \xi_{P_1} \to \infty \quad$ gdw $\quad$ $P_1: \xi_{P_1} \to$ stop,

und damit zu einem Widerspruch.

Um den Beweis zu beenden, geben wir, ausgehend von P_0, das Programm P_1 an. Wir ändern hierzu P_0 so ab, dass Übergänge zur Stoppzeile nicht ausgeführt werden, wenn P_0 das leere Wort druckt; in diesem Fall soll P_1 unendlich lange laufen. Ein Programm P_1, welches dies leistet, erhalten wir, indem wir die letzte Zeile k STOP von P_0 ersetzen durch

$\qquad$ $k \quad$ IF $R_0 = \square$ THEN k ELSE $k + 1$ OR $\ldots$ OR $k + 1$
$\qquad$ $k + 1 \quad$ STOP

und alle Zeilen der Gestalt Z PRINT durch Z GOTO k.

Zu (b): Wir ordnen jedem Programm P effektiv ein Programm P^+ mit der folgenden Eigenschaft zu:

(∗) $\quad$ $P: \xi_P \to$ stop $\quad$ gdw $\quad$ $P^+: \square \to$ stop,
$\qquad$ d.h., $\xi_P \in \Pi'_{\text{stop}} \quad$ gdw $\quad$ $\xi_{P^+} \in \Pi_{\text{stop}}.$

Mit (∗) können wir die Behauptung indirekt wie folgt beweisen: Angenommen, Π_{stop} sei R-entscheidbar, etwa durch ein Programm P_0. Dann gelangen wir, im Widerspruch zu (a), zu einem Entscheidungsverfahren für Π'_{stop}: Für vorgegebenes $\zeta \in \mathbb{A}^*$ prüfe man zunächst (vgl. 10.3.1), ob $\zeta \in \Pi$. Falls $\zeta \notin \Pi$, ist $\zeta \notin \Pi'_{\text{stop}}$. Falls $\zeta \in \Pi$, stelle man das Programm P mit der Gödelnummer ζ, d.h. mit $\xi_P = \zeta$, her und konstruiere P^+. Mit Hilfe von P_0 entscheide man, ob $\xi_{P^+} \in \Pi_{\text{stop}}$. Wegen (∗) erhält man damit zugleich eine Antwort darauf, ob $\xi_P \in \Pi'_{\text{stop}}$, d.h., ob $\zeta \in \Pi'_{\text{stop}}$.

Es bleibt die Definition von P^+ nachzutragen, sodass (∗) gilt. Ist $\xi_P = \underbrace{a_0 \ldots a_0}_{n-\text{mal}}$,

so sei P^+ das Programm, welches mit den Zeilen

$$0 \quad \text{LET } R_0 = R_0 + a_0$$
$$\vdots$$
$$n - 1 \quad \text{LET } R_0 = R_0 + a_0$$

beginnt und dann die Zeilen von P enthält, wobei deren Zeilennummern jeweils um n erhöht werden. P^+ schreibt, angesetzt auf $\square$, zunächst das Wort ξ_P in das Register R_0 und arbeitet dann weiter wie P, angesetzt auf ξ_P. Damit gilt offensichtlich $(*)$. Da wir ξ_P effektiv aus P herstellen können, können wir auch P^+ effektiv aus P gewinnen. $\dashv$

Man beachte, dass wir von der Gödelisierung $P \mapsto \xi_P$ nur die Injektivität und die vor 10.3.1 erwähnten Effektivitätseigenschaften ausgenutzt haben. Insofern hängt die Unentscheidbarkeit des Halteproblems nicht von unserer speziellen Gödelisierung ab.

Satz 10.3.2 schließt natürlich nicht aus, dass man von einzelnen Programmen P feststellen kann, ob $P\colon \square \to$ stop gilt. Es gibt dagegen aufgrund des Satzes kein Verfahren, das eine Entscheidung „uniform" für jedes P gestattet. (Streng genommen bezieht sich Satz 10.3.2 nur auf Verfahren, die sich durch ein Registerprogramm simulieren lassen; wir kommen allerdings zu unserer Formulierung, wenn wir die Church-Turing-These unterstellen. Dies werden wir in Zukunft bei erläuternden Texten stillschweigend tun.)

Π_{stop} ist, wie das folgende Lemma zusammen mit 10.3.2 zeigt, ein Beispiel für eine aufzählbare, nicht entscheidbare Menge.

10.3.3 Lemma Π_{stop} *ist R-aufzählbar.*

Beweis. Wir skizzieren ein Aufzählungsverfahren: Für $n = 1, 2, 3, \ldots$ stelle man jeweils die endlich vielen Programme P mit einer Gödelnummer $\leq n$ her, setze sie auf $\square$ an und lasse sie n Schritte laufen. Programme, die dabei stoppen, notiere man. $\dashv$

Mit 10.2.10(b) (vgl. auch 10.1.8) erhält man:

10.3.4 Korollar $\mathbb{A}^* \setminus \Pi_{\text{stop}}$ *ist nicht R-aufzählbar.* $\dashv$

Bevor wir uns in den weiteren Abschnitten dieses Kapitels Entscheidbarkeitsfragen im Rahmen der Logik der ersten und der zweiten Stufe zuwenden, wollen wir kurz auf einen Aspekt eingehen, den wir ansonsten nicht weiter verfolgen, den Aspekt des *Aufwandes* von Berechnungen.

Aussagenlogische Ausdrücke werden aus Aussagenvariablen $p_0, p_1, \ldots$ mit Hilfe von $\neg$ und $\vee$ zusammengesetzt (so, wie die quantorenfreien Ausdrücke erster Stufe aus den atomaren Ausdrücken zusammengesetzt werden). Ein aussagenlogischer Ausdruck heißt erfüllbar, wenn die in ihm auftretenden Aussagenvariablen so mit Wahrheitswerten W, F belegt werden können, dass bei der üblichen Bedeutung von $\neg$ und $\vee$ der gesamte Ausdruck den Wahrheitswert W erhält. (Einen präzisen Aufbau der Aussagenlogik geben wir in 11.4.)

Die Menge SAT der erfüllbaren aussagenlogischen Ausdrücke α ist entscheidbar: Kommen in α die Aussagenvariablen $p_0, \ldots, p_n$ vor, so prüfe man systematisch für alle $(n+1)$-Tupel $(b_0, \ldots, b_n)$ über $\{W, F\}$, ob α den Wahrheitswert W

erhält, wenn man p_i durch b_i (für $i \leq n$) belegt. Enthält α etwa 1000 Aussagen-variablen, so wird man – im ungünstigsten Fall – diese Prüfung für 2^{1000} Tupel vornehmen müssen. Dies ist auch mit den schnellsten heutigen Rechnern nicht in „erlebbarer" Zeit möglich. Ein Entscheidungsverfahren kann somit auch für „relativ kurze" Eingaben nicht praktisch durchführbar sein. Möglicherweise ist also eine Menge zwar „theoretisch", nicht jedoch „praktisch" entscheidbar, da alle Entscheidungsverfahren zu aufwendig sind, also zu viele Schritte oder zu viel Speicherplatz (in den Registern) erfordern. Die Untersuchung entsprechen-der Fragen ist Gegenstand der sog. *Komplexitätstheorie* (vgl. etwa [2, 35]). Wir vermitteln einen kleinen Einblick anhand der Schrittzahl, der sog. *Zeitkomple-xität*.

Es sei $t\colon \mathbb{N} \to \mathbb{N}$. Dann heißt ein Registerprogramm P über $\mathbb{A}$ *t-zeitbeschränkt*, wenn für alle $n \in \mathbb{N}$ gilt: Ist $\zeta \in \mathbb{A}^*$ ein Wort der Länge n, so stoppt P, angesetzt auf ζ, nach $\leq t(n)$ Schritten. Das Programm P heiße *polynomial zeitbeschränkt*, wenn es t-zeitbeschränkt ist für ein geeignetes Polynom t (mit natürlichen Zahlen als Koeffizienten). Es sei $\mathcal{P}$ die Klasse der R-entscheidbaren Mengen, die durch ein polynomial zeitbeschränktes Programm entschieden werden können.

Die Erfahrung zeigt, dass sich bei Problemen, die für die Praxis von Bedeu-tung sind oder die sich in der Mathematik auf natürliche Weise ergeben, in der Regel die Existenz eines praktisch durchführbaren Verfahrens und die Existenz eines polynomial zeitbeschränkten Verfahrens entsprechen. Häufig identifiziert man daher die „praktisch entscheidbaren" Mengen mit den Mengen in $\mathcal{P}$. Die-se „Church-Turing-These der praktischen Berechenbarkeit" (auch These von Cobham und Edmonds genannt) kann natürlich nur mit Einschränkungen ge-rechtfertigt werden. Denn z. B. unterliegt ja der Grad der Polynome keiner Beschränkung.

Die Menge Π der Registerprogramme liegt in $\mathcal{P}$; dagegen weiß man nicht, ob SAT zu $\mathcal{P}$ gehört; man vermutet, dass SAT $\notin \mathcal{P}$.

SAT gehört zu $\mathcal{NP}$, der Klasse der durch sog. *nichtdeterministische* polyno-mial zeitbeschränkte Registerprogramme akzeptierbaren Mengen. Bei einem nichtdeterministischen Programm sind neben den üblichen Anweisungen noch solche der Gestalt

$$Z \text{ GOTO } \mathfrak{Z}$$

zugelassen. Dabei ist $\mathfrak{Z}$ eine nicht-leere endliche Menge von Zeilennummern. Um Anweisungen dieser Art zu befolgen, wählt die Maschine „nichtdetermi-nistisch" eine Zeilennummer aus $\mathfrak{Z}$ und geht zur entsprechenden Anweisung. Nichtdeterministische Maschinen haben somit die Fähigkeit, durch sukzessive Wahl geeigneter Zeilennummern Wörter zu „erraten", z. B. eine erfüllende Be-legung für einen aussagenlogischen Ausdruck. So zeigt man, dass SAT $\in \mathcal{NP}$.

Aus den exakten Definitionen folgt unmittelbar, dass $\mathcal{P} \subseteq \mathcal{NP}$. Überdies gilt, dass SAT $\notin \mathcal{P}$ genau dann, wenn $\mathcal{P} \neq \mathcal{NP}$. Könnte man also zeigen, dass SAT $\notin \mathcal{P}$, wäre auch $\mathcal{P} \neq \mathcal{NP}$ bewiesen; das sog. „$\mathcal{P} = \mathcal{NP}$"-Problem, das vielleicht bekannteste ungelöste Problem der theoretischen Informatik, hätte die erwartete Lösung gefunden.

Der Beweis von 10.3.2(a) verwendet ein sog. „Diagonalargument". Die folgende Aufgabe enthält eine allgemeine Formulierung dieser Methode.

10.3.5 Aufgabe (a) M sei eine nicht-leere Menge und $R \subseteq M \times M$ eine zweistellige Relation über M. Für $a \in M$ sei $M_a := \{b \in M \mid Rab\}$. Man zeige, dass die Menge $D := \{b \in M \mid \text{nicht } Rbb\}$ von allen M_a verschieden ist.
(b) Es sei $M = \mathbb{A}^*$ für $\mathbb{A} = \{a_0, \ldots, a_r\}$ und $R \subseteq M \times M$ definiert durch

$R\xi\eta$:gdw ξ ist Gödelnummer eines Programms, das
eine Menge aufzählt, die η enthält.

Man zeige, dass $D := \{\eta \mid \text{nicht } R\eta\eta\}$ nicht R-aufzählbar ist. Somit ist die Menge der Gödelnummern von Programmen, die nicht ihre eigene Gödelnummer ausgeben, nicht aufzählbar.
(c) Sei wiederum $M = \mathbb{A}^*$ für $\mathbb{A} = \{a_0, \ldots, a_r\}$, und sei $R \subseteq M \times M$ definiert durch

$R\xi\eta$:gdw ξ ist nicht die Gödelnummer eines Programms P
mit P: $\eta \rightarrow$ stop.

Man zeige, dass alle R-entscheidbaren Teilmengen von $\mathbb{A}^*$ ($= M$) unter den M_ξ vorkommen und dass $D = \Pi'_{\text{stop}}$ gilt. (Dabei seien die M_ξ und D wie in (a) erklärt.)

10.3.6 Aufgabe Man zeige die Unentscheidbarkeit des „Leerheitsproblems" für Registermaschinen: Für ein gegebenes Alphabet $\mathbb{A}$ ist die Menge

$$\{\xi_P \mid P \text{ Programm über } \mathbb{A} \text{ und } P : w \rightarrow stop \text{ für ein } w \in \mathbb{A}^*\}$$

nicht R-entscheidbar.

10.4 Die Unentscheidbarkeit der Logik erster Stufe

Die Menge der allgemeingültigen S_∞-Sätze erster Stufe ist aufzählbar (vgl. 10.1.6). Dagegen zeigen wir jetzt:

10.4.1 Satz von der Unentscheidbarkeit der Logik erster Stufe
Die Menge $\{\varphi \in L_0^{S_\infty} \mid \models \varphi\}$ der allgemeingültigen S_∞-Sätze ist nicht R-entscheidbar.

Es gibt also kein Verfahren, mit dem man für einen jeden S_∞-Satz feststellen kann, ob er allgemeingültig ist.

Beweis. Wir übernehmen die Bezeichnungen aus 10.3 mit $\mathbb{A} = \{|\}$. Wörter über $\mathbb{A}$ identifizieren wir wieder mit natürlichen Zahlen. Nach 10.3.2 wissen wir, dass die Menge

$$\Pi_{\text{stop}} = \{\xi_P \mid P \text{ Programm über } \mathbb{A} \text{ und } P\colon \square \to \text{stop}\}$$

nicht R-entscheidbar ist. Wir werden nun jedem Programm P effektiv einen S_∞-Satz φ_P zuordnen mit

$(*)$ $\qquad\qquad\qquad \models \varphi_P \qquad$ gdw $\qquad P\colon \square \to \text{stop}.$

Hieraus erhalten wir die Behauptung: Wäre $\{\varphi \in L_0^{S_\infty} \mid \models \varphi\}$ entscheidbar, so könnten wir für Π_{stop} das folgende Entscheidungsverfahren angeben (ein Widerspruch!): Für vorgegebenes $\zeta \in \mathbb{A}^*$ prüfe man zunächst, ob ζ die Gestalt ξ_P hat. Falls ja, stelle man P und dann φ_P her und entscheide, ob φ_P allgemeingültig ist. Nach $(*)$ entscheidet man damit, ob $P\colon \square \to \text{stop}$, d.h., ob $\xi_P \in \Pi_{\text{stop}}$.

Die folgenden Ausführungen dienen zur Vorbereitung der Definition von φ_P. Sei dazu P ein Programm mit den Zeilen $\alpha_0, \ldots, \alpha_k$. Wir wählen n als die kleinste Zahl, sodass die in P auftretenden Register unter $R_0, \ldots, R_n$ vorkommen. Ein $(n+2)$-Tupel $(Z, m_0, \ldots, m_n)$ natürlicher Zahlen mit $Z \leq k$ nennen wir eine *Konfiguration* von P. Genauer nennen wir $(Z, m_0, \ldots, m_n)$ die *Konfiguration von P nach s Schritten*, wenn P, angesetzt auf $\square$, mindestens s Schritte läuft und wenn nach s Schritten die Zeilennummer Z aufgerufen wird und in den Registern $R_0, \ldots, R_n$ die Zahlen $m_0, \ldots, m_n$ stehen. Insbesondere ist $(0, 0, \ldots, 0)$ die Konfiguration von P nach 0 Schritten, die *Anfangskonfiguration von P*. Da nur die Zeile α_k eine Stoppanweisung enthält, gilt offenbar:

(1) $\qquad$ $P\colon \square \to \text{stop} \quad$ gdw $\quad$ für geeignete $s, m_0, \ldots, m_n$ ist
$\qquad\qquad$ $(k, m_0, \ldots, m_n)$ die Konfiguration von P nach
$\qquad\qquad$ s Schritten.

Falls $P\colon \square \to \text{stop}$, so bezeichnen wir mit s_P die Anzahl der Schritte, die P durchführt, bis die Stoppzeile aufgerufen wird.

Wir wählen jetzt Symbole R ($(n+3)$-stellig), $<$ (zweistellig), f (einstellig) und $c \in S_\infty$ (etwa R_0^{n+3}, R_0^2, f_0^1 und c_0) und setzen $S := \{R, <, f, c\}$. Wir ordnen dem Programm P eine S-Struktur $\mathfrak{A}_P$ zu, in der sich die Arbeitsweise von P beschreiben lässt. Bei der Definition unterscheiden wir zwei Fälle:

Fall 1: $P\colon \square \to \infty$. Wir setzen $A_P := \mathbb{N}$ und interpretieren $<$ durch die gewöhnliche Ordnung auf $\mathbb{N}$, c durch 0, f durch die Nachfolgerfunktion und R durch $\{(s, Z, m_0, \ldots, m_n) \mid (Z, m_0, \ldots, m_n) \text{ ist die Konfiguration von P nach } s$ Schritten$\}$.

Fall 2: P: $\square$ $\to$ stop. Wir setzen $e := \max\{k, s_P\}$ und $A_P := \{0, \ldots, e\}$
und interpretieren $<$ durch die gewöhnliche Ordnung auf A_P und c durch 0;
f^{A_P} sei die Funktion mit $f^{A_P}(m) = m + 1$ für $m < e$ und $f^{A_P}(e) = e$, und
es sei $R^{A_P} := \{(s, Z, m_0, \ldots, m_n) \mid (Z, m_0, \ldots, m_n)$ ist die Konfiguration von
P nach s Schritten$\}$. Man beachte, dass R^{A_P} eine Relation über A_P ist. Ist
nämlich $(s, Z, m_0, \ldots, m_n) \in R^{A_P}$, so ist $Z \leq k \leq e$, und da in jedem Schritt
die Registerinhalte höchstens um 1 erhöht werden, gilt $m_0, \ldots, m_n \leq s_P \leq e$.

Wir geben jetzt einen S-Satz ψ_P an, der in geeigneter Weise das Arbeiten von P
bei Ansetzen auf $\square$ beschreibt. Dabei kürzen wir $c, fc, ffc, \ldots$ durch $\overline{0}, \overline{1}, \overline{2} \ldots$
ab. Man überzeuge sich bei der „Lektüre" von ψ_P, dass Folgendes gilt:

(2) (a) $\mathfrak{A}_P \models \psi_P$.

(b) Ist $\mathfrak{A}$ eine S-Struktur mit $\mathfrak{A} \models \psi_P$ und ist $(Z, m_0, \ldots, m_n)$ die Konfigu-
ration von P nach s Schritten, so sind die Elemente $\overline{0}^{\mathfrak{A}}, \overline{1}^{\mathfrak{A}}, \ldots, \overline{s}^{\mathfrak{A}}$ paarweise
verschieden, und es gilt $\mathfrak{A} \models R\overline{s}\overline{Z}\overline{m_0}, \ldots, \overline{m_n}.$[1]

Wir setzen

$$\psi_P := \psi_0 \wedge R\overline{0} \ldots \overline{0} \wedge \psi_{\alpha_0} \wedge \ldots \wedge \psi_{\alpha_{k-1}}.$$

Dabei besagt ψ_0, dass $<$ eine Ordnung mit erstem Element c ist, dass stets
$x \leq fx$ gilt und dass für jedes x, welches nicht das letzte Element ist, fx
unmittelbarer $<$-Nachfolger ist:

$\psi_0 :=$ „$<$ ist Ordnung" $\wedge \forall x(c < x \vee c \equiv x) \wedge \forall x(x < fx \vee x \equiv fx)$
$\qquad \wedge \forall x(\exists y\, x < y \to (x < fx \wedge \forall z(x < z \to (fx < z \vee fx \equiv z)))).$

Für $\alpha = \alpha_0, \ldots, \alpha_{k-1}$ beschreibt ψ_α die Wirkungsweise der Zeile α. ψ_α ist
folgendermaßen definiert:

Ist α eine Verlängerungsanweisung, etwa Z LET $R_i = R_i +$ |, so sei

$\psi_\alpha := \forall x \forall y_0 \ldots \forall y_n (Rx\overline{Z}y_0 \ldots y_n \to (x < fx \wedge$
$\qquad\qquad\qquad\qquad\qquad Rfx\overline{Z+1}y_0 \ldots y_{i-1}fy_iy_{i+1} \ldots y_n)).$

Ist α die Anweisung Z LET $R_i = R_i -$ |, so sei

$\psi_\alpha := \forall x \forall y_0 \ldots \forall y_n (Rx\overline{Z}y_0 \ldots y_n \to (x < fx \wedge$
$\qquad ((y_i \equiv \overline{0} \wedge Rfx\overline{Z+1}y_0 \ldots y_n) \vee (\neg y_i \equiv \overline{0} \wedge$
$\qquad \exists u(fu \equiv y_i \wedge Rfx\overline{Z+1}y_0 \ldots y_{i-1}uy_{i+1} \ldots y_n))))).$

Ist α die Anweisung Z IF $R_i = \square$ THEN Z' ELSE Z_0, so sei

$\psi_\alpha := \forall x \forall y_0 \ldots \forall y_n (Rx\overline{Z}y_0 \ldots y_n \to (x < fx \wedge$
$\qquad ((y_i \equiv \overline{0} \wedge Rfx\overline{Z'}y_0 \ldots y_n) \vee (\neg y_i \equiv \overline{0} \wedge Rfx\overline{Z_0}y_0 \ldots y_n)))).$

---

[1]Die Verschiedenheit von $\overline{0}^{\mathfrak{A}}, \ldots, \overline{s}^{\mathfrak{A}}$ benötigen wir erst im nächsten Abschnitt.

Schließlich sei für $\alpha = Z$ PRINT

$$\psi_\alpha := \forall x \forall y_0 \ldots \forall y_n (Rx\overline{Z}y_0 \ldots y_n \to (x < fx \land Rfx\overline{Z+1}y_0 \ldots y_n)).$$

Setzen wir nun

(3) $\varphi_P := \psi_P \to \exists x \exists y_0 \ldots \exists y_n Rx\overline{k}y_0 \ldots y_n,$

so ist φ_P ein S-Satz, für den $(*)$ gilt, d.h.

$$\models \varphi_P \quad \text{gdw} \quad P\colon \square \to \text{stop}.$$

Ist nämlich φ_P allgemeingültig, so ist insbesondere $\mathfrak{A}_P \models \varphi_P$. Wegen $\mathfrak{A}_P \models \psi_P$ (vgl. (2)(a)) gilt daher $\mathfrak{A}_P \models \exists x \exists y_0 \ldots \exists y_n Rx\overline{k}y_0 \ldots y_n$ (vgl. (3)), d.h., für geeignete $s, m_0, \ldots, m_n$ ist $(k, m_0, \ldots, m_n)$ die Konfiguration von P nach s Schritten. Mit (1) erhalten wir dann: $P\colon \square \to \text{stop}$.

Gilt umgekehrt $P\colon \square \to \text{stop}$, so ist für geeignete $s, m_0, \ldots, m_n$ das Tupel $(k, m_0, \ldots, m_n)$ die Konfiguration von P nach s Schritten. φ_P ist dann allgemeingültig: Ist nämlich $\mathfrak{A}$ eine S-Struktur mit $\mathfrak{A} \models \psi_P$, so gilt wegen (2)(b), dass $\mathfrak{A} \models R\overline{s}\overline{k}\overline{m_0} \ldots \overline{m_n}$. Somit $\mathfrak{A} \models \varphi_P$.   ⊣

Der Satz über die Unentscheidbarkeit der Logik erster Stufe wurde 1936 von A. Church (in [10]) und A. Turing (in [44]) bewiesen. Das auf Hilbert zurückgehende *Entscheidungsproblem*, nämlich die Frage nach der Entscheidbarkeit der allgemeingültigen Sätze erster Stufe, hatte damit eine negative Lösung gefunden. Die Suche nach einem Entscheidungsverfahren für die „logisch wahren Aussagen" hat schon die traditionelle Logik beschäftigt (Llullus, Leibniz). 10.4.1 zeigt, dass diese Suche vergeblich sein musste.

10.4.2 Aufgabe Man beweise (2)(b) durch Induktion über s.

10.4.3 Aufgabe Man zeige, dass die Menge der erfüllbaren S_∞-Sätze nicht R-aufzählbar ist.

10.4.4 Aufgabe Man zeige, dass die Menge

$$\{(\psi, \chi) \mid \psi, \chi \in L_0^{S_\infty} \text{ ohne Gleichheitszeichen}, \models \psi \to \chi, \psi \text{ ist universeller}$$
Horn-Satz und χ von der Gestalt $\exists x_1 \ldots \exists x_n \chi_0$ mit atomarem $\chi_0\}$

nicht R-entscheidbar ist. (Hinweis: Man verzichte im Beweis 10.4.1 auf die Ordnung $<$ und nehme die Symbolisierungen so vor, dass die ψ_P universelle Horn-Sätze werden.)

10.5 Der Satz von Trachtenbrot und die Unvollständigkeit der Logik zweiter Stufe

Ziel dieses Abschnitts ist der Nachweis, dass die Menge der allgemeingültigen S_∞-Sätze zweiter Stufe nicht aufzählbar ist, und eine kurze Diskussion der methodologischen Konsequenzen. Als wesentliches Hilfsmittel dient dabei der Satz von Trachtenbrot, dem wir uns zunächst zuwenden.

10.5.1 Definition (a) Ein S-Satz φ heißt *im Endlichen erfüllbar*, wenn es eine endliche S-Struktur gibt, die φ erfüllt.

(b) Ein S-Satz φ heißt *im Endlichen allgemeingültig*, wenn jede endliche S-Struktur φ erfüllt.

Für $S = S_\infty$ setzen wir

(a) $\Phi_e := \{\varphi \in L_0^{S_\infty} \mid \varphi$ ist im Endlichen erfüllbar$\}$,

(b) $\Phi_a := \{\varphi \in L_0^{S_\infty} \mid \varphi$ ist im Endlichen allgemeingültig$\}$.

Da über einer endlichen Menge jede injektive Funktion auch surjektiv ist, ist der Satz $\varphi := (\forall x \forall y (fx \equiv fy \to x \equiv y) \to \forall x \exists y\, x \equiv fy)$ im Endlichen allgemeingültig; φ ist jedoch nicht allgemeingültig. Der Satz $\neg\varphi$ ist erfüllbar, jedoch nicht im Endlichen erfüllbar.

10.5.2 Lemma Φ_e *ist R-aufzählbar.*

Beweis. Wir schildern zunächst ein Verfahren, mit dem man für jeden S_∞-Satz φ und jedes n entscheiden kann, ob φ über einem $(n + 1)$-elementigen Träger erfüllbar ist. Seien φ und n gegeben. Da es zu jeder $(n+1)$-elementigen Struktur eine isomorphe Struktur mit dem Träger $\{0, \ldots, n\}$ gibt, brauchen wir (nach dem Isomorphielemma) nur zu prüfen, ob φ über $\{0, \ldots, n\}$ erfüllbar ist. S sei die (endliche!) Menge der in φ vorkommenden Symbole; $\mathfrak{A}_0, \ldots, \mathfrak{A}_k$ seien die endlich vielen S-Strukturen mit dem Träger $\{0, \ldots, n\}$ (vgl. 3.1.5). Wir können die $\mathfrak{A}_i$ explizit durch Wertetabellen für die auftretenden Relationen und Funktionen und durch eine Liste der Konstanten angeben. φ ist genau dann über $\{0, \ldots, n\}$ erfüllbar, wenn $\mathfrak{A}_i \models \varphi$ für ein $i \leq k$. Wir haben daher nur noch für $i = 0, \ldots, k$ zu prüfen, ob $\mathfrak{A}_i \models \varphi$. Dies lässt sich folgendermaßen auf Fragen reduzieren, die man mit den Wertetabellen beantworten kann: Ist $\varphi = \neg\psi$, so kann man (mit Hilfe der Wahrheitstafel von $\neg$) das Problem „$\mathfrak{A}_i \models \varphi$?" auf die Frage zurückführen, ob $\mathfrak{A}_i \models \psi$. Ist $\varphi = (\psi \lor \chi)$, kann man das Problem in ähnlicher Weise darauf reduzieren, ob $\mathfrak{A}_i \models \psi$ und ob $\mathfrak{A}_i \models \chi$. Für $\varphi = \exists v_0 \psi$ ist eine Rückführung darauf möglich, ob $\mathfrak{A}_i \models \psi[0], \ldots, \mathfrak{A}_i \models \psi[n]$. Verfolgt man diesen Weg weiter, bleibt schließlich nur noch zu klären, ob für atomares $\psi(v_0, \ldots, v_{m-1})$ und $n_0, \ldots, n_{m-1} \leq n$ gilt, dass $\mathfrak{A}_i \models \psi[n_0, \ldots, n_{m-1}]$. Diese Fragen lassen sich anhand der Wertetabellen von $\mathfrak{A}_i$ effektiv beantworten.

Φ_e lässt sich jetzt folgendermaßen aufzählen: Für $m = 0, 1, 2, \ldots$ stelle man die (endlich vielen) Wörter über $\mathbb{A}_0$ her (vgl. S. 162), die S_∞-Sätze sind und eine Länge $\leq m$ haben, und entscheide mit dem oben geschilderten Verfahren für $n = 0, \ldots, m$, ob sie über einer $(n + 1)$-elementigen Menge erfüllbar sind. Sätze, für die das der Fall ist, notiere man. ⊣

10.5.3 Satz Φ_e *ist nicht R-entscheidbar.*

Beweis. Für ein Programm P über $\mathbb{A} = \{|\}$ seien $\mathfrak{A}_P$ und ψ_P definiert wie im Beweis von 10.4.1. Wir zeigen:

$$(*) \qquad \text{P} \colon \square \to \text{ stop} \quad \text{gdw} \quad \psi_P \in \Phi_e.$$

Dies liefert die Behauptung; denn aus einem Entscheidungsverfahren für Φ_e ließe sich mit $(*)$ ein Verfahren gewinnen, das entscheidet, ob P: $\square \to$ stop. (Vergleiche die entsprechende Argumentation im Beweis von 10.4.1.)

Zu $(*)$: Wenn P: $\square \to$ stop, so ist $\mathfrak{A}_P$ endlich und ein Modell von ψ_P. Somit $\psi_P \in \Phi_e$. Gelte umgekehrt P: $\square \to \infty$. Wegen (2)(b) im Beweis von 10.4.1 sind in jedem Modell $\mathfrak{A}$ von ψ_P die Elemente $\overline{0}^{\mathfrak{A}}, \overline{1}^{\mathfrak{A}}, \ldots$ paarweise verschieden. Somit ist jedes Modell von ψ_P unendlich, also $\psi_P \notin \Phi_e$. ⊣

Aus 10.5.2 und 10.5.3 gewinnen wir nun

10.5.4 Satz von Trachtenbrot *Die Menge Φ_a der im Endlichen allgemeingültigen S_∞-Sätze ist nicht R-aufzählbar.*

Beweis. Für $\varphi \in L_0^{S_\infty}$ gilt offenbar

$$(*) \qquad \varphi \in L_0^{S_\infty} \setminus \Phi_e \quad \text{gdw} \quad \neg\varphi \in \Phi_a.$$

Wir schließen indirekt und nehmen an, Φ_a sei R-aufzählbar. Dann kann man mit $(*)$ auch $L_0^{S_\infty} \setminus \Phi_e$ aufzählen, indem man ein Aufzählungsverfahren für Φ_a in Gang setzt und immer dann, wenn ein Satz $\neg\varphi$ erscheint, φ notiert. Im Widerspruch zu 10.5.3 erhalten wir nun ein Entscheidungsverfahren für Φ_e: Für eine Zeichenreihe ζ über $\mathbb{A}_0$ entscheide man zunächst, ob ζ ein S_∞-Satz ist. Wenn ja, so lasse man je ein Aufzählungsverfahren für Φ_e (vgl. 10.5.2) und für $L_0^{S_\infty} \setminus \Phi_e$ so lange laufen, bis ζ von einem der Verfahren ausgegeben wird. Dies liefert dann die Entscheidung, ob $\zeta \in \Phi_e$. ⊣

10.5.5 Satz (Unvollständigkeit der Logik zweiter Stufe) *Die Menge der allgemeingültigen S_∞-Sätze zweiter Stufe ist nicht R-aufzählbar.*

Beweis. Es sei φ_{endl} ein S_∞-Satz zweiter Stufe mit der Eigenschaft, dass für alle $\mathfrak{A}$ gilt:

$$\mathfrak{A} \models \varphi_{endl} \quad \text{gdw} \quad A \text{ ist endlich}$$

(vgl. 9.1.3(6)). Wir erhalten dann für alle S_∞-Sätze φ erster (!) Stufe:

$$(*) \qquad \varphi \in \Phi_a \quad \text{gdw} \quad \models \varphi_{\text{endl}} \to \varphi.$$

Wäre nun die Menge der allgemeingültigen S_∞-Sätze zweiter Stufe R-aufzählbar, so könnte man ein Aufzählungsverfahren für sie in Gang setzen und jedesmal, wenn ein Satz der Gestalt $\varphi_{\text{endl}} \to \varphi$ mit $\varphi \in L_0^{S_\infty}$ ausgegeben wird, φ notieren. Auf diese Weise erhielte man wegen $(*)$ eine Aufzählung von Φ_a im Widerspruch zum Satz von Trachtenbrot. $\dashv$

Der Satz 10.5.5 geht auf Gödel zurück. Er verstärkt ein Resultat, das wir in 9.1 gewonnen haben (9.1.6). Dort haben wir aus der Ungültigkeit des Endlichkeitssatzes für die Logik $\mathcal{L}_{\text{II}}$ der zweiten Stufe geschlossen, dass es keinen korrekten und vollständigen Beweiskalkül gibt, d.h. keinen Kalkül, für dessen Ableitbarkeitsbeziehung $\vdash$ gilt:

$$(+) \quad \begin{array}{l} \text{Für alle } \mathcal{L}_{\text{II}}\text{-Sätze } \varphi \text{ und alle } \mathcal{L}_{\text{II}}\text{-Satzmengen } \Phi: \\ \Phi \models \varphi \quad \text{gdw} \quad \Phi \vdash \varphi. \end{array}$$

Offen blieb bei jener Argumentation, ob es dennoch einen Kalkül gibt, der $(+)$ für $\Phi = \emptyset$ erfüllt, d.h. einen korrekten Kalkül, der alle allgemeingültigen Sätze zweiter Stufe abzuleiten gestattet. 10.5.5 zeigt, dass die zweite Stufe auch in diesem Sinne unvollständig ist. Gäbe es nämlich einen derartigen Kalkül, so könnte man durch systematische Anwendung aller Regeln jede Ableitung herstellen und somit die allgemeingültigen Sätze zweiter Stufe aufzählen (vgl. die Argumentation zu 10.1.6).

Wir sehen an dieser Stelle, wie nützlich es war, den Begriff der Aufzählbarkeit einzuführen. Durch ihn konnten wir es vermeiden, die Begriffe der Schlussregel und des Kalküls zu präzisieren, und dennoch zeigen, dass es keinen adäquaten Beweiskalkül für die allgemeingültigen Sätze der zweiten Stufe gibt.

Der Beweis von Satz 10.5.5 benutzt im Wesentlichen nur, dass in der zweiten Stufe die endlichen Mengen charakterisierbar sind. Er lässt sich daher auch auf die schwache Logik der zweiten Stufe (vgl. Aufgabe 9.1.7) übertragen.

Wir haben in den beiden letzten Abschnitten der Einfachheit halber stets die Symbolmenge S_∞ zugrunde gelegt, obwohl wir jeweils nur von einigen Symbolen von S_∞ Gebrauch gemacht haben. Es dürfte klar sein, dass sich die Betrachtungen auch auf andere Symbolmengen übertragen lassen, die wie S_∞ als Mengen konkreter Zeichen effektiv gegeben sind und Symbole zur Beschreibung der Arbeitsweise von Programmen enthalten. Wie man zeigen kann, reicht es, dass S aus nur einem zweistelligen Relationssymbol besteht. Die Unvollständigkeit der zweiten Stufe lässt sich bereits für $S = \emptyset$ nachweisen (vgl. 10.5.6). Dagegen ist die Menge der allgemeingültigen S-Sätze erster Stufe entscheidbar, sofern S nur einstellige Relationssymbole enthält (vgl. 12.3.18(b)).

10.5.6 Aufgabe Die Menge der allgemeingültigen $\emptyset$-Sätze zweiter Stufe ist nicht R-aufzählbar.

10.6 Theorien und die Unentscheidbarkeit der Arithmetik

Wir wollen in den folgenden Abschnitten dieses Kapitels einige Theorien im Hinblick auf Fragen der Aufzählbarkeit und der Entscheidbarkeit untersuchen. Unter anderem beweisen wir die Unentscheidbarkeit der Arithmetik. Wir beginnen im vorliegenden Abschnitt mit grundlegenden Definitionen und Sachverhalten zur Entscheidbarkeit von Theorien. Dabei setzen wir voraus, dass die auftretenden Symbolmengen effektiv gegeben sind und aus konkreten Zeichen bestehen.

A. Theorien der ersten Stufe

10.6.1 Definition $T \subseteq L_0^S$ heißt eine *Theorie*, wenn T erfüllbar ist und wenn jeder S-Satz, der aus T folgt, bereits zu T gehört.

Für jede S-Struktur $\mathfrak{A}$ ist die Menge $\mathrm{Th}(\mathfrak{A}) = \{\varphi \in L_0^S \mid \mathfrak{A} \models \varphi\}$ eine Theorie, die Theorie von $\mathfrak{A}$ (vgl. 6.4.1). $\mathrm{Th}(\mathfrak{N})$ heißt auch die (elementare) *Arithmetik*.

Für $\Phi \in L_0^S$ sei $\Phi^{\models} := \{\varphi \in L_0^S \mid \Phi \models \varphi\}$. Ist T eine Theorie, so gilt $T = T^{\models}$, und ist Φ eine erfüllbare Menge von S-Sätzen, so ist $\Phi^{\models}$ eine Theorie. Einige Beispiele:

(1) $\emptyset^{\models} = \{\varphi \in L_0^S \mid \models \varphi\}$.

(2) Für $S = S_{\mathrm{Gr}}$: die (elementare) *Gruppentheorie* $\mathrm{Th}_{\mathrm{Gr}} := \Phi_{\mathrm{Gr}}^{\models}$.

(3) Für $S = \{\in\}$: die ZFC-*Mengenlehre* $\mathrm{Th}_{\mathrm{ZFC}} := \mathrm{ZFC}^{\models}$.

(4) Für $S = S_{\mathrm{Ar}}$: die *Peano-Arithmetik* (erster Stufe) $\mathrm{Th}_{\mathrm{PA}} := \Phi_{\mathrm{PA}}^{\models}$.

Das Axiomensystem Φ_{PA} besteht dabei aus den in 3.7.5 angegebenen Peano-Axiomen, wobei das in der zweiten Stufe formulierte Induktionsaxiom ersetzt wird durch das unter $(*)$ genannte Schema von Sätzen erster Stufe. Die Axiome von Φ_{PA} sind:

$$\forall x \neg x + 1 \equiv 0 \qquad \forall x \forall y (x+1 \equiv y+1 \rightarrow x \equiv y)$$
$$\forall x \, x + 0 \equiv x \qquad \forall x \forall y \, x + (y+1) \equiv (x+y)+1$$
$$\forall x \, x \cdot 0 \equiv 0 \qquad \forall x \forall y \, x \cdot (y+1) \equiv x \cdot y + x$$

$$(*) \quad \left\{ \begin{array}{l} \text{für alle } x_1, \ldots, x_n, y \text{ und alle } \varphi \in L^{S_{\mathrm{Ar}}} \text{ mit} \\ \mathrm{frei}(\varphi) \subseteq \{x_1, \ldots, x_n, y\} \text{ der Satz} \\ \forall x_1 \ldots \forall x_n \left((\varphi \frac{0}{y} \wedge \forall y (\varphi \rightarrow \varphi \frac{y+1}{y})) \right) \rightarrow \forall y \varphi \right). \end{array} \right.$$

Die Struktur $\mathfrak{N}$ ist ein Modell von Φ_{PA} und daher $\Phi_{\mathrm{PA}}^{\models} \subseteq \mathrm{Th}(\mathfrak{N})$. Das Induktionsschema $(*)$ ist ein natürlicher Ersatz für das Induktionsaxiom zweiter

Stufe, beinhaltet es doch gerade die Gültigkeit des Induktionsaxioms für solche Eigenschaften, die in der ersten Stufe definierbar sind. Viele Sätze der elementaren Arithmetik (d.h. Sätze aus $\mathrm{Th}(\mathfrak{N})$) lassen sich aus Φ_{PA} herleiten. Die Hoffnung, alle Sätze von $\mathrm{Th}(\mathfrak{N})$ aus Φ_{PA} herleiten zu können, trügt jedoch: In 10.6.10 zeigen wir, dass $\Phi_{\mathrm{PA}}^{\vDash} \subsetneqq \mathrm{Th}(\mathfrak{N})$.

10.6.2 Definition (a) Eine Theorie T heißt *R-axiomatisierbar*, wenn es eine R-entscheidbare Satzmenge Φ gibt mit $T = \Phi^{\vDash}$.

(b) Eine Theorie T heißt *endlich axiomatisierbar*, wenn es eine endliche Satzmenge Φ gibt mit $T = \Phi^{\vDash}$.

Jede endlich axiomatisierbare Theorie ist bereits durch einen einzigen Satz axiomatisierbar. (Man gehe zur Konjunktion der Axiome über!) Jede endlich axiomatisierbare Theorie ist außerdem R-axiomatisierbar. Die Theorien $\mathrm{Th}_{\mathrm{PA}}$ und $\mathrm{Th}_{\mathrm{ZFC}}$ sind R-axiomatisierbar, jedoch – ohne dass wir das hier zeigen wollen – nicht endlich axiomatisierbar.

10.6.3 Satz *Eine R-axiomatisierbare Theorie ist R-aufzählbar.*

Beweis. T sei eine Theorie, und Φ sei eine R-entscheidbare Menge von S-Sätzen mit $T = \Phi^{\vDash}$. Um die Sätze von T aufzulisten, verfahre man auf folgende Weise: Man stelle systematisch alle ableitbaren Sequenzen her und prüfe jeweils, ob die Glieder des Antezedens zu Φ gehören. Wenn ja, notiere man das Sukzedens, sofern es ein Satz ist. ⊣

Ist T eine R-axiomatisierbare Theorie, so braucht T nicht R-entscheidbar zu sein. Dies gilt etwa für $T = \emptyset^{\vDash}$ (mit $S = S_{\infty}$; vgl. 10.4.1), aber auch für $T = T_{\mathrm{Gr}}$ (vgl. [39]). Anders verhält es sich, wenn T die folgende zusätzliche Eigenschaft besitzt:

10.6.4 Definition Eine Theorie $T \subseteq L_0^S$ heißt *vollständig*, wenn $\varphi \in T$ oder $\neg\varphi \in T$ für jeden S-Satz φ.

Für jede Struktur $\mathfrak{A}$ ist $\mathrm{Th}(\mathfrak{A})$ vollständig.

10.6.5 Satz

(a) *Jede R-axiomatisierbare und vollständige Theorie ist R-entscheidbar.*
(b) *Jede R-aufzählbare und vollständige Theorie ist R-entscheidbar.*

Beweis. Nach 10.6.3 reicht es, (b) zu zeigen. Sei also T eine R-aufzählbare und vollständige Theorie. Um zu entscheiden, ob ein vorgegebener Satz φ zu T gehört, zählen wir T mit einem geeigneten Aufzählungsverfahren auf, bis entweder φ oder $\neg\varphi$ erscheint. Dies ist schließlich der Fall, da wegen der Vollständigkeit von T entweder φ oder $\neg\varphi$ zu T gehört. Erscheint φ, gehört φ zu T, erscheint $\neg\varphi$, gehört φ nicht zu T. ⊣

Mit 10.6.5 erhalten wir die Entscheidbarkeit einer axiomatisierbaren Theorie, wenn wir ihre Vollständigkeit nachgewiesen haben. Eine Methode zum Nachweis der Vollständigkeit werden wir in Kap. 12 kennenlernen. In gewissen Fällen kann man auch die Aussage aus 10.6.7 dazu verwenden.

10.6.6 Aufgabe Sei T eine Theorie, Φ R-aufzählbar und $T = \Phi^\vDash$. Man zeige, dass T bereits R-axiomatisierbar ist. (Hinweis: Man gehe von einer Aufzählung $\varphi_0, \varphi_1, \ldots$ von Φ zur Menge $\{\varphi_0, \varphi_0 \wedge \varphi_1, \ldots\}$ über.)

10.6.7 Aufgabe (a) Es sei S höchstens abzählbar und $T \subseteq L_0^S$ eine Theorie, die nur unendliche Modelle besitzt. Weiterhin gebe es eine unendliche Mächtigkeit κ, sodass je zwei Modelle von T der Mächtigkeit κ isomorph sind. Man zeige, dass T vollständig ist.
(b) Man gebe ein entscheidbares Axiomensystem für die Theorie der algebraisch abgeschlossenen Körper einer festen Charakteristik an und zeige mit (a) deren Vollständigkeit und damit (nach 10.6.5) deren Entscheidbarkeit.

B. Die Unentscheidbarkeit der Arithmetik

Wir zeigen in diesem Abschnitt die Unentscheidbarkeit der Arithmetik: Es gibt kein Verfahren, mit dem man von jedem S_{Ar}-Satz entscheiden kann, ob er in $\mathfrak{N}$ gilt. Der Beweis orientiert sich an dem für die Unentscheidbarkeit der Logik erster Stufe: Wir werden jedem Registerprogramm P über $\mathbb{A} = \{|\}$ effektiv einen S_{Ar}-Satz φ_{P} zuordnen, sodass gilt:

$$\mathfrak{N} \models \varphi_{\mathrm{P}} \quad \text{gdw} \quad \mathrm{P}: \square \to \text{stop}.$$

Aus der Unentscheidbarkeit von Π_{stop} ergibt sich dann sofort die Unentscheidbarkeit von $\mathrm{Th}(\mathfrak{N})$.

Bei der Konstruktion von φ_{P} benutzen wir wesentlich einen Ausdruck χ_{P}, der (bei Interpretation in $\mathfrak{N}$) die Arbeitsweise von P beschreibt. Das folgende Lemma, dessen Nachweis den Kern dieses Abschnitts bildet, stellt einen solchen Ausdruck bereit.

Das Registerprogramm P bestehe aus den Zeilen $\alpha_0, \ldots, \alpha_k$; n sei die kleinste Zahl, sodass alle in P angesprochenen Register unter $R_0, \ldots, R_n$ vorkommen. Unter einer Konfiguration von P verstehen wir (wie bereits in 10.4) ein $(n+2)$-Tupel $(Z, m_0, \ldots, m_n)$ natürlicher Zahlen mit $Z \le k$. $(Z, m_0, \ldots, m_n)$ gibt die Situation einer P-Berechnung wieder, bei der die Programmzeile α_Z aufgerufen wird und in den Registern $R_0, \ldots, R_n$ der Reihe nach die Zahlen $m_0, \ldots, m_n$ stehen.

10.6.8 Lemma *Zu* P *kann man effektiv einen S_{Ar}-Ausdruck $\chi_{\mathrm{P}}(v_0, \ldots, v_{2n+2})$ angeben, sodass für alle $l_0, \ldots, l_n, Z, m_0, \ldots, m_n \in \mathbb{N}$ gilt:*

$\mathfrak{N} \models \chi_P[l_0, \ldots, l_n, Z, m_0, \ldots, m_n]$ *gdw*
P erreicht, beginnend mit der Konfiguration $(0, l_0, \ldots, l_n)$*, nach endlich*
vielen Schritten die Konfiguration $(Z, m_0, \ldots, m_n)$*.*

Wir stellen den Beweis zurück. Mit Hilfe von χ_P erhalten wir den gesuchten
Ausdruck φ_P: Wir setzen

$$\varphi_P := \exists v_{n+2} \ldots \exists v_{2n+2} \chi_P(\mathbf{0}, \ldots, \mathbf{0}, \mathbf{k}, v_{n+2}, \ldots, v_{2n+2}).^2$$

Dann gilt (man beachte, dass α_k die Stoppzeile von P ist):

$\mathfrak{N} \models \varphi_P$ gdw   P erreicht, beginnend mit der Konfiguration $(0, \ldots, 0)$,
nach endlich vielen Schritten für gewisse $m_0, \ldots, m_n$ die
Konfiguration $(k, m_0, \ldots, m_n)$

   gdw   P: $\square \to$ stop.

Somit haben wir

10.6.9 Satz über die Unentscheidbarkeit der Arithmetik   *Die Arithmetik, also* $\mathrm{Th}(\mathfrak{N})$*, ist nicht R-entscheidbar.*   ⊣

Da $\mathrm{Th}(\mathfrak{N})$ vollständig ist, erhalten wir mit 10.6.5:

10.6.10 Korollar *Die Arithmetik, also* $\mathrm{Th}(\mathfrak{N})$*, ist nicht R-axiomatisierbar und nicht R-aufzählbar. Insbesondere ist* $\Phi_{PA}^{\models} \subsetneq \mathrm{Th}(\mathfrak{N})$*.*   ⊣

10.6.9 wie auch 10.6.10 beinhalten, dass die Arithmetik sich im folgenden Sinne einem „mechanischen" Zugriff entzieht: Es gibt kein Verfahren, das für arithmetische Sätze entscheidet, ob sie wahr sind; es gibt nicht einmal ein Verfahren, die wahren arithmetischen Sätze aufzuzählen. In der Mathematik wird man also nie über eine Methode verfügen, mit der es möglich ist, alle wahren arithmetischen Sätze systematisch zu beweisen. Insbesondere lässt sich kein Axiomensystem $\Phi \subseteq \mathrm{Th}(\mathfrak{N})$ effektiv angeben, mit dem sich alle Sätze aus $\mathrm{Th}(\mathfrak{N})$ gewinnen lassen.

Beweis von Lemma 10.6.8. Sei P vorgegeben. Wir müssen einen S_{Ar}-Ausdruck $\chi_P(x_0, \ldots, x_n, z, y_0, \ldots, y_n)$ angeben, der – in $\mathfrak{N}$ – besagt, dass P, beginnend mit der Konfiguration $(0, x_0, \ldots, x_n)$, eine Folge von Konfigurationen durchläuft, welche schließlich mit der Konfiguration $(z, y_0, \ldots, y_n)$ endet. Demnach muss $\chi_P(x_0, \ldots, x_n, z, y_0, \ldots, y_n)$ die folgende Aussage (1) symbolisieren:

(1) „Es gibt $s \in \mathbb{N}$ und eine Folge $C_0, \ldots, C_s$ von Konfigurationen, so dass
$C_0 = (0, x_0, \ldots, x_n)$, $C_s = (z, y_0, \ldots, y_n)$,
für alle $i < s$: $C_i \underset{P}{\to} C_{i+1}$."

---

^{2}Falls etwa $\varphi \in L_2^{S_{Ar}}$, schreiben wir $\varphi(\mathbf{n}, v_1)$ für $\varphi\frac{\mathbf{n}}{v_0}$ und $\varphi(\mathbf{n}, \mathbf{m})$ für $\varphi\frac{\mathbf{n}\ \mathbf{m}}{v_0\ v_1}$. Wiederum stehen $\mathbf{0}, \mathbf{1}, \mathbf{2}, \ldots$ für die S_{Ar}-Terme $0, 1, 1+1, \ldots$.

Dabei bedeutet „$C_i \underset{P}{\to} C_{i+1}$": Befindet sich P in der Konfiguration C_i, so geht P durch Ausführung der in C_i genannten Programmzeile in die Konfiguration C_{i+1} über.

Wir fassen die Konfigurationen $C_0, \ldots, C_s$ zu einer einzigen Folge zusammen. Dadurch geht (1) über in (2):

(2) „Es gibt $s \in \mathbb{N}$ und es gibt eine Folge

$$\big(\underbrace{a_0, \ldots, a_{n+1}}_{C_0}, \underbrace{a_{n+2}, \ldots, a_{(n+2)+(n+1)}}_{C_1}, \ldots, \underbrace{a_{s\cdot(n+2)}, \ldots, a_{s\cdot(n+2)+(n+1)}}_{C_s}\big),$$

sodass

$a_0 = 0, \; a_1 = x_0, \ldots, \; a_{n+1} = x_n,$

$a_{s\cdot(n+2)} = z, \; a_{s\cdot(n+2)+1} = y_0, \ldots, \; a_{s\cdot(n+2)+(n+1)} = y_n,$

und für alle $i < s$:

$$\big(a_{i\cdot(n+2)}, \ldots, a_{i\cdot(n+2)+(n+1)}\big) \underset{P}{\to} \big(a_{(i+1)\cdot(n+2)}, \ldots, a_{(i+1)\cdot(n+2)+(n+1)}\big).\text{"}$$

Die Hauptschwierigkeit bei der Symbolisierung von (2) in $L^{S_{\mathrm{Ar}}}$ wird durch den Quantor „es gibt eine Folge" verursacht. Um sie zu überwinden, werden wir endliche Folgen natürlicher Zahlen in geeigneter Weise durch natürliche Zahlen kodieren. Oft benutzt man zur Kodierung einer Folge $(a_0, \ldots, a_r)$ die Zahl $p_0^{a_0+1} \cdot \ldots \cdot p_r^{a_r+1}$, wobei p_i die i-te Primzahl bezeichnet. Da jedoch eine $L^{S_{\mathrm{Ar}}}$-Definition der Potenzfunktion x^y sehr verwickelt ist, benutzen wir eine andere Methode, bei der die Folge $(a_0, \ldots, a_r)$ durch zwei geeignete Zahlen t und p kodiert wird.

10.6.11 Lemma über die β-Funktion[3] *Es gibt eine Funktion $\beta \colon \mathbb{N}^3 \to \mathbb{N}$ mit den folgenden Eigenschaften:*

(a) *Zu jeder Folge $(a_0, \ldots, a_r)$ über $\mathbb{N}$ existieren $t, p \in \mathbb{N}$, sodass für alle $i \leq r$*

$$\beta(t, p, i) = a_i.$$

(b) *β ist in $L^{S_{\mathrm{Ar}}}$ definierbar, d.h., es gibt einen S_{Ar}-Ausdruck $\varphi_\beta(v_0, v_1, v_2, v_3)$, sodass für alle $t, p, i, a \in \mathbb{N}$ gilt:*

$$\mathfrak{N} \models \varphi_\beta[t, p, i, a] \quad gdw \quad \beta(t, p, i) = a.$$

Beweis. Zu $(a_0, \ldots, a_r)$ wählen wir eine Primzahl p, die größer ist als $a_0, \ldots, a_r$, $r + 1$ und setzen

$$(*) \quad t := 1 \cdot p^0 + a_0 p^1 + 2p^2 + a_1 p^3 + \ldots + (i+1)p^{2i} + a_i p^{2i+1} + \ldots$$
$$+ (r+1)p^{2r} + a_r p^{2r+1}.$$

Aufgrund der Wahl von p ist die rechte Seite die p-adische Darstellung von t.

---

[3]Diese Bezeichnung geht auf Gödel zurück, der den Buchstaben β für eine Funktion mit den Eigenschaften (a) und (b) verwendet hat.

Zunächst zeigen wir, dass für alle i, $0 \le i \le r$, gilt:

$(**)$

$a = a_i$ gdw es gibt b_0, b_1, b_2 mit
(i) $t = b_0 + b_1((i+1) + ap + b_2 p^2)$,
(ii) $a < p$,
(iii) $b_0 < b_1$,
(iv) $b_1 = p^{2m}$ für ein geeignetes m.

Die Richtung von links nach rechts erhält man sofort aus $(*)$ mit

$$b_0 := 1 \cdot p^0 + \ldots + a_{i-1} p^{2i-1},$$

$$b_1 := p^{2i},$$

$$b_2 := (i+2) + a_{i+1} p + \ldots + a_r p^{2(r-i)-1}.$$

Gelte umgekehrt (i) – (iv) für b_0, b_1, b_2 und sei $b_1 = p^{2m}$. Aus (i) erhalten wir

$$t = b_0 + (i+1) p^{2m} + a p^{2m+1} + b_2 p^{2m+2}.$$

Da $b_0 < p^{2m}$ und $a, i+1 < p$ und da die p-adische Darstellung von t eindeutig ist, liefert ein Vergleich mit $(*)$, dass $m = i$ und $a = a_i$.

Offenbar ist (iv) aus $(**)$ äquivalent mit

(iv)′ b_1 ist eine Quadratzahl, und für alle $d \ne 1$ mit $d|b_1$ gilt $p|d$.

Wir definieren $\beta(t, p, i)$ als das eindeutig bestimmte (und damit das kleinste) a, für das die rechte Seite in $(**)$ (mit (iv)′ statt (iv)) gilt. Wir erweitern diese Definition auf beliebige Tripel natürlicher Zahlen, indem wir festsetzen:

Es sei $\beta(u, q, j)$ das kleinste a, für das es b_0, b_1, b_2 gibt mit

(i) $u = b_0 + b_1((j+1) + aq + b_2 q^2)$,

(ii) $a < q$,

(iii) $b_0 < b_1$,

(iv)′ b_1 ist eine Quadratzahl, und für alle $d \ne 1$ mit $d|b_1$ gilt $q|d$.

Falls kein derartiges a existiert, sei $\beta(u, q, j) = 0$.

Dann hat offenbar β die in (a) geforderten Eigenschaften.

Die gerade getroffene Definition von β lässt sich unmittelbar durch einen S_{Ar}-Ausdruck $\varphi_\beta(v_0, v_1, v_2, v_3)$ symbolisieren. Somit ist auch (b) erfüllt. ⊣

Wir kehren nun zum Beweis von 10.6.8 zurück, also zu der Aufgabe, durch einen S_{Ar}-Ausdruck χ_P zu beschreiben, dass P in endlich vielen Schritten von der Konfiguration $(0, x_0, \ldots, x_n)$ zur Konfiguration $(z, y_0, \ldots, y_n)$ gelangt. Diesen Sachverhalt über P haben wir äquivalent umformuliert zur Aussage (2). Diese können wir nun mit Hilfe des Ausdrucks φ_β aus dem Lemma 10.6.11 über die β-Funktion auf folgende Weise symbolisieren (wobei wir in Anlehnung an unsere bisherigen Bezeichnungen durch $s, t, \ldots$ jetzt Variablen andeuten):

$\chi_P(x_0, \ldots, x_n, z, y_0, \ldots, y_n) :=$

$\exists s \exists p \exists t (\varphi_\beta(t, p, 0, 0) \wedge \varphi_\beta(t, p, 1, x_0) \wedge \ldots \wedge \varphi_\beta(t, p, \boldsymbol{n+1}, x_n)$

$\wedge \varphi_\beta(t, p, s \cdot (\boldsymbol{n+2}), z) \wedge \varphi_\beta(t, p, s \cdot ((\boldsymbol{n+2}) + 1), y_0) \wedge \ldots$

$\wedge \varphi_\beta(t, p, s \cdot (\boldsymbol{n+2}) + (\boldsymbol{n+1}), y_n)$

$\wedge \forall i (i < s \to \forall u \forall u_0 \ldots \forall u_n \forall u' \forall u_0' \ldots \forall u_n'$

$[\varphi_\beta(t, p, i \cdot (\boldsymbol{n+2}), u) \wedge \ldots \wedge \varphi_\beta(t, p, i \cdot (\boldsymbol{n+2}) + (\boldsymbol{n+1}), u_n)$

$\wedge \varphi_\beta(t, p, (i+1) \cdot (\boldsymbol{n+2}), u') \wedge \ldots \wedge \varphi_\beta(t, p, (i+1) \cdot (\boldsymbol{n+2}) + (\boldsymbol{n+1}), u_n')$

$\to \text{,,}(u, u_0, \ldots, u_n) \underset{P}{\to} (u', u_0', \ldots, u_n')\text{``}]))$.

Hierbei steht

$$\text{,,}(u, u_0, \ldots, u_n) \underset{P}{\to} (u', u_0', \ldots, u_n')\text{``}$$

für einen Ausdruck, der den unmittelbaren Übergang von der Konfiguration $(u, u_0, \ldots, u_n)$ zur Konfiguration $(u', u_0', \ldots, u_n')$ beschreibt. Ein solcher Ausdruck lässt sich als eine Konjunktion $\psi_0 \wedge \ldots \wedge \psi_{k-1}$ gewinnen, wobei ψ_j den Übergang gemäß Zeile α_j von P betrifft. Hat α_j z. B. die Gestalt

j LET $R_1 = R_1 + |,$

so sei

$\psi_j := u \equiv \boldsymbol{j} \to (u' \equiv u + 1 \wedge u_0' \equiv u_0 \wedge u_1' \equiv u_1 + 1 \wedge u_2' \equiv u_2 \wedge \ldots \wedge u_n' \equiv u_n)$.

Damit ist χ_P vollständig angegeben, und der Beweis von 10.6.8 ist beendet. $\dashv$

Abschließend ziehen wir aus der Darstellung der Arbeitsweise von Registerprogrammen in $\mathfrak{N}$ noch eine Folgerung.

10.6.12 Satz *Es sei $r \geq 1$.*

(a) *Zu jeder r-stelligen R-entscheidbaren Relation $\mathfrak{Q}$ über $\mathbb{N}$ gibt es einen S_{Ar}-Ausdruck $\varphi(v_0, \ldots, v_{r-1})$, sodass für alle $l_0, \ldots, l_{r-1} \in \mathbb{N}$*

$$\mathfrak{Q}l_0 \ldots l_{r-1} \quad \text{gdw} \quad \mathfrak{N} \models \varphi(\boldsymbol{l}_0, \ldots, \boldsymbol{l}_{r-1}).$$

(b) *Zu jeder R-berechenbaren Funktion $f \colon \mathbb{N}^r \to \mathbb{N}$ gibt es einen S_{Ar}-Ausdruck $\varphi(v_0, \ldots, v_{r-1}, v_r)$, sodass für alle $l_0, \ldots, l_{r-1}, l_r \in \mathbb{N}$*

$$f(l_0, \ldots, l_{r-1}) = l_r \quad \text{gdw} \quad \mathfrak{N} \models \varphi(\boldsymbol{l}_0, \ldots, \boldsymbol{l}_{r-1}, \boldsymbol{l}_r)$$

und daher insbesondere

$$\mathfrak{N} \models \exists^{=1} v_r \varphi(\boldsymbol{l}_0, \ldots, \boldsymbol{l}_{r-1}, v_r).$$

Beweis. Zu (a). Es sei $r \geq 1$ und $\mathfrak{Q}$ eine r-stellige R-entscheidbare Relation über $\mathbb{N}$. P sei ein Registerprogramm, dass $\mathfrak{Q}$ entscheidet. R_n sei das größte in P angesprochene Register, und o.B.d.A. sei $n \geq r - 1$. Es seien $\alpha_{Z_0}, \ldots, \alpha_{Z_m}$ die Zeilen mit Druckanweisungen in P. Wir wählen nun χ_P wie in 10.6.8. Dann gilt für beliebige $l_0, \ldots, l_{r-1} \in \mathbb{N}$:

$$\mathfrak{Q}l_0, \ldots, l_{r-1}$$

gdw P erreicht, beginnend mit der Konfiguration
$(0, l_0, \ldots, l_{r-1}, \underbrace{0, \ldots, 0}_{n+1-r})$, nach endlich vielen Schritten eine Konfiguration
der Gestalt $(Z_i, 0, m_1, \ldots, m_n)$ mit $0 \leq i \leq m$ (d.h. eine Druckanweisung,
bei der in R_0 das leere Wort steht)

gdw $\mathfrak{N} \models \exists v_{n+3} \ldots \exists v_{2n+2}(\chi_P(l_0, \ldots, l_{r-1}, 0, \ldots, 0, Z_0, 0, v_{n+3}, \ldots, v_{2n+2})$
$\vee \ldots \vee \chi_P(l_0, \ldots, l_{r-1}, 0, \ldots, 0, Z_m, 0, v_{n+3}, \ldots, v_{2n+2}))$.

Man kann daher als $\varphi(v_0, \ldots, v_{r-1})$ den folgenden Ausdruck wählen:

$$\exists v_{n+3} \ldots \exists v_{2n+2} \bigvee_{i=0}^{m} \chi_P(v_0, \ldots, v_{r-1}, 0, \ldots, 0, Z_i, 0, v_{n+3}, \ldots, v_{2n+2}).$$

Zu (b). Wir verfahren wie unter (a) und beachten, dass

$$f(l_0, \ldots, l_{r-1}) = l_r$$

gdw P erreicht, beginnend mit der Konfiguration
$(0, l_0, \ldots, l_{r-1}, 0, \ldots, 0)$, nach endlich vielen Schritten eine Konfiguration
der Gestalt $(Z_i, l_r, m_1, \ldots, m_n)$ mit $0 \leq i \leq m$.

Als beschreibenden Ausdruck $\varphi(v_0, \ldots, v_{r-1}, v_r)$ können wir daher den folgenden Ausdruck wählen:

$$\exists v_{n+3} \ldots \exists v_{2n+2} \bigvee_{i=0}^{m} \chi_P(v_0, \ldots, v_{r-1}, 0, \ldots, 0, Z_i, v_r, v_{n+3}, \ldots, v_{2n+2}). \quad \dashv$$

Relationen und Funktionen über $\mathbb{N}$, die wie in 10.6.12 durch einen S_{Ar}-Ausdruck beschrieben werden können, nennt man *arithmetisch*. Satz 10.6.12 sagt demnach aus, dass alle R-entscheidbaren Relationen und alle R-berechenbaren Funktionen über $\mathbb{N}$ arithmetisch sind.

Der Satz über die Unentscheidbarkeit der Arithmetik lässt sich verschärfen: 1970 gelang Y.V. Matijasevič der Beweis dafür, dass die Menge PGN (vgl. 10.1.11) nicht R-entscheidbar ist ([29]). Da man jedem Polynom p mit ganzzahligen Koeffizienten effektiv einen existenziellen S_{Ar}-Satz φ_p zuordnen kann, sodass

$$p \in \text{PGN} \quad \text{gdw} \quad \varphi_p \in \text{Th}(\mathfrak{N}),[4]$$

---

[4]So ordnet man dem Polynom $p = x + 2y^2 - 5$ den Satz $\varphi_p = \exists x \exists y\, (x + 2y^2 \equiv 5 \lor 2y^2 \equiv x + 5)$ zu (φ_p berücksichtigt auch negative Nullstellen).

erhält man, dass bereits die Menge $\{\varphi \in \text{Th}(\mathfrak{N}) \mid \varphi \text{ existenziell}\}$ unentscheidbar ist. – Aus den Betrachtungen von Matijasevič ergibt sich weiter, dass sich jede R-aufzählbare Teilmenge von $\mathbb{N}$ in der Gestalt

$$\{n \in \mathbb{N} \mid \text{es gibt ganze Zahlen } z_1, \ldots, z_r \text{ mit } p(z_1, \ldots, z_r) = n\}$$

schreiben lässt, wobei p ein Polynom mit ganzzahligen Koeffizienten ist. Die R-aufzählbaren Teilmengen von $\mathbb{N}$ fallen also mit den in $\mathbb{N}$ liegenden Teilen von Wertebereichen solcher Polynome zusammen.

10.6.13 Aufgabe $\mathfrak{Z} = (\mathbb{Z}, +, \cdot, 0, 1)$ sei der Ring der ganzen Zahlen (als S_{Ar}-Struktur). Man zeige, dass $\text{Th}(\mathfrak{Z})$ nicht R-entscheidbar ist. (Hinweis: Man benutze, dass eine ganze Zahl genau dann eine natürliche Zahl ist, wenn sie Summe von vier Quadraten ganzer Zahlen ist.)

10.7 Selbstbezügliche Aussagen und die Gödelschen Unvollständigkeitssätze

Im vorangehenden Abschnitt haben wir gezeigt, dass die Arithmetik nicht R-axiomatisierbar ist. Gödel [16] hat ursprünglich einen anderen Weg eingeschlagen, um zu diesem Ergebnis zu gelangen. Wesentlich für seinen Beweis ist die Tatsache, dass für genügend reichhaltige Axiomensysteme Ausdrücke existieren, die in einem gewissen Sinn Aussagen über sich selbst machen. Das Studium solcher selbstbezüglicher Ausdrücke steht im Mittelpunkt der folgenden Überlegungen. Es führt uns abschließend zu dem Anliegen dieses Kapitels zurück: zur Auslotung von Grenzen der formalen Methode. Im Hinblick auf dieses Ziel werden wir die Betrachtungen großenteils auf syntaktischer Ebene durchführen.

Im Folgenden sei Φ stets eine Menge von S_{Ar}-Sätzen.

10.7.1 Definition

(a) Eine Relation $\mathfrak{Q} \subseteq \mathbb{N}^r$ heißt *repräsentierbar in* Φ, falls es einen S_{Ar}-Ausdruck $\varphi(v_0, \ldots, v_{r-1})$ gibt, sodass für alle $n_0, \ldots, n_{r-1} \in \mathbb{N}$:

   Wenn $\mathfrak{Q} n_0 \ldots n_{r-1}$, so $\Phi \vdash \varphi(\boldsymbol{n}_0, \ldots, \boldsymbol{n}_{r-1})$;
   wenn nicht $\mathfrak{Q} n_0 \ldots n_{r-1}$, so $\Phi \vdash \neg\varphi(\boldsymbol{n}_0, \ldots, \boldsymbol{n}_{r-1})$.

   Wir sagen dann, $\varphi(v_0, \ldots, v_{r-1})$ *repräsentiere* $\mathfrak{Q}$ in Φ.

(b) Eine Funktion $F \colon \mathbb{N}^r \to \mathbb{N}$ heißt *repräsentierbar in* Φ, falls es einen S_{Ar}-Ausdruck $\varphi(v_0, \ldots, v_{r-1}, v_r)$ gibt, sodass für alle $n_0, \ldots, n_{r-1}, n_r \in \mathbb{N}$:

   Wenn $F(n_0 \ldots n_{r-1}) = n_r$, so $\Phi \vdash \varphi(\boldsymbol{n}_0, \ldots, \boldsymbol{n}_{r-1}, \boldsymbol{n}_r)$;
   wenn $F(n_0 \ldots n_{r-1}) \neq n_r$, so $\Phi \vdash \neg\varphi(\boldsymbol{n}_0, \ldots, \boldsymbol{n}_{r-1}, \boldsymbol{n}_r)$;

$$\Phi \vdash \exists^{=1} v_r \varphi(n_0, \ldots, n_{r-1}, v_r).$$

Wir sagen dann, $\varphi(v_0, \ldots, v_{r-1}, v_r)$ *repräsentiere F in Φ.*

10.7.2 Lemma (a) *Wenn Φ widerspruchsvoll ist, so ist jede Relation über $\mathbb{N}$ und jede Funktion über $\mathbb{N}$ in Φ repräsentierbar.*
(b) *Wenn $\Phi \subseteq \Phi' \subseteq L_0^{S_{\mathrm{Ar}}}$, so sind Relationen und Funktionen, die in Φ repräsentierbar sind, auch in Φ' repräsentierbar.*
(c) *Φ sei widerspruchsfrei. Ist dann Φ R-entscheidbar, so ist jede in Φ repräsentierbare Relation R-entscheidbar und jede in Φ repräsentierbare Funktion R-berechenbar.*

Beweis. Die Behauptungen (a) und (b) ergeben sich unmittelbar aus der Definition 10.7.1. Wir zeigen (c) für eine Funktion $F \colon \mathbb{N} \to \mathbb{N}$. F werde in Φ durch $\varphi(v_0, v_1)$ repräsentiert. Wir gewinnen auf folgende Weise ein Verfahren zur Berechnung von F: Es sei $n \in \mathbb{N}$ vorgegeben. Dann gilt $\Phi \vdash \varphi(n, F(n))$ und $\Phi \vdash \neg\varphi(n, m)$ für $m \neq F(n)$, wegen der Widerspruchsfreiheit von Φ also nicht $\Phi \vdash \varphi(n, m)$ für $m \neq F(n)$. Um $F(n)$ zu bestimmen, also das k mit $\Phi \vdash \varphi(n, k)$, setzen wir ein Aufzählungsverfahren für $\{\psi \in L_0^{S_{\mathrm{Ar}}} \mid \Phi \vdash \psi\}$ in Gang und stellen zugleich die Sätze $\varphi(n, 0), \varphi(n, 1), \varphi(n, 2), \ldots$ her. Sobald einer dieser Sätze $\varphi(n, k)$ vom Aufzählungsverfahren geliefert wird, haben wir mit k den Wert $F(n)$ gefunden. $\dashv$

Wir sagen, dass Φ *Repräsentierungen erlaubt*, wenn alle R-entscheidbaren Relationen und alle R-berechenbaren Funktionen über $\mathbb{N}$ in Φ repräsentierbar sind.

Erlaubt Φ Repräsentierungen, so besagt dies in einer gewissen Weise, dass Φ reichhaltig genug ist, um die Wirkungsweise von Verfahren zu beschreiben. Im vorangehenden Abschnitt haben wir die Arbeitsweise von Registerprogrammen in $\Phi = \mathrm{Th}(\mathfrak{N})$ wiedergegeben. In der Tat gilt:

10.7.3 Satz $\mathrm{Th}(\mathfrak{N})$ *erlaubt Repräsentierungen.*

Der Beweis ergibt sich sofort aus 10.6.12; denn für jeden S_{Ar}-Satz φ gilt ($\mathfrak{N} \models \varphi$ gdw $\mathrm{Th}(\mathfrak{N}) \vdash \varphi$) und (nicht $\mathfrak{N} \models \varphi$ gdw $\mathrm{Th}(\mathfrak{N}) \vdash \neg\varphi$). $\dashv$

Eine genauere Analyse der Überlegungen, die zum Beweis von 10.6.12 führen, auf die wir jedoch hier nicht eingehen, zeigt, dass man die Arbeitsweise von Registerprogrammen bereits auf der Basis der Peano-Arithmetik, also in Φ_{PA}, beschreiben kann. Man gelangt so zu

10.7.4 Satz Φ_{PA} *erlaubt Repräsentierungen.* $\dashv$

Im Folgenden legen wir als wichtiges technisches Hilfsmittel eine effektive Kodierung („Gödelisierung") der S_{Ar}-Ausdrücke durch natürliche Zahlen zugrunde. Die Gödelisierung sei surjektiv, es trete also jede Zahl als Gödelnummer eines Ausdrucks auf. Wir bezeichnen die Gödelnummer von φ mit n^φ.

Die Gödelisierung macht es möglich, Sachverhalte über Ausdrücke in arithmetische Aussagen zu übersetzen. Beispielsweise wird dann aus einer Aussage über die Ableitbarkeit eines Ausdrucks φ eine arithmetische Aussage über die Gödelnummer von φ, und diese wiederum lässt sich durch einen S_{Ar}-Satz symbolisieren. Damit haben wir den Schlüssel zur Konstruktion selbstbezüglicher Aussagen in der Hand.

Unser weiteres Vorgehen orientiert sich an der Antinomie vom Lügner (und führt dabei auf formaler Ebene zu einer Klärung der Problematik, die hinter dieser Antinomie steht). Die Antinomie besagt, dass die Behauptung

(∗)   *„Ich spreche jetzt nicht die Wahrheit"*

weder wahr noch falsch sein kann; denn wäre sie wahr, so müsste sie auch falsch sein, und wäre sie falsch, so müsste sie auch wahr sein.

Offenbar macht die Aussage (∗) eine Aussage über sich selbst; sie ist ein Beispiel für eine sog. *selbstbezügliche* Aussage. In einem ersten Schritt betrachten wir allgemein derartige Aussagen. Wir zeigen, dass in einem genügend reichhaltigen System (d.h. in einem System, das Repräsentierungen erlaubt) für *jede* in diesem System ausdrückbare Eigenschaft ein selbstbezüglicher Satz existiert. Genauer zeigen wir:

10.7.5 Fixpunktsatz Φ *erlaube Repräsentierungen. Dann gibt es zu jedem* $\psi \in L_1^{S_{Ar}}$ *einen* S_{Ar}*-Satz* φ *mit*

$$\Phi \vdash \varphi \leftrightarrow \psi(\boldsymbol{n}^\varphi).$$

Inhaltlich besagt φ: „Die Eigenschaft ψ trifft auf mich zu."

Beweis. $F \colon \mathbb{N} \times \mathbb{N} \to \mathbb{N}$ sei gegeben durch

$$F(n,m) = \begin{cases} n^{\chi(\boldsymbol{m})}, & \text{falls } n = n^\chi \text{ für ein } \chi \in L_1^{S_{Ar}}; \\ 0, & \text{sonst.} \end{cases}$$

Offenbar ist F berechenbar, und für $\chi \in L_1^{S_{Ar}}$ und $m \in \mathbb{N}$ gilt

$$F(n^\chi, m) = n^{\chi(\boldsymbol{m})}.$$

Da Φ Repräsentierungen erlaubt, wird F durch einen geeigneten S_{Ar}-Ausdruck $\alpha(v_0, v_1, v_2)$ in Φ repräsentiert. Wir schreiben x, y, z für v_0, v_1, v_2 und setzen für vorgegebenes $\psi \in L_1^{S_{Ar}}$

$$\beta := \forall z(\alpha(x, x, z) \to \psi(z)),$$
$$\varphi := \forall z(\alpha(\boldsymbol{n}^\beta, \boldsymbol{n}^\beta, z) \to \psi(z)).$$

Da $\beta \in L_1^{S_{Ar}}$ und da $\varphi = \beta \frac{\boldsymbol{n}^\beta}{x}$, ist $F(n^\beta, n^\beta) = n^\varphi$, und somit gilt

(1) $$\Phi \vdash \alpha(\boldsymbol{n}^\beta, \boldsymbol{n}^\beta, \boldsymbol{n}^\varphi).$$

Wir zeigen nun für φ und ψ die Behauptung, d.h.

$$\Phi \vdash \varphi \leftrightarrow \psi(\boldsymbol{n}^\varphi).$$

Zur Richtung von links nach rechts: Nach Definition von φ gilt

$$\Phi \cup \{\varphi\} \vdash \alpha(\boldsymbol{n}^\beta, \boldsymbol{n}^\beta, \boldsymbol{n}^\varphi) \to \psi(\boldsymbol{n}^\varphi),$$

wegen (1) daher $\Phi \vdash \varphi \to \psi(\boldsymbol{n}^\varphi)$.

Andererseits gilt, da α die Funktion F in Φ repräsentiert, insbesondere

$$\Phi \vdash \exists^{=1} z \alpha(\boldsymbol{n}^\beta, \boldsymbol{n}^\beta, z),$$

wegen (1) demnach

$$\Phi \vdash \forall z(\alpha(\boldsymbol{n}^\beta, \boldsymbol{n}^\beta, z) \to z \equiv \boldsymbol{n}^\varphi)$$

und daher

$$\Phi \vdash \psi(\boldsymbol{n}^\varphi) \to \forall z(\alpha(\boldsymbol{n}^\beta, \boldsymbol{n}^\beta, z) \to \psi(z)),$$

d.h.

$$\Phi \vdash \psi(\boldsymbol{n}^\varphi) \to \varphi. \qquad \dashv$$

Das folgende Ergebnis zeigt, dass wir in genügend reichhaltigen Systemen nicht über die „Wahrheit" oder „Falschheit" aller Aussagen des Systems sprechen können. Um dies auf syntaktischer Ebene präzise zu fassen, betrachten wir ein widerspruchsfreies Axiomensystem Φ, das Repräsentierungen erlaubt. Den „wahren" Aussagen lassen wir die Sätze in $\Phi^\vdash = \{\varphi \in L_0^{S_{\mathrm{Ar}}} \mid \Phi \vdash \varphi\}$ entsprechen, den „falschen" Aussagen die Sätze, deren Negat in $\Phi^\vdash$ liegt. In Φ über „Wahrheit" oder „Falschheit" sprechen zu können, besage, dass $\Phi^\vdash$ (d.h. genauer: $\{n^\varphi \mid \varphi \in \Phi^\vdash\}$) in Φ repräsentierbar ist.

10.7.6 Lemma Φ *sei widerspruchsfrei und erlaube Repräsentierungen. Dann ist* $\Phi^\vdash$ *nicht repräsentierbar in* Φ.

Beweis. Die Voraussetzungen seien erfüllt. Wir nehmen an, $\chi(v_0)$ repräsentiere $\Phi^\vdash$ in Φ. Wegen der Widerspruchsfreiheit von Φ gilt für $\alpha \in L_0^{S_{\mathrm{Ar}}}$:

(1) $$\Phi \vdash \neg\chi(\boldsymbol{n}^\alpha) \quad \text{gdw} \quad \text{nicht } \Phi \vdash \alpha.$$

Gemäß 10.7.5 wählen wir zu $\psi := \neg\chi$ einen „Fixpunkt", d.h. ein $\varphi \in L_0^{S_{\mathrm{Ar}}}$ mit

(2) $$\Phi \vdash \varphi \leftrightarrow \neg\chi(\boldsymbol{n}^\varphi).$$

(φ besagt so viel wie „Ich bin nicht ‚wahr'"). Dann erhalten wir

$$
\begin{array}{lll}
\Phi \vdash \varphi & \text{gdw} & \Phi \vdash \neg\chi(\boldsymbol{n}^\varphi) \quad (\text{nach } (2)) \\
& \text{gdw} & \text{nicht } \Phi \vdash \varphi \quad (\text{nach } (1)),
\end{array}
$$

also einen Widerspruch. $\qquad \dashv$

Lemma 10.7.6 hat interessante Konsequenzen sowohl in syntaktischer als auch in semantischer Hinsicht, wobei man sich im letzteren Fall auf $\Phi^\models$ statt auf $\Phi^\vdash$ bezieht. Wir gewinnen aus 10.7.6 den Satz von Tarski (10.7.7; [38]) und den ersten Gödelschen Unvollständigkeitssatz (10.7.8; [16]).

10.7.7 Satz von Tarski (a) Φ *sei widerspruchsfrei und erlaube Repräsentierungen. Dann ist* $\Phi^\models$ *nicht in* Φ *repräsentierbar.*
(b) $\mathrm{Th}(\mathfrak{N})$ *ist in* $\mathrm{Th}(\mathfrak{N})$ *nicht repräsentierbar.*

Beweis. (a) ergibt sich wegen $\Phi^\vdash = \Phi^\models$ unmittelbar aus 10.7.6. Da $\mathrm{Th}(\mathfrak{N})$ widerspruchsfrei ist und Repräsentierungen erlaubt (vgl. 10.7.3), ist (b) ein Sonderfall von (a). ⊣

Der Satz von Tarski ist für semantische Fragestellungen von zentraler Bedeutung. Teil (b) besagt in prägnanter Formulierung, dass es „keine Wahrheitsdefinition für die Arithmetik in der Arithmetik" gibt.

10.7.8 Erster Gödelscher Unvollständigkeitssatz Φ *sei widerspruchsfrei, R-entscheidbar und erlaube Repräsentierungen. Dann gibt es einen S_{Ar}-Satz φ, sodass weder $\Phi \vdash \varphi$ noch $\Phi \vdash \neg\varphi$.*

Beweis. Wir nehmen an, für alle S_{Ar}-Sätze φ gelte $\Phi \vdash \varphi$ oder $\Phi \vdash \neg\varphi$. Dann ist $\Phi^\vdash$ vollständig und somit R-entscheidbar (vgl. 10.6.5(a)), also in Φ repräsentierbar, ein Widerspruch zu 10.7.6. ⊣

Eine Verfeinerung der vorangehenden Argumentationen führt zu Ergebnissen, welche die Frage nach der Widerspruchsfreiheit der Mathematik betreffen. So zeigt der zweite Gödelsche Unvollständigkeitssatz, dem wir uns jetzt zuwenden, dass sich die Widerspruchsfreiheit eines genügend reichhaltigen Axiomensystems nicht mit den Mitteln des Systems allein beweisen lässt.

Im Folgenden sei $\Phi \subseteq L_0^{S_{\mathrm{Ar}}}$ entscheidbar und erlaube Repräsentierungen.

Wir wählen eine effektive Aufzählung aller Ableitungen in dem zu S_{Ar} gehörenden Sequenzenkalkül und definieren die Relation H durch

> $H nm$ gdw   die m-te Ableitung endet mit einer Sequenz der
>   Gestalt $\psi_0 \dots \psi_{k-1}\ \varphi$, wobei $\psi_0, \dots, \psi_{k-1} \in \Phi$
>   und $n = n^\varphi$.

Aus der Entscheidbarkeit von Φ ergibt sich die von H, und offensichtlich gilt

$$\Phi \vdash \varphi \quad \text{gdw} \quad \text{es gibt } m \in \mathbb{N} \text{ mit } H n^\varphi m.$$

Da Φ Repräsentierungen erlaubt, lässt sich H durch einen geeigneten Ausdruck $\varphi_H(v_0, v_1) \in L_2^{S_{\mathrm{Ar}}}$ in Φ repräsentieren. Wir schreiben wieder x, y für v_0, v_1 und setzen

$$\mathrm{Abl}_\Phi(x) := \exists y \varphi_H(x, y).$$

Zu $\psi = \neg\mathrm{Abl}_\Phi(x)$ wählen wir mit 10.7.5 einen Fixpunkt $\varphi \in L_0^{S_{\mathrm{Ar}}}$, also einen S_{Ar}-Satz φ mit

(∗) $\Phi \vdash \varphi \leftrightarrow \neg\mathrm{Abl}_\Phi(\boldsymbol{n}^\varphi).$

Inhaltlich gesprochen besagt φ so viel wie „Ich bin nicht aus Φ beweisbar".

10.7.9 Lemma *Wenn* Wf Φ, *so nicht* $\Phi \vdash \varphi$.

Beweis. Wir nehmen an, es sei $\Phi \vdash \varphi$, und wählen m so, dass $Hn^\varphi m$. Dann gilt $\Phi \vdash \varphi_H(\boldsymbol{n}^\varphi, \boldsymbol{m})$ und somit $\Phi \vdash \mathrm{Abl}_\Phi(\boldsymbol{n}^\varphi)$. Mit (∗) erhalten wir $\Phi \vdash \neg\varphi$, also Wv Φ.   ⊣

Da $\Phi \vdash 0 \equiv 0$, gilt

Wf Φ gdw   nicht $\Phi \vdash \neg 0 \equiv 0$.

Der S_{Ar}-Satz

$$\mathrm{wfrei}_\Phi := \neg\mathrm{Abl}_\Phi(\boldsymbol{n}^{\neg 0 \equiv 0})$$

drückt somit die Widerspruchsfreiheit von Φ aus. Mit seiner Hilfe können wir auch die Aussage von Lemma 10.7.9 in natürlicher Weise formalisieren, nämlich durch

(∗∗) $\mathrm{wfrei}_\Phi \to \neg\mathrm{Abl}_\Phi(\boldsymbol{n}^\varphi).$

Wie eine aufwendige, doch prinzipiell einfache Überlegung zeigt, kann man für (∗∗) den Beweis von Lemma 10.7.9 auf der Basis von Φ durchführen, man kann also zeigen, dass

(∗∗∗) $\Phi \vdash \mathrm{wfrei}_\Phi \to \neg\mathrm{Abl}_\Phi(\boldsymbol{n}^\varphi),$

sofern $\Phi \supseteq \Phi_{\mathrm{PA}}$ (und sofern nur der in Abl_Φ benutzte Ausdruck $\varphi_H(x,y)$ genügend einfach gewählt ist; vgl. Aufgabe 10.7.12). Hiermit erhalten wir:

10.7.10 Zweiter Gödelscher Unvollständigkeitssatz Φ *sei widerspruchsfrei und R-entscheidbar mit* $\Phi \supseteq \Phi_{\mathrm{PA}}$. *Dann gilt*

nicht $\Phi \vdash \mathrm{wfrei}_\Phi$.

Beweis. Gälte nämlich $\Phi \vdash \mathrm{wfrei}_\Phi$, so nach (∗∗∗) auch $\Phi \vdash \neg\mathrm{Abl}_\Phi(\boldsymbol{n}^\varphi)$. Wegen $\Phi \vdash \varphi \leftrightarrow \neg\mathrm{Abl}_\Phi(\boldsymbol{n}^\varphi)$ (vgl. (∗)) ergäbe sich hieraus $\Phi \vdash \varphi$ im Widerspruch zu 10.7.9.   ⊣

Der zweite Gödelsche Unvollständigkeitssatz beinhaltet z. B. für $\Phi = \Phi_{\mathrm{PA}}$, dass sich die Widerspruchsfreiheit von Φ_{PA} auf der Basis von Φ_{PA} nicht beweisen lässt. Er führte damit zur Einsicht, dass das Hilbertsche Programm in seiner ursprünglichen Form nicht durchführbar ist. Zu diesem Programm gehörte nämlich insbesondere ein Widerspruchsfreiheitsbeweis für Φ_{PA} mit elementaren, sog. *finiten* Hilfsmitteln. Der mathematisch nicht präzise Begriff „finit" (vgl. [22, I, S. 32]) war dabei so eng gefasst, dass man von finiten Beweismethoden erwartete, sie seien auf der Basis von Φ_{PA} nachvollziehbar.

Die vorangehenden Argumentationen lassen sich auf andere Axiomensysteme übertragen, sofern nur in ihnen ein Ersatz für die natürlichen Zahlen existiert und die R-entscheidbaren Relationen und R-berechenbaren Funktionen repräsentierbar sind. Insbesondere gilt dies für die üblichen Axiomensysteme der Mengenlehre. Für ZFC z. B. verwendet man die mengentheoretisch definierten natürlichen Zahlen. Ähnlich wie oben für Φ lässt sich dann ein $\{\in\}$-Satz wfrei$_{ZFC}$ angeben, der die Widerspruchsfreiheit von ZFC ausdrückt, und es lässt sich zeigen:

10.7.11 Satz *Wenn* Wf ZFC, *so nicht* ZFC $\vdash$ wfrei$_{ZFC}$. $\dashv$

Da sich die heutige Mathematik auf der Basis der ZFC-Axiome aufbauen lässt und da „nicht ZFC $\vdash$ wfrei$_{ZFC}$" besagt, dass die Widerspruchsfreiheit von ZFC nicht mit den Hilfsmitteln von ZFC beweisbar ist, können wir 10.7.11 auch so formulieren: Ist die Mathematik widerspruchsfrei, so lässt sich ihre Widerspruchsfreiheit nicht mathematisch beweisen.

In ähnlicher Weise lassen sich auch der Satz von Tarski und der erste Gödelsche Unvollständigkeitssatz auf Axiomensysteme der Mengenlehre übertragen. So liefert etwa 10.7.8, dass es zu jedem entscheidbaren und widerspruchsfreien Axiomensystem Φ der Mengenlehre, das ZFC umfasst, einen $\{\in\}$-Satz φ gibt, für den weder $\Phi \vdash \varphi$ noch $\Phi \vdash \neg\varphi$ gilt. Es gibt – anschaulich gesprochen – also kein entscheidbares und widerspruchsfreies Axiomensystem für die Mathematik, das jede mathematische Aussage zu beweisen oder zu widerlegen gestattet. Hierin offenbart sich eine prinzipielle Begrenztheit der axiomatischen Methode.

Mit den am Ende von 10.6 erwähnten Ergebnissen von Matijasevič lässt sich 10.7.11 auf die folgende einprägsamere Form bringen: Man kann ein Polynom p in endlich vielen Unbestimmten mit ganzzahligen Koeffizienten angeben, für das gilt: Die Mathematik ist genau dann widerspruchsfrei, wenn p keine Nullstelle (in den ganzen Zahlen) hat. Wegen 10.7.11 gilt daher: Wenn p keine Nullstelle hat, so kann man es mathematisch nicht beweisen.

10.7.12 Aufgabe Für die (effektiv gegebene) Symbolmenge S sei eine Gödelisierung der S-Ausdrücke fest gewählt; n^φ sei die Gödelnummer von φ. Weiterhin sei, für $n \in \mathbb{N}$, $\underline{n}$ ein variablenfreier S-Term.

Für $\Phi \subseteq L_0^S$ erfülle der S-Ausdruck abl(v_0) („v_0 ist aus Φ ableitbar") die sog. *Löb-Axiome*, d.h., für beliebige $\varphi, \psi \in L^S$ gelte:

(L1) Wenn $\Phi \vdash \varphi$, so $\Phi \vdash \mathrm{abl}(\underline{n}^\varphi)$;

(L2) $\Phi \vdash (\mathrm{abl}(\underline{n}^\varphi) \wedge \mathrm{abl}(\underline{n}^{(\varphi \to \psi)}) \to \mathrm{abl}(\underline{n}^\psi))$;

(L3) $\Phi \vdash (\mathrm{abl}(\underline{n}^\varphi) \to \mathrm{abl}(\underline{n}^{\mathrm{abl}(\underline{n}^\varphi)}))$.

Man zeige: Ist Φ widerspruchsfrei und gibt es einen S-Satz φ_0 mit

$$\Phi \vdash (\varphi_0 \leftrightarrow \neg\mathrm{abl}(\underline{n}^{\varphi_0})),$$

so gilt nicht $\Phi \vdash \neg\mathrm{abl}(\underline{n}^{\neg\underline{0}\equiv\underline{0}})$.

Hinweis: Man zeige, dass mit (L1) bis (L3) für alle $\varphi, \psi \in L^S$ auch

$$(*) \quad \Phi \vdash (\mathrm{abl}(\underline{n}^\varphi) \wedge \mathrm{abl}(\underline{n}^\psi) \to \mathrm{abl}(\underline{n}^{(\varphi \wedge \psi)}))$$

und dass

$$(**) \quad \Phi \vdash (\mathrm{abl}(\underline{n}^{\varphi_0}) \to \mathrm{abl}(\underline{n}^{\neg\varphi_0})).$$

10.8 Die Entscheidbarkeit der Presburger-Arithmetik

Der Satz über die Unentscheidbarkeit der Arithmetik (Satz 10.6.9) motiviert die Frage, ob wir ein entscheidbares Fragment der Arithmetik erhalten, wenn wir auf die Addition oder die Multiplikation verzichten. Wir zeigen in diesem Abschnitt, dass der Verzicht auf die Multiplikation zu einer entscheidbaren Theorie führt, dass also $\mathrm{Th}(\mathbb{N}, +, 0, 1)$, die Theorie erster Stufe der Struktur $(\mathbb{N}, +, 0, 1)$, entscheidbar ist. Das Resultat geht auf Presburger (1929) zurück. Man spricht daher von $\mathrm{Th}(\mathbb{N}, +, 0, 1)$ auch als von der *Presburger-Arithmetik*. Bei Verzicht auf die Addition erhält man $\mathrm{Th}(\mathbb{N}, \cdot, 1)$, die Theorie erster Stufe der Multiplikation. Nach Skolem (1930) ist sie ebenfalls entscheidbar und heißt entsprechend *Skolem-Arithmetik*.

Über $(\mathbb{N}, +, 0, 1)$ kann man in der Sprache erster Stufe beispielsweise den (wahren) Satz „für jede Zahl x gilt, dass x oder $x + 1$ gerade ist" ausdrücken durch

$$\forall x (\exists y \; x \equiv y + y \vee \exists y \; x + 1 \equiv y + y).$$

In der Theorie der Addition hat man zwar nicht die allgemeine Multiplikation zur Verfügung, jedoch die Multiplikation mit einer festen natürlichen Zahl. So kann man etwa $3 \cdot x$ wiedergeben durch $x + x + x$. Allgemein deuten wir die n-fache Summe von x durch nx an. Eine natürliche Zahl m ist durch die m-fache Summe des Terms 1 darstellbar; wir schreiben dafür wie schon bisher $\boldsymbol{m}$. (Es ist dann $\mathbf{0}$ der Term 0 und $\mathbf{1}$ der Term 1.) Einen $\{+, 0, 1\}$-Term $t(x_1, \ldots, x_n)$ kann man jetzt nach Zusammenfassen der Summanden x_i und der Summanden 1 (unter Weglassen der Terme 0) in der Form

$$\boldsymbol{m}_0 + m_1 x_1 + \ldots + m_n x_n$$

schreiben. Für $k \geq 1$ lässt sich das k-Fache von t – für das wir die Bezeichnung kt wählen – durch $km_0 + km_1 x_1 + \ldots + km_n x_n$ wiedergeben. Wenn wir hier oder im Folgenden sagen, dass ein Term $t(x_1, \ldots, x_n)$ „sich schreiben lässt als der", „sich wiedergeben lässt durch den" oder „sich umformen lässt in den" Term $t'(x_1, \ldots, x_n)$, dann meinen wir, dass für alle $m_1, \ldots, m_n$

$$t^{(\mathbb{N},+,0,1)}[m_1, \ldots, m_n] = t'^{(\mathbb{N},+,0,1)}[m_1, \ldots, m_n]$$

gilt. Ähnliche Formulierungen mit entsprechender Bedeutung benutzen wir bei Ausdrücken.

Für Formalisierungen stehen auch die $<$-Relation und die $\leq$-Relation zur Verfügung, da man $x < y$ durch $\exists z (x + 1 + z \equiv y)$ und $x \leq y$ durch $x < y \vee x \equiv y$ definieren kann. Ebenso kann man für festes $k > 1$ die Teilbarkeit von x durch k ausdrücken durch $\exists y\, x \equiv ky$. Allgemeiner lässt sich für $k > 1$ die Relation $\equiv_k$ mit

$$x_1 \equiv_k x_2 \;\; :\text{gdw}$$

$$x_1 \text{ und } x_2 \text{ ergeben bei Division durch } k \text{ den gleichen Rest}$$

definieren durch eine Disjunktion über die Reste $r = 0, \ldots, k - 1$:

$$\bigvee_{r \in [0, k-1]} (\exists y_1\, x_1 \equiv ky_1 + r \wedge \exists y_2\, x_2 \equiv ky_2 + r).^5$$

Für eine spätere Überlegung notieren wir folgenden Sachverhalt über die Kongruenzen $\equiv_k$:

10.8.1 Bemerkung *Für jedes $m \geq 1$ gilt $n_1 \equiv_k n_2$ gdw $mn_1 \equiv_{mk} mn_2$.*

Wir erweitern nun die Signatur $\{+, 0, 1\}$ der Presburger-Arithmetik durch die Hinzunahme von $<$ und $\equiv_k$ für alle $k \geq 2$ zu

$$S_+ := \{+, 0, 1, <\} \cup \{\equiv_k \mid k \geq 2\}.$$

Entsprechend sei $\mathfrak{N}_+$ die S_+-Struktur [6]

$$\mathfrak{N}_+ := (\mathbb{N}, +, 0, 1, <, \equiv_2, \equiv_3, \ldots).$$

Statt die Entscheidbarkeit der Presburger-Arithmetik direkt zu zeigen, gehen wir den Weg über die Entscheidbarkeit von $\text{Th}(\mathfrak{N}_+)$. Der Grund liegt darin, dass $\text{Th}(\mathfrak{N}_+)$ in dem Sinne effektive *Quantorenelimination* gestattet, als man zu jedem S_+-Ausdruck $\varphi(x_1, \ldots, x_n)$ algorithmisch einen über $\mathfrak{N}_+$ äquivalenten quantorenfreien S_+-Ausdruck $\varphi'(x_1, \ldots, x_n)$ finden kann, also zu jedem S_+-Satz φ einen äquivalenten quantorenfreien S_+-Satz φ'. Für solche φ' lässt sich, wie wir sehen werden, algorithmisch prüfen, ob sie zu $\text{Th}(\mathfrak{N}_+)$ gehören.

---

[5] Für natürliche Zahlen m und l sei in diesem Abschnitt $[m, l] := \{m, m+1, \ldots, l\}$.

[6] Wir verzichten der Lesbarkeit halber auf die Unterscheidung zwischen den Symbolen $+, 0, 1, <, \equiv_2, \equiv_3, \ldots$ und ihren Interpretationen über $\mathbb{N}$.

Insgesamt erhält man ein Entscheidungsverfahren für $\text{Th}(\mathfrak{N}_+)$ und damit auch ein Entscheidungsverfahren für die Presburger-Arithmetik $\text{Th}(\mathbb{N}, +, 0, 1)$.

10.8.2 Satz über die Quantorenelimination in $\text{Th}(\mathfrak{N}_+)$ *Jedem S_+-Ausdruck $\varphi(x_1, \dots, x_n)$ lässt sich algorithmisch ein quantorenfreier S_+-Ausdruck $\varphi'(x_1, \dots, x_n)$ zuordnen mit*

$$\text{Th}(\mathfrak{N}_+) \models \forall x_1 \dots \forall x_n \big(\varphi(x_1, \dots, x_n) \leftrightarrow \varphi'(x_1, \dots, x_n) \big).$$

Die Presburger-Arithmetik selbst erlaubt keine Quantorenelimination: Nach Aufgabe 10.8.8 gibt es z. B. zu dem $\{+, 0, 1\}$-Ausdruck $\exists y\, x \equiv y + y$ keinen über $(\mathbb{N}, +, 0, 1)$ äquivalenten quantorenfreien $\{+, 0, 1\}$-Ausdruck; für $\mathfrak{N}_+$ leistet dies der S_+-Ausdruck $x \equiv_2 0$.

Bevor wir Satz 10.8.2 beweisen, ziehen wir die angekündigte Konsequenz: Wir können einem S_+-Satz φ jetzt einen äquivalenten quantorenfreien S_+-Satz φ' zuordnen, also eine aussagenlogische Kombination von variablenfreien atomaren Ausdrücken. Diese sind von der Gestalt $s \equiv t$, $s < t$, $s \equiv_k t$, wobei s und t jeweils Summen der Konstanten 0 und 1 sind, sich also in der Form m schreiben lassen. Für jeden Ausdruck dieser Gestalt (beispielsweise $17 \equiv 5$, $5 < 17$, $2 \equiv_3 5$) und damit für φ' lässt sich die Gültigkeit in $\mathfrak{N}_+$, also die Zugehörigkeit zu $\text{Th}(\mathfrak{N}_+)$, algorithmisch prüfen. Wir erhalten somit unter Verwendung von Satz 10.8.2 das gewünschte Entscheidbarkeitsergebnis:

10.8.3 Satz von Presburger $\text{Th}(\mathfrak{N}_+)$ *ist R-entscheidbar und damit auch die Presburger-Arithmetik $\text{Th}(\mathbb{N}, +, 0, 1)$.*

Das Quantoreneliminationsverfahren, das wir zum Beweis von Satz 10.8.2 angeben werden, macht wesentlich von drei einfachen Sachverhalten Gebrauch, die wir mit den Bemerkungen (a) bis (c) von 10.8.4 kurz vorstellen und mit je einem Beispiel illustrieren. Anschließend werden wir sie in den Lemmata 10.8.5, 10.8.6 und 10.8.7 allgemein formulieren.

10.8.4 Bemerkung (a) *Negate atomarer Ausdrücke lassen sich als Disjunktionen atomarer Ausdrücke formulieren. So kann man etwa den Ausdruck $\neg\, x \equiv_3 0$ schreiben als $x \equiv_3 1 \vee x \equiv_3 2$.*

(b) *Ein Existenzquantor vor Ungleichungen lässt sich eliminieren; so können wir beispielsweise $\exists z(x < z \wedge z < y)$ quantorenfrei schreiben als $x + 1 < y$ (es genügt ja, dass y mindestens um zwei größer als x ist).*

(c) *Schließlich kann man auch Existenzquantoren vor Kongruenzbedingungen eliminieren. Wir betrachten als Beispiel den Ausdruck*

$$\varphi := \exists z(x < z \wedge z \equiv_3 r \wedge z < y).$$

Die Existenz einer Zahl $> m$ mit Rest r modulo 3 ist äquivalent zur Existenz einer solchen Zahl bereits im Intervall $[m + 1, \dots, m + 3]$. Also ist φ

in $\mathfrak{N}_+$ *äquivalent zu dem quantorenfreien Ausdruck*

$$(x+1 \equiv_3 r \wedge x+1 < y) \vee (x+2 \equiv_3 r \wedge x+2 < y) \vee (x+3 \equiv_3 r \wedge x+3 < y).$$

Wir verwenden diese Bemerkungen, um für den S_+-Satz

$$(*) \qquad\qquad \forall x\, (x \equiv_2 0 \vee x+1 \equiv_2 0)$$

zu einer Entscheidung darüber zu gelangen, ob er in $\mathfrak{N}_+$ gilt oder nicht gilt. Bei den folgenden Umformungen dieses Satzes gehen wir stets zu äquivalenten Sätzen über.

Zunächst ersetzen wir den Allquantor durch den Existenzquantor und zwei Negationen und erhalten

$$\neg \exists x \neg (x \equiv_2 0 \vee x+1 \equiv_2 0).$$

Da $\models \neg(\varphi \vee \psi) \leftrightarrow (\neg\varphi \wedge \neg\psi)$, können wir übergehen zu

$$\neg \exists x (\neg x \equiv_2 0 \wedge \neg x+1 \equiv_2 0).$$

Mit $x \equiv_2 1$ statt $\neg x \equiv_2 0$ und $x+1 \equiv_2 1$ statt $\neg x+1 \equiv_2 0$ (vgl. (a)) ergibt sich dann

$$\neg \exists x\, (x \equiv_2 1 \wedge x+1 \equiv_2 1).$$

Nun eliminieren wir, ähnlich wie unter (c) beschrieben, den Existenzquantor vor den beiden Kongruenzbedingungen und gelangen zu

$$\neg\, ((0 \equiv_2 1 \wedge 0+1 \equiv_2 1) \vee (1 \equiv_2 1 \wedge 1+1 \equiv_2 1)).$$

In den beiden Konjunktionen ist jeweils ein Glied falsch, also ist die Disjunktion falsch und ihr Negat wahr. Damit gilt $(*)$ in $\mathfrak{N}_+$.

Die folgenden Lemmata enthalten die angekündigten allgemeineren Formulierungen von (a), (b), (c). Sie bilden den Kern des Beweises von Satz 10.8.2, den wir anschließend führen.

10.8.5 Lemma *Das Negat eines atomaren S_+-Ausdrucks ist in $\mathfrak{N}_+$ äquivalent zu einer Disjunktion atomarer S_+-Ausdrücke.*

Beweis. Das Negat eines atomaren S_+-Satzes hat eine der Gestalten $\neg\, s \equiv t$, $\neg\, s < t$ oder $\neg\, s \equiv_k t$, jeweils mit S_+-Termen s, t. Als äquivalente Ausdrücke ohne Negation können wir wählen

- $s < t \vee t < s$ für $\neg\, s \equiv t$;

- $s \equiv t \vee t < s$ für $\neg\, s < t$;

- $s \equiv_k t+1 \vee s \equiv_k t+2 \vee \ldots \vee s \equiv_k t+(\boldsymbol{k}-1)$ für $\neg\, s \equiv_k t$. $\dashv$

Mit $\bigwedge_i \chi_i$ bezeichnen wir fortan Konjunktionen der Gestalt $\bigwedge_{i \in I} \chi_i$, wobei I eine endliche, nicht-leere Menge ist.

Im folgenden Lemma wird aus einem Ausdruck $\exists z\psi$ der Existenzquantor eliminiert, wenn ψ eine Konjunktion von Ungleichungen einer gewissen Gestalt ist.

10.8.6 Lemma *Zu jedem S_+-Ausdruck der Form*

$$(\Diamond) \qquad \exists z(\bigwedge_i s_i < s_i' + z \wedge \bigwedge_j t_j' + z < t_j)$$

mit z-freien S_+-Termen[7] s_i, s_i', t_j, t_j' kann man algorithmisch einen in $\mathfrak{N}_+$ äquivalenten quantorenfreien S_+-Ausdruck angeben, der keine neuen Variablen enthält. Dies gilt entsprechend für Ausdrücke der Gestalt $\exists z(\bigwedge_i s_i < s_i' + z)$ und $\exists z(\bigwedge_j t_j' + z < t_j)$.

Beweis. Wir zeigen, dass $(\Diamond)$ in $\mathfrak{N}_+$ äquivalent ist zu dem Ausdruck

$$(\circ) \qquad \bigwedge_j t_j' < t_j \wedge \bigwedge_{i,j} s_i + t_j' + 1 < t_j + s_i'.$$

Die Gültigkeit von $(\Diamond)$ in $\mathfrak{N}_+$ besagt über dem Bereich $\mathbb{Z}$ der ganzen Zahlen: Es gibt ein $z \in \mathbb{N}$, welches größer ist als alle $s_i - s_i'$ und kleiner als alle $t_j - t_j'$ (die $s_i - s_i'$ und die $t_j - t_j'$ können negativ sein). Das bedeutet, wie man leicht sieht: Für alle j gilt $t_j - t_j' > 0$, und für alle i, j gilt $s_i - s_i' < t_j - t_j' - 1$. Das wiederum besagt, dass $(\circ)$ in $\mathfrak{N}_+$ gilt.

Für den Ausdruck $\exists z(\bigwedge_i s_i < s_i' + z)$ leistet $0 \equiv 0$ das Gewünschte, für den Ausdruck $\exists z(\bigwedge_j t_j' + z < t_j)$ der Ausdruck $\bigwedge_j t_j' < t_j$. ⊣

Im abschließenden Lemma behandeln wir die Elimination des Existenzquantors, wobei jetzt auch Kongruenzbedingungen zu möglicherweise *verschiedenen* Moduln auftreten dürfen.

10.8.7 Lemma *Zu jedem S_+-Ausdruck der Form*

$$(+) \qquad \exists z(\bigwedge_i s_i < s_i' + z \wedge \bigwedge_j t_j' + z < t_j \wedge \bigwedge_l u_l' + z \equiv_{k_l} u_l)$$

mit z-freien S_+-Termen $s_i, s_i', t_j, t_j', u_l, u_l'$ kann man algorithmisch einen in $\mathfrak{N}_+$ äquivalenten quantorenfreien S_+-Ausdruck angeben, der keine neuen Variablen enthält. Dies gilt entsprechend, wenn die Ungleichungen der ersten oder der zweiten Art oder sogar alle Ungleichungen entfallen.

Beweis. Zunächst eine Vorbemerkung zum Ausdruck $\bigwedge_l u_l' + z \equiv_{k_l} u_l$ in $(+)$. Es sei K das kleinste gemeinsame Vielfache der k_l. Dann ist $u_l' + z \equiv_{k_l} u_l$ äquivalent zu $u_l' + (z + K) \equiv_{k_l} u_l$, und es gilt: *Für alle m: $\exists z\bigwedge_l u_l' + z \equiv_{k_l} u_l$ ist äquivalent zu $(\bigwedge_l u_l' + (m + 0) \equiv_{k_l} u_l) \vee \ldots \vee (\bigwedge_l u_l' + (m + (K - 1)) \equiv_{k_l} u_l)$.*

Zum Beweis des Lemmas: $(+)$ gilt genau dann, wenn $\bigwedge_j (t_j' < t_j)$ gilt und – inhaltlich gesprochen – eine natürliche Zahl z existiert, sodass das Maximum der $s_i - s_i'$ kleiner als z und dieses kleiner als das Minimum der $t_j - t_j'$ ist und

---

[7] Ein Term t bzw. ein Ausdruck φ heiße *z-frei*, wenn in ihm die Variable z nicht vorkommt.

ferner die Kongruenzbedingung $\bigwedge_l u'_l + z \equiv_{k_l} u_l$ erfüllt ist. Wir nehmen eine Fallunterscheidung vor. Im ersten Fall $\bigwedge_i s_i < s'_i$ ist das Maximum der $s_i - s'_i <$ 0; im zweiten Fall $\bigvee_i s_i \geq s'_i$ ist es ≥ 0. Wir geben den gesuchten Ausdruck folglich in der Form $\bigwedge_j (t'_j < t_j) \wedge (\bigwedge_i s_i < s'_i \to \beta_1) \wedge (\bigvee_i s_i \geq s'_i \to \beta_2)$ an. Im ersten Fall nutzen wir die Vorbemerkung für $m = 0$ und setzen

$$\beta_1 := \bigvee_{r \in [0, K-1]} (\bigwedge_j t'_j + r < t_j \wedge \bigwedge_l u'_l + r \equiv_{k_l} u_l);$$

im zweiten Fall verwenden wir $m = $ Maximum der $s_i - s'_i$ und setzen

$$\beta_2 := \bigvee_{r \in [0, K-1]} (\bigwedge_{i,j} (s_i - s'_i + r < t_j - t'_j \wedge \bigwedge_l u'_l + s_i - s'_i + r \equiv_{k_l} u_l))$$

(genauer: $\beta_2 := \bigvee_{r \in [0, K-1]} (\bigwedge_{i,j} (s_i + t'_j + r < t_j + s'_i \wedge \bigwedge_l u'_l + s_i + r \equiv_{k_l} u_l + s'_i)))$.

Der Zusatz mit den Sonderfällen von $(+)$ wird in ähnlicher Weise bewiesen. $\dashv$

Beweis von Satz 10.8.2 Sei $\varphi(x_1, \ldots, x_n)$ ein S_+-Ausdruck. Wir zeigen, wie man $\varphi(x_1, \ldots, x_n)$ algorithmisch in einen quantorenfreien, über $\mathfrak{N}_+$ äquivalenten S_+-Ausdruck $\varphi'(x_1, \ldots, x_n)$ überführen kann. Im Folgenden schreiben wir $\overline{x}$ für $x_1, \ldots, x_n$.

Für quantorenfreies $\varphi(\overline{x})$ ist nichts zu tun. Enthalte also $\varphi(\overline{x})$ Quantoren. Wir ersetzen die in $\varphi(\overline{x})$ vorkommenden Quantifizierungen $\forall y$ durch $\neg \exists y \neg$ und sorgen erforderlichenfalls durch Umbenennung gebundener Variablen dafür, dass die quantifizierten Variablen y von den $x_1, \ldots, x_n$ verschieden sind.

Sei nun $\exists z \psi(\overline{x}, z)$ der in $\varphi(\overline{x})$ vom Anfang her erste mit $\exists$ beginnende Teilausdruck mit quantorenfreiem $\psi(\overline{x}, z)$. Es reicht, zu $\exists z \psi(\overline{x}, z)$ einen über $\mathfrak{N}_+$ äquivalenten quantorenfreien S_+-Ausdruck $\psi'(\overline{x})$ herzustellen. Dann gelangen wir durch Iteration dieses Verfahrens an das gewünschte quantorenfreie $\varphi'(\overline{x})$.

Durch wiederholte Anwendung der logischen Äquivalenz von $\neg(\chi_1 \wedge \chi_2)$ und $(\neg \chi_1 \vee \neg \chi_2)$ und von $\neg(\chi_1 \vee \chi_2)$ und $(\neg \chi_1 \wedge \neg \chi_2)$ erreichen wir, dass in $\psi(\overline{x}, z)$ die $\neg$-Zeichen vor atomaren Ausdrücken stehen. Negierte atomare Ausdrücke ersetzen wir nach Lemma 10.8.5 durch Disjunktionen atomarer Ausdrücke. Damit tritt in $\psi(\overline{x}, z)$ kein $\neg$-Zeichen mehr auf. Nun formen wir $\psi(\overline{x}, z)$ gemäß Satz 8.4.3 (Disjunktive Normalform) in eine Disjunktion von Konjunktionen von atomaren Ausdrücken um. Da Existenzquantor und Disjunktion vertauschbar sind, können wir $\exists z \psi(\overline{x}, z)$ dann auf die Gestalt $(\exists z \chi_1(\overline{x}, z) \vee \ldots \vee \exists z \chi_r(\overline{x}, z))$ bringen, wobei die $\chi_j(\overline{x}, z)$ Konjunktionen von atomaren S_+-Ausdrücken sind. Es reicht jetzt, die einzelnen $\exists z \chi_j(\overline{x}, z)$ zu behandeln. Sei also

$$\exists z (\epsilon_1(\overline{x}, z) \wedge \ldots \wedge \epsilon_l(\overline{x}, z))$$

ein solches $\exists z \chi_j(\overline{x}, z)$ mit atomaren $\epsilon_i(\overline{x}, z)$, die von der Form $s \equiv t$ oder $s < t$

oder $s \equiv_k t$ sind. Die Terme, die nicht z-frei sind, schreiben wir um in

$$z\text{-freier Term} + mz;$$

besitzt ein solcher Term bereits die Form mz, schreiben wir ihn als $0 + mz$. Hat – nach diesen Änderungen – ein $\epsilon_i(\overline{x}, z)$ die Gestalt

$$s + mz \equiv t + m'z \quad \text{bzw.} \quad s + mz < t + m'z \quad \text{bzw.} \quad s + mz \equiv_k t + m'z$$

und ist z. B. $m < m'$, ersetzen wir $\epsilon_i(\overline{x}, z)$ durch

$$s \equiv t + (m' - m)z \quad \text{bzw.} \quad s < t + (m' - m)z \quad \text{bzw.} \quad t + (m' - m)z \equiv_k s$$

(bringen also im Hinblick auf 10.8.7 bei Kongruenzgleichungen das z auf die linke Seite). Ist $m = m'$, ersetzen wir $\epsilon_i(\overline{x}, z)$ durch

$$s \equiv t \quad \text{bzw.} \quad s < t \quad \text{bzw.} \quad s \equiv_k t.$$

Die z-freien $\epsilon_i(\overline{x}, z)$ bringen wir unter Erhalt der Äquivalenz in $\mathfrak{N}_+$ als Konjunktionsglieder vor den Existenzquantor. Sollten dies alle $\epsilon_i(\overline{x}, z)$ sein, haben wir einen zu $\exists z(\epsilon_1(\overline{x}, z) \wedge \ldots \wedge \epsilon_l(\overline{x}, z))$ über $\mathfrak{N}_+$ äquivalenten quantorenfreien S_+-Ausdruck gewonnen. Andernfalls haben wir erreicht, dass in jedem der verbliebenen $\epsilon_i(\overline{x}, z)$ die Variable z „auf genau einer Seite" vorkommt, welche die Form $t + m_i z$ mit z-freiem t hat.

Wir sorgen nun dafür, dass anstelle der $m_i z$ nur noch ein einziges Vielfaches von z auftritt. Sei dazu M das kleinste gemeinsame Vielfache der m_i. Wir schreiben ein $\epsilon_i(\overline{x}, z)$ z. B. der Gestalt

$$s + m_i z \equiv t \quad \text{bzw.} \quad s < t + m_i z \quad \text{bzw.} \quad s + m_i z \equiv_k t$$

mit z-freien s, t über $\mathfrak{N}_+$ äquivalent um in

$$\frac{M}{m_i} s + Mz \equiv \frac{M}{m_i} t \quad \text{bzw.} \quad \frac{M}{m_i} s < \frac{M}{m_i} t + Mz \quad \text{bzw.} \quad \frac{M}{m_i} s + Mz \equiv_{\frac{M}{m_i} \cdot k} \frac{M}{m_i} t.$$

(Zur Äquivalenz bei Kongruenzgleichungen vgl. 10.8.1.) Damit haben in jedem $\epsilon_i(\overline{x}, z)$ die additiven Vielfachen von z die Gestalt Mz.

Kommt jetzt unter den $\epsilon_i(\overline{x}, z)$ eine Gleichung vor, wählen wir das kleinste i, sodass $\epsilon_i(\overline{x}, z)$ von der Gestalt $s + Mz \equiv t$ ist. Wir eliminieren die Mz überall, indem wir, inhaltlich gesprochen, Mz durch $t - s$ ersetzen, also z. B. eine Ungleichung $s' + Mz < t'$ abändern zu $s' + t < t' + s$. Damit gewinnen wir einen über $\mathfrak{N}_+$ zu $\exists z(\epsilon_1(\overline{x}, z) \wedge \ldots \wedge \epsilon_l(\overline{x}, z))$ äquivalenten quantorenfreien S_+-Ausdruck.

Es bleibt der Fall, dass unter den $\epsilon_i(\overline{x}, z)$ keine Gleichung vorkommt, und damit die Aufgabe, zu einem S_+-Ausdruck $\psi(\overline{x})$ der Gestalt

$$(\dagger) \qquad \exists z \Big(\bigwedge_i s_i < s_i' + Mz \wedge \bigwedge_j t_j' + Mz < t_j \wedge \bigwedge_l u_l' + Mz \equiv_{k_l} u_l \Big)$$

einen über $\mathfrak{N}_+$ äquivalenten quantorenfreien S_+-Ausdruck $\psi'(\overline{x})$ zu finden.

Ist $M = 1$, gelingt dies mit Lemma 10.8.6 oder Lemma 10.8.7. Ist $M \geq 2$, ersetzen wir Mz durch z' und fordern $z' \equiv_M 0$, formen also (†) über $\mathfrak{N}_+$ äquivalent um in

$$\exists z' \left(\bigwedge_i s_i < s_i' + z' \wedge \bigwedge_j t_j' + z' < t_j \wedge \bigwedge_l u_l' + z' \equiv_{k_l} u_l \wedge 0 + z' \equiv_M 0 \right).$$

Dann erreichen wir unser Ziel mit Lemma 10.8.7.   ⊣

10.8.8 Aufgabe Man zeige, dass der $\{+, 0, 1\}$-Ausdruck $\exists y\, x = y + y$ über $(\mathbb{N}, +, 0, 1)$ nicht zu einem quantorenfreien $\{+, 0, 1\}$-Ausdruck äquivalent ist.

10.8.9 Aufgabe Eine Menge $M \subseteq \mathbb{N}$ heiße *schließlich periodisch*, wenn es ein p_0 gibt mit $n \in M$ gdw $n + p_0 \in M$ für alle hinreichend großen n. Man zeige, dass M genau dann in $(\mathbb{N}, +, 0, 1)$ durch einen $\{+, 0, 1\}$-Ausdruck $\varphi(x)$ definierbar ist, wenn M schließlich periodisch ist.

10.8.10 Aufgabe Ist φ ein quantorenfreier Ausdruck, in dem nur die Junktoren $\wedge$ und $\vee$ auftreten, so ist φ logisch äquivalent zu einer Disjunktion von Konjunktionen aus seinen atomaren Teilausdrücken.

10.8.11 Aufgabe Über $(\mathbb{N}, +, 0, 1)$ lässt sich die $<$-Beziehung durch $x < y :=$ $\exists z\, (\neg z \equiv 0 \wedge x + z \equiv y)$ definieren. Man zeige, dass es keine Definition mit einem quantorenfreien $\{+, 0, 1\}$-Ausdruck $\varphi(x, y)$ gibt.

10.9 Die Entscheidbarkeit der schwachen monadischen Nachfolger-Arithmetik

In diesem Abschnitt behandeln wir Ergebnisse zur Entscheidbarkeit arithmetischer Theorien der Logik zweiter Stufe. Wir benötigen dazu Begriffe und Ergebnisse aus der Theorie der endlichen Automaten, die wir bereitstellen.

Wir beginnen mit einem Satz, der zeigt, wie eng in der Logik zweiter Stufe die Grenzen für Entscheidbarkeitsresultate gezogen sind. Wir betrachten dazu die Struktur $\mathfrak{N}_\sigma = (\mathbb{N}, \sigma, 0)$ der natürlichen Zahlen mit der Nachfolgerfunktion $\sigma : n \mapsto n + 1$, die in 3.7 im Zusammenhang mit dem Satz von Dedekind eingeführt wurde. Diese Struktur ist ein „Minimalrahmen" für die Arithmetik.

10.9.1 Satz *Die Theorie zweiter Stufe* $\mathrm{Th}_{\mathrm{II}}(\mathfrak{N}_\sigma) = \{\varphi\ L_{\mathrm{II}}^{\{\boldsymbol{\sigma}, 0\}}\text{-}Satz \mid \mathfrak{N}_\sigma \models \varphi\}$ *von* $\mathfrak{N}_\sigma$ *ist nicht R-entscheidbar.*

Beweis. Wir nutzen den Satz 10.6.9 über die Unentscheidbarkeit der Theorie erster Stufe der Struktur $\mathfrak{N} = (\mathbb{N}, +, \cdot, 0, 1)$. Jedem S_{ar}-Satz φ erster Stufe ordnen wir einen $\{\boldsymbol{\sigma}, 0\}$-Satz φ' zweiter Stufe zu mit

$$\mathfrak{N} \models \varphi \quad \text{gdw} \quad \mathfrak{N}_\sigma \models \varphi'.$$

Wäre nun die Theorie zweiter Stufe von $\mathfrak{N}_\sigma$ R-entscheidbar, so auch die Theorie erster Stufe von $\mathfrak{N}$.

Die induktive Definition der Übersetzung $\varphi \mapsto \varphi'$ für Ausdrücke ist klar, wenn dies für die atomaren Ausdrücke $1 \equiv x$, $x + y \equiv z$ und $x \cdot y \equiv z$ geleistet ist (vgl. 8.1). Wir setzen $(1 \equiv x)' := \sigma 0 \equiv x$. Als $(x + y \equiv z)'$ wählen wir den $\{\sigma, 0\}$-Ausdruck

$$\varphi_+(x, y, z) := \forall X((X0x \wedge \forall u \forall v(Xuv \to X\sigma u\sigma v)) \to Xyz).$$

Für den Nachweis, dass

$$\mathfrak{N} \models x + y \equiv z[k, l, m] \quad \text{gdw} \quad \mathfrak{N}_\sigma \models \varphi_+[k, l, m],$$

zeigen wir zunächst die Richtung von rechts nach links. Es gelte dazu $\mathfrak{N}_\sigma \models \varphi_+[k, l, m]$. Setzen wir $R_0 := \{(i, k + i) \mid i \in \mathbb{N}\}$, so gilt die Prämisse

$$X0x \wedge \forall u \forall v(Xuv \to X\sigma u\sigma v)$$

mit R_0 für X und k für x. Somit gilt $\mathfrak{N}_\sigma \models Xyz[R_0, l, m]$, also $R_0 lm$, d.h. $k + l = m$.

Sei umgekehrt $k + l = m$ und sei R eine zweistellige Relation über $\mathbb{N}$. Gelte die Prämisse mit R für X und k für x. Dann sind $(0, k) \in R$, $(1, k + 1) \in R$, $(2, k + 2) \in R$, ..., also gilt $R_0 \subseteq R$ und damit $(l, m) \in R$.

Für den Ausdruck $(x \cdot y \equiv z)'$ gehen wir analog vor und wählen unter Verwendung von $\varphi_+(x, y, z)$ als $\varphi_.(x, y, z)$ den Ausdruck

$$\forall X((X0x \wedge \forall u \forall v(Xuv \to \exists w(\varphi_+(v, x, w) \wedge X\sigma u\,w))) \to Xyz). \quad \dashv$$

Satz 10.9.1 zeigt, dass die Logik zweiter Stufe bereits über $\mathfrak{N}_\sigma$ zu einer unentscheidbaren Theorie führt. Gibt es ein Fragment der Logik zweiter Stufe, das die Logik erster Stufe erweitert und für das die entsprechende Theorie von $\mathfrak{N}_\sigma$ entscheidbar ist? Wir stellen in diesem Abschnitt ein solches Fragment vor.

Dazu schränken wir die Logik zweiter Stufe auf zweifache Weise ein. Zunächst lassen wir nur solche Ausdrücke der zweiten Stufe zu, in denen alle Variablen zweiter Stufe einstellig (monadisch) sind. Man spricht bei dieser Beschränkung von der *monadischen Logik zweiter Stufe*, englisch *monadic second-order logic*; wir sagen kurz *MSO-Logik*. Bereits in 3.7 haben wir die MSO-Logik im Zusammenhang mit $\mathfrak{N}_\sigma$ verwendet: Das dort formulierte Induktionsprinzip

$$\forall X((X0 \wedge \forall x(Xx \to X\sigma x)) \to \forall y Xy)$$

ist ein (in $\mathfrak{N}_\sigma$ wahrer) Satz der MSO-Logik.

Wir kommen zur zweiten Einschränkung. Zunächst bemerken wir, dass über $\mathfrak{N}_\sigma$ der MSO-Ausdruck

$$\varphi_{\mathrm{anf}}(Y) := \exists y \neg Yy \wedge \forall z(Y\sigma z \to Yz)$$

besagt, dass Y ein endliches Anfangsstück von $\mathbb{N}$ ist, also die Gestalt $\{j \mid j < i\}$ für ein $i \in \mathbb{N}$ hat. Da eine Teilmenge von $\mathbb{N}$ genau dann endlich ist, wenn sie Teilmenge eines endlichen Anfangsstückes ist, besagt über $\mathfrak{N}_\sigma$ der MSO-Ausdruck

$$\varphi_{\mathrm{fin}}(X) := \exists Y(\varphi_{\mathrm{anf}}(Y) \wedge \forall z(Xz \to Yz)),$$

dass X endlich ist.

Über $\mathfrak{N}_\sigma$ können wir also in MSO über endliche Teilmengen quantifizieren: Ist $\varphi := \varphi(x_1, \ldots, x_n, Y_1, \ldots, Y_m, X)$ ein MSO-Ausdruck, so besagt

(1) $\forall X(\varphi_{\mathrm{fin}}(X) \to \varphi)$ bzw. $\exists X(\varphi_{\mathrm{fin}}(X) \wedge \varphi)$,

dass für alle endlichen Teilmengen von $\mathbb{N}$ der Ausdruck φ gilt bzw. dass φ mindestens für eine endliche Teilmenge von $\mathbb{N}$ gilt.

Bei der zweiten Einschränkung möchten wir – inhaltlich gesprochen –, dass quantifizierte Mengenvariablen nur über endliche Teilmengen laufen. Um dies zu erreichen, können wir uns auf das Fragment von MSO beschränken, das aus den Ausdrücken besteht, bei denen alle auftretenden Quantoren über einstellige Relationsvariablen von einer der Formen in (1) sind. Einfacher erreichen wir dieses Ziel – und daher wollen wir diesen Weg auch gehen –, wenn wir die Syntax von MSO beibehalten, aber die Semantik ändern: Wir lesen $\forall X \ldots$ (bzw. $\exists X \ldots$) als „für alle endlichen Teilmengen X des Trägers gilt …" (bzw. „es gibt eine endliche Teilmenge X des Trägers mit …").

Die monadische Logik zweiter Stufe mit dieser Vereinbarung für die Interpretation von Mengenvariablen nennt man die *schwache monadische Logik zweiter Stufe*, englisch *weak monadic second-order logic*, kurz *WMSO-Logik*. Entsprechend nennt man die Menge aller in der Struktur $\mathfrak{A}$ wahren Sätze der (W)MSO-Logik die *(W)MSO-Theorie von* $\mathfrak{A}$; wir verwenden die Schreibweise MSO-Th($\mathfrak{A}$) bzw. WMSO-Th($\mathfrak{A}$).

Wir bringen zunächst einige Beispiele, um einen Einblick in die Ausdrucksmöglichkeiten der WMSO-Logik über $\mathfrak{N}_\sigma$ zu geben.

Die Relation $\leq$ ist definierbar durch

(2) $x \leq y$ gdw $\forall X((\varphi_{\mathrm{anf}}(X) \wedge Xy) \to Xx)$.

Damit lässt sich der in $\mathfrak{N}_\sigma$ wahre Satz „Jede nicht-leere endliche Menge hat ein Maximum" formalisieren durch

$$\forall X(\exists x Xx \to \exists y(Xy \wedge \forall z(Xz \to z \leq y))).$$

Auch Teilbarkeitseigenschaften sind ausdrückbar, z.B. die Bedingung „x ist gerade" durch

$$\varphi_{\mathrm{gerade}}(x) := \forall X((Xx \wedge \forall z(X\sigma\sigma z \to Xz)) \to X0).$$

Damit ist auch der Satz „Für jede Zahl x gilt, dass x oder $x + 1$ gerade ist" ausdrückbar, nämlich durch

$$\forall x(\varphi_{\text{gerade}}(x) \vee \varphi_{\text{gerade}}(\sigma x)).$$

Ziel dieses Abschnitts ist der auf Büchi und Elgot (1958) und auf Trachtenbrot (1958) zurückgehende

10.9.2 Satz WMSO-Th$(\mathfrak{N}_\sigma)$ ist R-entscheidbar.

Dieses Ergebnis zur sog. *schwachen monadischen Nachfolger-Arithmetik* ist das erste Glied einer Kette von Entscheidbarkeitssätzen, in denen sich zwei Aspekte verbinden: Sie werden mit Hilfe von Konzepten der Theorie endlicher Automaten bewiesen, und sie sind neben ihrer Bedeutung für arithmetische Theorien auch für Anwendungen in der Informatik von Interesse. Auf den letzten Aspekt gehen wir am Ende des Abschnitts näher ein.

Der Zusammenhang zwischen Ausdrücken der schwachen monadischen Logik und endlichen Automaten wird durch eine einfache Idee begründet: Über $\mathfrak{N}_\sigma$ kann man die Belegungen der freien Variablen eines Ausdrucks durch Wörter über einem geeigneten Alphabet darstellen. Wir werden sehen, dass die Wortmengen, die den erfüllenden Belegungen eines Ausdrucks entsprechen, durch endliche Automaten definierbar sind. Für die Gültigkeit von Sätzen der schwachen monadischen Logik in $\mathfrak{N}_\sigma$ ergibt sich daraus eine äquivalente, algorithmisch überprüfbare Bedingung an endliche Automaten. Damit erhalten wir die Entscheidbarkeit von WMSO-Th$(\mathfrak{N}_\sigma)$.

Wir gehen in vier Etappen vor. Zunächst präzisieren wir den erwähnten Zusammenhang zwischen Belegungen und Wörtern. Dann führen wir endliche Automaten ein. Es schließt sich der Nachweis einiger einfacher Sachverhalte über endliche Automaten an. Dann zeigen wir als technisches Hauptergebnis, dass man jedem Ausdruck φ einen endlichen Automaten $\mathcal{A}_\varphi$ zuordnen kann, der die Menge derjenigen Wörter definiert, welche eine erfüllende Belegung von φ darstellen. Damit ergibt sich Satz 10.9.2.

A. Darstellung von Belegungen durch Wörter

Durch $\varphi(x_1, \ldots, x_m, X_1, \ldots, X_n)$ deuten wir einen WMSO-Ausdruck an, in dem höchstens die Variablen $x_1, \ldots, x_m, X_1, \ldots, X_n$ frei vorkommen. Eine Belegung dieser Variablen in $\mathfrak{N}_\sigma$ ist ein Tupel $(\overline{k}, \overline{K}) = (k_1, \ldots, k_m, K_1, \ldots, K_n)$ mit $k_1, \ldots, k_m \in \mathbb{N}$ und (endlichen) Teilmengen $K_1, \ldots, K_n$ von $\mathbb{N}$. Wir stellen nun den Zusammenhang zwischen Belegungen und Wörtern über dem Alphabet $\{0, 1\}^{m+n}$ her.

Hierzu identifizieren wir für $r \geq 1$ die Buchstaben des Alphabets $\{0, 1\}^r$ mit

0–1-Spalten. Für $r = 5$ entspricht der Spalte $\begin{pmatrix} 0 \\ 1 \\ 1 \\ 0 \\ 1 \end{pmatrix}$ der Buchstabe in $\{0,1\}^5$,

der genau an der zweiten, dritten und fünften Stelle eine Eins hat und an den anderen Stellen eine Null. Ein Wort $a_0 \ldots a_s \in (\{0,1\}^r)^*$ der Länge $s+1$ über dem Alphabet $\{0,1\}^r$ hat dann die Form

$$\begin{pmatrix} a_{01} \\ \vdots \\ a_{0r} \end{pmatrix} \begin{pmatrix} a_{11} \\ \vdots \\ a_{1r} \end{pmatrix} \cdots \begin{pmatrix} a_{s1} \\ \vdots \\ a_{sr} \end{pmatrix}.$$

Wir identifzieren es mit dem 0–1-Schema

$$\begin{array}{cccc} a_{01} & a_{11} & \cdots & a_{s1} \\ \vdots & \vdots & \cdots & \vdots \\ a_{0r} & a_{1r} & \cdots & a_{sr} \end{array}.$$

Dem leeren Wort in $(\{0,1\}^r)^*$ entspricht das „leere" 0–1-Schema. Somit entsprechen die 0–1-Schemata mit r Zeilen den Wörtern über dem Alphabet $\{0,1\}^r$. Die Spalten eines solchen Schemas sind die Buchstaben des zugehörigen Wortes, die i-te Zeile enthält die i-ten Komponenten dieser Buchstaben. Die Anzahl der Spalten ist die Länge des zugehörigen Wortes.

Wir wenden uns nun dem Zusammenhang zwischen Belegungen für einen WMSO-Ausdruck $\varphi(x_1, \ldots, x_m, X_1, \ldots, X_n)$ mit $m + n \geq 1$ und Wörtern über dem Alphabet $\{0,1\}^{m+n}$ zu. Wir illustrieren die Idee an einem Beispiel (mit $m = 1$, $n = 2$). Das 0–1-Schema

$$\begin{array}{cccccc} 0 & 0 & 0 & 1 & 0 & 0 \\ 1 & 0 & 1 & 0 & 1 & 0 \\ 0 & 0 & 0 & 0 & 0 & 0 \end{array}$$

liefert die Belegung $(k_1, K_1, K_2) := (3, \{0,2,4\}, \emptyset)$. Warum? Hierzu nummerieren wir die Spalten des Schemas, die erste Spalte mit der kleinsten natürlichen Zahl, also mit 0, die zweite mit 1, ... und die letzte mit der natürlichen Zahl 5:

$$\begin{array}{cccccc} 0 & 1 & 2 & 3 & 4 & 5 \\ \\ 0 & 0 & 0 & 1 & 0 & 0 \\ 1 & 0 & 1 & 0 & 1 & 0 \\ 0 & 0 & 0 & 0 & 0 & 0 \end{array}.$$

Statt von der dritten Spalte sprechen wir dann auch von der Spalte Nummer 2. Die erste Zeile des Schemas gibt an, dass die Variable x_1 durch 3 belegt werden soll, denn die Spalte Nummer 3 ist die einzige, die in der ersten Zeile eine Eins hat. Die zweite Zeile liefert die Belegung von X_1 durch die Menge $\{0,2,4\}$, da genau die Spalten Nummer 0, 2 und 4 eine Eins in der zweiten Zeile haben. Entsprechend liefert die dritte Zeile die Belegung von X_2 durch die leere Menge. Die 0–1-Schemata

$$
\begin{array}{ccccccccc}
0 & 1 & 2 & 3 & 4 & 5 & 6 & 7 \\
\end{array}
\qquad
\begin{array}{ccccc}
0 & 1 & 2 & 3 & 4 \\
\end{array}
$$

$$
\begin{array}{ccccccccc}
0 & 0 & 0 & 1 & 0 & 0 & 0 & 0 \\
1 & 0 & 1 & 0 & 1 & 0 & 0 & 0 \\
0 & 0 & 0 & 0 & 0 & 0 & 0 & 0 \\
\end{array}
\quad \text{und} \quad
\begin{array}{ccccc}
0 & 0 & 0 & 1 & 0 \\
1 & 0 & 1 & 0 & 1 \\
0 & 0 & 0 & 0 & 0 \\
\end{array}
$$

führen zu der gleichen Belegung $(k_1, K_1, K_2) = (3, \{0, 2, 4\}, \emptyset)$.

Stellt das Wort $a_0 \ldots a_l \in (\{0, 1\}^{1+2})^*$ eine Belegung (k_1, K_1, K_2) dar, so muss l mindestens so groß sein wie jede in $\{k_1\} \cup K_1 \cup K_2$ vorkommende Zahl. Für jedes solche l gibt es dann genau ein Wort $a_0 \ldots a_l$, das (k_1, K_1, K_2) darstellt. Stellen ζ und ζ' die Belegung (k_1, K_1, K_2) dar, so gilt $\zeta = \zeta' \left(\begin{smallmatrix} 0 \\ 0 \\ 0 \end{smallmatrix} \right) \cdots \left(\begin{smallmatrix} 0 \\ 0 \\ 0 \end{smallmatrix} \right)$ oder $\zeta' = \zeta \left(\begin{smallmatrix} 0 \\ 0 \\ 0 \end{smallmatrix} \right) \cdots \left(\begin{smallmatrix} 0 \\ 0 \\ 0 \end{smallmatrix} \right)$.

Bei den 0–1-Schemata (mit $m = 1, n = 2$)

$$
\begin{array}{ccccc}
0 & 1 & 2 & 3 & 4 \\
\end{array}
\qquad
\begin{array}{ccccc}
0 & 1 & 2 & 3 & 4 \\
\end{array}
$$

$$
\begin{array}{ccccc}
1 & 0 & 0 & 1 & 0 \\
1 & 0 & 1 & 0 & 1 \\
0 & 0 & 0 & 0 & 0 \\
\end{array}
\quad \text{und} \quad
\begin{array}{ccccc}
0 & 0 & 0 & 0 & 0 \\
1 & 0 & 1 & 0 & 1 \\
0 & 0 & 0 & 0 & 0 \\
\end{array}
$$

wissen wir nicht, wie die Variable x_1 belegt werden soll. Sie sind im Sinne der folgenden Definition nicht 1-zulässig.

Ein Wort über $\{0, 1\}^{m+n}$, also ein 0–1-Schema mit $m + n$ Zeilen, heißt *m-zulässig*, wenn in jeder der ersten m Zeilen genau eine Eins vorkommt.

Das m-zulässige Wort $\zeta = a_0 \ldots a_l \in (\{0, 1\}^{m+n})^*$ (in der Terminologie der 0–1-Schemata ist also a_i die Spalte Nummer i) *stellt* die Belegung $(\overline{k}, \overline{K}) = (k_1, \ldots, k_m, K_1, \ldots, K_n)$ *dar* (oder *induziert* sie), wenn

- k_i diejenige Zahl j ist, für die die i-te Komponente von a_j, also der Spalte Nummer j, den Wert 1 hat,

- K_i die Menge derjenigen Zahlen j ist, für die die $(m + i)$-te Komponente von a_j den Wert 1 hat.

Insbesondere ist das leere Wort in $(\{0, 1\}^{m+n})^*$ nur für $m = 0$ zulässig. Dann kommen nur Mengenvariablen vor, und das leere Wort induziert die Belegung all dieser Mengenvariablen durch die leere Menge.

Stellt $a_0 \ldots a_l \in (\{0, 1\}^{m+n})^*$ die Belegung $(k_1, \ldots, k_m, K_1, \ldots, K_n)$ dar, muss l mindestens so groß sein wie jede in $\{k_1, \ldots, k_m\} \cup K_1 \cup \cdots \cup K_n$ vorkommende

Zahl. Stellen die Wörter ζ und ζ' in $(\{0,1\}^{m+n})^*$ beide $(k_1,\ldots,k_m,K_1,\ldots,K_n)$ dar, so gilt wie oben $\zeta = \zeta' \begin{pmatrix} 0 \\ \vdots \\ 0 \end{pmatrix} \cdots \begin{pmatrix} 0 \\ \vdots \\ 0 \end{pmatrix}$ oder $\zeta' = \zeta \begin{pmatrix} 0 \\ \vdots \\ 0 \end{pmatrix} \cdots \begin{pmatrix} 0 \\ \vdots \\ 0 \end{pmatrix}$.

Die Belegungen, die einen Ausdruck $\varphi(x_1,\ldots,x_m,X_1,\ldots,X_n)$ in $\mathfrak{N}_\sigma$ erfüllen, liefern die Wortmenge

$$W(\varphi) := \{\zeta \in (\{0,1\}^{m+n})^* \mid \zeta \text{ ist } m\text{-zulässig}$$
$$\text{und induziert } (\overline{k},\overline{K}) \text{ mit } \mathfrak{N}_\sigma \models \varphi[\overline{k},\overline{K}]\}.$$

Betrachten wir ein Beispiel: Für den Ausdruck

$$(*) \qquad\qquad \varphi(x,X) := \forall y(y < x \to Xy)$$

(„X enthält alle Zahlen $y < x$") besteht $W(\varphi)$ aus denjenigen Wörtern über $\{0,1\}^{1+1}$, die an genau einer Position einen Buchstaben mit erster Komponente 1 haben und an allen vorangehenden Positionen Buchstaben mit zweiter Komponente 1.

Wir wenden uns nun der Definition von endlichen Automaten zu, die solche Wortmengen erkennen.

B. Endliche Automaten

Endliche Automaten sind – wie Registermaschinen – abstrakte Maschinen, die vorgelegte Wörter über einem gegebenem Alphabet entweder „akzeptieren" oder „verwerfen". Wir verwenden hier die „nichtdeterministische" Version von endlichen Automaten.

Sei $\mathbb{A}$ ein Alphabet. Ein *nichtdeterministischer endlicher Automat, kurz NEA, über* $\mathbb{A}$ ist eine Struktur der Gestalt

$$\mathcal{A} = (Q, (T_a)_{a \in \mathbb{A}}, q_0, Q_+).$$

Dabei ist Q eine endliche Menge, die Menge der *Zustände* von $\mathcal{A}$. Für jeden Buchstaben a in $\mathbb{A}$ ist T_a eine zweistellige Relation, $T_a \subseteq Q \times Q$. Die Paare $(p,q) \in T_a$ nennen wir a-*Transitionen von* $\mathcal{A}$. Weiterhin ist q_0 ein Zustand aus Q, der *Anfangszustand von* $\mathcal{A}$. Schließlich ist Q_+ eine Teilmenge von Q, die Menge der *akzeptierenden Zustände von* $\mathcal{A}$.

In grafischer Darstellung deuten wir Zustände durch Kreise an und die Transitionen in T_a durch mit a beschriftete Pfeile. Den Zustand q_0 kennzeichnen wir durch einen eingehenden, mit „start" gekennzeichneten Pfeil, die Zustände in Q_+ durch doppelte Umkreisung. Der in Abb. 10.1 dargestellte Automat $\mathcal{A}_0$ über dem Alphabet $\mathbb{A} = \{0,1\}$ hat die Zustandsmenge $\{q_0,q_1,q_2\}$, die Tansitionsrelationen $T_0 = \{(q_0,q_0),(q_1,q_2)\}$ und $T_1 = \{(q_0,q_0),(q_0,q_1),(q_1,q_2)\}$, und die Menge Q_+ der akzeptierenden Zustände enthält nur q_2, $Q_+ = \{q_2\}$.

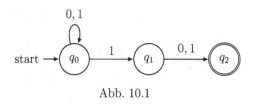

Abb. 10.1

Ist $\mathcal{A}$ ein NEA über $\mathbb{A}$, so sagen wir, vom Zustand p aus sei der Zustand q mit dem Wort $\zeta = a_1 \ldots a_n$ (oder: durch Lesen des Wortes $\zeta = a_1 \ldots a_n$) *erreichbar*, wenn es in $\mathcal{A}$ einen mit der Buchstabenfolge $a_1 \ldots a_n$ beschrifteten Weg von p nach q gibt, wenn also eine Zustandsfolge $(p_0, \ldots, p_n)$ existiert mit

$$p_0 = p, \quad (p_{i-1}, p_i) \in T_{a_i} \text{ für } i = 1, \ldots n, \quad p_n = q.$$

Eine solche Zustandsfolge nennt man auch einen *Lauf* von p nach q mit dem Wort ζ.

Der NEA $\mathcal{A}$ *akzeptiert* das Wort ζ, wenn von q_0 aus mit ζ ein Zustand in Q_+ erreichbar ist. Somit akzeptiert $\mathcal{A}$ das Wort ζ nicht, wenn jeder Lauf von q_0 mit dem Wort ζ in einem Zustand von $Q \setminus Q_+$ endet oder wenn von q_0 aus mit ζ wegen fehlender Transitionen gar kein vollständiger Lauf gebildet werden kann.

Der oben präsentierte NEA $\mathcal{A}_0$ akzeptiert genau die Wörter über $\{0,1\}$, die wenigstens zwei Buchstaben haben und deren vorletzter Buchstabe 1 ist. Wir sagen, dass der NEA $\mathcal{A}_0$ die Menge W_0 der Wörter über $\{0,1\}$ der Länge ≥ 2 mit vorletztem Buchstaben 1 *akzeptiert*, und nennen W_0 daher *NEA-akzeptierbar*.

Ist $\mathcal{A}$ ein NEA über $\mathbb{A}$, so bezeichnen wir mit $W(\mathcal{A})$ die durch $\mathcal{A}$ akzeptierte Wortmenge. Es ist also $W(\mathcal{A}_0) = W_0$.

Als zweites Beispiel betrachten wir die Wortmenge $W(\varphi)$ für den oben unter $(*)$ genannten Ausdruck $\varphi(x, X) := \forall y(y < x \to Xy)$. Wie wir uns dort bereits überlegt haben, besteht $W(\varphi)$ aus den Wörtern über $\{0,1\}^{1+1}$, welche in der ersten Komponente (der x-Komponente) genau eine 1 aufweisen und an allen davor liegenden Positionen in der zweiten Komponente, der X-Komponente, ebenfalls eine 1.

Auch $W(\varphi)$ ist NEA-akzeptierbar, wie der NEA $\mathcal{A}_1$ in Abb. 10.2 auf der folgenden Seite zeigt. Der Übergang von q_0 nach q_1 erfolgt dort genau dann, wenn in der ersten Komponente der Wert 1 vorliegt und zuvor in der zweiten Komponente immer der Wert 1 vorlag. Der Übergang in q_2 erfolgt von q_0 aus genau dann, wenn vor der ersten 1 in der ersten Komponente eine 0 in der zweiten Komponente auftritt. Von q_1 aus erfolgt ein Übergang nach q_2 genau dann,

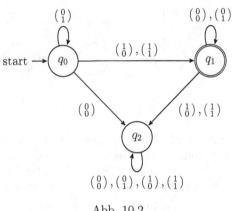

Abb. 10.2

wenn nach der ersten 1 in der ersten Komponente, die zu q_1 führte, dort eine weitere 1 auftritt. Von q_2 gibt es keinen Übergang zu einem anderen Zustand.

Anders als $\mathcal{A}_0$ hat $\mathcal{A}_1$ für jeden Zustand p und jeden Buchstaben a des Alphabets *genau einen* Folgezustand q, also genau einen Zustand q mit $(p, q) \in T_a$. Wir sprechen von einem *deterministischen endlichen Automaten*, kurz DEA. In einem DEA lassen sich die Transitionsrelationen T_a als Transitionsfunktionen $\tau_a : Q \to Q$ darstellen. Ein DEA über $\mathbb{A}$ wird dann auch in der Form $\mathcal{A} = (Q, (\tau_a)_{a \in \mathbb{A}}, q_0, Q_+)$ präsentiert.

Wir nennen zwei endliche Automaten (NEA oder DEA) $\mathcal{A}$ und $\mathcal{A}'$ über dem Alphabet $\mathbb{A}$ *äquivalent*, falls sie dieselbe Wortmenge W über $\mathbb{A}$ akzeptieren, d.h., wenn $W(\mathcal{A}) = W(\mathcal{A}')$ gilt.

10.9.3 Bemerkung *Zu jedem NEA kann man einen äquivalenten DEA konstruieren.*

Beweis. Sei der NEA $\mathcal{A} = (Q, (T_a)_{a \in \mathbb{A}}, q_0, Q_+)$ gegeben. Als Zustandsmenge des gesuchten, zu $\mathcal{A}$ äquivalenten DEA $\mathcal{A}'$ wählen wir die Potenzmenge $Pot(Q)$ von Q. Die Menge $\{q_0\}$ sei der Anfangszustand von $\mathcal{A}'$. Für $a \in \mathbb{A}$ definieren wir die Transitionsfunktion $\tau_a : Pot(Q) \to Pot(Q)$ wie folgt: Für $Z \in Pot(Q)$, also für eine Menge Z von Zuständen von $\mathcal{A}$, sei $\tau_a(Z)$ die Menge der Zustände, die in $\mathcal{A}$ von einem Zustand in Z durch eine a-Transition erreichbar sind, d.h.

$$\tau_a(Z) := \{q \in Q \mid \exists p \in Z : (p, q) \in T_a\}.$$

Schließlich wählen wir als Menge der akzeptierenden Zustände von $\mathcal{A}'$ die Menge $\mathcal{Q}_+ := \{R \in Pot(Q) \mid R \cap Q_+ \neq \emptyset\}$. Für den deterministischen endlichen Automaten $\mathcal{A}' = (Pot(Q), \{q_0\}, (\tau_a)_{a \in \mathbb{A}}, \mathcal{Q}_+)$ lässt sich leicht durch Induktion über die Länge der Wörter $\zeta \in \mathbb{A}^*$ für jedes Z mit $Z \subseteq Q$ zeigen:

Z ist die Menge der Zustände, die in $\mathcal{A}$ von q_0 mit ζ erreichbar sind

gdw in $\mathcal{A}'$ wird von $\{q_0\}$ aus mit ζ der Zustand Z erreicht.

Hieraus ergibt sich dann unmittelbar, dass $\mathcal{A}$ und $\mathcal{A}'$ äquivalent sind. ⊣

Wie im vorangehenden Beweis werden wir auch in den folgenden Beweisen nur den jeweils gesuchten Automaten angeben und seine Arbeitsweise schildern. Durch eine naheliegende Induktion über die Länge des Eingabewortes lässt sich dann zeigen, dass der Automat tatsächlich die gewünschte Eigenschaft hat.

Wir beenden diesen Abschnitt mit der Angabe eines Automaten, der prüft, ob ein Wort m-zulässig ist.

10.9.4 Bemerkung *Sei $m + n \geq 1$. Es gibt einen NEA $\mathcal{A}_{m,n}$, der die Menge der m-zulässigen Wörter in $(\{0,1\}^{m+n})^*$ akzeptiert.*

Beweis. Der Automat $\mathcal{A}_{m,n}$ enthält für jede Teilmenge I von $\{1, \ldots, m\}$ einen Zustand q_I. Darüber hinaus gibt es noch den Zustand q_-, den $\mathcal{A}_{m,n}$ einnimmt, wenn aus dem bisher gelesenen Anfangsstück des Eingabewortes bereits klar ist, dass dieses nicht m-zulässig ist. Der Zustand q_I (mit $I \subseteq \{1, \ldots, m\}$) gibt an, dass in der j-ten Komponente bisher genau eine 1 gelesen wurde, falls $j \in I$ bzw. noch keine 1 gelesen wurde, falls $j \notin I$. Der Anfangszustand ist $q_\emptyset$, und $q_{\{1,\ldots,m\}}$ ist der einzige akzeptierende Zustand. Für einen Buchstaben $a \in \{0,1\}^{m+n}$ sei M_a die Menge der $i \in \{1, \ldots, m\}$, für die die i-te Komponente von a den Wert 1 hat. Wir setzen

$$T_a := \{(q_I, q_{I \cup M_a}) \mid I \subseteq \{1, \ldots, m\}, \ M_a \cap I = \emptyset\}$$
$$\cup \{(q_I, q_-) \mid I \subseteq \{1, \ldots, m\}, \ M_a \cap I \neq \emptyset\}.$$

Der NEA $\mathcal{A}_{m,n} := (\{q_I \mid I \subseteq (\{1, \ldots, m\} \cup \{q_-\}), (T_a)_{a \in \{0,1\}^{m+n}}, q_\emptyset, \{q_{\{1,\ldots,m\}}\})$ akzeptiert genau die m-zulässigen Wörter in $(\{0,1\}^{m+n})^*$. ⊣

C. Elementare Sachverhalte über endliche Automaten

Wir leiten hier einige Ergebnisse her, die wir im nächsten Abschnitt D benötigen, um die Verbindung zwischen Automaten und WMSO-Logik herzustellen.

10.9.5 Satz *Sei $\mathbb{A}$ ein Alphabet. Es gibt einen Algorithmus, der für jeden NEA $\mathcal{A}$ über $\mathbb{A}$ entscheidet, ob $W(\mathcal{A}) \neq \emptyset$.*

Beweis. Sei $\mathcal{A} = (Q, (T_a)_{a \in \mathbb{A}}, q_0, Q_+)$ ein NEA. Für eine Menge Z von Zuständen von $\mathcal{A}$ sei $T(Z)$ die Menge der Zustände, die aus einem Zustand in Z in einem Schritt erreichbar sind. Formaler: T ist eine Abbildung der Potenzmenge

$Pot(Q)$ von Q in sich, $T : Pot(Q) \to Pot(Q)$, mit

$$T(Z) = \{q \mid \text{es gibt ein } p \in Z \text{ und ein } a \in \mathbb{A} \text{ mit } (p, q) \in T_a\}$$

für $Z \subseteq Q$. Wir definieren die Menge Z_s von Zuständen durch Induktion über $s \in \mathbb{N}$ wie folgt:

$$Z_0 := \{q_0\} \qquad \text{und} \qquad Z_{s+1} := Z_s \cup T(Z_s).$$

Man zeigt leicht durch Induktion über s, dass Z_s die Menge der Zustände ist, die von q_0 mit einem Wort einer Länge $\leq s$ erreichbar sind. Weiterhin ergibt sich unmittelbar aus der Definition der Z_s, dass

$$\{q_0\} = Z_0 \subseteq Z_1 \subseteq Z_2 \subseteq Z_3 \cdots \subseteq Q$$

und dass aus $T(Z_s) = Z_s$ auch $T(Z_{s+i}) = Z_s$ für alle $i \geq 1$ folgt. Somit ist $Z_{|Q|-1}$ die Menge der von q_0 mit einem Wort über $\mathbb{A}$ erreichbaren Zustände. Insbesondere gilt

$$W(\mathcal{A}) \neq \emptyset \iff Q_+ \cap Z_{|Q|-1} \neq \emptyset.$$

Da die Folge $(Z_s)_{s \in \mathbb{N}}$ berechenbar ist, lässt sich leicht der gesuchte Algorithmus angeben. $\dashv$

Wir haben gerade gezeigt, dass es für ein gegebenes Alphabet $\mathbb{A}$ einen Algorithmus gibt, der für jeden NEA über $\mathbb{A}$ entscheidet, ob er mindestens ein Wort akzeptiert. Dagegen gibt es für kein Alphabet $\mathbb{A}$ einen Algorithmus, der für jede Registermaschine über $\mathbb{A}$ entscheidet, ob sie mindestens ein Wort akzeptiert (siehe Aufgabe 10.3.6). Hier deutet sich an, dass NEAs schwächer als Registermaschinen sind. Dies ist in der Tat der Fall: Eine Wortmenge, die von einem NEA akzeptiert wird, ist R-entscheidbar; denn ein zu dem NEA äquivalenter DEA ist ein Entscheidungsalgorithmus. Dagegen gibt es R-entscheidbare Mengen, die von keinem NEA akzeptiert werden (siehe Aufgabe 10.9.13).

Mit dem nachfolgenden Lemma zeigen wir, dass es zu jedem NEA $\mathcal{A}$ einen weiteren Automaten gibt, der für ein von $\mathcal{A}$ akzeptiertes m-zulässiges Wort alle höchstens gleich langen m-zulässigen Wörter akzeptiert, welche die gleiche Belegung induzieren; genauer (wobei wir mit $l(\zeta)$ die Länge des Wortes ζ bezeichnen):

10.9.6 Lemma *Sei $\hat{0}$ der Buchstabe in $\{0, 1\}^{m+n}$, bei dem alle Komponenten Null sind. Zu jedem Automaten $\mathcal{A}$ über $\{0, 1\}^{m+n}$ kann man einen NEA $\bar{\mathcal{A}}$ über $\{0, 1\}^{m+n}$ angeben, sodass für alle $\zeta \in (\{0, 1\}^{m+n})^*$ gilt:*

$$\zeta \in W(\bar{\mathcal{A}}) \quad \textit{gdw} \quad \textit{es gibt ein } \zeta' \in W(\mathcal{A}) \textit{ mit } l(\zeta') \geq l(\zeta) \textit{ und } \zeta' = \zeta \hat{0} \ldots \hat{0}.$$

Insbesondere gilt somit $W(\mathcal{A}) \subseteq W(\bar{\mathcal{A}})$.

Beweis. Sei $\mathcal{A} = (Q, (T_a)_{a \in \{0,1\}^{m+n}}, q_0, Q_+)$. Der gesuchte NEA $\bar{\mathcal{A}}$ muss ein Wort ζ genau dann akzeptieren, wenn ζ durch Anfügen von Buchstaben $\hat{0}$ zu einem Wort verlängert werden kann, das $\mathcal{A}$ akzeptiert. Ein Zustand q sollte demnach akzeptierend sein, wenn die Menge $Q(q)$ der Zustände, die von q aus mit einem Wort aus $\{\hat{0}\}^*$ erreichbar sind, einen Zustand von Q_+ enthält. Wir setzen also

$$\bar{\mathcal{A}} := (Q, (T_a)_{a \in \{0,1\}^{m+n}}, q_0, \{q \in Q \mid Q(q) \cap Q_+ \neq \emptyset\}).$$

Wir müssen noch zeigen, dass man die Mengen $Q(q)$ für $q \in Q$ effektiv bestimmen kann. Es gilt $q' \in Q(q)$ genau dann, wenn $\mathcal{A}$ von q aus mit einem Wort aus $\{\hat{0}\}^*$ nach q' gelangen kann, d.h., wenn der NEA $\mathcal{A}_{q,q'} = (Q, T_{\hat{0}}, q, \{q'\})$ (mit Anfangszustand q, akzeptierendem Zustand q' und der Transitionsrelation $T_{\hat{0}}$ von $\mathcal{A}$) ein solches Wort akzeptiert. Wir erhalten

$$q' \in Q(q) \quad \text{gdw} \quad W(\mathcal{A}_{q,q'}) \neq \emptyset,$$

womit nach Satz 10.9.5 die Menge $Q(q)$ bestimmbar ist. ⊣

Nun weisen wir nach, dass die durch endliche Automaten akzeptierbaren Wortmengen über einem gegebenen Alphabet $\mathbb{A}$ gegen Komplement- und Durchschnittsbildung abgeschlossen sind (und damit auch gegen Vereinigungsbildung).

10.9.7 Bemerkung *Sei $\mathbb{A}$ ein Alphabet.*

(a) *Zu einem gegebenen NEA $\mathcal{A} = (Q, (T_a)_{a \in \mathbb{A}}, q_0, Q_+)$ kann man einen NEA $\mathcal{A}'$ konstruieren mit $W(\mathcal{A}') = \mathbb{A}^* \setminus W(\mathcal{A})$.*

(b) *Zu zwei gegebenen NEAs*

$$\mathcal{A}^1 = (Q^1, (T_a^1)_{a \in \mathbb{A}}, q_0^1, Q_+^1) \quad und \quad \mathcal{A}^2 = (Q^2, (T_a^2)_{a \in \mathbb{A}}, q_0^2, Q_+^2)$$

kann man einen NEA $\mathcal{A}$ konstruieren mit $W(\mathcal{A}) = W(\mathcal{A}^1) \cap W(\mathcal{A}^2)$.

Beweis. (a) In einem DEA $\mathcal{A} = (Q, (\tau_a)_{a \in \mathbb{A}}, q_0, Q_+)$ gibt es für jedes Eingabewort ζ genau einen Zustand q, der von q_0 aus mit dem Wort ζ erreicht wird. Ist dieser Zustand q in Q_+, wird ζ akzeptiert, andernfalls wird ζ nicht akzeptiert. Die Menge $\mathbb{A}^* \setminus W(\mathcal{A})$ wird also durch den DEA $(Q, (\tau_a)_{a \in \mathbb{A}}, q_0, Q \setminus Q_+)$ erkannt. Die Behauptung (für NEAs) ergibt sich nun mit Bemerkung 10.9.3.

(b) Wir setzen

$$\mathcal{A} := (Q^1 \times Q^2, (T_a)_{a \in \mathbb{A}}, (q_0^1, q_0^2), Q_+^1 \times Q_+^2)$$

mit

$$T_a := \{((p^1, p^2), (q^1, q^2)) \mid (p^1, q^1) \in T_a^1 \text{ und } (p^2, q^2) \in T_a^2\}.$$

Man zeigt leicht durch Induktion über die Länge der Wörter $\zeta \in \mathbb{A}^*$, dass in $\mathcal{A}$ vom Zustand (p^1, p^2) ein Zustand (q^1, q^2) mit ζ erreichbar ist genau dann, wenn für $i = 1, 2$ in $\mathcal{A}^i$ vom Zustand p^i der Zustand q^i mit ζ erreichbar ist. Hieraus ergibt sich unmittelbar die Behauptung. ⊣

D. Von Ausdrücken zu endlichen Automaten, Beweis von Satz 10.9.2

Die Brücke von der schwachen monadischen Logik zu endlichen Automaten wird durch folgenden Satz geschlagen:

10.9.8 Satz *Zu jedem Ausdruck $\varphi(x_1, \ldots, x_m, X_1, \ldots, X_n)$ der WMSO-Logik über $\mathfrak{N}_\sigma$ kann man einen NEA $\mathcal{A}_\varphi$ über dem Alphabet $\{0,1\}^{m+n}$ konstruieren mit*

$$W(\mathcal{A}_\varphi) = W(\varphi),$$

d.h., für alle $\zeta \in (\{0,1\}^{m+n})^*$ gilt:

$\mathcal{A}_\varphi$ *akzeptiert* $\zeta \iff \zeta$ *ist m-zulässig, und für die durch ζ*

induzierte Belegung $(\overline{k}, \overline{K})$ gilt $\mathfrak{N}_\sigma \models \varphi[\overline{k}, \overline{K}]$.

Für den Beweis dieses Satzes ist es von Vorteil, wenn wir zunächst von der Symbolmenge $\{\boldsymbol{\sigma}, \boldsymbol{0}\}$ zu einer *relationalen* Symbolmenge übergehen. Wir verwenden die Nachfolgerrelation $R_\sigma = \{(k,l) \mid \sigma(k) = l\}$ anstelle von σ und die einstellige Relation $R_0 = \{0\}$ anstelle von 0. In 8.1 wurde gezeigt, wie man von einem $\{\boldsymbol{\sigma}, \boldsymbol{0}\}$-Ausdruck zu einem äquivalenten $\{R_\sigma, R_0\}$-Ausdruck übergehen kann.

Damit können wir den Satz durch Induktion über den Aufbau der $\{R_\sigma, R_0\}$-Ausdrücke $\varphi(x_1, \ldots, x_m, X_1, \ldots, X_n)$ beweisen. Dabei genügt es (wir machen davon stillschweigend im atomaren Fall und im Negationsschritt Gebrauch), einen Automaten $\mathcal{A}_\varphi^0$ anzugeben, der das Gewünschte nur bezogen auf m-zulässige Wörter leistet, dass also für jedes m-zulässige Wort $\zeta \in (\{0,1\}^{m+n})^*$ und die durch ζ induzierte Belegung $(\overline{k}, \overline{K})$ gilt:

$$\mathcal{A}_\varphi^0 \text{ akzeptiert } \zeta \quad \text{gdw} \quad \mathfrak{N}_\sigma \models \varphi[\overline{k}, \overline{K}].$$

Den gewünschten Automaten $\mathcal{A}_\varphi$ erhalten wir dann als „Durchschnittsautomaten" (gemäß Bemerkung 10.9.7 (b)) von $\mathcal{A}_\varphi^0$ und $\mathcal{A}_{m,n}$. Dabei ist $\mathcal{A}_{m,n}$ der in Bemerkung 10.9.4 angegebene Automat, der die m-zulässigen Wörter über $\{0,1\}^{m+n}$ akzeptiert.

Im atomaren Fall hat $\varphi(x_1, \ldots, x_m, X_1, \ldots, X_n)$ eine der Formen

$$x_i \equiv x_j, \quad R_\sigma x_i x_j, \quad R_0 x_i, \quad X_i x_j.$$

Es sind dann noch die Induktionsschritte für aussagenlogische Junktoren (wir betrachten $\neg$ und $\wedge$) und für die Quantoren $\exists x_i$ und $\exists X_i$ durchzuführen.

Wir behandeln $x_1 \equiv x_2$ als typischen Fall für atomare Ausdrücke $x_i \equiv x_j$. In Abb. 10.3 auf der folgenden Seite geben wir einen Automaten an, der für jedes m-zulässige Wort $\zeta = a_0 \ldots a_l$ in $(\{0,1\}^{m+n})^*$ prüft, ob es ein a_i gibt, bei dem die beiden ersten Komponenten den Wert 1 haben. Die anderen Komponenten von a_i können beliebig sein. Dabei stehen die unbeschrifteten Pfeile für alle

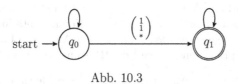

Abb. 10.3

Transitionen mit einem Buchstaben aus $\{0,1\}^{m+n}$ und der Pfeil mit $\begin{pmatrix} 1 \\ 1 \\ * \end{pmatrix}$ für die $2^{(m-2)+n}$ Transitionen mit Buchstaben in $\{0,1\}^{m+n}$, bei denen die ersten beiden Komponenten den Wert 1 haben.

Nach diesem Muster ist es nun leicht, auch die atomaren Ausdrücke $R_\sigma x_i x_j$, $R_0 x_i$, $X_i x_j$ zu behandeln. Wir ermuntern dazu, für diese Fälle entsprechende NEAs anzugeben.

Im Induktionsschritt für die aussagenlogischen Junktoren $\neg$ und $\wedge$ ergibt sich die Behauptung unmittelbar mit Bemerkung 10.9.7.

Wir beenden den Beweis von Satz 10.9.8 mit den Induktionsschritten für die Quantoren $\exists x_i$ und $\exists X_i$. Dazu zeigen wir das folgende Lemma:

10.9.9 Lemma (a) *Der NEA $\mathcal{A}$ über dem Alphabet $\{0,1\}^{(m+1)+n}$ akzeptiere die Wortmenge $W(\varphi)$ für den WMSO-Ausdruck $\varphi(x_1, \ldots, x_{m+1}, X_1, \ldots, X_n)$. Aus $\mathcal{A}$ kann man einen NEA $\mathcal{A}'$ über dem Alphabet $\{0,1\}^{m+n}$ konstruieren mit*

$$W(\mathcal{A}') = W(\chi),$$

für den WMSO-Ausdruck $\chi(x_1, \ldots, x_m, X_1, \ldots, X_n) := \exists x_{m+1} \varphi$.

(b) *Der NEA $\mathcal{A}$ über dem Alphabet $\{0,1\}^{m+(n+1)}$ akzeptiere die Wortmenge $W(\varphi)$ für den WMSO-Ausdruck $\varphi(x_1, \ldots, x_m, X_1, \ldots, X_{n+1})$. Aus $\mathcal{A}$ kann man einen NEA $\mathcal{A}'$ über dem Alphabet $\{0,1\}^{m+n}$ konstruieren mit*

$$W(\mathcal{A}') = W(\chi)$$

für den WMSO-Ausdruck $\chi(x_1, \ldots, x_m, X_1, \ldots, X_n) := \exists X_{n+1} \varphi$.

Beweis. Wir zeigen zunächst die Behauptung (b). Es genügt, einen NEA $\mathcal{A}^0$ anzugeben mit $W(\mathcal{A}^0) \subseteq W(\chi)$, der für jedes $\zeta \in W(\chi)$ ein Wort der Gestalt $\zeta \hat{0} \ldots \hat{0}$ akzeptiert. Nach Lemma 10.9.6 gilt dann für den NEA $\mathcal{A}' = \overline{\mathcal{A}}^0$ die Behauptung $W(\mathcal{A}') = W(\chi)$.

Der NEA

$$\mathcal{A} = (Q, (T_a)_{a \in \mathbb{A}}, q_0, Q_+)$$

über dem Alphabet $\{0,1\}^{m+(n+1)}$ akzeptiere die Wortmenge

$$W(\varphi(x_1, \ldots, x_m, X_1, \ldots, X_{n+1})).$$

Der NEA $\mathcal{A}^0$ wird ein Wort $\zeta = a_0 \ldots a_l$ über $\{0,1\}^{m+n}$ daraufhin prüfen, ob ζ durch Hinzufügen einer $(m + (n + 1))$-ten Komponente in den Buchstaben zu einem Wort ζ' ergänzt werden kann, das der Automat $\mathcal{A}$ akzeptiert. Die an ζ hinzuzufügende Komponente wird die Belegung von X_{n+1} liefern.

Die Zustandsmenge, der Anfangszustand und die Menge der akzeptierenden Zustände vom NEA $\mathcal{A}^0$ stimmen mit denen von $\mathcal{A}$ überein. Um die Transitionsrelationen anzugeben, schreiben wir die Buchstaben von $\{0,1\}^{m+(n+1)}$ in der Form $\binom{a}{0}$ bzw. $\binom{a}{1}$ mit $a \in \{0,1\}^{m+n}$. Wir verwenden anstelle einer $\binom{a}{0}$-Transition und einer $\binom{a}{1}$-Transition (p,q) von $\mathcal{A}$ jeweils die a-Transition (p,q) in $\mathcal{A}^0$. Formaler: Bezeichnen wir für $a \in \{0,1\}^{m+n}$ die entsprechende Transitionen in $\mathcal{A}^0$ mit T_a^0, so ist für $a \in \{0,1\}^{m+n}$

$$T_a^0 := \{(p,q) \in Q \times Q \mid \text{es gibt } i \in \{0,1\} \text{ mit } (p,q) \in T_{\binom{a}{i}}\}.$$

Ein akzeptierender Lauf auf einem Wort $\zeta \in (\{0,1\}^{m+n})^*$ liegt in $\mathcal{A}^0$ genau dann vor, wenn die Zustandsfolge dieses Laufes auch in $\mathcal{A}$ die Zustandsfolge eines Laufes ist, der ein Wort in $(\{0,1\}^{m+(n+1)})^*$ akzeptiert, das durch Hinzufügen einer letzten Komponente an jeden Buchstaben in ζ entsteht. Hieraus ergibt sich aus der Voraussetzung $W(\mathcal{A}) = W(\varphi)$, dass $W(\mathcal{A}^0) \subseteq W(\chi)$.

Wir müssen noch zeigen, dass $\mathcal{A}^0$ für jedes $\zeta \in W(\chi)$ ein Wort der Gestalt $\zeta\hat{0}\ldots\hat{0}$ akzeptiert. Es sei $\zeta \in (\{0,1\}^{m+n})^*$ ein Wort aus $W(\chi)$ der Länge l, das die Belegung $(k_1, \ldots, k_m, K_1, \ldots, K_n)$ darstellt. Somit gilt

$$\mathfrak{N}_\sigma \models \chi[k_1, \ldots, k_m, K_1, \ldots, K_n].$$

Da $\chi = \exists X_{n+1}\varphi$, gibt es ein K_{n+1} mit $\mathfrak{N}_\sigma \models \varphi[k_1, \ldots, k_m, K_1, \ldots, K_n, K_{n+1}]$. Sei jetzt $\zeta' \in (\{0,1\}^{m+(n+1)})^*$ ein Wort einer Länge $\geq l$, das die Belegung $(k_1, \ldots, k_m, K_1, \ldots, K_n, K_{n+1})$ darstellt. Für das Wort $\zeta_0 \in (\{0,1\}^{m+n})^*$, das aus ζ' durch Streichen der letzten Komponente in jedem Buchstaben entsteht, gilt $\zeta_0 \in W(\mathcal{A}^0)$, und ζ_0 hat die Gestalt $\zeta\hat{0}\ldots\hat{0}$.

Zu (a): Der Beweis verläuft analog zum Beweis von (b). Wir geben hier nur den entsprechenden Automaten $\mathcal{A}^0$ an. Er hat die gleiche Zustandsmenge, den gleichen Anfangszustand und die gleiche akzeptierende Zustandsmenge wie $\mathcal{A}$. Um die Transitionsrelationen von $\mathcal{A}^0$ anzugeben, schreiben wir die Buchstaben von $\{0,1\}^{(m+1)+n}$ in der Form $\binom{a}{0}{b}$ bzw. $\binom{a}{1}{b}$ mit $a \in \{0,1\}^m$ und $b \in \{0,1\}^n$. Der Automat $\mathcal{A}^0$ enthält die $\binom{a}{b}$-Transition (p,q), wenn $\mathcal{A}$ die $\binom{a}{0}{b}$-Transition (p,q) oder die $\binom{a}{1}{b}$-Transition (p,q) besitzt. Formaler: Bezeichnen wir wieder die Transitionsrelationen in $\mathcal{A}^0$ mit dem oberen Index 0, so ist für $a \in \{0,1\}^m$ und $b \in \{0,1\}^n$

$$T_{\binom{a}{b}}^0 := \{(p,q) \in Q \times Q \mid \text{es gibt } i \in \{0,1\} \text{ mit } (p,q) \in T_{\binom{a}{i}{b}}\}. \quad \dashv$$

Mit Satz 10.9.8 zeigen wir nun Satz 10.9.2 über die Entscheidbarkeit der Theorie WMTh($\mathfrak{N}_\sigma$).

Beweis von Satz 10.9.2. Sei x_1 eine fest gewählte Variable. Für einen Satz φ der schwachen monadischen Logik der zweiten Stufe in der Signatur $\{\boldsymbol{\sigma}, 0\}$ ist $\varphi = \varphi(x_1)$. Mit dem Koinzidenzlemma erhalten wir:

$$\mathfrak{N}_\sigma \models \varphi \quad \text{gdw} \quad \text{es gibt ein } i \in \mathbb{N} \text{ mit } \mathfrak{N}_\sigma \models \varphi[i]$$
$$\text{gdw} \quad W(\varphi(x_1)) \neq \emptyset.$$

Somit gilt für den gemäß Satz 10.9.8 für $\varphi(x_1)$ konstruierten Automaten $\mathcal{A}_\varphi$ über dem Alphabet $\{0, 1\}$:

$$\mathfrak{N}_\sigma \models \varphi \quad \text{gdw} \quad W(\mathcal{A}_\varphi) \neq \emptyset.$$

Dies ergibt den gesuchten Entscheidbarkeitsalgorithmus für WMSO-Th($\mathfrak{N}_\sigma$): Aus φ konstruieren wir den Automaten $\mathcal{A}_\varphi$ und entscheiden mit dem Algorithmus von Satz 10.9.5, ob $W(\mathcal{A}_\varphi) \neq \emptyset$. ⊣

E. Von endlichen Automaten zu Ausdrücken

Satz 10.9.8 zeigt, dass es für jeden WMSO-Ausdruck φ einen Automaten gibt, der genau die Wörter akzeptiert, die für φ in $\mathfrak{N}_\sigma$ eine erfüllende Belegung darstellen. Prägnant kann man dieses Ergebnis so formulieren: Automaten sind mindestens so ausdrucksstark wie die WMSO-Logik für $\mathfrak{N}_\sigma$. Das folgende Ergebnis zeigt, dass Automaten nicht ausdrucksstärker sind als WMSO, genauer:

10.9.10 Satz *Zu jedem NEA $\mathcal{A}$ über dem Alphabet $\{0, 1\}^{m+n}$ gibt es einen WMSO-Ausdruck $\varphi(x_1, \ldots, x_m, X_1, \ldots, X_n)$, sodass für jede Belegung $(\bar{k}, \bar{K})$ gilt:*

$$\mathfrak{N}_\sigma \models \varphi(\bar{k}, \bar{K}) \quad gdw \quad \text{es gibt ein } m\text{-zulässiges } \zeta \in W(\mathcal{A}),$$
$$\text{das die Belegung } (\bar{k}, \bar{K}) \text{ induziert.}$$

Beweis. Sei $\mathcal{A} = (Q, (T_a)_{a \in \{0,1\}^{m+n}}, q_0, Q_+)$. Wir können annehmen, dass $Q = \{0, \ldots, N\}$ und $q_0 = 0$. Wir setzen

$$\varphi(x_1, \ldots, x_m, X_1, \ldots, X_n) := \exists Z_0 \ldots \exists Z_N \exists y \, (\psi_{\text{eind}} \wedge \psi_{\text{anf}} \wedge \psi_{\text{trans}} \wedge \psi_{\text{akz}}).$$

Hier sind ψ_{eind}, ψ_{anf}, ψ_{trans} und ψ_{akz} WMSO-Ausdrücke, die keine Quantoren der zweiten Stufe enthalten und die wir jetzt definieren. Dabei dient die Mengenvariable Z_i (für $i = 0, \ldots, N$) dazu, genau die Positionen anzugeben, bei denen sich $\mathcal{A}$ im Zustand i befindet. Die Individuenvariable y steht für die Anzahl der Schritte, die $\mathcal{A}$ durchführt. (Zur Definierbarkeit der $\leq$-Relation und damit auch der $<$-Relation vgl. (2) vor Satz 10.9.2.)

- Der Ausdruck ψ_{eind} besagt, dass die Schrittzahl y mindestens so groß ist wie die Zahlen in $\{x_1, \ldots, x_m\} \cup X_1 \cup \ldots X_n$ und dass genau für alle Zahlen $\leq y$ der Automat in einem Zustand ist; darüber hinaus ist dieser eindeutig.

$$\psi_{\text{eind}} := \bigwedge_{1 \le i \le m} x_i \le y \land \bigwedge_{1 \le i \le n} \forall x(X_i x \to x \le y) \land$$

$$\forall x(x \le y \leftrightarrow \bigvee_{0 \le j \le N} Z_j x) \land \forall x(x \le y \to \bigwedge_{0 \le j < j' \le N} (\neg Z_j x \lor \neg Z_{j'} x)).$$

- Der Ausdruck ψ_{anf} besagt, dass der Lauf im Zustand q_0 ($= 0$) startet:

$$\psi_{\text{anf}} := Z_0 0.$$

- Der Ausdruck ψ_{trans} besagt, dass die Übergänge von einem in den nächsten Zustand gemäß den Transitionen von $\mathcal{A}$ erfolgen, und ist definiert als

$$\forall x(x < y \to \bigvee_{\substack{a = \begin{pmatrix} a_1 \\ \vdots \\ a_{m+n} \end{pmatrix} \in \mathbb{A}}} \bigvee_{\substack{0 \le j, j' \le N \\ (j, j') \in T_a}} (Z_j x \land \bigwedge_{\substack{1 \le i \le m \\ a_i = 1}} x_i = x \land \bigwedge_{\substack{1 \le i \le m \\ a_i = 0}} \neg x_i = x$$

$$\land \bigwedge_{\substack{m+1 \le i \le m+n \\ a_i = 1}} X_i x \land \bigwedge_{\substack{m+1 \le i \le m+n \\ a_i = 0}} \neg X_i x \land Z_{j'} \sigma x).$$

- Der Ausdruck ψ_{akz} besagt, dass der Lauf akzeptierend ist:

$$\psi_{\text{akz}} := \bigvee_{j \in Q_+} Z_j y.$$

Hieraus ergibt sich die Äquivalenz in der Behauptung des Satzes. $\dashv$

Der Zusammenhang zwischen endlichen Automaten und der WMSO-Logik ergibt sich auch, wenn man anstelle des Bereichs der natürlichen Zahlen endliche Bereiche betrachtet; man erfasst dann endliche Wörter durch endliche Strukturen. Zu diesem Zugang vgl. etwa [37, 42].

F. Weitere Ergebnisse

Wir erwähnen zwei Resultate, die wesentliche Verstärkungen des Satzes 10.9.2 zur Entscheidbarkeit von WMSO-Th($\mathfrak{N}_\sigma$) sind und interessante Anwendungen in der Informatik haben. Der erste Satz ist das Analogon von Satz 10.9.2 für die volle monadische Logik zweiter Stufe, bei der sich Mengenquantoren auf *beliebige* Mengen natürlicher Zahlen beziehen:

10.9.11 Satz (Büchi (1962)) MSO-Th($\mathfrak{N}_\sigma$) *ist R-entscheidbar.*

Der Beweis folgt auch hier dem Ansatz, Ausdrücke in Automaten zu übersetzen, nun jedoch in endliche Automaten, die auf unendlichen Wörtern arbeiten. Ein passendes Automatenmodell ist hier das des *Büchi-Automaten*; dies ist ein NEA, der ein unendliches Wort akzeptiert, wenn es einen Lauf auf diesem Wort gibt, der unendlich oft einen der akzeptierenden Zustände annimmt.

In der Informatik sind Büchi-Automaten für die Modellierung nicht-terminierender Systeme (etwa von Kontrollsystemen oder Kommunikationsprotokollen) nützlich, da sie zur Beschreibung aller in einem solchen System möglichen Läufe verwendet werden können. Lassen sich die gewünschten Eigenschaften eines solchen Systems als Bedingung über die Systemläufe durch einen MSO-Ausdruck φ formalisieren, kann man die Korrektheit des Systems als Inklusionsproblem erfassen: Die Menge der im System-Automaten möglichen Läufe ist enthalten in der Menge der durch φ beschriebenen Läufe. Die Theorie der Büchi-Automaten erlaubt eine algorithmische Lösung dieses Problems. Das ist der methodische Kern des sog. *Model-Checking* (vgl. [3]).

Eine weitere Verallgemeinerung wird erreicht, wenn man anstelle der Nachfolgerstruktur $\mathfrak{N}_\sigma$ eine Struktur mit zwei Nachfolgerfunktionen verwendet. Eine solche Struktur ist der unendliche binäre Baum, formal: die Struktur $\mathfrak{T}_2 := (\{0,1\}^*, \sigma_0, \sigma_1)$ mit den Funktionen $\sigma_0 : \zeta \mapsto \zeta 0$ und $\sigma_1 : \zeta \mapsto \zeta 1$.

10.9.12 Satz (Rabin (1969)) MSO-Th$(\mathfrak{T}_2)$ *ist R-entscheidbar.*

Wieder kann der Beweis durch eine Übersetzung von MSO-Ausdrücken in endliche Automaten geführt werden, hier im Format der sog. Baumautomaten (vgl. etwa [42]). Der Satz von Rabin liefert sowohl für mathematische Theorien als auch für zahlreiche Probleme der Informatik (Programmverifikation, Programmsynthese) algorithmische Lösungen.

10.9.13 Aufgabe Sei $\mathbb{A} = \{1\}$. Wir identifizieren ein Wort 1^n über $\mathbb{A}$ mit der natürlichen Zahl n und somit eine Menge $W \subseteq \mathbb{A}^*$ mit der entsprechenden Menge M_W natürlicher Zahlen. Man zeige: Eine Wortmenge $W \subseteq A^*$ ist genau dann NEA-akzeptierbar, wenn M_W schließlich periodisch ist (vgl. dazu Aufgabe 10.8.9). Daher ist etwa die Menge $\{1^n \mid n \text{ Quadratzahl}\}$ nicht NEA-akzeptierbar.

10.9.14 Aufgabe Aus dem Abschluss der Klasse der NEA-akzeptierbaren Sprachen gegen Komplement- und gegen Durchschnittsbildung (vgl. Bemerkung 10.9.7) ergibt sich auch der Abschluss gegen Vereinigungsbildung. Man zeige diese Abschlusseigenschaft durch eine direkte Konstruktion.

10.9.15 Aufgabe Ein WMSO-Ausdruck der Gestalt

$$\exists Y_1 \ldots \exists Y_k \chi,$$

bei dem χ keine Quantoren zweiter Stufe enthält, heißt Σ_1^1-*Ausdruck*. Man zeige: Jeder WMSO-Ausdruck in der Theorie von $\mathfrak{N}_\sigma$ ist zu einem Σ_1^1-Ausdruck äquivalent, d.h., zu jedem WMSO-Ausdruck $\varphi(x_1, \ldots, x_m, X_1, \ldots, X_n)$ gibt es einen Σ_1^1-Ausdruck $\psi(x_1, \ldots, x_m, X_1, \ldots, X_n)$ mit

$$\text{Th}(\mathfrak{N}_\sigma) \models \forall x_1 \ldots \forall x_m \forall X_1 \ldots \forall X_n (\varphi \leftrightarrow \psi).$$

10.9.16 Aufgabe Die schwache Logik zweiter Stufe (mit Quantifizierungen nur über endliche, auch mehrstellige Relationen) wurde bereits in Aufgabe 9.1.7 vorgestellt. Man zeige die folgende Verschärfung von Satz 10.9.1: Die schwache Theorie zweiter Stufe von $\mathfrak{N}_\sigma$ ist nicht R-entscheidbar.

10.9.17 Aufgabe In dieser Aufgabe soll gezeigt werden, wie sich die Entscheidbarkeit der Presburger-Arithmetik (Satz 10.8.3) aus der Entscheidbarkeit der WMSO-Theorie von $\mathfrak{N}_\sigma$ (Satz 10.9.2) gewinnen lässt. Hierzu geht man von Quantoren über natürliche Zahlen zu Quantoren über endliche Mengen natürlicher Zahlen über: Man ordnet jeder natürlichen Zahl k die rückwärts geschriebene Binärdarstellung $B(k)$ von k zu, also etwa der Zahl 26 das Wort 01011, und liest dieses Wort als Darstellung einer endlichen Menge, im vorliegenden Fall der Menge $\{1, 3, 4\}$. Allgemein betrachtet man zur rückwärts geschriebenen Binärdarstellung $B(k) = b_0 \ldots b_m$ von k die Menge $M(k) = \{i \in \mathbb{N} \mid b_i = 1\}$. Die Zahl 0 wird durch das leere Wort repräsentiert; ihm entspricht die leere Menge ($M(0) = \emptyset$).

(a) Man zeige, dass jede in der Presburger-Arithmetik definierbare Relation in folgendem Sinne auch in der WMSO-Theorie von $\mathfrak{N}_\sigma$ definierbar ist: Zu jedem $\{+, 0, 1\}$-Ausdruck $\varphi(x_1, \ldots, x_n)$ kann man einen Ausdruck $\widehat{\varphi}(X_1, \ldots, X_n)$ der WMSO-Logik über $\mathfrak{N}_\sigma$ angeben, sodass für alle $k_1, \ldots, k_n \in \mathbb{N}$

$$(\mathbb{N}, +, 0, 1) \models \varphi[k_1, \ldots, k_n] \quad \text{gdw} \quad \mathfrak{N}_\sigma \models \widehat{\varphi}[M(k_1), \ldots, M(k_n)].$$

Für den Nachweis verwende man anstelle der Symbolmenge $S = \{+, 0, 1\}$ die relationale Symbolmenge S^r mit dem dreistelligen Relationssymbol R_+ für die Additionsrelation über $\mathbb{N}$ und den einstelligen Relationssymbolen R_0, R_1 für die Einermengen $\{0\}$ bzw. $\{1\}$ (vgl. 8.1) und führe Induktion über den Aufbau der Sr-Ausdrücke.

(b) Man folgere, dass die Presburger-Arithmetik, also $\mathrm{Th}(\mathbb{N}, +, 0, 1)$, entscheidbar ist.

11

Freie Modelle und Logik-Programmierung

Die folgende Aussage ist im Allgemeinen falsch:

(∗) Wenn $\Phi \vdash \exists x \varphi$, so gibt es einen Term t mit $\Phi \vdash \varphi \frac{t}{x}$.

Ein Gegenbeispiel erhalten wir für $S = \{R\}$ mit einstelligem R, $\Phi = \{\exists x Rx\}$ und $\varphi = Rx$.

Im Vordergrund dieses Kapitels stehen Ergebnisse, die zeigen, dass (∗) – oder Varianten von (∗) – unter gewissen Bedingungen an Φ und φ richtig sind. Die entsprechenden Beweise knüpfen methodisch an die in 5.1 eingeführten Termstrukturen an. Diese stellen sich dabei als *frei* oder *minimal* heraus und besitzen damit algebraisch bedeutsame Eigenschaften.

Die Gültigkeit von (∗) besagt, dass eine (unter den Voraussetzungen aus Φ) zutreffende Existenzbehauptung $\exists x \varphi$ eine „konkrete" Lösung t besitzt. Gibt es dann Verfahren, mit denen man solche Lösungen effizient gewinnen kann? Mit der Verfolgung dieser Frage münden unsere Betrachtungen in die Behandlung der Grundlagen der *Logik-Programmierung* ein, in einen Themenkreis, der für gewisse Gebiete der Informatik (Datenstrukturen, wissensbasierte Systeme) eine wichtige Rolle spielt. Wir schlagen also mit diesem Kapitel eine Brücke zwischen den Untersuchungen zu zentralen Problemen der Logik und anwendungsorientierten Fragestellungen.

Die Bereitstellung der oben erwähnten Verfahren beruht wesentlich auf Untersuchungen über die Erfüllbarkeit quantorenfreier Ausdrücke. Das motivert die eingehende Beschäftigung mit der sog. *Aussagenlogik*, der Logik der Junktoren, der wir uns in 11.4 zuwenden.

Um den effektiven Charakter hervorzuheben, formulieren wir viele Ergebnisse

© Springer-Verlag GmbH Deutschland, ein Teil von Springer Nature 2018
H.-D. Ebbinghaus et al., *Einführung in die mathematische Logik*,
https://doi.org/10.1007/978-3-662-58029-5_11

und Beweise mit der Ableitbarkeitsbeziehung $\vdash$, empfehlen aber, beim Nach-
vollzug der Schlüsse inhaltlich zu argumentieren, d.h. mit der zu $\vdash$ äquivalenten
Folgerungsbeziehung $\models$.

11.1 Der Satz von Herbrand

Mit dem Satz von Herbrand zeigen wir die Aussage $(*)$ aus den Vorbemerkungen für den Fall, dass Φ aus einem universellen Satz besteht und φ ein
existenzieller Satz ist.

In 5.1 haben wir jeder Menge Φ von Ausdrücken ihre *Terminterpretation* $\mathfrak{I}^{\Phi} = (\mathfrak{T}^{\Phi}, \beta^{\Phi})$ zugeordnet. Wir haben dazu auf der Menge T^S der S-Terme eine
Äquivalenzrelation $\sim$ eingeführt gemäß

$$t \sim t' \quad :\text{gdw} \quad \Phi \vdash t \equiv t'.$$

Für $t \in T^S$ haben wir die Äquivalenzklasse von t nach $\sim$ mit $\overline{t}$ bezeichnet und
dann die folgenden Festsetzungen getroffen:

$$T^{\Phi} := \{\overline{t} \mid t \in T^S\};$$

für n-stelliges $R \in S$: $\quad R^{\mathfrak{I}^{\Phi}} \overline{t_1} \ldots \overline{t_n} \quad :\text{gdw} \quad \Phi \vdash R t_1 \ldots t_n;$

für n-stelliges $f \in S$: $\quad f^{\mathfrak{I}^{\Phi}}(\overline{t_1}, \ldots, \overline{t_n}) := \overline{f t_1 \ldots t_n};$

für $c \in S$: $\quad c^{\mathfrak{I}^{\Phi}} := \overline{c};$

und schließlich $\beta^{\Phi}(x) := \overline{x}.$

Schreiben wir $\varphi(\overset{n}{x} \mid \overset{n}{t})$ für $\varphi \frac{t_1 \ldots t_n}{x_1 \ldots x_n}$, so ergab sich (vgl. Lemma 5.1.7):

11.1.1 Wiederholung (a) *Für alle t ist* $\mathfrak{I}^{\Phi}(t) = \overline{t}.$
(b) *Für alle atomaren Ausdrücke φ:* $\quad \mathfrak{I}^{\Phi} \models \varphi \quad gdw \quad \Phi \vdash \varphi.$
(c) *Für alle Ausdrücke φ und paarweise verschiedenen Variablen $x_1, \ldots, x_n$:*

(i) $\mathfrak{I}^{\Phi} \models \exists x_1 \ldots \exists x_n \varphi \quad gdw \quad$ *es gibt S-Terme $t_1, \ldots, t_n$ mit*

$$\mathfrak{I}^{\Phi} \models \varphi(\overset{n}{x} \mid \overset{n}{t});$$

(ii) $\mathfrak{I}^{\Phi} \models \forall x_1 \ldots \forall x_n \varphi \quad gdw \quad$ *für alle S-Terme $t_1, \ldots, t_n$ gilt*

$$\mathfrak{I}^{\Phi} \models \varphi(\overset{n}{x} \mid \overset{n}{t}).$$

Bei Ausdrücken der Gestalt $\exists x_1 \ldots \exists x_n \varphi$ oder $\forall x_1 \ldots \forall x_n \varphi$ nehmen wir im
Folgenden stillschweigend an, dass $x_1, \ldots, x_n$ paarweise verschieden sind.

Für $k \in \mathbb{N}$ definieren wir analog zu L_k^S (vgl. S. 24) die Menge

$$T_k^S := \{t \in T^S \mid \text{var}(t) \subseteq \{v_0, \ldots, v_{k-1}\}\}.$$

Wir betrachten die Substruktur $\mathfrak{T}_k^\Phi$ von $\mathfrak{T}^\Phi$, deren Träger

$$T_k^\Phi := \{\overline{t} \mid t \in T_k^S\}$$

aus den Termklassen $\overline{t}$ mit $t \in T_k^S$ besteht. Damit es im Falle $k = 0$ überhaupt einen solchen Term gibt, also T_k^S nicht leer ist, setzen wir fortan stets voraus:

Wenn $k = 0$, so enthalte S mindestens eine Konstante.

T_k^Φ ist S-abgeschlossen in $\mathfrak{T}^\Phi$, also wirklich Träger einer Substruktur von $\mathfrak{T}^\Phi$. Ist nämlich $c \in S$, so ist $c \in T_k^S$ und daher $\overline{c} \in T_k^\Phi$; ist $f \in S$ n-stellig und sind $a_1, \ldots, a_n \in T_k^\Phi$, etwa $a_1 = \overline{t_1}, \ldots, a_n = \overline{t_n}$ für geeignete $t_1, \ldots, t_n \in T_k^S$, so ist $f^{\mathfrak{T}^\Phi}(a_1, \ldots, a_n) = f^{\mathfrak{T}^\Phi}(\overline{t_1}, \ldots, \overline{t_n}) = \overline{ft_1 \ldots t_n} \in T_k^\Phi$.

Sei β_k^Φ eine Belegung in $\mathfrak{T}_k^\Phi$ mit

$$(+) \qquad \beta_k^\Phi(v_i) = \beta^\Phi(v_i) \ (= \overline{v_i}) \text{ für } i < k$$

und für $i \geq k$ etwa

$$\beta_k^\Phi(v_i) = \begin{cases} \overline{v_0}, & \text{falls } k \neq 0, \\ \overline{c}, & \text{falls } k = 0; \end{cases}$$

dabei sei im Falle $k = 0$ c eine Konstante aus S. Schließlich sei

$$\mathfrak{I}_k^\Phi := (\mathfrak{T}_k^\Phi, \beta_k^\Phi).$$

Nach $(+)$ und dem Koinzidenzlemma gilt für $t \in T_k^S$ und $\varphi \in L_k^S$, dass

$$(\mathfrak{T}^\Phi, \beta_k^\Phi)(t) = (\mathfrak{T}^\Phi, \beta^\Phi)(t) = \overline{t} \quad (\text{vgl. 11.1.1})$$

bzw.

$$(\mathfrak{T}^\Phi, \beta_k^\Phi) \models \varphi \quad \text{gdw} \quad (\mathfrak{T}^\Phi, \beta^\Phi) \models \varphi.$$

Hieraus erhalten wir wegen $\mathfrak{T}_k^\Phi \subseteq \mathfrak{T}^\Phi$ mit dem Substrukturlemma 3.5.7:

11.1.2 Lemma (a) *Für $t \in T_k^S$ ist $\mathfrak{I}_k^\Phi(t) = \overline{t}$, für $t \in T_0^S$ also $t^{\mathfrak{T}_0^\Phi} = \overline{t}$.*
(b) *Für quantorenfreies $\psi \in L_k^S$ gilt: $\mathfrak{I}^\Phi \models \psi$ gdw $\mathfrak{I}_k^\Phi \models \psi$.*
(c) *Für universelles $\psi \in L_k^S$ gilt: Wenn $\mathfrak{I}^\Phi \models \psi$, so $\mathfrak{I}_k^\Phi \models \psi$,*
    im Falle $k = 0$ also: Wenn $\mathfrak{T}^\Phi \models \psi$, so $\mathfrak{T}_0^\Phi \models \psi$. $\dashv$

Das nächste Lemma ist der wesentliche Schritt zum Satz von Herbrand.

11.1.3 Lemma *Für eine Menge $\Phi \subseteq L_k^S$ von universellen Ausdrücken in pränexer Normalform sind die folgenden Aussagen äquivalent:*
(a) *Φ ist erfüllbar.*
(b) *Die Menge*

$$\Phi_0 := \{\varphi(\overset{m}{x} \mid \overset{m}{t}) \mid \forall x_1 \ldots \forall x_m \varphi \in \Phi, \ \varphi \text{ quantorenfrei und } t_1, \ldots, t_m \in T_k^S\}$$

ist erfüllbar.

Beweis. Aus (a) erhalten wir (b), da stets $\forall x_1 \ldots \forall x_m \varphi \models \varphi(\overset{m}{x} \mid \overset{m}{t})$ für $t_1, \ldots, t_m \in T_k^S$. Zur Richtung von (b) nach (a): Eine leichte Argumentation mit dem Endlichkeitssatz zeigt, dass wir uns auf endliches S beschränken können. Sei also S endlich, und Φ_0 sei erfüllbar und damit widerspruchsfrei. Da $\Phi_0 \subseteq L_k^S$, ist frei(Φ_0) endlich. Es gibt daher (vgl. 5.2.1 und 5.2.2) ein widerspruchsfreies Θ mit $\Phi_0 \subseteq \Theta \subseteq L^S$, das negationstreu ist und Beispiele enthält. Nach dem Satz von Henkin ist $\mathfrak{I}^\Theta$ ein Modell von Θ, also von Φ_0. Da Φ_0 nur quantorenfreie Ausdrücke aus L_k^S enthält, ist (nach 11.1.2(b)) $\mathfrak{I}_k^\Theta$ ein Modell von Φ_0, also gilt für alle Ausdrücke $\forall x_1 \ldots \forall x_m \varphi \in \Phi$ mit quantorenfreiem φ:

$$\text{für alle } t_1, \ldots, t_m \in T_k^S: \quad \mathfrak{I}_k^\Theta \models \varphi(\overset{m}{x} \mid \overset{m}{t}),$$

wegen $\mathfrak{I}_k^\Theta(t_i) = \overline{t_i}$ (vgl. 11.1.2(a)) und dem Substitutionslemma also:

$$\text{für alle } t_1, \ldots, t_m \in T_k^S: \quad \mathfrak{I}_k^\Theta \frac{\overline{t_1} \ldots \overline{t_m}}{x_1 \ldots x_m} \models \varphi.$$

Da $T_k^\Theta = \{\overline{t} \mid t \in T_k^S\}$, gilt somit $\mathfrak{I}_k^\Theta \models \forall x_1 \ldots \forall x_m \varphi$. Insgesamt ist also $\mathfrak{I}_k^\Theta$ ein Modell von Φ.   ⊣

11.1.4 Satz von Herbrand *Es sei $k \in \mathbb{N}$, und falls $k = 0$ ist, enthalte die Symbolmenge S eine Konstante. Sind dann $\forall x_1 \ldots \forall x_m \varphi$ und $\exists y_1 \ldots \exists y_n \psi$ Ausdrücke aus L_k^S mit quantorenfreien φ, ψ und paarweise verschiedenen Variablen $x_1, \ldots, x_m$ bzw. $y_1, \ldots, y_n$, so sind die folgenden Aussagen äquivalent:*
(a) $\forall x_1 \ldots \forall x_m \varphi \vdash \exists y_1 \ldots \exists y_n \psi$.
(b) *Es gibt $j \geq 1$ und Terme $t_{11}, \ldots, t_{1n}, \ldots, t_{j1}, \ldots, t_{jn} \in T_k^S$ mit*

$$\forall x_1 \ldots \forall x_m \varphi \vdash \psi(\overset{n}{y} \mid \overset{n}{t_1}) \vee \ldots \vee \psi(\overset{n}{y} \mid \overset{n}{t_j}).^1$$

(c) *Es gibt $i, j \geq 1$ und Terme $s_{11}, \ldots, s_{1m}, \ldots, s_{i1}, \ldots, s_{im}$ und $t_{11}, \ldots, t_{1n}, \ldots, t_{j1}, \ldots, t_{jn} \in T_k^S$ mit*

$$\varphi(\overset{m}{x} \mid \overset{m}{s_1}) \wedge \ldots \wedge \varphi(\overset{m}{x} \mid \overset{m}{s_i}) \vdash \psi(\overset{n}{y} \mid \overset{n}{t_1}) \vee \ldots \vee \psi(\overset{n}{y} \mid \overset{n}{t_j}).$$

Beweis. Da $\forall x_1 \ldots \forall x_m \varphi \vdash \varphi(\overset{m}{x} \mid \overset{m}{s})$ und $\psi(\overset{n}{y} \mid \overset{n}{t}) \vdash \exists y_1 \ldots \exists y_n \psi$, erhält man aus (c) leicht (b) und aus (b) leicht (a). Wir brauchen also nur noch zu zeigen, dass sich aus (a) die Aussage (c) ergibt. Gelte dazu $\forall x_1 \ldots \forall x_m \varphi \vdash \exists y_1 \ldots \exists y_n \psi$. Dann ist die Menge $\{\forall x_1 \ldots \forall x_m \varphi, \neg \exists y_1 \ldots \exists y_n \psi\}$ nicht erfüllbar, also auch die Menge $\{\forall x_1 \ldots \forall x_m \varphi, \forall y_1 \ldots \forall y_n \neg \psi\}$ nicht. Mit dem vorangehenden Lemma erhalten wir, dass die Menge

$$\{\varphi(\overset{m}{x} \mid \overset{m}{s}) \mid s_1, \ldots, s_m \in T_k^S\} \cup \{\neg \psi(\overset{n}{y} \mid \overset{n}{t}) \mid t_1, \ldots, t_n \in T_k^S\}$$

ebenfalls nicht erfüllbar ist. Nach dem Endlichkeitssatz gilt das bereits für eine endliche Teilmenge; es gibt also $i, j \geq 1$ und Terme $s_{11}, \ldots, s_{1m}, \ldots, s_{i1}, \ldots, s_{im}$ und $t_{11}, \ldots, t_{1n}, \ldots, t_{j1}, \ldots, t_{jn} \in T_k^S$, sodass

---

[1] Hierbei stehe z. B. $\overset{n}{t_1}$ für $t_{11}, \ldots, t_{1n}$.

$$\{\varphi(\overset{m}{x} \mid \overset{m}{s_1}), \ldots, \varphi(\overset{m}{x} \mid \overset{m}{s_i})\} \cup \{\neg\psi(\overset{n}{y} \mid \overset{n}{t_1}), \ldots, \neg\psi(\overset{n}{y} \mid \overset{n}{t_j})\}$$

nicht erfüllbar ist. Damit haben wir

$$\varphi(\overset{m}{x} \mid \overset{m}{s_1}) \wedge \ldots \wedge \varphi(\overset{m}{x} \mid \overset{m}{s_i}) \models \psi(\overset{n}{y} \mid \overset{n}{t_1}) \vee \ldots \vee \psi(\overset{n}{y} \mid \overset{n}{t_j}),$$

also gilt (c).   ⊣

Als Spezialfälle von 11.1.3 und 11.1.4 erhalten wir:

11.1.5 Korollar *Sei* $\forall x_1 \ldots \forall x_n \varphi \in L_k^S$ *und* φ *quantorenfrei.*
(a) *Es sind äquivalent:*
    (i) Erf $\forall x_1 \ldots \forall x_n \varphi$.
    (ii) Erf $\{\varphi(\overset{n}{x} \mid \overset{n}{t}) \mid t_1, \ldots, t_n \in T_k^S\}$.
(b) *Es sind äquivalent:*
    (i) $\vdash \exists x_1 \ldots \exists x_n \varphi$.
    (ii) *Es gibt* $j \geq 1$ *und Terme* $t_{11}, \ldots, t_{1n}, \ldots, t_{j1}, \ldots, t_{jn} \in T_k^S$ *mit*
    $\vdash \varphi(\overset{n}{x} \mid \overset{n}{t_1}) \vee \ldots \vee \varphi(\overset{n}{x} \mid \overset{n}{t_j})$.   ⊣

Im Allgemeinen besteht die Disjunktion in 11.1.5(b)(ii) und auf der rechten Seite von 11.1.4(c) aus mehreren Gliedern (vgl. Aufgabe 11.1.7). Im nächsten Abschnitt lernen wir allerdings einen wichtigen Sonderfall kennen, in dem wir $j = 1$ erreichen können. – Die folgende Aufgabe zeigt, dass 11.1.5(b) nicht für beliebige Ausdrücke gültig ist.

11.1.6 Aufgabe Sei $S = \{R, c\}$ mit einstelligem R und $\varphi = \forall x(Ry \vee \neg Rx)$. Man zeige:
(a) $\vdash \exists y \varphi$.
(b) Für $j \geq 1$ und $t_1, \ldots, t_j \in T^S$ gilt nicht $\vdash \varphi(y \mid t_1) \vee \ldots \vee \varphi(y \mid t_j)$.

11.1.7 Aufgabe Man zeige, dass man 11.1.4(b) und 11.1.5(b) nicht dadurch verschärfen kann, dass man an den entsprechenden Stellen $j = 1$ verlangt.

11.2 Freie Modelle und universelle Horn-Ausdrücke

Es sei Φ eine Menge von Ausdrücken. Im Allgemeinen ist die Terminterpretation $\mathfrak{J}^\Phi$ kein Modell von Φ. (Aus diesem Grund sind wir in Kap. 5 zu einer Ausdrucksmenge übergegangen, die negationstreu ist und Beispiele enthält.) Wenn jedoch $\mathfrak{J}^\Phi$ ein Modell von Φ ist, so ist $\mathfrak{J}^\Phi$, wie wir zeigen werden, ein ausgezeichnetes Modell von Φ, ein sog. *freies* Modell. Zum Beispiel ist $\mathfrak{J}^\Phi$ ein Modell von Φ, wenn Φ aus atomaren Ausdrücken besteht (vgl. 11.1.1(b)). Wie wir darlegen werden, gilt ein entsprechender Sachverhalt für weitere, noch hinreichend „einfache" Ausdrucksmengen, die für die Algebra wichtig und für die Logik-Programmierung von zentraler Bedeutung sind: für Mengen universeller Horn-Ausdrücke. Für sie wird die zu Beginn dieses Kapitels aufgeworfene Frage nach der Existenz erfüllender Terme eine positive Antwort erhalten (Satz 11.2.7).

Fortan sei S wieder eine fest vorgegebene Symbolmenge.

Für eine Menge Φ von S-Ausdrücken haben wir die Terminterpretation $\mathfrak{J}^{\Phi} = (\mathfrak{T}^{\Phi}, \beta^{\Phi})$ so definiert, dass ein atomarer Ausdruck φ bei $\mathfrak{J}^{\Phi}$ genau dann gilt, wenn $\Phi \vdash \varphi$ (vgl. 11.1.1(b)). Ist also $R \in S$ n-stellig und sind $t_1, \ldots, t_n \in T^S$, so haben wir:

Wenn $\Phi \vdash R t_1 \ldots t_n$, so $R^{\mathfrak{T}^{\Phi}} \overline{t_1} \ldots \overline{t_n}$;

wenn nicht $\Phi \vdash R t_1 \ldots t_n$, so nicht $R^{\mathfrak{T}^{\Phi}} \overline{t_1} \ldots \overline{t_n}$.

Entsprechend gilt:

Wenn $\Phi \vdash t_1 \equiv t_2$, so $\overline{t_1} = \overline{t_2}$;

wenn nicht $\Phi \vdash t_1 \equiv t_2$, so $\overline{t_1} \neq \overline{t_2}$.

Ist also φ atomar und weder $\Phi \vdash \varphi$ noch $\Phi \vdash \neg\varphi$, so ist $\mathfrak{J}^{\Phi}$ ein Modell von $\neg\varphi$. Wir haben uns demnach bei der Definition von $\mathfrak{J}^{\Phi}$ nur dann für die „positive atomare Information" entschieden, wenn Φ dies verlangt. In diesem Sinn ist $\mathfrak{J}^{\Phi}$ ein minimales Modell. Aus algebraischer Sicht spiegelt sich diese Minimalität in der Tatsache wider, dass $\mathfrak{J}^{\Phi}$ frei ist:

11.2.1 Satz *Es sei $\mathfrak{J}^{\Phi} \models \Phi$. Dann ist $\mathfrak{J}^{\Phi}$ ($= (\mathfrak{T}^{\Phi}, \beta^{\Phi})$) ein freies Modell von Φ, d.h., $\mathfrak{J}^{\Phi}$ ist ein Modell von Φ, und ist $\mathfrak{J} = (\mathfrak{A}, \beta)$ ein weiteres Modell von Φ, so wird durch die Festsetzung*

$$\pi(\overline{t}) := \mathfrak{J}(t) \quad \text{für } t \in T^S$$

eine Abbildung von T^{Φ} nach A definiert, die ein Homomorphismus von $\mathfrak{T}^{\Phi}$ *nach $\mathfrak{A}$ ist, d.h.,*

(i) *für n-stelliges $R \in S$ und $a_1, \ldots, a_n \in T^{\Phi}$ gilt:*

Wenn $R^{\mathfrak{T}^{\Phi}} a_1 \ldots a_n$, so $R^{\mathfrak{A}} \pi(a_1) \ldots \pi(a_n)$;

(ii) *für n-stelliges $f \in S$ und $a_1, \ldots, a_n \in T^{\Phi}$ ist*

$$\pi(f^{\mathfrak{T}^{\Phi}}(a_1, \ldots, a_n)) = f^{\mathfrak{A}}(\pi(a_1), \ldots, \pi(a_n));$$

(iii) *für $c \in S$ ist $\pi(c^{\mathfrak{T}^{\Phi}}) = c^{\mathfrak{A}}$.*

Beweis. Die Voraussetzungen seien erfüllt. Zunächst ist π wohldefiniert. Sind nämlich $t, t' \in T^S$ mit $\overline{t} = \overline{t'}$, so gilt $\Phi \vdash t \equiv t'$, wegen $\mathfrak{J} \models \Phi$ also $\mathfrak{J}(t) = \mathfrak{J}(t')$. Beim Nachweis der Homomorphieeigenschaft von π beschränken wir uns auf (i). Seien hierzu $a_1, \ldots, a_n \in T^{\Phi}$, etwa $a_i = \overline{t_i}$ mit geeigneten $t_i \in T^S$ für

$1 \leq i \leq n$. Gilt dann $R^{\mathfrak{T}^{\Phi}} a_1 \ldots a_n$, d.h. $R^{\mathfrak{T}^{\Phi}} \overline{t_1} \ldots \overline{t_n}$, so ist $\Phi \vdash Rt_1 \ldots t_n$. Da $\mathfrak{I} \models \Phi$, erhalten wir $\mathfrak{I} \models Rt_1 \ldots t_n$, d.h. $R^{\mathfrak{A}} \mathfrak{I}(t_1) \ldots \mathfrak{I}(t_n)$, und nach Definition von π schließlich $R^{\mathfrak{A}} \pi(a_1) \ldots \pi(a_n)$.   ⊣

Ist Φ eine Menge von S-Sätzen mit $\mathfrak{I}^{\Phi} \models \Phi$, d.h. $\mathfrak{T}^{\Phi} \models \Phi$, so nennt man in der Algebra die Struktur $\mathfrak{T}^{\Phi}$ auch ein *freies Modell von* Φ *über* $\{\overline{v_n} \mid n \in \mathbb{N}\}$. Entsprechend lässt sich zeigen, dass $\mathfrak{I}_k^{\Phi}$ *frei über* $\{\overline{v_n} \mid n < k\}$ ist. Wir gehen auf die präzisen Definitionen hier nicht ein; vgl. jedoch Aufgabe 11.2.9.

Im Folgenden zeigen wir, dass für eine Menge Φ von universellen Horn-Ausdrücken die Interpretation $\mathfrak{I}^{\Phi}$ ein Modell von Φ ist, und gewinnen damit konkrete Anwendungen von 11.2.1. Unter universellen Horn-Ausdrücken verstehen wir Ausdrücke, die zugleich universell und Horn-Ausdrücke (vgl. 3.4.16) sind. Wir können sie durch den folgenden Kalkül einführen:

11.2.2 Definition Die Ausdrücke, die im folgenden Kalkül ableitbar sind, heißen *universelle Horn-Ausdrücke*:

(1) $\dfrac{}{(\neg \varphi_1 \vee \ldots \vee \neg \varphi_n \vee \varphi)}$, falls $n \in \mathbb{N}$ und $\varphi_1, \ldots, \varphi_n, \varphi$ atomar

(2) $\dfrac{}{(\neg \varphi_0 \vee \ldots \vee \neg \varphi_n)}$, falls $n \in \mathbb{N}$ und $\varphi_0, \ldots, \varphi_n$ atomar

(3) $\dfrac{\varphi, \psi}{(\varphi \wedge \psi)}$ (4) $\dfrac{\varphi}{\forall x \varphi}$.

Die entscheidende Einschränkung, der universelle Horn-Ausdrücke im Gegensatz zu universellen Ausdrücken unterliegen, äußert sich bei (1), das nur ein einziges Atom als Disjunktionsglied erlaubt. So sind $(Pc \vee Pd)$ und $(\neg Px \vee Py \vee x \equiv y)$ keine universellen Horn-Ausdrücke und – wie wir in 11.2.8 sehen werden – auch nicht zu universellen Horn-Ausdrücken logisch äquivalent.

11.2.3 Lemma *Für $k \in \mathbb{N}$ gilt:*
(a) *Jeder universelle Horn-Ausdruck in L_k^S ist logisch äquivalent zu einer Konjunktion von Ausdrücken in L_k^S der Gestalt*

(H1) $\forall x_1 \ldots \forall x_m \varphi$

(H2) $\forall x_1 \ldots \forall x_m (\varphi_0 \wedge \ldots \wedge \varphi_n \to \varphi)$

(H3) $\forall x_1 \ldots \forall x_m (\neg \varphi_0 \vee \ldots \vee \neg \varphi_n)$

mit atomaren φ und φ_i.
(b) *Jeder universelle Horn-Ausdruck in L_k^S ist logisch äquivalent zu einem universellen Horn-Ausdruck aus L_k^S in pränexer Normalform.*
(c) *Ist φ ein universeller Horn-Ausdruck und sind $x_1, \ldots, x_n$ paarweise verschieden, so ist für $t_1, \ldots, t_n \in T^S$ auch $\varphi(\overset{n}{x} \mid \overset{n}{t})$ ein universeller Horn-Ausdruck.*

Beweis. (a) ergibt sich daraus, dass für $n \geq 1$ der Ausdruck $(\neg\varphi_1 \vee \ldots \vee \neg\varphi_n \vee \varphi)$ zu $(\varphi_1 \wedge \ldots \wedge \varphi_n \to \varphi)$ und der Ausdruck $\forall x(\varphi \wedge \psi)$ zu $(\forall x\varphi \wedge \forall x\psi)$ logisch äquivalent ist. (b) ergibt sich ähnlich. (c) beweist man leicht durch Induktion über den Aufbau der universellen Horn-Ausdrücke. $\dashv$

Wir zeigen nun:

11.2.4 Satz *Es sei Φ eine widerspruchsfreie Menge von Ausdrücken und ψ ein universeller Horn-Ausdruck mit $\Phi \vdash \psi$. Dann gilt $\mathfrak{I}^\Phi \models \psi$.*

Mit 11.2.1 erhalten wir:

11.2.5 Korollar   *Sei Φ eine widerspruchsfreie Menge von universellen Horn-Ausdrücken. Dann ist $\mathfrak{I}^\Phi$ ein freies Modell von Φ.* $\dashv$

Und mit 11.1.2(c) ergibt sich hieraus:

11.2.6 Korollar *S enthalte eine Konstante, und Φ sei eine widerspruchsfreie Menge von universellen Horn-Sätzen. Dann ist $\mathfrak{T}_0^\Phi$ ein Modell von Φ.* $\dashv$

Beweis von 11.2.4. Ist ψ atomar, so liefert 11.1.1(b):

$$(*) \qquad\qquad \mathfrak{I}^\Phi \models \psi \quad \text{gdw} \quad \Phi \vdash \psi.$$

Wir beweisen nun die Behauptung des Satzes durch Induktion über $\mathrm{rg}(\psi)$ anhand der Definition 11.2.2.

Zu (1): Sei $\psi = (\neg\varphi_1 \vee \ldots \vee \neg\varphi_n \vee \varphi)$ und gelte $\Phi \vdash \psi$. Der Fall $n = 0$ wird durch $(*)$ erfasst. Sei $n > 0$. Zu zeigen ist $\mathfrak{I}^\Phi \models (\varphi_1 \wedge \ldots \wedge \varphi_n \to \varphi)$. Gelte also $\mathfrak{I}^\Phi \models (\varphi_1 \wedge \ldots \wedge \varphi_n)$, nach $(*)$ daher $\Phi \vdash \varphi_1, \ldots, \Phi \vdash \varphi_n$. Da $\Phi \vdash (\varphi_1 \wedge \ldots \wedge \varphi_n \to \varphi)$, gilt dann auch $\Phi \vdash \varphi$, und, wiederum nach $(*)$, schließlich $\mathfrak{I}^\Phi \models \varphi$.

Zu (2): Sei $\psi = (\neg\varphi_0 \vee \ldots \vee \neg\varphi_n)$ und gelte $\Phi \vdash \psi$. Dann ist $\Phi \vdash \neg(\varphi_0 \wedge \ldots \wedge \varphi_n)$. Wäre nun $\mathfrak{I}^\Phi$ kein Modell von $(\neg\varphi_0 \vee \ldots \vee \neg\varphi_n)$, so erhielten wir $\mathfrak{I}^\Phi \models \varphi_i$ für $i = 0, \ldots, n$, nach $(*)$ also $\Phi \vdash \varphi_i$ für $i = 0, \ldots, n$, d.h. $\Phi \vdash (\varphi_0 \wedge \ldots \wedge \varphi_n)$. Φ wäre also, entgegen der Voraussetzung, widerspruchsvoll.

Zu (3): Ist $\psi = (\varphi_1 \wedge \varphi_2)$ mit universellen Horn-Ausdrücken φ_1 und φ_2, so erhält man die Behauptung unmittelbar aus der Induktionsvoraussetzung für φ_1 und φ_2.

Zu (4): Sei $\psi = \forall x\varphi$ und $\Phi \vdash \forall x\varphi$. Dann gilt $\Phi \vdash \varphi\frac{t}{x}$ für alle $t \in T^S$. Da die $\varphi\frac{t}{x}$ universelle Horn-Ausdrücke sind (vgl. 11.2.3(c)) und da $\mathrm{rg}(\varphi\frac{t}{x}) = \mathrm{rg}(\varphi) < \mathrm{rg}(\psi)$, liefert die Induktionsvoraussetzung, dass $\mathfrak{I}^\Phi \models \varphi\frac{t}{x}$ für alle $t \in T^S$, und 11.1.1(c)(ii), dass $\mathfrak{I}^\Phi \models \forall x\varphi$. $\dashv$

Als Beispiel betrachten wir das Axiomensystem Φ_{Grp} für die Klasse der Gruppen als $\{\circ, ^{-1}, e\}$-Strukturen (vgl. die Bemerkung nach 3.5.8). Es besteht aus universellen Horn-Sätzen. Nach 11.2.5 ist daher $\mathfrak{T}^{\Phi_{\mathrm{Grp}}}$ ein freies Modell, die sog. *freie Gruppe* über $\{\overline{v_n} \mid n \in \mathbb{N}\}$. Setzen wir $\Phi_{\mathrm{ab}} := \Phi_{\mathrm{Grp}} \cup \{\forall x \forall y \, x \circ y \equiv y \circ x\}$, so ist $\mathfrak{T}^{\Phi_{\mathrm{ab}}}$ die sog. *freie abelsche Gruppe* über $\{\overline{v_n} \mid n \in \mathbb{N}\}$.

Einen Satz der Gestalt $\forall x_1 \ldots \forall x_r \, t_1 \equiv t_2$ nennt man auch eine *Gleichung*. Gleichungen sind somit universelle Horn-Sätze. Die Axiome von Φ_{Grp} und Φ_{ab} sind Gleichungen. Zahlreiche Klassen von Strukturen, die in der Algebra untersucht werden, lassen sich ebenfalls durch Gleichungen axiomatisieren und besitzen somit freie Modelle; vgl. hierzu auch Aufgabe 11.2.10.

Für das Axiomensystem Φ_{Grp} gilt $\Phi_{\mathrm{Grp}} \vdash \exists z \, z \circ x \equiv y$. Eine „Lösung" erhalten wir in dem Term $y \circ x^{-1}$ (einem Term in den Variablen, die in $\exists z \, z \circ x \equiv y$ frei vorkommen). Ein entsprechender Sachverhalt gilt allgemein; er ist in der folgenden Verschärfung von 11.1.4 enthalten:

11.2.7 Satz *Es sei $k \in \mathbb{N}$, und falls $k = 0$ ist, enthalte S eine Konstante. Weiterhin sei $\Phi \subseteq L_k^S$ eine widerspruchsfreie Menge von universellen Horn-Ausdrücken. Dann sind für jeden Ausdruck in L_k^S der Gestalt $\exists x_1 \ldots \exists x_n (\psi_0 \wedge \ldots \wedge \psi_l)$ mit atomaren $\psi_0, \ldots, \psi_l$ äquivalent:*

(i) $\Phi \vdash \exists x_1 \ldots \exists x_n (\psi_0 \wedge \ldots \wedge \psi_l)$.

(ii) $\mathfrak{J}_k^\Phi \models \exists x_1 \ldots \exists x_n (\psi_0 \wedge \ldots \wedge \psi_l)$.

(iii) *Es gibt $t_1, \ldots, t_n \in T_k^S$ mit $\Phi \vdash (\psi_0 \wedge \ldots \wedge \psi_l)(\overset{n}{x} \mid \overset{n}{t})$.*

Beweis. Aus (iii) ergibt sich sofort (i) und aus (i) sofort (ii). Wir zeigen, wie man (iii) aus (ii) erhält. Gelte dazu $\mathfrak{J}_k^\Phi \models \exists x_1 \ldots \exists x_n (\psi_0 \wedge \ldots \wedge \psi_l)$, also $\mathfrak{J}_k^\Phi \models (\psi_0 \wedge \ldots \wedge \psi_l)(\overset{n}{x} \mid \overset{n}{t})$ für geeignete $t_1, \ldots, t_n \in T_k^S$. Da $(\psi_0 \wedge \ldots \wedge \psi_l)(\overset{n}{x} \mid \overset{n}{t})$ ein quantorenfreier Ausdruck aus L_k^S ist, lässt sich 11.1.2(b) anwenden und liefert $\mathfrak{J}^\Phi \models (\psi_0 \wedge \ldots \wedge \psi_l)(\overset{n}{x} \mid \overset{n}{t})$. Somit gilt $\mathfrak{J}^\Phi \models \psi_i(\overset{n}{x} \mid \overset{n}{t})$ für $i \leq l$ und, da die ψ_i atomar sind, daher $\Phi \vdash \psi_i(\overset{n}{x} \mid \overset{n}{t})$, insgesamt also $\Phi \vdash (\psi_0 \wedge \ldots \wedge \psi_l)(\overset{n}{x} \mid \overset{n}{t})$. $\dashv$

Ersetzt man in Teil (i) die Ableitbarkeitsbeziehung $\vdash$ durch die Folgerungsbeziehung $\models$, sieht man, dass die Gültigkeit von $\Phi \models \exists x_1 \ldots \exists x_n (\psi_0 \wedge \ldots \wedge \psi_l)$ sich anhand *einer* Interpretation, nämlich $\mathfrak{J}_k^\Phi$, feststellen lässt.

In der Mathematik und ihren Anwendungen ist man in der Regel nicht nur an der Herleitung einer Existenzaussage, sondern auch an der konkreten Angabe erfüllender Terme interessiert. Satz 11.2.7 und der formale Charakter des Beweiskalküls zeigen, dass es in bestimmten Situationen grundsätzlich möglich ist, konkrete Lösungen auf systematische Weise zu finden; sie lassen es als möglich erscheinen, eine Programmiersprache zu entwickeln, bei der man für ein gegebenes Problem nur die Voraussetzungen (als universelle Horn-Ausdrücke) und die „Anfrage" (als Existenzausdruck) in der Sprache erster Stufe zu symbolisieren hat; der Rechner sucht dann durch systematische Anwendung des

Sequenzenkalküls Terme, welche die Existenzaussage erfüllen, also das gegebene Problem lösen. Das Gebiet, in dem man diesen Ansatz verfolgt, wird *Logik-Programmierung* genannt; die bekannteste entsprechende Programmiersprache ist PROLOG (<u>Pro</u>gramming in <u>Log</u>ic).

Der eben geschilderte zentrale Gedanke dieses Gebiets wird häufig durch die Gleichung

$$algorithm = logic + control$$

wiedergegeben. Hierbei wird mit „logic" auf den statischen (den *deklarativen*) Aspekt der Problemerfassung hingewiesen. Mit „control" wird dagegen der Teil bezeichnet, der sich mit Strategien zur Anwendung von Ableitungsregeln beschäftigt, der somit den dynamischen (den *prozeduralen*) Aspekt beleuchtet.

Wir werden in den Abschnitten 11.6 und 11.7 die grundlegenden Sachverhalte der Logik-Programmierung behandeln. In den Abschnitten 11.4 und 11.5 gehen wir auf Ableitungsregeln ein, die für die Logik-Programmierung geeigneter sind als die Regeln des Sequenzenkalküls, der sich primär an der Praxis mathematischer Beweisführungen orientiert. Eine Vereinfachung ergibt sich dadurch, dass man in den Anwendungen bei den jeweiligen Symbolisierungen häufig auf das Gleichheitszeichen verzichten kann. Der nächste Abschnitt stellt dazu einige Resultate zusammen.

11.2.8 Aufgabe Für $S := \{P, c, d\}$ mit einstelligem P und $\Phi := \{(Pc \vee Pd)\}$ zeige man, dass nicht $\mathfrak{I}^\Phi \models \Phi$, und folgere, dass $(Pc \vee Pd)$ nicht zu einem universellen Horn-Satz logisch äquivalent ist. Mit Hilfe von 3.4.16 zeige man, dass $(Pc \vee Pd)$ nicht einmal zu einem Horn-Satz logisch äquivalent ist. Man beweise die entsprechenden Behauptungen für $(\neg Px \vee Py \vee x \equiv y)$.

11.2.9 Aufgabe Man zeige: Jede höchstens abzählbare Gruppe $\mathfrak{G}$ (als $\{\circ, {}^{-1}, e\}$-Struktur) ist ein homomorphes Bild von $\mathfrak{T}^{\Phi_{\mathrm{Grp}}}$ (d.h., es gibt einen Homomorphismus von $\mathfrak{T}^{\Phi_{\mathrm{Grp}}}$ auf $\mathfrak{G}$). Entsprechend zeige man für $k \in \mathbb{N}$, dass jede Gruppe $\mathfrak{G}$, die von höchstens k vielen Elementen erzeugt wird, ein homomorphes Bild von $\mathfrak{T}_k^{\Phi_{\mathrm{Grp}}}$ ist.

11.2.10 Aufgabe Es sei $\Phi := \{\forall x_1 \ldots \forall x_{n_i} \, t_i \equiv t_i{}' \mid i \in \mathbb{N}\}$ eine Menge von Gleichungen in der Sprache $L^{S_{\mathrm{Grp}}}$ der Gruppentheorie. Man zeige:
(a) $\Phi_{\mathrm{Grp}} \cup \Phi$ ist erfüllbar.
(b) $\mathfrak{T}^{\Phi_{\mathrm{Grp}} \cup \Phi}$ ist ein Modell von $\Phi_{\mathrm{Grp}} \cup \Phi$, die sog. *freie Gruppe über* $\{\overline{v_n} \mid n \in \mathbb{N}\}$ *mit definierenden Relationen* $t_i \equiv t_i'$ $(i \in \mathbb{N})$.
(c) $\{\overline{t} \mid t \in T^S$ und $\Phi_{\mathrm{Grp}} \cup \Phi \vdash t \equiv e\}$ ist Träger eines Normalteilers $\mathfrak{U}$ in $\mathfrak{T}^{\Phi_{\mathrm{Grp}}}$ (die Äquivalenzklassenbildung beziehe sich auf Φ_{Grp}). Es ist $\mathfrak{T}^{\Phi_{\mathrm{Grp}} \cup \Phi} \cong \mathfrak{T}^{\Phi_{\mathrm{Grp}}}/\mathfrak{U}$.

11.3   Herbrand-Strukturen

Ein Ausdruck heiße *gleichheitsfrei*, wenn in ihm das Gleichheitszeichen nicht vorkommt. Unser erstes Ziel ist es, nachzuweisen, dass aus gleichheitsfreien Ausdrücken keine nicht-trivialen Gleichungen ableitbar sind. Dies befähigt uns, den Terminterpretationen $\mathfrak{I}^{\Phi}$ eine besonders einfache Gestalt zu geben, sofern Φ aus gleichheitsfreien Ausdrücken besteht.

11.3.1 Satz *Ist Φ eine widerspruchsfreie Menge gleichheitsfreier S-Ausdrücke, so gilt für alle Terme $t_1, t_2 \in T^S$:*

$(*)$ $\qquad\qquad$ *Wenn* $\quad \Phi \vdash t_1 \equiv t_2, \quad$ *so* $t_1 = t_2$.

Kern des Beweises ist:

11.3.2 Lemma *Für eine S-Interpretation $\mathfrak{I} = (\mathfrak{A}, \beta)$ sei $\mathfrak{I}' = (\mathfrak{A}', \beta')$ die S-Interpretation mit*

(1) $A' := T^S$;

(2) *für n-stelliges $f \in S$ und $t_1, \ldots, t_n \in T^S$:*

$$f^{\mathfrak{A}'}(t_1, \ldots, t_n) := ft_1 \ldots t_n;$$

(3) *für $c \in S$: $c^{\mathfrak{A}'} := c$;*

(4) *für n-stelliges $R \in S$ und $t_1, \ldots, t_n \in T^S$:*

$$R^{\mathfrak{A}'} t_1 \ldots t_n \quad :gdw \quad R^{\mathfrak{A}} \mathfrak{I}(t_1) \ldots \mathfrak{I}(t_n);$$

(5) $\beta'(x) := x$ *für alle Variablen x.*

Dann gilt

(i) *für alle $t \in T^S$: $\mathfrak{I}'(t) = t$;*

(ii) *für alle universellen gleichheitsfreien Ausdrücke $\psi \in L^S$:*

$$\text{Wenn } \mathfrak{I} \models \psi, \text{ so } \mathfrak{I}' \models \psi.$$

Beweis von 11.3.2. Teil (i) ergibt sich sofort aus den Festlegungen. – Jeder atomare gleichheitsfreie Ausdruck φ hat die Gestalt $Rt_1 \ldots t_n$; nach (4) gilt daher

$$\mathfrak{I}' \models \varphi \quad \text{gdw} \quad \mathfrak{I} \models \varphi.$$

Damit lässt sich die Implikation unter (ii) induktiv über $\mathrm{rg}(\psi)$ zeigen. Zum Beispiel schließt man für $\psi = \forall x \varphi$ wie folgt: Ist $\mathfrak{I} \models \forall x \varphi$, so gilt für alle $t \in T^S$, dass $\mathfrak{I} \frac{\mathfrak{I}(t)}{x} \models \varphi$, d.h. $\mathfrak{I} \models \varphi \frac{t}{x}$, nach Induktionsvoraussetzung (beachte $\mathrm{rg}(\varphi \frac{t}{x}) < \mathrm{rg}(\psi)$) also $\mathfrak{I}' \models \varphi \frac{t}{x}$, wegen $\mathfrak{I}'(t) = t$ daher $\mathfrak{I}' \frac{t}{x} \models \varphi$. Somit gilt für alle $t \in T^S$ $(= A')$, dass $\mathfrak{I}' \frac{t}{x} \models \varphi$, also gilt $\mathfrak{I}' \models \forall x \varphi$. $\qquad \dashv$

Beweis von 11.3.1. Φ erfülle die Voraussetzungen des Satzes. Es sei $\Phi \vdash t_1 \equiv t_2$.

Wir behandeln zunächst den Fall, dass Φ aus universellen Sätzen besteht, und wählen ein Modell $\mathfrak{I}$ von Φ. Nach 11.3.2(ii) gilt dann $\mathfrak{I}' \models \Phi$, wegen $\Phi \vdash t_1 \equiv t_2$ also $\mathfrak{I}' \models t_1 \equiv t_2$, und daher $t_1 = \mathfrak{I}'(t_1) = \mathfrak{I}'(t_2) = t_2$ (vgl. 11.3.2(i)).

Im allgemeinen Fall gehen wir zunächst mit dem Endlichkeitssatz zu einer endlichen Teilmenge Φ_0 von Φ über mit $\Phi_0 \vdash t_1 \equiv t_2$. Sei φ_0 die Konjunktion der Ausdrücke aus Φ_0. Dann ist φ_0 erfüllbar und gleichheitsfrei, und es gilt $\varphi_0 \vdash t_1 \equiv t_2$. Nach dem Satz über die Skolemsche Normalform (vgl. 8.4.6 und den dortigen Beweis) gibt es ein erfüllbares und universelles gleichheitsfreies ψ mit $\psi \vdash \varphi_0$. Mit $\varphi_0 \vdash t_1 \equiv t_2$ gilt daher $\psi \vdash t_1 \equiv t_2$. Nach dem bereits abgehandelten Fall universeller Ausdrücke ist somit $t_1 = t_2$.   ⊣

Sei nun Φ widerspruchsfrei und gleichheitsfrei. Für die durch Φ auf T^S bestimmte Äquivalenzrelation

$$t_1 \sim t_2 \quad \text{gdw} \quad \Phi \vdash t_1 \equiv t_2$$

gilt nach dem vorangehenden Satz

$$t_1 \sim t_2 \quad \text{gdw} \quad t_1 = t_2.$$

Somit ist $\bar{t} = \{t\}$. Wir identifizieren der Einfachheit halber $\bar{t}$ mit t und erhalten damit:

11.3.3 Bemerkung *Sei Φ eine widerspruchsfreie Menge gleichheitsfreier S-Ausdrücke. Dann gilt für die Terminterpretation $\mathfrak{I}^\Phi = (\mathfrak{T}^\Phi, \beta^\Phi)$:*

(a) *$T^\Phi = T^S$.*

(b) *Für n-stelliges $f \in S$ und $t_1, \ldots, t_n \in T^S$ ist*

$$f^{\mathfrak{T}^\Phi}(t_1, \ldots, t_n) = ft_1 \ldots t_n.$$

(c) *Für $c \in S$ ist $c^{\mathfrak{T}^\Phi} = c$.*

(d) *Für n-stelliges $R \in S$ und $t_1, \ldots, t_n \in T^S$ gilt*

$$R^{\mathfrak{T}^\Phi} t_1 \ldots t_n \quad \text{gdw} \quad \Phi \vdash Rt_1 \ldots t_n.$$

(e) *Für jede Variable x ist $\beta^\Phi(x) = x$.*   ⊣

Wir wenden uns nun dem Fall zu, dass Φ eine Menge von *Sätzen* ist, und nehmen dabei stets an, dass S eine Konstante enthält. Die Substruktur $\mathfrak{T}_0^\Phi$ von $\mathfrak{T}^\Phi$ aus 11.3.3, die aus den variablenfreien Termen besteht, ist im Sinne der folgenden Definition eine Herbrand-Struktur.

11.3.4 Definition Eine S-Struktur $\mathfrak{A}$ heißt *Herbrand-Struktur*   :gdw
(i) $A = T_0^S$.
(ii) Für n-stelliges $f \in S$ und $t_1, \ldots, t_n \in T^S$ ist $f^{\mathfrak{A}}(t_1, \ldots, t_n) = ft_1 \ldots t_n$.
(iii) Für $c \in S$ ist $c^{\mathfrak{A}} = c$.

Wir halten fest:

11.3.5 Bemerkung *Für eine widerspruchsfreie Menge* Φ *gleichheitsfreier Sätze ist* $\mathfrak{T}_0^\Phi$ *eine Herbrand-Struktur.* ⊣

11.3.6 Bemerkung *Für eine Herbrand-Struktur* $\mathfrak{A}$ *und* $t \in T_0^S$ *gilt* $t^\mathfrak{A} = t$. ⊣

Bei einer Herbrand-Struktur liegt die Interpretation der Funktionssymbole und Konstanten fest. Über die Interpretation der Relationssymbole wird dagegen in der Definition 11.3.4 nichts ausgesagt; sie ist frei wählbar.

11.3.7 Satz *Sei* Φ *eine erfüllbare Menge universeller gleichheitsfreier Sätze. Dann hat* Φ *ein Herbrand-Modell, d.h. ein Modell, das Herbrand-Struktur ist.*

Beweis. Sei $\mathfrak{I} = (\mathfrak{A}, \beta)$ eine Interpretation mit $\mathfrak{I} \models \Phi$. Dann gilt für $\mathfrak{I}' = (\mathfrak{A}', \beta')$ gemäß 11.3.2, dass $\mathfrak{I}' \models \Phi$ und damit $\mathfrak{A}' \models \Phi$. Nach Definition von $\mathfrak{A}'$ ist T_0^S Träger einer Substruktur $\mathfrak{B}'$ von $\mathfrak{A}'$. $\mathfrak{B}'$ ist eine Herbrand-Struktur und auch Modell von Φ, da Φ aus universellen Sätzen besteht. ⊣

Die im vorangehenden Abschnitt (vor 11.2.1) angesprochene Minimalität der Termstruktur spiegelt sich in der folgenden Charakterisierung von $\mathfrak{T}_0^\Phi$.

11.3.8 Satz *Sei* Φ *eine widerspruchsfreie Menge von universellen gleichheitsfreien Horn-Sätzen. Dann gilt:*

(a) $\mathfrak{T}_0^\Phi$ *ist ein Herbrand-Modell von* Φ.
(b) *Für jedes Herbrand-Modell* $\mathfrak{A}$ *von* Φ *und für jedes n-stellige Relationssymbol* $R \in S$ *gilt* $R^{\mathfrak{T}_0^\Phi} \subseteq R^\mathfrak{A}$.

Man nennt $\mathfrak{T}_0^\Phi$ daher auch das *minimale Herbrand-Modell* von Φ.

Beweis. Zu (a): $\mathfrak{T}_0^\Phi$ ist eine Herbrand-Struktur (vgl. 11.3.5) und ein Modell von Φ (vgl. 11.2.6).

Zu (b): Sei $\mathfrak{A}$ ein Herbrand-Modell von Φ und $R \in S$ n-stellig. Für $t_1, \ldots, t_n \in T_0^S$ ($= A$) haben wir nach Definition (vgl. 11.3.3(d)):

$$R^{\mathfrak{T}_0^\Phi} t_1 \ldots t_n \quad \text{gdw} \quad \Phi \vdash R t_1 \ldots t_n.$$

Wegen $\mathfrak{A} \models \Phi$ gilt also mit $R^{\mathfrak{T}_0^\Phi} t_1 \ldots t_n$ auch $\mathfrak{A} \models R t_1 \ldots t_n$, d.h. $R^\mathfrak{A} t_1 \ldots t_n$. ⊣

Wir schließen, indem wir Satz 11.2.7 noch einmal im Hinblick auf die Herbrand-Struktur $\mathfrak{T}_0^\Phi$ formulieren:

11.3.9 Satz *Sei* Φ *eine widerspruchsfreie Menge von universellen gleichheitsfreien Horn-Sätzen. Dann sind für jeden Satz* $\exists x_1 \ldots \exists x_n (\psi_0 \wedge \ldots \wedge \psi_l)$ *mit atomaren* $\psi_0, \ldots, \psi_l$ *äquivalent:*

(i) $\Phi \vdash \exists x_1 \ldots \exists x_n (\psi_0 \wedge \ldots \wedge \psi_l)$.
(ii) $\mathfrak{T}_0^\Phi \models \exists x_1 \ldots \exists x_n (\psi_0 \wedge \ldots \wedge \psi_l)$.
(iii) *Es gibt* $t_1, \ldots, t_n \in T_0^S$ *mit* $\Phi \vdash (\psi_0 \wedge \ldots \wedge \psi_l)(\overset{n}{x} \,|\, \overset{n}{t})$. ⊣

11.4 Aussagenlogik

In der Aussagenlogik werden Ausdrücke betrachtet, die aus Atomen, den sog. Aussagenvariablen, allein mit Hilfe der Junktoren zusammengesetzt sind. Die Aussagenvariablen werden interpretiert durch die Wahrheitswerte W (für „wahr") und F (für „falsch") (vgl. 3.2).

11.4.1 Definition Sei $\mathbb{A}_a$ das Alphabet $\{\neg, \vee,), (\} \cup \{p_0, p_1, p_2, \ldots\}$. Die *Ausdrücke der Sprache der Aussagenlogik* (kurz: die *aussagenlogischen Ausdrücke*) seien die Zeichenreihen über $\mathbb{A}_a$, die mit den folgenden Regeln ableitbar sind:

$$\frac{}{p_i} \quad (i \in \mathbb{N}), \quad \frac{\alpha}{\neg\alpha}, \quad \frac{\alpha, \beta}{(\alpha \vee \beta)}.$$

Wiederum benutzen wir $(\alpha \wedge \beta), (\alpha \to \beta)$ und $(\alpha \leftrightarrow \beta)$ als Abkürzungen für $\neg(\neg\alpha \vee \neg\beta)$, $(\neg\alpha \vee \beta)$ und $(\neg(\alpha \vee \beta) \vee \neg(\neg\alpha \vee \neg\beta))$. Für Aussagenvariablen benutzen wir häufig die Buchstaben $p, q, r, \ldots$, für aussagenlogische Ausdrücke die Buchstaben $\alpha, \beta, \ldots$. Wir bezeichnen die Menge der aussagenlogischen Ausdrücke mit AA. Für $\alpha \in AA$ sei $\text{avar}(\alpha)$ die Menge der in α auftretenden Aussagenvariablen,

$$\text{avar}(\alpha) := \{p \mid p \text{ kommt in } \alpha \text{ vor}\}.$$

Weiterhin setzen wir für $n \geq 1$

$$AA_n := \{\alpha \in AA \mid \text{avar}(\alpha) \subseteq \{p_0, \ldots, p_{n-1}\}\}.$$

Eine Abbildung $b \colon \{p_i \mid i \in \mathbb{N}\} \to \{W, F\}$ nennen wir eine (aussagenlogische) *Belegung*. Die weiteren semantischen Begriffe führen wir in Übereinstimmung mit der ersten Stufe ein:

Den Wahrheitswert $\alpha[b]$ eines aussagenlogischen Ausdrucks α bei der Belegung b definieren wir induktiv gemäß[2]

$$\begin{aligned} p_i[b] &:= b(p_i) \\ \neg\alpha[b] &:= \dot{\neg}(\alpha[b]) \\ (\alpha \vee \beta)[b] &:= \dot{\vee}(\alpha[b], \beta[b]) \end{aligned}$$

(vgl. 3.2 zur Definition von $\dot{\neg}$ und $\dot{\vee}$). Ist $\alpha[b] = W$, so sagen wir, dass α bei b *gilt* oder dass b ein *Modell* von α ist oder α *erfüllt*. Die Belegung b ist ein *Modell* der Ausdrucksmenge $\Delta \subseteq AA$, wenn b Modell eines jeden Ausdrucks in Δ ist.

Ähnlich wie beim Koinzidenzlemma der ersten Stufe hängt in der Aussagenlogik der Wahrheitswert $\alpha[b]$ nur von der Belegung der in α vorkommenden Aussagenvariablen ab:

---

[2]Induktive Beweise und Definitionen über den Aufbau der aussagenlogischen Ausdrücke lassen sich ähnlich rechtfertigen, wie wir das in 2.4 für die Logik erster Stufe getan haben.

11.4.2 Koinzidenzlemma der Aussagenlogik   *Es sei α ein aussagenlogischer Ausdruck, und b und b' seien Belegungen mit $b(p) = b'(p)$ für alle $p \in \mathrm{avar}(\alpha)$. Dann gilt $\alpha[b] = \alpha[b']$.*

Den einfachen Beweis überlassen wir den Leserinnen und Lesern.   ⊣

Aufgrund des Koinzidenzlemmas ist für $\alpha \in AA_{n+1}$ und $b_0, \ldots, b_n \in \{W, F\}$ die Schreibweise

$$\alpha[b_0, \ldots, b_n]$$

sinnvoll, und zwar für $\alpha[b]$ mit einer Belegung b, für die $b(p_i) = b_i$ für $i \leq n$, und entsprechend die Redeweise „$(b_0, \ldots, b_n)$ erfüllt α".

Wir sagen

- α *folgt aus* Δ (kurz: $\Delta \models \alpha$)   :gdw   jedes Modell von Δ ist Modell von α;

- α ist *allgemeingültig* (kurz: $\models \alpha$)   :gdw α gilt bei allen Belegungen;

- Δ ist *erfüllbar* (kurz: Erf Δ)   :gdw   es gibt eine Belegung, die Modell von Δ ist;

- α ist *erfüllbar* (kurz: Erf α)   :gdw   Erf $\{\alpha\}$;

- α und β sind *logisch äquivalent*   :gdw $\models (\alpha \leftrightarrow \beta)$.

Wesentliche Aspekte der Logik-Programmierung lassen sich übersichtlicher auf der aussagenlogischen Ebene behandeln; wir werden dies im nächsten Abschnitt tun. Die dort gewonnenen Ergebnisse müssen dann auf die Sprache der ersten Stufe übertragen werden. Einer solchen Übersetzungsmethode wenden wir uns jetzt zu. Sie beruht auf dem intuitiv einleuchtenden Sachverhalt, dass ein gleichheitsfreier Ausdruck, etwa der Ausdruck $((Rxy \wedge Ryfx) \vee (\neg Rzz \wedge Rxy))$, die „gleichen Modelle" hat wie der aussagenlogische Ausdruck $((p_0 \wedge p_1) \vee (\neg p_2 \wedge p_0))$.

Es sei S eine höchstens abzählbare Symbolmenge, die mindestens ein Relationszeichen enthält. Dann ist die Menge

$$\mathrm{GA}^S := \{Rt_1 \ldots t_n \mid R \in S \text{ } n\text{-stellig}, t_1, \ldots, t_n \in T^S\}$$

der gleichheitsfreien atomaren S-Ausdrücke abzählbar. Ferner sei

$$\pi_0 \colon \mathrm{GA}^S \to \{p_i \mid i \in \mathbb{N}\}$$

eine Bijektion. Wir setzen π_0 zu einer auf der Menge der gleichheits- und quantorenfreien S-Ausdrücke definierten Abbildung π fort, indem wir festlegen:

$$\pi(\varphi) := \pi_0(\varphi) \text{ für } \varphi \in \mathrm{GA}^S$$
$$\pi(\neg\varphi) := \neg\pi(\varphi)$$
$$\pi(\varphi \vee \psi) := (\pi(\varphi) \vee \pi(\psi)).$$

Dann gilt:

11.4.3 *Die Abbildung* $\varphi \mapsto \pi(\varphi)$ *ist eine Bijektion von der Menge der gleichheits- und quantorenfreien S-Ausdrücke auf AA.*

Beweis. Wir definieren eine Abbildung $\rho\colon AA \to L^S$ durch

$$\rho(p) := \pi_0^{-1}(p)$$
$$\rho(\neg\alpha) := \neg\rho(\alpha)$$
$$\rho(\alpha \vee \beta) := (\rho(\alpha) \vee \rho(\beta)).$$

Durch Induktion über den Aufbau von φ bzw. α zeigt man leicht:

$$\rho(\pi(\varphi)) = \varphi \text{ für gleichheits- und quantorenfreies } \varphi,$$
$$\pi(\rho(\alpha)) = \alpha \text{ für } \alpha \in AA.$$

Somit ist π bijektiv und $\rho = \pi^{-1}$.   ⊣

11.4.4 *Ist* $\Phi \cup \{\varphi, \psi\}$ *eine Menge von gleichheits- und quantorenfreien S-Ausdrücken, so gilt:*
(a) Erf Φ gdw   Erf $\pi(\Phi)$.
(b) $\Phi \models \varphi$ gdw $\pi(\Phi) \models \pi(\varphi)$.
(c) φ *und* ψ *sind logisch äquivalent*   gdw $\pi(\varphi)$ *und* $\pi(\psi)$ *sind logisch äquivalent.*

Beweis. Da sich (b) sofort aus (a) und (c) sofort aus (b) ergibt, brauchen wir nur (a) zu zeigen. Sei, für die Richtung von links nach rechts, $\mathfrak{I}$ eine S-Interpretation mit $\mathfrak{I} \models \Phi$. Wir definieren eine aussagenlogische Belegung b durch

$$b(p_i) = \begin{cases} W, & \text{falls } \mathfrak{I} \models \rho(p_i) \\ F, & \text{sonst} \end{cases}$$

für $i \in \mathbb{N}$. Durch Induktion über den Aufbau der aussagenlogischen Ausdrücke zeigt man leicht, dass für alle $\alpha \in AA$

$$\alpha[b] = W \quad \text{gdw} \quad \mathfrak{I} \models \rho(\alpha).$$

Wegen $\mathfrak{I} \models \Phi$ ist b daher ein Modell von $\pi(\Phi)$.

Sei nun umgekehrt $\pi(\Phi)$ erfüllbar und b ein Modell von $\pi(\Phi)$. Es reicht, wenn wir eine S-Interpretation $\mathfrak{I}$ angeben mit

$(*)$ $\mathfrak{I} \models \varphi$ gdw $\pi(\varphi)[b] = W$

für alle $\varphi \in GA^S$. Dann zeigt ein entsprechender Induktionsbeweis, dass $\mathfrak{I} \models \Phi$. Wir definieren $\mathfrak{I} = (\mathfrak{A}, \beta)$ durch (vgl. 11.3.2):

$$A := T^S;$$

$$f^{\mathfrak{A}}(t_1, \ldots, t_n) := ft_1 \ldots t_n \text{ für } n\text{-stelliges } f \in S \text{ und } t_1, \ldots, t_n \in T^S;$$

$c^{\mathfrak{A}} := c$ für $c \in S$;

$\beta(x) := x$;

und für n-stelliges $P \in S$ und $t_1, \ldots, t_n \in T^S$:

$$P^{\mathfrak{A}} t_1 \ldots t_n \quad :\text{gdw} \quad \pi(Pt_1 \ldots t_n)[b] = W.$$

Dann gilt offensichtlich (∗). ⊣

Die Gültigkeit von 11.4.4 hängt wesentlich daran, dass in Φ das Gleichheitszeichen nicht auftritt. Löst man sich von dieser Bedingung, erhält man mit einstelligem P und mit $\pi(Pv_0) = p_0$, $\pi(Pv_1) = p_1$, $\pi(v_0 \equiv v_1) = p_2$ und $\Phi = \{Pv_0, \neg Pv_1, v_0 \equiv v_1\}$ ein Gegenbeispiel zu 11.4.4(a).

Man kann die durch 11.4.4 hergestellte Brücke auch benutzen, um Eigenschaften der Logik erster Stufe auf die Aussagenlogik zu übertragen. Wir zeigen dies für den Endlichkeitssatz (für einen rein aussagenlogischen Beweis vgl. Aufgabe 11.4.11).

11.4.5 Endlichkeitssatz für die Aussagenlogik *Eine Menge aussagenlogischer Ausdrücke ist genau dann erfüllbar, wenn jede ihrer endlichen Teilmengen erfüllbar ist.*

Beweis. Wir setzen im Sinne der vorangehenden Bezeichnungen $S := \{P\}$ mit einstelligem P und definieren π_0 auf $GA^S = \{Pv_i \mid i \in \mathbb{N}\}$ durch $\pi_0(Pv_i) := p_i$ für $i \in \mathbb{N}$. Dann gilt für beliebiges $\Delta \subseteq AA$:

Erf Δ gdw Erf $\pi^{-1}(\Delta)$ (nach 11.4.4(a))

gdw für jede endliche Teilmenge Φ_0 von $\pi^{-1}(\Delta)$: Erf Φ_0 (nach dem Endlichkeitssatz für die erste Stufe)

gdw für jede endliche Teilmenge Δ_0 von Δ: Erf Δ_0 (nach 11.4.4(a)). ⊣

Aufgabe 11.4.10 ermuntert dazu, auf ähnliche Weise den Satz über die disjunktive bzw. die konjunktive Normalform in die Aussagenlogik zu übertragen. Dabei ist ein aussagenlogischer Ausdruck in *disjunktiver Normalform* (kurz: in DNF), wenn er eine Disjunktion von Konjunktionen aus Aussagenvariablen oder negierten Aussagenvariablen ist, und in *konjunktiver Normalform* (kurz: in KNF), wenn er eine Konjunktion von Disjunktionen aus Aussagenvariablen oder negierten Aussagenvariablen ist. Zum Beispiel sind (bei klammersparender Schreibweise für iterierte Konjunktionen und iterierte Disjunktionen) die Ausdrücke

$$(p \vee q \vee (\neg r \wedge q \wedge \neg p)) \text{ und } ((\neg p \wedge r) \vee (q \wedge \neg r \wedge \neg q) \vee r)$$

in disjunktiver Normalform, und der Ausdruck

$$((p \vee \neg r) \wedge (\neg q \vee r \vee q))$$

ist in konjunktiver Normalform.

Wir beweisen die Sätze über die disjunktive bzw. die konjunktive Normalform für die Aussagenlogik im Folgenden auf direktem Weg. Wir tun dies, indem wir die in 3.2 angesprochene Frage aufgreifen und auf aussagenlogischer Ebene zeigen, dass sich jeder extensionale Junktor mit $\neg$ und $\vee$ definieren lässt.

Der Junktor „und" wird durch den Ausdruck $\alpha := \neg(\neg p_0 \vee \neg p_1)$ (und demnach mit $\neg$ und $\vee$) in dem Sinne definiert, dass

für alle $b_0, b_1 \in \{W, F\}$: $\wedge(b_0, b_1) = \alpha[b_0, b_1]$.

Entsprechendes gilt für jeden extensionalen Junktor:

11.4.6 Satz *Es sei* $n \geq 0$. *Zu jeder Wahrheitswertfunktion* $h \colon \{W, F\}^{n+1} \to \{W, F\}$ *gibt es ein* $\alpha \in AA_{n+1}$, *das* h *definiert, d.h. ein* α *mit*

$$h(b_0, \ldots, b_n) = \alpha[b_0, \ldots, b_n] \quad \text{für alle } b_0, \ldots, b_n \in \{W, F\};$$

ein solches α *kann – je nach Wunsch – in* DNF *oder in* KNF *gewählt werden.*

Beweis. Zunächst erläutern wir die Beweisidee am Beispiel der zweistelligen Wahrheitswertfunktion h mit der Wahrheitstafel

		h
W	W	F
W	F	W
F	W	F
F	F	W

Einen Ausdruck in DNF, der h definiert, erhält man wie folgt: Die zweite und die vierte Zeile der Tafel führen zum Wahrheitswert W; die dort stehenden Argumente werden durch die Konjunktionen $(p_0 \wedge \neg p_1)$ bzw. $(\neg p_0 \wedge \neg p_1)$ beschrieben. Deren Disjunktion, d.h. der Ausdruck

$$(p_0 \wedge \neg p_1) \vee (\neg p_0 \wedge \neg p_1),$$

ist ein Ausdruck in DNF, der h definiert.

Die erste und die dritte Zeile der Tafel führen zum Wahrheitswert F; die Ausdrücke $(\neg p_0 \vee \neg p_1)$ und $(p_0 \vee \neg p_1)$ besagen, dass wir es nicht mit den dort stehenden Argumenten zu tun haben. Ihre Konjunktion

$$(\neg p_0 \vee \neg p_1) \wedge (p_0 \vee \neg p_1)$$

ist ein Ausdruck in KNF, der h definiert.

Sei nun $h \colon \{W, F\}^{n+1} \to \{W, F\}$ eine beliebige Wahrheitswertfunktion. Wir setzen $-W := F$ und $-F := W$. Für eine Aussagenvariable p sei $p^W := p$ und $p^F := \neg p$. Schließlich sei für Argumente $b_0, \ldots, b_n \in \{W, F\}$

$\alpha^{b_0,\dots,b_n} := p_0^{b_0} \wedge \dots \wedge p_n^{b_n}$

(„wir sind in der Zeile mit den Argumenten $b_0,\dots,b_n$"),

$\beta^{b_0,\dots,b_n} := p_0^{-b_0} \vee \dots \vee p_n^{-b_n}$

(„wir sind nicht in der Zeile mit den Argumenten $b_0,\dots,b_n$").

Dann gilt für alle $b_0',\dots,b_n' \in \{W,F\}$:

(1) $\alpha^{b_0,\dots,b_n}[b_0',\dots,b_n'] = W$ gdw $b_0 = b_0'$ und $\dots$ und $b_n = b_n'$

und

(2) $\beta^{b_0,\dots,b_n}[b_0',\dots,b_n'] = W$ gdw $b_0 \neq b_0'$ oder $\dots$ oder $b_n \neq b_n'$.

Die folgenden Ausdrücke α_D bzw. α_K in DNF bzw. KNF definieren h:

$$\alpha_D := \begin{cases} p_0 \wedge \neg p_0, & \text{falls } h(b_0,\dots,b_n) = F \text{ für alle } b_0,\dots,b_n \in \{W,F\} \\ \bigvee\{\alpha^{b_0,\dots,b_n} \mid b_0,\dots,b_n \in \{W,F\}, \quad h(b_0,\dots,b_n) = W\}, & \text{sonst;} \end{cases}$$

$$\alpha_K := \begin{cases} p_0 \vee \neg p_0, & \text{falls } h(b_0,\dots,b_n) = W \text{ für alle } b_0,\dots,b_n \in \{W,F\} \\ \bigwedge\{\beta^{b_0,\dots,b_n} \mid b_0,\dots,b_n \in \{W,F\}, \quad h(b_0,\dots,b_n) = F\}, & \text{sonst.} \end{cases}$$

Wir zeigen dies am Beispiel von α_D, d.h.:

Für alle $b_0,\dots,b_n \in \{W,F\}$ ist $h(b_0,\dots,b_n) = \alpha_D[b_0,\dots,b_n]$.

Ist $h(b_0,\dots,b_n) = W$, so ist $\alpha^{b_0,\dots,b_n}$ ein Disjunktionsglied von α_D. Nach (1) ist daher $\alpha^{b_0,\dots,b_n}[b_0,\dots,b_n] = W$ und somit $\alpha_D[b_0,\dots,b_n] = W$. Ist umgekehrt $\alpha_D[b_0,\dots,b_n] = W$, so gibt es (nach Definition von α_D) Wahrheitswerte $b_0',\dots,b_n' \in \{W,F\}$ mit $h(b_0',\dots,b_n') = W$ und $\alpha^{b_0,\dots,b_n}[b_0,\dots,b_n] = W$. Wegen (1) ist dann $b_0' = b_0,\dots,b_n' = b_n$ und somit $h(b_0,\dots,b_n) = W$. $\dashv$

Als Korollar erhalten wir jetzt leicht:

11.4.7 Satz über die disjunktive und über die konjunktive Normalform *Jeder aussagenlogische Ausdruck ist zu einem Ausdruck in disjunktiver Normalform und zu einem Ausdruck in konjunktiver Normalform logisch äquivalent.*

Beweis. Es sei $\alpha \in AA_{n+1}$ und $h: \{W,F\}^{n+1} \to \{W,F\}$ mit $h(b_0,\dots,b_n) = \alpha[b_0,\dots,b_n]$ für $b_0,\dots,b_n \in \{W,F\}$. Nach 11.4.6 gibt es einen Ausdruck in DNF bzw. in KNF, der h definiert und somit zu α logisch äquivalent ist. $\dashv$

11.4.8 Korollar *Für $n \geq 0$ gibt es in AA_{n+1} genau $2^{(2^{n+1})}$ paarweise nicht logisch äquivalente Ausdrücke.*

Beweis. Zwei Ausdrücke α und β in AA_{n+1} sind genau dann logisch äquivalent, wenn $\alpha[b_0,\dots,b_n] = \beta[b_0,\dots,b_n]$ für alle $b_0,\dots,b_n \in \{W,F\}$, wenn sie also dieselbe $(n+1)$-stellige Wahrheitswertfunktion definieren. Wegen 11.4.6 ist daher die Anzahl der paarweise nicht logisch äquivalenten Ausdrücke in AA_{n+1}

gleich der Anzahl der Wahrheitswertfunktionen $h: \{W,F\}^{n+1} \to \{W,F\}$, also gleich $2^{(2^{n+1})}$.   ⊣

11.4.9 Aufgabe In 11.4.6 haben wir gezeigt, dass sich jede Wahrheitswertfunktion mit $\dot{\neg}$ und $\dot{\vee}$ definieren lässt. Man beweise die entsprechende Behauptung, wenn die Rolle von $\dot{\neg}$ und $\dot{\vee}$ übernommen wird von

(a) $\dot{\neg}$ und $\dot{\wedge}$;

(b) $\dot{|}: \{W,F\} \times \{W,F\} \to \{W,F\}$ mit der Wahrheitstafel

$$
\begin{array}{cc|c}
 & & \dot{|} \\
\hline
W & W & F \\
W & F & W \\
F & W & W \\
F & F & W
\end{array}
$$

Man sagt, dass die Mengen $\{\dot{\neg},\dot{\vee}\}$, $\{\dot{\neg},\dot{\wedge}\}$, $\{\dot{|}\}$ *funktional vollständig* sind.

11.4.10 Aufgabe Man übertrage die Sätze über die DNF bzw. über die KNF der Logik erster Stufe mit Hilfe von 11.4.4 auf die Aussagenlogik.

11.4.11 Aufgabe Man beweise den Endlichkeitssatz der Aussagenlogik auf direktem Weg. Hinweis: Es sei $\Delta \subseteq AA$, und jede endliche Teilmenge von Δ sei erfüllbar. Eine Folge $(b_0,\ldots,b_{n-1})$ von Wahrheitswerten heiße *gut*, wenn jede endliche Teilmenge von Δ ein Modell b hat mit $b(p_i) = b_i$ für $i < n$. Man zeige, dass jede gute Folge $(b_0,\ldots,b_{n-1})$ eine gute Verlängerung $(b_0,\ldots,b_{n-1},b_n)$ besitzt, und schließe daraus auf die Existenz einer Belegung b, die jede endliche Teilmenge von Δ, also auch Δ selbst, erfüllt.

11.4.12 Aufgabe Der Sequenzenkalkül $\mathfrak{S}_a$ der Aussagenlogik bestehe aus den Analoga der Regeln (Vor), (Ant), (FU), (Wid), ($\vee$A) und ($\vee$S). Für die entsprechend definierte Ableitbarkeitsbeziehung $\vdash_a$ der Aussagenlogik zeige man den folgenden Adäquatheitssatz: Für alle $\Delta \subseteq AA$ und alle $\alpha \in AA$ gilt: $\Delta \vdash_a \alpha \quad \text{gdw} \quad \Delta \models \alpha$.

11.5   Aussagenlogische Resolution

Wir wollen in diesem Abschnitt Verfahren kennenlernen, mit denen man von aussagenlogischen Ausdrücken gewisser Bauart „schnell" prüfen kann, ob sie erfüllbar sind. Zum Teil handelt es sich dabei um aussagenlogische Vorstufen von Verfahren der Logik-Programmierung, die wir im nächsten Abschnitt kennenlernen werden.

Ist $\alpha \in AA_{n+1}$ und will man anhand der Definition der aussagenlogischen Modellbeziehung prüfen, ob α erfüllbar ist, so hat man schlimmstenfalls für

2^{n+1} Tupel $(b_0, \ldots, b_n) \in \{W, F\}^{n+1}$ den Wahrheitswert $\alpha[b_0, \ldots, b_n]$ zu berechnen. Für $n = 5, 10, 20$ sind dies bereits 64, 2048, 2 097 152 Tupel. Es ist bis heute völlig offen, ob es „geschicktere" Verfahren gibt, die auch im schlimmsten Fall wesentlich schneller arbeiten. Wie wir in 10.3 erwähnt haben, ist die präzise Frage, ob man die Erfüllbarkeit aussagenlogischer Ausdrücke mit einem Registerprogramm testen kann, das, für geeignetes $k \in \mathbb{N}$, die Antwort für Ausdrücke einer Länge $\leq n$ in höchstens n^k Schritten liefert, mit dem „$\mathcal{P} = \mathcal{NP}$"-Problem der theoretischen Informatik äquivalent.

Für Teilklassen von Ausdrücken lassen sich schnelle Verfahren angeben. So kann man etwa die Erfüllbarkeit von Ausdrücken in DNF leicht testen: Ist nämlich $\alpha = (\beta_0 \vee \ldots \vee \beta_r)$, so ist α genau dann erfüllbar, wenn für ein i mit $0 \leq i \leq r$ der Ausdruck β_i erfüllbar ist. Ist $\beta_i = (\lambda_0 \wedge \ldots \wedge \lambda_s)$, wobei die λ_j Aussagenvariablen oder Negate von Aussagenvariablen sind, so ist β_i genau dann erfüllbar, wenn für keine Aussagenvariable p zugleich p und $\neg p$ unter $\lambda_0, \ldots, \lambda_s$ vorkommen.

Da ein Ausdruck α genau dann allgemeingültig ist, wenn $\neg\alpha$ nicht erfüllbar ist, erhält man aus jedem Verfahren zum Nachweis der Erfüllbarkeit ein Verfahren zum Nachweis der Allgemeingültigkeit. Weiterhin lässt sich zu jedem α in KNF bzw. in DNF unmittelbar eine DNF bzw. KNF für $\neg\alpha$ angeben. So ist für den Ausdruck

$$\alpha = (p \vee \neg q \vee r) \wedge (\neg p \vee s \vee t \vee r) \wedge q$$

in KNF das Negat $\neg\alpha$ logisch äquivalent zu

$$(\neg p \wedge q \wedge \neg r) \vee (p \wedge \neg s \wedge \neg t \wedge \neg r) \vee \neg q.$$

Der oben beschriebene Erfüllbarkeitstest für Ausdrücke in DNF liefert also einen schnellen Test, der für Ausdrücke in KNF die Allgemeingültigkeit prüft.

Wir zeigen nun, dass wir die Erfüllbarkeit auch für spezielle Ausdrücke in KNF, für sog. aussagenlogische Horn-Ausdrücke, schnell testen können. Zur folgenden Definition vgl. 3.4.16 oder 11.2.2.

11.5.1 Definition Die Ausdrücke, die im folgenden Kalkül ableitbar sind, heißen (*aussagenlogische*) *Horn-Ausdrücke*.

(1) $\dfrac{}{(\neg q_1 \vee \ldots \vee \neg q_n \vee q)}$ für $n \in \mathbb{N}$, (2) $\dfrac{}{(\neg q_0 \vee \ldots \vee \neg q_n)}$ für $n \in \mathbb{N}$,

(3) $\dfrac{\alpha, \beta}{(\alpha \wedge \beta)}$.

Jeder Horn-Ausdruck ist ein Ausdruck in konjunktiver Normalform, wobei jedes Konjunktionsglied die Gestalt (1) oder (2) hat. Unterscheiden wir in (1) die Fälle $n = 0$ und $n > 0$, so hat jedes Konjunktionsglied die Gestalt (AH1), (AH2) oder (AH3):

(AH1) q
(AH2) $(q_0 \wedge \ldots \wedge q_n \to q)$
(AH3) $(\neg q_0 \vee \ldots \vee \neg q_n)$.

Horn-Ausdrücke der Gestalt (AH1) oder (AH2) nennen wir *positiv*, die der Gestalt (AH3) *negativ*.

Im Folgenden sei Δ eine Menge positiver Horn-Ausdrücke. Δ ist erfüllbar: Die Belegung b mit $b(q) = W$ für alle Aussagenvariablen q ist ein Modell von Δ. Neben dieser maximalen Δ erfüllenden Belegung (maximal in dem Sinn, dass maximal viele Aussagenvariablen den Wahrheitswert W erhalten) wollen wir jetzt eine minimale Δ erfüllende Belegung b^Δ angeben. Wir fassen dazu die Ausdrücke der Gestalt (AH1) und (AH2) als Regeln auf.

(AH1) fordert: „q muss mit W belegt werden",

(AH2) fordert: „Werden $q_0, \ldots, q_n$ mit W belegt, so auch q".

Und wir lassen uns von dieser dynamischen Auffassung der Ausdrücke leiten, um b^Δ zu „konstruieren". Hierzu betrachten wir den Kalkül mit den Regeln

(W1) $\dfrac{}{q}$, falls $q \in \Delta$

(W2) $\dfrac{q_0, \ldots, q_n}{q}$, falls $(q_0 \wedge \ldots \wedge q_n \to q) \in \Delta$

und setzen für eine Aussagenvariable p:

$$b^\Delta(p) = W \quad :\text{gdw} \quad p \text{ ist im Kalkül mit den Regeln (W1)}$$
$$\text{und (W2) ableitbar.}$$

11.5.2 Lemma b^Δ *ist ein minimales Modell von* Δ, *d.h.*

(a) b^Δ *ist ein Modell von* Δ.

(b) *Für jede Belegung* b, *die Modell von* Δ *ist, und für jede Aussagenvariable* q *gilt:*

$$\text{Wenn } b^\Delta(q) = W, \text{ so } b(q) = W.$$

Beweis. (a) ist aufgrund der Regeln unmittelbar klar: Ist etwa der Ausdruck $(q_0 \wedge \ldots \wedge q_n \to q) \in \Delta$ und gilt $(q_0 \wedge \ldots \wedge q_n)[b^\Delta] = W$, so sind nach Definition von b^Δ die Variablen $q_0, \ldots, q_n$ im Kalkül ableitbar und damit (vgl. (W2)) auch q; daher ist $b^\Delta(q) = W$.

Zu (b): Sei b ein Modell von Δ. Nach Definition von b^Δ genügt es zu zeigen, dass $b(q) = W$ für jedes ableitbare q. Dies beweist man leicht durch Induktion über den Kalkül: Wird etwa q durch die Regel (W1) gewonnen, so ist $q \in \Delta$ und damit $b(q) = W$, da b ein Modell von Δ ist.   ⊣

Wir lösen uns von der Voraussetzung, dass Δ eine Menge positiver Horn-Ausdrücke ist, und zeigen:

11.5.3 Satz *Sei Δ eine Menge von Horn-Ausdrücken der Gestalt* (AH1), (AH2) *oder* (AH3), *und sei Δ^+ bzw. Δ^- die Menge der positiven bzw. der negativen Ausdrücke in Δ. Dann sind äquivalent:*

(a) Δ *ist erfüllbar.*

(b) *Für alle $\alpha \in \Delta^-$ ist $\Delta^+ \cup \{\alpha\}$ erfüllbar.*

(c) b^{Δ^+} *ist ein Modell von Δ.*

Beweis. Die Richtungen von (a) nach (b) und von (c) nach (a) sind trivial. Wir zeigen, wie man (c) aus (b) erhält. Nach 11.5.2(a) ist b^{Δ^+} ein Modell von Δ^+. Sei jetzt $\alpha \in \Delta^-$, etwa $\alpha = (\neg q_0 \vee \ldots \vee \neg q_n)$. Nach (b) gibt es eine Belegung b, die Modell von $\Delta^+ \cup \{\neg q_0 \vee \ldots \vee \neg q_n\}$ ist und daher ein $i \in \{0, \ldots, n\}$ mit $b(q_i) = F$. Da b ein Modell von Δ^+ ist, liefert 11.5.2(b), dass $b^{\Delta^+}(q_i) = F$ und damit $(\neg q_0 \vee \ldots \vee \neg q_n)[b^{\Delta^+}] = W$.   ⊣

Wir sind jetzt in der Lage, ein schnelles Verfahren anzugeben, mit dem wir die Erfüllbarkeit von Horn-Ausdrücken testen können, das *Unterstreichungsverfahren*.

Sei α ein Horn-Ausdruck. Aufgrund der Bemerkungen nach 11.5.1 ist α eine Konjunktion von Ausdrücken β der Gestalt (AH1), (AH2) oder (AH3). Es sei Δ die Menge dieser β, also die Menge der Konjunktionsglieder von α.

Die Regeln des Unterstreichungsverfahrens, (U1) und (U2), entsprechen den obigen Regeln (W1) und (W2):

(U1) Man unterstreiche in α alle Vorkommen einer Aussagenvariablen q, die selbst ein Konjunktionsglied von α ist.

(U2) Sind in einem Konjunktionsglied der Gestalt $(q_0 \wedge \ldots \wedge q_n \to q)$ von α die Aussagenvariablen $q_0, \ldots, q_n$ bereits unterstrichen, so unterstreiche man alle Vorkommen von q in α.

Das Verfahren ist beendet, wenn keine der beiden Regeln mehr angewendet werden kann. Enthält α etwa r verschiedene Aussagenvariablen, ist dies spätestens nach r Schritten der Fall. Es sind dann genau die Variablen q unterstrichen, für die $b^{\Delta^+}(q) = W$ ist. Somit ist (vgl. 11.5.3) α genau dann erfüllbar, wenn in keinem Konjunktionsglied $(\neg q_0 \vee \ldots \vee \neg q_n)$ alle Aussagenvariablen unterstrichen sind.

Wir illustrieren das Verfahren an zwei Beispielen. Sei zunächst

$$\alpha = (\neg p \vee \neg q) \wedge (p \to q) \wedge (p \wedge r \to q) \wedge r.$$

Wir erhalten mit (U1):

$$(\neg p \vee \neg q) \wedge (p \to q) \wedge (p \wedge \underline{r} \to q) \wedge \underline{r}.$$

Nun ist keine der Regeln (U1), (U2) mehr anwendbar. Somit ist α erfüllbar, und die zu α gehörende minimale Belegung b wird gegeben durch

$$b(s) = \begin{cases} W, & \text{für } s = r \\ F, & \text{sonst.} \end{cases}$$

Sei nun

$$\alpha = (\neg p \vee \neg q \vee \neg s) \wedge \neg t \wedge (r \to p) \wedge r \wedge q \wedge (u \to s) \wedge u$$

mit den Aussagenvariablen p, q, r, s, t und u. Schrittweise erhalten wir:

$$(\neg p \vee \neg q \vee \neg s) \wedge \neg t \wedge (\underline{r} \to p) \wedge \underline{r} \wedge q \wedge (u \to s) \wedge u \quad (\text{mit(U1)})$$
$$(\neg \underline{p} \vee \neg q \vee \neg s) \wedge \neg t \wedge (\underline{r} \to \underline{p}) \wedge \underline{r} \wedge q \wedge (u \to s) \wedge u \quad (\text{mit(U2)})$$
$$(\neg \underline{p} \vee \neg \underline{q} \vee \neg s) \wedge \neg t \wedge (\underline{r} \to \underline{p}) \wedge \underline{r} \wedge \underline{q} \wedge (u \to s) \wedge u \quad (\text{mit(U1)})$$
$$(\neg \underline{p} \vee \neg \underline{q} \vee \neg s) \wedge \neg t \wedge (\underline{r} \to \underline{p}) \wedge \underline{r} \wedge \underline{q} \wedge (\underline{u} \to s) \wedge \underline{u} \quad (\text{mit(U1)})$$
$$(\neg \underline{p} \vee \neg \underline{q} \vee \neg \underline{s}) \wedge \neg t \wedge (\underline{r} \to \underline{p}) \wedge \underline{r} \wedge \underline{q} \wedge (\underline{u} \to \underline{s}) \wedge \underline{u} \quad (\text{mit(U2)}).$$

Somit ist α nicht erfüllbar; denn alle Variablen in $(\neg p \vee \neg q \vee \neg s)$ sind unterstrichen. Es ist also bereits der Ausdruck

$$\alpha_0 = (\neg p \vee \neg q \vee \neg s) \wedge (r \to p) \wedge r \wedge q \wedge (u \to s) \wedge u,$$

der aus α entsteht, indem man von den negativen Konjunktionsgliedern nur das Glied $(\neg p \vee \neg q \vee \neg s)$ beibehält, unerfüllbar.

Bei dem Verfahren, das wir später als *Horn-Resolution* kennenlernen werden, durchläuft man den Unterstreichungsalgorithmus „rückwärts": Ist etwa α ein Horn-Ausdruck mit nur einem negativen Konjunktionsglied $(\neg q_0 \vee \ldots \vee \neg q_n)$ und will man mit dem Unterstreichungsverfahren die Unerfüllbarkeit von α nachweisen, so muss man zeigen, dass alle Variablen in $\{\neg q_0, \ldots, \neg q_n\}$ (also $q_0, \ldots, q_n$) schließlich unterstrichen werden. Ist $(r_0 \wedge \ldots \wedge r_j \to q)$ bzw. q ein Konjunktionsglied von α und ist $q = q_i$, so genügt es (vgl. die Regeln (W1) und (W2)) zu zeigen, dass jede Variable in

$$(*) \qquad \{\neg q_0, \ldots, \neg q_{i-1}, \neg r_0, \ldots, \neg r_j, \neg q_{i+1}, \ldots, \neg q_n\}$$
$$(\text{bzw. } \{\neg q_0, \ldots, \neg q_{i-1}, \neg q_{i+1}, \ldots, \neg q_n\})$$

schließlich unterstrichen wird.

Diesen Schluss kann man jetzt entsprechend auf die in $(*)$ gewonnene Menge anwenden. Es wird sich herausstellen, dass α genau dann nicht erfüllbar ist, wenn man auf diesem Weg in endlich vielen Schritten die leere Menge erreichen kann. (Dann ist von keiner Variable mehr nachzuweisen, dass sie schließlich unterstrichen wird.) Im Falle von

$$\alpha_0 = (\neg p \vee \neg q \vee \neg s) \wedge (r \to p) \wedge r \wedge q \wedge (u \to s) \wedge u$$

erhält man die leere Menge etwa auf dem folgenden Weg:

$$\{\neg p, \neg q, \neg s\}$$
$$\{\neg p, \neg q, \neg u\} \quad (\text{da } (u \to s) \in \Delta^+)$$
$$\{\neg p, \neg q\} \quad (\text{da } u \in \Delta^+)$$
$$\{\neg p\} \quad (\text{da } q \in \Delta^+)$$
$$\{\neg r\} \quad (\text{da } (r \to p) \in \Delta^+)$$
$$\emptyset \quad (\text{da } r \in \Delta^+).$$

Die der Horn-Resolution zugrunde liegende Idee lässt sich auf beliebige Ausdrücke in KNF erweitern; man gelangt so zu dem auf J. A. Robinson (1965) zurückgehenden *Resolutionsverfahren*. Ausdrücke in KNF gibt man dabei in mengentheoretischer Schreibweise wieder. So identifiziert man eine Disjunktion $(\alpha_0 \vee \ldots \vee \alpha_n)$ mit der Menge $\{\alpha_0, \ldots, \alpha_n\}$ ihrer Glieder. Auf diese Weise fallen z. B. die Ausdrücke $(\neg p_0 \vee p_1 \vee \neg p_0)$, $(\neg p_0 \vee \neg p_0 \vee p_1)$ und $(p_1 \vee \neg p_0)$ zur Menge $\{\neg p_0, p_1\}$ zusammen. Disjunktionen, die zur gleichen Menge führen, sind auf triviale Weise logisch äquivalent. Wir vereinbaren genauer:

Ein *Literal* ist ein Ausdruck der Gestalt p oder $\neg p$. Wir geben Literale durch $\lambda, \lambda_1, \ldots$ wieder. Eine endliche, möglicherweise auch leere Menge von Literalen heiße eine *Klausel*. Wir verwenden $K, L, M, \ldots$, um Klauseln, und $\mathfrak{K}, \ldots$, um (nicht notwendig endliche) Mengen von Klauseln wiederzugeben.

Ist α ein Ausdruck in KNF,

$$\alpha = (\lambda_{00} \vee \ldots \vee \lambda_{0n_0}) \wedge \ldots \wedge (\lambda_{k0} \vee \ldots \vee \lambda_{kn_k}),$$

so sei

$$\mathfrak{K}(\alpha) := \{\{\lambda_{00}, \ldots, \lambda_{0n_0}\}, \ldots, \{\lambda_{k0}, \ldots, \lambda_{kn_k}\}\}$$

die α zugeordnete Klauselmenge.

Dieser Übergang von einem Ausdruck zu seiner Klauselmenge motiviert die folgenden Festlegungen:

11.5.4 Definition Es sei b eine Belegung, K eine Klausel und $\mathfrak{K}$ eine Menge von Klauseln.

(a) *b erfüllt K* (oder *K gilt bei b*) :gdw es gibt ein $\lambda \in K$ mit $\lambda[b] = W$.

(b) *K ist erfüllbar* :gdw es gibt eine Belegung, die K erfüllt.

(c) *b erfüllt $\mathfrak{K}$* :gdw b erfüllt K für alle $K \in \mathfrak{K}$.

(d) *$\mathfrak{K}$ ist erfüllbar* :gdw es gibt eine Belegung, die $\mathfrak{K}$ erfüllt.

Somit erfüllt b die Klausel $\{\lambda_0, \ldots, \lambda_n\}$ genau dann, wenn $(\lambda_0 \vee \ldots \vee \lambda_n)[b] = W$. Die leere Klausel ist nicht erfüllbar. Ist daher $\emptyset \in \mathfrak{K}$, so ist $\mathfrak{K}$ nicht erfüllbar. Dagegen ist die leere Menge von Klauseln erfüllbar.

Weiterhin sehen wir sofort: Ist $\emptyset \notin \mathfrak{K}$ und $\mathfrak{K} \neq \emptyset$, so erfüllt b die Menge $\mathfrak{K}$ genau dann, wenn b ein Modell von $\bigwedge_{K \in \mathfrak{K}} \bigvee_{\lambda \in K} \lambda$ ist. Mithin gelten ein Ausdruck α in KNF und die zugehörige Klauselmenge $\mathfrak{K}(\alpha)$ bei den gleichen Belegungen.

Mit dem Resolutionsverfahren lässt sich für eine Menge $\mathfrak{K}$ von Klauseln (und damit für einen Ausdruck α in KNF) feststellen, ob $\mathfrak{K}$ (bzw. α) erfüllbar ist. Das Verfahren beruht auf einer einzigen Regel und bietet daher bei Implementierungen gewisse Vorteile. Die Regel erlaubt die Bildung von sog. Resolventen.

Wir erweitern die Schreibweise $p^F := \neg p$ auf Literale, indem wir $(\neg p)^F := p$ setzen.

11.5.5 Definition K, K_1 und K_2 seien Klauseln. K heißt *Resolvente* von K_1 und K_2 :gdw es gibt ein Literal λ mit $\lambda \in K_1$ und $\lambda^F \in K_2$, sodass

$$(K_1 \setminus \{\lambda\}) \cup (K_2 \setminus \{\lambda^F\}) \subseteq K \subseteq K_1 \cup K_2.[3]$$

Für $K_1 = \{\neg r, p, \neg q, s, t\}$ und $K_2 = \{p, q, \neg s\}$ ist $\{\neg r, p, s, t, \neg s\}$, aber auch $\{\neg r, p, \neg q, t, q\}$ und $\{\neg r, p, \neg q, s, t, q, \neg s\}$ eine Resolvente von K_1 und K_2.

Die Hinzunahme einer Resolvente zu einer Menge von Klauseln ändert nicht deren Erfüllbarkeit:

11.5.6 Resolutionslemma *Es sei K eine Resolvente von K_1 und K_2. Dann gilt für jede Belegung b:*

Wenn b die Klauseln K_1 und K_2 erfüllt, so erfüllt b auch die Klausel K.

Beweis. Die Belegung b erfülle die Klauseln K_1 und K_2. Da K eine Resolvente von K_1 und K_2 ist, gibt es ein Literal λ mit $\lambda \in K_1$, $\lambda^F \in K_2$ und $(K_1 \setminus \{\lambda\}) \cup (K_2 \setminus \{\lambda^F\}) \subseteq K \subseteq K_1 \cup K_2$. Wir unterscheiden zwei Fälle:

$\lambda[b] = F$: Da K_1 bei b gilt, gibt es ein $\lambda' \in K_1$, $\lambda' \neq \lambda$, mit $\lambda'[b] = W$. Wegen $\lambda' \in K$ wird K durch b erfüllt.

$\lambda[b] = W$: Dann ist $\lambda^F[b] = F$, und wir schließen analog mit K_2 und λ^F. $\dashv$

Wir zeigen nun, dass eine beliebige Menge $\mathfrak{K}$ von Klauseln genau dann nicht erfüllbar ist, wenn man, ausgehend von den Klauseln in $\mathfrak{K}$, durch die Bildung von Resolventen in endlich vielen Schritten zur leeren Klausel gelangen kann. Wir führen hierzu für $i \in \mathbb{N}$ die Menge $\mathrm{Res}_i(\mathfrak{K})$ der Klauseln ein, die in höchstens i Schritten aus $\mathfrak{K}$ gewonnen werden können:

---

[3]Die noch folgenden Ergebnisse bleiben gültig, wenn man verlangt, dass $(K_1 \setminus \{\lambda\}) \cup (K_2 \setminus \{\lambda^F\}) = K$. Für die Zwecke der Logik-Programmierung ist es jedoch günstiger, die Definition wie angegeben zu fassen.

11.5.7 Definition Für eine Menge $\mathfrak{K}$ von Klauseln sei

$$\mathrm{Res}(\mathfrak{K}) := \mathfrak{K} \cup \{K \mid \text{ Es gibt } K_1, K_2 \in \mathfrak{K} \text{ mit:}$$
$$K \text{ ist Resolvente von } K_1 \text{ und } K_2\}.$$

Für $i \in \mathbb{N}$ sei $\mathrm{Res}_i(\mathfrak{K})$ induktiv definiert durch

$$\mathrm{Res}_0(\mathfrak{K}) := \mathfrak{K}$$
$$\mathrm{Res}_{i+1}(\mathfrak{K}) := \mathrm{Res}(\mathrm{Res}_i(\mathfrak{K})).$$

Schließlich sei

$$\mathrm{Res}_\infty(\mathfrak{K}) := \bigcup_{i \in \mathbb{N}} \mathrm{Res}_i(\mathfrak{K}).$$

Somit ist $\mathrm{Res}_\infty(\mathfrak{K})$ die Menge von Klauseln, welche man, ausgehend von den Klauseln in $\mathfrak{K}$, durch endlichmalige Bildung von Resolventen gewinnen kann.

Die angekündigte Behauptung lässt sich nun wie folgt formulieren:

11.5.8 Resolutionssatz *Für eine Menge $\mathfrak{K}$ von Klauseln gilt:*

$$\mathfrak{K} \text{ ist erfüllbar} \quad gdw \quad \emptyset \notin \mathrm{Res}_\infty(\mathfrak{K}).$$

Beweis. Sei zunächst $\mathfrak{K}$ erfüllbar, etwa durch die Belegung b. Wir setzen

$$\mathfrak{K}_b := \{K \mid K \text{ Klausel}, b \text{ erfüllt } K\}.$$

Somit gilt $\mathfrak{K} \subseteq \mathfrak{K}_b$. Nach dem Resolutionslemma ist $\mathfrak{K}_b$ unter der Bildung von Resolventen abgeschlossen. Daher ist $\mathrm{Res}_\infty(\mathfrak{K}) \subseteq \mathfrak{K}_b$, und somit wird $\mathrm{Res}_\infty(\mathfrak{K})$ durch b erfüllt. Insbesondere gilt $\emptyset \notin \mathrm{Res}_\infty(\mathfrak{K})$.

Sei umgekehrt $\mathfrak{K}$ nicht erfüllbar. Wir zeigen, dass $\emptyset \in \mathrm{Res}_\infty(\mathfrak{K})$. Gilt $\emptyset \in \mathfrak{K}$, sind wir fertig; wir können also $\emptyset \notin \mathfrak{K}$ voraussetzen. Als Menge nicht-leerer Klauseln ist $\mathfrak{K}$ nicht erfüllbar genau dann, wenn $\{\bigvee_{\lambda \in K} \lambda \mid K \in \mathfrak{K}\}$ nicht erfüllbar ist. Nach dem Endlichkeitssatz 11.4.5 können wir annehmen, dass $\mathfrak{K}$ endlich ist. Wir wählen $n_0 \in \mathbb{N}$ so, dass $K \subseteq AA_{n_0}$ für alle $K \in \mathfrak{K}$, d.h. in den Klauseln von $\mathfrak{K}$ kommen höchstens die Aussagenvariablen $p_0, \ldots, p_{n_0-1}$ oder ihre Negate vor. Da sich diese Eigenschaft bei der Bildung von Resolventen vererbt, sind alle Klauseln $K \in \mathrm{Res}_\infty(\mathfrak{K})$ in AA_{n_0} enthalten.

Für $i = 0, \ldots, n_0$ setzen wir

$$\mathfrak{R}_i := \{K \in \mathrm{Res}_\infty(\mathfrak{K}) \mid K \subseteq AA_i\}.$$

Somit gilt $\mathfrak{R}_0 \subseteq \mathfrak{R}_1 \subseteq \ldots \subseteq \mathfrak{R}_{n_0} = \mathrm{Res}_\infty(\mathfrak{K})$. Nach Annahme ist $\mathfrak{K}$ und damit $\mathrm{Res}_\infty(\mathfrak{K})$ $(= \mathfrak{R}_{n_0})$ nicht erfüllbar. Damit existiert

$$l := \min\{i \mid \mathfrak{R}_i \text{ ist nicht erfüllbar}\}.$$

Wir werden zeigen, dass $l = 0$ ist. Dann sind wir fertig. Denn da die Klauseln in $\mathfrak{R}_0$ keine Aussagenvariablen enthalten, ist $\mathfrak{R}_0$ entweder leer oder enthält nur die leere Klausel. Der erste Fall scheidet aus, da (wegen $l = 0$) $\mathfrak{R}_0$ nicht erfüllbar ist. Somit gilt $\emptyset \in \mathfrak{R}_0$, also $\emptyset \in \mathrm{Res}_\infty(\mathfrak{K})$.

Wir nehmen an, es sei $l > 0$, etwa $l = k + 1$. Dann erhalten wir einen Widerspruch wie folgt: Wegen der Minimalität von l ist $\mathfrak{R}_k$ erfüllbar. Da in $\mathfrak{R}_k$ höchstens die Variablen $p_0, \ldots, p_{k-1}$ vorkommen, gibt es $b_0, \ldots, b_{k-1} \in \{W, F\}$ mit

(1) $(b_0, \ldots, b_{k-1})$ erfüllt $\mathfrak{R}_k$.

Da $\mathfrak{R}_{k+1}$ nicht erfüllbar ist, existiert zu $(b_0, \ldots, b_{k-1}, W)$ eine Klausel K_W mit

(2) $K_W \in \mathfrak{R}_{k+1}$ und $(b_0, \ldots, b_{k-1}, W)$ erfüllt K_W nicht,

und zu $(b_0, \ldots, b_{k-1}, F)$ eine Klausel K_F mit

(3) $K_F \in \mathfrak{R}_{k+1}$ und $(b_0, \ldots, b_{k-1}, F)$ erfüllt K_F nicht.

Wegen (2) bzw. (3) gilt

(4) $p_k \notin K_W$ und $\neg p_k \notin K_F$.

Wir zeigen

(5) $\neg p_k \in K_W$ und $p_k \in K_F$.

Wäre nämlich $\neg p_k \notin K_W$, so wäre (mit (4)) $K_W \subseteq AA_k$ und damit $K_W \in \mathfrak{R}_k$. Mit $(b_0, \ldots, b_{k-1})$ würde dann aber auch $(b_0, \ldots, b_{k-1}, W)$ die Klausel K_W erfüllen – ein Widerspruch zu (2). Entsprechend zeigt man, dass $p_k \in K_F$.

Wegen (5) ist $K := (K_W \setminus \{\neg p_k\}) \cup (K_F \setminus \{p_k\})$ eine Resolvente von K_W und K_F, die wegen (4) zu $\mathfrak{R}_k$ gehört. Wegen (1) erfüllt $(b_0, \ldots, b_{k-1})$ die Klausel K, d.h., $(b_0, \ldots, b_{k-1})$ erfüllt ein Literal aus $(K_W \setminus \{\neg p_k\}) \cup (K_F \setminus \{p_k\})$, im Widerspruch zu (2) oder (3).   ⊣

Wir illustrieren das Resolutionsverfahren an einem Beispiel und führen dabei eine übersichtliche Darstellungsweise ein. Sei

$$\alpha = (q \vee \neg r) \wedge \neg p \wedge (p \vee r) \wedge (\neg q \vee p \vee \neg r).$$

Dann ist

$$\mathfrak{K}(\alpha) = \{\{q, \neg r\}, \{\neg p\}, \{p, r\}, \{\neg q, p, \neg r\}\}.$$

Der „Resolutionsbaum" in Abb. 11.1 zeigt, dass $\mathfrak{K}(\alpha)$ und damit α nicht erfüllbar ist: An den Knoten, die keine oberen Nachbarn haben, stehen Klauseln aus $\mathfrak{K}(\alpha)$, an den restlichen Knoten jeweils eine Resolvente der oberen Nachbarn. Enthält jede Klausel in $\mathfrak{K}$ höchstens Literale aus $\{p_0, \ldots, p_{n-1}\} \cup \{\neg p_0, \ldots, \neg p_{n-1}\}$, so kommen in jeder Resolvente höchstens diese Literale vor. Hieraus ergibt sich für solche $\mathfrak{K}$ leicht – wir überlassen die Details den Leserinnen und Lesern –, dass $\mathrm{Res}_{2^{2n}}(\mathfrak{K}) = \mathrm{Res}_\infty(\mathfrak{K})$. Ist $\mathfrak{K}$ (und sind somit alle

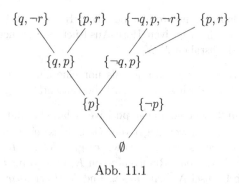

Abb. 11.1

Res$_i$($\mathfrak{K}$)) endlich, so erhält man daher in endlich vielen Schritten eine Antwort auf die Frage, ob $\mathfrak{K}$ erfüllbar ist.

Ist dagegen $\mathfrak{K}$ unendlich, so ist es möglich, dass bereits beim Übergang von einem Res$_i$($\mathfrak{K}$) zu Res$_{i+1}$($\mathfrak{K}$) unendlich viele Resolventen gebildet werden können oder dass

$$\mathrm{Res}_0(\mathfrak{K}) \subsetneq \mathrm{Res}_1(\mathfrak{K}) \subsetneq \ldots$$

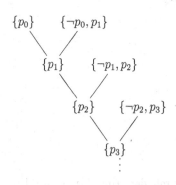

Abb. 11.2

Ist dann $\mathfrak{K}$ erfüllbar, werden wir unendlich viele Resolventen bilden können, ohne auf diesem Wege nach endlich vielen Schritten zu erfahren, ob $\mathfrak{K}$ erfüllbar ist oder nicht. So lässt die erfüllbare Klauselmenge

$$\{\{p_0\}\} \cup \{\{\neg p_i, p_{i+1}\} \mid i \in \mathbb{N}\}$$

den Resolutionsbaum in Abb. 11.2 zu. Aber auch bei unerfüllbarem unendlichem $\mathfrak{K}$ werden wir nur bei geeigneter systematischer Bildung von Resolventen nach endlich vielen Schritten die leere Klausel (und damit die Antwort „$\mathfrak{K}$ ist unerfüllbar") erhalten. Zum Beispiel zeigt Abb. 11.2 für die unerfüllbare Klauselmenge

$$\{\{p_0\}, \{\neg p_0\}\} \cup \{\{\neg p_i, p_{i+1}\} \mid i \in \mathbb{N}\}$$

einen Resolutionsbaum, in dem $\emptyset$ nicht auftritt.

Wir kommen nun auf den Spezialfall der Horn-Ausdrücke zurück, der ja den Ausgangspunkt für unsere Überlegungen gebildet hat.

Eine Klausel der Gestalt $\{q\}$ oder $\{\neg q_0, \ldots, \neg q_n, q\}$ heiße *positiv*, eine der Gestalt $\{\neg q_1, \ldots, \neg q_n\}$ *negativ*. Eine negative Klausel kann leer sein, eine positive nicht. Positive Klauseln entsprechen positiven Horn-Ausdrücken und nicht-leere negative Klauseln negativen Horn-Ausdrücken. Für negative Klauseln benutzen wir die Buchstaben $N, N_1, \ldots$.

Im Folgenden berücksichtigen wir jeweils nur eine einzige negative Klausel. Wegen 11.5.3 ist dies jedoch keine wesentliche Einschränkung.

11.5.9 Definition $\mathfrak{P}$ sei eine Menge positiver Klauseln, und N sei negativ.

(a) Eine Folge $N_0, \ldots, N_k$ von negativen Klauseln ist eine *Horn-* (oder kurz: *H-*) *Resolution aus* $\mathfrak{P}$ *und* N :gdw es gibt $K_0, \ldots, K_{k-1} \in \mathfrak{P}$, sodass $N = N_0$ ist und N_{i+1} eine Resolvente von K_i und N_i für $i < k$.

(b) Eine negative Klausel N' heißt *aus* $\mathfrak{P}$ *und* N *H-ableitbar* :gdw es gibt eine H-Resolution $N_0, \ldots, N_k$ aus $\mathfrak{P}$ und N mit $N' = N_k$.

Die H-Resolution unter (a) geben wir häufig wie in Abb. 11.3 wieder.

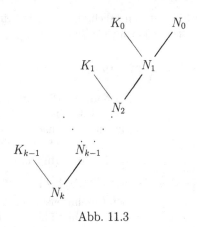

Abb. 11.3

Wie unsere Überlegungen im Zusammenhang mit der „Umkehrung" des Unterstreichungsalgorithmus nahelegen, gilt nun:

11.5.10 Satz über die H-Resolution *Ist* $\mathfrak{P}$ *eine Menge von positiven Klauseln und* N *eine negative Klausel, so sind äquivalent:*

(a) $\mathfrak{P} \cup \{N\}$ *ist erfüllbar.*

(b) $\emptyset$ *ist nicht aus* $\mathfrak{P}$ *und* N *H-ableitbar.*

Beweis. Sei zunächst b eine Belegung, die $\mathfrak{P} \cup \{N\}$ erfüllt. Aufgrund des Resolutionslemmas 11.5.6 gilt dann für jede H-Resolution $N_0, \ldots, N_k$ aus $\mathfrak{P}$ und N:

$$b \text{ erfüllt } N_0, \ b \text{ erfüllt } N_1, \ldots, b \text{ erfüllt } N_k;$$

insbesondere ist daher $N_k \neq \emptyset$. Also ist $\emptyset$ nicht aus $\mathfrak{P}$ und N H-ableitbar.

Nun zur Richtung von (b) nach (a): Der Menge $\mathfrak{P}$ entspricht eine Menge Δ von positiven Horn-Ausdrücken. Wir zeigen:

$(*)$ Ist $k \in \mathbb{N}$ und $b^\Delta(q_1) = \ldots = b^\Delta(q_k) = W$, so ist $\emptyset$ aus $\mathfrak{P}$ und $\{\neg q_1, \ldots, \neg q_k\}$ H-ableitbar.

Dann sind wir fertig: Ist nämlich $\emptyset$ nicht aus $\mathfrak{P}$ und N H-ableitbar und ist etwa $N = \{\neg q_1, \ldots, \neg q_k\}$, dann zeigt $(*)$, dass es ein i gibt mit $b^\Delta(q_i) = F$. Somit ist b^Δ ein Modell von $\mathfrak{P} \cup \{N\}$.

Wir zeigen $(*)$, indem wir durch Induktion über l nachweisen, dass $(*)$ gilt, sofern jedes q_i in $\leq l$ Schritten im zu Δ gehörenden Kalkül mit den Regeln (W1), (W2) (vgl. die Ausführungen zu 11.5.2) gewonnen werden kann: Sei der letzte Schritt bei der Herleitung von q_i von der Form $\dfrac{r_{i1} \ldots r_{ij_i}}{q_i}$ (also ein Schritt gemäß (W1), falls $j_i = 0$, und gemäß (W2), falls $j_i > 0$). Insbesondere gehören die Klauseln $\{\neg r_{i1}, \ldots, \neg r_{ij_i}, q_i\}$ zu $\mathfrak{P}$. Nach Definition von b^Δ ist weiterhin $b^\Delta(r_{is}) = W$ für $i = 1, \ldots, k$ und $s = 1, \ldots, j_i$. Nach Induktionsvoraussetzung ist damit $\emptyset$ aus $\mathfrak{P}$ und $N' := \{\neg r_{11}, \ldots, \neg r_{1j_1}, \ldots, \neg r_{k1}, \ldots, \neg r_{kj_k}\}$ H-ableitbar. Deute $\bigtriangledown\atop\emptyset$ eine solche Ableitung an. Dann gibt Abb. 11.4 eine H-Ableitung von $\emptyset$ aus $\mathfrak{P}$ und $\{\neg q_1, \ldots, \neg q_k\}$ wieder. $\dashv$

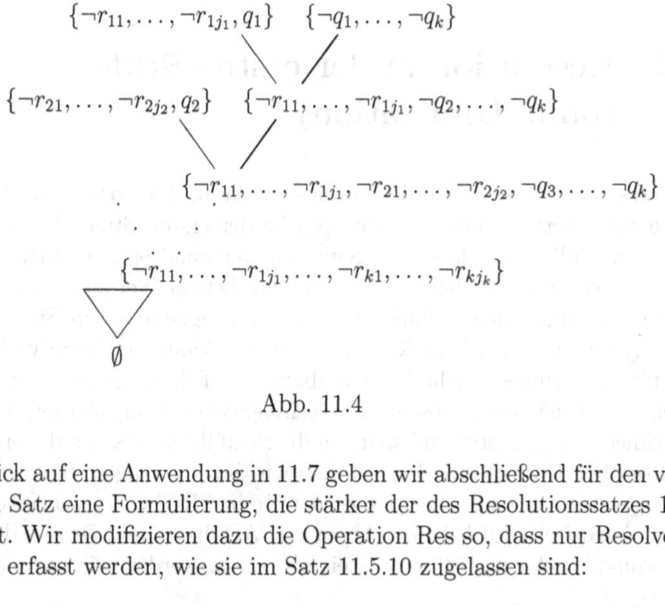

$\{\neg r_{11}, \ldots, \neg r_{1j_1}, q_1\}$ $\quad$ $\{\neg q_1, \ldots, \neg q_k\}$

$\{\neg r_{21}, \ldots, \neg r_{2j_2}, q_2\}$ $\quad$ $\{\neg r_{11}, \ldots, \neg r_{1j_1}, \neg q_2, \ldots, \neg q_k\}$

$\{\neg r_{11}, \ldots, \neg r_{1j_1}, \neg r_{21}, \ldots, \neg r_{2j_2}, \neg q_3, \ldots, \neg q_k\}$

$\{\neg r_{11}, \ldots, \neg r_{1j_1}, \ldots, \neg r_{k1}, \ldots, \neg r_{kj_k}\}$

$\emptyset$

Abb. 11.4

Im Hinblick auf eine Anwendung in 11.7 geben wir abschließend für den vorangehenden Satz eine Formulierung, die stärker der des Resolutionssatzes 11.5.8 entspricht. Wir modifizieren dazu die Operation Res so, dass nur Resolventen der Form erfasst werden, wie sie im Satz 11.5.10 zugelassen sind:

Für eine Menge $\mathfrak{K}$ von Klauseln sei

$\mathrm{HRes}(\mathfrak{K}) := \mathfrak{K} \cup \{N \mid N$ negative Klausel und es gibt ein positives
$\qquad\qquad K_1 \in \mathfrak{K}$ und ein negatives $N_1 \in \mathfrak{K}$ mit:
$\qquad\qquad N$ ist Resolvente von K_1 und $N_1\}$.

Wiederum setzen wir $\mathrm{HRes}_0(\mathfrak{K}) := \mathfrak{K}$, $\mathrm{HRes}_{i+1}(\mathfrak{K}) := \mathrm{HRes}(\mathrm{HRes}_i(\mathfrak{K}))$ und
$\mathrm{HRes}_\infty(\mathfrak{K}) := \bigcup_{i \in \mathbb{N}} \mathrm{HRes}_i(\mathfrak{K})$. Dann lässt sich 11.5.10 wie folgt formulieren:

11.5.11 Satz *Ist* $\mathfrak{P}$ *eine Menge von positiven Klauseln und* N *eine negative Klausel, so gilt:*

$$\mathfrak{P} \cup \{N\} \text{ ist erfüllbar } \quad gdw \quad \emptyset \notin \mathrm{HRes}_\infty(\mathfrak{P} \cup \{N\}).$$

Beweis. Eine leichte Induktion über $i \in \mathbb{N}$ zeigt, dass für eine negative Klausel N' Folgendes gilt:

$N' \in \mathrm{HRes}_i(\mathfrak{P} \cup \{N\}) \quad$ gdw $\quad$ es gibt eine H-Ableitung von N'
$\qquad\qquad\qquad\qquad\qquad\qquad$ aus $\mathfrak{P}$ und N der Länge $\leq i$.

Hieraus ergibt sich die Behauptung unmittelbar mit 11.5.10. $\qquad\qquad\qquad \dashv$

11.5.12 Aufgabe Für $\mathfrak{K} := \{\{p_0, p_1, p_2\}\} \cup \{\{\neg p_i\} \mid i \geq 1\}$ zeige man:
(a) $\mathrm{Res}_\infty(\mathfrak{K}) = \mathrm{Res}_2(\mathfrak{K})$;
(b) $\mathrm{Res}_2(\mathfrak{K}) \setminus \mathrm{Res}_1(\mathfrak{K})$ und $\mathrm{Res}_1(\mathfrak{K}) \setminus \mathfrak{K}$ sind endlich.
(c) $\mathfrak{K}$ ist erfüllbar.

11.6   Resolution in der ersten Stufe (ohne Unifikation)

Wir wollen abschließend die Resolutionsverfahren, die wir für die Aussagenlogik kennengelernt haben, auf die Sprache der ersten Stufe übertragen. Eine wichtige Rolle wird dabei der Satz von Herbrand spielen. Erwartungsgemäß wird sich herausstellen, dass die entsprechenden Verfahren von größerer Komplexität sind, müssen doch neben der aussagenlogischen Struktur jetzt auch Termeinsetzungen berücksichtigt werden. Während wir im vorliegenden Abschnitt die grundsätzliche Übertragbarkeit auf die erste Stufe nachweisen, werden wir im nächsten Abschnitt eine Möglichkeit kennenlernen, die Termeinsetzungen zielgerichtet und sparsam durchzuführen. Das Analogon der aussagenlogischen Horn-Resolution, zu dem wir dabei gelangen, bildet den Kern der Vorgehensweise eines Computers, der ein in PROLOG geschriebenes Programm abarbeitet. Auf Verfeinerungen des Verfahrens und Details der Implementierung, welche die Effizienz steigern sollen, werden wir nicht eingehen;

vgl. dazu etwa [1] oder [34]. Auf prinzipielle Grenzen dieser Methode weist Aufgabe 10.4.4 hin.

Am Ende von 11.2 haben wir erwähnt, dass man beim Schreiben eines Programms in PROLOG die Voraussetzungen als universelle Horn-Ausdrücke und die „Anfragen" als Existenzausdrücke zu symbolisieren hat. Die folgenden Beispiele mögen diese Vorgehensweise veranschaulichen.

Wir geben zunächst ein sehr einfaches Beispiel. Seien die Relationssymbole M, W und F einstellig und $S := \{M, W, F\}$. Eine S-Struktur $\mathfrak{A}$ sei gegeben. Wir deuten die Elemente von A als die Einwohner einer Stadt, M^A und W^A seien die Teilmengen der männlichen bzw. der weiblichen Einwohner, und schließlich gelte $F^A a$, wenn a einen Führerschein besitzt. Wir wenden uns nun der folgenden Frage zu:

(1) Gibt es männliche Einwohner, die einen Führerschein besitzen?

Wir wählen für jedes $a \in A$ eine Konstante c_a. Dann enthält die folgende Menge Φ atomarer Horn-Sätze die „positive" Information über $\mathfrak{A}$:

$$\Phi := \{Mc_a \mid a \in M^A\} \cup \{Wc_a \mid a \in W^A\} \cup \{Fc_a \mid a \in F^A\}.$$

Wir zeigen, dass die Frage (1) äquivalent ist zu

(2) $$\Phi \vdash \exists x(Mx \wedge Fx) \, ?$$

Sie lässt sich also in einer Form schreiben, die nach den Vorbemerkungen in ein Logik-Programm übersetzt werden kann. (Dieses sollte dann im Falle einer positiven Antwort alle männlichen Einwohner mit Führerschein angeben können.)

Um die Äquivalenz von (1) und (2) zu zeigen, reicht der Nachweis von

(3) $$\mathfrak{A} \models \exists x(Mx \wedge Fx) \quad \text{gdw} \quad \Phi \vdash \exists x(Mx \wedge Fx).$$

Wegen $(\mathfrak{A}, (a)_{a \in A}) \models \Phi$ gilt die Richtung von rechts nach links. Unmittelbar aus der Definition von Φ ergibt sich

(4) Wenn $M'^A, W'^A, F'^A \subseteq A$ und $(A, M'^A, W'^A, F'^A, (a)_{a \in A}) \models \Phi$, so $M^A \subseteq M'^A, W^A \subseteq W'^A$ und $F^A \subseteq F'^A$.

Identifizieren wir den Term c_a mit a, so besagt (4), dass $(\mathfrak{A}, (a)_{a \in A})$ das minimale Herbrand-Modell von Φ ist, nach 11.3.8 somit die Termstruktur $\mathfrak{T}_0^\Phi$ von Φ. Aus $(\mathfrak{A}, (a)_{a \in A}) \models \exists x(Mx \wedge Fx)$ ergibt sich dann wegen 11.3.9, dass $\Phi \vdash \exists x(Mx \wedge Fx)$.

Ein Beispiel aus der Graphentheorie:
In einem gerichteten Graphen $\mathfrak{G} = (G, R^G)$ nennen wir zwei Ecken $a, b \in G$ *verbunden*, wenn es $n \in \mathbb{N}$ und $a_0, \ldots, a_n \in G$ gibt mit

$$a = a_0, b = a_n \quad \text{und} \quad R^G a_i a_{i+1} \text{ für } i < n.$$

Wir setzen

$$V^G := \{(a,b) \mid a \text{ und } b \text{ sind in } \mathfrak{G} \text{ verbunden}\}.$$

Ist etwa G die Menge der Städte eines Landes und bedeutet $R^G ab$, dass eine bestimmte Fluglinie die Strecke von a nach b ohne Zwischenlandung bedient, so gilt $V^G ab$ genau dann, wenn es möglich ist, mit dieser Fluglinie von a nach b zu fliegen (wobei alle Zwischenlandungen im Inland liegen). In den Städten a und b mögen Vertreter eines Unternehmens wohnen, welche diese Fluglinie kostenlos benutzen können. Wir zeigen, wie sich etwa die Frage „Hat der in a wohnende Vertreter die Möglichkeit, kostenlos nach b zu fliegen?" und „Gibt es eine Stadt, welche beide Vertreter kostenlos erreichen können?" als Logik-Programme schreiben lassen. Es handelt sich also um die beiden Fragen

$$(G, R^G, V^G) \models Vxy[a,b] \ ?$$
$$(G, R^G, V^G) \models \exists z(Vxz \wedge Vyz)[a,b] \ ?$$

Wir führen für jedes $a \in G$ eine Konstante c_a ein und halten in Φ_0 die „positive" atomare Information der Struktur $(G, R^G, (a)_{a \in G})$ fest:

$$\Phi_0 := \{Rc_a c_b \mid a,b \in G, R^G ab\}.$$

Weiterhin setzen wir

$$\Phi_1 := \Phi_0 \cup \{\forall x Vxx, \forall x \forall y \forall z(Vxy \wedge Ryz \to Vxz)\}.$$

Dann ist Φ_1 eine Menge universeller Horn-Sätze. Wir zeigen, dass die obigen Fragen wiedergegeben werden können in der Form

$$\Phi_1 \vdash Vc_a c_b \ ? \quad \text{und} \quad \Phi_1 \vdash \exists z(Vc_a z \wedge Vc_b z) \ ?$$

also in einer Form, in der sie sich nach den Vorbemerkungen als Logik-Programme schreiben lassen. Wir setzen $\mathfrak{G}_1 := (G, R^G, V^G, (a)_{a \in G})$. Dann müssen wir zeigen

(1) $\mathfrak{G}_1 \models Vc_a c_b \quad$ gdw $\quad \Phi_1 \vdash Vc_a c_b.$

(2) $\mathfrak{G}_1 \models \exists z(Vc_a z \wedge Vc_b z) \quad$ gdw $\quad \Phi_1 \vdash \exists z(Vc_a z \wedge Vc_b z).$

Wir argumentieren ähnlich wie im vorangehenden Beispiel: Wegen $\mathfrak{G}_1 \models \Phi_1$ ergeben sich die linken Seiten in (1) und (2) unmittelbar aus den rechten. Wir kommen zum Nachweis der anderen Richtungen und bemerken zunächst:

(3) Wenn $R'^G, V'^G \subseteq G \times G$ und $(G, R'^G, V'^G, (a)_{a \in G}) \models \Phi_1$,
     so $R^G \subseteq R'^G$ und $V^G \subseteq V'^G$.

In der Tat ergibt sich $R^G \subseteq R'^G$ unmittelbar aus der Definition von Φ_0. Weiterhin ist nach Definition von V^G für $n \in \mathbb{N}$ und $a_0, \ldots, a_n \in G$ mit $R^G a_i a_{i+1}$ für $i < n$ zu zeigen, dass $V'^G a_0 a_n$. Dies erhält man leicht aus den Axiomen in Φ_1 durch Induktion über n.

Identifizieren wir nun für $a \in G$ den Term c_a mit a, so zeigt (3) wegen 11.3.8, dass $\mathfrak{G}_1$ die Herbrand-Struktur $\mathfrak{T}_0^{\Phi_1}$ ist. Daher ergeben sich mit 11.3.9 in (1) und (2) die rechten Seiten aus den linken.

Natürlich erwartet man in der Regel nicht nur eine Antwort auf die Frage, ob a und b in (G, R^G) verbunden sind, sondern im positiven Fall auch die Angabe der Wege von a nach b. Wir deuten an, wie dies erreicht werden kann.

Wir betrachten hierzu die Symbolmenge $S := \{R, W, f\} \cup \{c_a \mid a \in G\}$, wobei W drei- und f zweistellig ist. Für $a, b, d, e \in G$ mit $R^G ab$, $R^G bd$, $R^G da$ und $R^G ae$ etwa stellt der Term $ffffc_ac_bc_dc_ac_e$ in augenfälliger Weise den Weg von a über b, d und a nach e dar. Allgemein besage $Wxyv$, dass v einen Weg von x nach y darstellt. Wir setzen

$$\Phi_2 := \Phi_0 \cup \{\forall x \, Wxxx, \forall x \forall y \forall u \forall z (Wxyu \wedge Ryz \rightarrow Wxzfuz)\}.$$

Ähnlich wie oben beim Nachweis von (1) und (2) lässt sich zeigen, dass für einen Term $t \in T_0^S$ gilt:

$$\Phi_2 \vdash Wc_ac_bt \quad \text{gdw} \quad t \text{ stellt einen Weg von } a \text{ nach } b \text{ in } (G, R^G) \text{ dar.}$$

Man erwartet nun von einem Logik-Programm, dass es auf die Frage „$\Phi_2 \vdash \exists v \, Wc_ac_bv$?" alle Terme $t \in T_0^S$ liefern kann, die Wege von a nach b darstellen.

In den Beispielen kommt, wie meist in den Anwendungen der Logik-Programmierung, das Gleichheitszeichen nicht vor. *Wir beschränken uns daher im Rest dieses Kapitels auf gleichheitsfreie Ausdrücke, ohne das jeweils explizit hervorzuheben.* (Auf welchem Wege die Ergebnisse und Verfahren auch für Ausdrücke *mit* Gleichheit nutzbar gemacht werden können, zeigt Aufgabe 11.6.11.)

Um die aussagenlogischen Resolutionsverfahren auf die erste Stufe zu übertragen, benutzen wir einmal die durch 11.4.4 gebildete Brücke zwischen der Aussagenlogik und den quantorenfreien Ausdrücken der ersten Stufe, zum anderen, wie bereits erwähnt, den Satz von Herbrand. Zuvor benötigen wir noch einige Begriffsbildungen.

Es sei S fortan höchstens abzählbar und enthalte eine Konstante.

11.6.1 Definition (a) Hat der Ausdruck φ die Gestalt $\forall x_1 \ldots \forall x_n \psi$ mit quantorenfreiem ψ, so heißt für beliebige (!) paarweise verschiedenen Variablen $y_1, \ldots, y_l$ und für $t_1, \ldots, t_l \in T^S$ der Ausdruck $\psi(\overset{l}{y} | \overset{l}{t})$ eine *Instanz* von φ.

Ist $\psi(\overset{l}{y} | \overset{l}{t})$ ein Satz, spricht man auch von einer *Grundinstanz* von φ.
(b) $\mathrm{GI}(\varphi)$ sei die Menge der Grundinstanzen von φ.
(c) Ist Φ eine Menge von Ausdrücken φ der obigen Gestalt, so sei $\mathrm{GI}(\Phi) := \bigcup_{\varphi \in \Phi} \mathrm{GI}(\varphi)$.

Man beachte, dass für einen Satz $\varphi := \forall x_1 \ldots \forall x_m \psi$ mit quantorenfreiem ψ

und Terme $t_1, \ldots, t_m \in T_0^S$ der Ausdruck $\psi(\overset{m}{x} \mid \overset{m}{t})$ eine Grundinstanz von φ ist.

Wir wählen eine Bijektion $\pi_0 \colon \mathrm{GA}^S \to \{p_i \mid i \in \mathbb{N}\}$ der Menge der (gleichheitsfreien) atomaren Ausdrücke auf die Menge der Aussagenvariablen. Es sei π die vor 11.4.3 angegebene Fortsetzung von π_0 auf die Menge der quantorenfreien Ausdrücke.

11.6.2 Definition Eine Menge Ψ von quantorenfreien Ausdrücken heiße *aussagenlogisch erfüllbar*   :gdw $\pi(\Psi)$ ist erfüllbar.

Nach 11.4.4 gilt offenbar:

11.6.3 Lemma *Für eine Menge Ψ von quantorenfreien Ausdrücken sind äquivalent:*

(a) Ψ *ist erfüllbar.*
(b) Ψ *ist aussagenlogisch erfüllbar.*   ⊣

Mit dem Satz von Herbrand in der Form von 11.1.3 erhalten wir hieraus, wobei wir uns – wie auch fortan – der Einfachheit halber auf Sätze beschränken:

11.6.4 Satz *Für eine Menge Φ gleichheitsfreier Sätze der Gestalt $\forall x_1 \ldots \forall x_m \psi$ mit quantorenfreiem ψ sind äquivalent:*

(a) Φ *ist erfüllbar.*
(b) $\mathrm{GI}(\Phi)$ *ist aussagenlogisch erfüllbar.*

Zum *Beweis* braucht man nur zu berücksichtigen, dass die Grundinstanzen von $\forall x_1 \ldots \forall x_m \psi$ sich in der Form $\psi(\overset{m}{x} \mid \overset{m}{t})$ mit $t_1, \ldots, t_m \in T_0^S$ schreiben lassen.   ⊣

In der Situation des vorangehenden Satzes lässt sich nun auf die in (b) angegebene Ausdrucksmenge der Resolutionsalgorithmus anwenden. Man beachte jedoch, dass in der Regel bereits die Ausdrucksmenge $\mathrm{GI}(\forall x_1 \ldots \forall x_m \psi)$ unendlich ist. Auf die Grenzen des Resolutionsverfahrens für unendliche Mengen sind wir am Ende des vorangehenden Abschnitts eingegangen.

Wir geben einige Beispiele. Der Klarheit und besseren Lesbarkeit halber arbeiten wir hierbei und im Folgenden mit Klauseln, die aus atomaren und negiert atomaren Ausdrücken der ersten Stufe bestehen, und gehen nicht zu deren π-Bildern über; besagt doch Lemma 11.6.3, dass wir atomare Ausdrücke wie Aussagenvariablen behandeln können. Die Notationen und Begriffsbildungen übertragen wir sinngemäß.

So sind Literale jetzt atomare oder negiert atomare Ausdrücke; und für ein Literal ψ ist

$$\psi^F = \begin{cases} \neg\psi, & \text{falls } \psi \text{ atomar,} \\ \varphi, & \text{falls } \psi = \neg\varphi. \end{cases}$$

Für eine Klausel K sei

$$K^F := \{\psi^F \mid \psi \in K\}.$$

11.6.5 Beispiel Sei $S := \{R, g, c\}$ mit zweistelligem R und einstelligem g. Die Erfüllbarkeit des Satzes

$$\forall z \forall y (Rcy \wedge \neg Rzgz)$$

ist äquivalent zur aussagenlogischen Erfüllbarkeit von

$$\{Rct_1 \wedge \neg Rt_2 gt_2 \mid t_1, t_2 \in T_0^S\},$$

also zur Erfüllbarkeit der Klauselmenge

$$\{\{Rct\} \mid t \in T_0^S\} \cup \{\{\neg Rtgt\} \mid t \in T_0^S\}.$$

Der Resolutionsbaum

$$\{Rcgc\} \quad \{\neg Rcgc\}$$

$$\emptyset$$

zeigt somit, dass $\forall z \forall y (Rcy \wedge \neg Rzgz)$ unerfüllbar ist.

11.6.6 Beispiel Sei $S := \{Q, R, g, c\}$ mit einstelligem Q und R, g, c wie im vorangehenden Beispiel. Der Satz

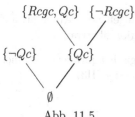

Abb. 11.5

$$\forall x \forall y ((Rxy \vee Qx) \wedge \neg Rxgx \wedge \neg Qy)$$

ist nicht erfüllbar, da die zugehörige Klauselmenge

$$\{\{Rt_1 t_2, Qt_1\} \mid t_1, t_2 \in T_0^S\} \cup$$
$$\{\{\neg Rtgt\} \mid t \in T_0^S\} \cup \{\{\neg Qt\} \mid t \in T_0^S\}$$

den zu $\emptyset$ führenden Resolutionsbaum in Abb. 11.5 zulässt.

Natürlich hätten wir auch die $x := ggc$ und $y := gggc$ entsprechenden Grundinstanzen wählen können und wären dann in ähnlicher Weise zu dem Baum in Abb. 11.6 gelangt.

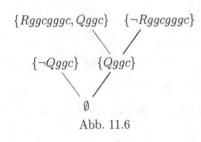

Abb. 11.6

In komplizierteren Fällen ist es wichtig, möglichst einfache Terme zu verwenden. Auf entsprechende Verfahren bzw. Heuristiken gehen wir im nächsten Abschnitt ein.

Satz 11.6.4 bezieht sich zunächst auf universelle Ausdrücke in pränexer Normalform. Wir haben aber in 8.4.6 gesehen, wie man einem beliebigen Ausdruck einen erfüllbarkeitsäquivalenten universellen Ausdruck in pränexer Normalform zuordnen kann (Satz über die Skolemsche Normalform). Auf diesem Weg wird das Resolutionsverfahren für beliebige (gleichheitsfreie) Ausdrücke nutzbar. Ein Beispiel möge dies veranschaulichen.

11.6.7 Beispiel Sei $S := \{R\}$ mit zweistelligem R. Dann ist

$$\varphi := (\exists x \forall y\, Rxy \wedge \forall z \exists u \neg Rzu).$$

logisch äquivalent zu dem Ausdruck

$$\exists x \forall z \exists u \forall y (Rxy \wedge \neg Rzu)$$

in pränexer Normalform. Wählen wir ein einstelliges Funktionssymbol g und eine Konstante c, so erhalten wir den erfüllbarkeitsäquivalenten $\{R, g, c\}$-Satz (vgl. den Beweis von 8.4.6)

$$\forall z \forall y (Rcy \wedge \neg Rzgz),$$

von dem wir in Beispiel 11.6.5 mit dem Resolutionsverfahren festgestellt haben, dass er nicht erfüllbar ist. Somit ist φ nicht erfüllbar.

Auf universelle Horn-Ausdrücke lässt sich die im vorangehenden Abschnitt auf aussagenlogischer Ebene bereitgestellte Horn-Resolution übertragen.

Universelle Horn-Ausdrücke sind nach 11.2.3(a) logisch äquivalent zu einer Konjunktion von Ausdrücken der Gestalt (H1), (H2) oder (H3):

(H1) $\forall x_1 \ldots \forall x_m \varphi$

(H2) $\forall x_1 \ldots \forall x_m (\varphi_0 \wedge \ldots \wedge \varphi_n \rightarrow \varphi)$

(H3) $\forall x_1 \ldots \forall x_m (\neg\varphi_0 \vee \ldots \vee \neg\varphi_n)$

mit atomaren φ und φ_i.

Horn-Ausdrücke der Gestalt (H1) oder (H2) heißen *positiv*, solche der Gestalt (H3) *negativ*. Somit entsprechen den quantorenfreien positiven bzw. negativen Horn-Ausdrücken vermöge π gerade die positiven bzw. negativen aussagenlogischen Horn-Ausdrücke. Für eine Menge Φ von universellen Horn-Ausdrücken bezeichnen Φ^+ und Φ^- die Teilmengen der positiven bzw. der negativen Ausdrücke aus Φ. Da Instanzen von positiven bzw. negativen Horn-Ausdrücken wiederum positiv bzw. negativ sind, gilt $GI(\Phi^+) = (GI(\Phi))^+$.

11.6.8 Lemma *Sei Φ eine erfüllbare Menge universeller Horn-Sätze der Gestalt* (H1), (H2) *oder* (H3), *und sei $\exists x_1 \ldots \exists x_m(\psi_0 \wedge \ldots \wedge \psi_l)$ ein Satz mit atomaren $\psi_0, \ldots, \psi_l$.*

(a) *Für $t_1, \ldots, t_m \in T_0^S$ sind äquivalent:*

   (i) $\Phi \vdash (\psi_0 \wedge \ldots \wedge \psi_l)(\overset{m}{x} \mid \overset{m}{t})$

   (ii) $\Phi^+ \vdash (\psi_0 \wedge \ldots \wedge \psi_l)(\overset{m}{x} \mid \overset{m}{t})$.

(b) *Es sind äquivalent:*

   (i) $\Phi \vdash \exists x_1 \ldots \exists x_m(\psi_0 \wedge \ldots \wedge \psi_l)$

   (ii) $\Phi^+ \vdash \exists x_1 \ldots \exists x_m(\psi_0 \wedge \ldots \wedge \psi_l)$.

Beweis. Zu (a): Wir erhalten für $t_1, \ldots, t_m \in T_0^S$ die Äquivalenz der folgenden Aussagen:

(1) $\Phi \vdash (\psi_0 \wedge \ldots \wedge \psi_l)(\overset{m}{x} \mid \overset{m}{t})$.

(2) $\Phi \cup \{(\neg\psi_0 \vee \ldots \vee \neg\psi_l)(\overset{m}{x} \mid \overset{m}{t})\}$ ist nicht erfüllbar.

(3) $GI(\Phi) \cup \{(\neg\psi_0 \vee \ldots \vee \neg\psi_l)(\overset{m}{x} \mid \overset{m}{t})\}$ ist nicht aussagenlogisch erfüllbar (vgl. 11.6.4).

(4) $GI(\Phi^+) \cup \{(\neg\psi_0 \vee \ldots \vee \neg\psi_l)(\overset{m}{x} \mid \overset{m}{t})\}$ ist nicht aussagenlogisch erfüllbar.

Die Äquivalenz von (3) und (4) ergibt sich wegen $(GI(\Phi))^+ = GI(\Phi^+)$ sofort mit 11.5.3. Wählen wir als Φ die Menge Φ^+ und beachten, dass $(\Phi^+)^+ = \Phi^+$, so zeigt schließlich die Äquivalenz von (1) und (4), dass die Aussage (4) äquivalent ist zu

(5) $\Phi^+ \vdash (\psi_0 \wedge \ldots \wedge \psi_l)(\overset{m}{x} \mid \overset{m}{t})$.

(b) ergibt sich mit 11.3.9 unmittelbar aus (a).   ⊣

Wir beschränken uns in den folgenden Überlegungen auf Mengen Φ von *positiven* universellen Horn-Sätzen; das vorangehende Lemma zeigt, dass es sich dabei um keine wesentliche Einschränkung handelt. Für diesen Fall lässt sich die Horn-Resolution auf die erste Stufe übertragen:

11.6.9 Satz *Sei Φ eine Menge von positiven universellen Horn-Sätzen und $\exists x_1 \ldots \exists x_m(\psi_0 \wedge \ldots \wedge \psi_l)$ ein Satz mit atomaren $\psi_0, \ldots, \psi_l$.*

(a) *Für $t_1, \ldots, t_m \in T_0^S$ sind äquivalent:*

   (i) $\Phi \vdash (\psi_0 \wedge \ldots \wedge \psi_l)(\overset{m}{x} \mid \overset{m}{t})$

   (ii) *Es gibt eine H-Ableitung von $\emptyset$ aus $GI(\Phi)$ und $(\neg\psi_0 \vee \ldots \vee \neg\psi_l)(\overset{m}{x} \mid \overset{m}{t})$*

     (*genauer: aus den Klauseln, die* $\mathrm{GI}(\Phi)$ *entsprechen, und der Klausel*
     $\{\neg\psi_0(\overset{m}{x}\,|\,\overset{m}{t}\,),\ldots,\neg\psi_l(\overset{m}{x}\,|\,\overset{m}{t}\,)\}).$

(b) *Es sind äquivalent:*

     (i) $\Phi\vdash\exists x_1\ldots\exists x_m(\psi_0\wedge\ldots\wedge\psi_l)$

     (ii) *Es gibt* $t_1,\ldots,t_m\in T_0^S$, *für die eine H-Ableitung von* $\emptyset$ *aus* $\mathrm{GI}(\Phi)$ *und*
         $(\neg\psi_0\vee\ldots\vee\neg\psi_l)(\overset{m}{x}\,|\,\overset{m}{t}\,)$ *existiert.*

Beweis. Zu (a): Wir schließen ähnlich wie beim Beweis von 11.6.8 und erhalten
für $t_1,\ldots,t_m\in T_0^S$ die Äquivalenz der folgenden Aussagen:

(1) $\Phi\vdash(\psi_0\wedge\ldots\wedge\psi_l)(\overset{m}{x}\,|\,\overset{m}{t}\,).$

(2) $\Phi\cup\{(\neg\psi_0\vee\ldots\vee\neg\psi_l)(\overset{m}{x}\,|\,\overset{m}{t}\,)\}$ ist nicht erfüllbar.

(3) $\mathrm{GI}(\Phi)\cup\{(\neg\psi_0\vee\ldots\vee\neg\psi_l)(\overset{m}{x}\,|\,\overset{m}{t}\,)\}$ ist nicht aussagenlogisch erfüllbar.

(4) Es gibt eine H-Ableitung von $\emptyset$ aus $\mathrm{GI}(\Phi)$ und $(\neg\psi_0\vee\ldots\vee\neg\psi_l)(\overset{m}{x}\,|\,\overset{m}{t}\,)$
     (vgl. 11.5.10: Da Φ eine Menge positiver universeller Horn-Sätze ist, sind
     die den Sätzen aus $\mathrm{GI}(\Phi)$ entsprechenden Klauseln positiv).

Wiederum ergibt sich (b) mit 11.3.9 aus (a). $\dashv$

11.6.10 Beispiel Sei $S:=\{R,T,a,b,c,d,e\}$ mit zweistelligen R,T und Konstanten a,b,c,d,e, und sei

$$\Phi:=\{Rab,Rcb,Rbd,Rde,$$
$$\forall x\forall y(Rxy\to Txy),\ \forall x\forall y(Txy\wedge Tyz\to Txz)\}.$$

Es ist $\Phi\vdash\exists x(Rcx\wedge Rax\wedge Txe)$, da $\mathrm{GI}(\Phi)\cup\{\neg Rcb\vee\neg Rab\vee\neg Tbe\}$ nicht
aussagenlogisch erfüllbar ist, wie der H-Resolutionsbaum in Abb. 11.7 zeigt.

11.6.11 Aufgabe Sie soll zeigen, wie man die Ergebnisse dieses Abschnitts
auf Ausdrücke erweitern kann, welche das Gleichheitszeichen enthalten: Das
zweistellige Relationssymbol E komme in der Symbolmenge S nicht vor. Wir
setzen $S':=S\cup\{E\}$. Jedem S-Ausdruck φ ordnen wir den S'-Ausdruck φ^* zu,
der aus φ durch Ersetzung aller atomaren Teilausdrücke $t_1\equiv t_2$ durch Et_1t_2
entsteht. Weiterhin sei $\Psi_E\subseteq L_0^{S'}$ die Menge der *Gleichheitsaxiome*,

$$\Psi_E:=\{\forall xExx,\forall x\forall y(Exy\to Eyx),\forall x\forall y\forall z(Exy\wedge Eyz\to Exz)\}$$
$$\cup\{\forall x_1\ldots\forall x_n\forall y_1\ldots\forall y_n(Ex_1y_1\wedge\ldots\wedge Ex_ny_n\wedge Rx_1\ldots x_n$$
$$\to Ry_1\ldots y_n)\mid R\in S\ n\text{-stellig}\}$$
$$\cup\{\forall x_1\ldots\forall x_n\forall y_1\ldots\forall y_n(Ex_1y_1\wedge\ldots\wedge Ex_ny_n$$
$$\to Efx_1\ldots x_n fy_1\ldots y_n)\mid f\in S\ n\text{-stellig}\}.$$

Ψ_E besteht also aus universellen Horn-Sätzen. Ist die $S\cup\{E\}$-Struktur $(\mathfrak{A},E^A)$
ein Modell von Ψ_E, so definiere man die S-Struktur $\mathfrak{A}/_E$, die *Faktorstruktur*
von $(\mathfrak{A},E^A)$ nach E^A, durch:

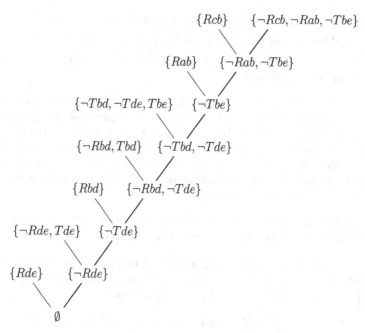

Abb. 11.7

$A/_E := \{\overline{a} \mid a \in A\}$,

wobei $\overline{a}$ die Äquivalenzklasse von a nach E^A bezeichnet;

$R^{A/E} := \{(\overline{a_1}, \ldots, \overline{a_n}) \mid a_1, \ldots, a_n \in A, R^A a_1 \ldots a_n\}$;

$f^{A/E}(\overline{a_1}, \ldots, \overline{a_n}) := \overline{f^A(a_1, \ldots, a_n)}$.

Für eine Belegung β in $(\mathfrak{A}, E^A)$ sei $\beta/_E$ die Belegung in $\mathfrak{A}/_{\mathfrak{E}}$ mit $\beta/_E(x) := \overline{\beta(x)}$. Man zeige:

(a) Für jedes $\varphi \in L^S$ gilt: $((\mathfrak{A}, E^A), \beta) \models \varphi^*$ gdw $(\mathfrak{A}/_{\mathfrak{E}}, \beta/_E) \models \varphi$.
Man folgere:

(b) Für $\Phi \cup \{\psi\} \subseteq L^S$ gilt: $\Phi \vdash \psi$ gdw $\Phi^* \cup \Psi_E \vdash \psi^*$.

11.7 Logik-Programmierung

Wir betrachten die Situation, die durch die Voraussetzungen von Satz 11.6.9 gegeben wird: Wenn $\Phi \vdash \exists x_1 \ldots \exists x_m (\psi_0 \wedge \ldots \wedge \psi_l)$, so wird ein Verfahren, das systematisch für alle Terme $t_1, \ldots, t_m \in T_0^S$ alle H-Ableitungen aus $GI(\Phi)$ und

$(\neg\psi_0 \vee \ldots \vee \neg\psi_l)(\overset{m}{x} \,|\, \overset{m}{t})$ herstellt, schließlich für gewisse Terme $t_1, \ldots, t_m \in T_0^S$ eine H-Ableitung von $\emptyset$ aus GI(Φ) und $(\neg\psi_0 \vee \ldots \vee \neg\psi_l)(\overset{m}{x} \,|\, \overset{m}{t})$ liefern. Dann gilt $\Phi \vdash (\psi_0 \wedge \ldots \wedge \psi_l)(\overset{m}{x} \,|\, \overset{m}{t})$, d.h., wir haben eine „Lösung" $t_1, \ldots, t_m$ für die Existenzaussage gefunden.

Bei PROLOG-Programmen werden die Terme aus T_0^S nicht einfach in einer festen problemunabhängigen Reihenfolge abgearbeitet, sondern „zielgerichtet" geeignete Terme gesucht, wobei diese Suche zugleich dem nach Beispiel 11.6.6 erwähnten Aspekt möglichst sparsamer Substitutionen Rechnung trägt. Dabei besteht der Leitgedanke darin, die Terme „so allgemein wie möglich und so speziell wie nötig" zu wählen. Zunächst bringen wir den Begriff der Substitution in eine für das Folgende geeignete Form.

11.7.1 Definition Ein *Substitutor* ist eine Abbildung $\sigma\colon V \to T^S$ der Menge V der Variablen in die Menge der S-Terme, sodass $\sigma(x) = x$ für fast alle x.

Zu einem Substitutor σ gibt es somit $n \in \mathbb{N}$ und paarweise verschiedene Variablen $x_1, \ldots, x_n$ mit $\sigma(x) = x$ für alle $x \neq x_1, \ldots, x_n$. Sei dann $t_i := \sigma(x_i)$ für $i = 1, \ldots, n$. Für $t \in T^S$ und $\varphi \in L^S$ setzen wir

$$t\sigma := t\frac{t_1 \ldots t_n}{x_1 \ldots x_n} \quad \text{und} \quad \varphi\sigma := \varphi\frac{t_1 \ldots t_n}{x_1 \ldots x_n} \; (= \varphi(\overset{n}{x} \,|\, \overset{n}{t}))$$

(nach 3.8.4 sind $t\sigma$ und $\varphi\sigma$ wohldefiniert) und bezeichnen in Übereinstimmung hiermit σ zuweilen durch $\frac{t_1 \ldots t_n}{x_1 \ldots x_n}$. Insbesondere ist $\sigma(x) = x\sigma$.

Es sei ι der Substitutor mit $\iota(x) = x$ für alle x, der sog. *identische* Substitutor. Sind σ und τ Substitutoren, so bezeichne $\sigma\tau\colon V \to T^S$ den Substitutor mit $x(\sigma\tau) := (x\sigma)\tau$. Ist K eine Klausel (atomarer oder negiert atomarer Ausdrücke), so sei $K\sigma := \{\varphi\sigma \mid \varphi \in K\}$. Aus einfachen Eigenschaften der Substitution erhält man sofort:

11.7.2 (a) $t\iota = t$ und $\varphi\iota = \varphi$ *für alle* $t \in T^S$ *und* $\varphi \in L^S$.
(b) $t(\sigma\tau) = (t\sigma)\tau$ *und* $\varphi(\sigma\tau) = (\varphi\sigma)\tau$ *für alle* $t \in T^S$ *und alle quantorenfreien* $\varphi \in L^S$.
(c) $(\rho\sigma)\tau = \rho(\sigma\tau)$ *für Substitutoren* ρ, σ, τ.

(b) und (c) rechtfertigen die Benutzung klammerfreier Schreibweisen wie $\varphi\rho\sigma\tau$.

Wir nennen einen Substitutor ξ eine *Umbenennung*, wenn ξ eine bijektive Abbildung von V auf V ist. Ist ξ eine Umbenennung, so auch die Umkehrabbildung $\xi^{-1}\colon V \to V$, und es ist $\xi\xi^{-1} = \xi^{-1}\xi = \iota$.

11.7.3 Definition K_1 und K_2 seien Klauseln. Eine Umbenennung ξ heißt *Separator von* K_1 *und* K_2 :gdw frei$(K_1\xi) \cap$ frei$(K_2) = \emptyset$.

Zum Beispiel ist $\xi = \frac{v_4 v_5 v_2 v_3}{v_2 v_3 v_4 v_5}$ ein Separator von $\{P v_0 v_2, P v_3 v_2\}$ und $\{Q v_1,$ $P v_2 v_3\}$.

Wir erläutern die angestrebte Strategie des vorsichtigen Umgangs mit Term-einsetzungen an einem Beispiel, das die allgemeinen Überlegungen, die den weiteren Inhalt dieses Abschnitts bilden, in einem konkreten Fall vorwegnimmt und damit gleichsam den Weg und das Ziel schildert, den wir gehen und das wir erreichen wollen.

11.7.4 Beispiel Sei $S := \{P, R, f, g, c\}$ mit dreistelligem P, zweistelligem R und einstelligen f, g und sei

$$\Phi := \{\forall x \forall y (Pxyc \to Rygfx), \forall x \forall y\, Pfxyc\}.$$

Gesucht ist ein Nachweis, dass $\Phi \vdash \exists x \exists y\, Rfxgy$, sowie eine (alle) Lösung(en) t_1 und t_2 dieses Existenzproblems. Um die durch 11.6.9 bereitgestellte Methode der H-Resolution zielgerichteter einzusetzen und die Termeinsetzungen mög-lichst allgemein zu halten, geben wir Φ zunächst durch die „unsubstituierten" Klauseln

$$K_1 := \{\neg Pxyc, Rygfx\} \quad \text{und} \quad K_2 := \{Pfxyc\}$$

und $\exists x \exists y\, Rfxgy$ durch die Klausel

$$N_1 := \{\neg Rfxgy\}$$

wieder und versuchen dann, K_1 und N_1 durch eine möglichst schwache Spe-zialisierung der auftretenden Terme zur Resolution zu bringen. Hierzu wählen wir einen Separator von K_1 und N_1, etwa $\xi_1 := \frac{uvxy}{xyuv}$. Dann ist

$$K_1' := K_1 \xi_1 = \{\neg Puvc, Rvgfu\}.$$

Mit dem Substitutor $\sigma_1 := \frac{fx\ fu}{v\ y}$ wird

$$K_1' \sigma_1 = \{\neg Pufxc, Rfxgfu\} \quad \text{und} \quad N_1 \sigma_1 = \{\neg Rfxgfu\}.$$

Jetzt ist $N_2 := \{\neg Pufxc\}$ eine Resolvente von $K_1' \sigma_1$ und $N_1 \sigma_1$.

Für den Separator $\xi_2 := \frac{zx}{xz}$ von K_2 und N_2 gilt

$$K_2' := K_2 \xi_2 = \{Pfzyc\},$$

und mit dem Substitutor $\sigma_2 := \frac{fz\ fx}{u\ y}$ ergibt sich

$$K_2' \sigma_2 = \{Pfzfxc\} \quad \text{und} \quad N_2 \sigma_2 = \{\neg Pfzfxc\},$$

und $\emptyset$ ist eine Resolvente von $K_2' \sigma_2$ und $N_2 \sigma_2$.

Schematisch geben wir diese Ableitung in Abb. 11.8 wieder.

Nun ist $[Rfxgy]\sigma_1\sigma_2 = Rfxgffz$. In der Tat gilt (die folgenden Überlegungen werden das allgemein zeigen):

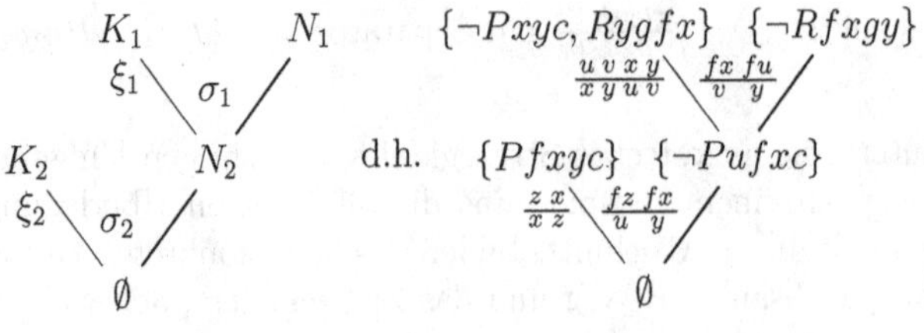

$$K_1 \qquad N_1 \qquad \{\neg Pxyc, Rygfx\} \quad \{\neg Rfxgy\}$$

$$\xi_1 \searrow \ \sigma_1 \diagup \qquad\qquad \frac{u\,v\,x\,y}{x\,y\,u\,v} \searrow \ \frac{fx\,fu}{v\ \ y} \diagup$$

$$K_2 \qquad N_2 \qquad \text{d.h.} \quad \{Pfxyc\} \quad \{\neg Pufxc\}$$

$$\xi_2 \searrow \ \sigma_2 \diagup \qquad\qquad \frac{z\,x}{x\,z} \searrow \ \frac{fz\,fx}{u\ \ y} \diagup$$

$$\emptyset \qquad\qquad\qquad \emptyset$$

Abb. 11.8

$$\Phi \vdash Rfxgffz$$

und damit

$$\Phi \vdash \forall x \forall z\, Rfxgffz.$$

Das Existenzproblem $\exists x \exists y\, Rfxgy$ hat also „$x\sigma_1\sigma_2$ und $y\sigma_1\sigma_2$", d.h. „x und ffz" als eine „Lösungsschar". Insbesondere ist etwa (für $x = gc$ und $z = c$) $x = gc$ und $y = ffc$ eine Lösung in T_0^S.

Durch den Substitutor σ_1 wurden die Ausdrücke $Rvgfu$ in K_1' und $\neg Rfxgy$ in N_1 „in sparsamer Weise" (bis auf $\neg$) gleichgemacht. Im Sinne der folgenden Überlegungen handelt es sich bei σ_1 um einen *allgemeinen* Unifikator von $\{Rvgfu, Rfxgy\}$ (vgl. Beispiel 11.7.7(a)).

11.7.5 Definition Sei K eine Klausel. K heißt *unifizierbar* :gdw es gibt einen Substitutor σ, für den $K\sigma$ einelementig ist. In diesem Fall heißt σ ein *Unifikator* von K.

Die leere Klausel ist also nicht unifizierbar.

11.7.6 Lemma (über den Unifikator) *Das folgende Verfahren, der sog.* Unifikationsalgorithmus, *entscheidet für jede Klausel K, ob sie unifizierbar ist, und liefert gegebenenfalls einen* allgemeinen Unifikator von K, d.h. einen *Unifikator η von K, für den gilt:*

Ist σ ein Unifikator von K, so gibt es einen Substitutor τ mit $\sigma = \eta\tau$.

Den durch den Algorithmus gelieferten allgemeinen Unifikator nennen wir „den allgemeinen Unifikator von K".

Der Unifikationsalgorithmus wird, beginnend mit (UA1), schrittweise ausgeführt.

(UA1) *Ist K leer, enthält K sowohl atomare als auch negiert atomare Ausdrücke, oder enthalten die Ausdrücke in K nicht alle dasselbe Relationssymbol, so stoppe mit der Antwort „K ist nicht unifizierbar".*

(UA2) *Setze $i := 0$ und $\sigma_0 := \iota$.*

(UA3) *Ist $K\sigma_i$ einelementig, so stoppe mit der Antwort „K ist unifizierbar und σ_i ist ein allgemeiner Unifikator".*

(UA4) *Ist $K\sigma_i$ nicht einelementig, so seien ψ_1 und ψ_2 zwei verschiedene Literale in $K\sigma_i$ (etwa die ersten in einer ausgezeichneten, z. B. der lexikografischen, Reihenfolge). Man bestimme die erste Stelle, an der sich die Wörter ψ_1 und ψ_2 unterscheiden. Es seien §$_1$ und §$_2$ die Buchstaben an dieser Stelle in ψ_1 bzw. in ψ_2.*

(UA5) *Sind die (verschiedenen) Buchstaben §$_1$ und §$_2$ Funktionssymbole oder Konstanten, so stoppe mit der Antwort „K ist nicht unifizierbar".*

(UA6) *Ist einer der Buchstaben §$_1$, §$_2$ eine Variable x, etwa §$_1$, so bestimme man den Term t, der in ψ_2 mit §$_2$ beginnt (t kann auch eine Variable sein; nach 2.4.9 existiert t und ist eindeutig bestimmt).*

(UA7) *Kommt x in t vor, so stoppe mit der Antwort „K ist nicht unifizierbar".*

(UA8) *Setze $\sigma_{i+1} := \sigma_i \frac{t}{x}$ und $i := i + 1$.*

(UA9) *Gehe zu* (UA3).

Beweis. Wir müssen zeigen, dass der Unifikationsalgorithmus für jede Klausel K stoppt, dabei die Frage „Ist K unifizierbar?" richtig beantwortet und im positiven Fall einen allgemeinen Unifikator liefert.

Stoppt der Algorithmus mit (UA1), so ist K offensichtlich nicht unifizierbar. O.B.d.A. sei K daher eine nicht-leere Klausel, deren Literale alle atomar oder alle negiert atomar sind und das gleiche Relationssymbol enthalten.

Der Algorithmus muss für K nach endlich vielen Schritten stoppen: Da bei Ausführung von (UA8) die Variable x verschwindet (x kommt nicht in t vor!), kann die einzig mögliche Schleife (UA3)–(UA9) nur so oft durchlaufen werden, wie es verschiedene Variablen in K gibt.

Stoppt der Algorithmus mit (UA3), ist K unifizierbar. Ist daher K nicht unifizierbar, kann der Algorithmus nur nach (UA5) oder (UA7) stoppen; er liefert dann also die richtige Antwort.

Sei jetzt K unifizierbar. Wir werden zeigen:

(∗) Ist τ irgendein Unifikator von K, so gibt es für jeden Wert i, den der Algorithmus erreicht, ein τ_i mit $\sigma_i \tau_i = \tau$.

Dann sind wir fertig: Ist k der letzte Wert von i, so ist wegen $K\sigma_k\tau_k = K\tau$ die Klausel $K\sigma_k$ unifizierbar; der Algorithmus kann also nicht mit (UA5) oder (UA7) enden. (Würde er z. B. mit (UA7) enden, gäbe es in $K\sigma_k$ zwei verschiedene Literale der Gestalt $\ldots x \sim$ und $\ldots t$ __, wobei $x \neq t$ und x in t vorkommt; nach Ausführung von Substitutionen würden an den x bzw. t entsprechenden Stellen stets Terme verschiedener Länge beginnen.) Demnach muss der Algorithmus mit (UA3) enden, d.h., σ_k ist ein Unifikator und nach $(*)$ ein allgemeiner Unifikator von K.

Den Beweis von $(*)$ führen wir induktiv über i.

Für $i = 0$ setzen wir $\tau_0 := \tau$. Dann ist $\sigma_0\tau_0 = \iota\tau_0 = \tau$. Gelte im Induktionsschritt $\sigma_i\tau_i = \tau$ und werde der Wert $i + 1$ erreicht. Nach (UA8) haben wir $\sigma_{i+1} = \sigma_i\frac{t}{x}$. Dann gilt zunächst ($K\sigma_i\tau_i$ ist einelementig!)

$$(1) \qquad\qquad x\tau_i = t\tau_i.$$

Wir definieren τ_{i+1} durch

$$y\tau_{i+1} := \begin{cases} y\tau_i, & \text{falls } y \neq x, \\ x, & \text{falls } y = x. \end{cases}$$

Da x in t nicht vorkommt, ist

$$(2) \qquad\qquad t\tau_{i+1} = t\tau_i.$$

Nun gilt $\frac{t}{x}\tau_{i+1} = \tau_i$; denn für $y \neq x$ ist $y(\frac{t}{x}\tau_{i+1}) = y\tau_{i+1} = y\tau_i$, und für $y = x$ gilt $y(\frac{t}{x}\tau_{i+1}) = t\tau_{i+1} = t\tau_i = x\tau_i = y\tau_i$ (vgl. (1) und (2)).

Insgesamt ist daher

$$\sigma_{i+1}\tau_{i+1} = (\sigma_i\frac{t}{x})\tau_{i+1} = \sigma_i(\frac{t}{x}\tau_{i+1}) = \sigma_i\tau_i = \tau$$

und die Induktionsbehauptung damit bewiesen. $\dashv$

11.7.7 Beispiele Es sei S wie in 11.7.4.
(a) Es sei $K := \{Rvgfu, Rfxgy\}$. Der Unifikationsalgorithmus liefert der Reihe nach $\sigma_0 = \iota$, $\sigma_1 = \frac{fx}{v}$, $\sigma_2 = \frac{fx}{v}\frac{fu}{y}$ und die Antwort: „K ist unifizierbar und $\frac{fx}{v}\frac{fu}{y}$ ist ein allgemeiner Unifikator".

(b) Es sei $K := \{Pfzyc, Pufxc\}$. Der Algorithmus liefert entsprechend $\sigma_0 = \iota$, $\sigma_1 = \frac{fz}{u}$, $\sigma_2 = \frac{fz}{u}\frac{fx}{y}$ und die Antwort: „K ist unifizierbar und $\frac{fz}{u}\frac{fx}{y}$ ist ein allgemeiner Unifikator".

(c) Es sei $K := \{Ryfy, Rzz\}$. Wir erhalten $\sigma_0 = \iota$, $\sigma_1 = \frac{z}{y}$ (oder $\sigma_1 = \frac{y}{z}$) und die Antwort: „K ist nicht unifizierbar".

Der Kern der im Beispiel 11.7.4 durchgeführten Resolutionen wird durch den folgenden Begriff erfasst:

11.7.8 Definition K, K_1 und K_2 seien Klauseln. K ist eine *Unifikationsresolvente* (kurz: *U-Resolvente*) von K_1 und K_2 :gdw es gibt einen Separator ξ

von K_1 und K_2, und es gibt $M_1, L_1 \subseteq K_1$ und $M_2, L_2 \subseteq K_2$ mit den folgenden Eigenschaften:

(i) L_1 und L_2 sind nicht leer.

(ii) $L_1\xi \cup L_2^F$ ist unifizierbar.

(iii) $K_1 = M_1 \cup L_1$, $K_2 = M_2 \cup L_2$ und $K = (M_1\xi \cup M_2)\eta$,

wobei η der allgemeine Unifikator von $L_1\xi \cup L_2^F$ ist.

Schematisch geben wir diese „U-Resolution" wieder durch

Da Substitutionen an Grundklauseln (d.h. an variablenfreien Klauseln) nichts ändern und da eine unifizierbare Grundklausel einelementig ist (mit ι als allgemeinem Unifikator), sehen wir sofort:

11.7.9 Bemerkung *Für Grundklauseln K, K_1 und K_2 gilt: K ist eine Resolvente von K_1 und K_2 genau dann, wenn K eine U-Resolvente von K_1 und K_2 ist.* ⊣

In Beispiel 11.7.4 war $K_1 = \{\neg Pxyc, Rygfx\}$ und $N_1 = \{\neg Rfxgy\}$. Ist ξ_1 der dort gewählte Separator $\frac{uvxy}{xyuv}$ von K_1 und N_1 und damit $K_1\xi_1 = \{\neg Puvc,$ $Rvgfu\}$, so ist für $L_1 := \{Rygfx\}$ und $L_2 := \{\neg Rfxgy\}$ die Klausel $L_1\xi_1 \cup L_2^F$ ($= \{Rvgfu, Rfxgy\}$) unifizierbar, und $\sigma_1 = \frac{fx\ fu}{v\ y}$ ($= \eta_1$) ist ihr allgemeiner Unifikator. Somit ist $N_2 = \{\neg Pufxc\}$ eine U-Resolvente von K_1 und N_1.

Mit dem folgenden Lemma schlagen wir die Brücke zwischen Resolventen und U-Resolventen. Es liefert uns den Schlüssel zum Satz 11.7.14 über die U-Resolution.

11.7.10 Verträglichkeitslemma *K_1 und K_2 seien Klauseln. Dann gilt:*

(a) *Jede Resolvente einer Grundinstanz von K_1 und einer Grundinstanz von K_2 ist Grundinstanz einer U-Resolvente von K_1 und K_2.*

(b) *Jede Grundinstanz einer U-Resolvente von K_1 und K_2 ist Resolvente einer Grundinstanz von K_1 und einer Grundinstanz von K_2.*

Beweis. (a) Es sei $K_i\sigma_i$ Grundinstanz von K_i ($i = 1, 2$) und K eine Resolvente von $K_1\sigma_1$ und $K_2\sigma_2$, also für geeignete M_1, M_2 und φ_0

$$K_1\sigma_1 = M_1 \cup \{\varphi_0\}, \quad K_2\sigma_2 = M_2 \cup \{\varphi_0^F\}, \quad K = M_1 \cup M_2.$$

Wir setzen

$$M_i' := \{\varphi \in K_i \mid \varphi\sigma_i \in M_i\} \quad (i = 1, 2),$$
$$L_1 := \{\varphi \in K_1 \mid \varphi\sigma_1 = \varphi_0\}, \ L_2 := \{\varphi \in K_2 \mid \varphi\sigma_2 = \varphi_0^F\}.$$

Dann ist

$$(*) \qquad \begin{aligned} K_i &= M_i' \cup L_i \quad (i = 1, 2), \\ M_i'\sigma_i &= M_i \quad (i = 1, 2), \\ L_1\sigma_1 &= L_2^F\sigma_2 = \{\varphi_0\}. \end{aligned}$$

Sei ξ ein Separator von K_1 und K_2 und σ der Substitutor mit

$$x\sigma := \begin{cases} x\xi^{-1}\sigma_1, & \text{falls } x \in \text{frei}(K_1\xi), \\ x\sigma_2, & \text{sonst.} \end{cases}$$

Somit ist wegen $\text{frei}(K_1\xi) \cap \text{frei}(K_2) = \emptyset$

$$(+) \qquad\qquad \varphi\sigma = \varphi\sigma_2 \text{ für } \varphi \in K_2.$$

Daher ist

$$(L_1\xi \cup L_2^F)\sigma = L_1\xi\xi^{-1}\sigma_1 \cup L_2^F\sigma = L_1\sigma_1 \cup L_2^F\sigma_2 = \{\varphi_0\},$$

σ also ein Unifikator von $L_1\xi \cup L_2^F$. Sei η der allgemeine Unifikator und $\sigma = \eta\tau$. Dann ist $K^* := (M_1'\xi \cup M_2')\eta$ eine U-Resolvente von K_1 und K_2. Schließlich ist K eine Grundinstanz von K^*; denn es ist $K^*\tau = (M_1'\xi \cup M_2')\sigma \overset{(+)}{=} M_1'\sigma_1 \cup M_2'\sigma_2 \overset{(*)}{=} M_1 \cup M_2 = K$.

Damit ist (a) bewiesen. Für spätere Zwecke halten wir die folgende Verschärfung fest: Da wir bei gegebener endlicher Menge Y von Variablen den Separator ξ von K_1 und K_2 so wählen können, dass $\text{frei}(K_1\xi) \cap Y = \emptyset$, haben wir gezeigt:

$$\left(\substack{*\\*}\right) \left\{ \begin{array}{l} \text{Sind } K_1 \text{ und } K_2 \text{ Klauseln und } K_1\sigma_1 \text{ und } K_2\sigma_2 \text{ Grundinstanzen von} \\ K_1 \text{ bzw. } K_2 \text{ und ist} \end{array} \right.$$

eine Resolution, so gibt es zu jeder endlichen Menge Y von Variablen K^*, ξ, η und τ so, dass

eine U-Resolution ist und $K = K^*\tau$ sowie $y\eta\tau \ (= y\sigma) = y\sigma_2$ für $y \in Y$.

(b) Sei K eine U-Resolvente von K_1 und K_2, etwa $K = (M_1\xi \cup M_2)\eta$, $K_i = M_i \cup L_i$ $(i = 1, 2)$ und $(L_1\xi \cup L_2^F)\eta = \{\varphi_0\}$, wobei ξ ein Separator von K_1 und K_2 und η der allgemeine Unifikator von $L_1\xi \cup L_2^F$ sei.

Sei weiter eine Grundinstanz $K\sigma$ von K gegeben. Wir setzen

$$\sigma_1 := \xi\eta\sigma \quad \text{und} \quad \sigma_2 := \eta\sigma.$$

Dabei können wir annehmen, dass $K_1\sigma_1$ und $K_2\sigma_2$ Grundklauseln sind. (Sonst ersetze man σ durch $\sigma\tau$, wobei $\tau(x) \in T_0^S$ für $x \in \text{frei}(K_1\sigma_1 \cup K_2\sigma_2)$, und beachte, dass $K\sigma\tau = K\sigma$ gilt, da $K\sigma$ eine Grundklausel ist.) Die Behauptung ergibt sich somit aus

$$K\sigma \text{ ist Resolvente von } K_1\sigma_1 \text{ und } K_2\sigma_2.$$

Hierzu brauchen wir nur zu beachten, dass

$$K_1\sigma_1 = M_1\sigma_1 \cup L_1\sigma_1 = M_1\sigma_1 \cup \{\varphi_0\sigma\},$$
$$K_2\sigma_2 = M_2\sigma_2 \cup L_2\sigma_2 = M_2\sigma_2 \cup \{\varphi_0^F\sigma\}$$

und

$$M_1\sigma_1 \cup M_2\sigma_2 = (M_1\xi \cup M_2)\eta\sigma = K\sigma. \qquad \dashv$$

Wie bei der Resolution führen wir jetzt die Mengen $\text{URes}_i(\mathfrak{K})$ der Klauseln ein, die durch i-malige Bildung von U-Resolventen aus Klauseln in $\mathfrak{K}$ gewonnen werden können.

11.7.11 Definition Für eine Menge $\mathfrak{K}$ von Klauseln sei

$$\text{URes}(\mathfrak{K}) := \mathfrak{K} \cup \{K \mid \text{Es gibt } K_1, K_2 \in \mathfrak{K} \text{ mit:}$$
$$K \text{ ist U-Resolvente von } K_1 \text{ und } K_2\}.$$

Für $i \in \mathbb{N}$ sei $\text{URes}_i(\mathfrak{K})$ induktiv definiert durch

$$\text{URes}_0(\mathfrak{K}) \quad := \quad \mathfrak{K}$$
$$\text{URes}_{i+1}(\mathfrak{K}) \quad := \quad \text{URes}(\text{URes}_i(\mathfrak{K})).$$

Schließlich sei

$$\text{URes}_\infty(\mathfrak{K}) := \bigcup_{i\in\mathbb{N}} \text{URes}_i(\mathfrak{K}).$$

Wir wollen zunächst einen Zusammenhang zwischen den Operationen URes und Res herstellen. Dazu vereinbaren wir: Für eine Klausel $K = \{\varphi_1, \ldots, \varphi_l\}$ mit $\text{frei}(\varphi_i) \subseteq \{x_1, \ldots, x_m\}$ für $1 \leq i \leq l$ sei

$$\text{GI}(K) := \left\{ \{\varphi_1(\overset{m}{x} \mid \overset{m}{t}), \ldots, \varphi_l(\overset{m}{x} \mid \overset{m}{t})\} \mid t_1, \ldots, t_m \in T_0^S \right\}$$

die Menge der *Grundinstanzen von* K, und für eine Menge $\mathfrak{K}$ von Klauseln sei

$$\text{GI}(\mathfrak{K}) := \bigcup_{K\in\mathfrak{K}} \text{GI}(K).$$

Da sich nach dem Verträglichkeitslemma der Übergang zu Grundinstanzen und die Bildung von U-Resolventen vertauschen lassen, ergibt sich:

11.7.12 Lemma *Für eine Menge $\mathfrak{K}$ von Klauseln gilt:*
(a) *Für alle $i \in \mathbb{N}$:* $\text{Res}_i(\text{GI}(\mathfrak{K})) = \text{GI}(\text{URes}_i(\mathfrak{K}))$.
(b) $\text{Res}_\infty(\text{GI}(\mathfrak{K})) = \text{GI}(\text{URes}_\infty(\mathfrak{K}))$.

Beweis. (b) ergibt sich unmittelbar aus (a). Wir zeigen (a) durch Induktion über i. Für $i = 0$ haben wir

$$\mathrm{Res}_0(\mathrm{GI}(\mathfrak{K})) = \mathrm{GI}(\mathfrak{K}) = \mathrm{GI}(\mathrm{URes}_0(\mathfrak{K})).$$

Beim Induktionsschritt schließen wir folgendermaßen:

$$\begin{aligned}
\mathrm{Res}_{i+1}(\mathrm{GI}(\mathfrak{K})) &= \mathrm{Res}(\mathrm{Res}_i(\mathrm{GI}(\mathfrak{K}))) \\
&= \mathrm{Res}(\mathrm{GI}(\mathrm{URes}_i(\mathfrak{K}))) \quad \text{(nach Ind.-Vor.)} \\
&= \mathrm{GI}(\mathrm{URes}(\mathrm{URes}_i(\mathfrak{K}))) \quad \text{(nach 11.7.10)} \\
&= \mathrm{GI}(\mathrm{URes}_{i+1}(\mathfrak{K})).
\end{aligned}$$
$\dashv$

Da $\emptyset \in \mathrm{GI}(\mathrm{URes}_\infty(\mathfrak{K}))$ gdw $\emptyset \in \mathrm{URes}_\infty(\mathfrak{K})$, erhalten wir aus 11.7.12:

11.7.13 Hauptlemma über die U-Resolution *Für eine Menge $\mathfrak{K}$ von Klauseln gilt:*

$$\emptyset \in \mathrm{Res}_\infty(\mathrm{GI}(\mathfrak{K})) \quad gdw \quad \emptyset \in \mathrm{URes}_\infty(\mathfrak{K}).$$
$\dashv$

Wir übersetzen das Ergebnis auf Mengen universeller Sätze. Für einen universellen Satz φ der Gestalt

$$\forall x_1 \ldots \forall x_m ((\varphi_{00} \vee \ldots \vee \varphi_{0l_0}) \wedge \ldots \wedge (\varphi_{s0} \vee \ldots \vee \varphi_{sl_s}))$$

mit Literalen φ_{ij} sei

$$\mathfrak{K}(\varphi) := \{\{\varphi_{00}, \ldots, \varphi_{0l_0}\}, \ldots, \{\varphi_{s0}, \ldots, \varphi_{sl_s}\}\}$$

die zu φ gehörende „unsubstituierte" Klauselmenge, und für eine Menge Φ solcher Sätze sei $\mathfrak{K}(\Phi)$ die Klauselmenge $\bigcup_{\varphi \in \Phi} \mathfrak{K}(\varphi)$. Man beachte, dass

$$(*) \qquad\qquad \mathrm{GI}(\mathfrak{K}(\Phi)) = \mathfrak{K}(\mathrm{GI}(\Phi)).$$

Wir zeigen:

11.7.14 Satz über die U-Resolution *Für eine Menge Φ universeller Sätze der Gestalt $\forall x_1 \ldots \forall x_m \varphi$ mit quantorenfreiem φ in KNF gilt:*

$$\Phi \text{ ist erfüllbar} \quad gdw \quad \emptyset \notin \mathrm{URes}_\infty(\mathfrak{K}(\Phi)).$$

Beweis. Φ ist erfüllbar

gdw	$\mathrm{GI}(\Phi)$ ist aussagenlogisch erfüllbar	(wegen 11.6.4)
gdw	$\mathfrak{K}(\mathrm{GI}(\Phi))$ ist erfüllbar	(wegen 11.5.4)
gdw	$\mathrm{GI}(\mathfrak{K}(\Phi))$ ist erfüllbar	(wegen $(*)$)
gdw	$\emptyset \notin \mathrm{Res}_\infty(\mathrm{GI}(\mathfrak{K}(\Phi)))$	(wegen 11.5.8)
gdw	$\emptyset \notin \mathrm{URes}_\infty(\mathfrak{K}(\Phi))$	(wegen 11.7.13).

$\dashv$

Zur Illustration von 11.7.14 betrachten wir noch einmal das Beispiel 11.6.6: Wir zeigen die Unerfüllbarkeit des Ausdrucks

$$\varphi := \forall x \forall y ((Rxy \vee Qx) \wedge \neg Rxgx \wedge \neg Qy)$$

mit Hilfe der U-Resolution. Man vergleiche dazu das Vorgehen in 11.6.6!

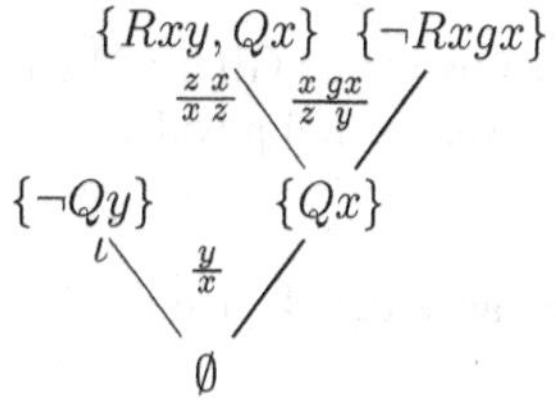

$$\{Rxy, Qx\} \quad \{\neg Rxgx\}$$

Zunächst gehen wir von φ zur Klauselmenge

$$\mathfrak{K}(\varphi) = \{\{Rxy, Qx\}, \{\neg Rxgx\}, \{\neg Qy\}\}$$

$$\{\neg Qy\} \quad \{Qx\}$$

über. Der U-Resolutionsbaum in Abb. 11.9 zeigt dann die Unerfüllbarkeit von φ.

$$\emptyset$$

Abb. 11.9

Wir gelangen zum Kern der Logik-Programmierung, indem wir auch die Horn-Resolution mit dem Unifikationsalgorithmus verknüpfen. Dazu übertragen wir zunächst die Definition 11.5.9 der H-Ableitbarkeit.

11.7.15 Definition Es sei $\mathfrak{P}$ eine Menge positiver Klauseln, und N sei eine negative Klausel.

(a) Eine Folge $N_0, \ldots, N_k$ von negativen Klauseln ist *eine UH-Resolution aus $\mathfrak{P}$ und N* :gdw es gibt $K_0, \ldots, K_{k-1} \in \mathfrak{P}$, sodass $N_0 = N$ ist und N_{i+1} eine U-Resolvente von K_i und N_i für $i < k$.

(b) Eine negative Klausel N' heißt aus $\mathfrak{P}$ und N *UH-ableitbar* :gdw es gibt eine UH-Resolution $N_0, \ldots, N_k$ aus $\mathfrak{P}$ und N mit $N' = N_k$.

(c) Für eine Menge $\mathfrak{K}$ von Klauseln sei

$$\text{UHRes}(\mathfrak{K}) := \mathfrak{K} \cup \{N \mid N \text{ negative Klausel, und es gibt ein}$$
$$\text{positives } K_1 \in \mathfrak{K} \text{ und ein negatives } N_1 \in \mathfrak{K},$$
$$\text{sodass } N \text{ U-Resolvente von } K_1 \text{ und } N_1 \text{ ist } \}.$$

Weiterhin sei

$$\text{UHRes}_0(\mathfrak{K}) := \mathfrak{K},$$
$$\text{UHRes}_{i+1}(\mathfrak{K}) := \text{UHRes}(\text{UHRes}_i(\mathfrak{K})) \text{ und}$$
$$\text{UHRes}_\infty(\mathfrak{K}) := \bigcup_{i \in \mathbb{N}} \text{UHRes}_i(\mathfrak{K}).$$

11.7.16 Hauptlemma über die UH-Resolution *Für eine Menge $\mathfrak{P}$ von positiven Klauseln und eine negative Klausel N gilt*

$$\emptyset \in \text{HRes}_\infty(\text{GI}(\mathfrak{P} \cup \{N\})) \quad gdw \quad \emptyset \in \text{UHRes}_\infty(\mathfrak{P} \cup \{N\}).$$

Beweis. Wiederum mit dem Verträglichkeitslemma 11.7.10 zeigt man, dass

$$\text{HRes}_\infty(\text{GI}(\mathfrak{P} \cup \{N\})) = \text{GI}(\text{UHRes}_\infty(\mathfrak{P} \cup \{N\})).$$

Daraus ergibt sich sofort die Behauptung. ⊣

Ähnlich wie 11.7.14 erhalten wir jetzt:

11.7.17 Satz über die UH-Resolution *Es sei Φ eine Menge von positiven universellen Horn-Sätzen und φ ein negativer universeller Horn-Satz. Dann gilt:*

$$\Phi \cup \{\varphi\} \text{ ist erfüllbar} \quad gdw \quad \emptyset \text{ ist nicht aus } \mathfrak{K}(\Phi) \text{ und } \mathfrak{K}(\varphi)$$
$$UH\text{-ableitbar.}$$

Beweis. Wir beachten zunächst, dass $GI(\mathfrak{K}(\Phi))$ aus positiven und $GI(\mathfrak{K}(\varphi))$ aus negativen Klauseln besteht. Dann sind die folgenden Aussagen äquivalent:

(1) $\Phi \cup \{\varphi\}$ ist erfüllbar.

(2) $GI(\mathfrak{K}(\Phi) \cup \mathfrak{K}(\varphi)) = GI(\mathfrak{K}(\Phi)) \cup GI(\mathfrak{K}(\varphi))$ ist aussagenlogisch erfüllbar.

(3) $\emptyset \notin HRes_\infty(GI(\mathfrak{K}(\Phi)) \cup GI(\mathfrak{K}(\varphi)))$.

(4) $\emptyset \notin UHRes_\infty(\mathfrak{K}(\Phi) \cup \mathfrak{K}(\varphi))$.

(5) $\emptyset$ ist nicht aus $\mathfrak{K}(\Phi)$ und $\mathfrak{K}(\varphi)$ UH-ableitbar.

Zur Begründung die folgenden Hinweise: Die Äquivalenz von (1) und (2) ergibt sich wie die Äquivalenz der ersten und der vierten Aussage im Beweis von 11.7.14; von (3) nach (2) gelangt man mit 11.5.11 unter Verwendung von 11.5.3, von (2) nach (3) mit dem Resolutionssatz 11.5.8, da $HRes_\infty(\ldots) \subseteq Res_\infty(\ldots)$. Die Äquivalenz von (3) und (4) ergibt sich mit 11.7.16, die von (4) und (5) aus der Definition 11.7.15.   ⊣

Auch hier zur Illustration ein früheres Beispiel, nämlich 11.7.4. Es sei

$$\Phi := \{\forall x \forall y (Pxyc \to Rygfx), \forall x \forall y \, Pfxyc\}.$$

Um zu zeigen, dass

(∗) $\Phi \vdash \exists x \exists y \, Rfxgy,$

dass also $\Phi \cup \{\forall x \forall y \neg Rfxgy\}$ unerfüllbar ist, genügt es nachzuweisen, dass eine UH-Ableitung von $\emptyset$ aus $\{\{\neg Pxyc, Rygfx\}, \{Pfxyc\}\}$ und $\{\neg Rfxgy\}$ existiert (vgl. 11.7.17). In der Tat gibt der in Abb. 11.8 auf S. 268 angegebene Resolutionsbaum eine entsprechende UH-Ableitung wieder. In 11.7.4 haben wir auch erwähnt, dass diese Ableitung uns zugleich eine Lösung für die Existenzbehauptung (∗) liefert. Wir wollen das jetzt allgemein zeigen; zugleich beweisen wir, dass wir *alle* Lösungen des Existenzproblems auf diese Weise erhalten. Damit haben wir unser Ziel erreicht.

11.7.18 Satz über die Logik-Programmierung *Es sei Φ eine Menge von positiven universellen Horn-Sätzen der Gestalt*

(1) $\forall y_1 \ldots \forall y_l \varphi$ *oder*   (2) $\forall y_1 \ldots \forall y_l (\varphi_0 \wedge \ldots \wedge \varphi_s \to \varphi)$

mit atomaren $\varphi, \varphi_0, \ldots, \varphi_s$, und es sei $\exists x_1 \ldots \exists x_m (\psi_0 \wedge \ldots \wedge \psi_r)$ ein Satz mit atomaren $\psi_0, \ldots, \psi_r$. Schließlich sei

$$N := \{\neg\psi_0, \ldots, \neg\psi_r\} \ und \ \mathfrak{P} := \mathfrak{K}(\Phi)$$

($\mathfrak{P}$ enthält also für Sätze in Φ der Gestalt (1) die Klausel $\{\varphi\}$ und für Sätze der Gestalt (2) die Klausel $\{\neg\varphi_0, \ldots, \neg\varphi_s, \varphi\}$). Dann gilt:
(a) Adäquatheit:

$$\Phi \vdash \exists x_1 \ldots \exists x_m (\psi_0 \wedge \ldots \wedge \psi_r) \quad gdw \quad \emptyset \ ist \ UH\text{-}ableitbar \ aus \ \mathfrak{P} \ und \ N.$$

(b) *Lösungskorrektheit: Ist*

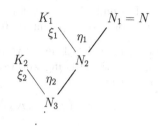

eine UH-Ableitung von $\emptyset$ aus $\mathfrak{P}$ und N, so ist

$$\Phi \vdash (\psi_0 \wedge \ldots \wedge \psi_r)\eta_1 \ldots \eta_k.$$

(c) *Lösungsvollständigkeit: Ist für $t_1, \ldots, t_m \in T_0^S$*

$$\Phi \vdash (\psi_0 \wedge \ldots \wedge \psi_r)(\overset{m}{x} \mid \overset{m}{t}),$$

so gibt es eine UH-Ableitung von $\emptyset$ aus $\mathfrak{P}$ und N der unter (b) angegebenen Form und einen Substitutor τ mit

$$t_i = x_i\eta_1 \ldots \eta_k\tau \ \text{für } i = 1, \ldots, m.$$

Kommen unter (b) in $(\psi_0 \wedge \ldots \wedge \psi_r)\eta_1 \ldots \eta_k$ genau die Variablen $z_1, \ldots, z_s$ vor, so gilt

$$\Phi \vdash \forall z_1 \ldots \forall z_s((\psi_0 \wedge \ldots \wedge \psi_r)\eta_1 \ldots \eta_k),$$

also für jeden Substitutor τ dann $\Phi \vdash (\psi_0 \wedge \ldots \wedge \psi_r)\eta_1 \ldots \eta_k\tau$. (b) und (c) zeigen damit, dass die variablenfreien Terme $t_1, \ldots, t_m$ mit $\Phi \vdash (\psi_0 \wedge \ldots \wedge \psi_r)(\overset{m}{x} \mid \overset{m}{t})$, also die Lösungen des Existenzproblems, gerade die „Spezialisierungen" der durch UH-Ableitungen gelieferten „Lösungsscharen" $x_1\eta_1 \ldots \eta_k, \ldots, x_m\eta_1 \ldots \eta_k$ sind.

Beweis. Wegen $\Phi \vdash \exists x_1 \ldots \exists x_m(\psi_0 \wedge \ldots \wedge \psi_r)$ gdw nicht Erf $\Phi \cup \{\forall x_1 \ldots \forall x_m (\neg\psi_0 \vee \ldots \vee \neg\psi_r)\}$ ergibt sich (a) unmittelbar aus 11.7.17.

Zu (b): Wir führen den Beweis induktiv über die Länge k der Ableitung. Ist $k = 1$, so gilt

Daher muss $K_1\xi_1\eta_1 = N^F\eta_1$ sein, es muss also einen Satz $\forall y_1 \ldots \forall y_l \varphi \in \Phi$ geben, sodass $K_1 = \{\varphi\}$ und $\varphi\xi_1\eta_1 = \psi_i\eta_1$ für $i = 0, \ldots, r$. Wegen $\Phi \vdash \forall y_1 \ldots \forall y_l \varphi$ gilt $\Phi \vdash \varphi\xi_1\eta_1$ und somit $\Phi \vdash \psi_i\eta_1$ für $i = 0, \ldots, r$, d.h. $\Phi \vdash (\psi_0 \wedge \ldots \wedge \psi_r)\eta_1$.

Sei, im Induktionsschritt, $k > 1$ und etwa $N_2 = \{\neg\chi_0, \ldots, \neg\chi_t\}$ (N_2 ist nicht leer!). Die Induktionsvoraussetzung, angewendet auf die mit K_2 und N_2 beginnende Ableitung, liefert

(1) $$\Phi \vdash (\chi_0 \wedge \ldots \wedge \chi_t)\eta_2 \ldots \eta_k.$$

Sei $i \leq r$. Wir zeigen

(∗) $$\Phi \vdash \psi_i\eta_1 \ldots \eta_k$$

und damit die Behauptung $\Phi \vdash (\psi_0 \wedge \ldots \wedge \psi_r)\eta_1 \ldots \eta_k$. Wir unterscheiden zwei Fälle:

Ist $\neg\psi_i\eta_1 \in N_2$, erhalten wir (∗) sofort aus (1).

Sei jetzt $\neg\psi_i\eta_1 \notin N_2$. Dann muss $\neg\psi_i\eta_1$ beim nach N_2 führenden Resolutionsschritt „verloren gehen". Also enthält Φ einen Satz $\forall y_1 \ldots \forall y_l (\varphi_1 \wedge \ldots \wedge \varphi_s \to \varphi)$ (d.h. $\forall y_1 \ldots \forall y_l \varphi$ im Falle $s = 0$) mit $K_1 = \{\neg\varphi_1, \ldots, \neg\varphi_s, \varphi\}$ und

(2) $$\varphi\xi_1\eta_1 = \psi_i\eta_1,$$

(3) $$\neg\varphi_j\xi_1\eta_1 \in N_2 \quad \text{für } 1 \leq j \leq s,$$

also nach (3) und (1):

(4) $$\Phi \vdash \varphi_j\xi_1\eta_1\eta_2 \ldots \eta_k \quad \text{für } 1 \leq j \leq s.$$

Da $\Phi \vdash \forall y_1 \ldots \forall y_l (\varphi_1 \wedge \ldots \wedge \varphi_s \to \varphi)$, erhalten wir

$$\Phi \vdash (\neg\varphi_1 \vee \ldots \vee \neg\varphi_s \vee \varphi)\xi_1\eta_1\eta_2 \ldots \eta_k,$$

also nach (4)

$$\Phi \vdash \varphi\xi_1\eta_1\eta_2 \ldots \eta_k,$$

und das führt mit (2) zu (∗).

Zu (c): Aus beweistechnischen Gründen fassen wir die Voraussetzung an die Terme geringfügig allgemeiner:

Es seien $t_1, \ldots, t_m \in T^S$, $\rho_1 := \frac{t_1 \ldots t_m}{x_1 \ldots x_m}$ und $N_1 := N = \{\neg\psi_0, \ldots, \neg\psi_r\}$; $N_1' := N_1\rho_1$ sei eine Grundklausel. Ferner sei $\Phi \vdash (\psi_0 \wedge \ldots \wedge \psi_r)\rho_1$.

Wegen 11.6.4 ist dann $\mathfrak{K}(\mathrm{GI}(\Phi)) \cup \{N_1\rho_1\}$ nicht aussagenlogisch erfüllbar. Also gibt es nach 11.5.10 eine H-Ableitung von $\emptyset$ aus $\mathfrak{K}(\mathrm{GI}(\Phi))$ und N_1' wie in Abb. 11.10. Dabei sind alle K_j' und alle N_j' Grundklauseln und etwa $K_j' = K_j\sigma_j$ mit geeigneten Klauseln $K_j \in \mathfrak{P} = \mathfrak{K}(\Phi)$. Wir zeigen: Es gibt zu jeder endlichen

Menge X von Variablen eine UH-Ableitung wie in Abb. 11.11 von $\emptyset$ aus $\mathfrak{P}$ und $N = N_1$, sodass ein τ existiert mit

$$x\eta_1 \ldots \eta_k \tau = x\rho_1 \quad \text{für } x \in X.$$

Wählen wir dann $X := \{x_1, \ldots, x_m\}$, so ist

$$x_i\eta_1 \ldots \eta_k \tau = t_i \quad (1 \leq i \leq m),$$

und wir sind fertig.

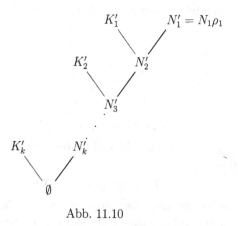

Abb. 11.10

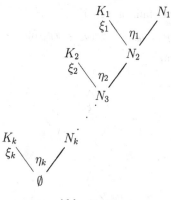

Abb. 11.11

Die Existenz einer entsprechenden UH-Ableitung zeigen wir induktiv über die Länge von k. Sei, im Induktionsanfang, $k = 1$, d.h.

Die Behauptung ergibt sich sofort aus dem Zusatz $\binom{*}{*}$ im Beweis von 11.7.10 mit

$$K_2 := N_1, \quad \sigma_2 := \rho_1, \quad K := \emptyset \quad \text{und} \quad Y := X.$$

Sei, im Induktionsschritt, $k \geq 2$. Zum ersten Schritt der H-Ableitung in Abb. 11.10 wählen wir, wiederum mit dem Zusatz aus 11.7.10, ξ_1, η_1, N_2 und ρ_2 so, dass

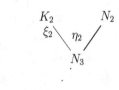

und

$(*)$ $\qquad\qquad\qquad x\eta_1\rho_2 = x\rho_1$ für $x \in X$

sowie $N_2' = N_2\rho_2$. Auf den mit K_2' und N_2' beginnenden Teil der H-Ableitung in Abb. 11.10 und

$$Y := \text{var}(\{x\eta_1 \mid x \in X\})$$

können wir die Induktionsvoraussetzung anwenden. Wir erhalten so die UH-Ableitung in Abb. 11.12 und einen Substitutor τ, für den

$$y\eta_2 \ldots \eta_k\tau = y\rho_2 \text{ für } y \in Y,$$

also wegen $(*)$ und der Definition von Y

$$x\eta_1\eta_2 \ldots \eta_k\tau = x\eta_1\rho_2 = x\rho_1 \text{ für } x \in X.$$

Damit ist alles bewiesen.   ⊣

Abb. 11.12

12

Eine algebraische Charakterisierung der elementaren Äquivalenz

Der überwiegende Teil unserer bisherigen Ausführungen galt dem Aufbau und der Untersuchung der Logik erster Stufe. Für die dominierende Rolle, die die erste Stufe einnimmt, kann man verschiedene Gründe angeben:

(a) Die Logik erster Stufe reicht prinzipiell für die Mathematik aus.

(b) Man kann den intuitiven Beweisbegriff und die Folgerungsbeziehung adäquat durch einen formalen Beweisbegriff beschreiben, der durch einen einfachen Kalkül gegeben ist.

(c) Eine Reihe von semantischen Sachverhalten wie der Endlichkeitssatz oder der Satz von Löwenheim und Skolem führt zu einer Bereicherung mathematischer Methoden.

Dieser „Positivliste" muss allerdings gegenübergestellt werden, dass die bescheidenen Ausdrucksmöglichkeiten der ersten Stufe oftmals zu schwerfälligen Formulierungen zwingen und einen expliziten Bezug auf die Mengenlehre notwendig machen, der nicht der mathematischen Praxis entspricht. Aus diesem Grunde haben wir nach Systemen gesucht, die ausdrucksstärker sind und weiterhin (b) und (c) genügen.

Dabei haben wir eine Reihe von Erweiterungen der ersten Stufe ($\mathcal{L}_{II}$, $\mathcal{L}_{II}^w$, $\mathcal{L}_{\omega_1\omega}$, $\mathcal{L}_Q$) eingeführt und zunächst unter semantischen Aspekten „abgetastet". Es stellte sich heraus (vgl. Kap. 9), dass wir bei (c) Einbußen hinnehmen müssen.

In Kap. 10 haben wir entsprechende Untersuchungen unter mehr syntaktischen

© Springer-Verlag GmbH Deutschland, ein Teil von Springer Nature 2018
H.-D. Ebbinghaus et al., *Einführung in die mathematische Logik*,
https://doi.org/10.1007/978-3-662-58029-5_12

Aspekten geführt. Sie brachten negative Ergebnisse im Hinblick auf (b). So gibt es sowohl für $\mathcal{L}_{\mathrm{II}}$ als auch für $\mathcal{L}_{\mathrm{II}}^{w}$ keine Möglichkeit, den Beweisbegriff adäquat zu kalkülisieren – nicht einmal mit dem bescheideneren Ziel, die allgemeingültigen Ausdrücke zu erfassen.

Die restlichen Ausführungen des Buches dienen dem Nachweis, dass wir mit diesen negativen Ergebnissen einem prinzipiellen Tatbestand auf der Spur sind: Nach Präzisierung des Begriffs „logisches System" werden wir in Kap. 13 zeigen, dass kein logisches System, welches ausdrucksstärker ist als die erste Stufe, (b) und (c) erfüllt.

Das vorliegende Kapitel stellt ein wichtiges Hilfsmittel bereit: Wir nannten zwei Strukturen elementar äquivalent, wenn sie dieselben Sätze erster Stufe erfüllen. Im Folgenden geben wir eine algebraische Charakterisierung der elementaren Äquivalenz. Diese Charakterisierung ist jedoch nicht nur für die angestrebten Ergebnisse von Nutzen; sie eignet sich auch für andere Untersuchungen. So erlaubt sie es in vielen Fällen, die elementare Äquivalenz zweier Strukturen $\mathfrak{A}$ und $\mathfrak{B}$ einfacher zu zeigen als über den Nachweis, dass in $\mathfrak{A}$ und $\mathfrak{B}$ die gleichen Sätze der ersten Stufe gelten. Damit liefert sie eine der wichtigsten Methoden, die Vollständigkeit von Theorien zu beweisen. Zugleich gewinnt man mit ihr ein Hilfsmittel, um zu zeigen, dass gewisse Eigenschaften von Strukturen nicht in der ersten Stufe formulierbar sind.

12.1   Endliche und partielle Isomorphie

Wir stellen in diesem Abschnitt die Begriffe bereit, die wir zur Formulierung der algebraischen Charakterisierung der elementaren Äquivalenz benötigen. Wir beziehen uns dabei auf eine fest vorgegebene Symbolmenge S. Mit $\mathrm{def}(p)$ bezeichnen wir den Definitionsbereich einer Abbildung p und mit $\mathrm{bd}(p)$ ihren Bildbereich, d.h. die Menge $\{p(x) \mid x \in \mathrm{def}(p)\}$.

12.1.1 Definition $\mathfrak{A}$ und $\mathfrak{B}$ seien S-Strukturen, und p sei eine Abbildung. Wir nennen p einen *partiellen Isomorphismus von* $\mathfrak{A}$ *nach* $\mathfrak{B}$ genau dann, wenn $\mathrm{def}(p) \subseteq A, \mathrm{bd}(p) \subseteq B$ und p die folgenden Eigenschaften hat:

(a) p ist injektiv.

(b) p ist in folgendem Sinne homomorph:

   (1) Für n-stelliges $P \in S$ und $a_1, \ldots, a_n \in \mathrm{def}(p)$ gilt
   $$P^{\mathfrak{A}} a_1 \ldots a_n \quad \text{gdw} \quad P^{\mathfrak{B}} p(a_1) \ldots p(a_n).$$

   (2) Für n-stelliges $f \in S$ und $a_1, \ldots, a_n, a \in \mathrm{def}(p)$ gilt
   $$f^{\mathfrak{A}}(a_1, \ldots, a_n) = a \quad \text{gdw} \quad f^{\mathfrak{B}}(p(a_1), \ldots, p(a_n)) = p(a).$$

(3) Für $c \in S$ und $a \in \text{def}(p)$ gilt

$$c^{\mathfrak{A}} = a \quad \text{gdw} \quad c^{\mathfrak{B}} = p(a).$$

Mit $\text{Part}(\mathfrak{A}, \mathfrak{B})$ bezeichnen wir die Menge der partiellen Isomorphismen von $\mathfrak{A}$ nach $\mathfrak{B}$.

12.1.2 Beispiele und Bemerkungen

(a) Die leere Abbildung, d.h. die Abbildung mit leerem Definitionsbereich, ist ein partieller Isomorphismus von $\mathfrak{A}$ nach $\mathfrak{B}$.

(b) Die Abbildung p mit $\text{def}(p) = \{2, 3\}$ und $p(2) = 2$, $p(3) = 6$ ist ein partieller Isomorphismus von der additiven Gruppe $(\mathbb{R}, +, 0)$ der reellen Zahlen in die additive Gruppe $(\mathbb{Z}, +, 0)$ der ganzen Zahlen. Die Abbildung q mit $\text{def}(q) = \{2, 3\}$ und $q(2) = 1$, $q(3) = 2$ ist dagegen kein partieller Isomorphismus von $(\mathbb{R}, +, 0)$ nach $(\mathbb{Z}, +, 0)$, weil $2 + 2 \neq 3$, jedoch $q(2) + q(2) = q(3)$.

(c) Ist S relational, d.h. enthält S nur Relationssymbole, so sind für $a_0, \ldots, a_{r-1} \in A$ und $b_0, \ldots, b_{r-1} \in B$ die beiden folgenden Aussagen äquivalent:

(∗) Durch

$$p(a_i) := b_i \text{ für } i < r$$

wird ein partieller Isomorphismus von $\mathfrak{A}$ nach $\mathfrak{B}$ definiert (mit $\text{def}(p) = \{a_0, \ldots, a_{r-1}\}$ und $\text{bd}(p) = \{b_0, \ldots, b_{r-1}\}$).

(∗∗) Für jeden atomaren Ausdruck $\psi \in L_r^S$ gilt

$$\mathfrak{A} \models \psi[a_0, \ldots, a_{r-1}] \quad \text{gdw} \quad \mathfrak{B} \models \psi[b_0, \ldots, b_{r-1}].$$

Beweis. Wir bemerken zunächst, dass für $i, j < r$

(1) $\qquad \begin{aligned} a_i = a_j &\quad \text{gdw} \quad \mathfrak{A} \models v_i \equiv v_j[a_0, \ldots, a_{r-1}], \\ b_i = b_j &\quad \text{gdw} \quad \mathfrak{B} \models v_i \equiv v_j[b_0, \ldots, b_{r-1}], \end{aligned}$

und dass für n-stelliges $P \in S$ und $i_1, \ldots, i_n < r$

(2) $\qquad \begin{aligned} P^{\mathfrak{A}} a_{i_1} \ldots a_{i_n} &\quad \text{gdw} \quad \mathfrak{A} \models P v_{i_1} \ldots v_{i_n}[a_0, \ldots, a_{r-1}], \\ P^{\mathfrak{B}} b_{i_1} \ldots b_{i_n} &\quad \text{gdw} \quad \mathfrak{B} \models P v_{i_1} \ldots v_{i_n}[b_0, \ldots, b_{r-1}]. \end{aligned}$

Gilt nun (∗∗), so ist wegen

$$\mathfrak{A} \models v_i \equiv v_j[a_0, \ldots, a_{r-1}] \quad \text{gdw} \quad \mathfrak{B} \models v_i \equiv v_j[b_0, \ldots, b_{r-1}]$$

und (1) die Abbildung p wohldefiniert und injektiv. Wegen

$$\mathfrak{A} \models P v_{i_1} \ldots v_{i_n}[a_0, \ldots, a_{r-1}] \quad \text{gdw} \quad \mathfrak{B} \models P v_{i_1} \ldots v_{i_n}[b_0, \ldots, b_{r-1}]$$

und (2) ist p auch homomorph.

Ähnlich schließt man mit (1) und (2) von (∗) auf (∗∗). $\qquad \dashv$

(d) Man beachte, dass die Äquivalenz unter (c) im Allgemeinen nicht mehr gültig bleibt, wenn S Funktionssymbole oder Konstanten enthält. So gilt etwa für den partiellen Isomorphismus p aus (b):

$$\text{nicht} \quad (\mathbb{R}, +, 0) \models v_0 + (v_0 + v_0) \equiv v_1[2, 3],$$

jedoch

$$(\mathbb{Z}, +, 0) \models v_0 + (v_0 + v_0) \equiv v_1[p(2), p(3)].$$

(e) Das folgende Beispiel zeigt, dass – auch für relationales S – ein partieller Isomorphismus im Allgemeinen nicht die Gültigkeit von Ausdrücken mit Quantoren erhält.

Es sei $S = \{<\}$ und q_0 der partielle Isomorphismus von $(\mathbb{R}, <)$ nach $(\mathbb{Z}, <)$ mit $\text{def}(q_0) = \{2, 3\}$ und $q_0(2) = 3$, $q_0(3) = 4$. Dann gilt

$$(\mathbb{R}, <) \models \exists v_2(v_0 < v_2 \wedge v_2 < v_1)[2, 3],$$

jedoch

$$\text{nicht} \quad (\mathbb{Z}, <) \models \exists v_2(v_0 < v_2 \wedge v_2 < v_1)[q_0(2), q_0(3)].$$

Ist p ein partieller Isomorphismus von $(\mathbb{R}, <)$ nach $(\mathbb{Z}, <)$ mit $\text{def}(p) = \{a, b\}$ und $a < b$, so gilt stets

$$(\mathbb{R}, <) \models \exists v_2(v_0 < v_2 \wedge v_2 < v_1)[a, b],$$

da etwa

$$(\mathbb{R}, <) \models (v_0 < v_2 \wedge v_2 < v_1)[a, b, \tfrac{a+b}{2}].$$

Die Gültigkeit von

$$(+) \qquad (\mathbb{Z}, <) \models \exists v_2(v_0 < v_2 \wedge v_2 < v_1)[p_0(a), p_0(b)]$$

ist äquivalent mit der Existenz eines partiellen Isomorphismus q von $(\mathbb{R}, <)$ nach $(\mathbb{Z}, <)$, der p fortsetzt und $\frac{a+b}{2}$ im Definitionsbereich enthält. Denn gibt es ein solches q, so gilt $(+)$, da

$$(\mathbb{Z}, <) \models (v_0 < v_2 \wedge v_2 < v_1)[q(a), q(b), q(\tfrac{a+b}{2})];$$

ist umgekehrt $(+)$ erfüllt und etwa

$$(\mathbb{Z}, <) \models (v_0 < v_2 \wedge v_2 < v_1)[p(a), p(b), d],$$

so ist die Fortsetzung q von p mit $\text{def}(q) = \{a, b, \frac{a+b}{2}\}$ und $q(\frac{a+b}{2}) = d$ ein solcher partieller Isomorphismus.

Diese Überlegung zeigt, dass die Gültigkeit von Ausdrücken mit Quantoren bei partiellen Isomorphismen erhalten bleibt, sofern es für die partiellen Isomorphismen gewisse Fortsetzungsmöglichkeiten gibt. Sie birgt den Grundgedanken der angestrebten algebraischen Charakterisierung der elementaren Äquivalenz:

Die elementare Äquivalenz zweier Strukturen ist gleichwertig mit der Fortsetzbarkeit gewisser partieller Isomorphismen.

Mit den folgenden Definitionen führen wir die benötigten algebraischen Begriffe ein. Bei Abbildungen bedienen wir uns der mengentheoretischen Darstellungsweise, d.h., wir identifizieren eine Abbildung p mit ihrem Graphen $\{(a, p(a)) \mid a \in \operatorname{def}(p)\}$. Zum Beispiel bedeutet dann $p \subseteq q$, dass die Abbildung q eine Fortsetzung von p ist.

12.1.3 Definition Die Strukturen $\mathfrak{A}$ und $\mathfrak{B}$ heißen *endlich isomorph* (kurz: $\mathfrak{A} \cong_e \mathfrak{B}$) :gdw es gibt eine Folge $(I_n)_{n \in \mathbb{N}}$ mit den Eigenschaften

(a) Die I_n sind nicht-leere Mengen partieller Isomorphismen von $\mathfrak{A}$ nach $\mathfrak{B}$.

(b) (*Hin-Eigenschaft*) Ist $p \in I_{n+1}$ und $a \in A$, so gibt es ein $q \in I_n$ mit $q \supseteq p$ und $a \in \operatorname{def}(q)$.

(c) (*Her-Eigenschaft*) Ist $p \in I_{n+1}$ und $b \in B$, so gibt es ein $q \in I_n$ mit $q \supseteq p$ und $b \in \operatorname{bd}(q)$.

(b) und (c) lassen sich anschaulich folgendermaßen fassen: In I_{n+1} liegen nur partielle Isomorphismen, die sich $(n+1)$-mal erweitern lassen. Dabei gewinnt man Fortsetzungen, die der Reihe nach in $I_n, I_{n-1}, \ldots, I_1, I_0$ liegen.

Hat $(I_n)_{n \in \mathbb{N}}$ die Eigenschaften (a), (b) und (c), schreiben wir $(I_n)_{n \in \mathbb{N}} : \mathfrak{A} \cong_e \mathfrak{B}$.

12.1.4 Definition Die Strukturen $\mathfrak{A}$ und $\mathfrak{B}$ heißen *partiell isomorph* (kurz: $\mathfrak{A} \cong_p \mathfrak{B}$) :gdw es gibt eine Menge I mit

(a) I ist eine nicht-leere Menge partieller Isomorphismen von $\mathfrak{A}$ nach $\mathfrak{B}$.

(b) (*Hin-Eigenschaft*) Ist $p \in I$ und $a \in A$, so gibt es ein $q \in I$ mit $q \supseteq p$ und $a \in \operatorname{def}(q)$.

(c) (*Her-Eigenschaft*) Ist $p \in I$ und $b \in B$, so gibt es ein $q \in I$ mit $q \supseteq p$ und $b \in \operatorname{bd}(q)$.

Die Bedingungen (a), (b), (c) besagen also gerade, dass für die konstante Folge $(I)_{n \in \mathbb{N}}$ gilt: $(I)_{n \in \mathbb{N}} : \mathfrak{A} \cong_e \mathfrak{B}$.

Sind (a), (b) und (c) für I erfüllt, so schreiben wir $I : \mathfrak{A} \cong_p \mathfrak{B}$.

Zwischen $\cong$, $\cong_e$ und $\cong_p$ bestehen die folgenden Beziehungen:

12.1.5 Lemma (a) *Wenn* $\mathfrak{A} \cong \mathfrak{B}$, *so* $\mathfrak{A} \cong_p \mathfrak{B}$.

(b) *Wenn* $\mathfrak{A} \cong_p \mathfrak{B}$, *so* $\mathfrak{A} \cong_e \mathfrak{B}$.

(c) *Wenn* $\mathfrak{A} \cong_e \mathfrak{B}$ *und* A *endlich ist, so* $\mathfrak{A} \cong \mathfrak{B}$.

(d) *Wenn* $\mathfrak{A} \cong_p \mathfrak{B}$ *und* A *und* B *höchstens abzählbar sind, so* $\mathfrak{A} \cong \mathfrak{B}$.

Beweis. Zu (a): Ist $\pi : \mathfrak{A} \cong \mathfrak{B}$, so gilt $I : \mathfrak{A} \cong_p \mathfrak{B}$ für $I = \{\pi\}$.

Zu (b): Ist $I : \mathfrak{A} \cong_p \mathfrak{B}$, so gilt $(I)_{n \in \mathbb{N}} : \mathfrak{A} \cong_e \mathfrak{B}$.

Zu (c): Es gelte $(I_n)_{n\in\mathbb{N}}\colon \mathfrak{A} \cong_e \mathfrak{B}$, und A habe genau r Elemente, etwa $A = \{a_1, \ldots, a_r\}$. Wir wählen $p \in I_{r+1}$. Wenden wir die Hin-Eigenschaft r-mal geeignet an, so erhalten wir ein q in I_1 mit $a_1, \ldots, a_r \in \mathrm{def}(q)$, d.h. $\mathrm{def}(q) = A$. Wäre $\mathrm{bd}(q) \neq B$ und $b \in B$ ein Element mit $b \notin \mathrm{bd}(q)$, so müsste es wegen der Her-Eigenschaft in I_0 eine echte Erweiterung q' von q geben mit $b \in \mathrm{bd}(q')$. Wegen $\mathrm{def}(q) = A$ ist das aber nicht möglich. Daher gilt $\mathrm{bd}(q) = B$ und somit $q\colon \mathfrak{A} \cong \mathfrak{B}$.

Zu (d): Es sei $I\colon \mathfrak{A} \cong_p \mathfrak{B}$, $A = \{a_0, a_1, \ldots\}$ und $B = \{b_0, b_1, \ldots\}$. Ausgehend von einem $p_0 \in I$ gelangen wir durch wiederholte Anwendung der Hin- und der Her-Eigenschaft zu Fortsetzungen $p_1, p_2, \ldots$ aus I mit $a_0 \in \mathrm{def}(p_1)$, $b_0 \in \mathrm{bd}(p_2)$, $a_1 \in \mathrm{def}(p_3)$, $b_1 \in \mathrm{bd}(p_4)$, $\ldots$, d.h. zu einer Folge $(p_n)_{n\in\mathbb{N}}$ partieller Isomorphismen in I mit

(1) $p_n \subseteq p_{n+1}$;

(2) Ist n ungerade, etwa $n = 2r + 1$, so $a_r \in \mathrm{def}(p_n)$;

(3) Ist n gerade, etwa $n = 2r + 2$, so $b_r \in \mathrm{bd}(p_n)$.

Sei $p := \bigcup_{n\in\mathbb{N}} p_n$. Nach (1) ist p ein partieller Isomorphismus von $\mathfrak{A}$ nach $\mathfrak{B}$; es gilt $\mathrm{def}(p) = A$ (wegen (2)) und $\mathrm{bd}(p) = B$ (wegen (3)), insgesamt also $p\colon \mathfrak{A} \cong \mathfrak{B}$.   ⊣

Die Aussage (d) in 12.1.5 ist eine abstrakte Form des folgenden Satzes von Cantor.

12.1.6 Satz *Je zwei abzählbare dichte Ordnungen (ohne erstes und letztes Element) sind isomorph.*

Dabei ist eine *dichte Ordnung* eine Struktur zur Symbolmenge $\{<\}$, die Modell der Satzmenge Φ_{dOrd} ist. Φ_{dOrd} enthält die Ordnungsaxiome und die folgenden Sätze („Dichtheit"):

$$\forall x \forall y (x < y \to \exists z (x < z \land z < y)), \quad \forall x \exists y\, x < y, \quad \forall x \exists y\, y < x.$$

$(\mathbb{R}, <)$ und $(\mathbb{Q}, <)$ sind dichte Ordnungen; $(\mathbb{Z}, <)$ ist dagegen keine dichte Ordnung.

Der Satz von Cantor folgt aus 12.1.5(d) mit

12.1.7 Lemma *Sind* $\mathfrak{A} = (A, <^A)$ *und* $\mathfrak{B} = (B, <^B)$ *dichte Ordnungen, so gilt* $I\colon \mathfrak{A} \cong_p \mathfrak{B}$ *für* $I = \{p \mid p \in \mathrm{Part}(\mathfrak{A}, \mathfrak{B}), \mathrm{def}(p)$ *ist endlich*$\}$.

Beweis. Da $p = \emptyset$ in I liegt, ist $I \neq \emptyset$. I erfüllt die Hin-Eigenschaft. Ist nämlich $p \in I$, $\mathrm{def}(p) = \{a_1, \ldots, a_n\}$ und $a \in A$, so existiert aufgrund der Dichtheit von $\mathfrak{B}$ ein Element $b \in B$, das in der Ordnung $\mathfrak{B}$ zu $p(a_1), \ldots, p(a_n)$ dieselbe Stellung hat wie a in der Ordnung $\mathfrak{A}$ zu $a_1, \ldots, a_n$. Die Abbildung $q := p \cup \{(a, b)\}$ ist eine Erweiterung von p, die a im Definitionsbereich hat und in I liegt. Analog weist man die Her-Eigenschaft nach, wobei man dann von der Dichtheit von $\mathfrak{A}$ Gebrauch macht.   ⊣

12.1.8 Beispiel Es sei $S = \{\sigma, 0\}$, Φ_σ bestehe aus den „Nachfolger-Axiomen"

$$\forall x(\neg x \equiv 0 \leftrightarrow \exists y\, \sigma y \equiv x), \quad \forall x \forall y(\sigma x \equiv \sigma y \rightarrow x \equiv y),$$

und für jedes $m \geq 1$: $\quad \forall x \neg \underbrace{\sigma \ldots \sigma}_{m-\text{mal}} x \equiv x.$

Die Struktur $\mathfrak{N}_\sigma$ (vgl. 3.7.3(2)) ist ein Modell von Φ_σ. Wir zeigen, dass je zwei Modelle von Φ_σ endlich isomorph sind. Zuvor eine Konvention: Für ein Modell $\mathfrak{A}$ von Φ_σ und $a \in A$ sei $a^{(m)} := \underbrace{\sigma^A \ldots \sigma^A}_{m-\text{mal}}(a)$. Für jedes $n \in \mathbb{N}$ erklären wir eine „Distanzfunktion" d_n auf $A \times A$ durch

$$d_n(a, a') := \begin{cases} m, & \text{falls } a^{(m)} = a' \text{ und } m < 2^{n+1} \\ -m, & \text{falls } a'^{(m)} = a \text{ und } m < 2^{n+1} \\ \infty, & \text{sonst.} \end{cases}$$

Seien nun $\mathfrak{A}$ und $\mathfrak{B}$ Modelle von Φ_σ. Wir zeigen $(I_n)_{n \in \mathbb{N}} : \mathfrak{A} \cong_e \mathfrak{B}$, wobei

$$I_n := \{p \in \mathrm{Part}(\mathfrak{A}, \mathfrak{B}) \mid \mathrm{def}(p) \text{ ist endlich}, 0^A \in \mathrm{def}(p),$$

und für alle $a, a' \in \mathrm{def}(p)$ gilt: $d_n(a, a') = d_n(p(a), p(a'))\}.$

Ein partieller Isomorphismus aus I_n erhält also die „d_n-Distanzen". Es ist $I_n \neq \emptyset$, da $(0^A, 0^B) \in I_n$. Wir skizzieren den Nachweis der Hin-Eigenschaft für $(I_n)_{n \in \mathbb{N}}$ (die Her-Eigenschaft ergibt sich analog): Sei $p \in I_{n+1}$ und $a \in A$. Wir unterscheiden, ob für a die Bedingung

$(*)$ Es gibt ein $a' \in \mathrm{def}(p)$ mit $|d_n(a', a)| < 2^{n+1}$

zutrifft oder nicht. Gilt $(*)$ und ist etwa $a' \in \mathrm{def}(p)$ mit $|d_n(a', a)| < 2^{n+1}$, so wählen wir das $b \in B$ mit $d_n(p(a'), b) = d_n(a', a)$. Mit $p \in I_{n+1}$ ergibt sich leicht, dass $q := p \cup \{(a, b)\}$ ein partieller Isomorphismus ist, der die d_n-Distanzen erhält, also $q \in I_n$. Gilt $(*)$ nicht, so wählen wir irgendein Element b mit $d_n(p(a'), b) = \infty$ für alle $a' \in \mathrm{def}(p)$ (ein solches b existiert, da jedes Modell von Φ_σ unendlich ist!). Man zeigt nun leicht, dass $q := p \cup \{(a, b)\} \in I_n$.   ⊣

12.1.9 Aufgabe Sei $S = \emptyset$. Man zeige: Je zwei unendliche S-Strukturen sind partiell isomorph.

12.1.10 Aufgabe (a) Man gebe Strukturen an, die partiell isomorph, aber nicht isomorph sind.
(b) Man gebe Strukturen an, die endlich isomorph, aber nicht partiell isomorph sind.

12.1.11 Aufgabe Man gebe ein überabzählbares Modell des Axiomensystems Φ_σ aus 12.1.8 an.

12.1.12 Aufgabe Es sei $\mathfrak{A}$ *endlich einbettbar* in $\mathfrak{B}$ (kurz: $\mathfrak{A} \to_e \mathfrak{B}$), wenn es eine Folge $(I_n)_{n \in \mathbb{N}}$ gibt, die die Eigenschaften 12.1.3(a) und (b) hat. Entsprechend werde definiert, wann $\mathfrak{A}$ *partiell einbettbar* in $\mathfrak{B}$ ist, kurz, wann $\mathfrak{A} \to_p \mathfrak{B}$ gilt. Man zeige:
(a) Wenn $\mathfrak{A} \to_e \mathfrak{B}$ und A endlich ist, so ist $\mathfrak{A}$ in $\mathfrak{B}$ einbettbar, d.h., $\mathfrak{A}$ ist isomorph zu einer Substruktur von $\mathfrak{B}$.
(b) Wenn $\mathfrak{A} \to_p \mathfrak{B}$ und A höchstens abzählbar ist, so ist $\mathfrak{A}$ in $\mathfrak{B}$ einbettbar.
(c) Ist $\mathfrak{A}$ eine Ordnung und $\mathfrak{B}$ eine dichte Ordnung, so gilt $\mathfrak{A} \to_p \mathfrak{B}$.

12.2   Der Satz von Fraïssé

Mit den in 12.1 eingeführten Begriffen können wir jetzt das Hauptergebnis dieses Kapitels formulieren.

12.2.1 Satz von Fraïssé *Für eine endliche Symbolmenge S und je zwei S-Strukturen $\mathfrak{A}$ und $\mathfrak{B}$ gilt:*

$$\mathfrak{A} \equiv \mathfrak{B} \quad gdw \quad \mathfrak{A} \cong_e \mathfrak{B}.$$

Der Satz von Fraïssé enthält damit eine Charakterisierung der elementaren Äquivalenz, die nicht auf die Sprache erster Stufe Bezug nimmt.

Den Beweis von 12.2.1 verschieben wir auf den nächsten Abschnitt. Zuvor zeigen wir an einigen Beispielen, wie man 12.2.1 zum Nachweis für die elementare Äquivalenz von Strukturen und die Vollständigkeit von Theorien einsetzen kann.

12.2.2 (a) *Je zwei dichte Ordnungen sind elementar äquivalent. Insbesondere gilt also $(\mathbb{R}, <) \equiv (\mathbb{Q}, <)$.*
(b) *Je zwei $\{\sigma, 0\}$-Strukturen, die Modell der Nachfolger-Axiome aus 12.1.8 sind, sind elementar äquivalent.*

Beweis. (a) folgt aus 12.2.1, da (vgl. 12.1.7) je zwei dichte Ordnungen partiell isomorph, also auch endlich isomorph sind; (b) ergibt sich ähnlich mit 12.1.8.
$\dashv$

12.2.3 Lemma *Für eine Theorie $T \subseteq L_0^S$ sind äquivalent:*
(a) *T ist vollständig, d.h., für jeden S-Satz φ gilt $\varphi \in T$ oder $\neg\varphi \in T$.*
(b) *Je zwei Modelle von T sind elementar äquivalent.*

Beweis. Gelte (a) und seien $\mathfrak{A}$ und $\mathfrak{B}$ Modelle von T. Für einen beliebigen S-Satz φ ist $\varphi \in T$ oder $\neg\varphi \in T$. Wenn $\varphi \in T$, so $\mathfrak{A} \models \varphi$ und $\mathfrak{B} \models \varphi$; wenn $\neg\varphi \in T$, so $\mathfrak{A} \models \neg\varphi$ und $\mathfrak{B} \models \neg\varphi$. Insgesamt also $\mathfrak{A} \models \varphi$ gdw $\mathfrak{B} \models \varphi$.

Zur Umkehrung: Ist φ ein S-Satz und $\varphi \notin T$, so gilt nicht $T \models \varphi$, da T eine Theorie ist. Es gibt daher ein Modell $\mathfrak{A}$ von $T \cup \{\neg\varphi\}$. Wegen (b) ist jedes Modell von T zu $\mathfrak{A}$ elementar äquivalent und somit ein Modell von $\neg\varphi$. Daher gilt $T \models \neg\varphi$ und, da T eine Theorie ist, $\neg\varphi \in T$. ⊣

Aus 12.2.2 erhalten wir mit 12.2.3 und 10.6.5

12.2.4 (a) Die Theorie $\Phi_{\mathrm{dOrd}}^{\models}$ der dichten Ordnungen ist vollständig und R-entscheidbar. (Somit ist etwa $\Phi_{\mathrm{dOrd}}^{\models} = \mathrm{Th}(\mathbb{R}, <)$.)

(b) Die Theorie $\Phi_{\sigma}^{\models}$ der Nachfolger-Strukturen ist vollständig und R-entscheidbar. (Somit ist etwa $\Phi_{\sigma}^{\models} = \mathrm{Th}(\mathbb{N}, \sigma)$.)

Als Vorbereitung zum Beweis des Satzes von Fraïssé zeigen wir jetzt, dass wir uns auf relationale Symbolmengen beschränken können. Wie man den Beweis direkt für beliebige endliche Symbolmengen führen kann, skizzieren wir in Aufgabe 12.3.15.

Sei S eine beliebige Symbolmenge. Wie vor 8.1.3 wählen wir für jedes n-stellige $f \in S$ ein neues $(n+1)$-stelliges Relationssymbol F und für jedes $c \in S$ ein neues einstelliges Relationssymbol C. S^r bestehe aus den Relationssymbolen von S und den neu eingeführten Relationssymbolen. S^r ist somit relational. – Für eine S-Struktur $\mathfrak{A}$ sei – wie in 8.1. – $\mathfrak{A}^r$ die Sr-Struktur, die aus $\mathfrak{A}$ durch Ersetzung der Funktionen und Konstanten durch ihre Graphen entsteht.

Bei der Definition der partiellen Isomorphismen haben wir die Homomorphiebedingungen für Funktionen und Konstanten so festgelegt (vgl. 12.1.1), dass für beliebige Strukturen $\mathfrak{A}$ und $\mathfrak{B}$ gilt:

$$\mathrm{Part}(\mathfrak{A}, \mathfrak{B}) = \mathrm{Part}(\mathfrak{A}^r, \mathfrak{B}^r).$$

Hieraus erhalten wir

$(*)$ $\qquad\qquad \mathfrak{A} \cong_e \mathfrak{B} \quad$ gdw $\quad \mathfrak{A}^r \cong_e \mathfrak{B}^r.$

In 8.1.4 haben wir gezeigt, dass

$(**)$ $\qquad\qquad \mathfrak{A} \equiv \mathfrak{B} \quad$ gdw $\quad \mathfrak{A}^r \equiv \mathfrak{B}^r.$

Damit kann man sich beim Beweis des Satzes von Fraïssé auf *relationale* Symbolmengen beschränken: Sind nämlich $\mathfrak{A}$ und $\mathfrak{B}$ gegeben, so erhält man aus

$$\mathfrak{A}^r \equiv \mathfrak{B}^r \quad \text{gdw} \quad \mathfrak{A}^r \cong_e \mathfrak{B}^r$$

mit $(*)$ und $(**)$

$$\mathfrak{A} \equiv \mathfrak{B} \quad \text{gdw} \quad \mathfrak{A} \cong_e \mathfrak{B}.$$

12.2.5 Aufgabe Für $S = \emptyset$ ist die Theorie $\{\varphi_{\geq n} \mid n \geq 2\}^{\models}$ der unendlichen Mengen vollständig und R-entscheidbar. (Zu $\varphi_{\geq n}$ siehe 3.6.3.)

12.2.6 Aufgabe Sei $S = \{P_n \mid n \in \mathbb{N}\}$ eine Menge einstelliger Relationssymbole. Die S-Strukturen $\mathfrak{A}$ und $\mathfrak{B}$ seien gegeben durch $A := \mathbb{N}$, $B := \mathbb{N} \cup \{\infty\}$, $P_n^{\mathfrak{A}} := \{m \mid m \in \mathbb{N}, m \geq n\}$, $P_n^{\mathfrak{B}} := \{m \mid m \in \mathbb{N}, m \geq n\} \cup \{\infty\}$. Man zeige: $\mathfrak{A} \equiv \mathfrak{B}$, nicht $\mathfrak{A} \cong_e \mathfrak{B}$. Der Satz von Fraïssé gilt also im Allgemeinen nicht für unendliche Symbolmengen. Man beachte jedoch, dass für beliebiges S und S-Strukturen $\mathfrak{A}, \mathfrak{B}$ wegen ($\mathfrak{A} \equiv \mathfrak{B}$ gdw für jedes endliche $S_0 \subseteq S$ ist $\mathfrak{A}|_{S_0} \equiv \mathfrak{B}|_{S_0}$) gilt: $\mathfrak{A} \equiv \mathfrak{B}$ gdw für jedes endliche $S_0 \subseteq S$ ist $\mathfrak{A}|_{S_0} \cong_e \mathfrak{B}|_{S_0}$.

12.3   Der Beweis des Satzes von Fraïssé

Mit den folgenden Ausführungen beweisen wir den Satz von Fraïssé. Wir legen dazu eine *endliche, relationale* Symbolmenge S zugrunde.

Für einen Ausdruck φ gibt der Quantorenrang $\mathrm{qr}(\varphi)$ von φ die maximale Anzahl ineinandergeschachtelter Quantoren an:

$$\begin{aligned}
\mathrm{qr}(\varphi) &:= 0, \text{ falls } \varphi \text{ atomar;} \\
\mathrm{qr}(\neg\varphi) &:= \mathrm{qr}(\varphi); \\
\mathrm{qr}(\varphi \vee \psi) &:= \max\{\mathrm{qr}(\varphi), \mathrm{qr}(\psi)\}; \\
\mathrm{qr}(\exists x \varphi) &:= \mathrm{qr}(\varphi) + 1.
\end{aligned}$$

Zum Beispiel hat der Ausdruck $\neg \exists x (\forall y Rxz \wedge Qy) \wedge \forall z Qz$ den Quantorenrang 2. Die Ausdrücke vom Quantorenrang 0 sind die quantorenfreien Ausdrücke.

Eine Richtung des Satzes von Fraïssé ergibt sich aus

12.3.1 *Wenn* $\mathfrak{A} \cong_e \mathfrak{B}$, *so* $\mathfrak{A} \equiv \mathfrak{B}$.

Zum Beweis von 12.3.1 ist für jeden S-Satz φ zu zeigen, dass

$$\mathfrak{A} \models \varphi \quad \text{gdw} \quad \mathfrak{B} \models \varphi.$$

Dies erhalten wir aus dem folgenden Lemma für $r = 0$, $n = \mathrm{qr}(\varphi)$ und ein beliebiges $p \in I_n$ (beachte, dass $I_n \neq \emptyset$!).

12.3.2 Lemma *Sei* $(I_n)_{n \in \mathbb{N}}$: $\mathfrak{A} \cong_e \mathfrak{B}$. *Dann gilt für jeden Ausdruck* φ:

$(*)$ *Wenn* $\varphi \in L_r^S$, $\mathrm{qr}(\varphi) \leq n$, $p \in I_n$ *und* $a_0, \ldots, a_{r-1} \in \mathrm{def}(p)$, *so* $\mathfrak{A} \models \varphi[a_0, \ldots, a_{r-1}]$ *gdw* $\mathfrak{B} \models \varphi[p(a_0), \ldots, p(a_{r-1})]$.

12.3.2 kann man kurz so formulieren: Partielle Isomorphismen aus I_n erhalten die Gültigkeit von Ausdrücken eines Quantorenranges $\leq n$. 12.3.2 präzisiert die Überlegungen in 12.1.2(e), die zeigten, dass die Gültigkeit von Ausdrücken mit Quantoren bei einem partiellen Isomorphismus erhalten bleibt, sofern für ihn gewisse Fortsetzungsmöglichkeiten existieren.

Beweis von 12.3.2. Wir beweisen (∗) durch Induktion über den Aufbau von φ. Sei $\varphi \in L_r^S$, $\mathrm{qr}(\varphi) \leq n$, $p \in I_n$ und $a_0, \ldots, a_{r-1} \in \mathrm{def}(p)$.

(i) Für atomares φ haben wir die Behauptung in 12.1.2(c) gezeigt.

(ii) Ist $\varphi = \neg\psi$, so erhalten wir: $\mathfrak{A} \models \varphi[a_0, \ldots, a_{r-1}]$

gdw nicht $\mathfrak{A} \models \psi[a_0, \ldots, a_{r-1}]$

gdw nicht $\mathfrak{B} \models \psi[p(a_0), \ldots, p(a_{r-1})]$ (nach Ind.-Vor.)

gdw $\mathfrak{B} \models \varphi[p(a_0), \ldots, p(a_{r-1})]$.

(iii) Für $\varphi = \psi_0 \vee \psi_1$ schließt man analog.

(iv) Sei $\varphi = \exists x\psi$. Wegen $\varphi \in L_r^S$ kommt v_r nicht frei in φ vor. Somit gilt $\models \exists x\psi \leftrightarrow \exists v_r\psi\frac{v_r}{x}$, und wir können daher voraussetzen, dass $x = v_r$ ist. Wegen $\mathrm{qr}(\varphi) = \mathrm{qr}(\exists x\psi) \leq n$ ist $\mathrm{qr}(\psi) \leq n-1$. Die Behauptung ergibt sich dann aus der folgenden Kette äquivalenter Aussagen:

(a) $\mathfrak{A} \models \varphi[a_0, \ldots, a_{r-1}]$.

(b) Es gibt $a \in A$ mit $\mathfrak{A} \models \psi[a_0, \ldots, a_{r-1}, a]$.

(c) Es gibt $a \in A$ und $q \in I_{n-1}$ mit $q \supseteq p$, $a \in \mathrm{def}(q)$ und $\mathfrak{A} \models \psi[a_0, \ldots, a_{r-1}, a]$.

(d) Es gibt $a \in A$ und $q \in I_{n-1}$ mit $q \supseteq p$, $a \in \mathrm{def}(q)$ und $\mathfrak{B} \models \psi[p(a_0), \ldots, p(a_{r-1}), q(a)]$.

(e) Es gibt $b \in B$ und $q \in I_{n-1}$ mit $q \supseteq p$, $b \in \mathrm{bd}(q)$ und $\mathfrak{B} \models \psi[p(a_0), \ldots, p(a_{r-1}), b]$.

(f) Es gibt $b \in B$ mit $\mathfrak{B} \models \psi[p(a_0), \ldots, p(a_{r-1}), b]$.

(g) $\mathfrak{B} \models \varphi[p(a_0), \ldots, p(a_{r-1})]$.

Zum Nachweis der Äquivalenz von (b) und (c) bzw. (e) und (f) benutzt man die Hin- bzw. die Her-Eigenschaft der Folge $(I_n)_{n\in\mathbb{N}}$. Die Äquivalenz von (c) und (d) ergibt sich aus der Induktionsvoraussetzung. ⊣

Wir ziehen aus dem vorangehenden Beweis noch eine Folgerung:

Zwei Strukturen $\mathfrak{A}$ und $\mathfrak{B}$ heißen *m-isomorph* (kurz: $\mathfrak{A} \cong_m \mathfrak{B}$), wenn es eine Folge $I_0, \ldots, I_m$ von nicht-leeren Mengen partieller Isomorphismen von $\mathfrak{A}$ nach $\mathfrak{B}$ mit der Hin- und der Her-Eigenschaft gibt, d.h. mit:

Wenn $n + 1 \leq m$, $p \in I_{n+1}$ und $a \in A$ (bzw. $b \in B$), so gibt es ein $q \in I_n$ mit $q \supseteq p$ und $a \in \mathrm{def}(q)$ (bzw. $b \in \mathrm{bd}(q)$).

Wir schreiben dann $(I_n)_{n\leq m}$: $\mathfrak{A} \cong_m \mathfrak{B}$.

Gilt $(I_n)_{n\leq m}$: $\mathfrak{A} \cong_m \mathfrak{B}$, so zeigt der Beweis von 12.3.2, dass jedes $p \in I_n$ (mit $n \leq m$) die Gültigkeit von Ausdrücken eines Quantorenranges $\leq n$ erhält.

Schreiben wir $\mathfrak{A} \equiv_m \mathfrak{B}$, wenn $\mathfrak{A}$ und $\mathfrak{B}$ dieselben Sätze vom Quantorenrang $\leq m$ erfüllen, so gilt daher:

12.3.3 Korollar *Wenn* $\mathfrak{A} \cong_m \mathfrak{B}$, *so* $\mathfrak{A} \equiv_m \mathfrak{B}$. ⊣

Die folgenden Überlegungen werden zum Beweis der Umkehrung von 12.3.1 führen.

Für eine S-Struktur $\mathfrak{B}$, eine endliche Folge $(b_0, \ldots, b_{r-1})$ von Elementen von B, kurz: $\overset{r}{b} \in B$, und $n \in \mathbb{N}$ führen wir einen Ausdruck $\varphi^n_{\mathfrak{B},\overset{r}{b}} \in L_r^S$ ein: $\varphi^0_{\mathfrak{B},\overset{r}{b}}$ beschreibt den „Isomorphietyp" der Substruktur $[\{b_0, \ldots, b_{r-1}\}]^{\mathfrak{B}}$; für $n > 0$ gibt $\varphi^n_{\mathfrak{B},\overset{r}{b}}$ an, zu welchen Isomorphietypen sich $\overset{r}{b}$ in $\mathfrak{B}$ durch n-malige Hinzunahme jeweils eines Elements erweitern lässt. Es wird $\mathfrak{B} \models \varphi^n_{\mathfrak{B},\overset{r}{b}}[\overset{r}{b}]$ gelten; und wenn $\mathfrak{A} \models \varphi^n_{\mathfrak{B},\overset{r}{b}}[\overset{r}{a}]$ für eine S-Struktur $\mathfrak{A}$ und $\overset{r}{a} \in A$, so wird die Zuordnung $a_i \mapsto b_i$ ($i < r$) ein partieller Isomorphismus sein, der sich „n-mal hin und her erweitern lässt". Für $n > 0$ lassen wir auch den Fall $r = 0$ zu, d.h. den Fall der leeren Folge $\emptyset$ von Elementen von $\mathfrak{B}$, und schreiben $\varphi^n_{\mathfrak{B}}$ für $\varphi^n_{\mathfrak{B},\emptyset}$. Falls $n = 0$, sei stets $r > 0$.

Wir geben nun eine exakte Definition. Zur Abkürzung setzen wir

$$\Phi_r := \{\varphi \in L_r^S \mid \varphi \text{ atomar oder negiert atomar}\}.$$

Da S nur Relationssymbole enthält, ist Φ_r endlich und Φ_0 leer.

Für eine S-Struktur $\mathfrak{B}$ definieren wir durch Induktion über n für alle zugelassenen r und alle $\overset{r}{b} \in B$ den Ausdruck $\varphi^n_{\mathfrak{B},\overset{r}{b}}$ wie folgt (wir zeigen anschließend, dass die in der Definition auftretenden Konjunktionen und Disjunktionen endlich sind):

$$\varphi^0_{\mathfrak{B},\overset{r}{b}} := \bigwedge\{\varphi \in \Phi_r \mid \mathfrak{B} \models \varphi[\overset{r}{b}]\},$$

$$\varphi^{n+1}_{\mathfrak{B},\overset{r}{b}} := \forall v_r \bigvee\{\varphi^n_{\mathfrak{B},\overset{r}{bb}} \mid b \in B\} \wedge \bigwedge\{\exists v_r \varphi^n_{\mathfrak{B},\overset{r}{bb}} \mid b \in B\}.$$

Dabei stehe $\overset{r}{bb}$ abkürzend für $(b_0, \ldots, b_{r-1}, b)$.

Da Φ_r für alle r endlich ist, ergibt sich durch Induktion über n leicht:

12.3.4 *Die Menge* $\{\varphi^n_{\mathfrak{B},\overset{r}{b}} \mid \mathfrak{B}$ *S-Struktur und* $\overset{r}{b} \in B\}$ *ist endlich.* ⊣

Die in der Definition auftretenden Konjunktionen und Disjunktionen sind also alle endlich, und somit sind die $\varphi^n_{\mathfrak{B},\overset{r}{b}}$ Ausdrücke erster Stufe.

12.3.5 (a) $\varphi^n_{\mathfrak{B},\overset{r}{b}} \in L_r^S$ *und* $\mathrm{qr}(\varphi^n_{\mathfrak{B},\overset{r}{b}}) = n$.

(b) $\mathfrak{B} \models \varphi^n_{\mathfrak{B},\overset{r}{b}}[\overset{r}{b}]$.

Beweis für (a) und (b) durch Induktion über n. Wir gehen auf (b) ein. Für $n = 0$ (und $r > 0$) ergibt sich die Behauptung sofort aus der Definition der $\varphi^0_{\mathfrak{B},\overset{r}{b}}$. Im Schritt von n nach $n + 1$ gilt nach Induktionsvoraussetzung für alle $b' \in B$, dass

$$\mathfrak{B} \models \varphi^n_{\mathfrak{B},\overset{r}{b}b'}[\overset{r}{b}, b'],$$

also für alle $b' \in B$, dass

$$\mathfrak{B} \models \bigvee\{\varphi^n_{\mathfrak{B},\overset{r}{b}b} \mid b \in B\}[\overset{r}{b}, b'] \quad \text{und} \quad \mathfrak{B} \models \exists v_r \varphi^n_{\mathfrak{B},\overset{r}{b}b'}[\overset{r}{b}],$$

somit

$$\mathfrak{B} \models \forall v_r \bigvee\{\varphi^n_{\mathfrak{B},\overset{r}{b}b} \mid b \in B\}[\overset{r}{b}] \quad \text{und} \quad \mathfrak{B} \models \bigwedge\{\exists v_r \varphi^n_{\mathfrak{B},\overset{r}{b}b'} \mid b' \in B\}[\overset{r}{b}]$$

und daher $\mathfrak{B} \models \varphi^{n+1}_{\mathfrak{B},\overset{r}{b}}[\overset{r}{b}]$. $\dashv$

Sei weiterhin $\overset{r}{b} \in B$. Ist auch $\mathfrak{A}$ eine S-Struktur und $\overset{r}{a} \in A$, so liefert 12.1.2(c):

12.3.6 *Es sind äquivalent:*

(i) $\mathfrak{A} \models \varphi^0_{\mathfrak{B},\overset{r}{b}}[\overset{r}{a}]$

(ii) *Durch* $p(a_i) = b_i$ *für* $i < r$ *wird ein partieller Isomorphismus von* $\mathfrak{A}$ *nach* $\mathfrak{B}$ *definiert, kurz:* $\overset{r}{a} \mapsto \overset{r}{b} \in \mathrm{Part}(\mathfrak{A}, \mathfrak{B})$.

Die Richtung von (i) nach (ii) verallgemeinern wir zu

12.3.7 *Wenn* $\mathfrak{A} \models \varphi^n_{\mathfrak{B},\overset{r}{b}}[\overset{r}{a}]$, *so ist* $\overset{r}{a} \mapsto \overset{r}{b} \in \mathrm{Part}(\mathfrak{A}, \mathfrak{B})$.

Beweis durch Induktion über n. Für $n = 0$ gilt die Behauptung nach 12.3.6. Sei, im Induktionsschritt, $\mathfrak{A} \models \varphi^{n+1}_{\mathfrak{B},\overset{r}{b}}[\overset{r}{a}]$, und sei $a \in A$ beliebig. Wegen $\mathfrak{A} \models \forall v_r \bigvee\{\varphi^n_{\mathfrak{B},\overset{r}{b}b} \mid b \in B\}[\overset{r}{a}]$ gibt es ein $b \in B$, sodass $\mathfrak{A} \models \varphi^n_{\mathfrak{B},\overset{r}{b}b}[\overset{r}{a}, a]$. Nach Induktionsvoraussetzung ist $\overset{r}{a}a \mapsto \overset{r}{b}b \in \mathrm{Part}(\mathfrak{A}, \mathfrak{B})$, also $\overset{r}{a} \mapsto \overset{r}{b} \in \mathrm{Part}(\mathfrak{A}, \mathfrak{B})$. $\dashv$

Im Folgenden seien $\mathfrak{A}$ und $\mathfrak{B}$ vorgegebene S-Strukturen. Für $n \in \mathbb{N}$ setzen wir

$$J_n := \{\overset{r}{a} \mapsto \overset{r}{b} \mid r \in \mathbb{N}, \ \overset{r}{a} \in A, \ \overset{r}{b} \in B \ \text{und} \ \mathfrak{A} \models \varphi^n_{\mathfrak{B},\overset{r}{b}}[\overset{r}{a}]\}.$$

Dann erhalten wir:

12.3.8 (a) $J_n \subseteq \mathrm{Part}(\mathfrak{A}, \mathfrak{B})$;

(b) $(J_n)_{n \in \mathbb{N}}$ *hat die Hin- und die Her-Eigenschaft;*

(c) Ist $n > 0$ und $\mathfrak{A} \models \varphi_{\mathfrak{B}}^n \ (= \varphi_{\mathfrak{B},\emptyset}^n)$, so ist $\emptyset \in J_n$, also $J_n \neq \emptyset$. Nach (b) ist also auch $J_0 \neq \emptyset$.

Beweis. (a) ergibt sich sofort aus 12.3.7 und (c) sofort aus der Definition der J_n. Es bleibt (b) zu zeigen. Wir beweisen zunächst die Hin-Eigenschaft. Sei hierzu $p = \overset{r}{a} \mapsto \overset{r}{b} \in J_{n+1}$ und $a \in A$. Dann gilt $\mathfrak{A} \models \varphi_{\mathfrak{B},b}^{n+1}[\overset{r}{a}]$, also insbesondere

$\mathfrak{A} \models \forall v_r \bigvee \{\varphi_{\mathfrak{B},bb}^n \mid b \in B\}[\overset{r}{a}]$. Es gibt daher ein $b \in B$ mit $\mathfrak{A} \models \varphi_{\mathfrak{B},bb}^n[\overset{r}{a},a]$.

Dann ist $\overset{r}{aa} \mapsto \overset{r}{bb}$ ein partieller Isomorphismus in J_n, der p fortsetzt und a im Definitionsbereich hat. – Da auch $\mathfrak{A} \models \bigwedge \{\exists v_r \varphi_{\mathfrak{B},bb}^n \mid b \in B\}[\overset{r}{a}]$, gibt es zu

jedem $b \in B$ ein $a \in A$ mit $\mathfrak{A} \models \varphi_{\mathfrak{B},bb}^n[\overset{r}{a},a]$, also mit $\overset{r}{aa} \mapsto \overset{r}{bb} \in J_n$, d.h. einen partiellen Isomorphismus in J_n, der p fortsetzt und b im Bildbereich hat. Damit haben wir auch die Her-Eigenschaft bewiesen. ⊣

Mit 12.3.8 ergibt sich nun leicht die noch ausstehende Richtung des Satzes von Fraïssé: Wenn $\mathfrak{A} \equiv \mathfrak{B}$, so $\mathfrak{A} \cong_e \mathfrak{B}$. Sei hierzu $\mathfrak{A} \equiv \mathfrak{B}$. Da, für $n \geq 1$, $\mathfrak{B} \models \varphi_{\mathfrak{B}}^n$ (vgl. 12.3.5(b)), gilt somit $\mathfrak{A} \models \varphi_{\mathfrak{B}}^n$; nach 12.3.8(c) ist dann $J_n \neq \emptyset$ für alle n. Insgesamt ist $(J_n)_{n \in \mathbb{N}}: \mathfrak{A} \cong_e \mathfrak{B}$ (vgl. 12.3.8(a), (b)). ⊣

Aus den vorangehenden Überlegungen erhalten wir:

12.3.9 Satz *Es sei S eine endliche relationale Symbolmenge, und $\mathfrak{A}$ und $\mathfrak{B}$ seien S-Strukturen. Dann sind äquivalent:*

(a) $\mathfrak{A} \equiv \mathfrak{B}$.

(b) $\mathfrak{A} \models \varphi_{\mathfrak{B}}^n$ *für* $n \geq 1$.

(c) $(J_n)_{n \in \mathbb{N}}: \mathfrak{A} \cong_e \mathfrak{B}$.

(d) $\mathfrak{A} \cong_e \mathfrak{B}$. ⊣

Da $\mathrm{qr}(\varphi_{\mathfrak{B}}^m) = m$ für $m \geq 1$, erhalten wir weiter:

12.3.10 Satz *Es sei S eine endliche relationale Symbolmenge, und $\mathfrak{A}$ und $\mathfrak{B}$ seien S-Strukturen. Dann sind für $m \geq 1$ die folgenden Aussagen äquivalent:*

(a) $\mathfrak{A} \equiv_m \mathfrak{B}$.

(b) $\mathfrak{A} \models \varphi_{\mathfrak{B}}^m$.

(c) $(J_n)_{n \leq m}: \mathfrak{A} \cong_m \mathfrak{B}$.

(d) $\mathfrak{A} \cong_m \mathfrak{B}$.

Für die Richtung von (b) nach (c) beachte man, dass – wegen der Hin- und der Her-Eigenschaft der Folge $(J_n)_{n \in \mathbb{N}}$ – mit $J_n \neq \emptyset$ auch $J_m \neq \emptyset$ ist für $m < n$. ⊣

In 6.3 haben wir von einer Reihe von Klassen gezeigt, dass sie nicht Δ-elementar sind. Die Argumentationen bedienten sich des Endlichkeitssatzes und machten von unendlichen Strukturen Gebrauch. Die vorangehenden Betrachtungen geben uns eine Methode an die Hand, um zu zeigen, dass gewisse Eigenschaften auch bei Beschränkung auf *endliche* Strukturen nicht durch einen Satz der ersten Stufe formuliert werden können. Wir erläutern die Vorgehensweise am Beispiel des Zusammenhangs für endliche Graphen (in 6.3.6 haben wir den Zusammenhang für die Klasse *aller* Graphen behandelt). Ein weiteres Beispiel enthält Aufgabe 12.3.16(b).

12.3.11 Satz *Sei R ein zweistelliges Relationssymbol. Es gibt keinen $\{R\}$-Satz, dessen endliche Modelle die endlichen zusammenhängenden Graphen sind. (Insbesondere ist also die Klasse der zusammenhängenden Graphen nicht elementar.)*

Beweis. Für $k \geq 0$ sei $\mathfrak{G}_k$ der zusammenhängende Graph, der dem regelmäßigen $(k+1)$-Eck mit den Ecken $0, \ldots, k$ entspricht, also

$$\mathfrak{G}_k = \big(\{0, \ldots, k\}, R^{G_k}\big)$$

mit

$$R^{G_k} = \{(i, i+1) \mid i < k\} \cup \{(i, i-1) \mid 1 \leq i \leq k\} \cup \{(k, 0), (0, k)\},$$

und $\mathfrak{H}_k$ bestehe aus zwei disjunkten Kopien von $\mathfrak{G}_k$, etwa

$$\mathfrak{H}_k = \big(\{0, \ldots, k\} \times \{0, 1\}, R^{H_k}\big)$$

mit

$$R^{H_k} = \{((i, 0), (j, 0)) \mid (i, j) \in R^{G_k}\} \cup \{((i, 1), (j, 1)) \mid (i, j) \in R^{G_k}\}.$$

Wir behaupten:

$(*)$ \qquad\qquad\qquad Für $k \geq 2^m$ gilt $\mathfrak{G}_k \cong_m \mathfrak{H}_k$.

Dann sind wir fertig. Sei nämlich φ ein $\{R\}$-Satz, und sei $m = \mathrm{qr}(\varphi)$. Dann liefert $(*)$, dass $\mathfrak{G}_{2^m} \cong_m \mathfrak{H}_{2^m}$, also $\mathfrak{G}_{2^m} \equiv_m \mathfrak{H}_{2^m}$ und daher insbesondere ($\mathfrak{G}_{2^m} \models \varphi$ gdw $\mathfrak{H}_{2^m} \models \varphi$). Da $\mathfrak{G}_{2^m}$ zusammenhängend ist, $\mathfrak{H}_{2^m}$ aber nicht, kann die Klasse der endlichen Modelle von φ nicht die Klasse der endlichen zusammenhängenden Graphen sein.

Zum Beweis von $(*)$ definieren wir für festes $k \geq 2^m$ und $n \geq 0$ ähnlich wie in 12.1.8 „Distanzfunktionen" d_n auf $G_k \times G_k$ und d_n' auf $H_k \times H_k$ wie folgt:

$$d_n(a, b) := \begin{cases} \text{Länge des kürzesten Kantenzuges, der } a \text{ und} \\ b \text{ in } \mathfrak{G}_k \text{ miteinander verbindet, falls diese} \\ \text{Länge} < 2^{n+1} \text{ ist;} \\ \infty, \quad \text{sonst;} \end{cases}$$

$$d_n'((a, i), (b, j)) := \begin{cases} d_n(a, b), & \text{falls } i = j; \\ \infty, & \text{sonst.} \end{cases}$$

Wir setzen für $n \leq m$

$$I_n := \{p \in \mathrm{Part}(\mathfrak{G}_k, \mathfrak{H}_k) \mid \mathrm{def}(p) \text{ höchstens } (m-n)\text{-elementig, und für alle}$$
$$a, b \in \mathrm{def}(p) \text{ gilt: } d_n(a, b) = d_n'(p(a), p(b))\}.$$

Ähnlich wie in 12.1.8 kann man leicht zeigen, dass $(I_n)_{n \leq m} \colon \mathfrak{G}_k \cong_m \mathfrak{H}_k$. \quad $\dashv$

12.3.12 Aufgabe Es sei S endlich und relational, und die S-Struktur $\mathfrak{B}$ enthalte genau n Elemente. Dann gilt für jede S-Struktur $\mathfrak{A}$:

$$\mathfrak{A} \cong \mathfrak{B} \quad \text{gdw} \quad \mathfrak{A} \models \varphi_{\mathfrak{B}}^{n+1},$$

d.h., $\varphi_{\mathfrak{B}}^{n+1}$ charakterisiert $\mathfrak{B}$ bis auf Isomorphie.

12.3.13 Aufgabe Es sei S endlich und relational und $\mathfrak{B}$ eine S-Struktur. Man zeige für alle n und r (mit $n + r > 0$) und für alle $\overset{r}{\bar{b}} \in B$, dass $\models \varphi_{\mathfrak{B},\bar{b}}^{n+1}{}_r \to \varphi_{\mathfrak{B},\bar{b}}^{n}{}_r$.

12.3.14 Aufgabe Sei wiederum S endlich und relational. Für eine S-Struktur $\mathfrak{B}$ und $\overset{r}{\bar{b}} \in B$ sei $\psi_{\mathfrak{B},\bar{b}}^{n+1}{}_r$ (für $n + r > 0$) definiert durch $\psi_{\mathfrak{B},\bar{b}}^{0}{}_r := \varphi_{\mathfrak{B},\bar{b}}^{0}{}_r$ und

$\psi_{\mathfrak{B},\bar{b}}^{n+1}{}_r := \forall v_r \bigvee \{\psi_{\mathfrak{B},\bar{b}b}^{n}{}_r \mid b \in B\}$. Man zeige:

(a) $\psi_{\mathfrak{B},\bar{b}}^{n}{}_r$ ist ein universeller Ausdruck.

(b) Für eine weitere S-Struktur $\mathfrak{A}$ sind äquivalent:

    (1) $\mathfrak{A}$ erfüllt jeden universellen S-Satz, der in $\mathfrak{B}$ gilt.

    (2) $\mathfrak{A} \models \psi_{\mathfrak{B}}^{n}$ für alle $n \geq 1$.

    (3) $\mathfrak{A} \to_e \mathfrak{B}$ (zur Bezeichnung vgl. 12.1.12).

(c) Teil (b) entspricht dem Satz 12.3.9. Man formuliere und beweise das entsprechende Analogon von 12.3.10.

12.3.15 Aufgabe Man übertrage die Ergebnisse dieses Abschnitts auf beliebige endliche Symbolmengen. Hierzu definiere man einen modifizierten Rang, mrg, für Terme und Ausdrücke wie folgt:

$$
\begin{aligned}
\mathrm{mrg}(x) &= 0, \quad \mathrm{mrg}(c) = 1 \\
\mathrm{mrg}(f t_1 \ldots t_n) &= 1 + \mathrm{mrg}(t_1) + \ldots + \mathrm{mrg}(t_n) \\
\mathrm{mrg}(R t_1 \ldots t_n) &= \mathrm{mrg}(t_1) + \ldots + \mathrm{mrg}(t_n) \\
\mathrm{mrg}(t_1 \equiv t_2) &= \max\{0, \mathrm{mrg}(t_1) + \mathrm{mrg}(t_2) - 1\} \\
\mathrm{mrg}(\neg\varphi) &= \mathrm{mrg}(\varphi) \\
\mathrm{mrg}(\varphi \vee \psi) &= \max\{\mathrm{mrg}(\varphi), \mathrm{mrg}(\psi)\} \\
\mathrm{mrg}(\exists x \varphi) &= 1 + \mathrm{mrg}(\varphi).
\end{aligned}
$$

Weiterhin setze man für $r \geq 0$

$$\Phi_r' := \{\varphi \in L_r^S \mid \varphi \text{ atomar oder negiert atomar und } \mathrm{mrg}(\varphi) = 0\}.$$

Man zeige:

(a) Die Sätze 12.3.9 und 12.3.10 und die Überlegungen, die dazu führten, behalten ihre Gültigkeit, wenn überall der Quantorenrang durch den modifizierten Rang und Φ_r durch Φ_r' ersetzt wird. (Entsprechendes gilt für die vorangehenden Aufgaben.)

(b) Ist S relational, so ist $\Phi_r = \Phi_r'$ und $\mathrm{qr}(\varphi) = \mathrm{mrg}(\varphi)$ für alle $\varphi \in L^S$.

12.3.16 Aufgabe Es sei $S := \{<, R\}$ mit zweistelligen Relationssymbolen $<$ und R. Für $k \in \mathbb{N}$ sei $\mathfrak{A}_k := (\{0, \ldots, k\}, <^{A_k}, R^{A_k})$, wobei $<^{A_k}$ die natürliche

Ordnung auf $\{0, \ldots, k\}$ ist und R^{A_k} die Nachfolgerrelation auf $\{0, \ldots, k\}$, d.h. $R^{A_k} = \{(i, i+1) \mid i < k\}$. Man zeige:

(a) Für $k, l, m \in \mathbb{N}$ mit $k, l \geq 2^{m+1}$ ist $\mathfrak{A}_k \cong_m \mathfrak{A}_l$.

(b) Es gibt kein $\varphi \in L_0^S$, sodass für alle k: $\mathfrak{A}_k \models \varphi$ gdw k gerade.

12.3.17 Aufgabe Es sei $S := \{P_1, \ldots, P_r\}$ mit einstelligen P_i. Man zeige: Zu jeder S-Struktur $\mathfrak{A}$ und jedem $m \geq 1$ gibt es eine Struktur $\mathfrak{B}$ mit $\mathfrak{A} \cong_m \mathfrak{B}$, die höchstens $m \cdot 2^r$ Elemente enthält. (Hinweis: Man betrachte die 2^r Teilmengen von A der Gestalt $A_1 \cap \ldots \cap A_r$, wobei $A_i = P_i^A$ oder $A_i = A \setminus P_i^A$ ist. Man wähle als $\mathfrak{B}$ eine Struktur, bei der die entsprechenden Mengen die gleiche Anzahl von Elementen haben, falls diese $< m$ ist, und sonst m Elemente.)

12.3.18 Aufgabe Sei wieder $S = \{P_1, \ldots, P_r\}$ mit einstelligen P_i, sei $m \geq 1$ und $\varphi \in L_0^S$ ein Satz vom Quantorenrang $\leq m$. Man zeige:

(a) Ist φ erfüllbar, so ist φ bereits über einem Bereich mit höchstens $m \cdot 2^r$ Elementen erfüllbar.

(b) $\{\psi \mid \psi \in L_0^S, \ \psi \text{ allgemeingültig}\}$ ist R-entscheidbar.

12.4 Ehrenfeucht-Spiele

Die algebraische Umschreibung der elementaren Äquivalenz eignet sich gut für theoretische Überlegungen, ist aber nicht so einprägsam wie eine auf Ehrenfeucht zurückgehende spieltheoretische Charakterisierung, die wir in diesem Abschnitt schildern.

Es sei S eine beliebige Symbolmenge, und $\mathfrak{A}$ und $\mathfrak{B}$ seien S-Strukturen. Um die folgenden Formulierungen zu erleichtern, setzen wir weiter voraus, dass $A \cap B = \emptyset$ ist. Das durch $\mathfrak{A}$ und $\mathfrak{B}$ bestimmte *Ehrenfeucht-Spiel* $G(\mathfrak{A}, \mathfrak{B})$ wird von zwei Spielern, I und II, nach folgenden Regeln gespielt:

Eine *Partie* des Spiels beginnt damit, dass Spieler I eine natürliche Zahl $r \geq 1$ wählt. Er setzt damit fest, dass anschließend jeder Spieler in der so eröffneten Partie r Züge durchzuführen hat. Gezogen wird dabei abwechselnd, wobei Spieler I beginnt. Jeder Zug besteht in der Wahl eines Elements aus $A \cup B$. Hat Spieler I in seinem i-ten Zug ein Element $a_i \in A$ gewählt, muss Spieler II in seinem i-ten Zug ein $b_i \in B$ wählen. Hat Spieler I im i-ten Zug ein $b_i \in B$ gewählt, muss Spieler II ein $a_i \in A$ wählen. Nach dem r-ten Zug von Spieler II ist die Partie beendet. Es sind dann eine Zahl $r \geq 1$, Elemente $a_1, \ldots, a_r \in A$ und Elemente $b_1, \ldots, b_r \in B$ gewählt worden. Spieler II hat die Partie gewonnen, falls durch die Vorschrift $p(a_i) := b_i$ für $i = 1, \ldots, r$ ein partieller Isomorphismus von $\mathfrak{A}$ nach $\mathfrak{B}$ definiert wird.

Wir sagen, dass es für den Spieler II in $G(\mathfrak{A}, \mathfrak{B})$ eine Gewinnstrategie gibt (kurz: II gewinnt $G(\mathfrak{A}, \mathfrak{B})$), wenn es für ihn die Möglichkeit gibt, in jeder Partie so zu spielen, dass er gewinnt. (Auf eine exakte Definition des Begriffs „Gewinnstrategie" verzichten wir.)

12.4.1 Lemma $\mathfrak{A} \cong_e \mathfrak{B}$ _gdw_ II _gewinnt_ $G(\mathfrak{A}, \mathfrak{B})$.

Dieses Lemma ergibt zusammen mit dem Satz von Fraïssé die angestrebte spieltheoretische Charakterisierung der elementaren Äquivalenz:

12.4.2 Satz von Ehrenfeucht _Ist S eine endliche Symbolmenge, so gilt für S-Strukturen_ $\mathfrak{A}$ _und_ $\mathfrak{B}$:

$$\mathfrak{A} \equiv \mathfrak{B} \quad gdw \quad \text{II } gewinnt \ G(\mathfrak{A}, \mathfrak{B}).$$

Beweis von 12.4.1. Sei $(I_n)_{n \in \mathbb{N}}: \mathfrak{A} \cong_e \mathfrak{B}$. Dann gilt auch $(I'_n)_{n \in \mathbb{N}}: \mathfrak{A} \cong_e \mathfrak{B}$ für $I'_n := \{p \mid$ Es gibt $q \in I_n$ mit $p \subseteq q\}$. Wir geben eine Gewinnstrategie für Spieler II an:

Wählt Spieler I zu Beginn einer $G(\mathfrak{A}, \mathfrak{B})$-Partie die Zahl r, so wähle Spieler II für $i = 1, \ldots, r$ die Elemente a_i bzw. b_i so, dass durch $p_i(a_j) = b_j$ für $1 \leq j \leq i$ ein partieller Isomorphismus $p_i: \{a_1, \ldots, a_i\} \to \{b_1, \ldots, b_i\}$ mit $p_i \in I'_{r-i}$ bestimmt wird; dies ist wegen der Fortsetzungseigenschaften der partiellen Isomorphismen aus $(I'_n)_{n \in \mathbb{N}}$ stets möglich. Für $i = r$ ergibt sich hieraus, dass Spieler II die Partie gewinnt.

Besitze nun umgekehrt Spieler II eine Gewinnstrategie in $G(\mathfrak{A}, \mathfrak{B})$. Wir definieren eine Folge $(I_n)_{n \in \mathbb{N}}$ durch die Festsetzung:

Für $n \in \mathbb{N}$ sei

$p \in I_n$:gdw $p \in \mathrm{Part}(\mathfrak{A}, \mathfrak{B})$ und es gibt $j \in \mathbb{N}$ und $a_1, \ldots, a_j \in A$ mit
    (i) $\mathrm{def}(p) = \{a_1, \ldots, a_j\}$;
    (ii) es gibt ein $m \geq n$ und es gibt eine $G(\mathfrak{A}, \mathfrak{B})$-Partie, die Spieler II nach seiner Gewinnstrategie spielt, die Spieler I mit der Zahl $m + j$ eröffnet und bei der in den ersten j Zügen eines jeden Spielers insgesamt die Elemente $a_1, \ldots, a_j \in A$ und $p(a_1), \ldots, p(a_j) \in B$ gespielt werden.

Aus den Spielregeln folgt unmittelbar, dass $(I_n)_{n \in \mathbb{N}}: \mathfrak{A} \cong_e \mathfrak{B}$.   ⊣

12.4.3 Aufgabe Für $r \geq 1$ entstehe das Spiel $G_r(\mathfrak{A}, \mathfrak{B})$ aus dem Ehrenfeucht-Spiel $G(\mathfrak{A}, \mathfrak{B})$ durch die Festlegung, dass Spieler I zunächst die Zahl r zu wählen hat. Man zeige: $\mathfrak{A} \cong_r \mathfrak{B}$ gdw II gewinnt $G_r(\mathfrak{A}, \mathfrak{B})$.

13

Die Sätze von Lindström

Im letzten Kapitel dieses Buches bringen wir einige bereits mehrfach angekündigte Sätze, die auf Lindström [28] zurückgehen und die der Logik erster Stufe eine ausgezeichnete Stellung zuweisen. Wir zeigen:

(a) Es gibt kein logisches System, das echt ausdrucksstärker ist als die Logik erster Stufe und für das der Endlichkeitssatz und der Satz von Löwenheim und Skolem gelten (13.3).

(b) Es gibt kein logisches System, das echt ausdrucksstärker ist als die Logik erster Stufe, für das der Satz von Löwenheim und Skolem gilt und für das die Menge der allgemeingültigen Sätze aufzählbar ist (13.4).

13.1 Logische Systeme

Bei der folgenden Präzisierung des Begriffs „logisches System" fassen wir einige Merkmale zusammen, die alle Logiken besitzen, welche wir bislang betrachtet haben. Wir lassen uns dabei von semantischen Gesichtspunkten leiten und sprechen bereits dann von einem logischen System, wenn für jede Symbolmenge S eine „abstrakte" Menge gegeben ist, deren Elemente die Rolle der S-Sätze übernehmen, und wenn zusätzlich eine Beziehung zwischen Strukturen und solchen Sätzen gegeben ist, die der Modellbeziehung entspricht und festlegt, wann ein „abstrakter" Satz in einer Struktur gilt.

13.1.1 Definition Ein *logisches System* $\mathcal{L}$ besteht aus einer Funktion L und einer zweistelligen Relation $\models_{\mathcal{L}}$. L ordnet jeder Symbolmenge S eine Menge $L(S)$ zu, die *Menge der S-Sätze* von $\mathcal{L}$. Dabei soll gelten:
(a) Wenn $S_0 \subseteq S_1$, so $L(S_0) \subseteq L(S_1)$.

© Springer-Verlag GmbH Deutschland, ein Teil von Springer Nature 2018
H.-D. Ebbinghaus et al., *Einführung in die mathematische Logik*,
https://doi.org/10.1007/978-3-662-58029-5_13

(b) Wenn $\mathfrak{A} \models_{\mathcal{L}} \varphi$ (d.h., stehen $\mathfrak{A}$ und φ in der Relation $\models_{\mathcal{L}}$), so ist, für geeignetes S, $\mathfrak{A}$ eine S-Struktur und $\varphi \in L(S)$.

(c) (*Isomorphiebedingung*) Wenn $\mathfrak{A} \models_{\mathcal{L}} \varphi$ und $\mathfrak{A} \cong \mathfrak{B}$, so $\mathfrak{B} \models_{\mathcal{L}} \varphi$.

(d) (*Koinzidenzbedingung*) Ist $S_0 \subseteq S_1$, $\varphi \in L(S_0)$ und $\mathfrak{A}$ eine S_1-Struktur, so

$$\mathfrak{A} \models_{\mathcal{L}} \varphi \quad \text{gdw} \quad \mathfrak{A}|_{S_0} \models_{\mathcal{L}} \varphi.$$

$\mathcal{L}_{\mathrm{I}}, \mathcal{L}_{\mathrm{II}}, \mathcal{L}_{\mathrm{II}}^w, \mathcal{L}_{\omega_1\omega}, \mathcal{L}_Q$ sind logische Systeme. Bei $\mathcal{L}_{\mathrm{I}}$ z. B. wählen wir als L_{I} diejenige Funktion, welche jeder Symbolmenge S die Menge $L_{\mathrm{I}}(S) := L_0^S$ der S-Sätze erster Stufe zuordnet, und als $\models_{\mathcal{L}_{\mathrm{I}}}$ die übliche Modellbeziehung zwischen Strukturen und Sätzen erster Stufe.

Ist $\mathcal{L}$ ein logisches System und $\varphi \in L(S)$, so sei

$$\mathrm{Mod}_{\mathcal{L}}^S(\varphi) := \{\mathfrak{A} \mid \mathfrak{A} \ S\text{-Struktur und } \mathfrak{A} \models_{\mathcal{L}} \varphi\}.$$

Ist der Bezug zur Symbolmenge S klar, schreiben wir auch kurz $\mathrm{Mod}_{\mathcal{L}}(\varphi)$.

Wir können $\mathrm{Mod}_{\mathcal{L}}^S(\varphi)$ als eine abstrakte Präzisierung der *Bedeutung* von φ auffassen. Auf diese Weise gelangen wir zu einer natürlichen Festlegung, wann ein logisches System $\mathcal{L}'$ ausdrucksstärker als $\mathcal{L}$ ist: nämlich dann, wenn es zu jedem $\mathcal{L}$-Satz φ einen $\mathcal{L}'$-Satz ψ mit der gleichen Bedeutung gibt.

13.1.2 Definition $\mathcal{L}$ und $\mathcal{L}'$ seien logische Systeme.

(a) Sei S eine Symbolmenge, $\varphi \in L(S)$ und $\psi \in L'(S)$. Dann heißen φ und ψ *logisch äquivalent* :gdw $\mathrm{Mod}_{\mathcal{L}}^S(\varphi) = \mathrm{Mod}_{\mathcal{L}'}^S(\psi)$.

(b) $\mathcal{L}'$ *ist ausdrucksstärker als* $\mathcal{L}$ (kurz: $\mathcal{L} \leq \mathcal{L}'$) :gdw zu jedem S und jedem $\varphi \in L(S)$ gibt es $\psi \in L'(S)$, sodass φ und ψ logisch äquivalent sind.

(c) $\mathcal{L}$ *und* $\mathcal{L}'$ *sind gleich ausdrucksstark* (kurz: $\mathcal{L} \sim \mathcal{L}'$) :gdw $\mathcal{L} \leq \mathcal{L}'$ und $\mathcal{L}' \leq \mathcal{L}$.

Beispiele. $\mathcal{L}_{\mathrm{I}} \leq \mathcal{L}_{\mathrm{II}}^w$; $\mathcal{L}_{\mathrm{II}}^w \leq \mathcal{L}_{\mathrm{II}}$; nicht $\mathcal{L}_{\mathrm{II}} \leq \mathcal{L}_{\mathrm{II}}^w$ (vgl. 9.1.7); $\mathcal{L}_{\mathrm{II}}^w \leq \mathcal{L}_{\omega_1\omega}$ (vgl. 9.2.7).

Wir formulieren einige Eigenschaften logischer Systeme, die in abstrakter Form bekannte Bildungsmöglichkeiten in den von uns bislang betrachteten Systemen wiedergeben.

Für ein logisches System $\mathcal{L}$ besage:

Boole($\mathcal{L}$) („$\mathcal{L}$ enthält aussagenlogische („Boolesche") Junktoren"):

(1) Zu S und $\varphi \in L(S)$ gibt es ein $\chi \in L(S)$, sodass für jede S-Struktur $\mathfrak{A}$:

$$\mathfrak{A} \models_{\mathcal{L}} \chi \quad \text{gdw} \quad \text{nicht } \mathfrak{A} \models_{\mathcal{L}} \varphi.$$

(2) Zu S und $\varphi, \psi \in L(S)$ gibt es ein $\chi \in L(S)$, sodass für jede S-Struktur $\mathfrak{A}$:

$$\mathfrak{A} \models_{\mathcal{L}} \chi \quad \text{gdw} \quad (\mathfrak{A} \models_{\mathcal{L}} \varphi \text{ oder } \mathfrak{A} \models_{\mathcal{L}} \psi).$$

Wenn Boole($\mathcal{L}$) gilt, so bezeichne $\neg\varphi$ bzw. $(\varphi \vee \psi)$ stets ein χ im Sinne von (1) bzw. (2). Ähnlich sind Schreibweisen wie $(\varphi \wedge \psi), (\varphi \to \psi), \ldots$ zu verstehen.

Rel($\mathcal{L}$) („$\mathcal{L}$ erlaubt Relativierungen"):

Zu $S, \varphi \in L(S)$ und einstelligem $U \notin S$ gibt es ein $\psi \in L(S \cup \{U\})$, sodass

$$(\mathfrak{A}, U^A) \models_{\mathcal{L}} \psi \quad \text{gdw} \quad [U^A]^{\mathfrak{A}} \models_{\mathcal{L}} \varphi$$

für alle S-Strukturen $\mathfrak{A}$ und alle S-abgeschlossenen Teilmengen U^A von A. ($[U^A]^{\mathfrak{A}}$ ist die Substruktur von $\mathfrak{A}$ mit dem Träger U^A.)

Wenn Rel($\mathcal{L}$) gilt, so bezeichne φ^U ein ψ mit der obigen Eigenschaft.

Ers($\mathcal{L}$) („$\mathcal{L}$ erlaubt Ersetzung von Funktionssymbolen und Konstanten durch Relationssymbole"):

Ist S eine Symbolmenge und ist S^r zu S gewählt wie vor 8.1.3 – die Funktionssymbole und Konstanten aus S werden durch Relationssymbole für ihre Graphen ersetzt –, so gilt: Zu $\varphi \in L(S)$ gibt es ein $\psi \in L(S^r)$, sodass für alle S-Strukturen $\mathfrak{A}$:

$$\mathfrak{A} \models_{\mathcal{L}} \varphi \quad \text{gdw} \quad \mathfrak{A}^r \models_{\mathcal{L}} \psi.$$

(Zur Definition von $\mathfrak{A}^r$ vgl. ebenfalls 8.1). Wenn Ers($\mathcal{L}$) gilt, so bezeichne φ^r ein ψ mit der obigen Eigenschaft.

13.1.3 Definition Ein logisches System $\mathcal{L}$ mit Boole($\mathcal{L}$), Rel($\mathcal{L}$) und Ers($\mathcal{L}$) nennen wir *regulär*.

Alle von uns bislang betrachteten logischen Systeme sind regulär. Für $\mathcal{L}_I$ haben wir Rel($\mathcal{L}_I$) und Ers($\mathcal{L}_I$) in 8.1.2 gezeigt. Die dortigen Betrachtungen lassen sich ohne Schwierigkeiten auch für die übrigen Systeme durchführen.

Wir übertragen semantische Begriffsbildungen und Redeweisen in natürlicher Weise von $\mathcal{L}_I$ auf andere logische Systeme $\mathcal{L}$. Beispiele: Ist $\varphi \in L(S)$, so heiße φ *erfüllbar*, falls $\text{Mod}_{\mathcal{L}}^S(\varphi) \neq \emptyset$, und *allgemeingültig*, falls $\text{Mod}_{\mathcal{L}}^S(\varphi)$ die Klasse aller S-Strukturen ist. Ist $\Phi \subseteq L(S)$, so besage $\Phi \models_{\mathcal{L}} \varphi$, dass jedes Modell von Φ (im Sinne von $\models_{\mathcal{L}}$) ein Modell von φ ist. Man überlege sich, dass diese Festlegungen aufgrund der Koinzidenzbedingung 13.1.1(d) nicht von S abhängen. Wir werden auch im Folgenden von der Koinzidenzbedingung oft stillschweigend Gebrauch machen. Es bedeute

LöSko($\mathcal{L}$) („Für $\mathcal{L}$ gilt der Satz von Löwenheim und Skolem"):

Ist $\varphi \in L(S)$ erfüllbar, so gibt es ein Modell von φ, das einen höchstens abzählbaren Träger besitzt.

Endl($\mathcal{L}$) („Für $\mathcal{L}$ gilt der Endlichkeitssatz"):

Ist $\Phi \subseteq L(S)$ und ist jede endliche Teilmenge von Φ erfüllbar, so auch Φ selbst.

In der jetzt geschaffenen Terminologie können wir das eingangs unter (a) genannte Resultat von Lindström folgendermaßen formulieren:

Ist $\mathcal{L}$ ein reguläres logisches System mit $\mathcal{L}_\mathrm{I} \leq \mathcal{L}$, LöSko($\mathcal{L}$) und Endl($\mathcal{L}$), so gilt $\mathcal{L} \sim \mathcal{L}_\mathrm{I}$.

Das folgende Ergebnis werden wir verwenden, um uns bei den Beweisen der Sätze von Lindström auf relationales S zu beschränken.

13.1.4 Lemma *Sei $\mathcal{L}$ ein reguläres logisches System. Wenn für alle relationalen Symbolmengen S jeder $L(S)$-Satz zu einem Satz erster Stufe logisch äquivalent ist, so gilt $\mathcal{L} \leq \mathcal{L}_\mathrm{I}$.*

Beweis. Wir erhalten die Behauptung mit Ers($\mathcal{L}$) und den Ergebnissen in 8.1: Sei S eine beliebige Symbolmenge und $\psi \in L(S)$. Wir wählen mit Ers($\mathcal{L}$) den $L(S^r)$-Satz ψ^r. Da S^r relational ist, gibt es nach Voraussetzung zu ψ^r einen logisch äquivalenten Satz erster Stufe, etwa $\varphi \in L_\mathrm{I}(S^r)$. Zu φ wählen wir den $L_\mathrm{I}(S)$-Satz φ^{-r} gemäß 8.1.3. Dann gilt für jede S-Struktur $\mathfrak{A}$:

$$\begin{aligned}
\mathfrak{A} \models_\mathcal{L} \psi \quad &\text{gdw} \quad \mathfrak{A}^r \models_\mathcal{L} \psi^r \\
&\text{gdw} \quad \mathfrak{A}^r \models \varphi \\
&\text{gdw} \quad \mathfrak{A} \models \varphi^{-r}.
\end{aligned}$$

Somit sind ψ und φ^{-r} logisch äquivalent. $\dashv$

13.1.5 Aufgabe $\mathcal{L}$ sei durch die folgenden Festlegungen gegeben:
(i) $L(S) := \{\varphi \mid \varphi \text{ ist ein } L_\mathrm{II}^S\text{-Satz der Gestalt } \exists X_1 \ldots \exists X_n \psi$, wobei in ψ keine Relationsvariable (und keine Funktionsvariable) quantifiziert wird$\}$.
(ii) Für $\varphi \in L(S)$ und S-Strukturen $\mathfrak{A}$ gelte: $\mathfrak{A} \models_\mathcal{L} \varphi$ gdw $\mathfrak{A} \models_{\mathcal{L}_\mathrm{II}} \varphi$.
Man zeige:
(a) $\mathcal{L}$ ist ein logisches System.
(b) Es gelten LöSko($\mathcal{L}$), Endl($\mathcal{L}$), Rel($\mathcal{L}$) und Ers($\mathcal{L}$).
(c) Es gilt nicht Boole($\mathcal{L}$).
(d) $\mathcal{L}_\mathrm{I} \leq \mathcal{L}$, aber nicht $\mathcal{L} \leq \mathcal{L}_\mathrm{I}$.
(e) Die Menge der allgemeingültigen $L(S_\mathrm{Ar})$-Sätze ist nicht aufzählbar. (Hinweis: Man beachte, dass Th($\mathfrak{N}$) nicht aufzählbar ist, und verwende das in 3.7.5 angegebene Axiomensystem Π.)
Das logische System $\mathcal{L}$ zeigt, dass man im ersten Satz von Lindström, 13.3.5, nicht auf die Eigenschaft Boole($\mathcal{L}$) verzichten kann.

13.1.6 Aufgabe Man zeige: $\mathcal{L}_Q \leq \mathcal{L}_\mathrm{II}$, nicht $\mathcal{L}_\mathrm{II}^w \leq \mathcal{L}_Q$, nicht $\mathcal{L}_Q \leq \mathcal{L}_\mathrm{II}^w$.

13.2 Reguläre logische Systeme mit Endlichkeitssatz

Bevor wir mit dem Beweis der Sätze von Lindström beginnen, schicken wir in diesem Abschnitt einige Bemerkungen über logische Systeme voraus, für die der Endlichkeitssatz gilt.

Es sei $\mathcal{L}$ stets ein *reguläres logisches System mit* $\mathcal{L}_{\mathrm{I}} \leq \mathcal{L}$. Ist φ ein S-Satz erster Stufe, so bezeichne φ^* im Folgenden einen zu φ logisch äquivalenten Satz aus $L(S)$. Für eine Menge Φ von S-Sätzen erster Stufe sei $\Phi^* := \{\varphi^* \mid \varphi \in \Phi\}$.

Aus Endl($\mathcal{L}$), dem Endlichkeitssatz für Erfüllbarkeit, ergibt sich wie üblich der Endlichkeitssatz für die Folgerungsbeziehung:

13.2.1 Lemma *Es gelte* Endl($\mathcal{L}$). *Ist* $\Phi \cup \{\varphi\} \subseteq L(S)$ *und gilt* $\Phi \models_{\mathcal{L}} \varphi$, *so gibt es eine endliche Teilmenge* Φ_0 *von* Φ *mit* $\Phi_0 \models_{\mathcal{L}} \varphi$.

Beweis. Wähle $\neg\varphi$ gemäß Boole($\mathcal{L}$). Dann ist $\Phi \cup \{\neg\varphi\}$ nicht erfüllbar. Wegen Endl($\mathcal{L}$) gibt es eine endliche Teilmenge Φ_0 von Φ, sodass $\Phi_0 \cup \{\neg\varphi\}$ nicht erfüllbar ist, d.h. $\Phi_0 \models_{\mathcal{L}} \varphi$. ⊣

Falls Endl($\mathcal{L}$) gilt, hängt die Bedeutung eines $L(S)$-Satzes jeweils nur von endlich vielen Symbolen aus S ab:

13.2.2 Lemma *Es gelte* Endl($\mathcal{L}$), *und es sei* $\psi \in L(S)$. *Dann gibt es eine endliche Teilmenge* S_0 *von* S, *sodass für alle* S-*Strukturen* $\mathfrak{A}, \mathfrak{B}$:

$$\text{Wenn } \mathfrak{A}|_{S_0} \cong \mathfrak{B}|_{S_0}, \text{ so} \quad (\mathfrak{A} \models_{\mathcal{L}} \psi \quad gdw \quad \mathfrak{B} \models_{\mathcal{L}} \psi).$$

Beweis. Wir beschränken uns auf den (später benötigten) Fall, dass S relational ist. Eine Ausdehnung des Beweises auf beliebige Symbolmengen bereitet keine Schwierigkeiten.

Wir wählen neue Symbole U, V, f, alle einstellig. Φ bestehe aus den folgenden $S \cup \{U, V, f\}$-Sätzen der ersten Stufe, die besagen, dass f ein Isomorphismus zwischen der auf U induzierten Substruktur und der auf V induzierten Substruktur ist:

$$\exists x Ux, \ \exists x Vx,$$
$$\forall x(Ux \to Vfx), \ \forall y(Vy \to \exists x(Ux \wedge fx \equiv y)),$$
$$\forall x \forall y((Ux \wedge Uy \wedge fx \equiv fy) \to x \equiv y),$$

und für jedes $R \in S$, R n-stellig:

$$\forall x_1 \ldots \forall x_n((Ux_1 \wedge \ldots \wedge Ux_n) \to (Rx_1 \ldots x_n \leftrightarrow Rfx_1 \ldots fx_n)).$$

Dann gilt zunächst (beachte, dass $\mathcal{L}_{\mathrm{I}} \leq \mathcal{L}$)

(1) $$\Phi^* \models_{\mathcal{L}} \psi^U \leftrightarrow \psi^V.$$

Ist nämlich $\mathfrak{A}$ eine S-Struktur und $(\mathfrak{A}, U^A, V^A, f^A) \models_{\mathcal{L}} \Phi^*$, d.h. $(\mathfrak{A}, U^A, V^A, f^A)$ $\models \Phi$, so sind U^A und V^A nicht leer, und es ist $f^A|_{U^A}$ ein Isomorphismus von $[U^A]^{\mathfrak{A}}$ auf $[V^A]^{\mathfrak{A}}$. Aufgrund der Isomorphiebedingung (vgl. 13.1.1(c)) gilt also:

$$[U^A]^{\mathfrak{A}} \models_{\mathcal{L}} \psi \quad \text{gdw} \quad [V^A]^{\mathfrak{A}} \models_{\mathcal{L}} \psi,$$

d.h. mit $\mathrm{Rel}(\mathcal{L})$:

$$(\mathfrak{A}, U^A) \models_{\mathcal{L}} \psi^U \quad \text{gdw} \quad (\mathfrak{A}, V^A) \models_{\mathcal{L}} \psi^V,$$

und mit der Koinzidenzbedingung und $\mathrm{Boole}(\mathcal{L})$

$$(\mathfrak{A}, U^A, V^A, f^A) \models_{\mathcal{L}} \psi^U \leftrightarrow \psi^V.$$

Damit ist (1) gezeigt, und wir erhalten mit $\mathrm{Endl}(\mathcal{L})$ eine endliche Teilmenge Φ_0 von Φ mit

(2) $$\Phi_0^* \models_{\mathcal{L}} \psi^U \leftrightarrow \psi^V.$$

Da Φ_0 aus Sätzen erster Stufe besteht, können wir eine endliche Teilmenge S_0 von S so wählen, dass Φ_0 aus S_0-Sätzen besteht. Wir zeigen, dass S_0 die Behauptung erfüllt. Seien hierzu $\mathfrak{A}, \mathfrak{B}$ S-Strukturen und $\pi \colon \mathfrak{A}|_{S_0} \cong \mathfrak{B}|_{S_0}$, wobei wir annehmen wollen, dass $A \cap B = \emptyset$. (Sonst gehen wir zu einer isomorphen Kopie von $\mathfrak{B}$ über und benutzen die Isomorphiebedingung.) Wir definieren über $C := A \cup B$ eine $S \cup \{U, V, f\}$-Struktur $(\mathfrak{C}, U^C, V^C, f^C)$ durch (man beachte: S ist relational)

$$R^C := R^A \cup R^B \text{ für } R \in S,$$
$$U^C := A, \quad V^C := B,$$
$$f^C \text{ so, dass } f^C|_{U^C} = \pi.$$

Dann ist $(\mathfrak{C}, U^C, V^C, f^C)$ ein Modell von Φ_0, also gilt $(\mathfrak{C}, U^C, V^C, f^C) \models_{\mathcal{L}} \Phi_0^*$. Mit (2) erhalten wir

$$(\mathfrak{C}, U^C, V^C, f^C) \models_{\mathcal{L}} \psi^U \leftrightarrow \psi^V,$$

wegen $[U^C]^{\mathfrak{C}} = \mathfrak{A}$ und $[V^C]^{\mathfrak{C}} = \mathfrak{B}$ somit

$$\mathfrak{A} \models_{\mathcal{L}} \psi \quad \text{gdw} \quad \mathfrak{B} \models_{\mathcal{L}} \psi. \qquad \dashv$$

13.3 Der erste Satz von Lindström

Im Folgenden sei $\mathcal{L}$ ein reguläres logisches System mit $\mathcal{L}_{\mathrm{I}} \leq \mathcal{L}$. Weiterhin sei S eine relationale Symbolmenge und ψ ein $L(S)$-Satz, der zu keinem Satz erster Stufe logisch äquivalent ist. Zur Vorbereitung der Sätze von Lindström zeigen wir zunächst, dass es Strukturen $\mathfrak{A}$ und $\mathfrak{B}$ gibt, $\mathfrak{A} \models_{\mathcal{L}} \psi$, $\mathfrak{B} \models_{\mathcal{L}} \neg\psi$, die sich in Bezug auf die erste Stufe beliebig wenig unterscheiden.

Ist φ ein S-Satz erster Stufe, so bezeichne φ^* wiederum einen logisch äquivalenten Satz in $L(S)$.

13.3.1 Lemma *Sei S eine relationale Symbolmenge und ψ ein $L(S)$-Satz, der zu keinem Satz erster Stufe logisch äquivalent ist. Zu jedem endlichen $S_0 \subseteq S$ und jedem $m \in \mathbb{N}$ gibt es S-Strukturen $\mathfrak{A}$ und $\mathfrak{B}$ mit*

$$(+) \qquad \mathfrak{A}|_{S_0} \cong_m \mathfrak{B}|_{S_0},\ \mathfrak{A} \models_{\mathcal{L}} \psi\ und\ \mathfrak{B} \models_{\mathcal{L}} \neg\psi.$$

Beweis. Sei S_0 eine endliche Teilmenge von S und o.B.d.A. $m \geq 1$. Wir setzen

$$\varphi := \bigvee\{\varphi_{\mathfrak{A}|_{S_0}}^m \mid \mathfrak{A}\ S\text{-Struktur},\ \mathfrak{A} \models_{\mathcal{L}} \psi\}.$$

Nach 12.3.4 ist diese Disjunktion endlich, φ also ein Satz erster Stufe. Offensichtlich ist $\psi \to \varphi^*$ allgemeingültig. Da ψ nach Voraussetzung nicht zu φ und damit auch nicht zu φ^* logisch äquivalent ist, gibt es eine S-Struktur $\mathfrak{B}$ mit $\mathfrak{B} \models_{\mathcal{L}} \varphi^*$ und $\mathfrak{B} \models_{\mathcal{L}} \neg\psi$. Wegen $\mathfrak{B} \models \varphi$ gibt es weiter eine S-Struktur $\mathfrak{A}$ mit $\mathfrak{A} \models_{\mathcal{L}} \psi$ und $\mathfrak{B} \models \varphi_{\mathfrak{A}|_{S_0}}^m$. Somit haben wir $\mathfrak{A}|_{S_0} \cong_m \mathfrak{B}|_{S_0}$ (vgl. 12.3.10). ⊣

In den Beweisen der Sätze von Lindström werden wir wesentlich davon Gebrauch machen, dass sich 13.3.1 in $\mathcal{L}$ formulieren lässt. Einer solchen Formulierung wenden wir uns nun zu. Für $m \in \mathbb{N}$ und S_0 wählen wir $\mathfrak{A}$, $\mathfrak{B}$ und $(I_n)_{n \leq m}$ mit $(I_n)_{n \leq m} : \mathfrak{A}|_{S_0} \cong_m \mathfrak{B}|_{S_0}$, $\mathfrak{A} \models_{\mathcal{L}} \psi$, $\mathfrak{B} \models_{\mathcal{L}} \neg\psi$. Indem wir gegebenenfalls zu einer isomorphen Kopie von $\mathfrak{B}$ übergehen, können wir annehmen, dass $A \cap B = \emptyset$. Die Symbolmenge S^+ entstehe, indem wir zu S die folgenden Symbole hinzunehmen: eine Konstante c, ein einstelliges Funktionssymbol f und Relationssymbole P, U, V, W (einstellig), $<, I$ (zweistellig) und G (dreistellig). $\mathfrak{C}$ sei eine S^+-Struktur, welche $\mathfrak{A}$ und $\mathfrak{B}$ umfasst und welche die m-Isomorphie $(I_n)_{n \leq m} : \mathfrak{A}|_{S_0} \cong_m \mathfrak{B}|_{S_0}$ dadurch zu beschreiben gestattet, dass ihr Träger auch die partiellen Isomorphismen aus den I_n als Elemente enthält. Genauer gelte:

(a) $C = A \cup B \cup \{0, \ldots, m\} \cup \bigcup_{n \leq m} I_n$;

(b) $U^C = A$ und $[U^C]^{\mathfrak{C}|_S} = \mathfrak{A}$;

(c) $V^C = B$ und $[V^C]^{\mathfrak{C}|_S} = \mathfrak{B}$;

((b) und (c) sind realisierbar, da $A \cap B = \emptyset$ und da S relational ist.)

(d) $W^C = \{0, \ldots, m\}$, $<^C$ ist die natürliche Ordnungsrelation auf $\{0, \ldots, m\}$, $c^C = m$ und $f^C|_{W^C}$ ist die Vorgängerfunktion auf W^C, d.h., $f^C(n+1) = n$ für $n < m$ (und etwa $f^C(0) = 0$);

(e) $P^C = \bigcup_{n \leq m} I_n$;

(f) $I^C np$ gdw $n \leq m$ und $p \in I_n$;

(g) $G^C pab$ gdw $P^C p$, $a \in \text{def}(p)$ und $p(a) = b$.

Abb. 13.1 gibt eine Veranschaulichung.

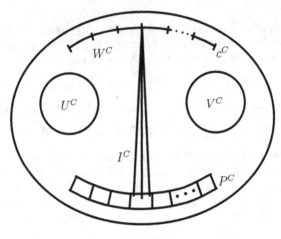

Abb. 13.1

Dann ist $\mathfrak{C}$ ein Modell der Konjunktion χ der endlich vielen folgenden Sätze aus $L(S^+)$, welche die gewünschte Formulierung von $(+)$ liefert. (Beachte, dass χ nicht von m abhängt. Wir bedienen uns hier und später einer suggestiven Schreibweise im Rahmen der ersten Stufe.)

(i) $\forall p(Pp \rightarrow \forall x \forall y(Gpxy \rightarrow (Ux \wedge Vy)))$.

(ii) $\forall p(Pp \rightarrow \forall x \forall x' \forall y \forall y'((Gpxy \wedge Gpx'y') \rightarrow (x \equiv x' \leftrightarrow y \equiv y')))$.

(iii) Für jedes $R \in S_0$, R n-stellig:

$$\forall p(Pp \rightarrow \forall x_1 \ldots \forall x_n \forall y_1 \ldots \forall y_n((Gpx_1y_1 \wedge \ldots \wedge Gpx_ny_n)$$
$$\rightarrow (Rx_1 \ldots x_n \leftrightarrow Ry_1 \ldots y_n))).$$

((i), (ii) und (iii) beinhalten, dass, für festes $p \in P$, $Gp \cdot \cdot$ den Graphen eines partiellen Isomorphismus von der auf U induzierten S_0-Substruktur in die auf V induzierte S_0-Substruktur beschreibt.)

(iv) Die Axiome von Φ_{pOrd} für partielle Ordnungen (vgl. 3.6.4) und die Sätze

$$\forall x(Wx \leftrightarrow (x \equiv c \vee \exists y(y < x \vee x < y))) \wedge \forall x(Wx \rightarrow (x < c \vee x \equiv c))$$

(d.h., es ist $<$ die leere Relation und $W = \{c\}$, oder W ist das Feld von $<$ und c das größte Element; in beiden Fällen sprechen wir von W als dem Feld von $<$),

$$\forall x(\exists y\, y < x \rightarrow (fx < x \wedge \neg \exists z(fx < z \wedge z < x)))$$

(d.h., f ist Vorgängerfunktion).

(v) $\forall x(Wx \rightarrow \exists p(Pp \wedge Ixp))$

(d.h., ist x im Feld von $<$, so ist $I_x = \{p \mid Pp \wedge Ixp\}$ nicht leer).

(vi) $\forall x \forall p \forall u((fx < x \wedge Ixp \wedge Uu) \rightarrow$

$$\exists q \exists v (Ifxq \wedge Gquv \wedge \forall x' \forall y' (Gpx'y' \rightarrow Gqx'y')))$$

(die Hin-Eigenschaft).

(vii) Analog ein Satz für die Her-Eigenschaft.

(viii) $\exists x Ux \wedge \exists y Vy \wedge \psi^U \wedge (\neg\psi)^V$

(beachte, dass $U^C = A$, $V^C = B$, $\mathfrak{A} \models_{\mathcal{L}} \psi$, $\mathfrak{B} \models_{\mathcal{L}} \neg\psi$).

Wir halten fest:

13.3.2 *Zu jedem* $m \in \mathbb{N}$ *gibt es ein Modell* $\mathfrak{C}$ *von* χ, *in dem das Feld* W^C *von* $<^C$ *aus genau* $(m+1)$ *Elementen besteht.* $\dashv$

Nun zeigen wir

13.3.3 *Gelte* LöSko($\mathcal{L}$). *Dann trifft eine der folgenden Bedingungen* (a) *oder* (b) *zu.*

(a) *Es gibt* S-*Strukturen* $\mathfrak{A}$ *und* $\mathfrak{B}$ *mit*

$$\mathfrak{A} \models_{\mathcal{L}} \psi, \quad \mathfrak{B} \models_{\mathcal{L}} \neg\psi \text{ und } \mathfrak{A}|_{S_0} \cong \mathfrak{B}|_{S_0}.$$

(b) *In allen Modellen* $\mathfrak{D}$ *von* χ *ist das Feld* W^D *von* $<^D$ *endlich.*

Beweis. Wir zeigen zunächst:

(∘) Ist die S^+-Struktur $\mathfrak{D}$ ein Modell von χ, in dem das Feld W^D von $<^D$ unendlich ist, so sind der U-Teil und der V-Teil von $\mathfrak{D}$ Träger von S-Substrukturen $\mathfrak{A} := [U^D]^{\mathfrak{D}|s}$ und $\mathfrak{B} := [V^D]^{\mathfrak{D}|s}$ mit

$$\mathfrak{A} \models_{\mathcal{L}} \psi, \quad \mathfrak{B} \models_{\mathcal{L}} \neg\psi \quad \text{und} \quad \mathfrak{A}|_{S_0} \cong_p \mathfrak{B}|_{S_0}.$$

In der Tat: Weil $\mathfrak{D}$ die Sätze unter (viii) erfüllt, ist $U^D \neq \emptyset$, $V^D \neq \emptyset$; und weil S relational ist, sind U^D und V^D Träger von S-Substrukturen. Nach (viii) gilt weiterhin $\mathfrak{D} \models_{\mathcal{L}} \psi^U$ und $\mathfrak{D} \models_{\mathcal{L}} (\neg\psi)^V$ und somit

$$\mathfrak{A} \models_{\mathcal{L}} \psi, \quad \mathfrak{B} \models_{\mathcal{L}} \neg\psi.$$

Man entnimmt den Sätzen (i), (ii) und (iii), dass jedem $p \in P^D$ vermöge G^D ein partieller Isomorphismus von $\mathfrak{A}|_{S_0}$ nach $\mathfrak{B}|_{S_0}$ entspricht, den wir ebenfalls mit p bezeichnen wollen. Wir sondern aus P^D nun auf folgende Weise eine Teilmenge I aus: Seien $f^0 c, f^1 c, f^2 c, \ldots$ abkürzende Schreibweisen für $c, fc, ffc, \ldots$. Da W^D unendlich ist und c^D das letzte Element von $<^D$ ist, besitzt $<^D$ die unendlich lange Vorgängerkette (f ist die Vorgängerfunktion, vgl. (iv))

$$(*) \qquad \ldots <^D (f^2 c)^D <^D (fc)^D <^D c^D.$$

Wir setzen

$$I := \{p \mid \text{Es gibt ein } n \text{ mit } I^D (f^n c)^D p\}$$

und zeigen

$$I : \mathfrak{A}|_{S_0} \cong_p \mathfrak{B}|_{S_0}.$$

Man erhält nämlich mit (v), dass $I \neq \emptyset$, und mit (vi) und (vii), dass I die Hin- und die Her-Eigenschaft besitzt. Zum Beispiel schließt man für die Hin-Eigenschaft so: Ist $p \in I$, etwa $I^D(f^n c)^D p$, und $a \in A = U^D$, so gibt es nach (vi) ein q mit $I^D(f^{n+1}c)^D q$ (also mit $q \in I$), sodass $q \supseteq p$ und $a \in \mathrm{def}(q)$. Damit ist $(\circ)$ gezeigt.

Wir kehren nun zum Beweis von 13.3.3 zurück und nehmen an, (b) gelte nicht. Es gibt also ein Modell von χ, in dem das Feld W von $<$ unendlich ist. Wir zeigen mit einer Anwendung von LöSko($\mathcal{L}$), dass der Träger dieses Modells als abzählbar angenommen werden kann. Wegen $(\circ)$ gilt dann für den U-Teil $\mathfrak{A}$ und den V-Teil $\mathfrak{B}$

$$\mathfrak{A} \models_{\mathcal{L}} \psi, \quad \mathfrak{B} \models_{\mathcal{L}} \neg\psi \quad \text{und} \quad \mathfrak{A}|_{S_0} \cong \mathfrak{B}|_{S_0},$$

denn als höchstens abzählbare partiell isomorphe Strukturen sind $\mathfrak{A}|_{S_0}$ und $\mathfrak{B}|_{S_0}$ isomorph (vgl. 12.1.5(d)). Damit ist Punkt (a) in 13.3.3 erfüllt.

Sei also $\mathfrak{D}$ ein Modell von χ mit unendlichem Feld W^D von $<^D$. Um von $\mathfrak{D}$ zu einem abzählbaren Modell von χ mit unendlichem Feld zu gelangen, verwenden wir – wie erwähnt – LöSko($\mathcal{L}$); hierzu müssen wir, da LöSko nur Sätze und nicht unendliche Satzmengen betrifft, durch einen einzelnen Satz sicherstellen, dass Feld $<$ unendlich bleibt. Wir erreichen dies wie folgt. Da W^D unendlich ist, besitzt $<^D$ die unendlich lange Vorgängerkette (vgl. $(*)$ auf S. 307)

$$\ldots <^D (f^2 c)^D <^D (fc)^D <^D c^D.$$

Sei Q ein neues einstelliges Relationssymbol und sei ϑ der $L(S^+ \cup \{Q\})$-Satz

$$\vartheta = Qc \wedge \forall x (Qx \to (fx < x \wedge Qfx))$$

(„Q enthält c, und jedes Element von Q besitzt einen unmittelbaren $<$-Vorgänger, der wiederum zu Q gehört").

Mit $Q^D := \{(f^n c)^D \mid n \in \mathbb{N}\}$ gilt dann:

$$(\mathfrak{D}, Q^D) \models_{\mathcal{L}} \chi \wedge \vartheta.$$

Da also $\chi \wedge \vartheta$ erfüllbar ist, existiert nach LöSko($\mathcal{L}$) ein höchstens abzählbares Modell $(\mathfrak{E}, Q^E)$ von $\chi \wedge \vartheta$. $\mathfrak{E}$ ist demnach ein höchstens abzählbares Modell von χ, und das Feld W^E von $<^E$ ist unendlich. $\dashv$

Wir fassen unsere bisherigen Überlegungen (13.3.2 und 13.3.3) zusammen:

13.3.4 Hauptlemma $\mathcal{L}$ *sei ein reguläres logisches System mit* $\mathcal{L}_{\mathrm{I}} \leq \mathcal{L}$ *und* LöSko($\mathcal{L}$). *Ferner sei* S *eine relationale Symbolmenge und* ψ *ein Satz in* $L(S)$, *der zu keinem Satz erster Stufe logisch äquivalent ist. Dann gilt (a) oder (b):*

(a) *Für alle endlichen Symbolmengen* S_0 *mit* $S_0 \subseteq S$ *gibt es* S-*Strukturen* $\mathfrak{A}$ *und* $\mathfrak{B}$ *mit*

$$\mathfrak{A} \models_{\mathcal{L}} \psi, \quad \mathfrak{B} \models_{\mathcal{L}} \neg\psi \quad \text{und} \quad \mathfrak{A}|_{S_0} \cong \mathfrak{B}|_{S_0}.$$

(b) *Für ein einstelliges Relationssymbol W und eine geeignete Symbolmenge S^+ mit $S \cup \{W\} \subseteq S^+$ und endlichem $S^+ \setminus S$ gibt es einen $L(S^+)$-Satz χ mit*

(i) *In jedem Modell $\mathfrak{C}$ von χ ist W^C endlich und nicht leer.*

(ii) *Zu jedem $m \geq 1$ gibt es ein Modell $\mathfrak{C}$ von χ, in dem W^C genau m Elemente hat.*

Wir zeigen nun:

13.3.5 Erster Satz von Lindström *Für ein reguläres logisches System $\mathcal{L}$ mit $\mathcal{L}_I \leq \mathcal{L}$ gilt:*

$$\text{Wenn } \text{LöSko}(\mathcal{L}) \text{ und } \text{Endl}(\mathcal{L}), \text{ so } \mathcal{L} \sim \mathcal{L}_I.$$

Beweis. Wir führen den Beweis indirekt und nehmen an, ψ sei ein Satz in $L(S)$, der zu keinem Satz erster Stufe logisch äquivalent ist. Wegen 13.1.4 können wir S als relational voraussetzen. Da $\text{Endl}(\mathcal{L})$ gilt, hängt nach 13.2.2 die Bedeutung von ψ nur von endlich vielen Symbolen ab; wir wählen also eine endliche Teilmenge S_0 von S, sodass für alle S-Strukturen $\mathfrak{A}, \mathfrak{B}$:

$$\text{Wenn } \mathfrak{A}|_{S_0} \cong \mathfrak{B}|_{S_0}, \text{ so } (\mathfrak{A} \models_{\mathcal{L}} \psi \quad \text{gdw} \quad \mathfrak{B} \models_{\mathcal{L}} \psi).$$

Somit ist in 13.3.4 die Bedingung (a) nicht erfüllt, es muss also (b) gelten. Daher gibt es einen $\mathcal{L}$-Satz χ, der (i) und (ii) in 13.3.4(b) erfüllt. Dies widerspricht aber $\text{Endl}(\mathcal{L})$: Wegen (i) ist die Satzmenge

$$\{\chi\} \cup \{\text{„}W \text{ enthält mindestens } n \text{ Elemente“} \mid n \in \mathbb{N}\}$$

nicht erfüllbar, wegen (ii) besitzt jedoch jede endliche Teilmenge ein Modell.   ⊣

Um abschließend die Rolle der Bedingungen $\text{LöSko}(\mathcal{L})$ und $\text{Endl}(\mathcal{L})$ im ersten Satz von Lindström zu verdeutlichen, schildern wir die dem Beweis zugrunde liegende Idee noch einmal in prägnanter Form:

Ausgehend von der Annahme, ψ sei ein $\mathcal{L}$-Satz, der zu keinem Satz erster Stufe logisch äquivalent ist, gewinnt man für $m \geq 1$ Strukturen $\mathfrak{A}$ und $\mathfrak{B}$ mit

(1) $$\mathfrak{A} \models_{\mathcal{L}} \psi \text{ und } \mathfrak{B} \models_{\mathcal{L}} \neg\psi$$

(2) $$\mathfrak{A} \cong_m \mathfrak{B}.$$

Mit $\text{Endl}(\mathcal{L})$ gelangt man zu Strukturen $\mathfrak{A}$ und $\mathfrak{B}$ mit

(1) $$\mathfrak{A} \models_{\mathcal{L}} \psi \text{ und } \mathfrak{B} \models_{\mathcal{L}} \neg\psi$$

(2') $$\mathfrak{A} \cong_p \mathfrak{B}.$$

$\text{LöSko}(\mathcal{L})$ erlaubt nun den Übergang zu abzählbaren Strukturen und damit von $\mathfrak{A} \cong_p \mathfrak{B}$ zu $\mathfrak{A} \cong \mathfrak{B}$. Wir erhalten

(1) $$\mathfrak{A} \models_{\mathcal{L}} \psi \text{ und } \mathfrak{B} \models_{\mathcal{L}} \neg\psi$$

(2'') $$\mathfrak{A} \cong \mathfrak{B},$$

ein Widerspruch. Hierbei haben wir in (2), (2') und (2'') den Bezug auf eine endliche Symbolmenge unterschlagen; dieser Bezug ist nicht weiter von Bedeutung, da wegen Endl($\mathcal{L}$) der Satz ψ nur von endlich vielen Symbolen abhängt (vgl. 13.2.2).

Der Satz 13.3.5 von Lindström zeichnet die Logik erster Stufe aus: Unter den regulären logischen Systemen gibt es kein echt ausdrucksstärkeres System, welches dem Endlichkeitssatz und dem Satz von Löwenheim und Skolem genügt.

Wenn man die Eigenschaften für reguläre logische Systeme $\mathcal{L}$ betrachtet, so erscheinen Rel($\mathcal{L}$) und Ers($\mathcal{L}$) bei erstem Anblick nicht so grundlegend wie die übrigen. Eine Analyse des Beweises von 13.3.3 zeigt, dass diese beiden Eigenschaften wesentlich dazu benutzt werden, über zwei Strukturen $\mathfrak{A}$ und $\mathfrak{B}$ in $\mathcal{L}$ zu sprechen, indem man sie in eine neue Struktur $\mathfrak{C}$ packt. Als Alternative zur Verwendung von Rel($\mathcal{L}$) und Ers($\mathcal{L}$) bietet sich jedoch auch die folgende Möglichkeit: Zu gegebenen Strukturen $\mathfrak{A}$ und $\mathfrak{B}$, etwa $\mathfrak{A} = (A, P^{\mathfrak{A}})$ und $\mathfrak{B} = (B, P^{\mathfrak{B}})$ mit $A = B$ (und auf den Fall gleicher Träger kann man sich beschränken), betrachten wir die Struktur $\mathfrak{C} = (A, P^{\mathfrak{C}}, Q^{\mathfrak{C}})$ mit $P^{\mathfrak{C}} = P^{\mathfrak{A}}$ und $Q^{\mathfrak{C}} = P^{\mathfrak{B}}$. Ist $\mathcal{L}$ eines der in Kap. 9 betrachteten logischen Systeme, so ist es möglich, in $\mathfrak{C}$ über $\mathfrak{A}$ zu sprechen, weil $\mathfrak{A} = \mathfrak{C}|_{\{P\}}$, und über $\mathfrak{B}$, weil zu jedem $\varphi \in L(\{P\})$ ein $\varphi' \in L(\{Q\})$ existiert, das in $\mathfrak{C}$ dasselbe aussagt wie φ in $\mathfrak{B}$ (φ' entsteht aus φ durch Ersetzung von P durch Q). Man kann im Beweis des ersten Satzes von Lindström auf Rel($\mathcal{L}$) und Ers($\mathcal{L}$) verzichten, wenn $\mathcal{L}$ derartige Ersetzungen zulässt. Wenn man dagegen ersatzlos auf Rel($\mathcal{L}$) und Ers($\mathcal{L}$) verzichtet, lassen sich Gegenbeispiele zu 13.3.5 angeben (vgl. [5, Kap. III]).

Die Methode, die wir beim Beweis von 13.3.5 benutzt haben, eignet sich auch dazu, Eigenschaften der Sprache erster Stufe herzuleiten. Die folgenden Aufgaben enthalten Beispiele.

13.3.6 Aufgabe Man zeige: Ein Satz der ersten Stufe, dessen Modellklasse gegen Substrukturen abgeschlossen ist, ist logisch äquivalent zu einem universellen Satz. (Zur Umkehrung vgl. 3.5.8.)

13.3.7 Aufgabe Es sei P ein k-stelliges Relationssymbol, das in der Symbolmenge S nicht vorkommt, und Φ sei eine Menge von $(S \cup \{P\})$-Sätzen. Φ *definiert* P *implizit*, wenn für jede S-Struktur $\mathfrak{A}$ und $P^1, P^2 \subseteq A^k$ gilt:

$$\text{Wenn } (\mathfrak{A}, P^1) \models \Phi \text{ und } (\mathfrak{A}, P^2) \models \Phi, \text{ so } P^1 = P^2.$$

Φ *definiert* P *explizit*, wenn es ein $\psi \in L_k^S$ gibt mit

$$\Phi \models \forall v_0 \ldots \forall v_{k-1}(Pv_0 \ldots v_{k-1} \leftrightarrow \psi).$$

Man zeige die Äquivalenz von (1) und (2), den sog. *Definierbarkeitssatz von Beth*:

(1) Φ definiert P explizit. (2) Φ definiert P implizit.

Hinweis: Die Richtung von (1) nach (2) ergibt sich unmittelbar aus den Definitionen. Für die Richtung von (2) nach (1) betrachte man für $n \geq 0$ den Ausdruck

$$\chi^n := \bigvee\{\varphi^n_{\mathfrak{A},\bar{a}} \mid \mathfrak{A} \; S\text{-Struktur}, (\mathfrak{A}, P^A) \models \Phi, \; P^A \bar{a}\}$$

und zeige mit den in diesem Abschnitt entwickelten Methoden, dass $\Phi \models \forall v_0 \ldots \forall v_{k-1}(P v_0 \ldots v_{k-1} \leftrightarrow \chi^n)$ für ein geeignetes n.

13.4 Der zweite Satz von Lindström

Wir kommen nun zu einer Betrachtung logischer Systeme unter stärkerer Berücksichtigung syntaktischer Aspekte. In diesem Zusammenhang erinnern wir an folgende Eigenschaften der Logik erster Stufe: Für eine entscheidbare Symbolmenge S

- sind die S-Sätze konkrete Zeichenreihen, die jeweils nur endlich viele Symbole aus S enthalten,
- ist die Menge der S-Sätze entscheidbar,
- sind etwa der Übergang zur Negation, die Relativierung und die Ersetzung von Funktionssymbolen in effektiver Weise möglich,
- ist – aufgrund der Existenz eines adäquaten Beweiskalküls – die Menge der allgemeingültigen S-Sätze aufzählbar.

Wir werden diese Aspekte allgemein für logische Systeme betrachten. In dem Rahmen, den wir dabei schaffen, können wir dann auch das in der Einführung dieses Kapitels unter (b) genannte Resultat von Lindström formulieren und beweisen.

Sprechen wir im Folgenden etwa von einer entscheidbaren Menge, so verstehen wir darunter eine Menge von Wörtern über einem geeigneten Alphabet, die im Sinne von 10.2.5 R-entscheidbar ist.

13.4.1 Definition $\mathcal{L}$ sei ein logisches System. $\mathcal{L}$ heißt ein *effektives logisches System*, wenn für jede entscheidbare Symbolmenge S die Menge $L(S)$ entscheidbar ist und zu jedem $\varphi \in L(S)$ eine endliche Teilmenge S_0 von S existiert mit $\varphi \in L(S_0)$.

13.4.2 Definition $\mathcal{L}$ und $\mathcal{L}'$ seien effektive logische Systeme.

(a) $\mathcal{L} \leq_{\text{eff}} \mathcal{L}'$:gdw zu jedem entscheidbaren S gibt es eine berechenbare Funktion $*$, die jedem $\varphi \in L(S)$ ein $\varphi^* \in L'(S)$ zuordnet mit $\text{Mod}^S_{\mathcal{L}}(\varphi) = \text{Mod}^S_{\mathcal{L}'}(\varphi^*)$.

(b) $\mathcal{L} \sim_{\text{eff}} \mathcal{L}'$:gdw $\mathcal{L} \leq_{\text{eff}} \mathcal{L}'$ und $\mathcal{L}' \leq_{\text{eff}} \mathcal{L}$.

$\mathcal{L}_{\text{I}}$, $\mathcal{L}^w_{\text{II}}$, $\mathcal{L}_{\text{II}}$ und $\mathcal{L}_Q$ sind effektive logische Systeme, nicht dagegen $\mathcal{L}_{\omega_1\omega}$. Es gilt etwa $\mathcal{L}_{\text{I}} \leq_{\text{eff}} \mathcal{L}_{\text{II}}$, $\mathcal{L}^w_{\text{II}} \leq_{\text{eff}} \mathcal{L}_{\text{II}}$.

13.4.3 Definition $\mathcal{L}$ sei ein logisches System. $\mathcal{L}$ heißt *effektiv-regulär*, wenn $\mathcal{L}$ effektiv ist und wenn die folgenden effektiven Analoga von Boole($\mathcal{L}$), Rel($\mathcal{L}$) und Ers($\mathcal{L}$) gelten:

Für jede entscheidbare Symbolmenge S:

(i) Es gibt eine berechenbare Funktion, die jedem $\varphi \in L(S)$ ein $\neg\varphi$ zuordnet, ferner eine berechenbare Funktion, die jedem φ und jedem $\psi \in L(S)$ ein $(\varphi \vee \psi)$ zuordnet. (Hierbei stehe z. B. $\neg\varphi$ wieder für einen $L(S)$-Satz ψ mit ($\mathfrak{A} \models_{\mathcal{L}} \psi$ gdw nicht $\mathfrak{A} \models_{\mathcal{L}} \varphi$).)

(ii) Zu einstelligem U gibt es eine berechenbare Funktion, die jedem $\varphi \in L(S)$ ein φ^U zuordnet.

(iii) Es gibt eine berechenbare Funktion, die jedem $\varphi \in L(S)$ ein $\varphi^r \in L(S^r)$ zuordnet. (S^r sei dabei als entscheidbare Symbolmenge gewählt.)

$\mathcal{L}_{\text{I}}$, $\mathcal{L}^w_{\text{II}}$, $\mathcal{L}_{\text{II}}$, $\mathcal{L}_Q$ sind effektiv-reguläre logische Systeme.

$\mathcal{L}$ sei ein effektives logisches System. Wir sagen, dass *für $\mathcal{L}$ die Menge der allgemeingültigen Sätze aufzählbar ist*, wenn für jedes entscheidbare S die Menge

$$\{\varphi \in L(S) \mid \models_{\mathcal{L}} \varphi\}$$

aufzählbar ist.

Gibt es für ein effektives logisches System $\mathcal{L}$ einen adäquaten Beweiskalkül, so ist offenbar für $\mathcal{L}$ die Menge der allgemeingültigen Sätze aufzählbar. Insbesondere ist für $\mathcal{L}_{\text{I}}$ und für $\mathcal{L}_Q$ die Menge der allgemeingültigen Sätze aufzählbar.

Der zweite Satz von Lindström zeigt, dass es unter den effektiv-regulären logischen Systemen mit LöSko($\mathcal{L}$) kein System gibt, das echt ausdrucksstärker ist als $\mathcal{L}_{\text{I}}$ und für das zugleich ein adäquater Beweiskalkül existiert.

13.4.4 Zweiter Satz von Lindström *Für ein effektiv-reguläres logisches System $\mathcal{L}$ mit $\mathcal{L}_{\text{I}} \leq_{\text{eff}} \mathcal{L}$ gilt: Wenn LöSko($\mathcal{L}$) und wenn für $\mathcal{L}$ die Menge der allgemeingültigen Sätze aufzählbar ist, so ist $\mathcal{L}_{\text{I}} \sim_{\text{eff}} \mathcal{L}$.*

Beweis. $\mathcal{L}$ sei entsprechend gegeben. Wir beweisen die Behauptung $\mathcal{L} \leq_{\text{eff}} \mathcal{L}_{\text{I}}$ in zwei Schritten:

Zunächst zeigen wir

(+) Für jedes entscheidbare S und zu jedem $\psi \in L(S)$ gibt es einen logisch äquivalenten S-Satz φ erster Stufe.

Anschließend beweisen wir, dass der Übergang von ψ zu φ effektiv durchführbar ist: Wir geben – für entscheidbares S – ein *Verfahren* an, das zu jedem $\psi \in L(S)$ einen S-Satz erster Stufe mit den gleichen Modellen liefert.

Weil $\mathcal{L}$ ein effektives logisches System ist, brauchen wir (vgl. 13.4.1) die Behauptung (+) nur für *endliches* entscheidbares S zu zeigen; und da für $\mathcal{L}$ (die effektive Variante von) $\mathrm{Ers}(\mathcal{L})$ gilt, können wir uns mit einer ähnlichen Argumentation wie im Beweis von 13.1.4 auf relationales S beschränken.

Sei also S entscheidbar, endlich und relational.

Zum Beweis von (+) gehen wir indirekt vor und nehmen an, es sei $\psi \in L(S)$ ein Satz, der zu keinem Satz erster Stufe logisch äquivalent ist. Dann gilt (a) oder (b) in 13.3.4. Teil (a) besagt für $S_0 := S$ (beachte: S ist endlich), dass es S-Strukturen $\mathfrak{A}$ und $\mathfrak{B}$ gibt mit $\mathfrak{A} \cong \mathfrak{B}$, $\mathfrak{A} \models \psi$ und $\mathfrak{B} \models \neg\psi$. Da dies der Isomorphiebedingung in der Definition 13.1.1 eines logischen Systems widerspricht, gilt Teil (b) in 13.3.4; d.h., für eine geeignete endliche Symbolmenge S^+, die S umfasst und ein einstelliges Relationssymbol W enthält, gibt es einen Satz χ in $L(S^+)$ mit (i) und (ii):

(i) In jedem Modell $\mathfrak{C}$ von χ ist W^C endlich und nicht leer.

(ii) Zu jedem $m \geq 1$ gibt es ein Modell $\mathfrak{C}$ von χ, in dem W^C genau m Elemente hat.

Durchläuft also $\mathfrak{C}$ die Modelle von χ, so durchläuft W^C die endlichen Mengen (Isomorphiebedingung!). Wir werden sehen, dass wir mit (i) und (ii) in der Lage sind, aus dem Satz von Trachtenbrot auf die Nichtaufzählbarkeit der allgemeingültigen $\mathcal{L}$-Sätze zu schließen, im Widerspruch zu unseren Voraussetzungen über $\mathcal{L}$. Wir verfahren dabei ähnlich wie beim Beweis der Unvollständigkeit der zweiten Stufe (vgl. 10.5.5).

Nach dem Satz von Trachtenbrot finden wir eine entscheidbare Symbolmenge S_1 mit der Eigenschaft, dass die Menge der im Endlichen allgemeingültigen S_1-Sätze erster Stufe nicht aufzählbar ist. Wir können dabei annehmen, dass S_1 relational ist und disjunkt zu S^+.

Es sei * eine berechenbare Abbildung, die jedem S_1-Satz φ erster Stufe ein $\varphi^* \in L(S_1)$ zuordnet, das die gleichen Modelle besitzt. Dann gilt für $\varphi \in L_0^{S_1}$:

(∘) φ ist im Endlichen allgemeingültig   gdw $\models_\mathcal{L} \chi \rightarrow (\varphi^*)^W$.

Sei nämlich zunächst φ im Endlichen allgemeingültig und $\mathfrak{A}$ eine $(S^+ \cup S_1)$-Struktur mit $\mathfrak{A} \models_\mathcal{L} \chi$. Nach (i) ist W^A endlich und nicht leer, also gilt

$[W^A]^{\mathfrak{A}|s_1} \models \varphi$ und daher $[W^A]^{\mathfrak{A}|s_1} \models_{\mathcal{L}} \varphi^*$, demnach $\mathfrak{A} \models_{\mathcal{L}} (\varphi^*)^W$. Die andere Richtung erhält man ähnlich mit (ii).

Wie üblich gewinnt man nun mit ($\circ$) aus einem Aufzählungsverfahren $\mathfrak{V}$ für die Menge der allgemeingültigen $L(S^+ \cup S_1)$-Sätze ein Aufzählungsverfahren $\mathfrak{W}$ für die im Endlichen allgemeingültigen S_1-Sätze erster Stufe und gelangt damit zu einem Widerspruch. $\mathfrak{W}$ arbeitet der Reihe nach für $n = 1, 2, 3, \ldots$ wie folgt: Zunächst werden die n lexikografisch ersten S_1-Sätze $\varphi_1, \ldots, \varphi_n$ erster Stufe hergestellt und hieraus dann die $L(S^+ \cup S_1)$-Sätze $\chi \to (\varphi_1^*)^W, \ldots, \chi \to (\varphi_n^*)^W$. (Man beachte, dass die Abbildung * berechenbar ist und dass die Relativierungen und die Implikationen in effektiver Weise gebildet werden können.) Sodann betrachtet man die n ersten allgemeingültigen $L(S^+ \cup S_1)$-Sätze, die $\mathfrak{V}$ liefert, und notiert diejenigen φ_i, für die $\chi \to (\varphi_i^*)^W$ unter diesen Sätzen vorkommt.

Nachdem (+) hiermit gezeigt ist, wollen wir nun zu vorgegebenem entscheidbaren S ein effektives Verfahren angeben, das zu jedem $\psi \in L(S)$ einen S-Satz erster Stufe mit den gleichen Modellen liefert. Sei hierzu $\mathfrak{V}$ ein Aufzählungsverfahren für die Menge der allgemeingültigen $L(S)$-Sätze, und * bezeichne jetzt eine berechenbare Funktion, die jedem S-Satz φ erster Stufe ein φ^* aus $L(S)$ mit den gleichen Modellen zuordnet.

Zu vorgegebenem ψ verfahre man der Reihe nach für $n = 1, 2, 3, \ldots$ folgendermaßen: Man stelle mit $\mathfrak{V}$ die n ersten allgemeingültigen Sätze $\psi_1, \ldots, \psi_n$ aus $L(S)$ her, sodann die lexikografisch ersten S-Sätze $\varphi_1, \ldots, \varphi_n$ erster Stufe und dann die $L(S)$-Sätze $\psi \leftrightarrow \varphi_1^*, \ldots, \psi \leftrightarrow \varphi_n^*$. Wenn man dabei zum ersten Mal ein i und ein j findet mit $\psi_i = \psi \leftrightarrow \varphi_j^*$ (und das ist wegen (+) schließlich der Fall), so sei φ_j das ψ zugeordnete φ. $\dashv$

Die Ergebnisse von Lindström haben eine Reihe von Untersuchungen veranlasst, deren Ziel es ist, Eigenschaften logischer Systeme und ihre Zusammenhänge in allgemeinem Rahmen zu untersuchen (vgl. etwa [5]). Auf diesem Wege kann es gelingen, wesentliche Aspekte solcher Eigenschaften schärfer zu sehen und damit auch die Einsicht in konkrete logische Systeme zu vertiefen. Wir wollen dies am Beispiel des Endlichkeitssatzes kurz erläutern.

Eine Ordnung $(A, <^A)$, die keine unendliche absteigende Kette, d.h. keine Kette der Gestalt $\ldots <^A a_2 <^A a_1 <^A a_0$, besitzt, nennt man eine *Wohlordnung*. Alle endlichen Ordnungen sind Wohlordnungen, ebenso $(\mathbb{N}, <^{\mathbb{N}})$ oder die Ordnung, die entsteht, wenn man $(\mathbb{N}, <^{\mathbb{N}})$ um eine isomorphe Kopie verlängert. Keine Wohlordnungen sind z. B. $(\mathbb{Z}, <^{\mathbb{Z}})$ oder $(\mathbb{Q}, <^{\mathbb{Q}})$.

Für die folgende Diskussion sei $\mathcal{L}$ ein reguläres logisches System mit $\mathcal{L}_{\mathrm{I}} \leq \mathcal{L}$. Eine Wohlordnung $(A, <^A)$ heißt *$\mathcal{L}$-erreichbar*, wenn es ein S mit $< \in S$ gibt und einen erfüllbaren $L(S)$-Satz ψ, sodass

(a) in jedem Modell $\mathfrak{B}$ von ψ ist (Feld $<^B, <^B$) eine Wohlordnung,

(b) es gibt ein Modell $\mathfrak{B}$ von ψ mit $(A, <^A) \subseteq$ (Feld $<^B, <^B$).

Da $\mathcal{L}_\mathrm{I} \leq \mathcal{L}$, sind alle endlichen Wohlordnungen $\mathcal{L}$-erreichbar. Gilt $\mathrm{Endl}(\mathcal{L})$, so ist keine unendliche Wohlordnung $\mathcal{L}$-erreichbar: Hat nämlich ein Satz ψ ein Modell $\mathfrak{A}$, wobei (Feld $<^A, <^A$) eine unendliche Wohlordnung ist, so kann man ähnlich wie bei Aufgabe 6.4.11 zeigen, dass ψ ein Modell $\mathfrak{B}$ hat, in dem (Feld $<^B, <^B$) eine unendliche absteigende Kette besitzt.

Wenn man $\mathrm{L\ddot{o}Sko}(\mathcal{L})$ voraussetzt und die Regularitätsforderungen leicht verschärft, indem man z. B. Relativierungen geeignet auch für mehrstellige Relationssymbole fordert,[1] sind die beiden folgenden Aussagen sogar äquivalent:

(i) Es gilt nicht $\mathrm{Endl}(\mathcal{L})$.

(ii) $(\mathbb{N}, <^\mathbb{N})$ ist $\mathcal{L}$-erreichbar.

Diese Überlegungen liefern eine Motivation, über die Schwarz-Weiß-Unterscheidung „$\mathrm{Endl}(\mathcal{L})$" – „nicht $\mathrm{Endl}(\mathcal{L})$" hinaus in folgender Weise zu differenzieren: Je mehr (unendliche) Wohlordnungen $\mathcal{L}$-erreichbar sind, desto stärker verletzt $\mathcal{L}$ den Endlichkeitssatz. Die „kleinste" nicht mehr $\mathcal{L}$-erreichbare Wohlordnung, die sog. *Wohlordnungszahl* von $\mathcal{L}$, ist dann ein Maß dafür, wie stark $\mathcal{L}$ den Endlichkeitssatz verletzt. Das Studium der Wohlordnungszahlen hat zu einer Reihe fruchtbarer Untersuchungen geführt (vgl. [4]). Sie zeigen deutlich, dass die Wohlordnungszahl eines logischen Systems einen wesentlichen Einblick in Eigenschaften ermöglicht, die im weiteren Sinne mit dem Endlichkeitssatz zusammenhängen.

13.4.5 Aufgabe Im ersten und im zweiten Satz von Lindström wird (neben $\mathrm{L\ddot{o}Sko}(\mathcal{L})$) die Voraussetzung $\mathrm{Endl}(\mathcal{L})$ bzw. die Aufzählbarkeit der allgemeingültigen Sätze für $\mathcal{L}$ verwendet. Diese Aufgabe zeigt, dass in geeignetem Rahmen auch der aufsteigende Satz von Löwenheim und Skolem an deren Stelle treten kann (sog. *dritter Satz von Lindström*).

Es sei $\mathcal{L}$ ein logisches System.

$\mathrm{Atom}(\mathcal{L})$ („$\mathcal{L}$ enthält atomare Ausdrücke") bedeute, dass zu jedem S und jedem atomaren S-Satz φ erster Stufe ein logisch äquivalenter $L(S)$-Satz ψ existiert.

$\mathrm{Part}(\mathcal{L})$ („$\mathcal{L}$ erlaubt Partikularisierungen") bedeute, dass zu jedem S, jedem $c \notin S$ und jedem $L(S \cup \{c\})$-Satz φ ein $L(S)$-Satz ψ existiert, sodass für alle S-Strukturen $\mathfrak{A}$

$$\mathfrak{A} \models \psi \quad \text{gdw} \quad \text{Es gibt ein } a \in A \text{ mit } (\mathfrak{A}, a) \models \varphi.$$

---

[1] Eine Darstellung findet man in [5]. Wir bemerken hier nur, dass die in Kap. 9 betrachteten Systeme den verschärften Regularitätsforderungen genügen.

vRel($\mathcal{L}$) („ $\mathcal{L}$ erlaubt verallgemeinerte Relativierungen") bedeute, dass $\mathcal{L}$ nicht nur, wie bei Rel($\mathcal{L}$), Relativierungen nach einstelligen Relationssymbolen erlaubt, sondern, inhaltlich gesprochen, auch Relativierungen nach einstelligen Relationen der Gestalt $\{c \mid \chi(c)\}$ mit $\mathcal{L}$-Sätzen χ.

Eine reguläres logisches System $\mathcal{L}$ mit Atom($\mathcal{L}$), Boole($\mathcal{L}$), Part($\mathcal{L}$), vRel($\mathcal{L}$) und Ers($\mathcal{L}$) heiße *stark regulär*.

LöSko$\uparrow$($\mathcal{L}$) („Für $\mathcal{L}$ gilt der Satz von Löwenheim und Skolem nach oben") bedeute, dass jeder $\mathcal{L}$-Satz, der ein unendliches Modell hat, auch ein überabzählbares Modell hat.

Für Logiken $\mathcal{L}$ und $\mathcal{L}'$ bedeute $\mathcal{L} \leq_{\text{endl}} \mathcal{L}'$, dass für alle *endlichen* Symbolmengen S jeder $L(S)$-Satz zu einem $L'(S)$-Satz logisch äquivalent ist. Ähnlich sei $\mathcal{L} \sim_{\text{endl}} \mathcal{L}'$ definiert.

(a) Man gebe eine präzise Formulierung von vRel($\mathcal{L}$) für relationale Symbolmengen.

(b) Mit den Methoden des vorangehenden Abschnitts beweise man: *Für ein stark reguläres logisches System $\mathcal{L}$ gilt:*

$\quad$ *Wenn* LöSko($\mathcal{L}$) *und* LöSko$\uparrow$($\mathcal{L}$), *so* $\mathcal{L} \sim_{\text{endl}} \mathcal{L}_{\text{I}}$.

Lösungshinweise zu den Aufgaben

Kapitel 2

Aufgabe 2.1.3 Man setze $I_0 := [a, b]$ und $I_{n+1} := [a, \frac{2a+b}{3}]$, falls $\alpha(n) \notin [a, \frac{2a+b}{3}]$, $I_{n+1} := [\frac{a+2b}{3}, b]$, sonst. Dann ist $\alpha(n) \notin \bigcap_{m \in \mathbb{N}} I_m$ für alle n und $\bigcap_{m \in \mathbb{N}} I_m \neq \emptyset$ (genauer: einelementig). Man wähle $c \in \bigcap_{m \in \mathbb{N}} I_m$. Nach 2.1.1(b) ist I überabzählbar und nach 2.1.1(c) auch $\mathbb{R}$.

Aufgabe 2.1.4 (a) Man verwende 2.1.1(c). Sei dazu $\alpha_i : M_i \to \mathbb{N}$ injektiv für $i \in \mathbb{N}$. Man definiere ein injektives $\alpha : \bigcup_{m \in \mathbb{N}} M_m \to \mathbb{N}$ wie folgt: Sei $a \in \bigcup_{m \in \mathbb{N}} M_m$ und m_a das kleinste m mit $a \in M_m$. Dann sei $\alpha(a) := p_{m_a}^{\alpha_{m_a}(a)}$ (dabei sei p_n die n-te Primzahl). Sind $a, b \in \bigcup_{m \in \mathbb{N}} M_m$ und $a \neq b$, so ist $m_a \neq m_b$ und daher $p_{m_a} \neq p_{m_b}$, oder es ist $m_a = m_b$ und $\alpha_{m_a}(a) \neq \alpha_{m_a}(b)$, also in jedem Fall $\alpha(a) \neq \alpha(b)$.

(b) Für $m \in \mathbb{N}$ sei $M_m := \{w \in \{a_0, \ldots, a_n\}^* \mid w \text{ hat die Länge } m\}$. Alle M_m sind endlich und $\{a_0, \ldots, a_n\}^* = \bigcup_{m \in \mathbb{N}} M_m$ daher nach (a) höchstens abzählbar.

Aufgabe 2.1.5 Sei $\alpha : M \to \mathcal{P}(M)$, $a_0 \in M$ und $\alpha(a_0) = \{a \in M \mid a \notin \alpha(a)\}$. Dann gilt:
(1) Wenn $a_0 \in \alpha(a_0)$, so $a_0 \in \alpha(a_0)$ und $a_0 \notin \alpha(a_0)$.
(2) Wenn $a_0 \notin \alpha(a_0)$, so $a \notin \alpha(a_0)$ und nicht $a_0 \notin \alpha(a_0)$.
Insgesamt ist also $a_0 \in \alpha(a_0)$ und $a_0 \notin \alpha(a_0)$, ein Widerspruch.

Aufgabe 2.4.6 (a) Die Richtung von links nach rechts zeigt man durch Induktion über $\mathfrak{K}_v$. Für die Umkehrung beweist man durch Induktion über den Aufbau der Terme t für alle x: Wenn $x \in \mathrm{var}(t)$, so ist xt in $\mathfrak{K}_v$ ableitbar.
$t = y$: Wenn $x \in \mathrm{var}(y)$, so ist $x = y$, und yy ist in $\mathfrak{K}_v$ ableitbar.
$t = c$: Es ist $x \notin \mathrm{var}(c)$, und alle in $\mathfrak{K}_v$ ableitbaren Zeichenreihen sind von xc verschieden (Induktion über $\mathfrak{K}_v$!).

© Springer-Verlag GmbH Deutschland, ein Teil von Springer Nature 2018
H.-D. Ebbinghaus et al., *Einführung in die mathematische Logik*,
https://doi.org/10.1007/978-3-662-58029-5_14

$t = ft_1 \ldots t_n$: Sei $x \in \mathrm{var}(t)$, etwa $i \in \{1, \ldots, n\}$ und $x \in \mathrm{var}(t_i)$. Nach Induktionsvoraussetzung ist xt_i in $\mathfrak{K}_v$ ableitbar, also auch $xft_1 \ldots t_n$.

(b) Die Regeln von $\mathfrak{K}_{\mathrm{TA}}$ lauten:

$$\frac{}{\varphi \quad \varphi}\,, \quad \text{falls } \varphi \text{ atomar;}$$

$$\frac{}{\neg\varphi \quad \neg\varphi}\,; \qquad \frac{\varphi \quad \psi}{\varphi \quad \neg\psi}$$

$$\frac{}{(\varphi * \psi) \quad (\varphi * \psi)} \qquad \text{für } * = \wedge, \vee, \rightarrow, \leftrightarrow;$$

$$\frac{\varphi \quad \psi}{\varphi \quad (\psi * \chi)}\,, \qquad \frac{\varphi \quad \psi}{\varphi \quad (\chi * \psi)} \qquad \text{für } * = \wedge, \vee, \rightarrow, \leftrightarrow;$$

$$\frac{}{Qx\varphi \quad Qx\varphi}\,, \qquad \frac{\varphi \quad \psi}{\varphi \quad Qx\psi} \qquad \text{für } Q = \exists, \forall.$$

Ähnlich wie in (a) für $\mathfrak{K}_v$ zeigt man nun, dass für all φ, ψ gilt: $\varphi\psi$ ist in $\mathfrak{K}_{\mathrm{TA}}$ ableitbar gdw $\varphi \in \mathrm{TA}(\psi)$. Die Richtung von rechts nach links zeigt man entsprechend durch Induktion über den Aufbau der Ausdrücke ψ simultan für alle φ. Als Beispiel sei der $\neg$-Schritt ausgeführt. Sei dazu $\varphi \in \mathrm{TA}(\neg\psi)$. Dann ist $\varphi = \neg\psi$ oder $\varphi \in \mathrm{TA}(\psi)$. Im ersten Fall erhält man $\neg\psi\,\neg\psi$ mit der zweiten Regel von $\mathfrak{K}_{\mathrm{TA}}$, im zweiten Fall ist nach Induktionsvoraussetzung $\varphi\psi$ in $\mathfrak{K}_{\mathrm{TA}}$ ableitbar, und man erhält $\varphi\,\neg\psi$ mit der dritten Regel von $\mathfrak{K}_{\mathrm{TA}}$.

Aufgabe 2.4.7 Der Ausdruck $\chi = \exists v_0 P v_0 \wedge Q v_1$ ist von der Gestalt $\exists v_0\varphi$ mit $\varphi = P v_0 \wedge Q v_1$ und von der Gestalt $\psi \wedge Q v_1$ mit $\psi = \exists v_0 P v_0$. Im ersten Fall ergibt sich $\mathrm{TA}(\chi) = \{\chi\} \cup \mathrm{TA}(P v_0 \wedge Q v_1) = \{\chi, P v_0 \wedge Q v_1, P v_0, Q v_1\}$, im zweiten Fall $\mathrm{TA}(\chi) = \{\chi\} \cup \mathrm{TA}(\exists v_0 P v_0) \cup \mathrm{TA}(Q v_1) = \{\chi, \exists v_0 P v_0, P v_0, Q v_1\}$.

Aufgabe 2.4.8 Das Analogon von 2.4.4(b) erhält man leicht mit dem Analogon von 2.4.3(b) und mit 2.4.3(a), das Analogon von 2.4.3(b) leicht mit dem Analogon von 2.4.2(b). Für das Letztere zeigt man durch Induktion über den Aufbau der S-P-Ausdrücke ψ, dass für alle S-P-Ausdrücke ψ' weder ψ ein echtes Anfangsstück von ψ' noch ψ' ein echtes Anfangsstück von ψ ist. Als Beispiel sei der $\wedge$-Schritt ausgeführt: Sei $\psi = \wedge\varphi_1\varphi_2$ und etwa $\psi = \psi'\zeta$ mit einer geeigneten Zeichenreihe ζ. Dann hat ψ' die Gestalt $\wedge\varphi_1'\varphi_2'$. Also ist $\wedge\varphi_1\varphi_2 = \wedge\varphi_1'\varphi_2'\zeta$ und daher $\varphi_1\varphi_2 = \varphi_1'\varphi_2'\zeta$. Nach Induktionsvoraussetzung ist zunächst $\varphi_1 = \varphi_1'$ und dann wegen $\varphi_2 = \varphi_2'\zeta$ auch $\varphi_2 = \varphi_2'$, also ζ die leere Zeichenreihe.

Aufgabe 2.4.9 Die Eindeutigkeit ist klar wegen 2.4.2(a). Zur Existenz zeigt man durch Induktion über den Aufbau der Terme, dass an jeder Stelle eines Terms t ein Term beginnt. Die Fälle $t = x$ und $t = c$ sind klar. Sei $t = ft_1 \ldots t_n$.

An der ersten Stelle von t beginnt t selbst; die anderen Stellen von t gehören jeweils zu einem t_i, man kann für sie die Induktionsvoraussetzung für das entsprechende t_i verwenden.

Aufgabe 2.5.2 Die Richtung „wenn $x\,\varphi$ in $\mathfrak{K}_{nf}$ ableitbar ist, so ist $x \notin \text{frei}(\varphi)$" zeigt man durch Induktion über $\mathfrak{K}_{nf}$. Die Umkehrung zeigt man induktiv über den Aufbau von φ simultan für alle x. Zum Beispiel schließt man im $\forall$-Schritt folgendermaßen: Wenn $x \notin \text{frei}(\forall y\varphi)$, so ist $x = y$ oder ($x \neq y$ und $x \notin$ frei(φ)). Im ersten Fall ist $x\,\forall y\varphi$ nach der ersten $\forall$-Regel ableitbar in $\mathfrak{K}_{nf}$, im zweiten Fall ist nach Induktionsvoraussetzung $x\,\varphi$ in $\mathfrak{K}_{nf}$ ableitbar, also nach der zweiten $\forall$-Regel auch $x\,\forall y\varphi$.

Kapitel 3

Aufgabe 3.1.4 (a) Es gibt eine natürliche Zahl m mit $m + m = 2$. (b) Es gibt eine natürliche Zahl m mit $m \cdot m = 2$. (c) Es gibt eine natürliche Zahl m mit $0 = m$. (d) Zu jeder natürlichen Zahl m gibt es eine natürliche Zahl k mit $m = k$. (e) Zu natürlichen Zahlen m und k gibt es stets eine natürliche Zahl n mit $m < n$ und $n < k$.

Aufgabe 3.1.5 Jedes Symbol in S hat nur endlich viele Interpretationen über dem Träger A: Ist etwa R n-stellig, so kommen als Werte $\mathfrak{A}(R)$ in einer S-Struktur $\mathfrak{A} = (A, \mathfrak{a})$ nur Teilmengen von A^n in Frage.

Aufgabe 3.1.6 Für (a) und (b) weise man die entsprechenden Axiome nach. (c) Es gilt $(0^{\mathfrak{A}}, 1^{\mathfrak{B}}) \cdot^{\mathfrak{A} \times \mathfrak{B}} (1^{\mathfrak{A}}, 0^{\mathfrak{B}}) = 0^{\mathfrak{A} \times \mathfrak{B}}$ und $(0^{\mathfrak{A}}, 1^{\mathfrak{B}}) \neq 0^{\mathfrak{A} \times \mathfrak{B}}$ und $(1^{\mathfrak{A}}, 0^{\mathfrak{B}}) \neq 0^{\mathfrak{A} \times \mathfrak{B}}$.

Aufgabe 3.2.1 Man verifiziert diese Gleichungen durch Nachrechnen, etwa $\dot{\rightarrow}(W, W) = W$ und $\dot{\vee}(\dot{\neg}(W), W) = \dot{\vee}(F, W) = W$.

Aufgabe 3.3.3 Jede Interpretation, deren Struktur $\mathfrak{A}$ den Träger $A = \{1\}$ hat und für die $P^{\mathfrak{A}} = A$ gilt, erfüllt die Ausdrücke. Sei $\mathfrak{I} = (\mathfrak{A}, \beta)$ mit $A = \{1, 2\}$, $P^{\mathfrak{A}} = \emptyset$ und $f^{\mathfrak{A}}(a, b) = b$ für alle $a, b \in A$. Dann erfüllt $\mathfrak{I}$ weder den ersten noch den letzten Ausdruck. Jede Interpretation $\mathfrak{I} = (\mathfrak{A}, \beta)$ mit $A = \{1, 2\}$ und $f^{\mathfrak{A}}(a, b) = a$ für alle $a, b \in A$ erfüllt den zweiten Ausdruck nicht.

Aufgabe 3.3.4 Man betrachte die S-Interpretation $\mathfrak{I} = (\mathfrak{A}, \beta)$ mit $A = \{1\}$ und $R^{\mathfrak{A}} = A^n$ für jedes n-stellige Relationssymbol $R \in S$.

Aufgabe 3.4.9 (a) Gelte $(\varphi \vee \psi) \models \chi$. Wir zeigen $\varphi \models \chi$. Ist $\mathfrak{I} \models \varphi$, so $\mathfrak{I} \models (\varphi \vee \psi)$ und somit $\mathfrak{I} \models \chi$. Entsprechend zeigt man $\psi \models \chi$. Gelte nun $\varphi \models \chi$ und $\psi \models \chi$. Ist $\mathfrak{I} \models (\varphi \vee \psi)$, so $\mathfrak{I} \models \varphi$ oder $\mathfrak{I} \models \psi$. Im ersten Fall erhalten wir $\mathfrak{I} \models \chi$ aus $\varphi \models \chi$ und im zweiten Fall aus $\psi \models \chi$.

(b) Gelte $\models (\varphi \rightarrow \psi)$. Ist $\mathfrak{I} \models \varphi$, so auch $\mathfrak{I} \models \psi$, da $\mathfrak{I} \models (\varphi \rightarrow \psi)$. Gelte nun $\varphi \models \psi$. Ist $\mathfrak{I} \models \varphi$, so $\mathfrak{I} \models \psi$ und daher $\mathfrak{I} \models (\varphi \rightarrow \psi)$.

Aufgabe 3.4.10 Ist $x = y$, so $\exists x \forall y \varphi =\!\models \forall y \varphi$ und $\forall y \exists x \varphi =\!\models \exists x \varphi$ jeweils nach dem Koinzidenzlemma, und der Nachweis der Behauptungen (a) und (b) ist sehr einfach.

Wir nehmen nun $x \neq y$ an. (a) Sei $\mathfrak{I} = (\mathfrak{A}, \beta)$ und $\mathfrak{I} \models \exists x \forall y \varphi$. Dann gibt es ein $a_0 \in A$, sodass für alle $b \in A$: $(\mathfrak{I}\frac{a_0}{x})\frac{b}{y} \models \varphi$, also $(\mathfrak{I}\frac{b}{y})\frac{a_0}{x} \models \varphi$, da $(\mathfrak{I}\frac{a_0}{x})\frac{b}{y} = (\mathfrak{I}\frac{b}{y})\frac{a_0}{x}$. Somit gibt es für alle $b \in A$ ein $a \in A$ (etwa a_0) mit $(\mathfrak{I}\frac{b}{y})\frac{a}{x} \models \varphi$, und daher gilt $\mathfrak{I} \models \forall y \exists x \varphi$. (b) Die Struktur $(\{1,2\}, \{(1,1),(2,2)\})$ ist Modell von $\forall y \exists x Rxy$, aber kein Modell von $\exists x \forall y Rxy$.

Aufgabe 3.4.11 (c): Sei $\mathfrak{I} = (\mathfrak{A}, \beta)$. Wegen $x \notin \text{frei}(\varphi)$ gilt nach dem Koinzidenzlemma für $a \in A$ die folgende Äquivalenz: $\mathfrak{I}\frac{a}{x} \models \varphi$ gdw $\mathfrak{I} \models \varphi$. Gelte zunächst $\mathfrak{I} \models \forall x (\varphi \vee \psi)$. Für alle $a \in A$ ist dann $\mathfrak{I}\frac{a}{x} \models (\varphi \vee \psi)$, also $\mathfrak{I}\frac{a}{x} \models \varphi$ oder $\mathfrak{I}\frac{a}{x} \models \psi$. Somit gilt für alle $a \in A$: $\mathfrak{I} \models \varphi$ oder $\mathfrak{I}\frac{a}{x} \models \psi$; wenn $\mathfrak{I} \not\models \varphi$, gilt daher $\mathfrak{I}\frac{a}{x} \models \psi$ für alle $a \in A$; insgesamt also $\mathfrak{I} \models (\varphi \vee \forall x \psi)$. Sei nun $\mathfrak{I} \models (\varphi \vee \forall x \psi)$. Dann ist $\mathfrak{I} \models \varphi$ oder für alle $a \in A$: $\mathfrak{I}\frac{a}{x} \models \psi$. Damit gilt nach der zu Beginn angegebenen Äquivalenz $\mathfrak{I}\frac{a}{x} \models (\varphi \vee \psi)$ für alle $a \in A$, also $\mathfrak{I} \models \forall x (\varphi \vee \psi)$.

(e) Die Interpretation $\mathfrak{I} = (\mathfrak{A}, \beta)$ mit $\mathfrak{A} = (\{1,2\}, \{2\})$ und $\beta(x) = 2$ ist Modell von $(Px \wedge \forall x x \equiv x)$ aber kein Modell von $\forall x (Px \wedge x \equiv x)$.

Aufgabe 3.4.12 Der Ausdruck φ' entsteht aus φ gemäß der Ersetzungsvorschrift gdw die Zeichenreihe $\varphi \varphi'$ im folgenden Kalkül ableitbar ist (der Nachweis der logischen Äquivalenz von φ und φ' ergibt sich dann durch eine leichte Induktion über diesen Kalkül):

$$\frac{}{\varphi\,\varphi}\;, \quad \frac{}{\psi_0\,\psi_0'}\;, \quad \frac{\varphi\,\varphi'}{\neg\varphi\;\neg\varphi'}\;, \quad \frac{\begin{array}{cc}\varphi & \varphi' \\ \psi & \psi'\end{array}}{(\varphi \vee \psi)\;\;(\varphi' \vee \psi')}\;, \quad \frac{\varphi\,\varphi'}{\exists x \varphi\;\;\exists x \varphi'}\;.$$

Aufgabe 3.4.13 Das Analogon von 3.4.8 für die Folgerungsbeziehung ergibt sich unmittelbar aus 3.4.8 mit Hilfe von 3.4.4.

Aufgabe 3.4.14 Wir beziehen uns auf das zu Beginn von 3.4 angegebene Axiomensystem Φ_{Gr}. Für $i = 1, 2, 3$ definieren wir $\mathfrak{G}_i = (\{1,2\}, \circ^{\mathfrak{G}_i}, 1)$ so, dass nur das i-te Axiom in Φ_{Gr} verletzt ist. Wir setzen $1 \circ^{\mathfrak{G}_1} 1 = 2 \circ^{\mathfrak{G}_1} 2 = 1 \circ^{\mathfrak{G}_1} 2 = 1$ und $2 \circ^{\mathfrak{G}_1} 1 = 2$. Weiterhin sei $a \circ^{\mathfrak{G}_2} b = 1$ und $a \circ^{\mathfrak{G}_3} b = a$ für alle $a, b \in \{1,2\}$. Dann ist etwa $(2 \circ^{\mathfrak{G}_1} 1) \circ^{\mathfrak{G}_1} 2 = 1 \neq 2 = 2 \circ^{\mathfrak{G}_1} (1 \circ^{\mathfrak{G}_1} 2)$. Für $i = 1, 2, 3$ verletzt die Struktur $\mathfrak{A}_i$ nur das i-te Axiom für Äquivalenzrelationen. Hierbei sei $\mathfrak{A}_1 = (\{1\}, \emptyset)$, $\mathfrak{A}_2 = (\{1,2\}, \{(1,1),(2,2),(1,2)\})$ und $\mathfrak{A}_3 = (\{1,2,3\}, \{(1,1),(2,2),(3,3),(1,2),(2,1),(2,3),(3,2)\})$.

Aufgabe 3.4.15 Ist t eine Variable oder eine Konstante, so ist die Behauptung unmittelbar klar. Ist $t = ft_1 \ldots t_r$, so ergibt sich die folgende Gleichungskette (und damit die Behauptung) nacheinander aus der Definition des Wertes eines Termes bei einer Interpretation, aus der Induktionsvoraussetzung, aus der Definition von $f^{\mathfrak{A}}$ und wiederum aus der Definition des Wertes eines Termes bei einer Interpretation:

$$t^{\mathfrak{A}}[g_0, \ldots, g_{n-1}] = f^{\mathfrak{A}}(t_1^{\mathfrak{A}}[g_0, \ldots, g_{n-1}], \ldots, t_r^{\mathfrak{A}}[g_0, \ldots, g_{n-1}])$$
$$= f^{\mathfrak{A}}(\langle t_1^{\mathfrak{A}_i}[g_0(i), \ldots, g_{n-1}(i)] \mid i \in I \rangle, \ldots, \langle t_r^{\mathfrak{A}_i}[g_0(i), \ldots, g_{n-1}(i)] \mid i \in I \rangle)$$
$$= \langle f^{\mathfrak{A}_i}(t_1^{\mathfrak{A}_i}[g_0(i), \ldots, g_{n-1}(i)], \ldots, t_r^{\mathfrak{A}_i}[g_0(i), \ldots, g_{n-1}(i)]) \mid i \in I \rangle$$
$$= \langle ft_1 \ldots t_r^{\mathfrak{A}_i}[g_0(i), \ldots, g_{n-1}(i)] \mid i \in I \rangle.$$

Aufgabe 3.4.16 Man zeigt durch Induktion über den angegebenen Kalkül: Ist φ ein Horn-Ausdruck mit frei$(\varphi) \subseteq \{v_0, \ldots, v_{n-1}\}$ und sind $g_0, \ldots, g_{n-1} \in \prod_{i \in I} A_i$, so gilt:

Wenn $\mathfrak{A}_i \models \varphi[g_0(i), \ldots, g_{n-1}(i)]$ für alle $i \in I$, so $\prod_{i \in I} \mathfrak{A}_i \models \varphi[g_0, \ldots, g_{n-1}]$.

Zunächst erhält man für atomares φ unmittelbar aus der Definition des Produktes und der vorangehenden Aufgabe die folgende Verschärfung:

(∗) $\mathfrak{A}_i \models \varphi[g_0(i), \ldots, g_{n-1}(i)]$ für alle $i \in I$ gdw $\prod_{i \in I} \mathfrak{A}_i \models \varphi[g_0, \ldots, g_{n-1}]$.

Nun ergibt sich obige Implikation, etwa für Horn-Ausdrücke, die mit (1) gewonnen wurden, wie folgt: Sei $\psi = (\neg\varphi_1 \vee \ldots \vee \neg\varphi_r \vee \varphi)$ mit atomaren $\varphi_1, \ldots, \varphi_r, \varphi$ und gelte $\mathfrak{A}_i \models \psi[g_0(i), \ldots, g_{n-1}(i)]$ für alle $i \in I$. Wenn $\mathfrak{A}_i \models \varphi[g_0(i), \ldots, g_{n-1}(i)]$ für alle $i \in I$, so $\prod_{i \in I} \mathfrak{A}_i \models \varphi[g_0, \ldots, g_{n-1}]$ nach (∗) und damit $\prod_{i \in I} \mathfrak{A}_i \models \psi[g_0, \ldots, g_{n-1}]$. Andernfalls gibt es $i_0 \in I$ und $j \in \{1, \ldots, r\}$ mit $\mathfrak{A}_{i_0} \not\models \varphi_j[g_0(i_0), \ldots, g_{n-1}(i_0)]$. Wiederum mit (∗) ergibt sich $\prod_{i \in I} \mathfrak{A}_i \not\models \varphi_j[g_0, \ldots, g_{n-1}]$ und damit $\prod_{i \in I} \mathfrak{A}_i \models \psi[g_0, \ldots, g_{n-1}]$.

Aufgabe 3.5.9 Wir geben einen entsprechenden Satz an für die in der Lösung von Aufgabe 3.4.14 benutzten Strukturen $\mathfrak{G}_1$ und $\mathfrak{A}_2$ (damit lässt sich der allgemeine Fall leicht bearbeiten):

$$\varphi_{\mathfrak{G}_1} = \exists x \exists y \forall z(\neg x \equiv y \wedge (z \equiv x \vee z \equiv y) \wedge$$
$$x \equiv e \wedge x \circ x \equiv x \wedge y \circ y \equiv x \wedge x \circ y \equiv x \wedge y \circ x \equiv y);$$
$$\varphi_{\mathfrak{A}_2} = \exists x \exists y \forall z(\neg x \equiv y \wedge (z \equiv x \vee z \equiv y) \wedge Rxx \wedge Ryy \wedge Rxy \wedge \neg Ryx).$$

Aufgabe 3.5.10 (a) $\varphi = \exists z(\neg z \equiv 0 \wedge y = x + z \cdot z)$. (b) Es gilt $\pi : (\mathbb{R}, +, \cdot, 0) \cong (\mathbb{R}, +, \cdot, 0)$ für $\pi : \mathbb{R} \to \mathbb{R}$ mit $\pi(r) = -r$. Da $0 < 1$, aber nicht $\pi(0) < \pi(1)$, kann $<$ nicht elementar definierbar sein.

Aufgabe 3.5.11 (a) Die Behauptung ergibt sich durch Induktion über den Aufbau der Ausdrücke unmittelbar aus den Äquivalenzen $\neg(\varphi \vee \psi) \models\!\models (\neg\varphi \wedge \neg\psi)$, $\neg(\varphi \wedge \psi) \models\!\models (\neg\varphi \vee \neg\psi)$, $\neg\exists x\varphi \models\!\models \forall x\neg\varphi$ und $\neg\forall x\varphi \models\!\models \exists x\neg\varphi$.

(b) Durch Induktion über die im angegebenen Kalkül ableitbaren Ausdrücke φ zeigt man: Ist $\varphi \in L_n^S$, sind $a_0, \ldots, a_{n-1} \in A$ und gilt $\mathfrak{A} \models \varphi[a_0, \ldots, a_{n-1}]$, so gilt $\mathfrak{B} \models \varphi[a_0, \ldots, a_{n-1}]$.

Aufgabe 3.6.7 (a) $\forall x(0 < x \to \exists y(0 < y \wedge x = y \cdot y))$.
(b) $(\forall x \forall y(x < y \to fx < fy) \to \forall x \forall y(\neg x \equiv y \to \neg fx \equiv fy))$.
(c) $\forall x(0 < x \to \exists y(0 < y \wedge \forall u \forall v(duv < y \to dfufv < x)))$.
(d) Entsprechend.

Aufgabe 3.6.8 (a) Man wähle die Konjunktion der Axiome für Äquivalenzrelationen mit $\exists x \exists y \neg Rxy$. (b) Wiederum wähle man die Konjunktion der Axiome für Äquivalenzrelationen, jetzt mit $\exists x \exists y(\neg x \equiv y \wedge Rxy)$.

Aufgabe 3.6.9 (a) Die Menge Φ_{Gr} der Gruppenaxiome besteht aus Horn-Sätzen; man kann daher 3.4.16 anwenden. (b) Wiederum erhält man die Behauptungen aus 3.4.16, da $(\mathbb{N}, <) \times (\mathbb{N}, <)$ keine Ordnung ist (denn es gilt weder $(1, 0) < (0, 1)$ noch $(0, 1) < (1, 0)$), und da für alle Körper $\mathfrak{A}$ und $\mathfrak{B}$ die Struktur $\mathfrak{A} \times \mathfrak{B}$ kein Körper ist (vgl. 3.1.6).

Aufgabe 3.6.10 Wir bezeichnen das Spektrum von φ mit $\mathrm{Spek}(\varphi)$.

(a) Es gilt $\emptyset = \mathrm{Spek}(\exists x \neg x \equiv x)$. Ist $r \geq 1$ und sind $n_1, \ldots, n_r \geq 1$, so ist $\{n_1, \ldots, n_r\} = \mathrm{Spek}((\varphi_{=n_1} \vee \ldots \vee \varphi_{=n_r}))$, wobei $\varphi_{=k}$ ein Satz ist, der besagt, dass es genau k Elemente gibt (vgl. 3.6.3).

(b)–(e): Sei $S = \{<, f, +, \cdot, c, d\}$ mit einstelligem f. Man kann einen Satz φ angeben, dessen endliche Modelle gerade die endlichen S-Strukturen $\mathfrak{A}$ sind, bei denen $<^{\mathfrak{A}}$ eine Ordnung ist mit erstem Element $c^{\mathfrak{A}}$ und letztem Element $d^{\mathfrak{A}}$ und für die weiterhin gilt:

- ist a das i-te Element der Ordnung und $i < |A|$, so ist $f^{\mathfrak{A}}(a)$ das $(i+1)$-te Element; $f^{\mathfrak{A}}(d^{\mathfrak{A}}) = c^{\mathfrak{A}}$;

- ist a das i-te Element der Ordnung, b das j-te Element der Ordnung und $i + j \leq |A|$, so ist $a +^{\mathfrak{A}} b$ das $(i+j)$-te Element; falls $i + j > |A|$, so $a +^{\mathfrak{A}} b = c^{\mathfrak{A}}$;

- ist a das i-te Element der Ordnung, b das j-te Element der Ordnung und $i \cdot j \leq |A|$, so ist $a \cdot^{\mathfrak{A}} b$ das $i \cdot j$-te Element; falls $i \cdot j > |A|$, so $a \cdot^{\mathfrak{A}} b = c^{\mathfrak{A}}$.

Der erste Punkt etwa kann wie folgt symbolisiert werden:

$$(fd \equiv c \wedge \forall x(\neg x \equiv d \to (x < fx \wedge \forall y(x < y \to (fx < y \vee fx \equiv y))))).$$

Für (b) kann man jetzt den Satz $(\varphi \wedge \exists x \exists y(\text{„}x$ ist das m-te Element von $<$" $\wedge$ $x \cdot y \equiv d))$ wählen und für (c) den Satz $(\varphi \wedge \exists x x \cdot x \equiv d)$. Entsprechend wählt man Sätze für (d) und (e).

Aufgabe 3.7.5 (a) Bei der angegebenen Deutung von σ entsprechen die ersten drei Ausdrücke von Π den Ausdrücken (P1) – (P3). (b) Sei $\mathfrak{A} = (A, +^A, \cdot^A, 0^A, 1^A)$ ein Modell von Π. Wegen (a) ist dann $(A, \sigma^A, 0^A)$ ein Modell von (P1) – (P3), und es gibt daher nach 3.7.4 ein π mit $\pi : (A, \sigma^A, 0^A) \cong \mathfrak{N}_\sigma$. Wegen der weiteren Axiome in Π gilt dann auch $\pi : \mathfrak{A} \cong \mathfrak{N}$.

Aufgabe 3.8.8 Seien $x_1, \ldots, x_n, y$ Variable, die in φ nicht frei vorkommen. Dann setzen wir etwa

$$\exists^{\leq n} x \varphi := \exists x_1 \ldots \exists x_n (\varphi \tfrac{x_1}{x} \wedge \ldots \wedge \varphi \tfrac{x_n}{x} \wedge \forall y (\varphi \tfrac{y}{x} \to (y \equiv x_1 \vee \ldots \vee y \equiv x_n))).$$

Aufgabe 3.8.9 Wir führen etwa (c) aus. Nach 3.8.3 erhalten wir

$$\exists x \exists y (Pxu \wedge Pyv) \tfrac{u \; x \; fuv}{x \; u \; v} = \exists w \, [\exists y (Pxu \wedge Pyv)] \tfrac{x \; fuv \; w}{u \; v \; x},$$

da $u, v \in \text{frei}(\exists x \exists y (Pxu \wedge Pyv))$, $u \neq x$, $v \neq fuv$, $x \notin \text{frei}(\exists x \exists y (Pxu \wedge Pyv))$ und w die erste Variable ist, die in $\exists x \exists y (Pxu \wedge Pyv), x, fuv$ nicht auftritt. Entsprechend erhalten wir

$$\exists y (Pxu \wedge Pyv) \tfrac{x \; fuv \; w}{u \; v \; x} = \exists y \, [(Pxu \wedge Pyv)] \tfrac{x \; fuv \; w}{u \; v \; x} = \exists y (Pwx \wedge Pyfuv),$$

was zusammen mit der vorangehenden Gleichung die Behauptung liefert.

Aufgabe 3.8.10 Sei $\mathfrak{I} = (\mathfrak{A}, \beta)$ eine Interpretation. Wegen des Koinzidenzlemmas und der Voraussetzung $x_0, \ldots, x_r \notin \text{var}(t_0) \cup \ldots \cup \text{var}(t_r)$ gilt

$$\mathfrak{I} \tfrac{a_0 \ldots a_r}{x_0 \ldots x_r} (t_i) = \mathfrak{I}(t_i) \text{ für } a_0, \ldots, a_r \in A \text{ und } 0 \leq i \leq r.$$

Somit ergibt sich:

$$\mathfrak{I} \models \forall x_0 \ldots \forall x_r (x_0 \equiv t_0 \wedge \ldots \wedge x_r \equiv t_r \to \varphi)$$

gdw für $a_0, \ldots, a_r \in A$: $\mathfrak{I} \tfrac{a_0 \ldots a_r}{x_0 \ldots x_r} \models (x_0 \equiv t_0 \wedge \ldots \wedge x_r \equiv t_r \to \varphi)$

gdw $\mathfrak{I} \tfrac{\mathfrak{I}(t_0) \ldots \mathfrak{I}(t_r)}{x_0 \ldots x_r} \models \varphi$

gdw $\mathfrak{I} \models \varphi \tfrac{t_0 \ldots t_r}{x_0 \ldots x_r}$.

Aufgabe 3.8.11 Beispielsweise kann man für (a) und (c) in 3.8.1 die folgenden Regeln wählen:

$$\frac{}{x \quad x_0 \ldots x_r \quad t_0 \ldots t_r \quad x}, \quad \text{falls } x \neq x_0, \ldots, x \neq x_r;$$

$$\frac{}{x \quad x_0 \ldots x_r \quad t_0 \ldots t_r \quad t_i}, \quad \text{falls } x = x_i;$$

$$\frac{t'_1 \quad x_0 \ldots x_r \quad t_0 \ldots t_r \quad s'_1}{\begin{matrix} \vdots \quad \vdots \quad\quad \vdots \quad\quad \vdots \\ t'_n \quad x_0 \ldots x_r \quad t_1 \ldots t_r \quad s'_n \\ \hline ft'_1 \ldots t'_n \quad x_0 \ldots x_r \quad t_0 \ldots t_r \quad fs'_1 \ldots s'_n \end{matrix}}, \quad \text{falls } f \in S \text{ n-stellig.}$$

Kapitel 4

Aufgabe 4.2.7 (a) Die Regel ist korrekt: Sei $\Gamma\,\varphi_1 \models \psi_1$ und $\Gamma\,\varphi_2 \models \psi_2$. Sei ferner $\mathfrak{I} \models \Gamma\,(\varphi_1 \vee \varphi_2)$, etwa $\mathfrak{I} \models \Gamma\,\varphi_1$. Wegen $\Gamma\,\varphi_1 \models \psi_1$ gilt dann $\mathfrak{I} \models \psi_1$, also auch $\mathfrak{I} \models (\psi_1 \vee \psi_2)$.

(b) Die Regel ist nicht korrekt. Zum Beispiel gilt $Pv_0 \models Pv_0$ und $\neg Pv_0 \models \neg Pv_0$, aber nicht $(Pv_0 \vee \neg Pv_0) \models (Pv_0 \wedge \neg Pv_0)$.

Aufgabe 4.3.6 (a1)

1.	Γ	φ	Prämisse
2.	Γ $\neg\varphi$	φ	(Ant) auf 1.
3.	Γ $\neg\varphi$	$\neg\neg\varphi$	(KP)(a) auf 2.
4.	Γ $\neg\neg\varphi$	$\neg\neg\varphi$	(Vor)
5.	Γ	$\neg\neg\varphi$	(FU) auf 3., 4.

Im Folgenden fassen wir zuweilen zwei Ableitungsschritte zusammen.

(a2)

1.	Γ	$\neg\neg\varphi$	Prämisse
2.	Γ $\neg\varphi$	$\neg\neg\varphi$	(Ant) auf 1.
3.	Γ $\neg\varphi$	φ	(KP)(b) auf 2.
4.	Γ	φ	(Vor), (FU) mit 3.

(b)

1.	Γ	φ	Prämisse
2.	Γ	ψ	Prämisse
3.	Γ $\neg\varphi$	φ	(Ant) auf 1.
4.	Γ $\neg\varphi$	$\neg\varphi$	(Vor)
5.	Γ $\neg\varphi$	$\neg(\neg\varphi \vee \neg\psi)$	(Wid') auf 3., 4.
6.	Γ $\neg\psi$	$\neg(\neg\varphi \vee \neg\psi)$	ähnlich wie 5.
7.	Γ $(\neg\varphi \vee \neg\psi)$	$\neg(\neg\varphi \vee \neg\psi)$	($\vee$A) auf 5., 6.
8.	Γ	$\neg(\neg\varphi \vee \neg\psi)$	(Vor), (FU) mit 7.

(c)

1.	Γ φ	ψ	Prämisse
2.	Γ φ	$(\neg\varphi \vee \psi)$	($\vee$S)(b) auf 1.
3.	Γ $\neg\varphi$	$(\neg\varphi \vee \psi)$	(Vor), ($\vee$S)(a)
4.	Γ	$(\neg\varphi \vee \psi)$	(FU) auf 2., 3.

(d1)

1.	Γ	$\neg(\neg\varphi \vee \neg\psi)$	Prämisse
2.	Γ $\neg\varphi$	$(\neg\varphi \vee \neg\psi)$	(Vor), ($\vee$S)(a)

3. $\Gamma \quad \neg(\neg\varphi \lor \neg\psi) \quad \varphi \quad$ (KP)(c) auf 2.

4. $\Gamma \qquad\qquad\qquad \varphi \quad$ (KS) auf 1., 3.

Aufgabe 4.4.5 Die erste Regel ist korrekt. Zum Nachweis gelte $\varphi \models \psi$ und $\Im \models \exists x\varphi$, etwa $\Im\frac{a}{x} \models \varphi$. Dann gilt $\Im\frac{a}{x} \models \psi$, also $\Im \models \exists x\psi$. Die zweite Regel ist korrekt, da $\forall x\varphi \models \varphi$ und $\psi \models \exists x\psi$. Die dritte Regel ist ebenfalls korrekt. Gelte nämlich $\Gamma \models \varphi\frac{fy}{x}$ und sei $(\mathfrak{A}, \beta) = \Im \models \Gamma$ und $a \in A$. Da f nicht in $\Gamma\forall x\varphi$ vorkommt, sei nach dem Koinzidenzlemma o.B.d.A. $f^{\mathfrak{A}}(b) = a$ für alle $b \in A$. Dann gilt wegen $\Im \models \varphi\frac{fy}{x}$, dass $\Im\frac{f^{\mathfrak{A}}(\beta(y))}{x} \models \varphi$, also $\Im\frac{a}{x} \models \varphi$.

Aufgabe 4.5.5 (a1)

1. $\Gamma \qquad\qquad\quad \neg\exists x\neg\varphi \quad$ Prämisse

2. $\Gamma \quad \neg\varphi\frac{t}{x} \quad \exists x\neg\varphi \quad$ (Vor), ($\exists$S)

3. $\Gamma \quad \neg\exists x\neg\varphi \quad \varphi\frac{t}{x} \quad$ (KP)(c) auf 2.

4. $\Gamma \qquad\qquad\quad \varphi\frac{t}{x} \quad$ (KS) auf 1., 3.

(a2): Ähnlich zu (a1) mit 4.5.1(a) anstelle von ($\exists$S).

(b1)

1. $\Gamma \quad \varphi\frac{t}{x} \qquad \psi \qquad$ Prämisse

2. $\Gamma \quad \neg\psi \qquad \neg\varphi\frac{t}{x} \quad$ (KP)(a) auf 1.

3. $\Gamma \quad \neg\psi \qquad \exists x\neg\varphi \quad$ ($\exists$S) auf 2.

4. $\Gamma \quad \neg\exists x\neg\varphi \quad \psi \qquad$ (KP)(c) auf 3.

(b2)

1. $\Gamma \qquad\qquad\quad \varphi\frac{y}{x} \qquad$ Prämisse

2. $\Gamma \quad \exists x\neg\varphi \quad \varphi\frac{y}{x} \qquad$ (Ant) auf 1.

3. $\Gamma \quad \neg\varphi\frac{y}{x} \quad \neg\exists\neg\varphi \quad$ (KP)(a) auf 2.

4. $\Gamma \quad \exists x\neg\varphi \quad \neg\exists x\neg\varphi \quad$ ($\exists$A) auf 3. (die Bedingung an y ist erfüllt)

5. $\Gamma \qquad\qquad\quad \neg\exists x\neg\varphi \quad$ (Vor), (FU) mit 4.

(b3) und (b4): Ähnlich zu (b1) und (b2) mit 4.5.1 statt ($\exists$S), ($\exists$A).

Aufgabe 4.7.8 (a) Die Regel ($\exists\forall$) ist nicht ableitbar, weil sie nicht korrekt ist.

(b) Man ändere die Semantik der Logik der ersten Stufe dahingehend ab, dass man nur Strukturen mit einelementigem Träger zulässt. Dann sind die Regeln von $\mathfrak{S}$ auch im neuen Sinne korrekt, und die Regel ($\exists\forall$) ist ebenfalls im neuen Sinne korrekt. Da die Sequenz $(Pv_0 \land \neg Pv_0)$ im neuen Sinne nicht korrekt ist, kann sie in $\mathfrak{S}'$ nicht abgeleitet werden.

Kapitel 5

Aufgabe 5.1.12 (a)(i) Die Interpretation $((\{1,2\},\{2\}),\beta)$ mit $\beta(y)=1$ für alle Variable y ist ein Modell von Φ.

(ii) Wir nehmen $\Phi \vdash Rt$ an. Da T^S nur Variable enthält, ist t eine Variable y. Da $\Phi \vdash \neg Ry$, ist dann Wv Φ, was (i) widerspricht.

(iii) Ist $\mathfrak{I} = (\mathfrak{A},\beta) \models \Phi$, so ist $\emptyset \neq R^{\mathfrak{A}} \subseteq A \setminus \{\mathfrak{I}(y) \mid y \text{ Variable}\}$, woraus die Behauptung folgt, da T^S die Menge der Variablen ist.

(b)(i) Nach dem Korrektheitsatz genügt der Nachweis, dass weder $\Phi \models Rx$ noch $\Phi \models \neg Rx$. Dies zeigen die Interpretationen $((\{1,2\},\{2\}),\beta_i)$ für $i = 1,2$, wobei $\beta_1(x) = 1$, $\beta_1(y) = 2$, $\beta_2(x) = 2$ und $\beta_2(y) = 1$.

(ii) Wie in (i) zeigt man, dass auch nicht $\Phi \vdash Ry$. Nach 5.1.7(b) gilt somit weder $\mathfrak{I}^\Phi \models Rx$ noch $\mathfrak{I}^\Phi \models Ry$ und somit nicht $\mathfrak{I}^\Phi \models (Rx \vee Ry)$.

Aufgabe 5.1.13 Sei Φ widerspruchsvoll. Dann gilt $\Phi \vdash t \equiv t'$ für alle $t, t' \in T^S$. Somit ist T^Φ einelementig. Da $\Phi \vdash Rt_1 \ldots t_r$ für jedes r-stellige R und beliebige $t_1, \ldots, t_r \in T^S$, ist $R^{\mathfrak{I}^\Phi} = (T^\Phi)^r$. Da T^Φ einelementig ist, haben wir für die Interpretation der Konstantensymbole und der Funktionssymbole und für die Belegung der Variablen keine Wahl. Insbesondere hängt $\mathfrak{I}^\Phi$ nicht von der widerspruchsvollen Menge Φ ab.

Aufgabe 5.2.5 Die Menge Φ ist erfüllbar: Hierzu wähle man eine Interpretation über dem Träger $\{1,2\}$, die alle Konstantensymbole und alle Variablen durch 1 interpretiert und alle Funktionssymbole durch Funktionen, die nur den Wert 1 annehmen. Damit ist Wf Φ. Sei $\Psi \subseteq L^S$ eine Obermenge von Φ, die Beispiele enthält. Dann gibt es Terme t_0 und t_1 mit $\Psi \vdash (\exists v_0 \exists v_1 \neg v_0 \equiv v_1 \to \exists u \neg t_0 \equiv u)$ und $\Psi \vdash (\exists u \neg t_0 \equiv u \to \neg t_0 \equiv t_1)$. Da $\Psi \vdash \exists v_0 \exists v_1 \neg v_0 \equiv v_1$, erhalten wir nacheinander $\Psi \vdash \exists u \neg t_0 \equiv u$ und $\Psi \vdash \neg t_0 \equiv t_1$. Da anderseits $\Psi \vdash v_0 \equiv t_0$ und $\Psi \vdash v_0 \equiv t_1$, zeigt man leicht mit 4.5.3, dass Ψ widerspruchsvoll ist.

Kapitel 6

Aufgabe 6.1.3 Sei $\Phi \subseteq L^S$ eine höchstens abzählbare Menge von Ausdrücken, die über einer unendlichen Menge erfüllbar ist. Dann ist $\Phi \cup \Phi_\infty$ erfüllbar (vgl. 3.6.3). Jetzt ergibt sich die Behauptung aus 6.1.1, da jedes höchstens abzählbare Modell von $\Phi \cup \Phi_\infty$ unendlich ist.

Aufgabe 6.2.5 (a) ergibt sich unmittelbar aus der Gleichung $X_\varphi \cap X_\psi = X_{(\varphi \wedge \psi)}$. (b) gilt wegen $\Sigma \setminus X_\varphi = X_{\neg \varphi}$. (c) Wegen (a) genügt es zu zeigen, dass jede Überdeckung $(X_\varphi)_{\varphi \in \Phi}$ mit $\Phi \subseteq L_0^S$ ein endliche Teilüberdeckung enthält. Sei $\bigcup_{\varphi \in \Phi} X_\varphi = \Sigma$. Dann ist nicht Erf $\Psi := \{\neg \varphi \mid \varphi \in \Phi\}$ (sonst wäre $\mathfrak{A}_\Psi \in \Sigma \setminus \bigcup_{\varphi \in \Phi} X_\varphi$). Mit dem Endlichkeitssatz erhalten wir ein endliches $\Psi_0 \subseteq \Psi$ mit nicht Erf Ψ_0. Dann ist aber bereits $\bigcup_{\varphi \in \Phi, \neg \varphi \in \Psi_0} X_\varphi = \Sigma$.

Aufgabe 6.3.7 Ist $\mathfrak{K} = \mathrm{Mod}^S \Phi$, so ist $\mathfrak{K}^\infty = \mathrm{Mod}^S \Phi \cup \Phi_\infty$ (vgl. 3.6.3).

Aufgabe 6.3.8 (a) Sei $\mathfrak{K} = \mathrm{Mod}^S \Phi$ mit endlichem Φ. Ist $\Phi = \emptyset$, so ist $\mathfrak{K} = \mathrm{Mod}^S \exists v_0 v_0 \equiv v_0$. Ist $\Phi \neq \emptyset$, etwa $\Phi = \{\varphi_1, \ldots, \varphi_m\}$ mit $m \geq 1$, so ist $\mathfrak{K} = \mathrm{Mod}^S(\varphi_1 \wedge \ldots \wedge \varphi_m)$. Die andere Richtung ist trivial.

(b) Gelte $\mathfrak{K} = \mathrm{Mod}^S \Phi = \mathrm{Mod}^S \psi$. Dann ist $\Phi \cup \{\neg \psi\}$ nicht erfüllbar. Nach dem Endlichkeitssatz gibt es also ein endliches $\Phi_0 \subseteq \Phi$ mit nicht Erf $\Phi_0 \cup \{\neg \psi\}$. Dann ist $\mathfrak{K} = \mathrm{Mod}^S \Phi_0$.

Aufgabe 6.3.9 (a) Sei $\mathfrak{K} = \mathrm{Mod}^S \varphi$ und $\mathfrak{K}_1 = \mathrm{Mod}^S \Phi_1$. Wir zeigen (i) „Wenn $\mathfrak{K}_1$ elementar ist, so ist $\mathfrak{K}_2$ elementar." und (ii) „Wenn $\mathfrak{K}_2$ Δ-elementar ist, so ist $\mathfrak{K}_1$ elementar." Zu (i): Ist $\mathfrak{K}_1 = \mathrm{Mod}^S \varphi_1$, so ist $\mathfrak{K}_2 = \mathrm{Mod}^S(\varphi \wedge \neg \varphi_1)$. Zu (ii): Sei $\mathfrak{K}_2 = \mathrm{Mod}^S \Phi_2$. Dann ist nicht Erf $\{\varphi\} \cup \Phi_1 \cup \Phi_2$, nach dem Endlichkeitssatz nicht Erf $\{\varphi\} \cup \Phi'_1 \cup \Phi'_2$ für geeignete endliche $\Phi'_1 \subseteq \Phi_1$ und $\Phi'_2 \subseteq \Phi_2$. Somit gilt $\mathfrak{K}_1 \subseteq \mathrm{Mod}^S\{\varphi\} \cup \Phi'_1 \subseteq \mathfrak{K}$ und $\mathfrak{K}_2 \cap \mathrm{Mod}^S\{\varphi\} \cup \Phi'_1 \subseteq \mathrm{Mod}^S \Phi'_2 \cup \{\varphi\} \cup \Phi'_1 = \emptyset$. Aus diesen Inklusionen ergibt sich $\mathfrak{K}_1 = \mathrm{Mod}^S\{\varphi\} \cup \Phi'_1$, woraus mit 6.3.8(a) folgt, dass $\mathfrak{K}_1$ elementar ist.

(b) Man wähle als $\mathfrak{K}$, $\mathfrak{K}_1$ und $\mathfrak{K}_2$ die Klasse der Körper, die Klasse der Körper der Charakteristik Null und die Klasse der Körper mit Primzahlcharakteristik. Dann ist nach 6.3.3 die Klasse $\mathfrak{K}_1$ nicht elementar, woraus sich die Behauptung mit (a) ergibt.

Aufgabe 6.3.10 (a) Ist $\varphi \in \Phi$ und $\Phi \setminus \{\varphi\} \models \varphi$, so ist $\mathrm{Mod}^S \Phi = \mathrm{Mod}^S \Phi \setminus \{\varphi\}$. Somit erhält man aus einer endlichen Menge Φ eine unabhängige, indem man, solange dies möglich ist, „abhängige Axiome" entfernt.

(b) Sei $\mathfrak{K}$ Δ-elementar. Ist $\mathfrak{K}$ auch elementar, so ergibt sich die Behauptung aus (a). Wir nehmen an, dass $\mathfrak{K}$ nicht elementar ist. Da S höchstens abzählbar ist, gibt es $\psi_0, \psi_1, \ldots \in L_0^S$ mit $\mathfrak{K} = \mathrm{Mod}^S\{\psi_0, \psi_1, \ldots\}$. Wir setzen $\varphi_0 = \psi_0$ und $\varphi_{n+1} = \varphi_n \wedge \psi_j$, wobei j minimal ist mit der Eigenschaft $\varphi_n \not\models \psi_j$ (ein solches j gibt es, da $\mathfrak{K}$ nicht elementar ist). Für alle n gilt dann: $\models \varphi_{n+1} \rightarrow \varphi_n$ und $\not\models \varphi_n \rightarrow \varphi_{n+1}$. Sei $\mathfrak{A}_n \models (\varphi_n \wedge \neg \varphi_{n+1})$. Nach Konstruktion ist $\mathrm{Mod}^S\{\psi_0, \psi_1, \ldots\} = \mathrm{Mod}^S\{\varphi_0, \varphi_1, \ldots\}$. Somit ist $\mathfrak{K} = \mathrm{Mod}^S\{\varphi_0, \varphi_1, \ldots\} = \mathrm{Mod}^S \Phi$ für $\Phi := \{(\varphi_0 \wedge (\varphi_n \rightarrow \varphi_{n+1})) \mid n \geq 0\}$. Φ ist unabhängig; in der Tat zeigt $\mathfrak{A}_n$, dass $\Phi \setminus \{(\varphi_0 \wedge (\varphi_n \rightarrow \varphi_{n+1}))\} \not\models (\varphi_0 \wedge (\varphi_n \rightarrow \varphi_{n+1}))$.

Aufgabe 6.3.11 Sei φ die Konjunktion der in 3.7.2 angegebenen Vektorraumaxiome. Für $n \geq 1$ besage φ_n „Es gibt n linear unabhängige Vektoren." Sei etwa $\varphi_n := \exists x_1 \ldots \exists x_n (\underline{V} x_1 \wedge \ldots \wedge \underline{V} x_n \wedge \forall u_1 \ldots \forall u_n (\underline{K} u_1 \wedge \ldots \wedge \underline{K} u_n \wedge (\ldots ((u_1 * x_1) \circ (u_2 * x_2)) \circ \ldots \circ (u_n * x_n)) \equiv 0 \rightarrow (u_1 \equiv 0 \wedge \ldots \wedge u_n \equiv 0)))$. Dann axiomatisiert ($\varphi \wedge \varphi_n \wedge \neg\varphi_{n+1}$) die Klasse der n-dimensionalen Vektorräume und $\Phi := \{\varphi\} \cup \{\varphi_n \mid n \geq 1\}$ ist ein Axiomensystem für die Klasse der unendlich-dimensionalen Vektorräume. Wäre Ψ ein Axiomensystem für die Klasse der endlich-dimensionalen Vektorräume, so wäre jede endliche Teilmenge von $\Phi \cup \Psi$ erfüllbar und somit auch $\Phi \cup \Psi$. Ein derartiges Modell müsste zugleich ein endlich-dimensionaler und ein unendlich-dimensionaler Vektorraum sein.

Aufgabe 6.4.8 Der $S_{\mathrm{Ar}}^<$-Satz φ gelte in allen nicht archimedisch geordneten Körpern. Sei $\mathfrak{A}$ ein geordneter Körper. Dann ist A unendlich, und somit ist jede endliche Teilmenge von $\Phi := \mathrm{Th}(\mathfrak{A}) \cup \{0 < x,\ 1 < x,\ 2 < x, \ldots\}$ erfüllbar. Nach dem Endlichkeitssatz ist Φ erfüllbar. Ist $(\mathfrak{B}, \beta) \models \Phi$, so ist $\mathfrak{B}$ ein nicht archimedisch geordneter Körper und daher nach Voraussetzung ein Modell von φ. Somit ist $\neg\varphi \notin \mathrm{Th}(\mathfrak{A})$ und damit $\mathfrak{A} \models \varphi$.

Aufgabe 6.4.9 Für einen $S_{\mathrm{Ar}}^<$-Satz φ sei φ^* der S_{Ar}-Satz, der aus φ durch Ersetzung eines jeden atomaren Teilausdrucks der Form $x < y$ durch ($\neg x \equiv y \wedge \exists z\, x+z \equiv y$) entsteht (wobei etwa z die erste von x und y verschiedene Variable ist). Dann sind $(\mathfrak{A}, <^A)$ und $\mathfrak{N}^<$ Modelle von ($\varphi \leftrightarrow \varphi^*$). Für $\varphi \in \mathrm{Th}(\mathfrak{N}^<)$ ergibt sich somit nacheinander $\mathfrak{N}^< \models \varphi^*$, $\mathfrak{N} \models \varphi^*$, $\mathfrak{A} \models \varphi^*$, $(\mathfrak{A}, <^A) \models \varphi^*$ und $(\mathfrak{A}, <^A) \models \varphi$.

Aufgabe 6.4.10 Für $m \geq 1$ sei $\varphi_m := \exists v_1\, \mathbf{m} \cdot v_1 \equiv v_0$. Für jedes Modell $(\mathfrak{A}, \beta)$ von $\mathrm{Th}(\mathfrak{N}) \cup \{\varphi_p \mid p \in Q\} \cup \{\neg\varphi_p \mid p \text{ Primzahl und } p \notin Q\}$ hat $\mathfrak{A}$ die gewünschte Eigenschaft. Die angegebene Ausdrucksmenge ist nach dem Endlichkeitssatz erfüllbar, denn jede ihrer endlichen Teilmengen hat ein Modell der Gestalt $(\mathfrak{N}, \beta)$ mit geeignetem $\beta(v_0)$.

Aufgabe 6.4.11 (a) Die Menge der Elemente einer absteigenden Kette in $(\mathbb{N}, <^\mathbb{N})$ hätte kein kleinstes Element. Sei $\mathfrak{A}$ ein Nichtstandardmodell von $\mathrm{Th}(\mathfrak{N}^<)$. Dann ist die Abbildung $n \mapsto \mathbf{n}^\mathfrak{A}$ kein Isomorphismus von $\mathfrak{N}^<$ auf $\mathfrak{A}$. Das kann nur daran liegen, dass es ein Element $a \in B := A \setminus \{\mathbf{n}^\mathfrak{A} \mid n \in \mathbb{N}\}$ gibt. Wir definieren $a_n \in B$ durch Induktion: Es sei $a_0 = a$. Ist $a_n \in B$ bereits definiert, so sei a_{n+1} das Element mit $a_n = a_{n+1} +^\mathfrak{A} 1$ (man beachte hierzu, dass $\forall x (\neg x \equiv 0 \to \exists^{=1} y\, x \equiv y + 1) \in \mathrm{Th}(\mathfrak{N}^<)$). Dann ist auch $a_{n+1} \in B$. Andernfalls wäre $a_{n+1} = \mathbf{m}^\mathfrak{A}$ für ein $m \in \mathbb{N}$, also $a_n = \mathbf{m}^\mathfrak{A} +^\mathfrak{A} 1 = (\mathbf{m}+\mathbf{1})^\mathfrak{A} \notin B$. Die Elemente $a_0, a_1, a_2, \ldots$ bilden eine unendliche absteigende Kette.

(b) Mit dem Endlichkeitssatz weist man leicht nach, dass

$$\Psi := \Phi_{\mathrm{pOrd}} \cup \Phi \cup \{(v_{n+1} < v_n \wedge \ldots \wedge v_1 < v_0) \mid n \geq 1\}$$

erfüllbar ist. Für jedes Modell $(\mathfrak{B}, \beta)$ von Ψ hat $\mathfrak{B}$ die gewünschte Eigenschaft.

Kapitel 7

Aufgabe 7.4.4   Die Aufgabe verlangt, die vorangehenden Betrachtungen am Beispiel des Verhältnisses von Mengenlehre und Logik noch einmal zu reflektieren.

Beim Aufbau der Mengenlehre auf der Basis von ZFC gibt die Logik erster Stufe den methodischen Rahmen: die Sprache $L^{\{\in\}}$, die zugehörigen Sequenzenregeln und den zugehörigen Ableitungsbegriff. Sie spielt die Rolle einer *Hintergrundlogik*, während die Mengenlehre als Gegenstand mathematischer Überlegungen, also als *Objektmengenlehre*, auftritt. Um die Logik erster Stufe für diese Rolle bereitzustellen, sind keine mathematischen Beweise und insbesondere keine mengentheoretischen Überlegungen erforderlich.

Untersucht man die Logik erster Stufe z. B. im Hinblick auf den Vollständigkeitssatz, wird sie Gegenstand mathematischer Überlegungen und damit zu einer Objektlogik. Die benutzten mengentheoretischen Hilfsmitteln entstammen der Hintergrundmengenlehre. Diese Beziehung bleibt erhalten, wenn man die Mengenlehre als ZFC-Mengenlehre präzisiert und die Logik erster Stufe auf dieser Basis mengentheoretisch definiert. Die ZFC-Mengenlehre ist dann die *Hintergrundmengenlehre* (die ihrerseits die Logik erster Stufe als Hintergrundlogik benutzt) und die mengentheoretisch definierte Logik erster Stufe eine *Objektlogik*.

Kapitel 8

Aufgabe 8.2.4 Man zeigt die Behauptung durch Induktion über den Aufbau der L^S-Ausdrücke φ für alle Belegungen β in U^A. Alle Fälle bis auf den $\exists$-Schritt sind einfach. Für $\varphi = \exists x\psi$ gilt in $((\mathfrak{A}, U^A, V^A), \beta)$ sukzessiv die Äquivalenz folgender Ausdrücke: $[(\exists x\psi)^V]^U$, $[\exists x(V x \wedge \psi^V)]^U$, $\exists x(U x \wedge V x \wedge [\psi^V]^U)$, $\exists x(U x \wedge [\psi]^U)$; der letzte Übergang ist möglich wegen $U^A \subseteq V^A$ und nach Induktionsvoraussetzung über ψ.

Aufgabe 8.2.5 (a) Man verwendet die syntaktische Interpretation von $S = \{<\}$ in $S' = \{\leq\}$, die durch die Ausdrücke $\varphi_{\{<\}}(x) := x \equiv x$ und $\varphi_<(x,y) := x \leq y \wedge \neg x \equiv y$ definiert ist.

(b) Man verwendet die syntaktische Interpretation von $S = \{\leq\}$ in $S' = \{<\}$, die durch die Ausdrücke $\varphi_{\{\leq\}}(x) := x \equiv x$ und $\varphi_\leq(x,y) := x < y \vee x \equiv y$ definiert ist.

Aufgabe 8.2.6 Wir geben eine syntaktische Interpretation I von S_G in S_{Grp} an durch $\varphi_{S_G}(x) := x \equiv x$ und $\varphi_\circ(x,y,z) := x \circ y \equiv z$ und setzen also $\varphi^I = \varphi$.

Dann gilt für jede Gruppe $\mathfrak{A} = (A, \circ, ^{-1}, e)$, dass $\mathfrak{A}^{-I} \models \varphi$ gdw $\mathfrak{A} \models \varphi^I$. Ferner gilt $\Phi_G \models \varphi$ gdw $\Phi_{\mathrm{Grp}} \models \varphi^I$ nach dem Koinzidenzlemma.

Aufgabe 8.2.7 (a) Wir geben die syntaktische Interpretation I von $S' = S_{\mathrm{Ar}}$ in $S = S_{\mathrm{Ar}}$ an durch $\varphi_{S'}(x) := \exists x_1 \ldots \exists x_4 \, x_1 \cdot x_1 + \ldots + x_4 \cdot x_4 \equiv x$, $\varphi_+(x, y, z) := x + y \equiv z$, $\varphi_0(x) := x \equiv 0$, $\varphi_\cdot(x, y, z) := x \cdot y \equiv z$ und $\varphi_1(x) := x \equiv 1$.

(b) Die gesuchte syntaktische Interpretation I „kodiert" die Menge $\mathbb{Z}$ in $\mathbb{N}$ dadurch, dass $m \geq 0$ durch $2m$ und $m < 0$ durch $(-2m) - 1$ dargestellt wird; beispielsweise wird 4 durch 8 und -4 durch 7 kodiert. Wir setzen $\varphi_{S'}(x) := x \equiv x$, $\varphi_0(x) := x \equiv 0$, $\varphi_1(x) := x \equiv 1 + 1$ und definieren $+$ und $\cdot$ mit Hilfe der Ausdrücke $G(x) := \exists y \, y + y \equiv x$ und $U(x) := \neg G(x)$ („x ist gerade" bzw. „x ist ungerade"). Wir setzen

$$
\begin{aligned}
\varphi_+(x, y, z) := \; & (G(x) \wedge G(y) \wedge x + y \equiv z) \\
& \vee \, (U(x) \wedge U(y) \wedge x + y + 1 \equiv z) \\
& \vee \, (G(x) \wedge U(y) \wedge x \geq y + 1 \wedge x \equiv z + y + 1) \\
& \vee \, (G(x) \wedge U(y) \wedge x < y + 1 \wedge y \equiv z + x) \\
& \vee \, [\ldots];
\end{aligned}
$$

hierbei sind $[\ldots]$ die beiden vorangehenden Zeilen mit vertauschten x, y. Die Ungleichungen sind Kurzschreibweisen (wie $x \geq y + 1$ für $\exists z \, x \equiv y + 1 + z$). Schließlich setzen wir (mit 2 für $(1 + 1)$)

$$
\begin{aligned}
\varphi_\cdot(x, y, z) := \; & (G(x) \wedge G(y) \wedge x \cdot y \equiv 2 \cdot z) \\
& \vee \, (U(x) \wedge U(y) \wedge (x + 1) \cdot (y + 1) \equiv 2 \cdot z) \\
& \vee \, (G(x) \wedge U(y) \wedge x \cdot (y + 1) \equiv 2 \cdot z + 2) \\
& \vee \, (U(x) \wedge G(y) \wedge (x + 1) \cdot y \equiv 2 \cdot z + 2).
\end{aligned}
$$

Aufgabe 8.2.8 Mit den Notationen von Satz 8.1.3 geben wir eine syntaktische Interpretation I von $S' := S$ in $S := S^r$ an durch $\varphi_{S'}(x) = x \equiv x$, $\varphi_R(x_1, \ldots, x_n) = Rx_1 \ldots x_n$, $\varphi_f(x_1, \ldots, x_n, y) = F(x_1, \ldots, x_n, y)$, $\varphi_c(x) = Cx$ und setzen dann $\psi^r := \psi^I$. Umgekehrt wird die Interpretation I' von $S' := S^r$ in S definiert durch $\varphi_{S'}(x) := x \equiv x$, $\varphi_R(x_1, \ldots, x_n) := Rx_1 \ldots x_n$, $\varphi_F(x_1, \ldots, x_n, y) := f(x_1, \ldots, x_n) \equiv y$, und $\varphi_C(x) := x \equiv c$; man setzt dann $\psi^{-r} = \psi^{I'}$.

Aufgabe 8.3.3 Sei S' eine zu S disjunkte Symbolmenge. Für jedes $s \in S'$ sei δ_s eine S-Definition von s in Φ. Wir betrachten die zugehörige syntaktische Interpretation I von $S \cup S'$ in S. Für $\chi \in L_0^{S \cup S'}$ wird χ^I wie in 8.3.1 definiert. Dann gilt für jedes $s \in S'$ die Behauptung (a) von 8.3.2, und ebenso gelten die Behauptungen (b) und (c).

Aufgabe 8.3.4 Wir wählen als δ_P die vom Bethschen Definierbarkeitssatz gelieferte explizite Definition $\forall v_0 \ldots \forall v_{k-1}(P v_0 \ldots v_{k-1} \leftrightarrow \varphi_P(v_0, \ldots, v_{k-1}))$ mit

$\varphi_P \in L^S$. Ferner sei Φ die Satzmenge, die aus Φ' durch Ersetzen der Teilausdrücke $Pt_0 \ldots t_{k-1}$ durch $\varphi(t_0, \ldots, t_{k-1})$ entsteht. Dann gilt $\Phi \cup \{\delta_s\} \models \varphi$ gdw $\Phi' \models \varphi$.

Aufgabe 8.4.7 Zu $\varphi \in L_0^S$ sei $\psi \in L_0^{S'}$ der gemäß 8.4.6 konstruierte Satz in Skolemscher Normalform.

(1) $\Rightarrow$ (2): Falls $\mathfrak{A} \models \varphi$, wählen wir wie in der Konstruktion von 8.4.6 für jeden Existenzquantorenschritt beim Aufbau von φ eine Funktion f^A einer entsprechenden Stellenzahl ≥ 0. Falls es neben diesen Symbolen f weitere Symbole in $S' \setminus S$ gibt, interpretieren wir diese beliebig. Dann gilt für die entstehende S'-Expansion $\mathfrak{A}'$ von $\mathfrak{A}$, dass $\mathfrak{A}' \models \psi$.

(2) $\Rightarrow$ (1): Man verifiziert $\mathfrak{A} \models \varphi$ gemäß Definition der Modellbeziehung, indem man für jeden Existenzquantorenschritt den Wert der jeweiligen Funktion f^A verwendet.

Aufgabe 8.4.8 Ist φ gegeben, bildet man zu $\neg\varphi$ nach 8.4.3 einen Ausdruck ψ in disjunktiver Normalform. Die Negation von ψ ist logisch äquivalent zu φ und lässt sich durch Anwendung der sog. de Morgan'schen Regeln (logische Äquivalenz zwischen $\neg(\varphi_1 \vee \varphi_2)$ und $\neg\varphi_1 \wedge \neg\varphi_2$ sowie zwischen $\neg(\varphi_1 \wedge \varphi_2)$ und $\neg\varphi_1 \vee \neg\varphi_2$, vgl. 3.2.1) in einen Ausdruck in konjunktiver Normalform umformen.

Aufgabe 8.4.9 Die S-Struktur $\mathfrak{A}$ erfülle den Satz $\varphi = \exists x_0 \ldots \exists x_n \forall y_0 \ldots \forall y_m \psi$ mit quantorenfreiem ψ. Wir wählen $n + 1$ Elemente $a_0, \ldots, a_n$ von A so, dass $\mathfrak{A} \models \forall y_0 \ldots \forall y_m \psi[a_0, \ldots, a_n]$. Es sei $\mathfrak{B}$ die durch $B = \{a_0, \ldots, a_n\}$ erzeugte Substruktur von $\mathfrak{A}$ mit Trägermenge B. Nach Satz 3.5.8 gilt $\mathfrak{B} \models \forall y_0 \ldots \forall y_m \psi[a_0, \ldots, a_n]$, also $\mathfrak{B} \models \varphi$.
Wäre $\varphi = \forall x \exists y Rxy$ zu $\chi = \exists u_0 \ldots \exists u_n \forall v_0 \ldots \forall v_m \psi$ logisch äquivalent, ergäbe sich ein Widerspruch anhand der Struktur $(A, R^A) = (\mathbb{N}, <)$: Wie gezeigt, müsste eine Substruktur mit $n + 1$ Elementen den Ausdruck χ und damit φ erfüllen; andererseits gilt in keiner Substruktur mit endlich vielen Elementen der Satz $\forall x \exists y Rxy$.

Kapitel 9

Aufgabe 9.1.7 (a) Es sei $S = \emptyset$, $\mathfrak{A}$ die $\emptyset$-Struktur mit der Trägermenge $\mathbb{N}$ und $\psi := \forall X \exists x \neg Xx$.

(b) Man definiere φ' als ein zu φ gehörendes ψ induktiv über den Aufbau von φ. Im Schritt über den Existenzquantor zweiter Stufe setze man z.B. für 2-stelliges X mit einem neuen einstelligen Y

$$(\exists X \varphi') := \exists X \exists Y \big(\varphi_{\text{endl}}(Y) \wedge \forall xy(Xxy \to (Yx \wedge Yy)) \wedge \varphi'\big).$$

(c) Ein Gegenbeispiel zum Endlichkeitssatz ist die Menge $\{\exists X \forall x X x\} \cup \{\varphi_{\geq n} \mid n \geq 1\}$.

Aufgabe 9.2.7 Man definiere φ' als ein zu φ gehörendes ψ induktiv über den Aufbau von φ. Im Schritt über den Existenzquantor zweiter Stufe setze man z. B. für 2-stelliges X

$$(\exists X \varphi)' := (\varphi_1' \vee \bigvee \{\exists v_k \exists v_{k+1} \ldots \exists v_{k+2n-2} \exists v_{k+2n-1} \varphi_{2,n}' \mid n \geq 1\}),$$

wobei φ_1 aus φ entsteht, indem man alle atomaren Teilausdrücke der Gestalt Xst durch $\neg s = s$ ersetzt, und $\varphi_{2,n}'$ aus φ entsteht, indem man alle atomaren Teilausdrücke der Gestalt Xst durch

$$\bigvee \{(s = v_{k+2i} \wedge t = v_{k+2i+1}) \mid i < n\}$$

ersetzt. Dabei sollen $v_k, v_{k+1}, \ldots$ nicht in φ vorkommen. Das erste Disjunktionsglied von $(\exists X \varphi)'$ trägt der Möglichkeit „$X = \emptyset$" Rechnung, das zweite der Möglichkeit „$X \neq \emptyset$".

Aufgabe 9.2.8 (a) Die Klasse wird axiomatisiert durch die Konjunktion der Gruppenaxiome mit

$$\bigvee \{\exists v_0 \ldots \exists v_{n-1} \forall v_n \bigvee \{v_n = w \mid w \in \{v_0, \ldots, v_{n-1}\}^* \text{ nicht leer}\} \mid n \geq 1\}.$$

Dabei stehe $\{v_0, \ldots, v_{n-1}\}^*$ für die (nach Lemma 2.1.2 abzählbare) Menge der Wörter über $\{v_0, \ldots, v_{n-1}\}$ und ein Wort $w = v_{i_0} \ldots v_{i_j}$ für das Produkt $v_{i_0} \circ \ldots \circ v_{i_j}$.

(b) Dies leistet die Konjunktion der Ordnungsaxiome (vgl. 3.6.4) und der Sätze $\forall x \exists y \, x < y$, $\forall x \exists y \, y < x$ und $\forall x \forall y (x < y \to \bigvee \{\psi_n \mid n \geq 1\})$ mit

$$\psi_n := \exists z_1 \ldots \exists z_n \forall z ((x < z \wedge z < y) \to (z = z_1 \vee \ldots \vee z = z_n)).$$

Aufgabe 9.2.9 (a) Schon $L_{\omega_1 \omega}^\emptyset$ ist überabzählbar; denn die Abbildung $f : \mathcal{P}(\mathbb{N}) \to L_{\omega_1 \omega}^\emptyset$, die einer Teilmenge M von $\mathbb{N}$ den Ausdruck $\bigvee \{v_i = v_i \mid i \in M\}$ zuordnet, ist injektiv.

(b) Es sei $S = S_{\mathrm{Ar}}$ und $\mathfrak{B}$ der Körper der reellen Zahlen. $\mathfrak{A}$ erfülle dieselben $L_{\omega_1 \omega}^{S_{\mathrm{Ar}}}$-Sätze wie $\mathfrak{B}$. Dann lässt sich eine injektive Abbildung f der Menge der positiven reellen Zahlen in A angeben. Sei dazu $r \in B$, $r > 0$. Es sei $(\rho_n)_{n \in \mathbb{N}}$ eine echt monoton wachsende und $(\sigma_n)_{n \in \mathbb{N}}$ eine echt monoton fallende Folge positiver rationaler Zahlen mit $\lim_{n \to \infty} \rho_n = \lim_{n \to \infty} \sigma_n = r$. Dann gilt

$$\mathfrak{B} \models \exists x (\bigwedge \{\rho_n < x \mid n \geq 0\} \wedge \bigwedge \{x < \sigma_n \mid n \geq 0\})$$

(dabei stehe z. B. $\frac{2}{3} < x$ für $1 + 1 < x + x + x$). Also erfüllt $\mathfrak{A}$ diesen Satz. Es sei $f(r) \in A$ ein entsprechendes Beispiel in $\mathfrak{A}$. Die Injektivität von f ergibt sich daraus, dass sich zwei verschiedene reelle Zahlen durch rationale Zahlen trennen lassen.

Aufgabe 9.3.3 Sei φ ein L_Q^S-Satz und $\mathfrak{B} \models \varphi$. O.B.d.A. sei S endlich. Sei weiter TA(φ) die Menge der Teilausdrücke von φ. Man definiere induktiv eine aufsteigende Folge $A_0 \subseteq A_1 \subseteq A_2 \subseteq \ldots \subseteq B$ von Teilmengen einer Mächtigkeit $\leq \aleph_1$ von B. Man verfahre dabei wie im Beweis von 9.2.5, wobei (b) folgendermaßen erweitert wird: Wenn $a_1, \ldots, a_n \in A_m$ und $\mathfrak{B} \models Qx\psi[a_1, \ldots, a_n]$, so gibt es genau $\aleph_1$ viele $a \in A_{m+1}$ mit $\mathfrak{B} \models \psi[a_1, \ldots, a_n, a]$. Die Vereinigung $A := \bigcup_{m\in\mathbb{N}} A_m$ ist dann eine S-abgeschlossene Teilmenge von B einer Mächtigkeit $\leq \aleph_1$; denn da mit einer Menge M auch die Mengen M_n für $n \geq 2$ eine Mächtigkeit $\leq \aleph_1$ haben und da die Vereinigung höchstens $\aleph_1$ vieler Mengen einer Mächtigkeit $\leq \aleph_1$ eine Mächtigkeit $\leq \aleph_1$ hat, hat jedes A_m und damit auch A eine Mächtigkeit $\leq \aleph_1$.

Aufgabe 9.3.4 Die Menge $\{\neg Qx\, x = x\} \cup \{\varphi_{\geq n} \mid n \geq 1\}$ ist ein Gegenbeispiel zum Endlichkeitssatz. Den Satz von Löwenheim und Skolem für $\mathcal{L}_Q^0$ beweist man ähnlich wie für $\mathcal{L}_Q$.

Kapitel 10

Aufgabe 10.1.2 Sei $\mathbb{A} = \{a_0, \ldots, a_n\}$ und seien $\mathfrak{V}$, $\mathfrak{V}'$ Entscheidungsverfahren für W bzw. W'. Aus $\mathfrak{V}$ erhält man ein Entscheidungsverfahren für $\mathbb{A}^* \setminus W$, indem man eine Ausgabe $\neq \square$ durch die Ausgabe $\square$ ersetzt und umgekehrt. Ein Entscheidungsverfahren für $W \cup W'$ bzw. $W \cap W'$ ergibt sich, indem man sowohl $\mathfrak{V}$ als auch $\mathfrak{V}'$ mit der betrachteten Eingabe ζ startet, schrittweise abwechselnd bis zu ihrer Termination laufen lässt und $\square$ ausgibt, wenn eines die Ausgabe $\square$ liefert bzw. beide die Ausgabe $\square$ liefern. Sonst gibt man a_0 aus.

Aufgabe 10.1.3 (a) Das Eingabewort ζ wird zunächst daraufhin überprüft, ob es die Gestalt $\zeta'\zeta''$ hat, sodass ζ' eine Variable ist (der Form $v\underline{i_k}\, i_{k-1} \ldots i_0$ mit $i_k \in \{\underline{1}, \ldots, \underline{9}\}$ und $i_j \in \{\underline{0}, \ldots, \underline{9}\}$ für $j < k$). Dann wird analog zum Verfahren für die Menge der S_∞-Terme (nach Definition 10.1.1) überprüft, ob ζ'' ein Ausdruck ist. Zum Beispiel wird im Falle $\zeta'' = \exists\eta$ überprüft, ob $\eta = \eta'\eta''$ mit einer Variablen η' und einem S_∞-Ausdruck η'' ist, oder im Falle $\zeta'' = (\eta, \text{ob } \eta = \eta_1 * \eta_2)$ mit $* \in \{\wedge, \vee, \rightarrow, \leftrightarrow\}$ und S_∞-Ausdrücken η_1, η_2 ist („rekursives Verfahren"). Falls das vorliegende Wort mit einem Relationssymbol oder einem S_∞-Term beginnt, wird überprüft, ob es sich um einen atomaren Ausdruck handelt (wiederum mit Rückgriff auf das Verfahren für S_∞-Terme). Falls ζ'' ein Ausdruck ist, liefert dieses Verfahren zugleich dessen Teilausdrücke. Anhand der Definition 2.5.1 lässt sich damit die Menge frei(ζ'') bestimmen und überprüfen, ob ζ' darin auftritt.

(b) Man wende auf das Eingabewort das Verfahren für die Zeichenreihe ζ'' gemäß der Lösung zu (a) an und überprüfe, ob sich frei(ζ'') = $\emptyset$ ergibt.

Aufgabe 10.1.9 Nach Satz 10.1.8 genügt es, zu zeigen, dass $\mathbb{A}^* \setminus W$ aufzählbar ist. Wegen $W \subseteq U \subseteq \mathbb{A}^*$ gilt $\mathbb{A}^* \setminus W = (\mathbb{A}^* \setminus U) \cup (U \setminus W)$. Da U entscheidbar ist, ist $\mathbb{A}^* \setminus U$ entscheidbar und (nach 10.1.7) aufzählbar. $U \setminus W$ ist nach Voraussetzung aufzählbar. Wenn man nun Aufzählungsverfahren für $\mathbb{A}^* \setminus U$ und $U \setminus W$ zugleich laufen lässt, ergeben sich als Ausgaben des kombinierten Verfahrens genau die Wörter aus $\mathbb{A}^* \setminus W$.

Aufgabe 10.1.10 $\mathfrak{V}_1$ sei ein Entscheidungsverfahren für $W \subseteq \mathbb{A}_1^*$. Wir erhalten ein Entscheidungsverfahren für W bzgl. $\mathbb{A}_2 \supseteq \mathbb{A}_1$, wenn wir zur Eingabe $\zeta \in \mathbb{A}_2^*$ zunächst überprüfen, ob $\zeta \in \mathbb{A}_1^*$, und in diesem Fall $\mathfrak{V}_1$ anwenden, ansonsten aber „Nein" ausgeben. Ist ein Entscheidungsverfahren $\mathfrak{V}_2$ für $W \subseteq \mathbb{A}_1^*$ bzgl. $\mathbb{A}_2$ gegeben, so kann man dieses in ein Entscheidungsverfahren $\mathfrak{V}_1$ über $\mathbb{A}_1$ umwandeln, indem man alle Referenzen auf Buchstaben aus $\mathbb{A}_2 \setminus \mathbb{A}_1$ eliminiert. (Zum Beispiel kann ein Test, ob im Eingabewort ein Buchstabe aus $\mathbb{A}_2 \setminus \mathbb{A}_1$ auftritt, entfallen.)

Aufgabe 10.1.11 (a) Für $k = 1, 2, \ldots$ betrachtet man die ersten k Polynome in lexikografischer Reihenfolge über dem angegebenen Alphabet und überprüft für ein solches Polynom $P(x_1, \ldots, x_n)$ jeweils jedes n-Tupel ganzer Zahlen z mit $|z| \leq k$ durch Auswertung von P daraufhin, ob eine Nullstelle von P vorliegt; in diesem Falle wird P ausgegeben.

(b) Sei $a_n x^n + \ldots + a_0$ ein Polynom über $\mathbb{Z}$ mit einer Unbestimmten x, o.B.d.A. $|a_n| \geq 1$. Wir finden eine Schranke $s \geq 1$, sodass für $|x| > s$ die Ungleichung $|a_n x^n| > |a_{n-1} x^{n-1} + \ldots + a_0|$ gilt. Die Existenz einer Nullstelle kann man dann durch Bestimmung der endlich vielen Werte des Polynoms für $|x| \leq s$ überprüfen. – Man wähle s so, dass $\max\{|a_{n-1}|, \ldots, |a_0|\} \leq |a_n| \cdot s$. Dann gilt für $|x| > s$:

$$
\begin{aligned}
|a_{n-1} x^{n-1} + \ldots + a_0| &\leq |a_n| \cdot s \cdot (|x|^{n-1} + \ldots + 1) \\
&\leq |a_n| \cdot s \cdot (|x|^n - 1)/(|x| - 1) \\
&\leq |a_n| \cdot (|x|^n - 1) \qquad \text{wegen } |x| - 1 \geq s \\
&< |a_n| \cdot |x|^n \\
&= |a_n x^n|.
\end{aligned}
$$

Aufgabe 10.1.12 (i) $\Rightarrow$ (ii) $\mathfrak{V}$ berechne die Funktion $f \colon \mathbb{A}^* \to \mathbb{B}^*$. Zur Aufzählung von $\{\zeta \# f(\zeta) \mid \zeta \in \mathbb{A}^*\}$ erzeuge man die Wörter ζ von $\mathbb{A}^*$ in lexikografischer Reihenfolge, bestimme mit Hilfe von $\mathfrak{V}$ jeweils $f(\zeta)$ und gebe $\zeta \# f(\zeta)$ aus.

(ii) $\Rightarrow$ (iii)   Sei $\mathfrak{V}$ ein Aufzählungsverfahren für $\{\zeta \# f(\zeta) \mid \zeta \in \mathbb{A}^*\}$. Das gesuchte Entscheidungsverfahren für diese Menge prüft ein Eingabewort aus $(\mathbb{A} \cup \mathbb{B} \cup \{\#\})^*$ zunächst daraufhin, ob es die Form $\zeta \# \eta$ mit $\zeta \in \mathbb{A}^*$ und $\eta \in \mathbb{B}^*$ hat. In diesem Fall ist zu überprüfen, ob $\eta = f(\zeta)$. Hierzu wird $\mathfrak{V}$ gestartet, bis eine Ausgabe der Form $\zeta \# \zeta'$ erscheint (dies tritt nach Voraussetzung über

$\mathfrak{V}$ irgendwann ein). Ist $\zeta' = \eta$, wird „Ja" ausgegeben, andernfalls „Nein".

(iii) $\Rightarrow$ (i)   Sei $\mathfrak{V}$ ein Entscheidungsverfahren für $\{\zeta \# f(\zeta) \mid \zeta \in \mathbb{A}^*\}$. Das gesuchte Berechnungsverfahren für $f \colon \mathbb{A}^* \to \mathbb{B}^*$ benutzt $\mathfrak{V}$ sukzessiv für die Wörter $\zeta \# \eta$, wobei η die Wörter von $\mathbb{B}^*$ in lexikografischer Reihenfolge durchläuft. Das erste Wort η, bei dem $\mathfrak{V}$ für $\zeta \# \eta$ die Antwort „Ja" liefert, wird ausgegeben.

Aufgabe 10.2.9 Wir betrachten den Fall des binären Alphabets $\mathbb{A} = \{0, 1\}$. Seien P, P' Programme mit größter Zeilennummer k bzw. k', die $W \subseteq \mathbb{A}^*$ bzw. $W' \subseteq \mathbb{A}^*$ entscheiden. Ein Programm, das $\mathbb{A}^* \setminus W$ entscheidet, entsteht aus P durch Ersetzen der PRINT-Zeilen l PRINT durch l GOTO k und der Zeile k STOP durch

$$
\begin{array}{ll}
k & \text{IF } R_0 = \square \text{ THEN } k+1 \text{ ELSE } k+3 \text{ ELSE } k+3 \\
k+1 & \text{LET } R_0 = R_0 + 0 \\
k+2 & \text{GOTO } k+7 \\
k+3 & \text{IF } R_0 = \square \text{ THEN } k+7 \text{ ELSE } k+4 \text{ ELSE } k+4 \\
k+4 & \text{LET } R_0 = R_0 - 0 \\
k+5 & \text{LET } R_0 = R_0 - 1 \\
k+6 & \text{GOTO } k+3 \\
k+7 & \text{PRINT} \\
k+8 & \text{STOP}
\end{array}
$$

In P, P' mögen nur die Register $R_0, \ldots, R_l$ vorkommen. Ein Programm, das etwa $W \cap W'$ entscheidet, hat folgenden Grobaufbau (wir verzichten hier auf die detaillierte Darstellung mit Zeilennummern und verwenden selbsterklärende Kurzschreibweisen):

$\quad$ LET $R_{l+1} = R_0$ $\qquad\qquad\qquad\qquad$ (Speicherung der Eingabe)

$\quad$ P (mit l GOTO (*) statt l PRINT, und ohne STOP)

(*) LET $R_{l+2} = R_0$ $\qquad\qquad\qquad$ (Speicherung des P-Ergebnisses in R_{l+2})

$\quad$ LET $R_0 = R_{l+1}$; LET $R_1 = \square$; $\ldots$ LET $R_l = \square$ $\quad$ (Initialisierung für P')

$\quad$ P' (mit l GOTO (**) statt l PRINT, und ohne STOP)

(**) LET $R_0 = R_0 + R_{l+2}$ $\qquad\qquad\qquad$ (vgl. dazu 10.2.10 (b))

$\quad$ PRINT

$\quad$ STOP

Aufgabe 10.2.10 (a) Sei etwa $\mathbb{A} = \{0, 1\}$. Für ein Wort $\xi 0$ ist der lexikografische Nachfolger das Wort $\xi 1$ (Fall 1), für $\xi 0 1^k$ (mit $k > 0$) das Wort $\xi 1 0^k$ (Fall 2), und für 1^k ($k > 0$) das Wort 10^k (Fall 3). Der Korrektheitsnachweis für das nachfolgende Programm folgt dieser Fallunterscheidung; man geht induktiv über die Anzahl der Ausführungen von PRINT vor und beachte, dass PRINT nur durchgeführt wird, wenn R_1 den Wert $\square$ hat.

```
 0  PRINT
 1  IF R₀ = □ GOTO 2 ELSE 4 ELSE 7
 2  R₀ = R₀ + 0
 3  GOTO 10
 4  R₀ = R₀ − 0
 5  R₀ = R₀ + 1
 6  GOTO 10
 7  R₀ = R₀ − 1
 8  R₁ = R₁ + 1
 9  IF R₀ = □ GOTO 2 ELSE 4 ELSE 7
10  IF R₁ = □ GOTO 0 ELSE 11 ELSE 11
11  R₁ = R₁ − 1
12  R₀ = R₀ + 0
13  GOTO 10
14  STOP
```

Nach Drucken von $\square$, Herstellung von 0 in R_0 und Drucken von 0 wird in Zeile 1 der Fall 1 durch Sprung nach 4 behandelt, die beiden anderen Fälle durch Sprung nach Zeile 7. Hier wird mit der wiederholten Ausführung der Zeilen 7–9 das aus Einsen bestehende Suffix aus R_0 nach R_1 verschoben und anschließend (mit wiederholter Ausführung von 11–13) unter Umwandlung der Einsen in Nullen zurückgebracht. Die Abfrage in Zeile 9 (erste und zweite Option) dient der Unterscheidung der Fälle 2 und 3.

(b) Als *Vorbereitung* erstellt man Programme für Wertzuweisungen der Form

$$\text{LET } R_i = R_j \quad \text{und} \quad \text{LET } R_i = R_j + R_k.$$

Zum Beispiel geht man im zweiten Fall in folgenden drei Phasen vor (ähnlich wie in 10.2.4): Kopieren der Wörter von R_j und R_k in umgekehrter Reihenfolge in zwei Hilfsregister $R_{j'}$, $R_{k'}$ (unter Löschen von R_j, R_k), Löschen von R_i, Kopieren (in umgekehrter Reihenfolge) von $R_{j'}$ nach R_i und R_j sowie von $R_{k'}$ nach R_i und R_k.

Seien P und P' Programme, die W bzw. $\mathbb{A}^* \setminus W$ aufzählen. Wir kombinieren P und P' wie in Satz 10.1.8 zu einem Programm Q, welches W entscheidet. Wir verwenden als Kurzschreibweise eine Testanweisung der Form

$$\text{IF } R_i = R_j \text{ THEN } Z_1 \text{ ELSE } Z_2.$$

Werden in P die Register $R_0, \ldots R_{k-1}$ und in P' die Register $R_0, \ldots R_{l-1}$ verwendet, so verwendet Q die Register $R_1 \ldots R_k$ (für die Simulation von P) und $R_{k+1} \ldots R_{k+l}$ (für die Simulation von P') sowie R_{k+l+1} (zur Speicherung des Anfangswerts von R_0, über dessen Zugehörigkeit zu W entschieden werden soll). Ein P-Schritt für die Register $R_0, \ldots R_{k-1}$ wird in $R_1, \ldots, R_k$ durchgeführt, während die P'-Daten in $R_{k+1} \ldots R_{k+l}$ gehalten werden, ein P'-Schritt analog in $R_{k+1}, \ldots, R_{k+l}$, während die P-Daten in $R_1, \ldots R_k$ gehalten werden. PRINT-Anweisungen erfordern jeweils die Übertragung des Werts von R_1 bzw. R_{k+1} nach R_0 und den Vergleich mit R_{k+l+1}. Zu jedem Paar (Z, Z') einer Zeile Z aus P und einer Zeile Z' aus P' müssen nun zwei Blöcke von Zeilen in Q eingeführt werden, die das abwechselnde Weiterlaufen von P und P' realisieren; die Nummer der führenden Zeile eines solchen Blocks bezeichnen wir mit $(Z, Z', 0)$ (P-Schritt) bzw. mit $(Z, Z', 1)$ (P'-Schritt).

Im Folgenden schreiben wir „YES" für LET $R_0 = \square$; PRINT; GOTO STOP und „NO" für LET $R_0 = R_0 + 0$; PRINT; GOTO STOP.

Ein Block ist wie folgt aufgebaut, abhängig davon, ob die Zeilen Z, Z' von P, P' PRINT-Anweisungen sind oder nicht.

Falls Zeile Z von P die PRINT-Anweisung ist:

$(Z, Z', 0)$ LET $R_0 = R_1$
       IF $R_0 = R_{k+l+1}$ THEN „YES" ELSE GOTO $(Z + 1, Z', 1)$.

Falls Zeile Z von P nicht die PRINT-Anweisung ist:

$(Z, Z', 0)$ Zeile Z von P mit R_{i+1} statt R_i und
       $(F, Z', 1)$ statt ursprünglicher Folgenummer F.

Hier verstehen wir unter einer Folgenummer F eine Zeilennummer, auf die von der gegebenen Anweisung (etwa mit der Nummer N) verwiesen wird, also im Falle einer Sprunganweisung die hierin aufgerufene Zeilennummer, sonst $N+1$.

Analog erstellt man die Blöcke $(Z, Z', 1)$, mit „NO" statt „YES", und Sprüngen nach $(Z, Z' + 1, 0)$ bzw. $(Z, F, 0)$.

Für die umgekehrte Richtung orientiere man sich ebenfalls an 10.1.8 und verwende Teil (a).

Aufgabe 10.2.11 (a) $\Rightarrow$ (b) Das Programm Q (mit den Registern $R_0, \ldots, R_k$) zähle W auf. Wir geben den Aufbau eines Programms P an, das bei Eingabe ζ genau dann mit Ausgabe $\square$ stoppt, wenn ζ durch Q irgendwann ausgegeben wird, und sonst nicht stoppt. P speichert die in R_0 vorliegende Eingabe in R_{k+1} und läuft dann wie Q, wobei jeweils anstelle von PRINT ein Vergleich von R_0 mit R_{k+1} durchgeführt wird. Im Fall der Gleichheit wird R_0 auf $\square$ gesetzt und ausgedruckt, und P stoppt, andernfalls wird der nächste Q-Schritt durchgeführt; falls Q stoppt, geht P in eine Endlosschleife.

(b) Es gelte P : $\zeta \to \square$ für $\zeta \in W$, sonst P : $\zeta \to \infty$. Wir skizzieren ein Programm Q, das W aufzählt: Für $k = 1, 2, \ldots$ werden die endlich vielen Wörter ζ der Länge $\leq k$ in lexikografischer Reihenfolge hergestellt (vgl. Aufgabe 10.2.10(a)), und es wird P mit der jeweiligen Eingabe ζ für k Schritte durchgeführt. (Auf eine Detailbeschreibung, etwa des nötigen Schrittzählers, wird hier verzichtet.) Stoppt P für ζ binnen k Schritten mit Ausgabe $\square$, wird ζ durch Q ausgegeben.

Aufgabe 10.2.12 Das Programm P entscheide W. Mit Hilfe des Programms Q aus Aufgabe 10.2.10(a) zur Aufzählung der Wörter in lexikografischer Reihenfolge ergibt sich ein Programm, das W lexikografisch aufzählt: Hat Q das Wort ζ geliefert, wird P mit Eingabe ζ gestartet. Falls P stoppt, wird ζ genau dann ausgegeben, wenn das Ergebnis $\square$ ist; anschließend geht man mit Q zum nächsten Wort über. Umgekehrt sei W in lexikografischer Reihenfolge R-aufzählbar, etwa durch P. Ferner sei W unendlich (andernfalls ist die Behauptung trivial). Ein Programm P', das W entscheidet, führt bei Eingabe ζ die Aufzählung von W durch P durch, bis ein Wort einer Länge $> l(\zeta)$ ausgegeben wird, und stoppt dann. Das Wort ζ gehört zu W genau dann, wenn ζ zuvor ausgegeben wurde; entsprechend erfolgt die Ausgabe von P'.

Aufgabe 10.2.13 Wir nehmen an, ein Programm P (über $\{a_0, a_1\}$) mit Test- und Sprungbefehlen nur des Typs (3') transformiert $\zeta \neq \square$ in $\zeta\zeta$. P muss ζ von rechts mit Befehlen des Typs (2) kürzen, andernfalls hängt die Ausgabe nicht von der Eingabe ab. Erfolgt das erste Kürzen durch eine Regel der Form Z LET $R_0 = R_0 - a_0$, führen die Eingaben a_1 und $a_1 a_0$ zum gleichen Resultat, andernfalls (bei erstem Kürzen durch eine Regel der Form Z LET $R_0 = R_0 - a_1$) die Eingaben a_0 und $a_0 a_1$. Widerspruch.

Aufgabe 10.3.5 (a) Da $M_a = \{b \in M \mid Rab\}$ und $D = \{b \in M \mid \text{nicht } Rbb\}$, gilt $a \in M_a$ gdw $a \notin D$; somit $M_a \neq D$ für jedes $a \in M$.

(b) Ist ξ Gödelnummer eines Programms P, so sei M_ξ die Menge der Wörter, die P aufzählt; ansonsten sei M_ξ leer. Nun ergibt (a), dass D nicht zu den M_ξ gehört, also nicht R-aufzählbar ist.

(c) Es gilt $\eta \in M_\xi$ gdw $R\xi\eta$ gdw ξ ist nicht Gödelnummer eines Programms oder aber $P_\xi : \eta \to \infty$. Ist W R-entscheidbar, so überführen wir ein Programm P, das W entscheidet, in ein Programm P' durch Anfügung einer Endlosschleife anstelle des Stoppens mit Ausgabe $\square$. Für die Gödelnummer ξ_0 von P' gilt $M_{\xi_0} = W$. Die gemäß (a) definierte Menge D enthält genau die ξ, die Gödelnummer eines Programms P mit P : $\xi \to$ stop sind; somit $D = \Pi'_{\text{stop}}$.

Aufgabe 10.3.6 Man führt die Unentscheidbarkeit des Leerheitsproblems auf die Unentscheidbarkeit des Halteproblems zurück. Hierzu ordnet man jedem Programm P über $\mathbb{A}$ ein Programm P' über $\mathbb{A}$ zu, das, angesetzt auf ein ζ aus $\mathbb{A}^*$, ζ löscht und dann wie P weiterarbeitet.

Aufgabe 10.4.2 Der Fall $s = 0$ ist klar wegen des Konjunktionsgliedes $R\overline{0} \ldots \overline{0}$ von ψ_P. Im Induktionsschritt nehmen wir an, dass P $s + 1$ Schritte läuft. Es ist $\overline{s+1}^{\mathfrak{A}} \neq \overline{0}^{\mathfrak{A}}, \ldots, \overline{s}^{\mathfrak{A}}$, da $<$ eine Ordnung mit „Nachfolgerfunktion" $f^{\mathfrak{A}}$ ist und $\overline{s+1}^{\mathfrak{A}} = f^A(\overline{s}^{\mathfrak{A}}) > \overline{s}^{\mathfrak{A}}$. Nach Induktionsvoraussetzung gilt $R^A \overline{s} \overline{Z} \overline{m_0} \ldots \overline{m_n}$ für die P-Konfiguration $(s, Z, m_0, \ldots, m_n)$ nach s Schritten. Die entsprechende Behauptung für $s + 1$ ergibt sich durch Fallunterscheidung nach der in $(s, Z, m_0, \ldots, m_n)$ auszuführenden Anweisung α und Rückgriff auf den entsprechenden Teilausdruck ψ_α von ψ_P.

Aufgabe 10.4.3 Ein Satz φ ist nicht allgemeingültig gdw $\neg\varphi$ erfüllbar ist. Wäre die Menge der erfüllbaren S_∞-Sätze aufzählbar, so auch die der Form $\neg\varphi$; also wäre die Menge der nicht allgemeingültigen Sätze aufzählbar und daher (vgl. 10.2.8 und 10.1.9) die Menge der allgemeingültigen S_∞-Sätze entscheidbar – ein Widerspruch.

Aufgabe 10.4.4 Man repräsentiert die natürlichen Zahlen durch die Terme c, fc, fcc, ... und verzichtet auf die Endlichkeit des Modells $\mathfrak{A}_P$, falls P stoppt, und auf die Ordnung. Man streicht in ψ_P also den Teilausdruck ψ_0, streicht $x < fx$ im Ausdruck für die Additions- und die PRINT-Anweisung und ersetzt die Implikationen in den Ausdrücken für die Subtraktionsanweisung jeweils durch die Implikationen:

$$Rx\overline{Z}y_0 \ldots \overline{0} \ldots y_n \to Rfx\overline{Z+1}y_0 \ldots \overline{0} \ldots y_n$$
$$Rx\overline{Z}y_0 \ldots fy_i \ldots y_n \to Rfx\overline{Z+1}y_0 \ldots y_i \ldots y_n$$

und in den Ausdrücken für die Sprunganweisung jeweils durch die Implikationen

$$Rx\overline{Z}y_0 \ldots \overline{0} \ldots y_n \to Rfx\overline{Z'}y_0 \ldots \overline{0} \ldots y_n$$
$$Rx\overline{Z}y_0 \ldots fy_i \ldots y_n \to Rfx\overline{Z_0}y_0 \ldots fy_i \ldots y_n.$$

Aufgabe 10.5.6 Die Behauptung lässt sich auf Satz 10.5.5 zurückführen, wenn man eine Formalisierung von φ_{endl} als $\emptyset$-Satz zweiter Stufe angibt. Hierzu formalisiert man z. B. die Bedingung „es gibt eine zweistellige Relation R, die eine lineare Ordnung des Trägers ist, sodass alle Teilmengen des Trägers ein bzgl. R maximales und ein minimales Element haben".

Aufgabe 10.6.6 Die Behauptung folgt aus Aufgabe 10.2.12; man beachte, dass die Menge $\{\varphi_0, \varphi_0 \wedge \varphi_1, \ldots\}$ lexikografisch R-aufzählbar ist.

Aufgabe 10.6.7 (a) Wäre T nicht vollständig, gäbe es einen S-Satz φ, sodass $T \cup \{\varphi\}$ und $T \cup \{\neg\varphi\}$ erfüllbar sind, und zwar durch abzählbare Modelle (da T keine endlichen Modelle besitzt und S abzählbar ist). Nach dem Satz 6.2.4 (von Löwenheim, Skolem und Tarski) gäbe es Modelle von $T \cup \{\varphi\}$ und $T \cup \{\neg\varphi\}$ der Mächtigkeit κ. Diese können nicht isomorph sein. Widerspruch.

(b) Man nimmt die Axiome der Körpertheorie (3.6.5), den Satz χ_p gemäß 6.3.2 im Falle der Charakteristik p (bzw. die Sätze $\neg\chi_p$ für alle Primzahlen p im Falle der Charakteristik 0), sowie für jedes $n > 1$ den Satz, dass alle Polynome vom Grad n eine Nullstelle haben:

$$\forall y_0 \ldots \forall y_n (\neg y_n = 0 \to \exists x \; y_n \cdot x^n + \ldots y_1 \cdot x + y_0 \equiv 0);$$

hierbei ist die k-te Potenz eine Kurzschreibweise für das k-fache Produkt. Nun nutzt man den Satz der Algebra, dass zwei überabzählbare algebraisch abgeschlossene Körper gleicher Charakteristik und Mächtigkeit isomorph sind und wendet (a) an.

Aufgabe 10.6.13 Wäre $\mathrm{Th}(\mathfrak{Z})$ entscheidbar, so auch $\mathrm{Th}(\mathfrak{N})$. Hierzu beachte man, dass $\mathfrak{N}$ den S_{Ar}-Satz φ erfüllt gdw $\mathfrak{Z}$ die Relativierung von φ nach

$$\psi(x) := \exists y_1 \ldots \exists y_4 \; y_1 \cdot y_1 + \ldots y_4 \cdot y_4 \equiv x$$

erfüllt (vgl. Aufgabe 8.2.7).

Aufgabe 10.7.12 Da $\vdash (\varphi \to (\psi \to (\varphi \wedge \psi)))$, erhält man mit (L1) und zweimaliger Anwendung von (L2) die Ableitbarkeitsbeziehung (∗) des Hinweises. Da $\Phi \vdash \mathrm{abl}(\underline{n}^{\varphi_0}) \to \neg \varphi_0$, liefert Anwendung von (L1) hierauf mit (L3) für φ_0 Ableitbarkeitsbeziehung (∗∗) des Hinweises.

Es gilt $\vdash \neg \underline{0} \equiv \underline{1} \leftrightarrow (\varphi_0 \wedge \neg \varphi_0)$. Mit (L1) und (L2) erhält man hieraus

$$\Phi \vdash \mathrm{abl}(\underline{n}^{\varphi_0 \wedge \neg \varphi_0}) \to \mathrm{abl}(\underline{n}^{\neg \underline{0} \equiv \underline{1}}).$$

Mit (∗) und (∗∗) erhält man weiter, dass

$$\Phi \vdash \mathrm{abl}(\underline{n}^{\varphi_0}) \to \mathrm{abl}(\underline{n}^{\neg \underline{0} \equiv \underline{1}}).$$

Wäre jetzt $\Phi \vdash \neg \mathrm{abl}(\underline{n}^{\neg \underline{0} \equiv \underline{1}})$, so $\Phi \vdash \neg \mathrm{abl}(\underline{n}^{\varphi_0})$, daher $\Phi \vdash \varphi_0$, also mit (L1) $\Phi \vdash \mathrm{abl}(\underline{n}^{\varphi_0})$, Widerspruch.

Aufgabe 10.8.8 Ein atomarer $\{+, 0, 1\}$-Ausdruck $\varphi(x)$ hat bis auf Äquivalenz über $(\mathbb{N}, +, 0, 1)$ die Form $kx + \mathbf{m} \equiv \mathbf{n}$ oder $\mathbf{m} \equiv 0$. Seine Erfüllungsmenge $\{n \mid (\mathbb{N}, +, 0, 1) \models \varphi[n]\}$ ist endlich oder koendlich (d.h., sie hat ein endliches Komplement in $\mathbb{N}$). Diese Eigenschaft vererbt sich bei der Bildung von Negaten, Konjunktionen und Disjunktionen. Dagegen ist die Erfüllungsmenge von $\exists y \; x = y + y$ weder endlich noch koendlich.

Aufgabe 10.8.9 M sei in $(\mathbb{N}, +, 0, 1)$ durch $\varphi(x)$ definiert. Wie der Beweis von 10.8.2 zeigt, kann man annehmen, $\varphi(x)$ sei quantoren- und negationsfrei und bestehe aus atomaren Sätzen oder Ausdrücken $s < s' + x$, $s' + x < s$ oder $s' + x \equiv_k s$ mit x-freien Termen s, s'. Jeder dieser Ausdrücke definiert eine schließlich periodische Menge (vgl. Aufgabe 10.8.8 und beachte, dass endliche und koendliche Mengen schließlich periodisch sind), und Durchschnitte und Vereinigungen schließlich periodischer Mengen sind schließlich periodisch. (Sind z. B. M_1 und M_2 schließlich periodisch mit Perioden p_1 bzw. p_2, ist $M_1 \cap M_2$ schließlich periodisch mit der Periode $p_1 p_2$.)

Sei umgekehrt $M \subseteq \mathbb{N}$ periodisch mit der Periode p_0 ab k_0. Dann lässt sich M darstellen in der Form $\{i_1, \ldots, i_{m_0}\} \cup \bigcup_{1 \leq j \leq m_1} \{k_0 + l_j + p_0 n \mid n \in \mathbb{N}\}$ mit $i_1, \ldots, i_{m_0} < k_0$ und $l_0, \ldots, l_{m_1} \in [0, p_0 - 1]$. M ist also definierbar durch $z = \mathbf{i}_0 \vee \ldots \vee z = \mathbf{i}_{m_0} \vee \bigvee_{1 \leq j \leq m_1} z \equiv_{p_0} \mathbf{k}_0 + \mathbf{l}_j$.

Aufgabe 10.8.10 Es sei $d(\varphi)$ die Anzahl der Teilausdrücke von φ, die Konjunktionen sind und $\vee$ enthalten. Ist $d(\varphi) = 0$, hat φ bereits die gewünschte Form. Sei andernfalls z. B. $\psi_1 \wedge (\psi_2 \vee \psi_3)$ ein Teilausdruck von φ mit $d(\psi_1) = d(\psi_2) = d(\psi_3) = 0$. Ersetzt man $\psi_1 \wedge (\psi_2 \vee \psi_3)$ durch $(\psi_1 \wedge \psi_2) \vee (\psi_1 \wedge \psi_3)$, entsteht aus φ ein logisch äquivalentes φ' mit $d(\varphi') < d(\varphi)$. Falls erforderlich, iteriert man dieses Eliminationsverfahren.

Aufgabe 10.8.11 Für $K \in \mathbb{N}$ sei $(\mathbb{N} \times \mathbb{N})_K := \{(m, n) \mid m, n \geq K\}$, und für einen atomaren $\{+, 0, 1\}$-Ausdruck $\varphi(x, y)$ der Gestalt $\mathbf{j} + kx \equiv ly$ bzw. $\mathbf{j} + ly \equiv kx$ mit $k, l \neq 0$ sei $G_{\varphi(x,y)} := \{(m, n) \mid j + km = ln\}$ bzw. $G_{\varphi(x,y)} := \{(m, n) \mid j + ln = km\}$. Eine Teilmenge von $\mathbb{N} \times \mathbb{N}$ heiße ad hoc *schräg*, wenn sie Teilmenge eines solchen $G_{\varphi(x,y)}$ ist.

Es sei $M \subseteq \mathbb{N} \times \mathbb{N}$. M heiße ad hoc *dünn* genau dann, wenn für ein $K \in \mathbb{N}$ die Menge $M \cap (\mathbb{N} \times \mathbb{N})_K$ eine endliche Vereinigung schräger Mengen ist. (Diese Vereinigung kann auch leer sein.) M heiße ad hoc *normal* genau dann, wenn M dünn oder das Komplement einer dünnen Menge ist.

Die durch atomare $\{+, 0, 1\}$-Ausdrücke $\varphi(x, y)$ über $(\mathbb{N}, +, 0, 1)$ definierbaren Teilmengen von $(\mathbb{N} \times \mathbb{N})$ sind normal. (Ist z. B. $\varphi(x, y)$ y-frei, also $\varphi(x, y) = \varphi(x)$, beachte man, dass die Menge $\{n \mid (\mathbb{N}, +, 0, 1) \models \varphi(x)\}$ nach den Lösungshinweisen für Aufgabe 10.8.7 endlich oder koendlich ist.)

Da ferner der Bereich der normalen Mengen gegenüber der Bildung von Komplementen, Vereinigungen und Durchschnitten abgeschlossen ist, sind auch alle durch quantorenfreie $\varphi(x, y)$ definierbaren Mengen normal. Auf der anderen Seite ist die Menge $\{(m, n) \mid m < n\}$ nicht normal.

Aufgabe 10.9.13 Man überlege sich, dass ein DEA über $\mathbb{A} = \{1\}$ (mit jeweils nur einer 1-Transition aus jedem seiner Zustände) eine einfache Struktur hat, bestehend aus einem Weg vom Anfangszustand q_0 in einen Zustand q und einer Schleife von q zurück nach q.

Aufgabe 10.9.14 Wir geben zwei mögliche Lösungen an.
(1) Man geht wie in Bemerkung 10.9.7 von NEAs über Q_1 und Q_2 mit den Mengen Q_+^1, Q_+^2 akzeptierender Zustände zu einem NEA mit Zustandsmenge $Q_1 \times Q_2$ über und wählt $(Q_+^1 \times Q_2) \cup (Q_1 \times Q_+^1)$ als Menge akzeptierender Zustände.
(2) Von gegebenen NEAs mit Zustandsmengen Q_1, Q_2 (die man als disjunkt voraussetzen kann) geht man zu einem NEA mit der Zustandsmenge $Q_1 \cup Q_2$

über, wobei der gegebene Anfangszustand in Q_1 als neuer Anfangszustand dient.

Die Lösung (2) hat den Vorteil, dass die Zustandsanzahl des konstruierten NEA nur linear in der Summe der Zustandszahlen der gegebenen NEAs wächst (und nicht quadratisch wie bei Lösung (1)).

Aufgabe 10.9.15 Man verwendet zuerst Satz 10.9.8 und dann die Umkehrung Satz 10.9.10: Zu einem Ausdruck $\varphi(x_1, \ldots, x_m, X_1, \ldots, X_n)$ erhält man so einen NEA $\mathcal{A}$ über $\{0,1\}^{m+n}$ mit $W(\varphi) = W(\mathcal{A})$, dann zu $\mathcal{A}$ einen Σ_1^1-Ausdruck $\psi(x_1, \ldots, x_m, X_1, \ldots, X_n)$. Um zu zeigen, dass für jede Belegung $(\overline{k}, \overline{K})$ gilt, dass $\mathfrak{N}_\sigma \models \varphi[\overline{k}, \overline{K}]$ gdw $\mathfrak{N}_\sigma \models \psi[\overline{k}, \overline{K}]$, wählt man zu gegebener Belegung $(\overline{k}, \overline{K})$ nach Satz 10.9.10 ein m-zulässiges Wort $\zeta \in W(\mathcal{A})$, das $(\overline{k}, \overline{K})$ induziert. Dann gilt $\mathfrak{N}_\sigma \models \psi[\overline{k}, \overline{K}]$ gdw $\zeta \in W(\mathcal{A})$ gdw $\mathfrak{N}_\sigma \models \varphi[\overline{k}, \overline{K}]$.

Aufgabe 10.9.16 Man verfahre wie im Beweis von Satz 10.9.1. Dabei ersetze man z. B. den Ausdruck $\varphi_+(x, y, z)$ durch

$$\psi_+(x, y, z) := \forall X((X0x \wedge \forall u \forall v((Xuv \wedge u < y) \to X\sigma u \sigma v)) \to Xyz)$$

und beachte, dass die $<$-Relation auf $\mathbb{N}$ bereits WMSO-definierbar in $\mathfrak{N}_\sigma$ ist.

Aufgabe 10.9.17 (a) Für den atomaren Ausdruck $R_+(x_1, x_2, x_3)$ beschreibt man im Ausdruck $\widehat{R_+}(X_1, X_2, X_3)$ den Vorgang der binären Addition der durch X_1 und X_2 gegebenen Binärzahlen unter Verwendung der Menge Z für den Übertrag. Hier liest man etwa den Ausdruck $X_1 y$ als „X_1 ist an der Stelle y gleich 1" und $\neg Z0$ als „Z ist an der Stelle 0 gleich 0". Im Ausdruck $\widehat{R_+}(X_1, X_2, X_3)$ wird zunächst beschrieben, in welchen Fällen X_3 bei y den Wert 1 hat, und danach, wann Z an der Stelle $y + 1$ den Wert 1 erhält (ausgehend vom Wert 0 an der Stelle 0). Wir definieren $\widehat{R_+}(X_1, X_2, X_3)$ durch

$$\exists Z(\forall y(X_3 y \leftrightarrow ((X_1 y \wedge \neg X_2 y \wedge \neg Zy) \vee (\neg X_1 y \wedge X_2 y \wedge \neg Zy)$$
$$\vee (\neg X_1 y \wedge \neg X_2 y \wedge Zy) \vee (X_1 y \wedge X_2 y \wedge Zy)))$$
$$\wedge \quad \neg Z0$$
$$\wedge \quad \forall y(Z\sigma y \leftrightarrow ((X_1 y \wedge X_2 y \wedge \neg Zy) \vee (X_1 y \wedge \neg X_2 y \wedge Zy)$$
$$\vee (\neg X_1 y \wedge X_2 y \wedge Zy) \vee (X_1 y \wedge X_2 y \wedge Zy)))).$$

Ferner setzt man $\widehat{R_0}(X) := X0 \wedge \forall y(\neg y \equiv 0 \to \neg Xy)$ und analog $\widehat{R_1}(X) := X\sigma 0 \wedge \forall y(\neg y \equiv \sigma 0 \to \neg Xy)$.

Die Induktionsschritte für die aussagenlogischen Junktoren $\neg$, $\vee$ und den Quantor $\exists$ sind offensichtlich.

(b) Man nutzt die Übersetzung aus (a) von Ausdrücken $\varphi(x_1, \ldots, x_n)$ für den Fall $n = 0$ und wendet Satz 10.9.2 an.

Kapitel 11

Aufgabe 11.1.6 (a) Man beachte, dass $\exists y \forall x (Ry \vee \neg Rx)$ logisch äquivalent zu $(\exists y Ry \vee \neg \exists x Rx)$ ist; somit $\vdash \exists y \varphi$.

(b) Für $j \geq 1$ ist $\forall x (Rt_1 \vee \neg Rx) \vee \ldots \vee \forall x (Rt_j \vee \neg Rx)$ logisch äquivalent zu $Rt_1 \vee \ldots \vee Rt_j \vee \forall x \neg Rx$. Dieser Ausdruck gilt nicht bei einer Interpretation $\mathfrak{I}$ über $\{0, \ldots, j\}$ mit $R^{\mathfrak{I}} = \{0\}$ und $\mathfrak{I}(t_i) = i$ für $1 \leq i \leq j$.

Aufgabe 11.1.7 Wir betrachten für 11.1.4(b), $S = \{<, c, d\}$ und $k = 0$ als $\varphi(x_1, x_2, x_3)$ etwa die Konjunktion der Ausdrücke in Φ_{Ord} (mit den Variablen x_1, x_2, x_3, geschrieben ohne Allquantoren), sowie den Ausdruck $\psi = \neg c \equiv d \rightarrow y_1 < y_2$. Dann gilt $\forall x_1 \forall x_2 \forall x_3 \varphi \vdash \exists y_1 \exists y_2 \psi$, jedoch für keine Terme t_1, t_2 die Behauptung $\forall x_1 \forall x_2 \forall x_3 \varphi \vdash \psi(y_1, y_2 | t_1, t_2)$.

Für 11.1.5(b) und $k = 0$ betrachten wir etwa den Ausdruck $\varphi = (Rcd \vee Rdc \rightarrow Rx_1 x_2)$.

Aufgabe 11.2.8 Für $\Phi = \{(Pc \vee Pd)\}$ gilt bei der Interpretation $\mathfrak{I}^{\Phi}$ keiner der Ausdrücke Pc, Pd, da weder $(Pc \vee Pd) \vdash Pc$ noch $(Pc \vee Pd) \vdash Pd$. Also gilt nicht $\mathfrak{I}^{\Phi} \models \Phi$. Somit ist wegen Satz 11.2.4 $Pc \vee Pd$ nicht zu einem universellen Horn-Satz äquivalent. Wäre $Pc \vee Pd$ zu einem Horn-Satz äquivalent, so würde nach 3.4.16 für zwei Strukturen $\mathfrak{A} = (A, P^A, c^A, d^A)$ und $\mathfrak{B} = (B, P^B, c^B, d^B)$ mit $\mathfrak{A} \models Pc \vee Pd$ und $\mathfrak{B} \models Pc \vee Pd$ auch $\mathfrak{A} \times \mathfrak{B} \models Pc \vee Pd$ gelten. Dies ist verletzt etwa für $A = B = \{0, 1\}, c^A = c^B = 0, d^A = d^B = 1, P^A = \{0\}, P^B = \{1\}$; man beachte, dass $(c^A, c^B) = (0, 0) \notin P^{\mathfrak{A} \times \mathfrak{B}}$ und $(d^A, d^B) = (1, 1) \notin P^{\mathfrak{A} \times \mathfrak{B}}$.

Aufgabe 11.2.9 Die höchstens abzählbare Gruppe $\mathfrak{G}$ werde von den Elementen $g_0, g_1, g_2, \ldots$ bzw. $g_0, \ldots, g_{k-1}$ erzeugt. Dann wird durch
$$h(\overline{t(v_0, \ldots, v_{n-1})}) := t^{\mathfrak{G}}(g_0, \ldots, g_{n-1})$$
für $t \in T^{S_{\mathrm{Grp}}}$ bzw. $t \in T_k^{S_{\mathrm{Grp}}}$ ein Homomorphismus h von $\mathfrak{T}^{\Phi_{\mathrm{Grp}}}$ bzw. $\mathfrak{T}_k^{\Phi_{\mathrm{Grp}}}$ auf $\mathfrak{G}$ bestimmt. Die Definition ist sinnvoll; denn für $t = t(v_0, \ldots, v_{n-1})$ und $s = s(v_0, \ldots, v_{n-1}) \in T^{S_{\mathrm{Grp}}}$ bzw. $T_k^{S_{\mathrm{Grp}}}$ mit $\overline{t} = \overline{s}$ gilt $\Phi_{\mathrm{Grp}} \vdash \forall v_0 \ldots v_{n-1} t \equiv s$ und daher $t^{\mathfrak{G}}(g_0, \ldots, g_{n-1}) = s^{\mathfrak{G}}(g_0, \ldots, g_{n-1})$.

Aufgabe 11.2.10 (a) und (b) ergeben sich daraus, dass das Termmodell $\mathfrak{T}^{\Phi_{\mathrm{Grp}} \cup \Phi}$ eine Gruppe ist, die nach Festlegung der Gleichheit $\overline{s} = \overline{t}$ genau für den Fall $\Phi_{\mathrm{Grp}} \cup \Phi \vdash s \equiv t$ (für S_{Grp}-Terme s, t) auch die Gleichungen in Φ erfüllt.

(c) Sei t ein S_{Grp}-Term mit $\Phi_{\mathrm{Grp}} \cup \Phi \vdash t \equiv e$ und s ein beliebiger S_{Grp}-Term. Für die Normalteilereigenschaft von $\mathfrak{U}$ genügt es zu zeigen, dass $\overline{s} \circ \overline{t} = \overline{t} \circ \overline{s}$. Dies gilt, da $\overline{t} = \overline{e}$ nach der Voraussetzung $\Phi_{\mathrm{Grp}} \cup \Phi \vdash t \equiv e$. Man erhält einen Isomorphismus, indem man für S_{Grp}-Terme t die $\overline{t}$ jeweils auf die Nebenklasse von $\overline{t}$ nach $\mathfrak{U}$ abbildet. Es ist leicht, die Unabhängigkeit vom Repräsentanten t zu zeigen.

Aufgabe 11.4.9 (a) Man beachte, dass $\dot{\vee}(x,y) = \dot{\neg}(\dot{\neg}(x)\dot{\wedge}\dot{\neg}(y))$.

(b) Es gilt $\dot{\neg}(x) = \dot{\mid}(x,x)$ und $\dot{\wedge}(x,y) = \dot{\neg}\dot{\mid}(x,y) = \dot{\mid}(\dot{\mid}(x,y),\dot{\mid}(x,y))$.

Aufgabe 11.4.10 Man benutzt die Funktion $\pi_0 : \text{GA}^S \to \{p_i \mid i \in \mathbb{N}\}$ für $S = \{P\}$ mit einstelligem P, bei der Pv_i auf p_i abgebildet wird. Satz 8.4.3 und Aufgabe 8.4.8 liefern dann mit Satz 11.4.4 die Behauptung.

Aufgabe 11.4.11 Man führt den Beweis, dass jede gute Folge $(b_0,\ldots,b_{n-1})$ eine gute Verlängerung $(b_0,\ldots,b_{n-1},b_n)$ besitzt, induktiv über n. Dies gilt für $n = 0$, da die leere Folge gut ist. Sei, im Induktionsschritt, $(b_0,\ldots,b_{n-1})$ gut. Wären $(b_0,\ldots,b_{n-1},0)$ und $(b_0,\ldots,b_{n-1},1)$ beide nicht gut und Δ_0 bzw. Δ_1 Teilmengen von Δ, die das belegen, so würde $\Delta_0 \cup \Delta_1$ belegen, dass $(b_0,\ldots,b_{n-1})$ nicht gut ist. – Jetzt lässt sich induktiv eine Folge $b_0, b_1, b_2, \ldots$ definieren, deren Anfangsstücke gut sind. Die entsprechende Belegung ist ein Modell von Φ.

Aufgabe 11.4.12 Die Korrektheit von $\mathfrak{S}_a$ ergibt sich direkt aus der Korrektheit des Sequenzenkalküls $\mathfrak{S}$. Für den Vollständigkeitssatz verfährt man wie in 5.1 durch Nachweis von Lemma 5.1.9 (a), (b) ohne die Voraussetzung über die Existenz von Beispielen und vom Analogon des Satzes 5.1.10 (von Henkin) für aussagenlogische Ausdrücke. Die für Lemma 5.1.9 (a) und (b) benötigten Ableitungen (aus 4.3.4 und für die $\vee$-Einführung im Sukzedens) können alle im Kalkül $\mathfrak{S}_a$ durchgeführt werden.

Aufgabe 11.5.12 Zu $\mathfrak{K}$ treten in $\text{Res}_1(\mathfrak{K})$ nur die Klauseln K mit $\{p_0,p_1\} \subseteq K \subseteq \{p_0,p_1,p_2,\neg p_2\}$ oder mit $\{p_0,p_2\} \subseteq K \subseteq \{p_0,p_1,p_2,\neg p_1\}$ hinzu. $\text{Res}_2(\mathfrak{K})$ besteht daher neben den Klauseln aus $\mathfrak{K}$ nur noch aus den Klauseln K mit $\{p_0\} \subseteq K \subseteq \{p_0,p_1,p_2,\neg p_1,\neg p_2\}$. Weitere Resolventen sind nicht herstellbar. Damit sind die Behauptungen gezeigt.

Aufgabe 11.6.11 (a) Wir setzen $\mathfrak{I} := ((\mathfrak{A}, E^A), \beta)$ und $\mathfrak{I}/_E := (\mathfrak{A}/_E, \beta/E)$. Durch Induktion über den Aufbau der Terme ergibt sich $\overline{\mathfrak{I}(t)} = \mathfrak{I}/_E(t)$ für jeden S'-Term t. Für $\varphi = t_1 \equiv t_2$ erhalten wir die Behauptung wie folgt:

$$
\begin{array}{lll}
\mathfrak{I} \models \varphi^* & \text{gdw} & \mathfrak{I} \models Et_1t_2 \\[4pt]
& \text{gdw} & E^A\mathfrak{I}(t_1)\mathfrak{I}(t_2) \\[4pt]
& \text{gdw} & \overline{\mathfrak{I}(t_1)} = \overline{\mathfrak{I}(t_2)} \\[4pt]
& \text{gdw} & \mathfrak{I}/_E(t_1) = \mathfrak{I}/_E(t_2) \\[4pt]
& \text{gdw} & \mathfrak{I}/_E \models t_1 \equiv t_2.
\end{array}
$$

Eine leichte Induktion zeigt die Behauptung für die anderen Fälle.

(b) Gelte zunächst $\Phi \vdash \psi$ und sei $((\mathfrak{A}, E^A), \beta)$ ein Modell von $\Phi^* \cup \Psi_E$. Da $(\mathfrak{A}, E^A) \models \Psi_E$, können wir die Faktorstruktur $\mathfrak{A}/_E$ bilden. Wegen (a) gilt $(\mathfrak{A}/_E, \beta/E) \models \Phi$ und somit $(\mathfrak{A}/_E, \beta/E) \models \psi$ nach Voraussetzung. Wiederum nach (a) gilt daher $((\mathfrak{A}, E^A), \beta) \models \psi^*$.

Wir setzen nun $\Phi^* \cup \Psi_E \models \psi^*$ voraus. Seien $\mathfrak{A}$ eine S-Struktur und $(\mathfrak{A}, \beta)$ ein Modell von Φ. Weiterhin sei E^A die Gleichheitsrelation auf A, d.h.:

$$E^A := \{(a, a) \mid a \in A\}.$$

Dann ist $(\mathfrak{A}, E^A)$ ein Modell von Ψ_E. Da das Relationssymbol E in $(\mathfrak{A}, E^A)$ durch die Gleichheitsrelation interpretiert wird, gilt für jeden S-Ausdruck φ die Äquivalenz

$$((\mathfrak{A}, E^A), \beta) \models \varphi^* \quad \text{gdw} \quad (\mathfrak{A}, \beta) \models \varphi.$$

Insbesondere ist $((\mathfrak{A}, E^A), \beta)$ ein Modell von $\psi^* \cup \Psi_E$ und somit von ψ^*. Aus der Äquivalenz ergibt sich daher $(\mathfrak{A}, \beta) \models \psi$.

Kapitel 12

Aufgabe 12.1.9 Seien $\mathfrak{A}$, $\mathfrak{B}$ unendliche $\emptyset$-Strukturen.
Setze $I := \{p \in \text{Part}(\mathfrak{A}, \mathfrak{B}) \mid \text{def}(p) \text{ ist endlich}\}$. Dann ist $I : \mathfrak{A} \cong_p \mathfrak{B}$.

Aufgabe 12.1.10 (a) Sei $\mathfrak{A}$ die $\emptyset$-Struktur mit der Trägermenge $\mathbb{N}$ und $\mathfrak{B}$ die $\emptyset$-Struktur mit der Trägermenge $\mathbb{R}$. Dann ist $\mathfrak{A} \not\cong \mathfrak{B}$, weil $\mathbb{N}$ abzählbar und $\mathbb{R}$ überabzählbar ist, aber nach der vorangehenden Aufgabe gilt $\mathfrak{A} \cong_p \mathfrak{B}$.

(b) Nach 12.1.8 und 12.1.5(d) reicht es, eine abzählbare $\{0, \sigma\}$-Struktur $\mathfrak{A}$ anzugeben mit $\mathfrak{A} \models \Phi_\sigma$ und $\mathfrak{A} \not\cong \mathfrak{N}_\sigma$. Man setze hierzu $A := \mathbb{N} \cup (\mathbb{Z} \times \{0\})$ und $0^{\mathfrak{A}} := 0$ und definiere $\sigma^{\mathfrak{A}}$ durch $\sigma^{\mathfrak{A}}(n) := n+1$ für $n \in \mathbb{N}$, $\sigma^{\mathfrak{A}}((g, 0)) := (g+1, 0)$ für $g \in \mathbb{Z}$.

Aufgabe 12.1.11 Man modifiziere die für 12.1.10(b) definierte Struktur $\mathfrak{A}$ folgendermaßen: $A := \mathbb{N} \cup (\mathbb{Z} \times \mathbb{R})$, $\sigma^{\mathfrak{A}}((g, r)) := (g+1, r)$ für $g \in \mathbb{Z}$ und $r \in \mathbb{R}$.

Aufgabe 12.1.12 (a) Sei $A = \{a_0, \ldots, a_{l-1}\}$ und $(I_n)_{n \in \mathbb{N}} : \mathfrak{A} \to_e \mathfrak{B}$. Sei weiter $p_0 \in I_l$. Man wähle $p_1 \in I_{l-1}, \ldots, p_l \in I_0$ so, dass für $i = 0, \ldots, l-1$ stets $p_i \subseteq p_{i+1}$ und $a_i \in \text{def}(p_{i+1})$. Dann ist $\text{def}(p_l) = A$. Es ist $\text{bd}(p_l)$ S-abgeschlossen in $\mathfrak{B}$. Denn für $c \in S$ ist $c^{\mathfrak{B}} = p_l(c^{\mathfrak{A}}) \in \text{bd}(p_l)$, und ist z. B. $f \in S$ einstellig und $i, j \in \{0, \ldots, l-1\}$ mit $f^{\mathfrak{A}}(a_i) = a_j$, so ist $f^{\mathfrak{B}}(p_l(a_i)) = p_l(a_j) \in \text{bd}(p_l)$. Daher ist p_l ein Isomorphismus von $\mathfrak{A}$ auf die Substruktur von $\mathfrak{B}$ mit der Trägermenge $\text{bd}(p_l)$.

(b) Der Beweis ist ähnlich dem für 12.1.5(d) ohne Her-Eigenschaft.

(c) Der Beweis ist ähnlich dem für 12.1.7 ohne Her-Eigenschaft.

Aufgabe 12.2.5 Sei $\Phi := \{\varphi_{\geq n} \mid n \geq 2\}^{\models}$. Nach Satz 10.6.5 reicht es, die Vollständigkeit von Φ zu zeigen. Sei φ ein $\emptyset$-Satz. Ist $\varphi \notin \Phi$ und $\mathfrak{A}$ eine unendliche $\emptyset$-Struktur mit $\mathfrak{A} \models \neg\varphi$, so gilt für alle unendlichen $\emptyset$-Strukturen $\mathfrak{B}$ nach 12.1.9, dass $\mathfrak{A} \cong_p \mathfrak{B}$, nach dem Satz von Fraïssé daher $\mathfrak{A} \equiv \mathfrak{B}$, also $\mathfrak{B} \models \neg\varphi$. Somit ist $\neg\varphi \in \Phi$.

Aufgabe 12.2.6 Es ist nicht $\mathfrak{A} \cong_e \mathfrak{B}$, denn zu keinem $p \in \mathrm{Part}(\mathfrak{A}, \mathfrak{B})$ existiert ein $q \in \mathrm{Part}(\mathfrak{A}, \mathfrak{B})$ mit $p \subseteq q$ und $\infty \in \mathrm{bd}(q)$.

Zu $\mathfrak{A} \equiv \mathfrak{B}$: Sei φ ein S-Satz und $l \in \mathbb{N}$ so, dass φ ein $\{P_0, \ldots, P_l\}$-Satz ist. Sei $\mathfrak{A}_l := (A, P_0^{\mathfrak{A}}, \ldots, P_l^{\mathfrak{A}})$ und $\mathfrak{B}_l := (B, P_0^{\mathfrak{B}}, \ldots, P_l^{\mathfrak{B}})$. Dann gilt $\mathfrak{A}_l \cong \mathfrak{B}_l$; ein Isomorphismus ist $f_l : \mathbb{N} \to \mathbb{N} \cup \{\infty\}$ mit $f_l(n) := n$ für $n \leq l-1$, $f_l(l) := \infty$ und $f_l(n) := n-1$ für $n \geq l+1$. Jetzt gilt $\mathfrak{A} \models \varphi$ gdw $\mathfrak{A}_l \models \varphi$ (wegen 3.4.6 (Koinzidenzlemma)) gdw $\mathfrak{B}_l \models \varphi$ (wegen 3.5.2 (Isomorphielemma)) gdw $\mathfrak{B} \models \varphi$.

Aufgabe 12.3.12 Für die Richtung von rechts nach links gelte $\mathfrak{A} \models \varphi_{\mathfrak{B}}^{n+1}$, nach 12.3.10(b,d) also $\mathfrak{A} \cong_{n+1} \mathfrak{B}$. Sei etwa $(I_m)_{m \leq n+1} : \mathfrak{A} \cong_{n+1} \mathfrak{B}$. Dann gibt es ein $p \in I_1$ mit $\mathrm{bd}(p) = B$. Da es kein $q \in I_0$ mit $\mathrm{def}(p) \subsetneq \mathrm{def}(q)$ geben kann, ist $p : \mathfrak{A} \cong \mathfrak{B}$.

Aufgabe 12.3.13 Beweis induktiv über n simultan für alle r mit $n + r > 0$. Der Induktionsanfang $n = 0$: Sei $b \in B$. Dann gilt $\varphi_{\mathfrak{B},b}^{1}{}^{r} \models \exists v_r\, \varphi_{\mathfrak{B},bb}^{0}{}^{r}$, also der Reihe nach

$$\varphi_{\mathfrak{B},b}^{1}{}^{r} \models \bigwedge \{\exists v_r\, \varphi \mid \varphi \in \Phi_{r+1} \text{ und } \mathfrak{B} \models \varphi[\overset{r}{b}, b]\},$$

$$\varphi_{\mathfrak{B},b}^{1}{}^{r} \models \bigwedge \{\varphi \in \Phi_r \mid \mathfrak{B} \models \varphi[\overset{r}{b}]\},$$

und damit $\varphi_{\mathfrak{B},b}^{1}{}^{r} \models \varphi_{\mathfrak{B},b}^{0}{}^{r}$. Der Induktionsschritt ist trivial.

Aufgabe 12.3.14 Teil (a) ergibt sich durch Induktion über n.

(b) Wir schließen von (1) auf (2), von (2) auf (3) und von (3) auf (1).

Ähnlich zu 12.3.5(b) zeigt man, dass $\mathfrak{B} \models \psi_{\mathfrak{B}}^n$ für alle $n \in \mathbb{N}$. Mit (a) erhält man dann (2) aus (1).

Gelte (2). Für $n \in \mathbb{N}$ sei $J_n := \{\overset{r}{a} \mapsto \overset{r}{b} \mid r \in \mathbb{N}, \overset{r}{a} \in A, \overset{r}{b} \in B, \mathfrak{A} \models \psi_{\mathfrak{B},b}^n{}^{r}[\overset{r}{a}]\}$. Die Beweise von 12.3.7 und 12.3.8 lassen sich übertragen und liefern, dass $\emptyset \neq J_n \subseteq \mathrm{Part}(\mathfrak{A}, \mathfrak{B})$ für $n \in \mathbb{N}$ und dass $(J_n)_{n \in \mathbb{N}}$ die Hin-Eigenschaft hat.

Gelte (3) und sei $(J_n)_{n \in \mathbb{N}} : \mathfrak{A} \to_e \mathfrak{B}$. Dann gilt für alle n, alle universellen Ausdrücke $\psi \in L_r^S$ mit $\mathrm{qr}(\psi) \leq n$ und alle $p \in J_n$ und $a_0, \ldots, a_{r-1} \in \mathrm{def}(p)$:

(i) Wenn $\mathrm{qr}(\psi) = 0$, so
$$\mathfrak{A} \models \psi[a_0, \ldots, a_{r-1}] \text{ gdw } \mathfrak{B} \models \psi[p(a_0), \ldots, p(a_{r-1})].$$

(ii) Wenn $\mathfrak{B} \models \psi[p(a_0), \ldots, p(a_{r-1})]$, so $\mathfrak{A} \models \psi[a_0, \ldots, a_{r-1}]$.

Das liefert (1). Teil (i) zeigt man über den Aufbau der quantorenfreien Ausdrücke. Teil (ii) zeigt man durch Induktion über den Quantorenrang von ψ, wobei (i) den Induktionsanfang liefert. Im Induktionsschritt schließt man für den wesentlichen Fall, dass $\psi = \forall x \psi'$ und $\mathrm{qr}(\psi) \le n + 1$, folgendermaßen: Seien $p \in J_{n+1}$ und $a_0, \ldots, a_{r-1} \in \mathrm{def}(p)$, und gelte $\mathfrak{B} \models \psi[p(a_0), \ldots, p(a_{r-1})]$. Dann ist $\mathfrak{B} \models \psi'[p(a_0), \ldots, p(a_{r-1}), b]$ für alle $b \in B$. Sei $a \in A$. Wähle mit der Hin-Eigenschaft ein $q \in J_n$ mit $p \subseteq q$ und $a \in \mathrm{def}(q)$. Da $\mathrm{qr}(\psi') \le n$, liefert die Induktionsvoraussetzung wegen $\mathfrak{B} \models \psi'[p(a_0), \ldots, p(a_{r-1}), q(a)]$, dass $\mathfrak{A} \models \psi'[a_0, \ldots, a_{r-1}, a]$.

Aufgabe 12.3.15 (a) Ein S-Ausdruck φ heiße *termreduziert*, wenn seine atomaren Teilausdrücke den modifizierten Rang 0 haben, also von der Gestalt $Rx_1 \ldots x_n$, $x \equiv y$, $fx_1 \ldots x_n = y$, $y = fx_1 \ldots x_n$, $c = x$ oder $x = c$ sind (vgl. dazu auch 8.1.1). Man überzeugt sich zunächst davon, dass die Sätze 12.3.9 und 12.3.10 für beliebiges endliches S gelten, wenn man sich auf termreduzierte S-Ausdrücke beschränkt. Insbesondere geht bei dieser Beschränkung Φ_r in Φ'_r über. Für termreduziertes ψ ist $\mathrm{qr}(\psi) = \mathrm{mrg}(\psi)$. Daher ergeben sich die Behauptungen aus dem folgenden Sachverhalt:

Zu jedem φ gibt es ein logisch äquivalentes termreduziertes ψ mit $\mathrm{mrg}(\psi) \le \mathrm{mrg}(\varphi)$.

Man zeigt dies durch Induktion über $\mathrm{mrg}(\varphi)$. Ist $\mathrm{mgr}(\varphi) = 0$, kann man $\psi := \varphi$ setzen. Wir betrachten zwei Fälle des Induktionsschritts, bei denen φ atomar ist. Dazu sei R 2-stellig und f 1-stellig.

$\varphi = Rtfs$: Es komme x nicht in φ vor. Dann ist φ logisch äquivalent zu $\exists x(fs = x \wedge Rtx)$. Auf den Ausdruck $\varphi' := (fs = x \wedge Rtx)$ kann man die Induktionsvoraussetzung anwenden, da $\mathrm{mqr}(\varphi') \le \mathrm{mqr}(\varphi) - 1$.

$\varphi = fs \equiv t$ und t keine Variable: φ ist logisch äquivalent zu $\exists x(fs \equiv x \wedge t \equiv x)$, sofern wieder x nicht in φ vorkommt. Jetzt arbeitet man entsprechend mit der Induktionsvoraussetzung für $(fs \equiv x \wedge t \equiv x)$.

(b) Für relationales S sind alle Ausdrücke termreduziert.

Aufgabe 12.3.16 (a) Ähnlich wie in 12.1.8 definiere man für $n \in \mathbb{N}$ eine „Distanzfunktion" d_n auf $\mathbb{N} \times \mathbb{N}$ durch

$$d_n(a, b) := \begin{cases} b - a, & \text{falls } |b - a| < 2^{n+1} \\ \infty, & \text{sonst.} \end{cases}$$

Man setze für $n \le m$

$$I_n := \big\{ p \in \mathrm{Part}(\mathfrak{A}_k, \mathfrak{A}_l) \mid \mathrm{def}(p) \text{ ist höchstens } (2 + m - n)\text{-elementig,}$$
$$0, k \in \mathrm{def}(p), \ p(0) = 0, \ p(k) = l, \text{ und}$$
$$\text{für alle } a, b \in \mathrm{def}(p) \text{ gilt } d_n(a, b) = d_n(p(a), p(b)) \big\}$$

und zeige für $k, l \ge 2^{m+1}$ (wie in 12.1.8), dass $(I_n)_{n \le m} \colon \mathfrak{A}_k \cong_m \mathfrak{A}_l$.

(b) Sei $\varphi \in L_0^S$ und $k = 2^{\mathrm{qr}(\varphi)+1}$. Nach (a) gilt $\mathfrak{A}_k \equiv_{\mathrm{qr}(\varphi)} \mathfrak{A}_{k+1}$ und damit $(\mathfrak{A}_k \models \varphi$ gdw $\mathfrak{A}_{k+1} \models \varphi)$.

Aufgabe 12.3.17 Zu gegebenem $\mathfrak{A}$ sei $\mathfrak{B}$ entsprechend der Anleitung gewählt. Ist $p \in \mathrm{Part}(\mathfrak{A}, \mathfrak{B})$ und $a \in \mathrm{def}(p)$ ein Element von $A_1 \cap \ldots \cap A_r =: A'$, so ist $p(a)$ ein Element der entsprechenden Teilmenge $B_1 \cap \ldots \cap B_r =: B'$ von B. Falls $\mathrm{def}(p)$ höchstens $m-1$ Elemente besitzt, gilt nach Wahl von $\mathfrak{B}$ überdies:

$$\mathrm{def}(p) \cap A' = A' \quad \text{gdw} \quad \mathrm{bd}(p) \cap B' = B'.$$

Setzt man nun für $n \le m$

$$J_n := \big\{ p \in \mathrm{Part}(\mathfrak{A}, \mathfrak{B}) \mid \mathrm{def}(p) \text{ hat } \le m-n \text{ Elemente} \big\},$$

also insbesondere $J_m = \{\emptyset\}$, so hat $(J_n)_{n \le m}$ die Hin- und die Her-Eigenschaft. Es gilt also $(J_n)_{n \le m} : \mathfrak{A} \cong_m \mathfrak{B}$.

Aufgabe 12.3.18 (a) Gelte $\mathfrak{A} \models \varphi$. Nach 12.3.17 gibt es ein höchstens $m \cdot 2^r$-elementiges $\mathfrak{B}$ mit $\mathfrak{A} \equiv_m \mathfrak{B}$, also mit $\mathfrak{B} \models \varphi$.

(b) Nach (a) ist $\psi \in L_0^S$ allgemeingültig genau dann, wenn ψ in allen S-Strukturen gilt, die höchstens $\mathrm{qr}(\psi) \cdot 2^r$ viele Elemente haben. Bis auf Isomorphie gibt es nur endlich viele solcher S-Strukturen, deren Trägermenge man überdies als einen Anfangsabschnitt von $\mathbb{N}$ wählen und die man daher effektiv auflisten kann. Für jede dieser Strukturen ist effektiv prüfbar, ob sie ψ erfüllt.

Aufgabe 12.4.3 Analog zum Beweis von 12.4.1. Für die Richtung von rechts nach links ändert man den entsprechenden Teilbeweis so ab, dass die Definition der I_n auf die n mit $n \le r$ eingeschränkt und $m = n$ und $n + j = r$ gefordert wird.

Kapitel 13

Aufgabe 13.1.5 (b) Zu LöSko($\mathcal{L}$): Sei $\varphi = \exists X_1 \ldots \exists X_n \psi$, wobei die X_i o.B.d.A. verschieden seien. Der Ausdruck φ' entstehe aus ψ, indem man die X_i durch verschiedene Relationssymbole $R_i \notin S$ jeweils gleicher Stellenzahl ersetzt. Dann gilt für jede Menge A:

$(*)$ φ ist erfüllbar über A gdw φ' ist erfüllbar über A.

Jetzt verwende man LöSko($\mathcal{L}_{\mathrm{I}}$).
Endl($\mathcal{L}$) ergibt sich ähnlich, indem man $(*)$ auf Mengen von Ausdrücken erweitert.

(c) Sei X einstellig, Y 2-stellig und φ_∞ der $L(\emptyset)$-Satz $\exists X \exists Y \,,(X, Y)$ ist eine Ordnung ohne letztes Element". Die Modelle von φ_∞ sind genau die unendlichen $\emptyset$-Strukturen. Wegen Endl($\mathcal{L}$) gibt es keinen $L(\emptyset)$-Satz, der zu $\neg\varphi_\infty$ logisch äquivalent ist.

(d) Es gilt nicht $\mathcal{L} \leq \mathcal{L}_{\mathrm{I}}$; denn es gibt kein $\varphi \in L^\emptyset$, das zu φ_∞ logisch äquivalent ist. Hat nämlich $\varphi \in L^\emptyset$ ein unendliches Modell, so schon eines mit $\leq \mathrm{qr}(\varphi)$ vielen Elementen (man übertrage hierzu Aufgabe 12.3.17 auf den Fall $r = 0$).

(e) Wäre die Menge der allgemeingültigen $L(S_{\mathrm{Ar}})$-Sätze aufzählbar, so auch die Menge der allgemeingültigen Sätze der Gestalt $(\bigwedge \Pi \to \psi)$ mit $\psi \in L_0^{S_{\mathrm{Ar}}}$; denn diese sind auf einfache Weise logisch äquivalent zu Sätzen aus $L(S_{\mathrm{Ar}})$. Damit wäre Th($\mathfrak{N}$) aufzählbar.

Aufgabe 13.1.6 Zu „$\mathcal{L}_Q \leq \mathcal{L}_{\mathrm{II}}$": Aus dem $L_{\mathrm{II}}^\emptyset$-Satz $\varphi_{\text{üabz}}$ (vgl. den Beweis zu 9.1.5) kann man leicht einen $L_{\mathrm{II}}^\emptyset$-Ausdruck $\varphi_{\text{üabz}}(X)$ herstellen, der besagt, dass X überabzählbar ist. Damit lässt sich induktiv zu jedem L_Q^S-Ausdruck φ ein logisch äquivalenter L_{II}^S-Ausdruck φ' herstellen. Im Q-Schritt entstehe $(Qx\,\varphi)'$ aus $\varphi_{\text{üabz}}(X)$, indem man die atomaren Teilausdrücke der Gestalt Xy durch $\varphi'\frac{y}{x}$ ersetzt; dabei kann man voraussetzen, dass y nicht in φ vorkommt.

Zu „Nicht $\mathcal{L}_{\mathrm{II}}^{\mathrm{w}} \leq \mathcal{L}_Q$": Wäre $\mathcal{L}_{\mathrm{II}}^{\mathrm{w}} \leq \mathcal{L}_Q$, so gäbe es einen $L_Q^\emptyset$-Satz χ_{fin}, der logisch äquivalent zum $\mathcal{L}_{\mathrm{II}}^{\mathrm{w}}$-Satz $\exists X \forall x\, Xx$ ist, also genau in den endlichen $\emptyset$-Strukturen gilt. Indem man die mit Q beginnenden Teilausdrücke in χ_{fin} nacheinander durch $\exists v_0 \neg v_0 = v_0$ ersetzt, entstünde ein $L^\emptyset$-Satz, dessen höchstens abzählbare Modelle gerade die endlichen wären, im Widerspruch zum Endlichkeitssatz für die erste Stufe.

Nicht $\mathcal{L}_Q \leq \mathcal{L}_{\mathrm{II}}^{\mathrm{w}}$ erhält man daraus, dass nach 9.2.7 LöSko($\mathcal{L}_{\mathrm{II}}^{\mathrm{w}}$) gilt und dass $Qx\, x = x$ kein höchstens abzählbares Modell hat.

Aufgabe 13.3.6 Es sei S endlich, $\psi \in L_{\mathrm{I}}(S)$ und $\mathrm{Mod}^S(\psi)$ abgeschlossen gegen Substrukturen. Wir können annehmen, dass ψ erfüllbar ist. Für $m \geq 1$ sei $\varphi_m := \bigvee \{\psi_{\mathfrak{B}}^m \mid \mathfrak{B}\ S\text{-Struktur}, \mathfrak{B} \models \psi\}$ (vgl. 12.3.14). Dann gilt $\models (\psi \to \varphi_m)$, und φ_m ist universell. Wäre nun ψ zu keinem φ_m logisch äquivalent, so gäbe es für jedes $m \geq 1$ S-Strukturen $\mathfrak{A}$ und $\mathfrak{B}$ mit $\mathfrak{A} \models \neg\psi$, $\mathfrak{B} \models \psi$ und mit $\mathfrak{A} \models \psi_{\mathfrak{B}}^m$, d.h. mit (vgl. 12.3.14(c)) $\mathfrak{A} \to_m \mathfrak{B}$, wobei $\to_m$ aus $\to_e$ (vgl. 12.1.12) entsteht wie $\cong_m$ aus $\cong_e$. Indem man diese Situation in der ersten Stufe formuliert, gelangt man wie im Beweis von 13.3.3 zu S-Strukturen $\mathfrak{A}$ und $\mathfrak{B}$ mit $\mathfrak{A} \models \neg\psi$, $\mathfrak{B} \models \psi$, $\mathfrak{A}$ ist höchstens abzählbar und $\mathfrak{A} \to_p \mathfrak{B}$ (vgl. 12.1.12), d.h., $\mathfrak{A}$ ist isomorph in $\mathfrak{B}$ einbettbar. $\mathfrak{B}$ besäße somit eine zu $\mathfrak{A}$ isomorphe Substruktur, die kein Modell von ψ ist, ein Widerspruch.

Aufgabe 13.3.7 Sei o.B.d.A. $k = 1$ und gelte (2). Da mit neuem P'

$$(2) \quad \text{gdw} \quad \Phi \cup \Phi\frac{P'}{p} \models \forall v_0\, (Pv_0 \leftrightarrow P'v_0),$$

kann man annehmen, dass Φ endlich ist.

Offenbar gilt $\Phi \models \forall v_0\, (Pv_0 \to \chi^n)$ für alle n. Wenn für kein n die Umkehrung zutrifft, gilt für alle n nicht $\Phi \models \forall v_0\, (\chi^n \to Pv_0)$. Es gibt dann zu jedem n S-

Strukturen $\mathfrak{A}_n$, $\mathfrak{B}_n$ und $P^{A_n} \subseteq A_n$, $P^{B_n} \subseteq B_n$, sowie $a \in P^{A_n}$ und $b \in B \setminus P^{B_n}$ mit $(\mathfrak{A}_n, P^{A_n}) \models \Phi$, $(\mathfrak{B}_n, P^{B_n}) \models \Phi$, $\mathfrak{B}_n \models \varphi^n_{\mathfrak{A}_n, a}[b]$, insbesondere also mit $(\mathfrak{A}_n, a) \cong_n (\mathfrak{B}_n, b)$. Man beschreibt diese Situation in $\mathcal{L}_{\mathrm{I}}$ ähnlich wie im Beweis des ersten Satzes von Lindström und gewinnt so die Existenz von höchstens abzählbaren S-Strukturen $\mathfrak{A}$, $\mathfrak{B}$ und von $P^A \subseteq A$, $P^B \subseteq B$, $a \in P^A$ und $b \in B \setminus P^B$ mit $(\mathfrak{A}, P^A) \models \Phi$, $(\mathfrak{B}, P^B) \models \Phi$, $(\mathfrak{A}, a) \cong_p (\mathfrak{B}, b)$, also auch mit $(\mathfrak{A}, a) \cong (\mathfrak{B}, b)$. Sei $\pi : (\mathfrak{A}, a) \cong (\mathfrak{B}, b)$. Dann gilt $(\mathfrak{B}, \pi(P^A)) \models \Phi$. Da $b \in \pi(P^A) \setminus P^B$, ist $\pi(P^A) \neq P^B$, ein Widerspruch zu (2).

Aufgabe 13.4.5 (a) Es sei S relational, c eine Konstante, $\varphi \in L(S)$ und $\chi \in L(S \cup \{c\})$. Dann gibt es ein $\psi \in L(S)$, sodass für alle S-Strukturen $\mathfrak{A}$ gilt:

$$\mathfrak{A} \models \psi \quad \text{gdw} \quad [\{a \in A \mid (\mathfrak{A}, a) \models \chi\}]^{\mathfrak{A}} \models \varphi.$$

(b) Unter den Voraussetzungen gilt $\mathcal{L}_{\mathrm{I}} \leq_{\mathrm{endl}} \mathcal{L}$. Für die umgekehrte Richtung gehe man zunächst wie beim Beweis des Satzes von Lindström vor. Wie dort sei S o.B.d.A. relational gewählt und jetzt auch endlich. Sei ψ ein $L(S)$-Satz, der zu keinem $L_{\mathrm{I}}(S)$-Satz logisch äquivalent ist. Dann gilt in 13.3.4 die Alternative (b), wobei wegen LöSko$(\mathcal{L})$ die Modelle $\mathfrak{C}$ von χ in (ii) höchstens abzählbar gewählt werden können. Dies führt wie folgt zum Widerspruch: Für $m \geq 1$ sei $\mathcal{C}_m$ gemäß (ii) zu m gewählt mit $C_m \subseteq \mathbb{N} \setminus \{0\}$, und die C_m seien paarweise disjunkt. Es sei $S^{++} := S^+ \cup \{<, R, T\}$ mit 2-stelligem R und 3-stelligem T, und $\mathcal{D}$ sei die folgende S^{++}-Struktur:

- $D := \mathbb{N} \setminus \{0\}$.
- Für $Q \in S$ sei $Q^{\mathfrak{D}} = \bigcup_{m \geq 1} Q^{\mathfrak{C}_m}$.
- $<^{\mathcal{D}}$ sei die übliche Ordnungsrelation über $\mathbb{N} \setminus \{0\}$.
- $R^{\mathfrak{D}} = \{(m, n) \mid m, n \geq 1 \text{ und } n \in C_m\}$.
- Für $m \in D$ sei $\{(n, l) \mid T^{\mathfrak{D}} mnl\}$ der Graph einer Bijektion von $\{j \in D \mid j \leq m\}$ auf $W^{\mathfrak{C}_m}$.

Der S^{++}-Satz δ, der diese Situation in $\mathfrak{D}$ beschreiben soll, sei die Konjunktion der folgenden Sätze (man beachte die starke Regularität von $\mathcal{L}$; bei der letzten Konjunktion geht insbesondere vRel$(\mathcal{L})$ ein):

- „(Universum, $<$) ist eine Ordnung".
- $\forall x$ „$Tx \cdots$ ist der Graph einer Bijektion von $\{y \mid y \leq x\}$ auf $\{y \mid Rxy\}$".
- $\forall x$ „χ gilt in der von $\{y \mid Rxy\}$ erzeugten Substruktur".

Da $\mathcal{D} \models \delta$, hat δ wegen LöSko↑$(\mathcal{L})$ ein überabzählbares Modell und daher ein Modell, in dem es ein Element mit unendlich vielen $<$-Vorgängern gibt. Dieses induziert via R ein Modell $\mathcal{C}$ von χ mit unendlichem $W^{\mathfrak{C}}$, ein Widerspruch zu 13.3.4(b)(i).

Literaturverzeichnis

[1] K. R. Apt: *From Logic Programming to Prolog*, Prentice Hall, 1996.

[2] S. Arora und B. Barak: *Computational Complexity – A Modern Approach*, Cambridge University Press, 2009.

[3] C. Baier und J.-P. Katoen: *Principles of Model-Checking*, MIT Press, 2008.

[4] J. Barwise: *Admissible Sets and Structures*, Springer-Verlag, 1975.

[5] J. Barwise und S. Feferman (Herausgeber): *Model-Theoretic Logics*, Springer-Verlag, 1985.

[6] P. Benacerraf und H. Putnam (Herausgeber): *Philosophy of Mathematics. Selected Readings*, Cambridge University Press, 2. Auflage 1983.

[7] B. Bolzano: *Wissenschaftslehre*, Band II, J. E. von Seidel, 1837.

[8] G. Cantor: *Gesammelte Abhandlungen mathematischen und philosophischen Inhalts*, herausgegeben von E. Zermelo, Springer-Verlag, 1932, Nachdruck 1980.

[9] C. C. Chang und H. J. Keisler: *Model Theory*, North-Holland Publishing Company, 1973.

[10] A. Church: A Note on the Entscheidungsproblem, *The Journal of Symbolic Logic* **1** (1936).

[11] N. Cutland: *Computability*, Cambridge University Press, 1980.

[12] O. Deiser: *Einführung in die Mengenlehre – Die Mengenlehre Georg Cantors und ihre Axiomatisierung durch Ernst Zermelo*, Springer-Verlag, 3. Auflage 2009.

[13] H.-D. Ebbinghaus: *Einführung in die Mengenlehre*, Spektrum Akademischer Verlag, 4. Auflage 2003.

© Springer-Verlag GmbH Deutschland, ein Teil von Springer Nature 2018
H.-D. Ebbinghaus et al., *Einführung in die mathematische Logik*,
https://doi.org/10.1007/978-3-662-58029-5

[14] G. Frege: *Begriffsschrift, eine der arithmetischen nachgebildete Formelsprache des reinen Denkens*, Louis Nebert, 1879.

[15] K. Gödel: Die Vollständigkeit der Axiome des logischen Funktionenkalküls, *Monatshefte für Mathematik und Physik* **37** (1930).

[16] K. Gödel: Über formal unentscheidbare Sätze der Principia Mathematica und verwandter Systeme I, *Monatshefte für Mathematik und Physik* **38** (1931).

[17] L. Henkin: The Completeness of the First-Order Functional Calculus, *The Journal of Symbolic Logic* **14** (1949).

[18] J. M. Henle und E. M. Kleinberg: *Infinitesimal Calculus*, MIT Press, 1979.

[19] H. Hermes: *Aufzählbarkeit, Entscheidbarkeit, Berechenbarkeit*, Springer-Verlag, 1961.

[20] H. Hermes: *Einführung in die mathematische Logik*, B. G. Teubner, 1963.

[21] A. Heyting: *Intuitionism. An Introduction*, North-Holland Publishing Company, 1961.

[22] D. Hilbert und P. Bernays: *Grundlagen der Mathematik I, II*, Springer-Verlag, 1934/1939, 2. Auflage 1968/1970.

[23] W. Hodges: *Model Theory*, Cambridge University Press, 1993.

[24] H. J. Keisler: Logic with the Quantifier "There exist uncountably many", *Annals of Mathematical Logic* **1** (1970).

[25] H. J. Keisler: *Model Theory for Infinitary Logic*, North-Holland Publishing Company, 1971.

[26] K. Kunen: *Set Theory. An Introduction to Independence Proofs*, North-Holland Publishing Company, 1980.

[27] D. Landers und L. Rogge: *Nichtstandard Analysis*, Springer-Verlag, 1994.

[28] P. Lindström: On Extensions of Elementary Logic, *Theoria* **35** (1969).

[29] Y. V. Matijasevič: *Hilbert's Tenth Problem*, MIT Press, 1993.

[30] P. Odifreddi: *Classical Recursion Theory*, North-Holland Publishing Company, 1989.

[31] G. Peano: *Arithmetices Principia, Novo Methodo Exposita*, Fratres Bocca, 1889.

[32] A. Robinson: *Non-Standard Analysis*, North-Holland Publishing Company, 1966.

[33] H. Scholz und G. Hasenjaeger: *Grundzüge der mathematischen Logik*, Springer-Verlag, 1961.

[34] U. Schöning: *Logik für Informatiker*, Spektrum Akademischer Verlag, 1995.

[35] M. Sipser: *Introduction to the Theory of Computation*, PWS Publishing Company, 1997.

[36] R. M. Smullyan: *First-Order Logic*, Springer-Verlag, 1968.

[37] H. Straubing: *Finite Automata, Formal Logic, and Circuit Complexity*, Birkhäuser Boston Inc., 1994.

[38] A. Tarski: Der Wahrheitsbegriff in den formalisierten Sprachen, *Studia Philosophica* **1** (1936).

[39] A. Tarski, A. Mostowski und R. M. Robinson: *Undecidable Theories*, North-Holland Publishing Company, 1953.

[40] K. Tent und M. Ziegler: *A Course in Model Theory*, Cambridge University Press, 2012.

[41] Ch. Thiel (Herausgeber): *Erkenntnistheoretische Grundlagen der Mathematik*, Gerstenberg, 1982.

[42] W. Thomas: Languages, Automata, and Logic, in G. Rozenberg und A. Salomaa (Herausgeber): *Handbook of Formal Languages*, Volume III, Springer-Verlag, 1997.

[43] A.S. Troelstra und D. van Dalen: *Constructivism in Mathematics*, Volume I, North-Holland Publishing Company, 1988.

[44] A. Turing: On Computable Numbers, with an Application to the Entscheidungsproblem, *Proceedings of the London Mathematical Society* **42** (1936/37) und **43** (1937).

[45] A. N. Whitehead und B. Russell: *Principia Mathematica*, Volumes I–III, Cambridge University Press, 1910–1913, 2. Auflage 1925–1927, Nachdruck 1962.

Zur weiteren Information verweisen wir den Leser auf das *Handbook of Mathematical Logic*, herausgegeben von J. Barwise, North-Holland Publishing Company, 1977.

Teile von [7] sowie [14, 15, 16] finden sich – in englischer Übersetzung – in *From Frege to Gödel*, herausgegeben von J. van Heijenoort, Harvard University

Press, 1967, [15] und [16] überdies in K. Gödel: *Collected Works*, Volume I (herausgegeben von S. Feferman u.a.), Oxford University Press, 1986.

Symbolverzeichnis

© Springer-Verlag GmbH Deutschland, ein Teil von Springer Nature 2018
H.-D. Ebbinghaus et al., *Einführung in die mathematische Logik*,
https://doi.org/10.1007/978-3-662-58029-5

Sach- und Personenverzeichnis

© Springer-Verlag GmbH Deutschland, ein Teil von Springer Nature 2018
H.-D. Ebbinghaus et al., *Einführung in die mathematische Logik*,
https://doi.org/10.1007/978-3-662-58029-5

Springer

Willkommen zu den Springer Alerts

- Unser Neuerscheinungs-Service für Sie:
  aktuell *** kostenlos *** passgenau *** flexibel

Springer veröffentlicht mehr als 5.500 wissenschaftliche Bücher jährlich in gedruckter Form. Mehr als 2.200 englischsprachige Zeitschriften und mehr als 120.000 eBooks und Referenzwerke sind auf unserer Online Plattform SpringerLink verfügbar. Seit seiner Gründung 1842 arbeitet Springer weltweit mit den hervorragendsten und anerkanntesten Wissenschaftlern zusammen, eine Partnerschaft, die auf Offenheit und gegenseitigem Vertrauen beruht.

Die SpringerAlerts sind der beste Weg, um über Neuentwicklungen im eigenen Fachgebiet auf dem Laufenden zu sein. Sie sind der/die Erste, der/die über neu erschienene Bücher informiert ist oder das Inhaltsverzeichnis des neuesten Zeitschriftenheftes erhält. Unser Service ist kostenlos, schnell und vor allem flexibel. Passen Sie die SpringerAlerts genau an Ihre Interessen und Ihren Bedarf an, um nur diejenigen Information zu erhalten, die Sie wirklich benötigen.

Mehr Infos unter: springer.com/alert

Printed in the United States
By Bookmasters